现代混凝土的传输行为
与耐久性

张云升　刘志勇

余红发　孙国文　耿国庆　著

科学出版社

北　京

内 容 简 介

本书重点阐述现代混凝土的水化过程、微结构、传输行为、耐久性能和寿命预测的基本理论和相关技术。全书共 12 章，主要内容涵盖现代混凝土微结构形成过程、混凝土的传输通道、多尺度预测混凝土的扩散系数、饱和混凝土的氯离子传输过程和规律、非饱和混凝土的水分迁移与干湿循环传输模型、氯盐环境下混凝土寿命预测的确定性模型、基于可靠度的混凝土耐久性分析与寿命预测、耐久性提升技术与措施及全生命周期成本的耐久性设计等。

本书可供从事土木工程、市政工程、桥梁工程、港口水运工程、公路和铁道工程等研究的科技人员及高等院校相关专业的师生参考。

图书在版编目(CIP)数据

现代混凝土的传输行为与耐久性/张云升等著. —北京：科学出版社，2018.9
ISBN 978-7-03-056360-6

Ⅰ.①现… Ⅱ.①张… Ⅲ.①混凝土－传输－性能分析②混凝土结构－耐用性－研究 Ⅳ.①TU37

中国版本图书馆 CIP 数据核字（2018）第 012044 号

责任编辑：童安齐 / 责任校对：马英菊
责任印制：吕春珉 / 封面设计：东方人华平面设计部

科学出版社 出版
北京东黄城根北街 16 号
邮政编码：100717
http://www.sciencep.com
北京中科印刷有限公司印刷
科学出版社发行　各地新华书店经销

*

2018 年 9 月第 一 版　　开本：B5（720×1000）
2018 年 9 月第一次印刷　　印张：30 1/4
字数：590 000
定价：190.00 元
（如有印装质量问题，我社负责调换〈中科〉）
销售部电话 010-62136230　编辑部电话 010-62135397-2032

序　言

　　水泥混凝土是基础设施建设的主体材料，2016 年我国水泥产量约为 24 亿 t，混凝土产量为 100 亿 t，约占全球总产量的 60%，混凝土已成为人类用量最大的人造材料。现代土木工程不断向高层、地下、大跨度、大体积、海洋等方向发展，对混凝土的流动性、力学强度、体积稳定性和耐久性提出了更高更新的要求；混凝土科学技术的快速发展，促进了化学外加剂和矿物掺和料的普遍应用，混凝土已进入现代混凝土的新阶段。

　　随着我国经济快速发展和国际竞争力的不断提高，一大批在严酷环境下服役的重大工程正在建设或规划。混凝土在海洋波、浪、潮、涌、盐、高温/冰冻，西部干冷、干热、盐渍土等严酷环境下的开裂和耐久性退化非常严重，不仅造成了大量安全隐患和经济损失，而且还严重危及人民生命和财产安全。提高严酷环境下重大基础设施耐久性及服役寿命是亟待解决的重大科学问题。

　　张云升教授与他的研究团队，自从 2004 年开始，对现代混凝土的水化过程、传输行为、耐久性和寿命预测进行了系统研究，先后通过国家"973"项目"环境友好现代混凝土的基础研究"和"严酷环境下混凝土材料与结构长寿命的基础研究"、国家自然基金项目"基于微结构的混凝土材料传输特性及本构关系"、交通运输部西部交通建设科技项目"跨江海大型桥梁结构混凝土劣化性能与耐久性对策措施的研究"及"苏通大桥高性能混凝土耐久性及施工技术研究"等重点工程项目的理论及实践积累，形成了有关现代混凝土水化、传输行为、耐久性能和寿命预测的基本理论和相关技术，并取得了一系列国家发明专利和大量的科研成果。该书作者总结了他们历经 13 年之久所取得的研究成果和工程经验，系统介绍了现代混凝土的水化和微结构形成过程、各尺度传输通道的微结构特征和体积分数计算、传输系数的多尺度计算模型、水分/离子的饱和与非饱和传输规律、寿命预测的确定性模型、基于可靠度耐久性分析、全生命周期成本的耐久性设计以及耐久性提升技术与措施。

　　该书涉及的内容丰富,学术意义和实用价值较高,对促进现代混凝土材料和结构的耐久性基础研究与工程应用具有十分重要的参考价值。在该书出版之际,我愿为之作序,并表示祝贺。

中国工程院院士

前　　言

　　随着我国国民经济的快速发展，大量的基础设施在我国海洋和西部地区开工建设。据统计，目前每年我国土木工程的建设量约占全球总量的 50%。然而混凝土在海洋波、浪、潮、涌、盐，以及西部地区干冷、干热、盐渍土等严酷环境下的耐久性退化非常严重，不仅造成了大量安全隐患和严重的经济损失，而且还危及人民生命、财产安全。提高严酷环境下重大基础设施耐久性及服役寿命是急需解决的重大问题。

　　现代混凝土是一种包含固、液、气三相，尺度跨越纳米、微米、毫米至米的多相多尺度复合材料，混凝土内部含有大量不同尺度的孔隙（凝胶孔、毛细孔、界面过渡区、裂缝等），属于多孔介质。环境中的侵蚀性介质通过不同尺度的孔隙进入混凝土内部引起钢筋锈蚀或混凝土材料自身破坏是导致工程结构损伤劣化的主要原因。本书采用微观分析与宏观性能结合、室内实验与室外数据结合、理论分析与数值仿真结合、材料与结构结合，通过多学科交叉融合，以侵蚀介质在现代混凝土中传输行为为主线，从纳观、细观和宏观等多个尺度研究各种传输通道的结构特征、体积分数和传输系数，深入研究现代混凝土在饱和与非饱和状态下水分迁移和氯离子扩散规律，建立基于氯离子扩散的多因素寿命预测确定性模型，构建基于可靠度的耐久性分析方法，提出全生命周期成本的耐久性设计理念，形成现代混凝土结构耐久性提升技术与措施。通过多年系统研究，目前取得了一系列国家发明专利和大量科技论文成果，形成了较为系统的现代混凝土水化、传输行为、耐久性能和寿命预测的基本理论和相关技术，其研究成果对推动现代混凝土的耐久性基础研究及工程应用具有积极意义。

　　全书共分为 12 章。

　　第 1 章　概论。阐述现代水泥基材料的水化和微结构形成过程，分析水泥基材料的几种传输机制，介绍多尺度理论和水泥基材料的不同尺度的划分。

第 2 章 现代混凝土微结构形成过程的实验研究和数值模拟。系统研究现代混凝土水化和微结构演化过程，建立现代混凝土微结构形成的四阶段模型；分析固相逾渗过程和规律，探讨孔相从连通到阻断的过程，建立电阻率与孔隙率、曲折度因子、收缩因子等孔结构参数之间的定量关系；利用 X-CT 技术观察水化过程中现代混凝土内部大孔的演变过程。采用数字图像基水化模型模拟现代混凝土中物相种类、数量、空间分布及其随时间的变化，确定固相和孔相的逾渗时间和逾渗阈值，提出相应的形成机理。

第 3 章 现代混凝土的传输通道 I：C-S-H 凝胶。首先介绍水化硅酸钙（calcium silicate hydrate，C-S-H）凝胶的分子结构及其最新研究进展；接着分别采用数学建模和数值模拟两种方法，系统研究 C-S-H 的扩散系数及其预测方法。对于数学方法，介绍广义有效介质模型和混合球组合模型，计算 C-S-H 的扩散系数；对于数值模拟方法，提出分别采用 Micro-Macro 两尺度法和单尺度堆积法构建 C-S-H 凝胶结构的两种方式；基于构建的 C-S-H 凝胶三维微结构，考虑双电层影响数值模拟计算 C-S-H 凝胶的相对扩散系数。

第 4 章 现代混凝土的传输通道 II：水泥浆体。系统研究纯水泥浆体系、粉煤灰-水泥体系和磨细矿渣-水泥体系的水化反应过程，建立水泥熟料矿物反应程度与养护龄期、水灰比和温度之间的定量关系，提出水泥-矿物掺和料复合胶凝体系中各种物相体积分数的计算公式，建立现代水泥基复合胶凝材料扩散系数的计算模型。基于数字图像基方法和元胞自动机原理，提出现代水泥基复合胶凝材料的水化动力学模型，对水泥基胶凝材料的三维微结构形成过程进行数值模拟，并模拟计算不同组成的水泥浆体的扩散系数。通过大量实验，对数学模型计算结果和数值模拟结果进行验证。

第 5 章 现代混凝土的传输通道 III：界面过渡区。分别采用数学建模和数值模拟两种方法，从两个角度系统研究界面过渡区（interface transition zone，ITZ）的产物特征、微结构和传输性能。在数学建模方面，建立考虑水灰比、水泥水化程度、水泥粒子最大粒径、过渡区厚度的界面过渡区孔隙分布计算模型；基于最邻近表面分布函数，提出考虑界面过渡区重叠的 ITZ 体积分数的定量计算方法，利用广义自洽法的 (n+1) 层复合球体模型预测 ITZ 的扩散系数。在数值模拟方面，采用计算机模拟技术重构单个平板形集料 ITZ 的三维微结构，基于电模拟算法计算 ITZ 的传输系数，并通过实验和文献数据，对数学模型计算结果和数值模拟结果进行验证。

第 6 章　基于多尺度方法预测现代混凝土的扩散系数。根据现代混凝土微结构特征，从介质传输的角度将其进行多尺度划分；基于均匀化理论，提出现代混凝土扩散系数的多尺度数学预测模型。采用硬芯软壳-HCSS 模型，通过计算机模拟技术构建含集料-ITZ-集料三相的混凝土/砂浆的三维微结构，利用"蚂蚁"随机行走算法，模拟氯离子在现代混凝土中的传输性能，并提出传输系数的数值预测模型。通过大量实验结果，从不同尺度对数学模型和数值模拟进行验证。

第 7 章　饱和状态下现代混凝土的氯离子传输过程和规律。通过实验系统研究了现代混凝土在单一、双重和多重耦合作用下氯离子扩散过程，分析矿物掺合料种类和掺量、水胶比、养护龄期等关键因素对氯离子结合能力、扩散系数和表面氯离子浓度的影响规律；探讨荷载和干湿循环对氯离子扩散的作用。

第 8 章　非饱和状态下现代混凝土的水分迁移与传输模型。发明 X-CT 联合 Cs 离子增强技术，实现连续可视化观测非饱和混凝土的水分传输过程；探讨水灰比、掺合料种类与掺量、集料体积掺量及带有不同裂缝宽度与取向的混凝土水分传输规律，建立基于毛细吸水的水分分布计算模型。以试验研究与模拟相结合研究氯离子在非饱和与开裂混凝土中的传输行为，探究裂缝宽度、长度、数量及内部裂缝对氯离子传输性能的影响规律。基于非饱和混凝土传输机制，建立干湿循环作用下混凝土氯离子传输模型。

第 9 章　氯盐环境下混凝土寿命预测的确定性模型。针对锈蚀的诱导期，研究混凝土在氯盐侵蚀条件下使用寿命预测的理论问题，建立氯盐环境下混凝土多因素寿命预测的确定性模型；针对锈蚀的发展期和失效期，探讨三种代表性锈胀开裂计算模型；通过工程案例，介绍三种模型的使用步骤，对比三种模型的预测结果。

第 10 章　基于可靠度的混凝土耐久性分析与寿命预测。阐述氯离子渗透和钢筋锈蚀概率计算的基本理论和方法，提出基于可靠度的锈蚀概率计算模型，探讨模型参数对预测寿命的影响规律，通过案例分析说明锈蚀概率计算如何作为混凝土耐久性设计的依据。

第 11 章　耐久性提升技术与措施。介绍混凝土的耐久性提升的两种措施。基本措施：控制混凝土的原材料质量，设计合适配合比的高性能混凝土；防腐蚀附加措施：涂层钢筋和耐蚀钢筋、钢筋阻锈剂、混凝土表面处理、透水模板、电化学保护。

第 12 章　基于全生命周期成本的耐久性设计。提出全生命周期成本的计算公式，通过工程案例，对耐久提升措施所带来的生命周期成本进行计算，并基于此对多种耐久性设计方案进行评价。

全书的主要研究和撰写工作由张云升、刘志勇、余红发、孙国文、耿国庆负责完成。南京航空航天大学的余红发教授在求解有限大体、变边界条件和考虑时间依赖性的氯离子扩散方程时，令人印象深刻，他在读博期间与作者同一课题组，进行过多次讨论和学习。中国矿业大学的刘志勇老师在基于微结构的粉煤灰混凝土传输性系数预测方面做了大量卓有成效的研究工作。石家庄铁道大学的孙国文老师在矿渣混凝土水化产物数量计算及其多尺度传输模型建立方面取得了突破性进展。美国加州大学伯克利分校的耿国庆博士撰写了 C-S-H 分子结构章节，他通过深入浅出的语言将混凝土中最主要胶凝产物的分子结构清晰地展现在读者的面前，这也是目前国际上有关 C-S-H 最新的前沿研究成果。参加研究工作的还有陈树东博士、马立国博士、杨林博士、黄冉硕士等，他们的创新成果在本书中也得到详细体现。

本书有关的研究工作历时 13 年之久，最初研究耐久性时，作为第一作者的我尚在攻读博士，是导师孙伟院士第一次将我引入了混凝土耐久性研究领域，从执行重大工程项目课题"苏通大桥高性能混凝土耐久性"开始，使我有机会涉猎这个极具挑战性的领域。尽管孙伟院士年事已高，但她非常关心混凝土耐久性能的研究工作并亲临指导，令人终生难忘。我从事耐久性研究先后经历了从宏观角度研究混凝土在单一、双重和多重耦合作用下氯离子扩散规律，再到探讨微细观尺度的 C-S-H 凝胶孔、毛细孔和界面区的传输性能；从通过数学方法建立扩散系数计算方程，再到通过数值模拟方法建立考虑混凝土微结构的多尺度传输模型；从基于氯离子扩散的寿命预测确定性模型，再到基于可靠度理论的耐久性分析模型；从基于经验的耐久性设计方法，再到从全生命周期成本来进行耐久性设计理念；从初始仅考虑材料参数的还原论方法，再到最后的材料-构件/结构-环境综合考虑的整体论方法。可以说，我对于混凝土耐久性的认识从表面现象逐步深入到问题的本质，从科学研究逐步扩展到工程应用。

在上述不断深入研究的过程中，我先后受益于：东南大学缪昌文院士在"973"项目"严酷环境下混凝土材料与结构长寿命的基础研究"研究过程中，提出通过设计和调控混凝土材料微结构来开发长寿命混凝土材料，结合结构耐久性设计来实现混凝土工程的长寿命的设计思路，这一设计思路不仅在现代混凝土耐久性研究工作中得到体现，他还让我负责损伤累积混凝土的传输性能研究，这一难得机会让我可以深入地研究受损混凝土在非饱和状态下的传输性能变化规律，从而为探讨混凝土结构耐久性评估和寿命预测奠定了坚实的基础。香港科学大学李宗津老师在"973"项目"环境友好现代混凝土的基础研究"执行过程中让我负责混凝土微结构与传输性能本构关系的研究，他提出从终端用途出发、材料与结构的无缝连接的研究思路，这一从多尺度过渡方法研究混凝土耐久性的想法深深影响了我。东南大学刘加平教授提出的"隔、阻、缓"耐久性提升理论和技术令人印象深刻，他开发出系列化的产品，保障了混凝土结构的长寿命，他坚持将理论研究用于工程实践的观点，提示了我在耐久性研究时不能"空中楼阁"，而要脚踏实地。浙江大学金伟良教授和中交四航院的王胜年教授提出的有关钢筋锈蚀开裂模型对混凝土结构发展期寿命预测对我的研究工作具有重要的指导意义。《欧洲 Duracrete 耐久性指南》对推进混凝土耐久性的发展具有里程碑式的意义，部分成果在本书中也进行了引用。挪威 O. E. 乔伊夫教授的著作《严酷环境下混凝土结构的耐久性设计》，多次阅读，让我获益匪浅，由此产生了许多耐久性研究的新想法。

东南大学吴萌博士，钱如胜、王晓辉、张王田、刘乃东、吴志涛等硕士参与了本书的部分工作，在此表示衷心的感谢。

由于现代混凝土的传输行为和耐久性问题十分复杂，尽管经过多年的研究和工程应用，目前还仍有许多问题需要进一步解决和完善，加之作者水平有限，书中难免存在不足之处，恳切读者批评指正。

张云升

2018 年 6 月

目　　录

第1章 概　　论

1.1 引　　言

　　1824 年，英国建筑工人约瑟夫·阿斯谱丁（Joseph Aspdin）首次利用石灰石和黏土作为原料，按照一定比例混合后进行煅烧和研磨，制备出一种水硬性无机胶凝材料，命名为波特兰水泥。自波特兰水泥问世的 190 多年来，它在人类社会发展的历程中留下了光辉印记。由于水泥混凝土具有原料来源广泛、制作加工方便、力学性能稳定以及经久耐用等优点，不仅广泛应用于各种民用和工业建筑，还大量应用于水利、道路、桥梁、隧道、海洋和军事等工程领域，成为现代文明社会中必不可少的物质基石。2008～2013 年，全球水泥产量增加了 41.34%，中国增加了 72.86%（图 1.1）。根据 2013 年联合国统计司报告，中国在全球水泥数据统计中独占鳌头，约占全世界产量的 58.60%（图 1.2）。最新数据报道，2016 年全球水泥产量 41 亿 t，而我国水泥产量高达 24.03 亿 t。

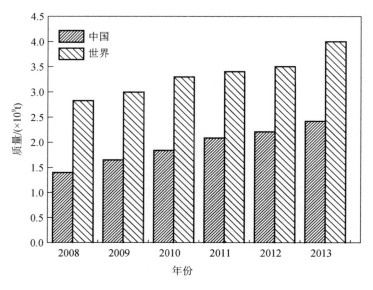

图 1.1　世界和中国水泥产量

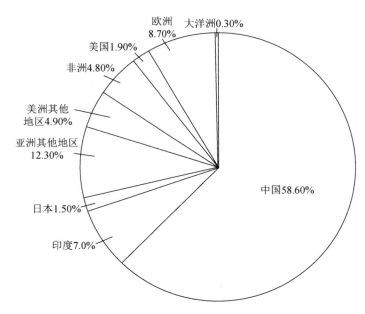

图 1.2　2013 年世界各国和地区水泥产量百分数

水泥生产过程消耗大量的石灰石、黏土和铁矿石等矿产资源以及煤炭等化石资源，同时排放出大量的二氧化碳，一方面导致严重的环境污染和资源破坏，另一方面加重了温室效应，造成气温逐年升高。针对以上缺点，20 世纪 80 年代末以来，采用添加工业废渣和化学外加剂等方法，有效降低了资源和能源的消耗，而且显著提高了水泥混凝土的流动性、力学强度和耐久性能，并在高层、地下、大跨度、大体积、海洋及国防防护等重大基础工程中广泛应用，标志着混凝土进入一个崭新的现代混凝土发展阶段。但是现代混凝土具有胶凝材料用量大、组分复杂、水胶比低的特点，导致体积稳定性差、易开裂，从而造成大量土木工程结构因过早开裂而产生耐久性下降的严峻问题，为社会可持续发展带来了极大的隐患。

由于耐久性下降引起腐蚀，所造成的经济损失一般可达国内生产总值（GDP）的 2%～4%，如欧洲约为 3%，美国和澳大利亚均为 4.2%，波兰则为 6%～10%。根据中国工程院重大咨询项目"我国腐蚀状况及控制战略研究"调研结果统计，2014 年中国腐蚀总成本 2.1 万亿元人民币，约占当年国内生产总值的 3.34%。值得注意的是，按照国外的统计，基础设施特别是钢筋锈蚀所造成的损失约占总腐蚀的 40%；以此计算，我国 2014 年钢筋锈蚀引起混凝土结构的损失高达 8000 亿元/年，远大于自然灾害、各类事故损失的总和。

为了解决混凝土的耐久性问题，世界各国投入了大量的人力和物力，进行了广泛的研究，包括冻融破坏、碳化、钢筋锈蚀、硫酸盐侵蚀、氢氧化钙析出、碱集料反应等各种引起混凝土结构劣化的因素。很多研究工作已从单一环境因素的影响扩展到多因素耦合作用，如美国的 Ulm、德国的 Kuhl 等、法国的 Nguyen、Torrenti Coussy 及 Gérard 等。他们研究各种环境因素与荷载耦合对混凝土传输行为和力学性能的影响。国内东南大学孙伟院士等十多年来持续研究了荷载-冻融循环、荷载-氯盐侵蚀、荷载-硫酸盐侵蚀、荷载-盐侵蚀-冻融多系列耦合因素作用下混凝土的损伤劣化规律，以及失效机制和耐久性与寿命的评价问题。这些研究工作促进了混凝土重大工程耐久性评价由单一环境因素向力学与环境耦合因素作用的转变，提高了重大工程结构混凝土耐久性评价和寿命预测的可靠性。

实际上，混凝土劣化的本质是侵蚀性介质（水、氯离子、硫酸根离子、二氧化碳等）通过各种传输通道（凝胶孔、毛细孔、界面和裂纹等）进入到混凝土内部，引起钢筋锈蚀或破坏混凝土材料造成工程结构性能退化。迄今为止，混凝土传输本构关系的相关研究主要集中于宏观现象，研究方法大多基于实验现象量化模型参数，还没有系统地将混凝土本身的复杂组分和微结构信息贯穿其中。毫无疑问，宏观唯象学研究工作对于提高混凝土结构的服役寿命起到了积极推动作用，但也应该认识到，这种唯象学研究方法对于组分日趋复杂的现代混凝土在多重环境和复杂应力作用下的耐久性行为显得力不从心。因此，运用多孔介质和多尺度过渡理论，结合先进的实验测试技术和计算机模拟方法，从现代混凝土水化和微观结构出发，建立从微观（nm）到细观（μm）再到宏观（mm）的多尺度现代混凝土传输本构关系；在此基础上，建立考虑材料参数-构造参数-环境参数的寿命预测模型，构建基于可靠度的耐久性分析方法，形成系列化的耐久性提升技术和措施，为现代混凝土结构的长寿命设计提供科学支撑。

1.2　国内外研究现状

1.2.1　混凝土的微结构

1.2.1.1　微结构特征

硅酸盐水泥作为胶凝材料与水拌和发生水化反应，其典型的水化放热过程可以分为四个阶段（图 1.3），即诱导前期（Ⅰ）、诱导期（Ⅱ）、加速期（Ⅲ）和减速期（Ⅳ）。水泥浆体的微结构随水化进行而不断演变，主要包括水化产物（固相）的形成和孔结构（孔相）的分布（图 1.4）。硬化水泥浆体的组成成分主要有水化硅酸钙（C-S-H）、氢氧化钙（CH）、钙矾石（AFt）、单硫型硫铝酸钙（AFm）、未水化的水泥颗粒以及毛细孔等。图 1.5 为水灰比 0.35 养护 90d 后典型硬化水泥浆体的背散射图，白色（灰度值最大）为未水化水泥颗粒，包裹在未水化水泥颗粒外围的为内部水化产物，位于多个未水化水泥颗粒之间的是外部水化产物，黑色表示毛细孔。

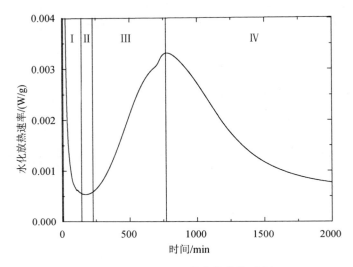

图 1.3　硅酸盐水泥的水化放热过程

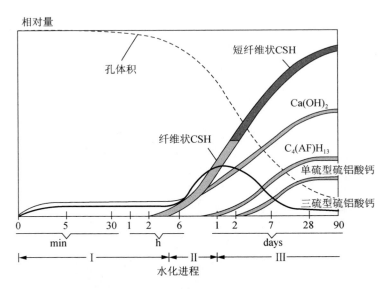

图 1.4　各种水化产物的形成过程

图 1.5　硬化水泥浆体的背散射图片

1）固相

水化硅酸钙（C-S-H）：C-S-H 是水泥水化产生的最主要产物之一，在完全水化的水泥浆体中占据 50%～60%的体积，是影响水泥基复合材料宏观行为的最重要因素。用透射电镜和扫描电镜可以观测到水泥浆体中 C-S-H 有不同的形貌。图 1.6 为在放大倍率分别为 2.5 万倍和 5 万倍下，C_3S 浆体水化 1d、28d 内的 C-S-H 凝胶结构变化。可见，C_3S 浆体水化 1d 时，这种纤维状的水化产物已经开始聚集，从颗粒向外辐射生长成细长条物质。至水化 28d 时，由许多小的粒子互相接触而形成相互连锁的网状结构已经形成，水化产物已经叉开生长，产物的绒毛明显增长，互相簇拥在一起，互相交结而形成一个连续的相互连接的三维空间网。

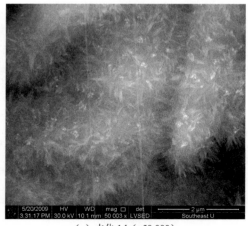

（a）水化 1d（×50 000）

图 1.6　C-S-H 凝胶在不同养护龄期的 ESEM 照片

（b）水化 28d（×25 000）

图 1.6（续）

　　早期的学者认为 C-S-H 凝胶是均匀的,后来 Taylor 将 C-S-H 划分为两种类型:一种是在原来的水泥颗粒边界以内生成的水化产物,称为内部水化产物;另一种是在原来为水填充的孔隙中通过溶解沉淀形成的外部水化产物。2000 年 Jennings 等提出高密度 C-S-H（HD C-S-H）和低密度 C-S-H（LD C-S-H）模型（图 1.7）。这两种 C-S-H 凝胶堆积形态与扫描电镜观测到的内部和外部水化产物、中期和后期水化产物形貌相对应。随着先进测试技术的发展,在纳米尺度下可以直接对 C-S-H 凝胶进行观察和测试。Nonat 运用原子力显微镜（AFM）观察到 C-S-H 凝胶是由一系列纳米颗粒堆积而成（图 1.8）。Constantinides 和 Ulm 等采用纳米压痕技术证实两种不同弹性模量 C-S-H 凝胶的存在。

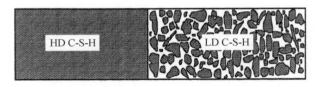

（a）高 W/C

（b）低 W/C

图 1.7　两种密度 C-S-H 凝胶示意图

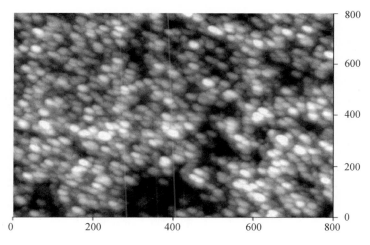

图 1.8　硬化浆体中 C-S-H 凝胶的 AFM 图（单位：mm）

氢氧化钙（CH）：CH 主要在原来被水填充的孔隙中结晶沉淀，其体积分数占固相的 20%～25%。理论上，纯 CH 是规则六方板状的晶体，但受水化温度、空间以及溶液纯度的影响，水化生成的 CH 具有不同尺度的不规则形态。相对于 C-S-H 而言，CH 的表面积非常小，它依据范德华力提供的强度有限，因此，CH 含量越大对混凝土强度越不利；而且 CH 具有较好的可溶性，它的存在容易造成混凝土溶蚀，对混凝土耐久性不利。

水化硫铝酸钙：水化硫铝酸钙占浆体固相体积的 15%～20%，对水泥基复合材料性能的影响作用较小。在石膏存在下，水化硫铝酸钙有两种存在形式，即钙矾石（AFt）和单硫形水化硫铝酸钙（AFm）。AFt 为针状晶体，易吸水发生膨胀导致浆体开裂；AFm 晶体的形态为六方片状。扫描电镜中固相水化产物形态如图 1.9 所示。

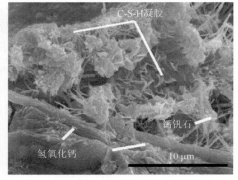

图 1.9　水化固相产物的形态

未水化水泥颗粒：未水化水泥颗粒的大小和数量取决于水泥浆体的水化程度

和颗粒分布。硅酸盐水泥颗粒的大小一般为 1～50 μm，随着水化的进行，较小的颗粒首先溶解并消失，较大的颗粒逐渐变小。由于颗粒间的空间有限，即使经历长时间的水化，硬化水泥浆体中仍然可以观察到未水化水泥颗粒的存在。

2）孔相

孔相是混凝土微观结构的另一个主要组成部分，它的类型及尺寸取决于水灰比和水化程度，对混凝土的强度和耐久性有重要的影响。根据不同的研究者，孔相按照孔径大小可以分为以下几类，如表 1.1 所示。

表 1.1　孔径的分类

研究者	孔的类型和直径/nm				
Mindess 和 Young	层间微孔 <0.5	微孔 0.5～2.5	小毛细孔 2.5～10	中毛细孔 10～50	大毛细孔 50～10000
IUPAC	微孔 <2	细孔 2～50	大孔 >50		
布特	凝胶孔 <10	过渡孔 10～100	毛细孔 100～1000	大孔 >1000	
Mehta 等	凝胶孔 <4.5	细孔 4.5～50	中毛细孔 50～100	大毛细孔 >100	
Jennings	高密度 C-S-H 1.2～2	低密度 C-S-H 2～5	毛细孔 75		
吴中伟	无害孔 <20	少害孔 20～50	有害孔 50～200	多害孔 >200	

毛细孔：水泥水化可以看作是原来被水和水泥所占据的空间逐渐被水化产物所填充的过程。没有被水泥和固相水化产物所占据的空间就为毛细孔，其孔径大于凝胶孔，一般为 10～1000nm。由图 1.5 可以看出，毛细孔呈黑色，且形状无规则。水泥浆体中毛细孔的体积分数和尺寸与水化程度和水灰比密切相关。随着水灰比下降，水化程度增加，毛细孔的数量和大小都随之下降。Mehta 等认为孔径大于 50nm 的毛细大孔对混凝土的强度和渗透性影响较大，而孔径小于 50nm 的毛细小孔对干缩和徐变有更重要的影响。值得注意的是，孔尺寸分布是连续的，表 1.1 中对毛细孔和凝胶孔之间尺寸的划分在很大程度上是主观的。

凝胶孔：凝胶孔存在于 C-S-H 凝胶内部，它的尺寸非常小，为 0.5～10nm（表 1.1），无法用扫描电镜观测到。Powers 在 1958 年认为 C-S-H 凝胶是由粒径为 14nm 的刚性 C-S-H 凝胶颗粒堆积而成的，凝胶颗粒间的孔隙率为 28%。Jennings 等根据氮气吸附法测试 C-S-H 表面积的结果，提出了高密度 C-S-H 和低密度 C-S-H 模型，认为氮气能够进入低密度 C-S-H 凝胶孔，却不能进入高密度 C-S-H 凝胶孔。高密度和低密度凝胶孔隙率分别为 24%和 37%（图 1.10）。

气孔：混凝土搅拌或成型过程中混入少量的空气，通常在浆体内部形成气孔，其体积分数为 2%～6%，形状呈球形，它的大小能够达到 3mm。混凝土内部的气孔一般是孤立存在，属于闭合孔，因此不会对混凝土的渗透性造成影响。然而，当其体积分数较大时，将对强度产生不利影响。

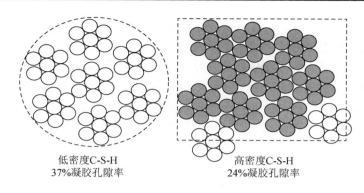

低密度C-S-H
37%凝胶孔隙率

高密度C-S-H
24%凝胶孔隙率

图 1.10　低密度和高密度的 C-S-H 凝胶孔隙率

1.2.1.2　微结构演变

　　水泥水化形成的微结构决定了混凝土的宏观性能。考虑到水泥浆体的微结构具有多尺度、多相、多组分等复杂特点，特别是随着现代混凝土技术的发展，化学外加剂和矿物掺合料的普遍使用，造成混凝土中胶凝材料的组分不断增加，使得微结构形成过程更加复杂。通过研究现代混凝土微结构形成过程，分析组分之间的相互作用机制，掌握微结构的优化方法，可以实现按终端用途对现代混凝土进行性能调控和材料设计的新飞跃。

　　众所周知，胶凝材料的水化过程与微结构的发展是紧密相关的。对于水泥水化的研究主要采用水化热分析法，然而水泥水化放热量与水化程度不成正比，也不能反映水化浆体的物理性质，因此该方法目前无法定量描述水化进程与机理。水泥颗粒发生水化时，部分离子溶于水中，在电场作用下会形成特定的电流，电流大小取决于离子浓度和微结构。针对该原理，McCarter 等采用交流阻抗谱法来测定水泥的水化过程。李宗津等开发非接触电阻率仪，通过追踪混凝土电阻率演变进程，建立水化过程与微结构发展的动态关系。混凝土的孔结构对诸多宏观性能有重要的影响，如强度、变形及渗透性能等，一直是研究的热点。目前对于硬化浆体孔结构（表面积、孔隙率、孔径大小及分布等）演变的表征通常采用压汞法、氮气吸附法、扫描电镜法以及小角度 X 射线散射法。对于微结构中固相的形成过程，通常采用维卡仪、电镜法、X-CT 以及纳米压痕技术等。然而，这些测试方法具有制样复杂、测试周期长、费用高、不能连续观测、易对样品造成破坏等缺点，而且每种测试方法只反映局部微结构的信息。

　　随着计算机技术的飞速发展，基于水泥水化动力学理论建立胶凝材料水化计算机模型已成为可能。计算机模型可以定量描述混凝土微结构的形成过程，对加深水化过程的理解和预测混凝土的宏观性能有着重要的理论价值和实际意义。对水泥水化及其微结构变化规律的可以追溯到 40 多年前由 Kondo 等提出的 C_3S 的数学水化模型；与此同时，Frohnsdorff 等提出了采用计算机模拟 C_3S 水化过程的设想。这一概念在 20 世纪 70 年代末由 Pommershelim 和 Clifton 提出的 C_3S 水化动力学模型中得到实现；与此同时，Pommershelim 还提出了单矿相 C_3A 和 C_4AF 的水化模型。在 20 世纪 80 年代中期，Taylor 等对水泥四大矿物水化模型进行了系统研究，为后来发展现代混凝土微观结构更高层面的模型奠定了重要基础。目前主要有两类有代表性的水泥基材料水化模型，即数字图像基模型和连续基模型。前者主要利用离散的数字图像技术模拟水泥的微结构形成；后者试图建立水泥基材料水化过程的连续介质模型，以解释水泥结构形成过程中微结构的演化过程与机理。

1.2.1.3 连续基模型

1）Jennings-Johnson 模型

1986 年 Jennings-Johnson 首次开发了一种模拟水泥浆体微结构的模型，它是水泥水化模型发展中的一个重要里程碑。Jennings-Johnson 模型（图 1.11）利用球形水泥颗粒与水组成系统来研究三维微结构的形成过程。球形水泥颗粒在立方体单元内随机分布，随着水化进行，未水化水泥颗粒半径逐渐减小，覆盖在水泥颗粒表面的 C-S-H 凝胶层逐渐变厚，而氢氧化钙则生长在空隙中。尽管该模型能够在一定程度上反映真实水化浆体的微结构，但是没有考虑水化动力学，同时又受到当时计算机运算能力的限制，该模型并没有进一步发展和广泛应用，但是它为后来的计算机水化动力学模型开发铺平了道路。

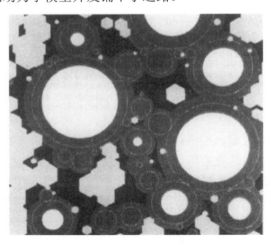

图 1.11　Jennings-Johnson 模型微结构示意图

2）HymoStruc 模型

荷兰 Delft 理工大学 van Breugel 等基于水泥水化动力学开发出 HymoStruc 模型，如图 1.12 所示。与 Jennings-Johnson 模型相似，该模型也假设所有水泥颗粒为球形，并按照实测的粒径分布随机置于立方体单元中。水泥颗粒从外部开始溶解发生水化反应，生成产物紧紧包裹在未水化颗粒的周围，即为内部水化产物，包裹于内部水化产物外围的 CH 和 C-S-H 称为外部水化产物。为了准确描述微结构随时间和温度的变化，van Breugel 提出一个包含各种水化动力学参数的有限差分模型为

$$\frac{\Delta\delta_{\mathrm{in},i}}{\Delta t} = K_0 \cdot \Omega_1 \cdot \Omega_2 \cdot \Omega_3 \cdot F_1 \cdot F_2 \left\{\frac{\delta(\alpha_i)}{\delta_{\mathrm{tr}}}\right\}^\lambda \tag{1-1}$$

式中：$\delta_{\mathrm{in},i}$ 为颗粒 i 反应深度；t 为时间；K_0 为矿物相反应速率因子；Ω_j 为系统中水状态因子，其中 $j=1$ 表示水的消耗量，$j=2$ 表示水的总量，$j=3$ 表示水的分布；F_k 为温度影响因子，其中 $k=1$ 表示阿伦尼乌斯方程中温度的影响，$k=2$ 表示孔结构对温度的影响；α_i 是水化程度；δ_{tr} 为从边界反应过渡到扩散反应中厚度的变化；λ 为颗粒嵌入状态，取值为 0 表示未嵌入较大水泥颗粒中，取值为 1 则表示嵌入。

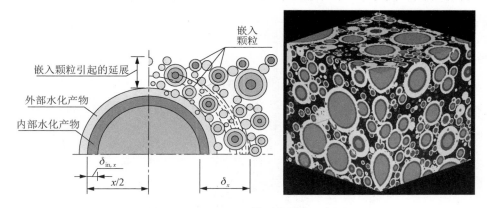

图 1.12　HymoStruc 模型微结构示意图

　　随着水化进行，水泥颗粒不断向外"扩张"，不断"吞噬"其他外围的小颗粒，并形成较大的颗粒团聚，最终使浆体从悬浮状态逐渐变成硬化的多孔材料。由于 HymoStruc 模型没有计算颗粒之间的相互作用，对整个微结构信息处理采取统计方式，并不是追踪每个颗粒相的水化，该模型执行水化时没有考虑新生成的微结构信息和孔溶液的化学组成。

　　3）μic 模型

　　基于早期 Navi 和 Pignat 开发的 C$_3$S 集成粒子水化动力学模型，最近瑞士洛桑联邦理工开发出新的微结构演变模型——μic 模型（图 1.13）。与 Jennings-Johnson 模型和 HymoStruc 模型相似，μic 模型也是假设水泥颗粒为球形粒子，随着水化的进行水泥颗粒不断长大。相比于其他两个模型，它的优点是：①运用网格分割法提高计算机运算性能，在几小时内可以对上百万个颗粒进行计算；②研究者可以用插件的方式对 μic 模型进行改造，满足获取在水化过程中微结构演变的各种现象。

1.2.1.4　数字图像基模型

目前典型的数字图像基模型是由美国国家标准与技术研究院（NIST）Bentz和 Garboczi 开发的 CEMHYD3D 模型，如图 1.14 所示。它是模拟水泥基复合材料水化微结构形成过程的计算机数值模型。与连续基模型相比较，CEMHYD3D 模型中微结构是用离散化单元表示。该模型是基于实测水泥颗粒的粒径分布以及矿物相的空间分布来构造水泥浆体的三维结构，运用元胞自动机技术模拟物相的溶解、扩散以及反应过程。利用该模型不仅能够获取各种水化物相的种类、数量及分布等微结构信息，而且还可得到水泥基复合材料的水化程度、化学收缩、逾渗阈值、凝结时间、电导率、渗透性以及弹性模量等物理化学性能。因为 CEMHYD3D 模型考虑水泥颗粒的粒径分布、矿物相的体积和分布以及水灰比等均来源于实测值，这为混凝土水化过程的数值模拟提供了一条崭新的思路。该模型取得很大的成功，但它也存在一些局限性，如不能从理论上阐述时间与循环次数的关系、预测精度受限于最小像素尺寸等。

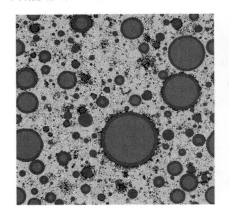

图 1.13　μic 模型微结构示意图　　　　图 1.14　CEMHYD3D 模型微结构示意图

1.2.2　混凝土的传输行为

流体在水泥基复合材料中的传输是一个复杂过程，根据不同的驱动力，其传输行为主要包括渗透、扩散、毛细管作用、电迁移等方式。

（1）渗透。在压力差的作用下气体或液体由高压力处流向低压力。

在 20 世纪 80 年代 Mehta 和 Manmohan 利用达西（Darcy）定律预测水泥浆体的渗透性。达西定律是达西于 1856 年通过沙柱渗透实验得到多孔介质中渗透速度与水力梯度呈线性关系的运动规律，即

$$V = \frac{Q}{A} = \frac{k\rho g}{\mu}\frac{\Delta h}{L} \tag{1-2}$$

式中：V 为渗透速度（m/s）；Q 为单位时间内的流量（m³/s）；A 为流体通过的横截面（m²）；ρ 为流体的密度（kg/m³）；g 为重力加速度（9.81m/s²）；Δh 为水头损失（m）；μ 为动力黏度（N·s/m²）；L 为样品的厚度（m）；k 为固有渗透率（m²），它由多孔介质的属性决定，与流体无关。如果流体指的是水，则水的渗透系数 k_{w} 可以表示为

$$k_{\text{w}} = \frac{\rho g k}{\mu} \tag{1-3}$$

联立方程（1-3）与方程（1-2），多孔介质中水的渗透系数为

$$k_{\text{w}} = \frac{LV}{\Delta h} \tag{1-4}$$

目前测试混凝土渗透性最常用的方法是稳态流动法，其方法是将试件各侧面密封，对混凝土施加水压，测定稳定状态后单位时间内透过混凝土的水量，按达西定律计算得到渗透系数。然而，该方法适用于研究低强度、短龄期的高渗透性混凝土。为了克服稳态流动法的缺陷，一些实验装置和方法利用非稳态的原理来表征流体传输的真实路径，如 Figg 气体渗透仪、Hong 和 Parrott 法、Hilsdorf 法、Autoclam 气体渗透法等。其中，Autoclam 气体渗透法可以测试低水灰比、高强度混凝土的渗透性。除了采用实验方法，数值模拟方法也被用于预测混凝土的渗透行为。Cui 等考虑毛细孔和凝胶孔对水渗透的贡献，利用广义自洽模型预测硬化水泥浆体的渗透性。Song 等基于微结构模型预测硅灰掺量对水泥基复合材料渗透系数的影响，研究表明当硅灰掺量大于 8%时可以明显降低材料的渗透性；然而当掺量大于 12%，混凝土的渗透系数不再发生变化。Ye 等运用计算机数值模拟（HymoStruc 模型）方法建立水泥基材料孔结构与渗透性的关系。

（2）扩散。在浓度梯度的作用下孔溶液中离子由高浓度向低浓度移动。

当混凝土处于饱水状态时，离子主要通过扩散形式侵入混凝土内部，它遵循 Fick 定律。如果沿扩散方向的浓度梯度为定值，则扩散通量只与扩散系数成正比，可用 Fick 第一定律表示为

$$J = -D\frac{\partial C}{\partial x} \tag{1-5}$$

式中：J 为扩散通量 [g/（m²·s）]，即在单位时间内通过垂直于扩散方向单位截面积的扩散物质流量；D 为扩散系数（m²/s）；$\partial C / \partial x$ 为浓度梯度；"–" 号表示扩散方向为浓度梯度的反方向，即扩散组元由高浓度区向低浓度区扩散。

Fick 第一定律只适合在扩散过程中各处扩散组元的浓度 C 只随距离 x 变化，而不随时间 t 变化的情况。实际上，许多情况下流体在多孔材料中的扩散过程是非稳态的，其浓度分布是位置和时间的函数，在这种情况下认为扩散服从 Fick 第二定律为

$$\frac{\partial C}{\partial t} = D \frac{\partial^2 C}{\partial x^2} \tag{1-6}$$

测试氯离子扩散系数最常用的方法是自然扩散法，即浸泡法。对于通过扩散方式进入混凝土内部的氯离子主要存在三种方式：大部分溶解于混凝土孔溶液中氯离子称为自由氯离子；小部分与水化产物发生化学反应生成 Friedel 盐的氯离子称为化学结合氯离子；还有一小部分在范德华力作用下紧密地吸附于孔表面的氯离子称为物理吸附氯离子。氯离子发生化学结合和物理吸附作用都会降低其扩散速率，进而延缓了钢筋锈蚀开始的时间。

Byfors 发现掺加粉煤灰或硅灰可以与氯离子发生化学结合，进而降低氯离子的扩散速率。Arya 等结合钢筋锈蚀和孔溶液分析实验发现，凝胶材料与氯离子的化学结合能力依次为磨细矿渣、粉煤灰、硅酸盐水泥、硅灰。Luo 等采用 DTA、XRD、SEM 等多种微观测试方法重点研究高掺量（70%）磨细矿渣混凝土与氯离子的结合能力，结果表明磨细矿渣与氯离子生成 Friedel 盐细化了孔结构，显著降低混凝土的氯离子扩散系数。此外，日本东京大学的 Ishida 等基于氯离子与凝胶材料化学结合平衡的实验结果，利用热力学模型预测水泥基材料中氯离子浓度分布状况。

（3）毛细管作用。多孔材料在非饱和状态下，液体在毛细管表面张力的作用下吸入过程。

除非低强度混凝土处于很高的外部水压下，否则混凝土很难达到饱和状态。由于非饱和状态下水泥基复合材料传输的驱动力为毛细管力，不能用式（1-4）的渗透系数表示液体在材料内部的传输过程，通常用 Richard 方程来描述一维方向的毛细吸水过程为

$$\frac{\partial \theta}{\partial t} = \frac{\partial}{\partial x}\left[D(\theta)\frac{\partial \theta}{\partial x} + K(\theta) \right] \tag{1-7}$$

$$\theta = \frac{\Theta - \Theta_i}{\Theta_s - \Theta_i} \tag{1-8}$$

式中：θ 为材料的相对含水量；Θ 为含水量的体积分数（Θ=水的体积/混凝土基体的体积）；Θ_s 和 Θ_i 分别为饱和状态和干燥状态下的含水量体积分数，当 $\theta = 0$ 表示混凝土材料完全干燥，当 $\theta = 1$ 表示材料处于完全饱和状态；t 为时间（s）；$D(\theta)$ 为在一定饱和度下混凝土内的扩散系数（m^2/s）；$K(\theta)$ 为水力传导率（m/s），其物理意义表示重力因素对水分的影响。

由于毛细吸水的时间相对较短，混凝土材料中水分受重力的影响可以忽略，则式（1-7）可以简化为

$$\frac{\partial \theta}{\partial t} = \frac{\partial}{\partial x}\left[D(\theta)\frac{\partial \theta}{\partial x} \right] \tag{1-9}$$

测重法和钻孔称重法是最常用的两种方法，表征在毛细管作用力下材料内部吸水量的变化。近年来，一些先进的无损测试仪器被用于测试非饱和状态下水分

侵入过程。Gummerson 等和 Leech 等先后利用核磁共振成像法（NMR）测定混凝土在一维吸水过程中的水分分布规律。Roels 等采用微聚焦 X 射线照相术首先从二维角度观测多孔材料（砖、混凝土等）的水分分布，然后基于图像处理结果定量获取水分的含量。γ 射线仪作为一种无损方法同样可以表征多孔材料的含水量。Zhang 等利用热中子辐射成像技术，对未开裂和开裂混凝土中的水分侵入和失水过程进行了试验研究与特征分析。结果表明：中子成像能够突破混凝土材料的非透明性局限，实现对开裂混凝土中水分侵入过程的可视化追踪和水分空间分布的定量计算。基于格构网络模型，Wang 等根据非饱和水流理论预测水分在毛细管作用力下渗透进混凝土内部的含量和深度。

（4）电迁移。在电位梯度作用下电解液中离子发生的定向迁移。

假定混凝土孔溶液为饱和溶液，忽略溶质相互之间的影响。在电场作用下，混凝土外部溶液中的带电离子（如 K^+、Na^+、Ca^{2+}、Cl^-、OH^-、SO_4^{2-} 等）发生定向移动，满足 Nernst-Planck 方程为

$$J = -D_i \frac{\partial C_i}{\partial x} - \frac{zF}{RT} D_i C_i \frac{\partial E}{\partial x} + C_i u \tag{1-10}$$

式中：J 为离子 i 的通量 $[mol/(m^2 \cdot s)]$；D_i 为离子 i 的扩散系数（m^2/s）；C_i 为液相中离子的浓度（mol/L）；z 为离子电荷数；F 为法拉第常量，96 485 C/mol；R 为摩尔气体常量（8.314 J·mol/K）；T 为热力学温度（K）；E 为电压（V）；u 为溶质的流速（m/s）。

式（1-10）中第一项、第二项和第三项分别表示由浓度梯度、电位梯度和对流效应造成的离子迁移。当混凝土处于饱和状态时，对流效应可以忽略。在电场作用下，浓度梯度对离子迁移的影响远远小于电位梯度下的离子迁移，则式（1-10）可以简化成

$$J = -\frac{zF}{RT} D_i C_i \frac{\partial E}{\partial x} \tag{1-11}$$

根据式（1-11）得到混凝土中氯离子的迁移系数（D_{Cl^-}）为

$$D_{Cl^-} = J_{Cl^-} \frac{RT}{CF\left(\frac{E}{l}\right)} \tag{1-12}$$

式中：J_{Cl^-} 为单位时间内通过单位截面积的氯离子通量；$\frac{E}{l}$ 为电场强度。

实验室利用电加速原理测定氯离子扩散性能的方法通常有电导率法、非稳态电迁移法、稳态电迁移法。稳态电迁移法可以忽略对流、离子扩散效应，氯离子的扩散量仅由电迁移决定，测试得到氯离子的迁移系数结果较为可靠。Jang 等研究裂缝宽度对混凝土稳态迁移系数的影响，发现当裂缝宽度达到其阈值（55～80 μm）时，氯离子迁移系数不再随着裂缝宽度的增加而增加。基于三相复合球模

型，Yang 等和 Zheng 等分别采用实验和数值模拟方法研究混凝土界面过渡区的稳态迁移系数。

1.2.3　多尺度理论

多尺度理论是一门研究不同长度尺度或时间尺度相互耦合现象的跨学科科学，是复杂系统的重要分支之一，具有丰富的科学内涵和研究价值。多尺度现象涵盖许多领域，如介观、微观和宏观等多个物理、力学及其耦合领域，其具体的研究方法是考虑空间和时间的跨尺度与跨层次特征，并将相关尺度耦合的新方法，过滤出有用的微观信息，是求解各种复杂的计算材料科学和工程问题的重要方法和技术。

混凝土是一种多相、多组分、大时间跨度的复杂非均质材料。早前很多学者从宏观的角度建立模型探讨各个因素对混凝土工作性、力学行为以及耐久性的影响。随着深入的研究发现，这些单一尺度的宏观模型适用范围较窄，而且模型中主要参数发生少许变化就会影响预测的精度。因此，可以借鉴于多尺度模拟的方法从材料组成出发，到微、细观结构，再到宏观性能建立彼此之间的定量关系。

1.2.3.1　多尺度的划分

1）三个尺度

为了研究混凝土的扩散行为，CARÉ 等根据材料的结构特点将混凝土划分为三个尺度，如图 1.15 所示。微观尺度（10^{-9}m）：主要考虑毛细孔的孔结构信息，如孔隙率、曲折度等。细观尺度（$10^{-6} \sim 10^{-3}$m）：认为混凝土由集料、界面过渡区、水泥浆体组成的三相复合结构。宏观尺度（10^{-2}m）：混凝土被看成均质材料，其有效扩散系数直接根据 Fick 第一定律获得。

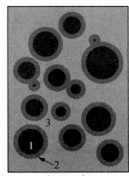
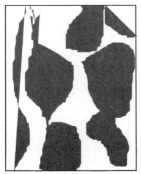

宏观尺度　　　　　　　　　　细观尺度　　　　　　　　　　微观尺度

图 1.15　基于三个尺度划分的水泥基复合材料

为了更加真实地模拟混凝土材料的宏观行为，Bernard 等将混凝土划分为微观、细观和宏观三个尺度，基于 MuMoCC 数值模拟平台，分别预测水泥基复合材料的应力-应变曲线和扩散系数（图 1.16）。微观尺度对应硬化水泥浆体，由孔隙率和固相组成；细观尺度对应砂浆，由水泥浆体、砂子、ITZ 和气孔组成；宏观尺度对应混凝土，主要由砂浆、集料、ITZ 和气孔组成。该数值模型有两个优点：①模拟得到的三维微结构更加接近真实的混凝土结构；②与解析模型相比，不需要通过拟合的方法获取模型的输入参数值。

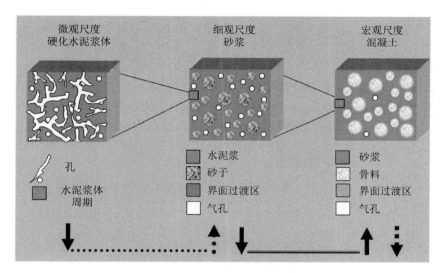

图 1.16　基于 3 个尺度划分的三维结构示意图

2）四个尺度

Constantinides 和 Ulm 等考虑两种类型的 C-S-H 凝胶，将水泥基复合材料划分为四个尺度，如图 1.17 所示。尺度 I 由两种不同类型的 C-S-H 凝胶组成，其尺度范围为 $10^{-8}\sim10^{-6}$ m；尺度 II 是指水泥浆体，认为 CH 晶体、水泥颗粒和微米孔作为夹杂相镶嵌于 C-S-H 凝胶基体相中，特征尺度为 $10^{-6}\sim10^{-4}$ m；尺度 III 对应砂浆，ITZ 包裹着砂子作为夹杂相镶嵌于硬化水泥浆体基体相中，尺度大小为 $10^{-3}\sim10^{-2}$ m；尺度 IV 指混凝土，与尺度 III 相似，石子和 ITZ 作为夹杂相嵌入砂浆基体中，特征尺度大小为 $10^{-2}\sim10^{-1}$ m。

日本东京大学的 Maekawa 教授等基于自主开发的 DuCOM 软件研究盐离子侵蚀、碳化以及外部环境（光照、温度、干湿循环等）对混凝土力学性能和耐久性的影响。同样也将钢筋混凝土划分为 4 个尺度（图 1.18）：①钢筋混凝土大跨结构；②由集料、水泥浆体和钢筋组成的钢筋混凝土微单元；③由未水化水泥颗粒、水化产物以及 ITZ 组成的水泥浆体微单元；④由 C-S-H 凝胶、CH 晶体、孔等组成的水化产物单元。

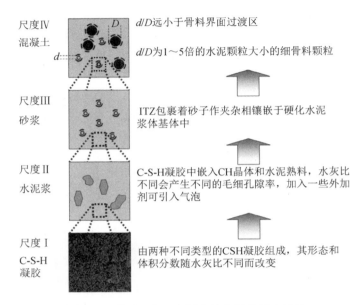

图 1.17 基于 4 个尺度划分的水泥基复合材料

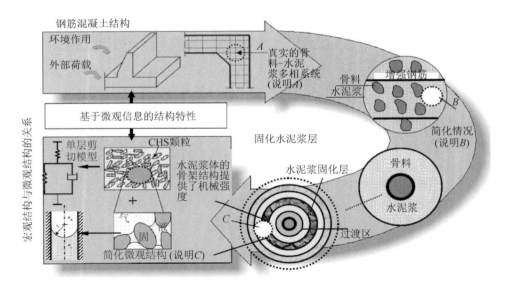

图 1.18 基于 DuCOM 模型钢筋混凝土结构 4 个尺度的划分

1.2.3.2 均匀化模型

对于混凝土材料划分后的每个尺度单元，无论是 C-S-H 凝胶，水泥硬化浆体、砂浆还是混凝土都是由多相组成的，为了得到上一尺度需要的输入参数，采用均匀化模型对复杂的非均质结构进行均匀化处理，最终获得该尺度的有效性能。均匀化模型作为一种有效的多尺度计算方法，是联系混凝土微观、细观、宏观等多尺度的重要枢纽。目前，常用的理论预测分析方法有基体-夹杂物模型、自洽模型及串并联模型等。

1）基体-夹杂物模型

对于复合材料而言，将其中的一相视为基体相，其余相视为夹杂物相。在基体-夹杂物模型中假定夹杂物镶嵌于无限大的基体相中，并**不考虑夹杂相的交互作用**。例如，未水化水泥颗粒、氢氧化钙以及 AF 等夹杂物分布于 C-S-H 基体相中，或者粗细集料（砂子和石子）分布于水泥浆体基体相中。利用该方法对复合材料有效弹性模量的预测为

$$E_{\text{eff}} = E_0 + \sum_{r=1}^{N-1} f_r [P_r + (E_r - E_0)^{-1}] \tag{1-13}$$

式中：E_{eff} 为有效弹性模量；E_0 为基体的弹性模量；E_r（$r=1,2,\cdots,N-1$）分别为 $N-1$ 个夹杂物的弹性模量；f_r（$r=1,2,\cdots,N-1$）分别为 $N-1$ 个夹杂物的体积分数；P_r 为与体积模量和剪切模量相关的张量。如果夹杂物为球形，P 张量表示为

$$P = (3K_p, 2G_p) \tag{1-14}$$

其中

$$K_p = \frac{1}{12G_0 + 9K_0}$$

$$G_p = \frac{6G_0 + 3K_0}{(40G_0 + 30K_0)G_0}$$

后来发展的 Maxwell 法、Mori-Tanaka 法、IDD 法等都是典型的基体-夹杂物模型。1904 年 Maxwell 针对复合材料有效电磁性能的均匀化问题，假定每个夹杂物嵌于无限大的基体中，并认为无穷远处的电场或磁场强度不变。随后，该模型被用于解决复合材料领域的离子传输和电传导问题。基于 Maxwell 近似法，Torquato 提出复合材料在 d 维空间的有效扩散系数为

$$\frac{D_{\text{eff}} - D_0}{D_{\text{eff}} + (d-1)D_0} = \sum_{r=1}^{N-1} f_r \left[\frac{D_r - D_0}{D_r + (d-1)D_0} \right] \tag{1-15}$$

式中：D_{eff} 为有效扩散系数；D_0 为基体相的扩散系数；D_r（$r=1,2,\cdots,N-1$）分别为 $N-1$ 个夹杂物的扩散系数；d 为复合材料空间的维数。

基于 Eshelby 在 1957 给出了椭球夹杂内外弹性场的一般解，Mori 和 Tanaka 利用应力等效方法计算了复合材料的等效弹性模量为

$$E_{\text{eff}} = E_0 + \sum_{r=1}^{N-1} f_r [f_0 P_r + (E_r - E_0)^{-1}]^{-1} \tag{1-16}$$

式中：f_0 为基体相的体积分数。

同样可以认为当夹杂相置于一无限大基体中，则远处作用的浓度梯度与作用在复合材料代表单元上的浓度梯度相同。这样，对于 $N\text{-}1$ 相夹杂的复合材料 Mori-Tanaka 法得到的有效扩散系数（$D_{\text{M}-\text{T}}^{\text{eff}}$）可简单地表达为

$$D_{\text{M}-\text{T}}^{\text{eff}} = \frac{f_0 D_0 + \sum_{r=1}^{N-1} f_r D_r \{T_r\}}{f_0 + \sum_{r=1}^{N-1} f_r \{T_r\}} \tag{1-17}$$

式中：$\{T_r\}$ 为第 r 类夹杂的角度平均值。

2000 年清华大学的杜丹旭提出了具有简单表示、涉及夹杂形状和空间分布、适合多相和各向异性材料的具有体积分数二阶精度的新的细观力学方法——**相互作用直推法**（interaction direct derivation，IDD），并将该方法推广到预测复合材料各种线性的物理性质，如线弹性、电导和热传导问题及热弹性等。孙国文基于杜丹旭的理论，给出了复合材料中 IDD 法（$D_{\text{IDD}}^{\text{eff}}$）的传输模型，即

$$D_{\text{IDD}}^{\text{eff}} = D_m \left(1 + \frac{\sum_i f_i p_i}{1 - \sum_i f_i q_i} \right)^{-1} \tag{1-18}$$

$$p_i = \frac{1}{3} \left(\frac{2}{D_i^m + 1 - Q_i} + \frac{1}{D_i^m + 2 Q_i} \right) \tag{1-19}$$

$$q_i = \frac{1}{3} \left(\frac{2 - 2 Q_{Di}}{D_i^m + 1 - Q_i} + \frac{2 Q_{Di}}{D_i^m + 2 Q_i} \right) \tag{1-20}$$

根据 Eshelly 张量，对椭球分类可得到 Q_{Di} 的表达式为

$$Q_{Di} = \begin{cases} \dfrac{1}{2}\left[\dfrac{1}{1 - \dfrac{1}{\alpha^2}} + \dfrac{\left(\dfrac{1}{\alpha^2}\right)\arctan\left(\dfrac{1}{\alpha^2} - 1\right)^{1/2}}{\left(\dfrac{1}{\alpha^2} - 1\right)^{3/2}} \right], & \alpha < 1 \\[4mm] \dfrac{1}{3}, & \alpha = 1 \\[4mm] \dfrac{\alpha\left[\alpha\left(\alpha^2 - 1\right)^{1/2} - \arctan h\left(1 - \dfrac{1}{\alpha^2}\right)^{1/2} \right]}{2\left(\alpha^2 - 1\right)^{3/2}}, & \alpha > 1 \end{cases} \tag{1-21}$$

2）自洽模型

Kröner 为了研究多晶体材料的弹性性能，提出了自洽模型，该模型的均匀化方法是指将复合材料中所有物相都看成夹杂物嵌于无限大未知的有效介质中。自洽法、广义自洽法、有效介质理论、差分有效介质法和广义有效理论等都属于典型的自洽模型。

自洽法同样可以被用来解决复合材料的扩散和电传导等问题。当颗粒物相没有连通时，复合材料在 d 维空间的有效扩散系数为

$$\sum_{r=0}^{N-1} f_r \left[\frac{D_r - D_{eff}}{D_r + (d-1)D_{eff}} \right] = 0 \qquad （1-22）$$

式中假设复合材料的所有相都为夹杂相，其体积分数分别为 f_0，f_1，$\cdots$，f_{N-1}，扩散系数分别为 D_0，D_1，$\cdots$，D_{N-1}。

由于自洽方法仅考虑了单夹杂与周围有效介质的作用，不能区分夹杂和基体在形貌上的差别，自洽法被认为更适用于没有基体的复合材料。为了克服这个缺点，Christensen 等提出了**广义自洽法**，将在等效基体中嵌入夹杂球体等效为由颗粒及其同心外包裹层组成的复合球。Bary 等将广义自洽法用于预测（$n+1$）层复合材料的有效扩散系数，其表达式为

$$D_{n+1}^{eff} = D_{n+1} + \frac{D_{n+1}\left(1 - \dfrac{f_{n+1}}{\sum\limits_{i=1}^{n+1} f_i}\right)}{\left(\dfrac{D_{n+1}}{D_{n+1}^{eff} - D_{n+1}}\right) + \dfrac{1}{3}\left(\dfrac{f_{n+1}}{\sum\limits_{i=1}^{n+1} f_i}\right)} \qquad （1-23）$$

式中：$D_{n+1}^{eff} = D_1$；D_{n+1} 和 f_{n+1} 分别为第（$n+1$）层的扩散系数和体积分数。

基于有效介质理论，Garboczi 总结了多孔材料的有效扩散系数为

$$\frac{D_{eff}}{D_0} = f_0 \beta \qquad （1-24）$$

式中：D_0 和 f_0 分别为孔相的扩散系数和体积分数；β 为孔结构参数。该方程只是简单建立扩散系数与孔结构的关系，而且影响扩散系数的孔结构参数却无法实测。为了更易获取模型参数，根据 Bruggeman 提出的差分有效介质法，综合考虑集料、浆体以及 ITZ 三相组分的混凝土扩散系数表达式为

$$D_{eff} = \frac{\left[2\left(D_{agg} - D_{ITZ}\right) + \alpha_j \left(D_{agg} + 2D_{ITZ}\right)\right] D_{ITZ}}{\left[-\left(D_{agg} - D_{ITZ}\right) + \alpha_j \left(D_{agg} + 2D_{ITZ}\right)\right]} \qquad （1-25）$$

$$\alpha_j = \frac{\left(b_j + h\right)^3}{b_j^{\,3}} \qquad （1-26）$$

式中：D_{agg} 和 D_{ITZ} 分别为集料和 ITZ 的扩散系数；b_j 为第 j 个集料的半径；h 为 ITZ 的厚度。

为了解决当孔隙率临近或超过逾渗阈值时复合材料扩散系数的预测问题，McLachlan 等根据 Bruggeman 对称理论和逾渗理论首先提出广义有效介质理论。Jang 基于 Nernst-Einstein 方程推导出广义有效介质理论运用于混凝土扩散系数的解析解为

$$\frac{D_{eff}}{D_0} = \left[m_\phi + \sqrt{m_\phi^2 + \frac{\phi_c}{1-\phi_c}\left(\frac{D_s}{D_0}\right)^{1/n}} \right]^n \tag{1-27}$$

$$m_\phi = \frac{1}{2}\left[\left(\frac{D_s}{D_0}\right)^{1/n} + \frac{\phi_c}{1-\phi_c}\left(1-\left(\frac{D_s}{D_0}\right)^{1/n}\right) - \frac{\phi_c}{1-\phi_c} \right] \tag{1-28}$$

式中：ϕ_c 为毛细孔的逾渗阈值；n 为指数，由孔结构参数决定，其取值范围为 1～2。

3）串并联模型

串联模型和并联模型分别又被称为 Voigt 模型和 Reuss 模型。Hobbs 利用串并联模型确定混凝土的扩散系数，其表达式为

串联模型：

$$D_{eff}^u = (1-f_a)D_p + f_a D_a \tag{1-29}$$

并联模型：

$$D_{eff}^l = \frac{1}{\dfrac{f_a}{D_a} + (1-f_a)D_p} \tag{1-30}$$

式中：D_{eff}^u 和 D_{eff}^l 分别为混凝土扩散系数的上限和下限；f_a 为集料的体积分数；D_a 和 D_p 分别为集料和浆体的体积分数。

为了考察水泥浆体中哪种物相对传输的贡献最大，Béjaoui 和 Bary 采用串并联混合模型研究在不同水灰比条件下各种传输通道所起的作用（图 1.19）。硬化水泥浆体中按照物相对传输贡献大小依次划分为：毛细孔、低密度 C-S-H 以及高密度 C-S-H。在低水灰比（W/C＜0.3）中，毛细孔和低密度 C-S-H 相镶嵌于高密度 C-S-H 基体中，此时毛细孔和低密度 C-S-H 不发生连通，传输行为由高密度 C-S-H 凝胶控制，可用串联模型表示；当水灰比为 0.3～0.45，毛细孔和低密度 C-S-H 所占体积分数显著提高，当低密度 C-S-H 凝胶发生逾渗现象时，硬化浆体的传输可用串并联模型表示，此时低密度 C-S-H 控制传输系数；在高水灰比（W/C＞0.45）中，毛细孔在整个浆体中彼此相互连通，此时传输用并联模型表示，整个硬化浆体的传输系数由毛细孔决定。

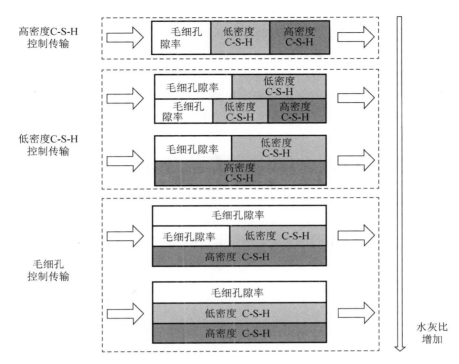

图 1.19　在不同水灰比下硬化浆体的串并联模型

1.2.4　混凝土的耐久性

1）国外混凝土耐久性研究

随着波特兰水泥的问世，人类便开始了应用混凝土建造建筑物的历史，同时，混凝土的耐久性问题也随之出现。早期，波特兰水泥主要应用于兴建大量的海岸防波堤、码头、灯塔等，这些构筑物长期经受外部介质的强烈影响，其中包括物理作用（如波浪冲击，泥砂磨蚀以及冰冻作用）的影响和化学作用（溶解在海水中的盐的作用）的影响。这些作用均导致上述构筑物的迅速破坏，因此，早期混凝土耐久性的研究主要是集中在了解海上构筑物中混凝土的腐蚀情况。在 19 世纪40 年代，为了探索在那些年代建成的码头被海水毁坏的原因，卓越的法国工程师Buka 对水硬性石灰以及用石灰和火山灰制成的砂浆性能进行了研究。1880～1890年，当第一批钢筋混凝土构件问世并首次应用于工业建筑物时，人们便开始研究钢筋混凝土能否在化学活性物质腐蚀条件下安全使用以及在工业大气环境中混凝土结构的耐久性问题。

20 世纪 20 年代初，随着结构计算理论及施工技术水平的相对成熟，混凝土结构开始被大规模采用，应用的领域也越来越广阔，因此许多新的耐久性损伤类型逐渐出现，这直接促使人们必须有针对性地进行研究。1925 年，美国开始在硫酸盐含量极高的土壤内进行长期试验，其目的是为了获取 25 年、50 年以至更长时间的混凝土腐蚀数据；联邦德国钢筋混凝土协会利用混凝土构筑物遭受沼泽水腐蚀而损坏的事例，也对混凝土在自然条件下的腐蚀情况进行了一次长期试验；1934～1954 年，苏联有关学者对混凝土在海水中的耐久性试验研究和对海上码头混凝土工程做的耐久性总结报告，提供了许多有关混凝土结构在自然条件下使用情况的可靠数据以及有关水泥种类、混凝土配合比和某些生产因素对混凝土抗蚀性影响的见解。20 世纪 40 年代，美国学者 Stanton 首先发现并定义了碱-集料反应，此后在许多国家混凝土结构的耐久性问题受到了重视；1945 年，Powers 等从混凝土亚微观入手，分析了孔隙水对孔壁的作用，提出了静水压假说和渗透压假说，开始了对混凝土冻融破坏的研究。1951 年，苏联学者 Байкв 和 Москин 最先开始了混凝土中钢筋锈蚀问题的研究，其目的是为了解决混凝土保护层最小的薄壁结构的防腐问题和使用高强度钢制作钢筋混凝土构件的问题。同时，在大规模研究工作的基础上各国相继制定了有关防腐标准规范，为建筑物具有足够耐久的混凝土结构奠定了基础。

进入 20 世纪 60 年代，混凝土的使用已经进入了高峰期，同时混凝土的耐久性研究也进入了一个高潮，并且开始朝系统化、国际化方向发展。国际材料与结构研究所联合会（RILEM）于 1960 年成立了混凝土中钢筋腐蚀技术委员会（12-CRC），旨在推动混凝土结构耐久性研究的发展，使得混凝土结构正常使用的问题逐渐成为国际学术机构和国际性学术会议讨论的重要课题之一。1961 年和 1969 年 RILEM 相继召开了国际混凝土耐久性学术会议；1970 年在布拉格召开了第六届、第七届国际水泥化学会议；1978～1993 年连续召开了六次有关建筑材料与构件的耐久性国际学术会议。1987 年，国际桥梁与结构协会（IABSE）在巴黎召开了混凝土的未来国际会议；1988 年在丹麦召开了混凝土结构的重新评估国际会议；1989 年在美国和葡萄牙举办了有关结构耐久性的国际会议。1991 年美国和加拿大联合举行了第二届混凝土结构耐久性国际学术会议。1993 年 IABSE 在丹麦哥本哈根召开了结构残余能力国际学术会议；2001 年 3 月 IABSE 代表相关组织和协会在马耳他岛召开了安全性、风险性与可靠性——工程趋势的国际学术会议。

这些学术活动的开展大大加强了各国学术界之间的合作与交流，取得了显著的成果，部分科研成果已应用于工程实践并成为指导工程设计、施工、维护等的标准性技术文件，如美国 ACI437 委员会在 1991 年的"已有混凝土房屋抗力评估"的报告中，提出了检测试验的详细方法和步骤；日本土木学会混凝土委员会于 1989 年制定了《混凝土结构物耐久件设计准则（试行）》；1992 年，欧洲混凝土委员会颁布的《耐久性混凝土结构设计指南》反映了当时欧洲混凝土结构耐久性研究的水平；2001 年亚洲混凝土模式规范委员会公布了《亚洲混凝土模式规范》（ACMC2001），提出了基于性能的设计方法。

2）国内混凝土耐久性研究

我国从 20 世纪 60 年代开始混凝土的耐久性研究，当时主要的研究内容是混凝土的碳化和钢筋的锈蚀。80 年代初，我国对混凝土耐久性进行广泛而深入的研究，取得了不少成果。中国土木工程学会于 1982 年、1983 年连续两次召开全国耐久性学术会议，为随后混凝土结构方面的规范的科学修订奠定了基础，推动了耐久性研究工作的进一步开展。有关部委和中国土木工程学会等有关部门结合工程的需要对混凝土结构的腐蚀组织进行了试验研究，收集了大量的试验数据。各高等院校作为科研工作的主要力量之一，也为混凝土的耐久性研究做了很多工作。国家科委 1994 年组织的国家基础性研究重大项目（攀登计划）"重大土木与水利工程安全性与耐久性的基础研究"取得了很多研究成果。2000 年 5 月在杭州举行的土木工程学会第九届年会学术讨论会，其中混凝土的耐久性是大会的主题之一，大会一致认为必须重视工程结构耐久性的研究。2001 年 11 月国内众多相关专家学者在北京举行的工程科技论坛上，就土建工程的安全性与耐久性问题进行了热烈的讨论，混凝土耐久性问题得到了前所未有的重视。2009 年我国首部《混凝土结构耐久性设计规范》（GB/T 50476—2008）问世，该规范在国内首次全面、系统地提出了混凝土结构耐久性设计与施工的基本法则和较详细的方法，以及正常维修和必要的定期检测要求，为科研院所、设计单位及施工单位设计与建造具有高耐久性的混凝土结构提供了科学依据。

主要参考文献

曹礼群，2002．材料物性的多尺度关联与数值模拟[J]．材料科学研究，24(6)：23-30.

丁庆军，何真，2009．现代混凝土胶凝浆体微结构形成机理研究进展[J]．中国材料进展，28(11)：8-18.

杜丹旭，2000．多相材料有效性质的理论研究[D]．北京：清华大学.

杜修力，金浏，2011．混凝土静态力学性能的细观力学方法述评[J]．力学进展，41(4)：411-426.

洪乃丰，2002．钢筋混凝土基础设施的腐蚀与全寿命经济分析[J]．建筑技术，33(4)：254-257.

慕儒，2000．冻融循环与外部弯曲应力、盐溶液复合作用下混凝土的耐久性与寿命预测[D]．南京：东南大学.

申爱琴，2000．水泥与水泥混凝土[M]．北京：人民交通出版社.

孙国文，2012．氯离子在水泥基复合材料中的传输行为与多尺度模拟[D]．南京：东南大学.

余红发，2004．盐湖地区高性能混凝土的耐久性、机理与使用寿命预测方法[D]．南京：东南大学.

张云升，2004．高性能地聚合物混凝土结构形成机理及其性能研究[D]．南京：东南大学.

赵铁军，2006．混凝土渗透性[M]．北京：科学出版社.

郑晓霞，郑锡涛，缑林虎，2010．多尺度方法在复合材料力学分析中的研究进展[J]．力学进展，40(1)：41-56.

ALLEN A J, THOMAS J J, JENNINGS H M, 2007. Composition and density of nanoscale calcium-silicate-hydrate in cement[J]. Nature Materials, 6(4): 311-316.

ALONSO C, ANDRADE C, GONZALEZ J A, 1988. Relation between resistivity and corrosion rate of reinforcements in carbonated mortar made with several cement types[J]. Cement and Concrete Research, 18(5): 687-698.

ANDRADE C, 1993. Calculation of chloride diffusion coefficients in concrete from ionic migration measurements[J]. Cement and Concrete Research, 23(3): 724-742.

ARYA C, XU Y, 1995. Effect of cement type on chloride binding and corrosion of steel in concrete[J]. Cement and Concrete Research, 25(4): 893-902.

BAI J, WILD S, WARE J A, et al., 2003. Using neural networks to predict workability of concrete incorporating metakaolin and fly ash[J]. Advances in Engineering Software, 34(11-12): 663-669.

BARY B, SELLIER A, 2004. Coupled moisture—carbon dioxide–calcium transfer model for carbonation of concrete[J]. Cement and Concrete Research, 34(10): 1859-1872.

BASHEER P, 1993. Technical note: A brief review of methods for measuring the permeation properties of concrete in situ[J]. Proceedings of the ICE-Structures and Buildings, 99(1): 74-83.

BEAR J, BACHMAT Y, 1990. Introduction to Modeling of Transport Phenomena in Porous Media[M]. London: Kluwer Academic Pub.

BÉJAOUI S, BARY B, 2007. Modeling of the link between microstructure and effective diffusivity of cement pastes using a simplified composite model[J]. Cement and Concrete Research, 37(3): 469.

BERNARD F, KAMALI S, PRINCE W, 2008. 3D multi-scale modelling of mechanical behaviour of sound and leached mortar[J]. Cement and Concrete Research, 38(4): 449-458.

BERNARD F, KAMALI S, 2010. Performance simulation and quantitative analysis of cement-based materials subjected to leaching[J]. Computational Materials Science, 50(1): 218-226.

BERTOLINI L, CARSANA M, REDAELLI E, 2008. Conservation of historical reinforced concrete structures damaged by carbonation induced corrosion by means of electrochemical re-alkalization[J]. Journal of Cultural Heritage, 9(4): 376-385.

BIRNIN-YAURI U A, GLASSER F P, 1998. Friedel's salt, $Ca_2Al(OH)_6(Cl, OH)$-$2H_2O$: its solid solutions and their role in chloride binding[J]. Cement and Concrete Research, 28(12): 1713-1723.

BISHNOI S, SCRIVENER K L, 2009. µic: A new platform for modelling the hydration of cements[J]. Cement and Concrete Research, 39(4): 266-274.

BÖHNI H, 2005. Corrosion in Reinforced Concrete Structures[M]. Abington: Woodhead Publishing Limited, Abington Hall.

BRUGGEMAN D A G, 1935. Berechnung verschiedener physikalischer konstanten von heterogenen substanzen[J]. Annalen der Physik, 24: 636-664.

BYFORS K, 1987. Influence of silica fume and flash on chloride diffusion and pH values in cement paste[J]. Cement and Concrete Research, 17(1): 115-130.

CARÉ S, HERVÉ E, 2004. Application of a n-phase model to the diffusion coefficient of chloride in mortar[J]. Transport in Porous Media, 56(2): 119-135.

CARPENTER T, DAVIES E, HALL C, et al., 1993. Capillary water migration in rock: process and material properties examined by NMR imaging[J]. Materials and Structures, 26(5): 286-292.

CHAN S Y N, JI X, 1999. Comparative study of the initial surface absorption and chloride diffusion of high performance zeolite, silica fume and PFA concretes[J]. Cement and Concrete Composites, 21(4): 293-300.

CHRISTENSEN B J, COVERDALE T, OLSON R A, et al., 1994. Impedance spectroscopy of hydrating cement-based materials: Measurement, interpretation, and application[J]. Journal of the American Ceramic Society, 77(11): 2789-2804.

CHRISTENSEN R M, LO K H, 1979. Solutions for effective shear properties in three phase sphere and cylinder models[J]. Journal of the Mechanics and Physics of Solids, 27(4): 315-330.

CHRISTENSEN R M. 1979. Mechanics of Composite Materials[M]. New York: Wiley Interscience.

CONSTANTINIDES G, ULM F J, VLIET K, 2003. On the use of nanoindentation for cementitious materials[J]. Materials and Structures, 36(3): 191-196.

CONSTANTINIDES G, ULM F J, 2004. The effect of two types of C-S-H on the elasticity of cement-based materials: Results from nanoindentation and micromechanical modeling[J]. Cement and Concrete Research, 34(1): 67-80.

CUI L, CAHYADI J H, 2001. Permeability and pore structure of OPC paste[J]. Cement and Concrete Research, 31(2): 277-282.

CUSSON D, PAULTRE P, 1995. Stress-strain model for confined high-strength concrete[J]. Journal of Structural Engineering, 121(3): 468-477.

DIAMOND S, 2000. Mercury porosimetry: An inappropriate method for the measurement of pore size distributions in cement-based materials[J]. Cement and Concrete Research, 30(10): 1517-1525.

DOMONE P, 1998. The slump flow test for high-workability concrete[J]. Cement and Concrete Research, 28(2): 177-182.

ESHELBY J D, 1957. The determination of the elastic field of an ellipsoidal inclusion, and related problems[J]. Proceedings of the Royal Society of London. Series A. Mathematical and Physical Sciences, 241(1226): 376-396.

GALLUCCI E, SCRIVENER K, GROSO A, et al., 2007. 3D experimental investigation of the microstructure of cement pastes using synchrotron X-ray microtomography(μCT)[J]. Cement and Concrete Research, 37(3): 360-368.

GARBOCZI E J, BENTZ D P, 1992. Computer simulation of the diffusivity of cement-based materials[J]. Journal of Materials Science, 27(8): 2083-2092.

GARBOCZI E J, BERRYMAN J G, 2000. New effective medium theory for the diffusivity or conductivity of a multi-scale concrete microstructure model[J]. Concrete Science and Engineering, 2: 88-96.

GARBOCZI E J, 1990. Permeability, diffusivity, and microstructural parameters: A critical review[J]. Cement and Concrete Research, 20(4): 591-601.

GARTNER E, YOUNG J, DAMIDOT D, et al., 2002. Hydration of Portland cement[J]. Structure and Performance of Cements, 13: 978-1000.

GLASS G K, PAGE C L, SHORT N R, 1991. Factors affecting the corrosion rate of steel in carbonated mortars[J]. Corrosion Science, 32(12): 1283-1294.

GLASSER F P, SAGOE-CRENTSIL K K, 1989. Steel in concrete. Part II: Electron microscopy analysis[J]. Magazine of Concrete Research, 41(149): 213-220.

GLIMM J, SHARP D, 1997. Multiscale science: A challenge for the twenty-first century[J]. SIAM News, 30(8): 1-7.

GONZALEZ C A G, et al., 2006. Modification of composition and microstructure of Portland cement pastes as a result of natural and supercritical carbonation procedures[J]. Industrial & Engineering Chemistry Research, 45(14): 4985-4992.

GONZALEZ C A G, et al., 2007. Porosity and water permeability study of supercritically carbonated cement pastes involving mineral additions[J]. Industrial & Engineering Chemistry Research, 46(8): 2488-2496.

GONZALEZ J A, et al, 1996. Some questions on the corrosion of steel in concrete. Part I: when, how and how much steel corrodes. Materials and Structures, 29(1): 40-46.

GONZALEZ J A, et al., 1996. Some questions on the corrosion of steel in concrete. Part Ⅱ: Corrosion mechanism and monitoring, service life prediction and protection methods[J]. Materials and Structures, 29(2): 97-104.

GOUAL M S, DE BARQUIN F, BENMALEK M L, et al., 2000. Estimation of the capillary transport coefficient of clayey aerated concrete using a gravimetric technique[J]. Cement and Concrete Research, 30(10): 1559-1563.

GUMMERSON R J, HALL C, HOFF W D, et al., 1979. Unsaturated water flow within porous materials observed by NMR imaging[J]. Nature, 281(5726): 56-57.

HALL C, 1989. Water sorptivity of mortars and concretes[J]. Mag. Concr. Res., 41(147): 51-61.

HAN D G, CHOI G M, 1998. Computer simulation of the electrical conductivity of composites: the effect of geometrical arrangement[J]. Solid State Ionics, 106(1–2): 71-87.

HAUSMANN D A, 1967. Steel corrosion in concrete-how does it occur?[J]. Materials Protection, 6(11): 19-23.

HAUSMANN D A, 2007. Three myths about corrosion of steel in concrete[J]. Materials Performance, 46(8): 70-73.

HIDALGO A, et al., 2008. Microstructural changes induced in Portland cement-based materials due to natural and supercritical carbonation[J]. Journal of Materials Science, 43(9): 3101-3111.

HOBBS D W, 1999. Aggregate influence on chloride ion diffusion into concrete[J]. Cement and Concrete Research, 29(12): 1995-1998.

HUET B, L'HOSTIS V, SANTARINI G, et al., 2007. Steel corrosion in concrete determinist modeling of cathodic reaction as a function of water saturation degree[J]. Corrosion Science, 49(4): 1918-1932.

HUET B. et al., 2005. Electrochemical behavior of mild steel in concrete: Influence of pH and carbonate content of concrete pore solution[J]. Electrochimica Acta, 51(1): 172-180.

IGARASHI S, KAWAMURA M, WATANABE A, 2004. Analysis of cement pastes and mortars by a combination of backscatter-based SEM image analysis and calculations based on the Powers model[J]. Cement and Concrete Composites, 26(8): 977-985.

ISHIDA T, IQBAL P O N, ANH H T L, 2009. Modeling of chloride diffusivity coupled with non-linear binding capacity in sound and cracked concrete[J]. Cement and Concrete Research, 39(10): 913-923.

IUPAC, 1972. Manual of symbols and terminology, appendix 2, part 1[J]. J. Pure. Appl. Chem., 31: 578.

JANG S Y, KIM B S, OH B H, 2011. Effect of crack width on chloride diffusion coefficients of concrete by steady-state migration tests[J]. Cement and Concrete Research, 41(1): 9-19.

JANG S, 2003. Modeling of chloride transport and carbonation in concrete and prediction of service life of concrete structures considering corrosion of steel reinforcement[D]. Seoul: Seoul National University.

JENNINGS H, DALGLEISH B, PRATT P, 1981. Morphological development of hydrating tricalcium silicate as examined by electron microscopy techniques[J]. Journal of the American Ceramic Society, 64(10): 567-572.

JENNINGS H M, JOHNSON S K, 1986. Simulation of microstructure development during the hydration of a cement compound[J]. Journal of the American Ceramic Society, 69(11): 790-795.

JENNINGS H M, 2004. Colloid model of C-S-H and implications to the problem of creep and shrinkage [J]. Materials and Structures, 37: 59. 70.

JIANG L, GUAN Y, 1999. Pore structure and its effect on strength of high-volume fly ash paste[J]. Cement and Concrete Research, 29(4): 631-633.

KAUFMANN J, 2010. Pore space analysis of cement-based materials by combined Nitrogen sorption–wood's metal impregnation and multi-cycle mercury intrusion[J]. Cement and Concrete Composites, 32(7): 514-522.

KOENDERS E, VAN BREUGEL K, 1997. Numerical modelling of autogenous shrinkage of hardening cement paste[J]. Cement and Concrete Research, 27(10): 1489, 1499.

KRÖNER E, 1958. Berechnung der elastischen konstanten des vielkristalls aus den konstanten des einkristalls[J]. Zeitschrift für Physik, 151(4): 504-518.

KUHL D, BANGERT F, MESCHKE G, 2004. Coupled chemo-mechanical deterioration of cementitious materials. Part I : Modeling and Part II : Numerical methods and simulations[J]. International Journal of Solids and Structures, 41(1): 15-67.

KUMAR R, BHATTACHARJEE B, 2003. Study on some factors affecting the results in the use of MIP method in concrete research[J]. Cement and Concrete Research, 33(3): 417-424.

LAMBERT P, PAGE C L, VASSIE P R W, 1991. Investigations of reinforcement corrosion 2: Electrochemical monitoring of steel in chloride-contaminated concrete[J]. Materials and Structures, 24(5): 351-358.

LAWRENCE JR F, YOUNG J, 1973. Studies on the hydration of tricalcium silicate pastes I. Scanning electron microscopic examination of microstructural features[J]. Cement and Concrete Research, 3(2): 149-161.

LCPC, 2007. Concrete design for a given structure service life: Durability. management with regard to reinforcement corrosion and alkali-silica reaction[J]. France: 181-185.

LE BELLÉGO C, PIJAUDIER C G, GÉRARD B, et al., 2003. Coupled mechanical and chemical damage in calcium leached cementitious structures[J]. ASCE Journal of Engineering Mechanics, 2003, 129(3): 333-341.

LEECH C, LOCKINGTON D, DUX P, 2003. Unsaturated diffusivity functions for concrete derived from NMR images[J]. Materials and Structures, 36(6): 413-418.

LI Z, WEI X, LI W, 2003. Preliminary interpretation of Portland cement hydration process using resistivity measurements[J]. Aci. Materials Journal, 100(3): 253-257.

LOCHER F W, RICHARTZ W, SPRUNG S, 1976. Erstarren von zement I : Reaktion und gefugeentwicklung[J]. Zement-Kalk-Gips, 29(10): 435-442.

LU X, 1997. Application of the Nernst-Einstein equation to concrete[J]. Cement and Concrete Research, 27(2): 293-302.

LUO R, CAI Y, WANG C, et al., 2003. Study of chloride binding and diffusion in GGBS concrete[J]. Cement and Concrete Research, 33(1): 1-7.

MAEKAWA K, ISHIDA T, KISHI T, 2009. Multi-Scale Modeling of Structural Concrete[M]. New York: Taylor & Francis.

MANGAT P S, MOLLOY B T, 1994. Prediction of long term chloride concentration in concrete[J]. Materials and Structures, 27(6): 338-346.

MARCHAND J, SAMSON E, 2009. Predicting the service-life of concrete structures-limitations of simplified models[J]. Cement & Concrete Composites, 31, (8): 515-521.

MAXWELL J C, 1904. A Treatise on Electricity and Magnetism[M]. London: Oxford University Press.

MCCARTER W, CHRISP T, STARRS G, et al., 2003. Characterization and monitoring of cement-based systems using intrinsic electrical property measurements[J]. Cement and Concrete Research, 33(2): 197-206.

MCLACHLAN D S, BLASZKIEWICZ M, NEWNHAM R E, 1990. Electrical resistivity of composites[J]. Journal of the American Ceramic Society, 73(8): 2187-2203.

MEHTA P K, MONTEIRO P J M, 2006. Concrete-Microstructures, Properties, and Materials[M]. Prentice-Hall.

MINDESS S, YOUNG J F, 1981. Concrete[M]. Englewood Cliffs: Prentice-Hall.

MOHAMMED T U, HAMADA H, 2003. Relationship between free chloride and total chloride contents in concrete[J]. Cement and Concrete Research, 33(9): 1487-1490.

MORI T, TANAKA K, 1973. Average stress in matrix and average elastic energy of materials with misfitting inclusions[J]. Acta Metallurgica, 21(5): 571-574.

MUSKAT M, 1937. The Flow of Homogeneous Fluids Through Porous Media[M]. New York: McGraw-Hill Book Company Inc.

NAVI P, PIGNAT C, 1996. Simulation of cement hydration and the connectivity of the capillary pore space[J]. Advanced Cement Based Materials, 4(2): 58-67.

NGUYEN V H, COLINA H, TORRENTI J M, et al., 2007. Chemo-mechanical coupling behavior of leached concrete Part I : Experimental result and Part II : Modeling[J]. Nuclear Engineering and Design, 237(20/21): 2083-2097.

NIELSEN A F, 1972. Gamma-ray-attenuation used for measuring the moisture content and homogeneity of porous concrete[J]. Building Science, 7(4): 257-263.

NONAT A, 2004. The structure and stoichiometry of CSH[J]. Cement and Concrete Research, 34(9): 1521-1528.

PAGE C L, LAMBERT P, VASSIE P R W, 1991. Investigations of reinforcement corrosion. 1: The pore electrolyte phase in chloride-contaminated concrete[J]. Materials and Structures, 24(4): 243-252.

PAGE C L, TREADAWAY K W J, 1982. Aspects of the electrochemistry of steel in concrete[J]. Natrue, 297(13): 109-115.

PAPADAKIS V G, VAYENAS C G, Fardis M N, 1991. Fundamental modeling and experimental investigation of concrete carbonation[J]. ACI Materials Journal, 88(4): 363-373.

PHILLIPSON M C, BAKER P H, DAVIES M, et al., 2007. Moisture measurement in building materials: An overview of current methods and new approaches[J]. Building Services Engineering Research & Technology, 28(4): 303-316.

POWERS T C, 1958. Structure and physical properties of hardened portland cement Paste[J]. Journal of the American Ceramic Society, 41(1): 1-6.

RAMACHANDRAN V S, BEAUDOIN J J, 2001. Handbook of Analytical Techniques in Concrete Science and Technology: Principles, Techniques, and Applications[M]. Noyes: Noyes Publications.

ROELS S, CARMELIET J, 2006. Analysis of moisture flow in porous materials using microfocus X-ray radiography[J]. International Journal of Heat and Mass Transfer, 49(25-26): 4762-4772.

SAGOE-CRENTSIL K K, GLASSER F P, 1989. Steel in concrete: Part I : A review of the electrochemical and thermodynamic aspects[J]. Magazine of Concrete Research, 41(149): 205-212.

SANT G, FERRARIS C F, WEISS J, 2008. Rheological properties of cement pastes: A discussion of structure formation and mechanical property development[J]. Cement and Concrete Research, 38(11): 1286-1296.

SANTOS A, 2003. Transport coefficients of d-dimensional inelastic Maxwell models[J]. Physica A: Statistical Mechanics and its Applications, 321(3-4): 442-466.

SONG H W, PACK S W, NAM S H, et al., 2010. Estimation of the permeability of silica fume cement concrete[J]. Construction and Building Materials, 24(3): 315-321.

STUTZMAN P E, 2000. Scanning electron microscopy in concrete petrography[J]. Materials Science of Concrete Special Volume: Calcium Hydroxide in Concrete, Proceedings-Anna Maria Island-FL: 59-72.

TANG L P, NILSSON L O, 1992. Rapid-determination of the chloride diffusivity in concrete by applying an electrical-field[J]. Aci. Materials Journal, 89(1): 49-53.

TAYLOR H F W, 1997. Cement Chemistry[M]. London: Thomas Telford Publishing.

TENNIS P D, JENNINGS H M, 2000. A model for two types of calcium silicate hydrate in the microstructure of Portland cement pastes[J]. Cement and Concrete Research, 30(6): 855-863.

TORQUATO S, 2002. Random Heterogeneous Materials: Microstructure and Macroscopic Properties[M]. New York: Springer-Verlag.

ULM F J, CONSTANTINIDES G, HEUKAMP F H, 2004. Is concrete a poromechanics materials?—A multiscale investigation of poroelastic properties[J]. Materials and Structures, 37(1): 43-58.

ULM F J, COUSSY O, LI K F, et al., 2000. Thermo-Chemo-Mechanics of ASR Expansion in Concrete Structure[J]. ASCE Journal of Engineering Mechanics, 126(3): 233-242.

vAN BREUGEL K, 1995. Numerical simulation of hydration and microstructural development in hardening cement-based materials: (II) applications[J]. Cement and Concrete Research, 25(3): 522-530.

WANG L, UEDA T, 2011. Mesoscale modeling of water penetration into concrete by capillary absorption[J]. Ocean Engineering, 38(4): 519-528.

WHITTINGTON H, MCCARTER J, FORDE M, 1981. The conduction of electricity through concrete[J]. Magazine of Concrete Research, 33(114): 48-60.

XIAO L, LI Z, 2009. New understanding of cement hydration mechanism through electrical resistivity measurement and microstructure investigations[J]. Journal of Materials in Civil Engineering, 21(8): 368-373.

YANG C C, CHO S W, HUANG R, 2002. The relationship between charge passed and the chloride-ion concentration in concrete using steady-state chloride migration test[J]. Cement and Concrete Research, 32(2): 217-222.

YANG C C, 2005. Effect of the percolated interfacial transition zone on the chloride migration coefficient of cement-based materials[J]. Materials Chemistry and Physics, 91(2-3): 538-544.

YANG C, SU J, 2002. Approximate migration coefficient of interfacial transition zone and the effect of aggregate content on the migration coefficient of mortar[J]. Cement and Concrete Research, 32(10): 1559-1565.

YE G, LURA P, BREUGEL K, 2006. Modelling of water permeability in cementitious materials[J]. Materials and Structures, 39(9): 877-885.

YE G, VAN BREUGEL K, FRAAIJ A, 2003. Three-dimensional microstructure analysis of numerically simulated cementitious materials[J]. Cement and Concrete Research, 33(2): 215-222.

ZHANG P, WITTMANN F H, ZHAO T, et al., 2010. Neutron imaging of water penetration into cracked steel reinforced concrete[J]. Physica B: Condensed Matter, 405(7): 1866-1871.

ZHANG P, WITTMANN F H, ZHAO T, et al., 2011. Neutron radiography, a powerful method to determine time-dependent moisture distributions in concrete[J]. Nuclear Engineering and Design, 241(12): 4758-4766.

ZHANG Y S, Li Z J, SUN W, et al., 2009. Setting and hardening of geopolymeric cement pastes incorporated with fly ash[J]. Aci. Materials Journal, 106(5): 405-412.

ZHANG Y, SUN W, LIU S, 2002. Study on the hydration heat of binder paste in high-performance concrete[J]. Cement and Concrete Research, 32(9): 1483-1488.

ZHENG J J, WONG H S, BUENFELD N R, 2009. Assessing the influence of ITZ on the steady-state chloride diffusivity of concrete using a numerical model[J]. Cement and Concrete Research, 39(9): 805-813.

第2章 现代混凝土微结构形成过程的实验研究和数值模拟

现代混凝土材料的水化和微结构形成过程对硬化混凝土的传输有重要的影响，本章从实验研究和数值模拟两个角度系统分析了现代混凝土材料微结构形成特征、固相和孔相的逾渗行为。在实验方面，采用自行研制的混凝土结构形成过程原位连续超声波监测仪和无电极电阻率测试仪，研究了水胶比（0.23～0.53）、养护温度（20～90℃）、矿物掺和料种类（硅灰、粉煤灰和矿渣）和掺量（5%～60%）、粗细集料等关键因素对现代混凝土水化和微结构演化过程的影响规律点，提出了现代混凝土形成中的三个特征点（预先逾渗时间、初始逾渗时间、完全连通时间），建立了现代混凝土微结构形成过程的四阶段模型，即溶解期、诱导期、加速期和减速期。基于超声波实验，分析了固相逾渗过程和规律；基于电阻率实验，探讨了孔相从连通到阻断的过程，建立了电阻率与孔隙率、曲折度因子、收缩因子等孔结构参数之间的定量关系。利用 X-CT 技术原位观察了水化过程中现代混凝土内部大孔的演变过程。在数值模拟方面，运用水泥水化动力学理论和计算机技术，采用数字图像基水化模型分析和模拟了现代混凝土固相连通和毛细孔阻断的演变过程，确定了固相和孔相的逾渗时间和逾渗阈值（毛细孔、C-S-H 及 CH 相的逾渗阈值分别为 0.18、0.12、0.12），并提出了相应的形成机理。在此基础上，还将数值模拟结果与实验结果进行了对比。

2.1 超声法追踪固相的逾渗过程

2.1.1 简述

混凝土材料是世界上用量最大的人工建筑材料，它的各种宏观性能包括力学性能以及耐久性能是由内部微结构所决定的。水泥水化是一种复杂的物理过程和化学过程，其微结构随着时间的推移而发展与变化，具有时变效应。同时，由于其形成的微结构是不均匀的，且非常复杂，阐述微结构与宏观性能之间的关系十分困难。

混凝土材料早期微结构形成过程是一个复杂的过程。水泥与水拌和会发生一系列复杂的水化反应，包括水泥颗粒的溶解、沉淀、凝聚以及扩散。在这期间，混凝土材料的物理、化学和力学特性随时间发生显著的变化，对最终的宏观性能，如体积变形、水化放热特性、凝结时间以及耐久性等产生重要的影响。因此，深入了解微结构的演变过程将有利于调控混凝土材料的宏观特性。

目前，研究早期微结构形成过程的主要方法包括维卡仪与贯入阻抗法、扫描电镜法（SEM）、X 射线衍射法（XRD）等。然而，这些测试方法具有非连续、破坏性和耗时等缺点。因此，需要开发一种无损监测仪器用于连续追踪混凝土材料的早期微结构的形成过程。

斯图加特大学 Grosse 和 Reinhardt 等发明了一种超声装置，通过监测超声波波速随时间的变化来表征新拌水泥浆体的水化过程。基于 Grosse 和 Reinhardt 等开发的仪器，我们对其进行了改进。相比较于传统的超声仪，新型的超声仪具有以下优点：①能够在高温条件下工作；②探头与试样直接接触，消除了样品模具对超声波的影响；③为了方便卸模，模具横截面被设计为梯形。

2.1.2　工作原理

当固相介质承受振动加载时，可以产生三种不同的应力波：纵波（压力波）、横波（剪切波）以及表面波。波长（λ）、频率（f）和波速（V）是超声波在各向同性材料中传播过程中的三个主要参数。它们之间的关系为

$$\lambda = \frac{V}{f} \tag{2-1}$$

对于某一特定材料，超声波速是恒定值。众所周知，超声波的频率大于 20 kHz。因此，高的超声频率将导致波长变短，更利于超声波在混凝土材料中传播。在固相材料中，超声波波速与材料的密度和弹性常数之间的关系如式（2-2）所示为

$$C = \sqrt{\frac{C}{\rho}} \tag{2-2}$$

式中：ρ 为材料的密度；C 为材料的弹性常数，它与体积模量（K）和剪切模量（G）有关，即

$$C = K + \frac{4}{3G} \tag{2-3}$$

其中

$$K = \frac{E}{3(1-2\upsilon)} \tag{2-3a}$$

$$G = \frac{E}{2(1+\upsilon)} \tag{2-3b}$$

$$\upsilon = -\frac{\varepsilon_2}{\varepsilon_1} \tag{2-3c}$$

上述式中：E 为杨氏模量；υ 为泊松比；ε_1 和 ε_2 分别为材料横截面的横向应变和纵向应变。

因此，纵波的波速（V_L）为

$$V_L = \sqrt{\frac{E(1-\upsilon)}{\rho(1-2\upsilon)(1+\upsilon)}} \qquad (2\text{-}4)$$

由于液相和气相不能承受剪切应力 $G=0$，在混凝土材料未硬化之前，超声波波速为

$$V_L = \sqrt{\frac{E}{3\rho(1-2\upsilon)}} \qquad (2\text{-}5)$$

2.1.3 新型超声仪装置

用于测试早期微结构形成过程的新型超声仪装置如图 2.1 所示。它由三个部分组成，即超声仪、温度控制装置以及样品模具。当超声仪通过探头发射超声波的，该波直接穿过待测的水泥基样品并被另一个探头传感器所接收，随之获得超声传播的时间 t。如果已知样品的长度 L，则超声波从样品一端传播到另一端的波速为

$$V = \frac{L}{t} \qquad (2\text{-}6)$$

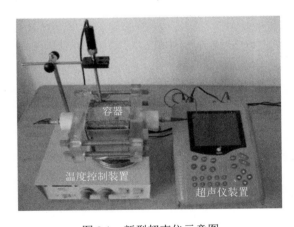

图 2.1　新型超声仪示意图

本次试验中，超声波频率设置为 2.5MHz。根据选择超声波频率的原则，波长应远远小于样品横截面尺寸，且要远远大于水泥颗粒粒径。由于超声波在水泥基材料中的传播波速范围为 500～5000m/s，超声频率为 2.5MHz 时，则波长为 0.2～2mm。试验中样品横截面尺寸和水泥颗粒平均粒径分别为 40mm 和 15.61μm，因此超声波频率的选择满足本次试验的要求。

样品模具是该超声仪装置最重要的部分，如图 2.2 所示。为了能够在高温条件下监测水泥基复合材料早期微结构演变过程，选择泡沫铝作为模具的材料。它具备以下几个优点：①耐高温；②良好的导热性；③较高的声波阻尼系数（可阻

止超声波模具中传播）。同时，在模具的外围安装上油浴系统，目的是维持样品在某一恒定高温。为了让超声波直接穿过水泥基浆体，而不是从模具中穿过，首先把两个超声探头传感器装入塑料夹头中，并分别固定在两块聚酰亚胺板上；然后用四根螺栓把样品模具固定在聚酰亚胺板之间。模具的横截面为梯形，其尺寸大小为底边长 40mm、顶边长 50mm、高度 50mm、长度 100mm。

图 2.2　样品模具示意图

为了检测高温条件下超声仪装置工作的稳定性，分别用两个温度传感器来同时测试油浴和样品内部的温度。图 2.3 为样品内部和外部温度随时间的变化图。当模具中的油浴温度保持在 90℃±1℃时，样品内部温度首先快速增加到 88℃，随后保持温度不变。内部温度和外部温度的误差为 2.22%，表明该超声仪装置能够在高温条件下保持样品内部温度与外部油浴温度相一致，具有良好的工作稳定性。

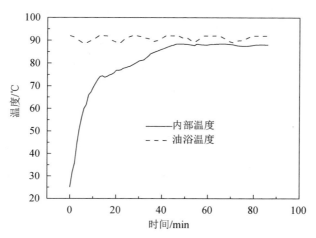

图 2.3　超声仪装置中样品内部温度随外部温度的变化

2.1.4　原材料及实验方法

2.1.4.1　原材料

（1）水泥（cement）。采用华新水泥股份有限公司生产的 P·I 52.5 硅酸盐水泥，28d 抗压和抗折强度分别为 60.5MPa 和 8.7MPa。

（2）粉煤灰（fly ash，FA）。采用镇江谏壁电厂提供的一级粉煤灰（低钙）。

（3）硅灰（silica fume，SF）。采用贵州海天铁合金磨料有限公司，SiO_2 含量为 92%。

（4）磨细矿渣（slag，SL）。采用江南粉磨有限公司提供的 S95 级高性能磨细矿渣微粉。

（5）细集料（fine aggregates）。采用三种细度模数的河砂（1.88、2.64、3.70），密度为 $2.65g/cm^3$，含泥量小于 1.5%，泥块含量小于 0.5%。

（6）粗集料（coarse aggregates）。采用连续级配石灰岩，最大集料粒径为 10mm 和 16mm。

（7）水。采用自来水。

主要原材料的化学组成和物理性质如表 2.1 所示。

表 2.1　地原材料的化学组成和物理性质

原材料	物理性能		化学成分								
	密度 /（kg/m³）	比表面积 /（m²/kg）	CaO	SiO_2	Al_2O_3	Fe_2O_3	MgO	SO_3	K_2O	Na_2O	LOI
水泥	3150	370	62.6	21.35	4.67	3.31	3.08	2.25	0.54	0.21	0.95
粉煤灰	2240	454	4.77	54.88	26.89	6.49	1.31	1.16	1.05	0.88	3.10
矿渣	2800	416	34.54	28.15	16.00	1.10	6.00	0.32	0.45	0.46	2.88
硅灰	2250	22 205	1.72	92.00	0.78	0.79	2.71	1.16	—	—	4.67

2.1.4.2　配合比设计

本次试验制备出三种水泥基材料，即净浆、砂浆和混凝土。净浆中分别研究水胶比（0.23、0.35、0.53）、矿物掺和料的种类和掺量（硅灰：4%和13%；磨细矿渣：10%、30%、50%和70%；粉煤灰：10%、30%、50%）的影响；砂浆中研究胶砂比（0.57、0.86、1.33）和细集料细度模数（1.88、2.64、3.70）的影响；混凝土中研究粗集料最大粒径（10mm、16mm）的影响。为了研究温度的影响，分别在 20℃、40℃、60℃和 80℃下观察净浆的微结构演变过程。详细的配合比如表 2.2 所示。

2.1.4.3　实验方法

首先对超声仪装置进行安装调试，往油浴槽中加入导热油，放入温度传感器，然后打开加热装置，通过调节温度控制装置设定实验要求的温度。然后按照表 2.2

中的实验配合比，将固体原料（胶凝材料或集料）在行星式搅拌机中低速干搅 1min，然后将水倒入预拌的混合物中先低速后高速各搅拌 2min；迅速将新拌混合物倒入超声仪装置的模具中振实，在样品表面覆盖上塑料薄膜，保持湿度大于 95%。启动超声仪装置记录超声波波速随时间的变化情况，记录频率为 1 次/min。

表2.2　三种水泥基复合材料的配合比

原料	配比编号	矿物掺加料掺量				细集料		粗集料	
		水胶比	SF	SL	FA	胶砂比	细度模数	砂骨比	最大公称直径
胶凝材料净浆	Cem-1	0.23							
	Cem-2	0.35							
	Cem-3	0.53							
	Cem2-40℃	0.35							
	Cem2-60℃	0.35							
	Cem2-80℃	0.35							
	Cem2-SF1	0.23	4						
	Cem2-SF2	0.23	13						
	Cem2-SL1	0.35		10					
	Cem2-SL2	0.35		30					
	Cem2-SL3	0.35		50					
	Cem2-SL4	0.35		70					
	Cem2-FA1	0.35			10				
	Cem2-FA2	0.35			30				
	Cem2-FA3	0.35			50				
砂浆	Mort-1	0.35				1.33	2.64		
	Mort-2	0.35				0.86	2.64		
	Mort-3	0.35				0.57	2.64		
	Mort-4	0.35				0.57	3.70		
	Mort-5	0.35				0.57	1.88		
混凝土	Concr-1	0.35				0.67	2.64	0.6	10
	Concr-2	0.35				0.67	2.64	0.6	16

2.1.5　实验结果和讨论

2.1.5.1　典型水泥净浆的波速变化曲线

图 2.4 为水灰比 0.35 的水泥净浆在 20℃下超声波速随时间变化的典型曲线。从图 2.4 中可以看出，超声波波速曲线可以分为三个阶段。Ye 等和 Chotard 等分别利用超声法研究硅酸盐水泥和铝酸钙的早期水化过程，波速曲线同样出现三个阶段。Lee 等研究表明高性能混凝土也会出现类似的曲线。

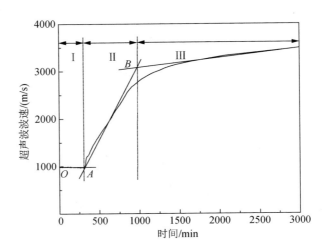

图 2.4　典型的水泥净浆超声波波速变化曲线

（1）阶段Ⅰ（$O{\rightarrow}A$）：在该阶段，超声波波速大约为 1000m/s，几乎保持恒定不变。该值小于超声波在水中的传播波速 1480m/s，这是因为浆体在搅拌混合过程中混入一些气泡，阻碍超声的传播。Povey 的实验结果也表明水中的气泡会使纵波出现反射和衰减情况。随着时间的增加，水化开始产生少量的水化产物。在第Ⅰ阶段末期，波速开始增加。因此，第Ⅰ阶段可以称为诱导期。

（2）阶段Ⅱ（$A{\rightarrow}B$）：诱导期之后，波速迅速从 1000m/s 增长到 3400m/s。根据 Boumiz 等的研究结果和 Ye 等的模型，水化产物主要在颗粒的表面成核、生长，并向外扩展，填充浆体中的毛细孔。这些生成的水化产物把水泥颗粒连接起来，形成颗粒絮团。随着水化的进行，小的絮团彼此互相搭接，逐步形成大的颗粒絮团，最后在诱导末期形成一条贯穿样品的固相连通通道。此时，超声波开始从连接的固相通道中传播，取代之前从固-液悬浮态中传播。由此可以看出，转折点 A 为水泥净浆的初始固相逾渗阈值，即在浆体内部开始形成第一条固相逾渗通道，如图 2.5 所示。因此，超声波能够迅速通过这条逾渗通道，导致在时间 A 点之后超声波速度显著增加。此阶段被称为加速期。

（3）阶段Ⅲ（$B{\rightarrow}\infty$）：在该阶段，速度曲线缓慢增加，后期逐渐趋于水平。意味着在时间点 B 之后几乎所有的固相全部连通，形成一个网状结构（图 2.6）。此后，由于生成少量水化产物继续填充毛细孔，超声波波速缓慢增加。这一阶段被称为减速期。

根据以上分析结果，超声波速度曲线中两个关键时间（A 和 B）对研究水泥净浆的早期结构形成过程起到关键作用。A 点为固相开始连通时间点，B 点表示固相完全连通时间点。

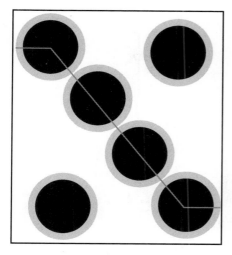 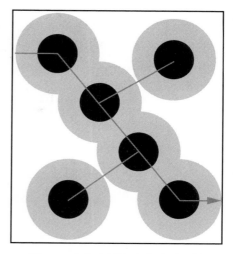

图 2.5　浆体中固相初始连通通道　　　　　　图 2.6　浆体中固相完全连通通道

2.1.5.2　水胶比的影响

图 2.7 为三种水胶比（W/B）（0.23、0.35、0.53）对早期结构形成过程的影响。不同水胶比的超声波波速曲线都呈"S"形。初始的超声波速都保持恒定不变至 A 点，随后以不同的速率快速增加至 B 点，最后逐渐都趋于水平。水泥净浆的水胶比越低，诱导期越短，波速增长越快，后期最终的波速则越大。从图 2.8 中可以看出，相比较于 0.53 的水胶比，0.23 的水胶比中固相初始连通时间减少了 37%，最终波速从 2527m/s 增加至 3550m/s，主要原因如图 2.9 所示：相同体积的浆体，低水胶比中水泥颗粒所占的体积分数较高，颗粒之间间的距离较短，因此只要生成少许的水化产物或者较短的水化时间就能使颗粒相互连接，并产生固相逾渗通道。

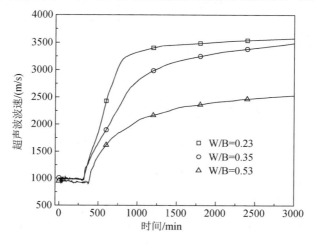

图 2.7　水胶比对超声波速的影响

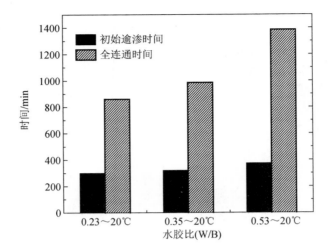

图 2.8　水胶比对固相初始和完全连通时间的影响

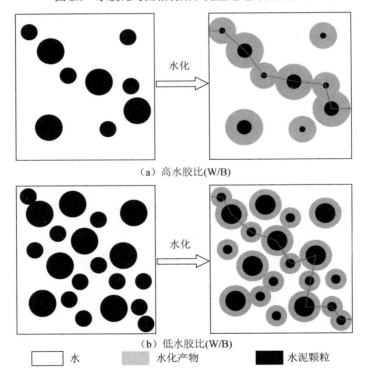

图 2.9　不同水胶比下净浆固相逾渗示意图

2.1.5.3　温度的影响

养护温度（20℃、40℃、60℃和80℃）对水泥净浆微结构演变过程的影响，如图 2.10 所示。正如预期的那样，养护温度越高，超声波测试的浆体诱导期越短，加速期的增长速率也越快。然而，最终的超声波波速在不同养护温度下几乎都一样，约为 3500m/s。由此可以看出，养护温度对减速期波速的大小没有显著的影响。图 2.11 所示水灰比（W/C）为 0.35 的水泥浆体在 20℃、40℃、60℃和 80℃下开始水化至固相初始逾渗所需的时间分别为 320min、144min、96min 和 87min。对于固相完全连通所需的时间，20℃要比 80℃推迟了 436min，其主要是因为浆体在早期的水化速率随着养护温度的增加而增大，导致固相连通网络快速形成。该现象与 Escalante-Garcia 等和 Lothenbach 等报道的实验结果一致。

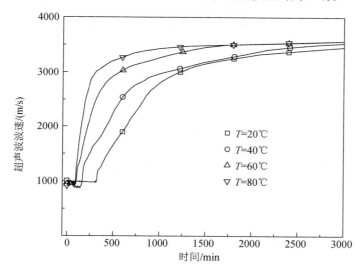

图 2.10　养护温度对超声波速的影响

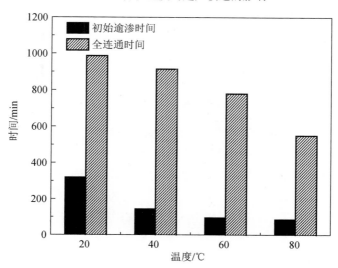

图 2.11　养护温度对固相初始和完全连通时间的影响

2.1.5.4　矿物掺和料的影响

硅灰是冶炼硅铁和工业硅时，矿热电炉内产生出大量挥发性很强的气体，经空气迅速氧化冷凝沉淀而成的工业粉尘，主要成分为 SiO_2，由于其颗粒超细，比表面积大，具有很高的火山灰活性。图 2.12 为不同硅灰掺量时浆体超声波速随时间变化的实验结果。从图 2.12 中可以看出，掺加硅灰之后浆体的微结构演变速度要高于纯水泥净浆，且掺量越大其结构形成速度也越快。当硅灰掺量为 13%时，固相初始连通时间和完全连通时间分别比纯水泥净浆缩短了 81min 和 141min（图 2.13），且最终超声波速要比纯水泥净浆提高了 8%。一方面，由于硅灰比表面积高达 22 205m²/kg，颗粒极细，能够填充到水泥净浆的孔隙中，浆体的结构更加密实；另一方面，硅灰颗粒的表面可以为水化产物提供结核、生长的地点，加速早期水化进程。

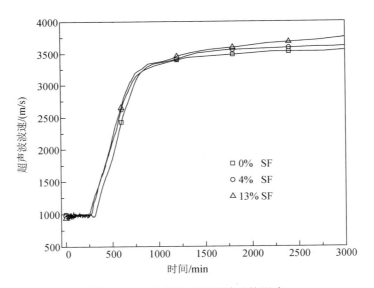

图 2.12　硅灰掺量对超声波速的影响

磨细矿渣是高炉炼铁熔融物质在受到水淬时骤冷，来不及结晶而形成的玻璃态物质。粉煤灰是燃煤过程中熔融细粒受到一定程度的急冷呈玻璃体状态的物质，具有较高的潜在活性。大量的磨细矿渣和粉煤灰随意堆放，容易产生扬尘，污染大气；若排入水系会造成河流淤塞，而其中的有毒化学物质还会对人体和生物造成危害。因此，磨细矿渣、粉煤灰的处理和再利用对于保护环境尤为关键。目前，磨细矿渣和粉煤灰可以作为矿物掺和料加入到混凝土中，节约水泥用量并且提高材料的耐久性。图 2.14 和图 2.15 分别表示磨细矿渣和粉煤灰掺量对早期浆体微结构演变的影响。从图 2.14 中可以看出，在诱导期，磨细矿渣的掺量对结构形成没有产生明显的影响。在形成初始连通通道之后，浆体微结构的形成速度明显下降。从图 2.16 中可以看出，当磨细矿渣掺量为 50%时，其固相完全连通所需的时间要比纯水泥净浆增加 77%。Robeyst 等采用超声透射法观察高炉磨细矿渣-水泥复合浆体的水化进程，试验结果也表明磨细矿渣对浆体早期水化进程起到了延缓作用。

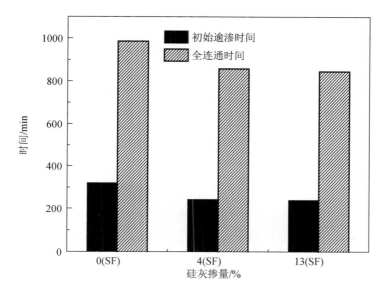

图 2.13　硅灰掺量对固相初始和完全连通时间的影响

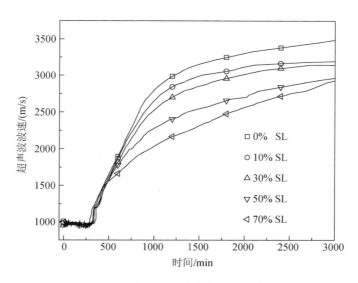

图 2.14　磨细矿渣掺量对超声波速的影响

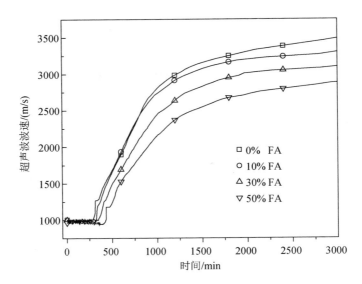

图 2.15　粉煤灰掺量对超声波速的影响

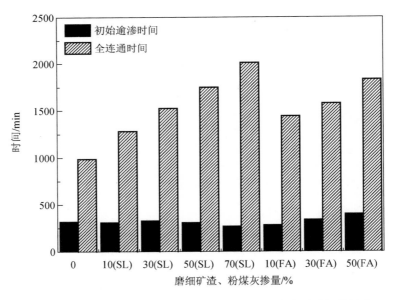

图 2.16　磨细矿渣和粉煤灰掺量对固相初始和完全连通时间的影响

　　掺加粉煤灰的超声速度曲线也出现类似的情况。值得注意的是，粉煤灰比磨细矿渣提前影响水泥浆体微结构的形成。从图 2.15 和图 2.16 中可以看出，对于固相的初始连通时间和完全连通时间，掺加 50% 的粉煤灰浆体要比纯水泥净浆分别延长了 26% 和 86%。Nele De Belie 等也认为随着粉煤灰掺量的增加，诱导期结束的时间推迟，最大波速出现的时间也相应地延长。实验结果表明：磨细矿渣和粉煤灰的掺量越高，浆体微结构的形成速率降低；粉煤灰表现出更高的延缓程度。这主要归因于磨细矿渣掺量增加，水泥含量相应地减少，从而不能够提供足够的碱性环境去激发磨细矿渣水化，因此掺入磨细矿渣对早期水化时起阻碍作用。对于粉煤灰对水泥水化的延缓作用，Ogawa 等和 He 均认为粉煤灰具有"火山灰"效应，抑制凝胶材料的早期水化。

2.1.5.5　细集料的影响

胶砂比（B/S）对水泥砂浆早期微结构形成的影响如图 2.17 所示。砂浆的超声速度变化曲线与净浆一样，也分为三个阶段，即诱导期、加速期以及减速期。在诱导期时，胶砂比大小对微结构的形成没有影响；在加速期时，砂浆中胶砂比越小，超声波速的增长速率就越快，最终的波速也就越大。图 2.18 为胶砂比对砂浆的固相初始连通时间和完全连通时间的影响。相比较于砂浆胶砂比为 1.33，胶砂比为 0.57 的固相完全连通所需的时间缩短了 8%，最终波速增加了 7%。以上的实验结果表明，细集料可以加速砂浆早期微结构的形成。由于细集料的掺入减小砂浆中的水固比，增加砂浆的密实度，从而缩短了固相颗粒（水泥颗粒和细集料）之间的距离，只需要少许的水化产物就能使固相发生连通。根据式（2-4）可知，超声波速与材料的杨氏模量成正比，与密度成反比。当胶砂比减少时，砂浆的杨氏模量变大，最终的波速也变大。

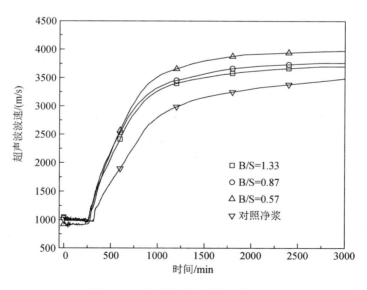

图 2.17　胶砂比对超声波速的影响

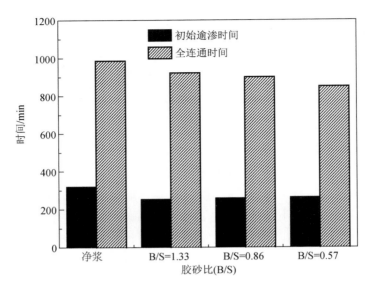

图 2.18　胶砂比对固相初始和完全连通时间的影响

　　三种细集料细度模数（3.7、2.64、1.88）的粒径分布列于表 2.3 中，细度模数越小，小颗粒所占的质量分数就越大。利用超声仪研究细度模数对早期砂浆微结构的影响，实验结果如图 2.19 和图 2.20 所示。可以看出，细度模数对超声结果有很大影响。当细度模数为 1.88 时，诱导期和加速期的时间最短，最终波速最大；相较于细度模数为 2.64 的波速曲线，它的固相初始连通时间和完全连通时间分别缩短了 24% 和 7%，最大波速提高了 3.5%。因为细集料的细度模数越小，其比表面积就越大，集料表面就可以吸附更多的水，导致砂浆中的水胶比下降；同时，细度模数越小，细集料颗粒数越多，颗粒间距越小，生成少许水化产物就可使细集料颗粒之间发生连通。

表 2.3　细集料的粒径分布

粒径/mm	累计筛余百分比/%		
>4.75	0	0	0
>2.36	20	10.8	0
>1.18	50	23.1	10
>0.6	100	44.4	20
>0.3	100	87.1	60
>0.15	100	98.9	98
0~0.15	100	100	100
细度模数	3.7	2.64	1.88

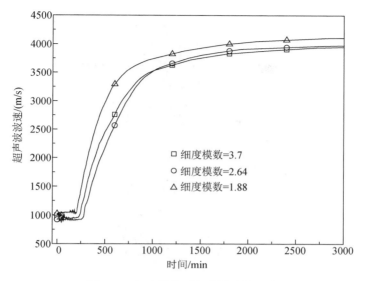

图 2.19　细度模数对超声波速的影响

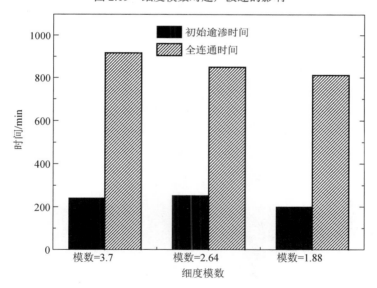

图 2.20　细度模数对固相初始和完全连通时间的影响

2.1.5.6　粗集料的影响

对于超声波曲线，我们发现掺入粗集料的混凝土与净浆、砂浆有明显区别。图 2.21 为加入粗集料后混凝土的超声变化曲线。可以看出，与净浆和砂浆明显不同，混凝土的超声曲线可以分为四个阶段。在实验开始时 O 点的超声波速非常小，只有 810m/s。这可以从以下两个方面来解释：①混凝土可以看作由集料和浆体组成的两相复合材料，粗集料的加入可以提高混凝土材料的密度，致使混凝土的初始波速要低于净浆。②超声波在粗集料与水泥颗粒、细集料的界面易发生反射与折射。随着时间的推移,混凝土中的气泡上浮。同时,由于重力作用造成粗集料下沉、聚集,它们之间形成一个没有化学键作用的耦合路径。时间达到 C 点时,由于粗集料是相互接触的,只需要少量水化产物作为黏结剂使其牢固地粘在一起,产生逾渗连通(图 2.22),超声波速突然增至 1150m/s。因此,我们把这一阶段($O{\to}C$)称为预先诱导期。只会在混凝土中出现的关键时间点 C,被称为预先逾渗阈值。基于超声实验结果表明,粗集料的掺入对混凝土早期微结构的形成过程产生很大的影响。

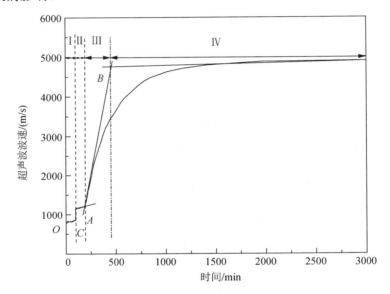

图 2.21 粗集料对超声波速的影响

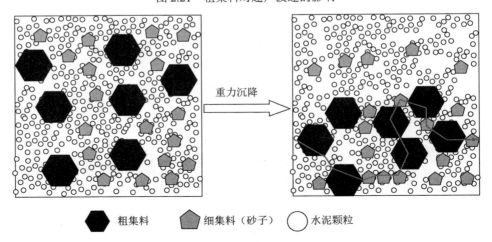

粗集料　　细集料(砂子)　　水泥颗粒

图 2.22 早期混凝土微结构的重力沉降示意图

　　图 2.23 和图 2.24 为最大集料粒径（10mm 和 16mm）对超声法研究混凝土结构形成的影响。从图 2.24 中固相连通结果可以看出：对于混凝土中的预先逾渗时间、初始逾渗时间和完全连通时间，最大集料粒径为 16mm 比 10mm 相应分别缩短了 46%、31% 和 13%。总之，集料粒径越大，混凝土微结构形成过程就越快，最终波速也越高。这主要是因为混凝土中集料质量分数是恒定的，集料粒径越大，其体积分数就越小，则水泥颗粒的体积分数就越大，因此水泥颗粒之间的空间距离就越短，更易形成固相连通通道和更密实的微结构。

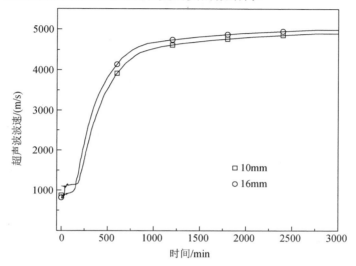

图 2.23　最大集料粒径对超声波速的影响

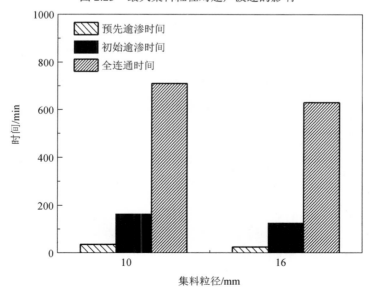

图 2.24　最大集料粒径分别对固相预先、初始和完全连通时间的影响

2.1.5.7　超声波速与水化热的比较

为了进一步验证水泥浆体的早期结构变化过程，用等温量热仪连续观察水化放热过程。水灰比为 0.35 时的水泥水化放热曲线如图 2.25 所示。可以看出，该曲线有 3 个放热峰。在水泥与水拌和之后出现第 1 个放热峰，主要是由于水泥颗粒的溶解以及生成 AFt 相。由于石膏的存在，在水泥颗粒表面形成一层钝化膜，使放热速率降低，该阶段称为水化诱导期。随着水化产物的大量形成，水化放热速率急剧增加，出现了第 2 个放热峰。该峰主要是 C_3S 水化生成 C-S-H 凝胶和 $Ca(OH)_2$。大约 2h 之后，由于 C_4AF 水化以及 AFt 相转变成 AFm 相，出现第 3 个放热峰。水泥的水化产物在水泥粒子表面堆积的厚度逐渐增加，水泥的水化放热速率就逐渐下降，此时的水化反应由离子扩散控制。值得注意的是，图中第 3 个放热峰的峰值要比第 2 放热峰大。Zhou 等和 Ye 等的水化放热实验结果中同样出现 3 个峰，而且第 3 个的峰值也高于第 2 个峰。通过比较浆体溶液中碱含量的变化，Lagier 和 Kurtis 的研究结果表明 Na_2O 含量与第 3 个峰的峰值大小成反比。Jawed 和 Skalny 认为当溶液中 Na_2O 含量减少时，会促进水泥中 C_3A 的水化。由于本章所采用的水泥中含有较少的 Na_2O，质量分数只有 0.21%，将促进 AFt 转换成 AFm。因此，第 3 个放热峰的峰值最大。

为了方便比较，将超声波速曲线和水化放热曲线画在同一张图上，如图 2.25 所示。固相初始连通时间（A）与水化诱导末期相吻合，完全连通时间（B）出现在第 3 个放热峰之后。因此，固相微结构的演变不仅由原材料的组成决定，而且还与水泥的水化放热过程密切相关。

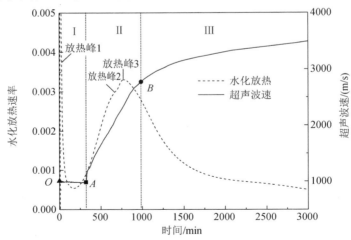

图 2.25　超声波速与水化放热的比较

2.1.5.8　超声波速与固相的关系

水泥基材料微结构的变化主要包括固相和孔相的演变。为了定量计算水泥浆体早期结构中各相的体积分数，利用 Power 模型计算在不同水化时间下浆体中固相体积分数和孔隙率，列于式（2-7）～式（2-9）中。

$$V_{\text{hydrates}} = \frac{0.68\alpha}{\text{W/C} + 0.32} \qquad (2\text{-}7)$$

$$V_{\text{anhydrate}} = \frac{0.32(1-\alpha)}{\text{W/C} + 0.32} \qquad (2\text{-}8)$$

$$V_{\text{capillary pores}} = \frac{\text{W/C} - 0.36\alpha}{\text{W/C} + 0.32} \qquad (2\text{-}9)$$

式中：V_{hydrates}、$V_{\text{anhydrate}}$ 和 $V_{\text{capillary pores}}$ 分别为水化产物的体积分数、未水化水泥的体积分数和毛细孔隙率；α 为水化程度，可以从式（2-10）获得，即

$$\alpha(t) = \frac{Q(t)}{Q_{\text{cem}}} \qquad (2\text{-}10)$$

其中

$$Q_{\text{cem}} = 500p_{\text{C}_3\text{S}} + 260p_{\text{C}_2\text{S}} + 866p_{\text{C}_3\text{A}} + 420p_{\text{C}_4\text{AF}} + 624p_{\text{SO}_3} + 1186p_{\text{FreeCaO}} + 850p_{\text{MgO}}$$

$$(2\text{-}11)$$

式中：$Q(t)$ 为水化时间 t 时累计放热量（J/g）；Q_{cem} 为水泥完全水化时的放热量（J/g）；p_i 为熟料矿物 i 所占的质量分数，通过 Bogue 方程计算获得。

水灰比为 0.35 时，水泥净浆中超声波速变化与计算得到各相体积分数的关系如图 2.26 所示。阶段Ⅰ，超声波速保持恒定，浆体中固相体积分数和孔隙率几乎没有变化。在固相初始连通时间 A 时，水化程度为 5.22%，固相体积分数和孔隙率分别为 50.6% 和 49.4%。时间 A 点之后，波速迅速增加至时间 B 点。在此阶段，水化程度增加至 27.05%，固相体积分数大幅度增加，达到 62.3%，而毛细孔隙率相应减少至 37.7%。在阶段Ⅲ时，固相体积分数和超声波速都缓慢地增加，并且它们的增加速率基本也相同。

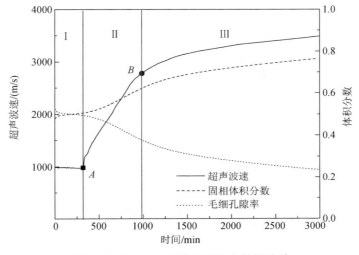

图 2.26　超声波速与各相体积分数的关系

2.1.6　小结

（1）利用改进后的新型超声仪对水泥基复合材料的早期微结构进行原位、连续的追踪监测。相比于传统超声仪，它具有以下优点：①能够在高温条件下工作；②探头与试样直接接触，消除样品模具对超声波影响；③模具横截面为梯形，更易脱模。

（2）掺入粗集料的混凝土早期微结构形成过程可以分为四个阶段，即预诱导期、诱导期、加速期和减速期；而在水泥净浆和砂浆中仅出现后面的三个阶段。预先逾渗时间、初始逾渗时间和完全连通时间是研究固相结构形成过程中的关键时间点。

（3）低水胶比和高养护温度将加速微结构的形成；掺入硅灰明显会加速微结构的演变，而磨细矿渣和粉煤灰的掺入却起到了延缓作用，而且加入细集料和粗集料也会对早期微结构的演变起到促进作用。

2.2　电阻率法追踪孔结构的演变过程

2.2.1　简述

电阻率是材料的固有属性，它反映材料内部可自由移动的离子在外加电场作用下在导电介质中的定向移动，其大小可衡量材料内部的性能。McCarter 等发现水泥基复合材料的电阻率随着水泥水化的进行而不断地发生变化，因此电阻率法可以用来研究早期水泥基材料的水化进程。采用电阻率法研究水泥水化过程的历史可以追溯至 20 世纪 30 年代。Khalaf 和 Wilson 在试件两端的电极上施加某一直流电压，然后测量试件中电流的大小，用欧姆定律 $V = IR$ 计算出电阻，之后根据试件的形状用 $\rho = RS/L$ 得出相应的电阻率发展曲线。由于电极的存在，直流法具有如下的缺点，即①接触电阻问题。试件中插入电极，导致它们之间产生一个接触电阻，尤其是在测试早期水泥基复合材料时，其接触电阻高于试件电阻，影响测量结果的精度。②电极极化问题。在交流电压的作用下，试件中的离子分别向电极移动，致使电极附近聚集大量的正、负离子，造成测试电流随时间不断下降。③离子分布问题。由于大量的离子聚在电极附近，使浆体内部的离子分布不均匀，干扰了正常的水化反应。

后来，人们想到采用交流电来测量电阻率的变化。在交流方法中，欧姆定律为 $Z = V/I$，其中 Z 为交流阻抗，其与电压存在相位差。利用交流法测量水泥基复合材料的早期水化过程依然存在几个问题，即①接触问题。把电极插入试件中，随着水化的进行，试件浆体发生收缩，易在试件和电极的接触面上出现裂缝，就无法测试到浆体的电阻率。②腐蚀问题。水泥水化溶液中的 pH 高达 12.5～13.5，容易使电极锈蚀。③电子交换问题。试件中的导电离子要与电极上电子进行交换，形成一个电化学势，造成最后计算所用的电压为总交流电压，最后计算得到的电阻率要比实际值大。

鉴于直流法和交流法在测试水泥基材料水化过程中的诸多问题，香港科技大学的李宗津教授研制开发一种无电极电阻率测试仪，它作为一种无损测试方法的仪器，可以原位连续地描述凝胶材料早期化水化过程。魏小胜等、曾晓辉和隋同波等利用该新型电阻率仪研究水泥早期水化与电阻率的关系。张云升研究了粉煤灰的聚合物早期水化过程。肖莲珍等利用电阻率法研究水泥浆体的凝结和硬化过程。他们对水化过程、力学性能以及掺加外加剂、矿物掺合料的作用和影响进行了大量研究。本节从影响现代混凝土传输的孔结构出发，采用无电极电阻率测试仪系统研究水泥基材料电阻率变化与孔结构演变的关系。

2.2.2 实验方法

2.2.2.1 配合比设计

本次试验研究了水胶比、矿物掺合料（硅灰、磨细矿渣与粉煤灰）、细集料体积分数和集料粒级对水泥基材料电阻率的影响。原材料的性质如表 2.1 所示，所有样品均在 20℃ 的条件下进行测试。净浆和砂浆的配合比设计分别如表 2.4 和表 2.5 所示。

表 2.4 净浆配合比设计

编号	W/B	w（水泥）/%	w（FA）/%	w（SL）/%	w（SF）/%
J1	0.23	100	0	0	0
J2	0.35	100	0	0	0
J3	0.53	100	0	0	0
J4	0.35	90	10	0	0
J5	0.35	70	30	0	0
J6	0.35	50	50	0	0
J7	0.35	90	0	10	0
J8	0.35	70	0	30	0
J9	0.35	50	0	50	0
J10	0.23	96	0	0	4
J11	0.23	90	0	0	10

表 2.5　砂浆配合比设计

编号	W/B	ϕ（细集料）/%	尺寸/mm
S1	0.23	50	
S2	0.35	50	
S3	0.53	50	
S4	0.35	30	
S5	0.35	40	
S6	0.35	60	
S7	0.35	50	4.75～2.36
S8	0.35	50	2.36～1.18
S9	0.35	50	1.18～0.6
S10	0.35	50	0.6～0.3

2.2.2.2　测试方法

采用 CCR-II 型非接触无电极电阻率仪连续监测早期新拌水泥基复合材料的电阻率变化过程。图 2.27 为仪器的外观照片，其装置示意图如图 2.28 所示。该测定仪由测试台、主机及显示器三个部分组成。通过在变压器上施加一定的电压，横截面为梯形的环形模具上可产生一个恒定的环形电压。根据电流传感器上测出的环形电流、施加的电压以及样品体积即可得到样品的电阻率。该仪器采用计算机程序自动采集数据，且在测试过程中避免了因电极与待测样品接触所产生的问题，如开裂、极化效应以及电子交换等。因此，与传统电阻率仪相比，该仪器具有更高的精确度和便捷性。

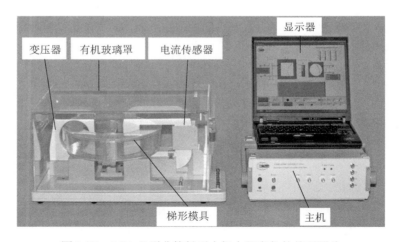

图 2.27　CCR-II 型非接触无电极电阻率仪的外观照片

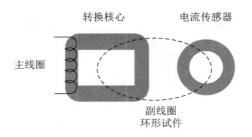

图 2.28　非接触无电极电阻率仪的示意图

实验过程如下：根据表 2.4 和表 2.5 提供的配合比，将固体原料（凝胶材料或细集料）在行星式搅拌机中低速干搅 1min，然后将水倒入预拌的混合物中先低速后高速各搅拌 2min；结束后迅速将新拌混合物通过专用的浇注料斗灌入预先准备好的环形模具中，并用手振动夯实以排除气泡，扣上模具盖；采用两个温度传感器分别记录样品温度和环境温度，盖上有机玻璃罩；当温度达到 20℃，湿度大于95% 时，启动计算机程序以记录电阻率随时间的变化情况，记录频率为 1 次/min。测试完毕后，用千分尺测量样品的高度，并输入到计算机中对电阻率进行校正。

2.2.3　实验结果与讨论

2.2.3.1　水胶比对电阻率的影响

三种不同的水胶比（0.23、0.35 和 0.53）对水泥净浆和砂浆电阻率的影响如图 2.29 所示。为了更为清楚地分析电阻率的变化进程，对 J2 曲线（W/C=0.35）进行一阶求导，发现其电阻率的速度变化曲线可以划分为四个阶段，即溶解期、诱导期、加速期和减速期。

1）溶解期

发生水泥拌和水之后，K^+、Na^+、Ca^{2+}、OH^-、SO_4^{2-} 等离子迅速融入水中形成电解质溶液，浆体电流变大，从而导致电阻率下降。该阶段主要为物理作用。Wei 等采用液相压榨法发现，由于盐的溶解，浆体的孔溶液电阻率在开始阶段呈现出下降趋势，这与本试验的观察结果一致。

2）诱导期

在这一阶段，电阻率几乎保持不变。随着孔溶液的离子浓度不断增大，液相达到过饱和状态，发生以下两种化学反应，即

$$3CaO \cdot Al_2O_3 + 3(CaSO_4 \cdot 2H_2O) + 26H_2O \longrightarrow 3CaO \cdot Al_2O_3 \cdot 3CaSO_4 \cdot 32H_2O$$

（2-12）

$$Ca^{2+} + 2OH^- \longrightarrow Ca(OH)_2$$ （2-13）

这两种化学反应生成的 AFt($3CaO \cdot Al_2O_3 \cdot 3CaSO_4 \cdot 32H_2O$) 和 $Ca(OH)_2$ 等水化产物包裹在水泥颗粒表面，消耗了溶液中的离子，同时也阻止水泥颗粒的继续水化。

3）加速期

当水泥颗粒中的 $C_3S(3CaO \cdot SiO_2)$ 相开始水化时，渗透压致使水化薄膜破裂，水化反应开始加速，生成的大量水化产物致使浆体中的孔隙率和曲折度上升，电阻率也相应快速上升。在这一阶段，电阻率的变化受如下的水泥水化反应控制，即

$$2(3CaO \cdot SiO_2) + 11H_2O \longrightarrow 3CaO \cdot 2SiO_2 \cdot 8H_2O + 3Ca(OH)_2 \quad (2-14)$$

$$3CaO \cdot Al_2O_3 \cdot 3CaSO_4 \cdot 32H_2O + 2(3CaO \cdot Al_2O_3) + 4H_2O \longrightarrow$$
$$3(3CaO \cdot Al_2O_3 \cdot CaSO_4 \cdot 12H_2O) \quad (2-15)$$

4）减速期

$C_2S(2CaO \cdot SiO_2)$ 和 $C_3S(3CaO \cdot SiO_2)$ 的水化以及 $C_3A(3CaO \cdot Al_2O_3)$ 的二次水化将生成大量的水化产物，如 C-S-H$(3CaO \cdot 2SiO_2 \cdot 8H_2O)$、Aft、AFm$(3CaO \cdot Al_2O_3 \cdot CaSO_4 \cdot 12H_2O)$ 等。它们将覆盖在水泥颗粒的表面，生成致密的保护层，降低了离子扩散到孔溶液中的速率以及水化反应的速率，从而导致电阻率的发展速率下降。此时，电阻率进入受离子扩散控制的减速阶段。该阶段的主要水化反应为

$$2(3CaO \cdot SiO_2) + 11H_2O \longrightarrow 3CaO \cdot 2SiO_2 \cdot 8H_2O + 3Ca(OH)_2 \quad (2-16)$$

$$2(2CaO \cdot SiO_2) + 9H_2O \longrightarrow 3CaO \cdot 2SiO_2 \cdot 8H_2O + Ca(OH)_2 \quad (2-17)$$

$$3CaO \cdot Al_2O_3 + Ca(OH)_2 + 12H_2O \longrightarrow 4CaO \cdot Al_2O_3 \cdot 13H_2O \quad (2-18)$$

由图 2.29 可知，6 条曲线均呈现出相似的发展趋势，且水胶比越大，电阻率越小。在水胶比相同的情况下，砂浆电阻率明显大于净浆电阻率。水泥净浆、砂浆含有不同水灰比的电阻率随时间的变化曲线，如图 2.29（a）和（b）所示。可以看出，在加速期之前，三种水灰比的电阻率几乎一样，随后，低水灰比表现出越快的电阻率增长速率。对于相同的水化时间，低水灰比的电阻率始终高于高水灰比的电阻率。在 3000min 时，W/C 为 0.23 的电阻率比 0.53 电阻率提高了 80.32%。主要是因为低水灰比浆体的离子浓度较高，更易结晶形成水化产物。同时，低水灰比中水泥颗粒堆积更加紧凑，颗粒之间的距离较短，生成的水化产物更易阻塞毛细孔的连通，所以其电阻率的增长速率更快。

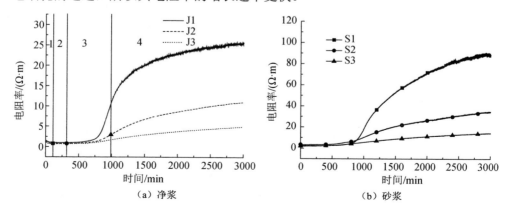

（a）净浆 　　　　　　　　　　　（b）砂浆

图 2.29　水胶比对水泥净浆和砂浆电阻率的影响

2.2.3.2　粉煤灰掺量的影响

四种不同的粉煤灰掺量（0%、10%、30%和 50%）对净浆电阻率的影响，如图 2.30 所示。在溶解期和诱导期，掺加粉煤灰的净浆电阻率比不掺加粉煤灰的净浆电阻率高；在加速期和减速期，掺加粉煤灰的净浆电阻率发展速率随掺量的增加而增加。在 0min 时，粉煤灰掺量为 50%的净浆电阻率为 1.9 Ω·m，较未掺加粉煤灰的净浆电阻率提高了 47.29%。

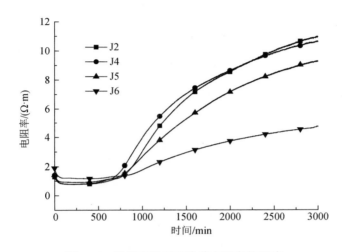

图 2.30　粉煤灰掺量对净浆电阻率的影响

浆体在溶解期的电阻率取决于溶液的离子浓度。粉煤灰中的可溶性盐含量低于水泥，且单位体积浆体中的液相浓度相对较低，因此，浆体的初始电阻率随粉煤灰掺量的增加而增加。粉煤灰掺量为 50%的净浆电阻率的加速期开始于 407min，而未掺加粉煤灰时则缩短至 320min。粉煤灰在早期水化过程中更多表现出的是物理填充效应，使掺加了粉煤灰的净浆的初期活性相对较低，且诱导期随粉煤灰掺量的增加而延长。在 3000min 时，粉煤灰掺量为 50%的净浆电阻率为 4.73 Ω·m，比未掺加粉煤灰的净浆电阻率降低了 56.88%。这是因为粉煤灰的掺量越高，单位体积内的水泥越少，后期生成的水化产物也相应越少，致使浆体孔隙率下降得比纯净浆慢。

2.2.3.3　磨细矿渣掺量的影响

4 种不同的磨细矿渣掺量（0%、10%、30%和 50%）对净浆电阻率的影响，如图 2.31 所示。由图 2.31 可知，这 4 条电阻率曲线均表现出一致的变化趋势。在诱导期，掺加磨细矿渣的净浆电阻率高于未掺加任何磨细矿渣的净浆电阻率，说明从磨细矿渣中溶解出来的离子比水泥少，此时磨细矿渣的作用为稀释水泥。由于磨细矿渣的活性较低，需要在水泥水化产生的碱性环境中进行水化，随着掺量的增加，水泥含量降低，使得由水泥水化生成的 $Ca(OH)_2$ 减少，不足以激发磨细矿渣中的活性组分，从而推迟了加速期开始的时间。

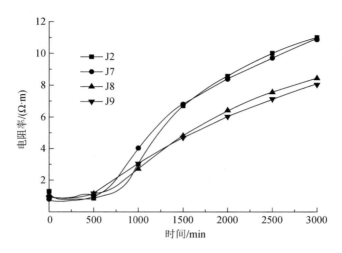

图 2.31　磨细矿渣掺量对净浆电阻率的影响

在减速期，掺加磨细矿渣与掺加粉煤灰的净浆电阻率变化规律基本一致，即电阻率随掺量的增加而下降。粉煤灰和磨细矿渣的掺量分别从 0%增加到 10%时，减速期的净浆电阻率的下降幅度基本一致；当掺量增加至 30%和 50%时，净浆电阻率的下降幅度明显不同，在 3000min 时，粉煤灰掺量为 50%的净浆电阻率比纯净浆电阻率低 6.25 $\Omega \cdot m$，而磨细矿渣掺量为 50%的净浆电阻率比纯净浆电阻率低 2.91 $\Omega \cdot m$。这是因为粉煤灰的活性较低，早期基本不参与水化反应，而磨细矿渣的活性相对较高，自身所含的 CaO 可参与水化反应。

2.2.3.4　硅灰掺量的影响

硅灰拥有较高的火山灰效应，因而被认为是水泥基复合材料中最好的矿物掺和料。图 2.32 为不同硅灰掺量对净浆电阻率的影响。由图可知，硅灰掺量越高，诱导期持续的时间越短。硅灰的比表面为 22 205m^2/kg，远大于水泥的比表面积 369.6m^2/kg，且硅灰颗粒较小，大量 Ca^{2+} 吸附在硅灰表面，为 $Ca(OH)_2$ 提供成核点，消耗孔溶液中大量离子，加速水泥颗粒的水化，因此净浆电阻率的加速期开始时间随硅灰掺量的增大而提前。$Ca(OH)_2$ 晶体生长受溶液的过饱和度控制，晶体的生长速度比水泥颗粒的溶解速度慢，且硅灰发生火山灰效应通常在 3d 之后，因此在 3000min 时，电阻率从大到小依次为 J1、J10 和 J11。

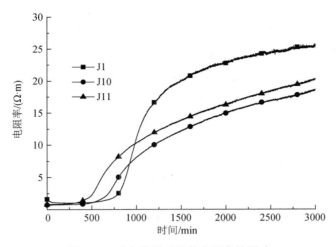

图 2.32　硅灰掺量对净浆电阻率的影响

2.2.3.5　细集料体积分数的影响

4 种不同的细集料体积分数（30%、40%、50%和 60%）对砂浆电阻率的影响如图 2.33 所示。由图 2.33 可知，砂浆电阻率的发展速率随细集料体积分数的增加而增大。在 3000min 时，细集料体积分数为 60%的砂浆电阻率为 39.36 Ω·m，比细集料体积分数为 30%的砂浆电阻率提高了 64.1%。其原因在于：①集料的稀释效应。由于集料的加入，砂浆中浆体的体积分数相应减少，液相离子的总数也随之减少，单位时间内砂浆中离子迁移的数目下降，从而使得电阻率随细集料的体积分数增加而增大。②集料的曲折效应。离子的迁移会沿集料边缘绕行通过，使得离子迁移并非直接流向而是迂回曲折的，因此增加流经长度，会导致离子传输速率降低，电阻率增加。

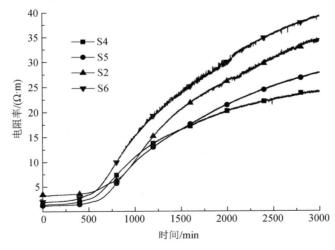

图 2.33　细集料体积分数对砂浆电阻率的影响

2.2.3.6　集料粒级的影响

4 种不同的集料粒级（0.3~0.6mm、0.6~1.18mm、1.18~2.36mm 和 2.36~4.75mm）对砂浆电阻率的影响如图 2.34 所示。由图 2.34 可知，集料粒级越大，砂浆电阻率的发展速率越快，减速期的电阻率也越大。这是由于细集料的集料粒级越大，细集料的平均尺寸也越大，集料的总表面积越小。一方面集料表面吸附的水膜越少，可使更多的水包裹住水泥颗粒，从而促进水泥水化更易形成致密的微结构，降低砂浆的毛细孔连通度；另一方面，砂浆中界面过渡区的体积较少，从而使得界面过渡区的逾渗效应也相应减少，阻碍了离子的迁移。因此，在 3000min 时细集料粒级为 2.36~4.75mm 的砂浆电阻率为 52.39 Ω·m，较细集料粒级为 0.3~0.6mm 的砂浆电阻率提高了 30.1 Ω·m。

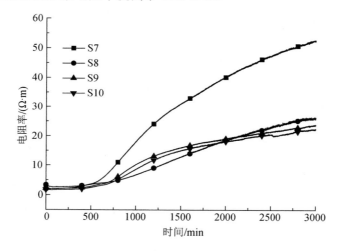

图 2.34　集料粒级对电阻率的影响

2.2.4　电阻率与孔结构的关系

2.2.4.1　毛细孔的初始和完全阻断时间

非接触电阻率仪可以用来监测水泥基复合材料的早期水化过程。基于电阻率随时间的变化曲线，可以发现电阻率发展与毛细孔阻断之间存在密切联系。为了更清楚地观察电阻率的变化细节，W/C 为 0.35 水泥浆体的差分曲线被标注于图 2.35 中，用于描述电阻率的变化速率。从毛细孔阻断的视角，根据电阻率差分曲线得到的两个转折点（P_1 和 P_2）把电阻率曲线分为三个阶段。浆体拌和之后，电阻率开始急速下降，然后在相当长的一段时间内保持某一值不变。在这段时间内（阶段 1），提取浆体孔溶液进行化学分析发现离子浓度保持恒定不变。在第 2 阶段之间，电阻率曲线从 P_1 点开始快速的增加。由于水化产物在孔中生成，导致部分毛细孔开始出现不连通的现象。从差分曲线可以看出，从 P_1 点开始其斜率最陡峭，因此 P_1 点被认为毛细孔初始阻断时间。在第 3 阶段，电阻的差分曲线变成 0，电阻率在 P_2 点之后几乎不再增加。此时，浆体中固相阻断所有毛细孔的连通，P_2 点对应着毛细孔完全阻断时间。

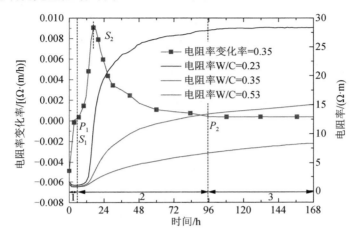

图 2.35　电阻率及其差分曲线随时间的变化

为了比较固相连通时间和毛细孔阻断时间的内在关系，从超声曲线上获取的固相初始连通时间（S_1）和完全连通时间（S_2）也标注于图 2.35 中。固相连通的特征点与电阻率差分曲线的转折点对应的很好，其中 S_1 点和 P_1 点重合，S_2 对应着电阻率差分曲线的最大值。在 P_1（S_1）点时，当固相开始形成一条连通通道，就开始阻断浆体中毛细孔的连通。在 P_2 点时，所有的水泥颗粒都互相连通，导致孔隙率和连通度下降速度突然最大，且曲折度迅速上升，因此该点的电阻率差分曲线值为 0，浆体的电阻率值趋于稳定。

2.2.4.2　水泥浆体的微结构

水泥浆体的微结构包括未水化水泥、水化产物、水或空气填充的孔。对于孔来说，其中凝胶孔和毛细孔是离子主要传输的通道。水泥浆体毛细孔结构的类型如图 2.36 所示。在水泥水化初期，所有的孔隙基本是连通的，浆体中主要是连通孔。随着水泥水化的进行，孔的连通性降低，离子的传输性能也随之降低。由此，可将毛细孔分为三种，即瓶颈效应的收缩孔、曲折效应的曲折孔、孔被水化产物阻断的非连通孔。收缩孔考虑了传输离子与孔壁的相互作用，通常用收缩因子来表达；曲折孔由于离子传输路径的变长，可以用曲折度因子表达；非连通孔主要考虑毛细孔的连通度，可用于逾渗阈值来表示。当所有的毛细孔不再连通，离子的传输主要受凝胶孔控制。

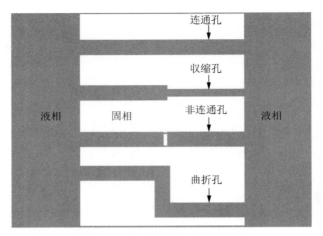

图 2.36　水泥浆体的毛细孔结构

水泥基材料的电阻率、电导率、扩散系数与孔结构之间的关系可以表示为

$$\frac{\rho_0}{\rho_t} = \frac{\sigma_t}{\sigma_0} = \frac{D_t}{D_0} = \phi_{cp}\beta = \phi_{cp}\frac{\delta}{\tau^2} \qquad (2\text{-}19)$$

式中：ρ_0、σ_0、D_0 分别为孔溶液的电阻率、电导率和扩散系数；ρ_t、σ_t、D_t 分别为水泥浆体的电阻率、电导率和扩散系数；ϕ_{cp} 为毛细孔隙率；β 为描述孔结构连通因子，它主要由孔的曲折度因子 δ 和收缩因子 τ 决定。

然而，水泥浆体固相中的 C-S-H 凝胶存在凝胶孔，可以进行离子的传输。因此改进的电阻率与孔结构的关系为

$$\frac{\rho_0}{\rho_t} = \phi\beta = \phi\frac{\delta}{\tau^2} \qquad (2\text{-}20)$$

$$\phi = \phi_{cp} + \phi_{gl} \qquad (2\text{-}21)$$

式中：ϕ 为总的孔隙率；ϕ_{gl} 为凝胶孔。根据 Power 模型，水泥净浆的毛细孔隙率和凝胶孔隙率可以表示为

$$\phi_{cp} = \frac{W/C - 0.36\alpha}{W/C + 0.32} \qquad (2\text{-}22)$$

$$\phi_{gl} = \frac{0.19\alpha}{W/C + 0.32} \qquad (2\text{-}23)$$

式中：α 为水化程度，根据等温量热仪测试的水化放热量，可以通过式（2-10）和式（2-11）计算得到。

然而，由于孔的曲折度因子和收缩因子很难通过试验测试出，孔结构连通因子 β 无法定量表示。Garboczi 和 Bentz 通过计算机模拟的方法提出了水泥基复合材料的相对扩散系数与毛细孔隙率之间的关系为

$$\frac{D_t}{D_0} = 0.001 + 0.07\phi_{cp}^2 + 1.8 \times H(\phi_{cp} - \phi_{cri}) \times (\phi_{cp} - \phi_{cri})^2 \qquad (2\text{-}24)$$

式中：H 为 Heaviside 函数，当 $\phi_{cp} - \phi_{cri} > 0$ 时为 1，否则为 0；ϕ_{cri} 为逾渗阈值，当 ϕ_{cp} 大于逾渗阈值时，毛细孔则连通，反之，毛细孔则被阻断。Bentz 和 Garboczi 认为逾渗阈值为 0.18，与水灰比的大小、是否加掺和料都无关。

把式（2-24）代入式（2-19）可得浆体和孔溶液电导率与毛细孔隙率的定量关系，如式（2-25）所示：

$$\frac{\rho_0}{\rho_t} = 0.001 + 0.07\phi_{cp}^2 + 1.8 \times H(\phi_{cp} - 0.18) \times (\phi_{cp} - 0.18)^2 \qquad (2\text{-}25)$$

2.2.4.3　电阻率和毛细孔隙率的关系

通过测试的水化热计算得到水化程度，并结合式（2-22）得到毛细孔隙率随时间的变化关系以及三种不同水灰比浆体的毛细孔隙率随时间的变化关系，如图 2.37 所示。水化时间从 0h 到 10h，所有浆体的毛细孔隙率都缓慢减少，10h 之后，孔隙率开始快速下降，最后趋于稳定，其早期的变化趋势与 Wei 等报道的相一致。水灰比大小跟孔隙率呈正比，90h 时水灰比为 0.53 的孔隙率是 0.23 的 2.68 倍。值得注意的是，W/C 为 0.23 的浆体在 30h 时就能够达到毛细孔逾渗阈值，而 W/C 为 0.53 却不能达到逾渗阈值。因为高水灰比导致高的初始孔隙率，生成的水化产物不足以阻断毛细孔。根据 Power 模型，W/C 为 0.53 在完全水化时的毛细孔隙率为 0.2，大于逾渗阈值 0.18，所以 W/C 越大，越难达到逾渗阈值。

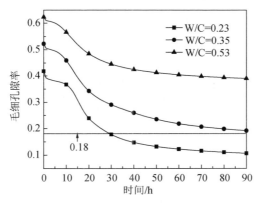

图 2.37　三种不同水灰比的毛细孔隙率变化曲线

图 2.38 为浆体电阻率与孔隙率的关系。可以看出，随着浆体的毛细孔隙率下降，水泥浆体的电阻率都显著升高，而且水灰比越低，增长速度越快。水化开始阶段，由于所有的孔都处于连通状态，孔溶液中离子可以自由迁移，浆体的电阻率较低。随着水化反应的不断进行，生成的水化产物占据原来孔溶液的空间，其孔隙率下降，孔的曲折度增加和连通度下降，阻碍孔溶液离子的迁移，所以电阻率增加。水化时间达到 30h 后，W/C 为 0.23 的浆体当毛细孔隙率小于 0.18 时，毛细孔被阻断，离子迁移主要受 C-S-H 中的凝胶孔控制。

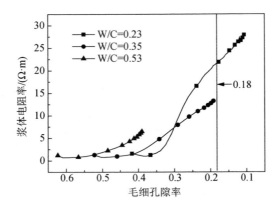

图 2.38　毛细孔隙率与浆体电阻率的关系

2.2.4.4　电阻率和曲折度因子的关系

曲折度因子描述离子通过连通孔的长度，它跟孔的几何形状有关，与孔溶液离子无关。曲折度因子与孔隙率的关系可以表示为

$$\tau = -1.5\tan h[8(\phi - 0.25)] + 2.5 \qquad (2\text{-}26)$$

图 2.39 为水泥浆体硬化过程中曲折度因子与电阻率的关系。Gommes 利用 X-CT 和共焦显微镜通过三维重构得到曲折度因子变化范围为 1～2.5，与本节得到的曲折度范围 1～2.25 十分吻合。对于所有水灰比，孔隙率随着水化的进行不断减小，曲折度因子变大，增加了溶液离子的迁移距离，因此它们的电阻率都明显增加。低水灰比的浆体，由于固相颗粒的间距较少，微结构更加密实，其曲折度要大于高水灰比。水灰比为 0.53 浆体的曲折度因子大约等于 1，没有明显的增加，该浆体的毛细孔大都处于连通状态，含有很少的曲折孔。

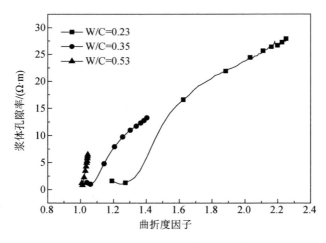

图 2.39　曲折度因子与浆体电阻率的关系

2.2.4.5　电阻率和收缩因子的关系

一般认为，孔隙率与孔径分布决定孔的收缩因子，而孔的尺寸却被认为影响收缩因子的最主要因素。对于普通的多孔材料来说，其孔的收缩因子为 0.8，而硬化水泥净浆细孔的收缩因子可以达到 10^{-2} 数量级。Nakarai 等建立了收缩因子与峰值孔径的定量关系，

$$\delta = 0.395\tan h[4(\lg r_{cp}^{peak} + 6.2)] + 0.405 \qquad (2\text{-}27)$$

式中：r_{cp}^{peak} 为毛细孔的峰值孔径，需要通过压汞法测试，然而早期水泥浆体是无法用该方法的。根据式（2-19）和式（2-25），收缩因子可以定义为

$$\delta = \frac{\tau^2}{\phi_{cp}}[0.001 + 0.07\phi_{cp}^2 + 1.8 \times H(\phi_{cp} - 0.18) \times (\phi_{cp} - 0.18)^2] \qquad (2\text{-}28)$$

孔的收缩因子与浆体电阻率在水化过程中的关系如图 2.40 所示。随水化时间的推移，孔的收缩因子逐渐减小，浆体的电阻率却显著提高。由于孔径在水泥浆体中的分布范围从纳米到微米，溶液离子的迁移速率取决于最小孔径，收缩因子越小，离子的传输速率就越慢，电阻率就越高。水灰比越低，孔隙率就越小，更易使毛细孔发生收缩效应，最终的收缩因子值也越小。值得注意的是，水灰比为 0.23 的浆体，水化后期其毛细孔隙率低于 0.18 时，毛细孔完全阻断，此后收缩因子一直保持恒定在 0.03。由于水泥浆体的孔径分布范围为 $10^{-2}\sim10^{-9}$m，本次试验计算得到收缩因子为 0.02～0.62，与 Nakarai 模型得到的收缩因子范围 0.01～0.8 相一致。

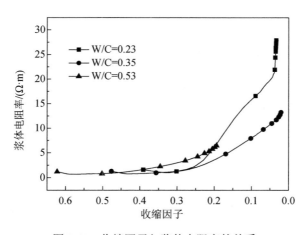

图 2.40　收缩因子与浆体电阻率的关系

2.2.4.6　电阻率与孔溶液的关系

目前提取水泥浆体孔溶液主要方法为高压榨取法、固体溶液萃取法和悬浮液法，其中高压榨取法得到的结果可信度较高，后两种方法简便，但误差较大。但

是这些方法都需要对样品进行预处理，如烘干、粉磨等，不能准确地提取新拌浆体的孔溶液。由于浆体的电阻率、毛细孔隙率可知，根据式（2-25），孔溶液电阻率与时间的关系如图 2.41 所示。由图 2.41 可知，W/C 为 0.23 和 0.35 的孔溶液电阻率-时间曲线可以分为 4 个阶段：溶解期、诱导期、加速期和减速期，而 0.53 的孔溶液电阻率在 90h 内却只有前面三个阶段。溶解期：水泥与水拌和后，C_3S 和碱式硫酸盐立即与水反应发生溶解，使纯水立即变成含有多种离子的溶液，孔溶液离子浓度升高，其电阻率下降。诱导期：孔溶液离子结晶生成的水化产物，且覆盖在水泥颗粒表面形成水化薄膜，阻止水泥水化，孔溶液离子浓度达到一个动态的平衡，其电阻率几乎不变。加速期：由于形成的水化膜允许 Ca^+、OH^- 等离子的渗透，过量 $Ca(OH)_2$ 在孔溶液中结晶沉淀，同时在颗粒周围形成大量的硅酸盐离子。这一特征引起渗透压差，它将周期性地引起水化膜的破裂，使其过量的硅酸盐离子扩散进孔溶液中，在颗粒外围的充水空间生成"外部水化产物"，致使孔溶液电阻率上升。减速期："外部水化产物"包裹在水泥颗粒周围，水化反应受离子扩散速度所控制，生成"内部水化产物"，且水化物层越来越密实。同时，由于毛细孔的孔隙率下降和孔径变小，致使其离子浓度增加，电阻率下降。0～48h 时，Sant 等提取孔溶液测试水灰比为 0.3 的电阻率变化范围为 0.2～0.0625Ω·m，魏小胜等得到水灰比 0.4 的电阻率范围为 0.32～0.25Ω·m，本章通过计算得到水灰比在 0.35 时电阻率在 48h 内的变化范围为 0.25～0.13Ω·m，计算结果与他们测试的结果基本吻合。

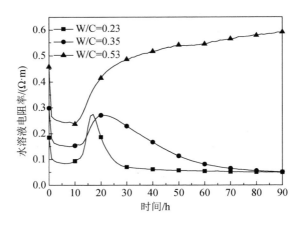

图 2.41   三种不同水灰比的孔溶液电阻率变化曲线

    水灰比越高，由于充水空间较大，溶液离子浓度较低，需要更长的时间才能在孔中析晶，因此加速期持续的时间延长（0.53＞0.35＞0.23）。本次试验由于时间的限制，且 W/C=0.53 的浆体电阻率变化速率很慢，所以就没测试出第 4 阶段（减速期）的变化。

2.2.5　小结

（1）采用非接触无电极电阻率系统、连续地监测水泥基复合材料的早期水化进程。根据水泥净浆和砂浆的电阻率变化曲线，水泥早期水化进程可以分为溶解期、诱导期、加速期和减速期 4 个阶段。从毛细孔演变的视角，发现了两个重要的时间，即毛细孔初始阻断时间和完全阻断时间。

（2）随着水胶比的增加，净浆电阻率和砂浆电阻率的发展速率都显著下降；在水胶比相同的条件下，砂浆电阻率大于净浆电阻率；掺加粉煤灰和磨细矿渣的净浆电阻率的发展速率随掺量的增加而下降；掺加硅灰可导致水化加速期提前，但后期电阻率随掺量的增加而下降；硅灰的活性最高，磨细矿渣的活性次之，粉煤灰的活性最低；掺加细集料可以显著提高砂浆减速期的电阻率。砂浆电阻率的发展速率随细集料体积分数和集料粒径的增加而增大。

（3）随着水灰比的降低，浆体的毛细孔隙率和收缩因子都变小，曲折因子变大，致使浆体电阻率升高，而孔溶液电阻率却下降；水灰比为 0.53 的浆体曲折度因子为 1，电阻率不受曲折度因子的影响；水灰比为 0.23 的浆体后期收缩因子保持在 0.03 不变，电阻率此时与收缩因子无关；水灰比为 0.23 和 0.35 的孔溶液电阻率-时间曲线可以分为四个阶段，即溶解期、诱导期、加速期和减速期，而 0.53 的孔溶液电阻率在 90h 内却只有前面三个阶段，即水灰比为 0.23 的浆体在 30h 后能够达到毛细孔的逾渗阈值（0.18），而 0.53 的浆体却永远不能达到。毛细孔隙率大于 0.18 时，浆体电阻率由毛细孔控制；而当小于 0.18 时，毛细孔完全阻断，浆体电阻率受凝胶孔控制。

2.3　计算机 X 射线断层扫描法监测微结构形成过程

2.3.1　简述

为了更直观获取材料微结构的图像信息，扫描电镜法（SEM）、背散射电子图像法（BSE）及共聚焦-原子力显微镜法（CN-AFM）等已经成功用于材料内部形态和结构的表征。SEM 和 BSE 法可以获取材料的二维结构信息，CN-AFM 法经证实可以获取材料表面的三维结构。然而，这些方法都需要对样品进行干燥、打磨等预处理，容易对样品造成一定程度的破坏，从而影响获取材料微结构的真实信息。

计算机 X 射线断层扫描技术（CT）诞生于 20 世纪 70 年代，主要用来区别大脑的灰质和白质。从 20 世纪 80 年代开始，CT 法开始逐渐被用于水泥基复合材料的研究。Morgan 首次对混凝土试件进行扫描，获取裂纹、粗集料以及砂浆基体等清晰的断面图像。随着现代技术的不断进步，CT 的分辨率从毫米级到微米级，再到最新的纳米级，实现了由宏观到细观再到微观的跨越。迄今为止，众多的国内外学者利用 CT 法对水泥基复合材料的孔结构、裂纹扩展、硫酸盐侵蚀、钙溶蚀、冻融作用以及钢筋锈蚀等进行研究。但在胶凝材料的水化方面却不多见，尚处于起步阶段。与传统的电镜相比，CT 法的突出优势在于①无损特性，即首先不需要对样品进行干燥、真空脱水等处理，样品可以在原始状态下进行观测，避免预处理过程中对样品微结构造成的破坏。②具有三维成像特点，即一般辐射成像是将三维样品投射到二维平面成像，各层面影像重叠，造成相互干扰，不仅图像模糊，而且损失了深度信息。CT 法完全不同与一般辐射成像方法，将被测样品的断层单独成像，通过重构进而获得其三维图像，可以有效避免其余部分的干扰和影响，图像质量高且清晰，能够准确反应三维内部空间的结构关系、物质组成以及缺陷状况。

　　本节采用 CT 法原位测试水泥浆体的水化进程，分别从二维和三维的视角直接观察内部结构的演变过程。

2.3.2　工作原理

　　一束单能的 X 射线穿过材料并与材料相互作用后，射线强度将受到射线穿过路径上物质的吸收或散射而发生衰减，如图 2.42 所示，其强度减弱遵从 Lambert-Beer 定律，即

$$I = I_0 \exp(-\mu L) \tag{2-29}$$

式中：I 为 X 射线入射强度；I_0 为透射后的强度；μ 为均匀材料的衰减系数；L 为射线穿射材料的厚度。

　　对于非均匀材料，可以用沿射线路径方向上衰减系数的积分取代原来的 μL，则式（2-29）变为

$$I = I_0 \exp\left[-\int_L \mu(x, y)\mathrm{d}x\mathrm{d}y \right] \tag{2-30}$$

　　将射线通过路径的介质分成 n 个很小的单元，每个单元可视为同一种均匀介质，厚度为 d，并对应某一个衰减系数 μ_i。

$$I = I_0 \exp\left(-d\sum_{i=1}^{n} \mu_i \right) \tag{2-31}$$

　　两边取对数，得

$$\ln \frac{I_0}{I} = d\sum_{i=1}^{n} \mu_i \tag{2-32}$$

根据式（2-32）可知，我们欲得到一幅 $a×b$ 个像素组成的图像，必须需要获得 $a×b$ 个以衰减系数 μ_i 为未知数的线性方程，才能求出所有像素单元的衰减系数数值。对于被测样品的断层，实际为具有一定厚度的薄片体，该薄片认为是由 $a×b$ 像素单元组成，每个单元对应其衰减系数 μ_i。当 X 射线按照不同路径对被测样品进行透射，得到 μ_i 值的二维分布矩阵，经过计算机的图像重建算法，即可重建成 $a×b$ 个像素单元组成的二维灰度图像。

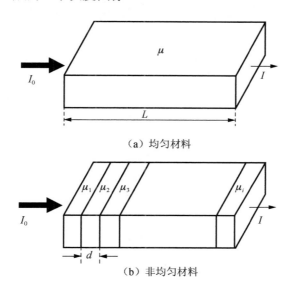

（a）均匀材料

（b）非均匀材料

图 2.42　X 射线透射样品的示意图

2.3.3　实验方法

图 2.43 为 CT 装置的示意图。该装置主要包括：发射 X 射线的光源、使样品发生各种角度扫描的样品台、捕捉透射信号的探测器。对整个被测样品扫描完成之后，利用计算机对扫描结果进行三维重构和分析。本实验采用 YXLON 公司生产的 Y.CT Precision S 型号 CT 仪。X 射线管施加的电压和电流分别为 185kV 和 0.26mA；样品台的旋转角度为 360°；探测器为平板 Y.XRD1620，探测数为 1024。对于每张照片，二维像素和三维体素尺寸分别为 0.05mm×0.05mm 和 0.05mm×0.05mm×0.05mm。

水灰比为 0.35 的水泥净浆，经拌和之后立即装入一个圆柱形塑料瓶（直径为 2cm，高度为 3cm），盖上瓶盖后固定在样品台上，每隔一段时间对其扫描一次，直至 1880min 后完成实验。实验中控制环境温度为 20℃。因此，CT 获得二维或者三维图像反映样品中同一位置随时间的演化。

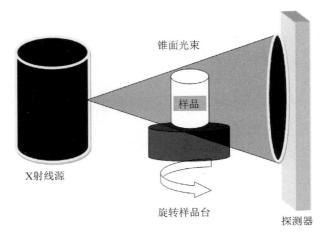

图 2.43　CT 装置的示意图

2.3.4　结果和讨论

图 2.44 为原位观察水泥净浆微结构演变的横截面二维图。图 2.44 中孔的数目和面积随着水化进行发生明显变化。如图 2.44（a）所示，在水泥拌和 10min 后，浆体中水泥粒子悬浮于水溶液中，黑色的孔无规则地分布于灰白色的水泥浆体中。320min 后，生成的水化产物已经部分填充邻近水泥粒子表面的小孔，如图 2.44（b）所示。在水化 1880min 后，随着更多水化产物的生成，孔不断地被填充，大孔变成小孔，而部分小孔消失，最后只有一些小孔存在于硬化浆体中，如图 2.44（c）所示。

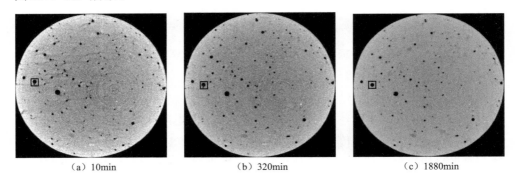

（a）10min　　　　　　　（b）320min　　　　　　　（c）1880min

图 2.44　水泥净浆中同一位置随时间变化的二维 CT 图

利用图像处理技术对这些二维图片进行统计分析，以便更深入地分析孔结构的演变。从 10～1880min，孔的数目和面积分别下降了 23.7% 和 18.86%。为了更直观地分析不同水化时间浆体中同一个孔的变化，用一个矩形方框标注对其标注，如图 2.44 所示。当养护时间从 10min 增至 320min 时，标注孔的面积减少了

0.92%，而当养护时间从 320min 增至 1880min 时，面积却减少了 10.37%。该现象与超声实验结果完全一致。开始阶段，水泥浆体处于诱导期，微结构几乎不发生变化；当水化进入加速期时，大量水化产物致填充毛细孔，导致孔的面积和数目大幅度下降。

　　灰度的变化也是判断水泥浆体水化程度的一个重要指标。二维图片中像素灰度随时间的变化，如图 2.45 所示。从图 2.45 中可以看出，浆体中像素灰度分布都呈抛物线状，峰值随着龄期的逐渐增长，向更高的灰度移动。当水化时间为 1880min 时，峰值的灰度要比 10min 时提高了 5。根据式（2-29）可知，X 射线对不同组分有不同的衰减特性，其衰减程度决定图片中灰度的大小，即材料对 X 射线的吸附能力直接决定密度大小。随着龄期的增长，图片灰度从黑色逐渐变白，也就意味着材料对 X 射线的吸附系数逐渐增加，浆体的密度也越来越大。该结论与对孔数量和面积的分析结果相一致。

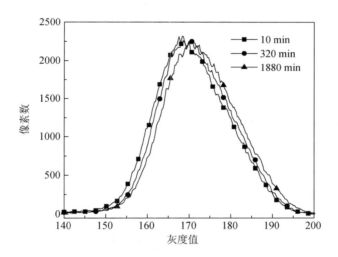

图 2.45　不同养护龄期下水泥浆体中灰度值变化图

　　图 2.46 是利用二维 CT 结果重建的三维视图（水化时间为 320min），从图 2.46 中可以看出，早期水泥浆体中有大量的孔隙和少量的大缺陷，其中大部分孔隙是连通的，再次验证了在 320min 时浆体的毛细孔是完全连通的（图 2.35）。图 2.47 显示水化龄期分别为 10min、320min 和 1880min 时三维空间中孔的体积分布。图 2.47 中 3 条曲线都呈现出相同的趋势，单个孔的体积越大，其数目就相应地越少。值得注意的是，当单个孔的体积大于 $0.01mm^3$ 时，孔的数目几乎没有变化，接近于零。图 2.47 中曲线下包围的面积表示为孔的总体积，随着养护时间的增加，孔的总体积明显地下降。根据研究结果可知，二维和三维结果的一致性再次验证 CT 法可以准确反映水泥浆体中早期微结构的演变。

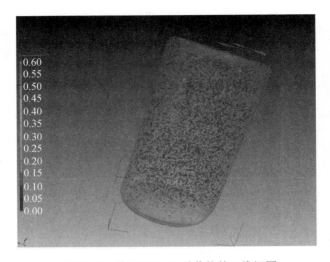

图 2.46　养护 320min 时浆体的三维视图

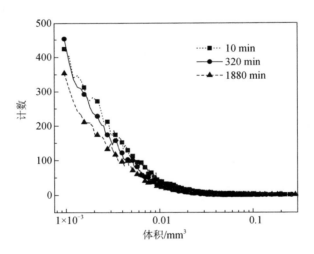

图 2.47　不同养护龄期下水泥浆体中三维孔的分布图

2.3.5　小结

CT 技术能够准确探测水泥基材料内部各组分及其空间分布,是一种先进的无损检测技术。本节采用 X 射线透射技术,克服水泥基材料的非透明性特点,对其微结构形成过程进行可视化追踪和定量分析。研究结果表明,随着养护龄期的增加,二维和三维图像中孔的大小和数目均显著的增加,浆体的密度也随之增加;在诱导期几乎没有增加,而诱导期之后表现出较高的增加幅度。

2.4　数值模拟固相的逾渗和孔隙的阻断过程

2.4.1　模拟固相的逾渗

2.4.1.1　固相的连通

根据超声仪的实验结果可知，两个重要的时间：固相的初始连通时间和完全连通时间，可以通过超声波速度曲线获取。本节借助于 CEMHYD3D 数值模型，探讨水泥基复合材料中固相三维微结构演变过程。CEMHYD3D 模型中构建三维微结构和模拟水化进程的详细情况见第 4 章。模型中采用"燃烧算法"表征各个物相的连通度。图 2.48 为利用 CEMHYD3D 模拟三种水灰比下固相连续发展的过程。新拌水泥浆体混合之后，固相连通体积分数等于 0，意味着此时固相是处于不连通的状态。当到达固相初始连通时间时，连通的固相体积分数突然增加，然后逐渐接近于 1。从图 2.48（a）中可以看出，水灰比越高，固相初始连通和完全连通的时间都延长。其模拟结果与 2.1.5.2 实验结果相一致。如图 2.48（b）所示，当水灰比为 0.23、0.35 和 0.53 时，固相逾渗阈值分别为 0.54、0.46 和 0.36。这说明低水灰比需要更多的固相去形成一个贯穿三维结构的通道。Ye 等采用 HYMOSTRUC模型同样发现水胶比越低，出现固相初始连通的时间也越早。

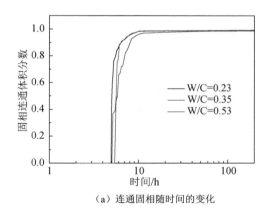
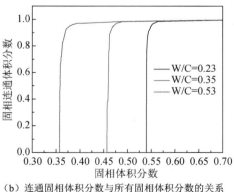

（a）连通固相随时间的变化　　　　　　（b）连通固相体积分数与所有固相体积分数的关系

图 2.48　CEMHYD3D 模拟固相微结构的发展过程

实验测试的超声波速与 CEMHYD3D 模拟的固相连通体积分数之间的关系如图 2.49 所示。对于不同的水灰比，所有的曲线几乎都重叠为一条曲线。因此，连通固相的体积分数直接决定超声波波速的大小，与水灰比的大小无关。从图 2.49 中可以看出，净浆的水灰比为 0.23、0.35 和 0.53 时，相应的固相逾渗阈值约为 0.64。当连通固相体积分数低于固相逾渗阈值时，固相的连通路径不能从浆体的一边到达另一边，因此超声波速保持恒定不变。当连通固相体积分数高于固相逾渗阈值时，超声波可以通过更多的固相连通路径，此时，波速与连通固相体积分数成正比。当固相连通体积分数等于 1 时，水泥浆体中的固相在多种引力的作用下使它们互相彼此黏结在一起，形成一个整体的连通网络。这时，固相的体积分数将成为控制超声波速的主要因素。

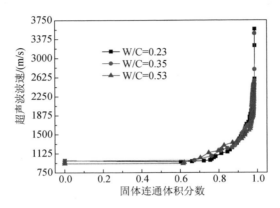

图 2.49　　不同水灰比下超声波速和连通固相体积百分数的关系

　　维卡仪经常被用来测定水泥浆体的初凝和终凝时间。本节利用传统的维卡仪测量贯入浆体的深度来表征固相的连通。根据 ASTM C 191 标准，利用维卡仪在 20℃每隔 5min 测量贯入浆体的深度。为了更好地把试针贯入深度的结果与连通固相体积分数进行比较，定义浆体的阻力分数（ϕ）为

$$\phi = \frac{\lambda}{\lambda_0} \tag{2-33}$$

式中：λ 为试针贯入浆体中的深度（mm）；λ_0 为测试样品的高度=40mm。图 2.50 为阻力分数、超声波速以及连通固相体积百分数随时间变化的关系。其中，连通固相体积的百分数是由 CEMHYD3D 模拟得到。从图 2.50 中可以看出，三条曲线的变化规律基本一致，且阻力分数的变化曲线与连通固相体积分数变化曲线非常吻合。超声波速曲线第一个转折点出现的时间要比阻力分数曲线出现得晚。这与 Bentz 报道的实验结果相一致，其主要原因可以从维卡仪的作用原理进行分析。由于维卡仪是利用试针的重力来测量贯入浆体中的深度，当试针插入浆体中，主要受到两个力作用使其达到平衡。一个力是剪切力，作用于插入浆体部分试针的表面；另一个力为压力，作用于针尖上。因此，维卡仪测试阻力分数的演变能够反映浆体的剪切模量和体积模量。水泥水化生成大量的 C-S-H 凝胶和 Ca(OH)$_2$ 晶体包裹在水泥粒子的表面，并且相互黏结起来形成一空间网状结构，导致更密实的微结构和更大的体积模量。在水化初期，浆体不能承受剪切应力，超声波速由体

积模量决定 [式 (2-5)]，而水泥浆体的体积模量为一个比较稳定的常数，因此，即使阻力分数增大，但是不会对超声波速产生影响。随后，水化继续进行，当固相开始连通时，波速随着连通固相体积分数增加而开始迅速增加。

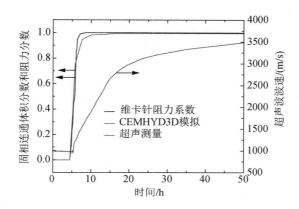

图 2.50　比较阻力分数、超声波速和连通固相体积分数随时间变化的关系（W/C=0.35）

2.4.1.2　C-S-H 和 CH 相的连通

C-S-H 凝胶和 CH 是水泥水化的主要产物，体积在硬化水泥浆体中约占 80% 以上，故对水泥基复合材料的宏观性能产生显著的影响。为了更深入了解 C-S-H 和 CH 相的空间分布，从 CEMHYD3D 模型中提取 C-S-H 和 CH 连通体积分数的相关信息。C-S-H 和 CH 连通体积分数与总体积分数之间的关系如图 2.51 所示。对于不同的水灰比，所有的曲线都重叠成一条曲线。C-S-H 凝胶和 CH 相的逾渗阈值都一样，为 0.12。所有水泥浆体水化 2640 h（模拟 5000 次循环）之后，C-S-H 连通固相体积分数达到一个稳定值（0.97），而 CH 却没能完全连通。由于水泥完

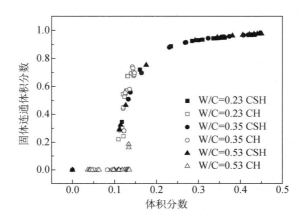

图 2.51　C-S-H 和 CH 连通体积分数与总体积分数之间的关系

全水化时 CH 体积分数才只有 0.2，三种水灰比在水化 2640 h 后生成的最大 CH 体积分数为 0.15，不足以形成一个完全连通的网络通道；而且 CH 只能在孔中结晶生长，产生的 CH 团簇被 C-S-H 凝胶和毛细孔所包围，导致只有部分的 CH 相黏结在一起。值得注意的是，如图 2.52 所示，随着水化程度的增加，CH 总体积分数线性增加，而连通体积分数呈现波动性地增加。说明在水泥水化过程中，CH 相循环发生溶解和结晶的过程。当 CH 小晶体溶解时，总体积分数几乎不会发生变化，而连通体积分数发生显著的变化。可能是连接 CH 团簇之间的"桥"发生溶解，致使 CH 连通度急剧下降。该模拟的结果与 Garboczi 和 Bentz 报道的相一致。

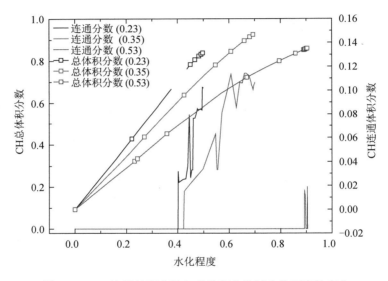

图 2.52　CH 连通体积分数与总体积分数随水化程度的变化

　　为了更好地了解主要的水化产物（C-S-H 和 CH）对水泥浆体中固相连通度的影响，在水灰比 0.35 下比较 C-S-H、CH 与固相随时间的演变过程，如图 2.53 所示。相比较于固相，C-S-H 和 CH 相需要更多的时间去形成连通通道。固相、C-S-H 和 CH 的初始连通时间分别为 5.18h、16.68h 和 94.51h。水泥和水拌和之后，水泥颗粒均匀分散于水中，此时浆体呈悬浮液状。随着水化的进行，生成 C-S-H 和 CH 等产物沉积在水泥颗粒的表面，产生牢固的化学作用力使水泥颗粒胶结在一起。因此，当固相开始连通时，C-S-H 和 CH 相自身却没有连通。从图 2.4 超声波速曲线中得到的固相初始连通时间（S_1）和完全连通时间（S_2），标注于图 2.53 中。波速曲线中的初始连通时间（5.33h）与模拟的固相初始连通时间（5.18h）基本一致。实验中的第 2 个特征点 S_2，即固相完全连通时间（16.43h）和 C-S-H 凝胶的初始连通时间（16.68h）非常接近。尤其注意的是，在水化 108h 后 CH 相最大连通体积分数只有 0.53，而固相和 C-S-H 凝胶相的连通体积分数都接近于 1。这种差别再次验证了 C-S-H 凝胶在水泥颗粒的表面形成，而 CH 相却在孔隙中随机生成。

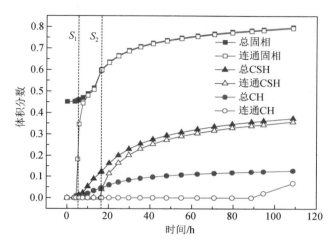

图 2.53　在水灰比 0.35 下固相、C-S-H 和 CH 体积分数随时间的变化

2.4.1.3　固相的三维动态演变过程

根据以上的实验和模拟研究，水泥浆体中固相的早期演变过程可以简单地总结如下。以水灰比为 0.35 为例，水泥加水经拌和形成浆体呈塑性态，水泥颗粒或者颗粒絮团悬浮于水溶液中如图 2.54（a）所示。随着时间的推移，水泥水化生成 C-S-H 凝胶和 CH 晶体包裹在水泥粒子表面，这些水化产物不断长大并相互接触，依靠化学力胶结在一起形成一个小的团簇。越来越多的小团簇相互连接形成大的团簇，进而形成一条贯穿浆体的固相连通通道。图 2.54（b）为浆体中的固相在初始连通时间时形成一条逾渗通道。此时，浆体失去原来的流动性和可塑性，变为不流动的弹性固体。从图 2.54（b）中可以看出，固相初始连通通道在三维图片中形成，但是在二维图片中却没有出现。因此，常用来表征二维微结构的图片如扫描图片（SEM）或者背散射图片（BSE）不能准确反映材料三维结构中的连通信息。由于生成的水化产物体积要大于反应物，毛细孔逐渐被填充，固相体积也随之增大。这些固相相互连接形成更多的连通通道，最终导致浆体的体积模量和剪切模量也随之变大。在到达固相完全连通的时间后 [图 2.54（c）]，大量的水化产物足以使所有的水泥颗粒连接成网、形成凝聚结构，浆体的力学性能由总的固相体积所决定。

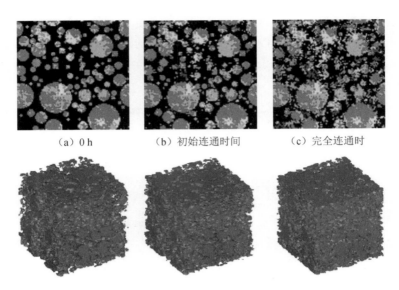

（a）0 h　　　　　（b）初始连通时间　　　　　（c）完全连通时

图 2.54　在水灰比 0.35 下模拟二维和三维固相随时间的演变

2.4.2　模拟孔隙的阻断

2.4.2.1　毛细孔的阻断

采用 CEMHYD3D 模型对水泥净浆中毛细孔的阻断过程进行模拟，其孔隙率与毛细孔连通度随时间的变化关系如图 2.55 所示。开始阶段，毛细孔隙率等于 1，意味着毛细孔完全连通。随着水化的进行，水化产物占据原来水充满的孔中，使连通毛细孔开始隔断，此时毛细孔连通度开始迅速下降。图 2.55（a）表示水灰比对毛细孔的阻断产生显著的影响。水灰比越低，到达初始连通的时间就越短。因为水灰比变低，浆体中初始孔隙率也变低，只要少许的水化时间就使毛细孔发生阻断。毛细孔隙率与连通孔体积之间的关系如图 2.55（b）所示。对于所有的水泥浆体，由于水化的进行，随着毛细孔隙率的降低，其连通度大幅度地下降。由图 2.55（b）可知，在模拟水化时间 2000h 这段时间内，低水灰比中的毛细孔都发生完全阻断，它们的毛细孔逾渗阈值为 0.18～0.22，而水灰比为 0.53 的浆体却没有出现逾渗阈值。根据 Power 公式，0.53 水灰比完全水化时的孔隙率为 0.2，意味着 0.53 水灰比的浆体中毛细孔完全被阻断需要几年的时间水化。

电阻率与毛细孔随时间变化的关系如图 2.56 所示。在毛细孔初始阻断时间（5.51h）之前，所有的毛细孔都连通，电阻率大小保持不变。随后，毛细孔开始被固相阻断，毛细孔隙率明显下降，导致电阻率的快速增加。随着水化的快速进行，在 94.51h 时，连通孔隙率突然变成 0，暗示所有的毛细孔被连通的固相隔离。此时，模拟的毛细孔完全阻断时间（94.51h）与用电阻率法测试的完全阻断时间

（P_2 为 95.35h）一致。毛细孔逾渗阈值时间出现之后，毛细孔不再发生连通，电阻率随着毛细孔隙率减少而缓慢增加。

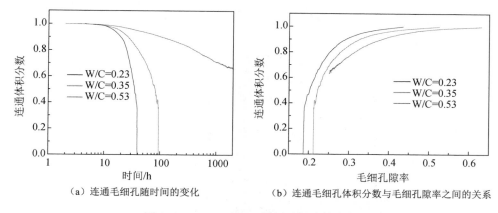

(a) 连通毛细孔随时间的变化　　　　(b) 连通毛细孔体积分数与毛细孔隙率之间的关系

图 2.55　CEMHYD3D 模拟毛细孔的演变

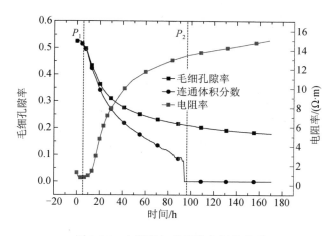

图 2.56　电阻率与毛细孔之间的关系

2.4.2.2　孔隙的三维动态演变过程

根据电阻率的结果，结合 CEMHYD3D 模拟，水灰比为 0.35 时浆体中毛细孔的三维动态变化过程如图 2.57 所示。在图 2.57（a）中，此时对应的水化时间为 0h,水泥颗粒被水包裹住，水处于完全连通的状态，此时传输系数由毛细孔隙率所决定。随着水化的推进，图 2.57（b）所示固相开始形成一条连通通道，开始阻断毛细孔之间的连通。基于超声法和电阻率法的实验结果，发现固相初始连通时间（5.33h）近似等于毛细孔初始阻断时间（5.51h）。因此，浆体中固相开始连通形成一条逾渗通道时，意味着毛细孔就开始发生不连通的现象。之后，毛细孔隙率和其连通度迅速的减少，促使浆体中的渗透和扩散系数也快速的下降。当毛细孔的连通通道完全被未水化水泥颗粒和水化产物切断，此时对应的时间为毛细孔的完全阻断时间，如图 2.57（c）所示。此时，固相中 C-S-H 彼此互相连接，同时由于凝胶孔在 C-S-H 中是完全连通的，所以水能够通过凝胶孔进行传输，整个浆体的传输行为由 C-S-H 凝胶体积分数所决定。

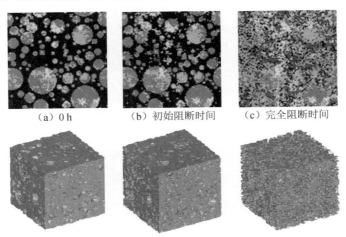

|（a）0 h|（b）初始阻断时间|（c）完全阻断时间|

图 2.57　在水灰比 0.35 下模拟二维和三维毛细孔随时间的演变

2.4.3　模拟微结构演变对电阻率的影响

为了进一步探讨微结构中哪个相决定电阻率的大小，水泥浆体可以看成两相复合材料，即一种是低电阻率的毛细孔，另一种是高电阻率的固相。本节采用并联模型建立浆体整体电学特性和各物相之间的关系，即

$$\sigma = \sigma_p \phi_p + \sigma_s \phi_s \tag{2-34}$$

式中：σ 为水泥浆体的电导率；σ_p 为毛细孔溶液的电导率；σ_s 为在饱和状态下的固相电导率；ϕ_p 和 ϕ_s 分别为毛细孔和固相的体积分数。由于本次实验测试得到的是浆体的电阻率，把式（2-34）中的电导率全部替换成电阻率，即

$$\frac{1}{\rho} = \frac{1}{\rho_p}\phi_p + \frac{1}{\rho_s}\phi_s \tag{2-35}$$

式中：ρ_p 和 ρ_s 分别为毛细孔溶液和固相的电阻率。

然而，该并联模型的缺陷在于未能考虑孔相和固相的连通性。考虑连通度（β），改进后的并联模型表示为

$$\frac{1}{\rho} = \frac{1}{\rho_p}\phi_p \beta_p + \frac{1}{\rho_s}\phi_s \beta_s \tag{2-36}$$

式中：β_p 和 β_s 分别为毛细孔和固相的连通度，浆体中各相的连通度可以通 CEMHYD3D 模型得到。水泥浆体的固相主要包括 C-S-H 凝胶、CH 相以及未水化

水泥颗粒。尽管 C-S-H 凝胶孔至少比毛细孔小一个数量级，离子仍然能够通过 C-S-H 凝胶孔进行传输。因此，与水泥浆体一样，固相同样也可以看成两相复合材料。一相为低电阻率的 C-S-H 凝胶，另一相为高电阻率的 CH 和未水化水泥颗粒。固相的整体电阻率取决于各相的体积分数以及其本身的电阻率，可以表示为

$$\frac{1}{\rho_s} = \frac{1}{\rho_{csh}} \phi'_{csh} \beta_{csh} + \frac{1}{\rho_{non}} \phi'_{non} \beta_{non} \qquad (2\text{-}37)$$

其中

$$\phi'_{csh} = \frac{V_{csh}}{V_{solids}} , \quad \phi'_{non} = \frac{V_{non}}{V_{solids}} \qquad (2\text{-}38)$$

式中：ρ_{csh} 为 C-S-H 凝胶的电阻率；ρ_{non} 为非导电相（未水化水泥颗粒和 CH）的电阻率，其值等于正无穷大；β_{csh} 和 β_{non} 分别为 C-S-H 和非导电相的电阻率；ϕ'_{csh} 和 ϕ'_{non} 分别为固相中 C-S-H 凝胶和非导电相的体积分数；V_{csh}、V_{non} 和 V_{solids} 分别为浆体中 C-S-H 相、非导电相以及固相的体积。

把式（2-37）和式（2-38）代入式（2-36）中，可以得到

$$\frac{1}{\rho} = \frac{1}{\rho_p} \phi_p \beta_p + \frac{1}{\rho_{csh}} \phi_{csh} \beta_{csh} \beta_s \qquad (2\text{-}39)$$

式中：ϕ_{csh} 为水泥浆体中 C-S-H 的体积分数。

根据以上模型的分析，水化过程中各相的体积分数、电阻率以及连通度将决定水泥浆体的整体电阻率。孔溶液的电阻率直接由 CEMHYD3D 模型得到。硬化水泥浆体中各相达到逾渗阈值的时间不同，图 2.58 表示当水灰比为 0.35 时水泥浆体中各相连通度随时间的变化。

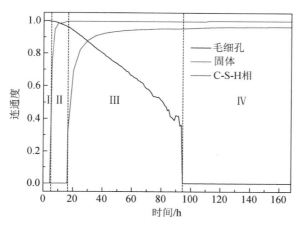

图 2.58　水泥浆体中各相连通度随时间的变化（W/C=0.35）

1）阶段 I：0～5.18h

在阶段 I 时，毛细孔的连通度等于 1，而固相以及 C-S-H 凝胶相几乎没有互相连通，则式（2-39）变为

$$\frac{1}{\rho} = \frac{1}{\rho_p}\phi_p \tag{2-40}$$

由式（2-40）可以看出，在毛细孔未阻断之间，浆体的整体电阻率与毛细孔隙率、孔溶液电阻率密切相关。由于在该阶段，毛细孔隙率保持恒定不变，孔溶液电阻率值决定浆体电阻率的大小。0～5.18h，测试得到的水泥浆体电阻率与模拟的孔溶液电阻率之间的关系如图 2.59 所示。水泥浆体的电阻率密切随着孔溶液电阻率的变化而变化，先下降然后趋于稳定。Sant 等也报道出相似的结果。孔溶液电阻率与浆体电阻率表现出很好的一致性，验证了在阶段 I 时孔溶液的离子浓度是决定浆体电阻率的最重要因素。

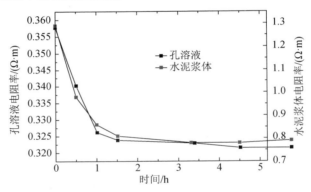

图 2.59　水泥浆体和孔溶液电阻率随时间变化的关系

2）阶段 II：5.18～16.68h

水化 5.18h 之后，固相发生连通导致毛细孔连通度下降。值得注意的是，在 16.68h 之前，固相开始连通但 C-S-H 凝胶相却未能发生逾渗现象。在此阶段，式（2-39）可以表达为

$$\frac{1}{\rho} = \frac{1}{\rho_p}\phi_p\beta_p \tag{2-41}$$

该方程认为浆体的整体电阻率取决于三个因素：孔溶液电阻率、孔隙率以及毛细孔的连通度。从 5.18～16.68h，孔溶液电阻率的变化范围为 0.14Ω·m，仅约为浆体电阻率的 1/16。孔溶液电阻率的变化对浆体电阻率几乎没有影响。图 2.60 所示毛细孔隙率和连通度的减少将增加浆体的电阻率。毛细孔的孔隙率与连通度密切相关，孔隙率下降导致连通度也减小（图 2.58）。不同水化程度下孔隙率和连通度对浆体电阻率的影响如图 2.60 所示。相比较于孔隙率的减少，连通度下降曲线更陡峭。因此，在第 II 阶段毛细孔的连通度要比孔隙率对浆体整体的电阻率影响更大。

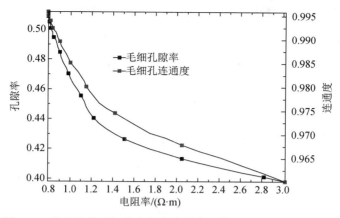

图 2.60　第 II 阶段毛细孔隙率和连通度对浆体整体电阻率的影响

3）阶段 III: 16.68～94.51h

水化 16.68h 之后，生成的 C-S-H 凝胶开始相互搭接形成连通路径。此时，浆体中的固相已经全部连接形成连通网络，它的连通度等于 1。由于 C-S-H 凝胶中的凝胶孔是相互连通的，因此它具有一定的导电性。Gaboczi 等报道 C-S-H 凝胶的相对电导率为 0.0025，则其相对电阻率为 $\rho_0 / 0.0025$。把该值代入式（2-39）中，式（2-42）可以表示为

$$\frac{1}{\rho} = \frac{1}{\rho_p}\phi_p\beta_p + \frac{0.0025}{\rho_0}\phi_{csh}\beta_{csh} \qquad (2\text{-}42)$$

由于在此阶段孔溶液电阻率只发生微小的变化：0.18～0.14 Ω·m，浆体的电阻率只与连通毛细孔体积分数以及 C-S-H 凝胶相关。从方程（2-42）可知，连通孔的体积分数控制水泥浆体电阻率的变化。为了进一步研究哪个因素对浆体电阻率起着最重要的影响，毛细孔隙率与连通度的影响结果如图 2.61 所示。与第 II 阶段相同，在第 III 阶段时同样孔溶液的连通度比孔隙率对电阻率的变化影响更大。

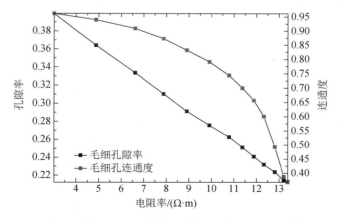

图 2.61　第 III 阶段毛细孔隙率和连通度对浆体整体电阻率的影响

4）阶段Ⅳ：94.51～168h

水泥水化 94.51h 之后所有的毛细孔全部阻断，它的连通度变为零，而固相和 C-S-H 凝胶相的连通度约等于 1，因此式（2-39）可以表示为

$$\frac{1}{\rho} = \frac{0.0025}{\rho_0}\phi_{csh}$$
（2-43）

从 96.48～148h，孔溶液电阻率保持在 0.13 Ω·m。因此根据方程（2-43），浆体的电阻率只与 C-S-H 凝胶的体积分数有关。在Ⅳ阶段 C-S-H 凝胶将控制水泥浆体的整体电阻率。图 2.62 展示用非接触电阻率仪测试的电阻率值与 CEMHYD3D 模拟得到的 C-S-H 体积分数的关系，可以清晰看出 C-S-H 体积分数与浆体电阻率呈线性关系，相关度为 0.96。在浆体中的毛细孔完全阻断之后，C-S-H 凝胶将决定浆体的电阻率变化以及传输行为。

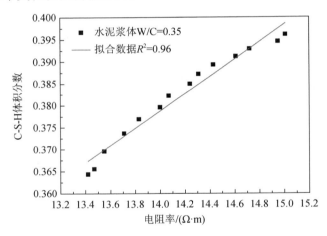

图 2.62　第Ⅳ阶段浆体电阻率和 C-S-H 体积分数的关系

2.4.4　小结

（1）利用 CEMHYD3D 模型对浆体中的固相演变过程进行模拟，可以发现当固相初始连通时，超声波速随着连通体积分数的快速增加而急剧增加；当固相完全连通时，波速就会由总的固相体积分数决定。

（2）生成的 C-S-H 凝胶主要位于水泥颗粒的表面，它的开始连通时间对应着固相完全连通时间；而水化生成的 CH 相主要沉积在毛细孔中，且在水化过程中伴随溶解和结晶的循环过程，对固相的连通进程几乎不会产生影响。

（3）用 CEMHYD3D 对早期微结构中毛细孔相的发展进行三维模拟，当毛细孔开始被阻断时，浆体电阻率随着连通度的下降而减小；当毛细孔完全阻断时，电阻率随着毛细孔隙率变大而缓慢增加。同时，固相初始连通时间与毛细孔初始阻断时间一致，而毛细孔的完全阻断时间要远远大于固相的完全阻断时间。

2.5　本章小结

（1）根据超声波速-时间曲线，将混凝土形成过程划分为预诱导期、诱导期、加速期和减速期；而在净浆和砂浆层次上只会出现后面的三个阶段。基于超声波速变化速率-时间曲线，预先逾渗时间、初始逾渗时间和完全连通时间是表征微结构中固相连通过程的重要时间点。

（2）电阻率测试结果表明，从观察水化过程的角度可分为溶解期、诱导期、加速期和减速期 4 个阶段，而从研究毛细孔连通的视角，根据电阻率-时间微分曲线把微结构演变过程分为 5 个阶段，其中毛细孔初始阻断时间和完全阻断时间是研究耐久性的两个关键特征点。

（3）利用 CEMHYD3D 数值模型对浆体中的固相连通和孔隙的阻断过程进行模拟，基于"燃烧算法"确定毛细孔、C-S-H 及 CH 相的逾渗阈值分别为 0.18、0.12、0.12。通过对比浆体中固相和孔隙变化过程发现固相初始连通时间与毛细孔初始阻断时间一致。

（4）基于数值模拟的毛细孔和 C-S-H 连通度结果，结合串并联模型研究表明：当毛细孔完全连通时，孔溶液的离子浓度是决定浆体电阻率的最重要因素；当毛细孔的连通度介于 0～1 时，毛细孔的连通度和孔隙率同时决定浆体的电阻率，其中连通度对电阻率影响要更大一些；当毛细孔完全阻断时，C-S-H 凝胶相控制浆体的电阻率大小。

主要参考文献

郭东明，左建平，张慧，徐辉，2009. 高强混凝土裂纹扩展规律的 CT 观察[J]. 硅酸盐学报，37(10)：1607-1612.

贾耀东，阎培渝，2010. 用于水泥基材料微观结构研究的计算机断层扫描技术的发展历史与现状[J]. 硅酸盐学报，38(7)：1346-1356.

施锦杰，孙伟，2011. 用电化学阻抗谱与 X 射线 CT 研究混凝土中钢筋的腐蚀行为[J]. 硅酸盐学报，39(10)：127-137.

隋同波，曾晓辉，谢友均，等，2008. 电阻率法研究水泥早期行为[J]. 硅酸盐学报，36(4)：431-435.

魏小胜，肖莲珍，李宗津，2004. 采用电阻率法研究水泥水化过程[J]. 硅酸盐学报，32(1)：34-38.

肖莲珍，李宗津，魏小胜，2005. 用电阻率法研究新拌混凝土的早期凝结和硬化[J]. 硅酸盐学报，33(10)：1271-1275.

张云升，2004. 高性能的聚合物混凝土结构形成机理及其性能研究[D]. 南京：东南大学.

朱洪波，王培铭，张继东，2010. 矿物材料对水泥可溶离子浓度及 pH 值的影响[J]. 武汉理工大学学报，32(10)：6-10.

曾晓辉，隋同波，谢友均，等，2008. 电阻率法研究减水剂与水泥的作用[J]. 硅酸盐学报，36(10)：1390-1395.

ATKINSON A, NICKERSON A, 1984. The diffusion of ions through water-saturated cement[J]. Journal of Materials Science, 19(9): 3068-3078.

BENTZ D P, GARBOCZI E J, 1991. Percolation of phases in a three-dimensional cement paste microstructural model[J]. Cement and Concrete Research, 21(2-3): 325-344.

BENTZ D, 2007. Cement hydration: building bridges and dams at the microstructure level[J]. Materials and Structures, 40(4): 397-404.

BOGUE R H, 1947. The Chemistry of Portland Cement[M]. New York: Reinhold Publishing Corporation.

BOUMIZ A, VERNET C, TENOUDJI F C, 1996. Mechanical properties of cement pastes and mortars at early ages - Evolution with time and degree of hydration[J]. Advanced Cement Based Materials, 3(3-4): 94-106.

CHOTARD T, BONCOEUR M M, SMITH A, et al., 2003. Application of X-ray computed tomography to characterise the early hydration of calcium aluminate cement[J]. Cement and Concrete Composites, 25(1): 145-152.

CHOTARD T, GIMET B N, SMITH A. et al., 2001. Application of ultrasonic testing to describe the hydration of calcium aluminate cement at the early age[J]. Cement and Concrete Research, 31(3): 405-412.

DE BELIE N, GROSSE C, BAERT G, 2008. Ultrasonic transmission to monitor setting and hardening of fly ash concrete[J]. Aci Materials Journal, 105(3): 221-226.

DOAK S H, ROGERS D, JONES B, et al., 2008. High-resolution imaging using a novel atomic force microscope and confocal laser scanning microscope hybrid instrument: essential sample preparation aspects[J]. Histochemistry and Cell Biology, 130(5): 909-916.

ESCALANTE-GARCIA J I, 2003. Nonevaporable water from neat OPC and replacement materials in composite cements hydrated at different temperatures[J]. Cement and Concrete Research, 33(11): 1883-1888.

GALLUCCI E, SCRIVENER K, GROSO A, et al., 2007. 3D experimental investigation of the microstructure of cement pastes using synchrotron X-ray microtomography(μCT)[J]. Cement and Concrete Research, 37(3): 360-368.

GARBOCZI E J, BENTZ D P, 1992. Computer simulation of the diffusivity of cement-based materials[J]. Journal of Materials Science, 27(8): 2083-2092.

GARBOCZI E J, BENTZ D P, 1998. Multiscale analytical/numerical theory of the diffusivity of concrete[J]. Advanced Cement Based Materials, 8(2): 77-88.

GARBOCZI E J, BENTZ D P, 2001. The effect of statistical fluctuation, finite size error, and digital resolution on the phase percolation and transport properties of the NIST cement hydration model[J]. Cement and Concrete Research, 31(10): 1501-1514.

GOMMES C J, BONS A J, BLACHER S, et al., 2009. Practical methods for measuring the tortuosity of porous materials from binary or gray‐tone tomographic reconstructions[J]. AIChE Journal, 55(8): 2000-2012.

GROSSE C, REINHARDT H, KRÜGER M, et al., 2006. Ultrasound through-transmission techniques for quality control of concrete during setting and hardening[J]. Proceedings of the Advanced Testing of Fresh Cementitious Materials, Stuttgart: 83-93.

HANSEN T, 1986. Physical structure of hardened cement paste. A classical approach[J]. Materials and Structures, 19(6): 423-436.

HE J Y, SCHEETZ B E, ROY D M, 1984. Hydration of Fly-Ash Portland Cements[J]. Cement and Concrete Research, 14(4): 505-512.

HELFEN L, DEHN F, MIKULIK P, et al., 2005. Three-dimensional imaging of cement microstructure evolution during hydration[J]. Advances in Cement Research, 17(3): 103-112.

HOUNSFIELD G N, 1973. Computerized transverse axial scanning(tomography): Part Ⅰ. Description of system[J]. British Journal of Radiology, 46(552): 1016-1022.

HUGHES B, SOLEIT A, BRIERLEY R, 1985. New technique for determining the electrical resistivity of concrete[J]. Magazine of Concrete Research, 37(133): 243-248.

IGARASHI S, KAWAMURA M, WATANABE A, 2004. Analysis of cement pastes and mortars by a combination of backscatter-based SEM image analysis and calculations based on the Powers model[J]. Cement and Concrete Composites, 26(8): 977-985.

JAWED I, SKALNY J, 1978. Alkalis in cement: A review: Ⅱ. Effects of alkalis on hydration and performance of Portland cement[J]. Cement and Concrete Research, 8(1): 37-51.

KEATING J, HANNANT D J, HIBBERT A P, 1989. Comparison of shear modulus and pulse velocity techniques to measure the build-up of structure in fresh cement pastes used in oil well cementing[J]. Cement and Concrete Research, 19(4): 554-566.

KHALAF F, WILSON J, 1999. Electrical properties of freshly mixed concrete[J]. Journal of Materials in Civil Engineering, 11(3): 242-248.

LAGIER F, KURTIS K E, 2007. Influence of Portland cement composition on early age reactions with metakaolin[J]. Cement and Concrete Research, 37(10): 1411-1417.

LAKSHMINARAYANAN V, RAMESH P, RAJAGOPALAN S, 1992. A new technique for the measurement of the electrical resistivity of concrete[J]. Magazine of Concrete Research, 44: 47-52.

LARBI J, FRAAY A, BIJEN J, 1990. The chemistry of the pore fluid of silica fume-blended cement systems[J]. Cement and Concrete Research, 20(4): 506-516.

LEE H K, LEE K M, KIM Y H, et al., 2004. Ultrasonic in-situ monitoring of setting process of high-performance concrete[J]. Cement and Concrete Research, 34(4): 631-640.

LI Z, WEI X, LI W, 2003. Preliminary interpretation of Portland cement hydration process using resistivity measurements[J]. Aci. Materials Journal, 100(3): 253-257.

LOTHENBACH B, WINNEFELD F, ALDER C, et al., 2007. Effect of temperature on the pore solution, microstructure and hydration products of Portland cement pastes[J]. Cement and Concrete Research, 37(4): 483-491.

LU S, LANDIS E, KEANE D, 2006. X-ray microtomographic studies of pore structure and permeability in Portland cement concrete[J]. Materials and Structures, 39(6): 611-620.

MCCARTER W, BROUSSEAU R, 1990. The AC response of hardened cement paste[J]. Cement and Concrete Research, 20(6): 891-900.

MINDESS S, YOUNG J F, 1981. Concrete[M]. Englewood Cliffs: Prentice-Hall.

NAKARAI K, ISHIDA T, MAEKAWA K, 2006. Modeling of calcium leaching from cement hydrates couples with micro-pore solution formation[J]. Journal of Advanced Concrete Technology, 4(3): 395-407.

NEITHALATH N, WEISS J, OLEK J, 2006. Characterizing enhanced Porosity concrete using electrical impedance to predict acoustic and hydraulic performance[J]. Cement and Concrete Research, 36(11): 2074-2085.

OGAWA K, UCHIKAWA H, TAKEMOTO K, et al., 1980. The mechanism of the hydration in the system C3s-Pozzolana[J]. Cement and Concrete Research, 10(5): 683-696.

PO H, 1998. Lea's Chemistry of Cement and Concrete[M]. London: Edward Arnold.

POVEY M J W, 1997. Ultrasonic Techniques for Fluids Characterization[M]. California: Academic Press.

PROMENTILLA M A B, SUGIYAMA T, 2010. X-Ray microtomography of mortars exposed to freezing-thawing action[J]. Journal of Advanced Concrete Technology, 8(2):97-111.

PROMENTILLA M A B, SUGIYAMA T, HITOMI T, et al., 2008. Characterizing the 3D pore structure of hardened cement paste with synchrotron microtomography[J]. Journal of Advanced Concrete Technology, 6(2): 273-286.

PROMENTILLA M A B, SUGIYAMA T, 2010. X-ray microtomography of mortars exposed to freezing-thawing action[J]. Journal of Advanced Concrete Technology, 8(2): 97-111.

REINHARDT H W, GROSSE C U, HERB A T, 2000. Ultrasonic monitoring of setting and hardening of cement mortar - A new device[J]. Materials and Structures, 33(233): 581-583.

REINHARDT H, GROSSE C, 2004. Continuous monitoring of setting and hardening of mortar and concrete[J]. Construction and Building Materials, 18(3): 145-154.

ROBEYST N, GRUYAERT E, GROSSE C U, et al., 2008. Monitoring the setting of concrete containing blast-furnace slag by measuring the ultrasonic p-wave velocity[J]. Cement and Concrete Research, 38(10): 1169-1176.

SANT G, BENTZ D, WEISS J, 2011. Capillary porosity depercolation in cement-based materials: Measurement techniques and factors which influence their interpretation[J]. Cement and Concrete Research, 41(8): 854-864.

SANT G, FERRARIS C F, WEISS J, 2008. Rheological properties of cement pastes: A discussion of structure formation and mechanical property development[J]. Cement and Concrete Research, 38(11): 1286-1296.

SANT G, LOTHENBACH B, JUILLAND P, 2011. The origin of early age expansions induced in cementitious materials containing shrinkage reducing admixtures[J]. Cement and Concrete Research, 41(3): 218-229.

SAYERS C M, GRENFELL R L, 1993. Ultrasonic propagation through hydrating cements[J]. Ultrasonics, 31(3): 147-153.

SCHINDLER A K, FOLLIARD K J, 2005. Heat of hydration models for cementitious materials[J]. Aci. Materials Journal, 102(1): 24-33.

SCRIVENER K L, FULLMANN A, GALLUCCI E, et al., 2004. Quantitative study of Portland cement hydration by X-ray diffraction/Rietveld analysis and independent methods[J]. Cement and Concrete Research, 34(9): 1541-1547.

SCRIVENER K L, 2004. Backscattered electron imaging of cementitious microstructures: understanding and quantification[J]. Cement and Concrete Composites, 26(8): 935-945.

STOCK S, NAIK N, WILKINSON A, et al., 2002. X-ray microtomography (microCT) of the progression of sulfate attack of cement paste[J]. Cement and Concrete Research, 32(10): 1673-1675.

STUTZMAN P, 2004. Scanning electron microscopy imaging of hydraulic cement microstructure[J]. Cement and Concrete Composites, 26(8): 957-966.

SUGIYAMA T, PROMENTILLA M, HITOMI T, et al., 2010. Application of synchrotron microtomography for pore structure characterization of deteriorated cementitious materials due to leaching[J]. Cement and Concrete Research, 40(8): 1265-1270.

SUN G W, SUN W, ZHANG Y S, et al., 2011. Relationship between chloride diffusivity and pore structure of hardened cement paste[J]. Journal of Zhejiang University-Science A, 12(5): 360-367.

TAYLOR H F W, 1997. Cement Chemistry[M]. London: Thomas Telford Publishing.

VENKITEELA G, SUN Z H, 2010. In situ observation of cement particle growth during setting[J]. Cement & Concrete Composites, 32(3): 211-218.

VOIGT T, GROSSE C U, SUN Z, et al., 2005. Comparison of ultrasonic wave transmission and reflection measurements with P- and S-waves on early age mortar and concrete[J]. Materials and Structures, 38(282): 729-738.

WEI X, LI Z, 2005. Study on hydration of Portland cement with fly ash using electrical measurement[J]. Materials and Structures, 38(3): 411-417.

WEI X, 2004. Interpretation of hydration process of cement-based materials using resistivity measurement[D]. Hong Kong: The Hong Kong University of Science & Technology.

YE G, LURA P, VAN BREUGEL K, et al., 2004. Study on the development of the microstructure in cement-based materials by means of numerical simulation and ultrasonic pulse velocity measurement[J]. Cement and Concrete Composites, 26(5): 491-497.

YE G, VAN BREUGEL K, FRAAIJ A L A, 2003. Experimental study and numerical simulation on the formation of microstructure in cementitious materials at early age[J]. Cement and Concrete Research, 33(2): 233-239.

YE G, 2003. Experimental study and numerical simulation of the development of the microstructure and permeability of Cementitious Materials[D]. Delft: Delft University of technology.

YLMEN R, JAGLID U, STEENARI B M, et al., 2009. Early hydration and setting of Portland cement monitored by IR, SEM and Vicat techniques[J]. Cement and Concrete Research, 39(5): 433-439.

YOGENDRAN V, LANGAN B W, WARD M A, 1991. Hydration of cement and silica fume paste[J]. Cement and Concrete Research, 21(5): 691-708.

ZELIĆ J, RUŠIĆ D, VEZA D, et al., 2000. The role of silica fume in the kinetics and mechanisms during the early stage of cement hydration[J]. Cement and Concrete Research, 30(10): 1655-1662.

ZHOU J, YE G, BREUGEL K V, 2006. Hydration of Portland cement blended with blast furnace slag at early age[C]//Second International Symposium on Advances in Concrete through Science and Engineering. Quebec. CD-ROM.

第3章 现代混凝土的传输通道Ⅰ：C-S-H 凝胶

侵蚀性介质在现代混凝土中往往通过 C-S-H 中的凝胶孔、水泥中的毛细孔、集料-浆体的界面过渡区以及裂缝等通道传输。C-S-H 凝胶是水泥水化的主要产物，完全水化时占水泥水化产物体积的 50%～60%，C-S-H 凝胶包含大量的凝胶孔（24%～37%），在低水胶比条件下，混凝土中毛细孔和界面过渡区体积分数很少，这时水分和离子可以通过 C-S-H 的凝胶孔传输。因此，研究 C-S-H 凝胶的传输系数具有十分重要的意义。本章首先介绍 C-S-H 凝胶的分子结构以及国际最新进展；接着分别采用数学建模和数值模拟两种方法，系统研究了 C-S-H 的扩散系数及其预测方法。对于数学方法，介绍了广义有效介质模型和混合球组合模型；对于数值模拟方法，提出了分别采用 Micro-Macro 两尺度法和一尺度直接堆积法构建C-S-H 凝胶结构的两种方式，基于构建的 C-S-H 凝胶三维微结构，考虑双电层影响数值模拟了 C-S-H 凝的相对扩散系数，为从本质上认识 C-S-H 分子结构以及 C-S-H 传输特性奠定了科学基础。

3.1 C-S-H 凝胶的分子结构

3.1.1 简述

现代混凝土是由集料和水泥浆体组成的复合材料。自水泥接触水的时刻起，逐渐硬化的水泥浆体发挥胶黏作用，牢牢裹住集料。作为这一复合体的"胶黏剂"，水泥浆体在混凝土构件漫长的服役寿命中发挥着至关重要的作用。研究水泥浆体的多尺度结构及结构-性能相关性，是现代水泥基材料研究领域的重要课题，是预测和优化混凝土性能的前提。

现代水泥品种繁多，应用最广泛的是硅酸盐水泥（ordinary portland cement，OPC）及其衍生品种（多数为 OPC 和火山灰质材料的混合物）。在 OPC 的水化产物中，水化硅酸钙（C-S-H）凝胶占总产物体积 50%～60%，对于混凝土拌合物的强度增长以及硬化水泥浆体的力学和物化稳定性起到决定性作用，因此是水泥基胶凝材料中最为重要的物相。水泥化学领域对 C-S-H 的研究已有近一个世纪的历史，然而时至今日我们仍不能完全认识 C-S-H 的化学组成、分子结构与宏观性能三者之间的相关性。在本节中，笔者归纳了水泥化学领域对 C-S-H 研究的主要成果，特别是最近 20 年来的重要突破。本节将首先阐述 C-S-H 的分子构型，然后是 C-S-H 的化学组成及其纳观形貌，最后提出对未来研究的展望。

3.1.2　C-S-H 的分子构型和结晶状态

3.1.2.1　概述

OPC 水化产物中的 C-S-H 主要来源于硅酸三钙（C_3S）和硅酸二钙（C_2S）的水化反应为

$$\begin{cases} C_3S + H \longrightarrow C\text{-}S\text{-}H + CH \\ C_2S + H \longrightarrow C\text{-}S\text{-}H + CH \end{cases} \tag{3-1}$$

式中：C、S 和 H 分别代表 CaO、SiO_2 和 H_2O。C-S-H 凝胶的化学组成具有较大不确定性：受水化反应程度和矿物掺和料掺量影响，钙硅比（Ca/Si）可在 1.4～2.0 内波动；受干燥条件影响，水硅比（H/S）可在 1.4～4.0 内波动。虽然 C-S-H 占 OPC 水化产物体积 50%～60%，但在 X 射线衍射（XRD）试验中却基本观察不到 C-S-H 的信号。图 3.1 是完全水化的 C_3S 浆体的钴靶 XRD 实验结果：高度结晶的氢氧化钙（CH）产生大量尖锐的衍射峰，而 C-S-H 凝胶只有在 30°～40° 衍射角范围内（对应着铜靶 XRD 的 25°～35°）产生了一个较为弥散的宽峰，且强度远低于 CH 的衍射强度。这一现象在 XRD 试验中反复被观察到，证明了 C-S-H 凝胶是一个结晶度极低的物相。这也意味着利用 X 射线或中子衍射研究分子构型的方法，对 C-S-H 凝胶几乎失效。

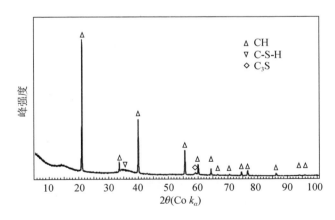

图 3.1　完全水化的 C_3S 浆体的 XRD 结果

研究 OPC 产物中的 C-S-H 凝胶面临的另一大问题是，C-S-H 常常与其他晶体物相在纳米和微米尺度交错生长，难以分离提纯。为解决这些问题，研究者们在实验室使用 CaO+活性 SiO_2，或可溶性钙盐+硅盐作为初始材料，在较大水固比（W/S）条件下长期反应，以合成结晶度和纯度较高的 C-S-H 固体。长期以来，针对 C-S-H 的溶液化学研究所依据的实验数据，几乎都是利用此类 C-S-H 样品取得的。这类通过水热合成的、具有一定结晶度的 C-S-H 通常被称为 C-S-H（I），以区别于 OPC 水化产物中无定型的 C-S-H 凝胶。在过去的 20 年里，针对 C-S-H（Ⅰ）的溶液化学研究无疑是相对成功的，学者们建立了 C-S-H 结晶体的化学组成与溶液中游离 Ca、Si 浓度之间关系的热力学模型。然而，针对 C-S-H（Ⅰ）的分子构型研究仍然没有得到完美的答案。如图 3.2 所示，典型的 C-S-H（Ⅰ）的 XRD 谱上共有 5 个可分辨的衍射峰（P1～P5），其中强度最高的 P2 峰的位置与图 3.1 中 C-S-H 凝胶唯一的衍射信号（Cu 靶 30°～40°区间处）相一致，这表明 C-S-H 凝胶的分子构型确实与 C-S-H（Ⅰ）有很大可比性，也就是说，在分子尺度上 C-S-H 凝胶很可能对应着 C-S-H（Ⅰ）有序度更低的状态。因此，研究 C-S-H（Ⅰ）的分子构型及结晶度信息，可以为理解 C-S-H 凝胶的分子构型提供有力线索。随着 C-S-H（Ⅰ）的钙硅比升高，P1 峰有向右移动的趋势（图 3.2），其 XRD 峰的数量、相对强度和尖锐程度没有明显变化。这表明 C-S-H（Ⅰ）在 0.8～1.3 的钙硅比范围内的晶体结构始终是一致的。同时可以看到，C-S-H（Ⅰ）的衍射信息虽比 C-S-H 凝胶丰富，但仍然不足以解析其结构中单个原子的位置。

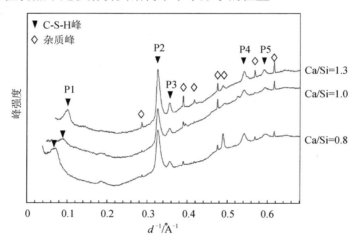

图 3.2　不同钙硅比 C-S-H（Ⅰ）的 XRD 结果

　　为了研究 C-S-H（Ⅰ）的分子构型，我们需要寻找其对应的更高结晶度状态。目前已知的水化硅酸钙矿物结构有近 30 种之多。Taylor 等最早总结出，在这些矿物中，能在 100℃以下与 CH 稳定共存的且与 C-S-H 具有相似组成的矿物有两类，即托贝莫来石（tobermorite）和硅钙石（jennite）。后续的大量衍射研究表明，托贝莫来石与 C-S-H（Ⅰ）在分子构型上具有极高相似性，使用托贝莫来石的晶体结构拟合 C-S-H（Ⅰ）的 XRD 谱能得到较高拟合度。与此同时，随着 ^{29}Si 的核磁共振谱（^{29}Si NMR）被广泛用于研究 C-S-H 凝胶的硅氧四面体化学环境，学者们也用大量数据证实了：尽管结晶度不同，C-S-H 凝胶、C-S-H（Ⅰ）和托贝莫来石矿物三者的硅氧四面体链状结构高度相似；这三种物相在 1～2nm 尺度很可能具有一致的分子构型。目前学者们已基本摒弃了利用硅钙石模型来描述 C-S-H（Ⅰ）

的方案。下面，我们将从托贝莫来石矿物的晶体结构出发，阐述这几类 C-S-H 物相在分子构型和结晶程度上的异同。

3.1.2.2　托贝莫来石矿物

Merlino 和 Bonaccorsi 等利用单晶衍射解析了几种常见的托贝莫来石矿物的晶体结构，包括 14Å 托贝莫来石（简略为 14Å TBM），11Å TBM 和 9Å TBM；其化学结构式分别为 $Ca_{2.5}Si_3O_{12.5}H_8$、$Ca_{2.25}Si_3O_{11}H_5$ 和 $Ca_3Si_3O_9H$。如图 3.3 所示，以 14Å 托贝莫来石（14Å TBM）为例，该晶体具有典型层状结构，每一层由"层内区"（intralayer）和"层间区"（interlayer）两个区间组成；层内区和层间区的交替排列使得晶体结构在 c 方向上周期性重复。在层内区，两层硅氧四面体组成的链状结构（英文文献中称为 dreierketten chain，简称为硅链）平行排列，两层链之间夹着两层平行的钙原子层，称为双钙层。在硅链上，每一对硅氧四面体由第三个硅氧四面体桥接起来。除了与相邻四面体共享的氧原子外，每个硅氧四面体有两个氧原子伸向层内方向，与层内钙实现电荷平衡；每个桥键硅氧四面体有一个氧原子伸向层间方向，与层间的钙或氢达到电荷平衡，另一个与氢平衡。如图 3.3 中虚线框所示，托贝莫来石层内区最小的化学结构单元是由三个硅氧四面体和两个钙原子组成的 $[Ca_2Si_3O_9]^{2-}$。在层间区，除了与层内区实现电荷平衡的钙和氢离子外，还有少量水分子。层内区和层间区的厚度之和即为 14Å TBM 重复性层状结构的厚度，大约是 14.0 Å。

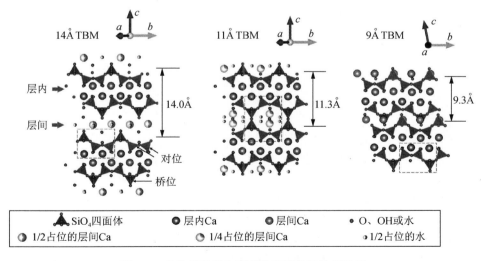

图 3.3　几种托贝莫来石矿物的晶体结构示意图

虚线框对应晶体的最小化学结构单元

11Å TBM 的层内结构与 14Å TBM 几乎相同，但是层间区厚度明显减小，整个层结构厚度减小为 11.3Å。值得注意的是，图 3.3 中的 11Å TBM 的桥键硅氧四面体与相邻层的桥键形成了聚合交联，此时层内结构的最小化学单元变成了 $[Ca_4Si_6O_{17}]^{2-}$，其负电荷与层间钙和氢达到平衡。这种 11Å TBM 被称为 normal11Å TBM；对 normal 11Å TBM 的热分解实验表明，由于相邻层的交联，该矿物的层间区不会失水坍塌，然而 14Å TBM 在受热失水时会生成一种中间相 11Å TBM，该相可继续失水生成 9Å TBM。为了与 normal11Å TBM 相区别，该中间相被称为 anormalous11Å TBM，其相邻层内区在 b 方向上有半个晶格常数的滑移，以至于相邻层的 bridging site 硅氧四面体无法形成聚合。当继续失水时，anormalous11Å TBM 的相邻层内区进一步靠近，形成 9Å TBM，此时晶体结构中没有水分子，只有少量氢原子。

3.1.2.3　C-S-H（Ⅰ）

C-S-H（Ⅰ）与托贝莫来石具有极相似的层状结构，即硅链与双钙层形成层内区间，并与层间钙、质子及水分子形成电荷平衡。如图 3.4 所示，14Å TBM 晶体能产生大量尖锐的 XRD 峰，特别是垂直于层状结构方向的（002）峰。然而在 C-S-H（Ⅰ）的 XRD 谱中，只有强度较弱的 P1 峰与 14Å TBM 的（002）峰相对应；与 P2～P5 峰相对应的 14Å TBM 晶面指数都满足（hk0）这一特点。这表明 C-S-H（Ⅰ）在 c 方向的结晶度较差，而在 a 和 b 方向相对较好。从 14Å TBM 晶体结构出发，Rietveld 精修法可以用来定量分析 C-S-H（Ⅰ）在各方向上的结晶程度。在此我们将精修过程总结为三步，每一步都考虑 C-S-H（Ⅰ）一种结晶特征——这些特征在常用的 Rietveld 精修软件中可以设置。

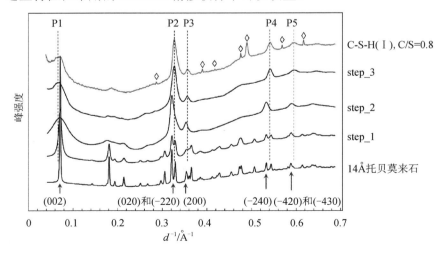

图 3.4　使用 14Å TBM 拟合 C-S-H（Ⅰ）的 XRD

14Å TBM 的衍射峰强度被按比例缩小了，以便和衍射信号较差的物相比较峰位置。

菱形标识是杂质的衍射信号；最上方一条 XRD 谱为实验数据，Step_3～Step_1 为理论计算结果。

图 3.4 的分析过程使用了精修软件 MAUD。第一步（step_1），把 14Å TBM 的结晶区域大小设置为 15nm，可以看到原本尖锐的衍射峰宽度明显增加了；相邻的衍射峰有融合的趋势，如（020）和（-220）峰。经过第一步后，衍射峰的数量和相对强度基本和高度结晶的 14Å TBM 一致。第二步（step_2），保持 a 和 b 方向的结晶尺寸为 15nm 不变，将 c 方向的结晶尺寸减小为 3～5nm。这一调整的依据是，C-S-H（Ⅰ）在 c 方向的结晶度显著小于 a 和 b 方向。经过这一调整，C-S-H 的衍射峰数量大大减少，所有与 c 方向相关的衍射峰几乎都观察不到了；原本强度最高的（002）峰此时也变得较为弥散。第三步（step_3），调整 C-S-H 的晶格参数 a、b 和 c，使衍射峰位置与实验数据中的峰位置相匹配。经过以上调整后的理论计算结果与实验数据是高度吻合的。Geng 证明了从 14ÅTBM、11Å TBM 或是托贝莫来石的其他变体模型出发，均可以对 C-S-H（Ⅰ）进行高吻合度的精修；不同模型精修得到晶格常数和各向结晶度具有很高一致性。这一精修过程进一步证明了 C-S-H（Ⅰ）有着和托贝莫来石类似的层状结构；不同的是，前者只具有纳米尺度的结晶度，特别是沿着垂直于层的 c 方向上结晶度最低。

值得注意的是，已知的托贝莫来石晶体的钙硅比均小于 1，而 C-S-H（Ⅰ）的钙硅比可在 0.7～2.0 范围内变化，因此托贝莫来石模型在描述 C-S-H（Ⅰ）化学组成时碰到了困难。为弥补这一不足，Taylor 提出在托贝莫来石结构基础上增加钙硅比的两种途径：①缩短硅链的链长；②增加层间钙的数量。该理论被后续的学者如 Richardson 等进一步证实并完善。为方便描述硅链的化学信息，我们引入 Q_x^n 的定义来描述单个硅氧四面体，如图 3.5 所示，其中 n 表示与该硅氧四面相连的其他四面体数量；x 可以是 p 或 b，分别表示对称位置和桥接位置的硅氧四面体。^{29}Si NMR 研究表明，随着 Ca/Si 增加，C-S-H（Ⅰ）样品中检测出越来越多 Q^1 信号，这证实了 Taylor 的假设：C-S-H（Ⅰ）的硅链上有大量断裂点，其数量与钙硅比正相关。同时，大量研究表明，硅链断裂优先发生在对称位置。图 3.5 为这一过程的示意图：①为托贝莫来石晶体完整的硅链结构，其 Q_p^2 和 Q_b^2 数量比为 2：1，平均链长（mean chain length，MCL）为无穷大。②当 50% 的 Q_b^2 断开时，原本与断裂处 Q_b^2 相连的 Q_p^2 将变成 Q^1，并寻求层间的钙离子实现电荷平衡，此时的钙硅比增加到 1，MCL 缩短为 5。③当 Q_b^2 完全断开时，钙硅比进一步增加到 1.5，MCL 缩短到 2；此时硅链上只有 Q^1，不再有 Q^2 硅氧四面体。

在图 3.5 中，我们假设了每个断开的 Q_b^2 处都有一个钙离子实现电荷平衡。实际情况是，在钙硅比低于 1.2 时，平均每个硅氧四面体约有 0.4 个氧与氢实现电荷平衡，即生成对应着 Si—OH 键合状态。即使在钙硅比接近 1.6 时，平均每个硅氧四面体的也对应着约 0.2 个 Si—OH。与此同时，钙离子也不完全由硅氧四面体来平衡电荷，在钙硅比 1.6 时平均每个 Ca 对应着约 0.6 个 Ca—OH；当钙硅比降低到 0.9 时，Ca—OH 的含量线性降低到 0 左右（这也就是说，Ca 完全被硅氧四面体平衡电荷）。因此，图 3.5 中的给出的依据硅链断裂情况而计算出的钙硅比是一个估计值，真实值在该估计值上下波动；后面会看到，这个估计值实际上是比较可靠的。

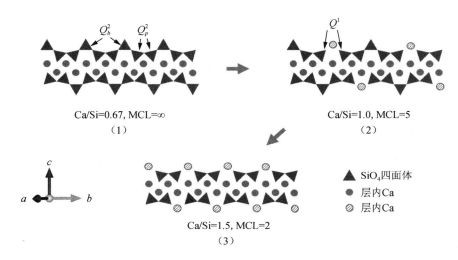

图 3.5　随着钙硅比增加 C-S-H（Ⅰ）中硅链结构变化的示意图

3.1.2.4　C-S-H 凝胶

上述总结了如何从托贝莫来石晶体模型得到 C-S-H（Ⅰ）的分子构型。沿着这个思路，本节将探讨如何从 C-S-H（Ⅰ）的结构得到 OPC 水化的 C-S-H 凝胶的分子构型。任何 C-S-H 凝胶的分子构型必须满足以下三个方面的实验数据：①C-S-H 凝胶的低结晶度；②NMR 实验得到的硅氧四面体链接情况，以及 Si-OH 和 Ca-OH 的键合信息；③C-S-H 凝胶的含水情况。其中第三类实验数据主要来源于 C-S-H 对水的等温吸附研究、质子 NMR 及中子散射实验，解读这些数据往往涉及 C-S-H 凝胶在纳米尺度形貌模型。

首先，钴靶 XRD 显示 C-S-H 凝胶在 30°～40°处（对应铜靶 XRD 的 25°～35°处）有弥散的衍射信号，这对应着 C-S-H（Ⅰ）在 $d \approx 0.3$Å 处的最强的衍射位置，即图 3.2 中的 P2 峰。而 C-S-H（Ⅰ）其他衍射峰在 C-S-H 凝胶中几乎无法见到。因此，C-S-H 凝胶的结晶状态可以认为是 C-S-H（Ⅰ）在各方向上的结晶度进一步降低。在 c 方向上，C-S-H 凝胶的结晶区域尺寸可能只有 1～2 个层间区域，即 2～3nm；在 a 和 b 方向上，C-S-H 凝胶的结晶区域尺寸为 3～5nm，低于 C-S-H（Ⅰ）对应的数值（～15nm）。值得注意的是，由于 OPC 水化体系在微观尺度上的差异性（离子浓度分布、生长空间等），C-S-H 凝胶的结晶度也存在差异。例如，某些纤维状的外部水化产物 C-S-H 在透射电子显微镜（TEM）中显示出多层结构，并产生明显的（002）衍射峰。总体来说，C-S-H 凝胶的结晶尺寸在 5nm 以下，并且在结晶区域内伴随着较强的结构无序性。

OPC 水化生成的 C-S-H 凝胶的钙硅比约为 1.7，这几乎是 C-S-H（Ⅰ）钙硅比的上限。在这一高钙硅比情形下，硅氧四面体多余的负电荷主要与钙配位——^{17}O NMR 也证实了 OPC 产物凝胶中没有 Si—OH 存在。同时，非弹性中子散射（inelastic neutron scattering）和 ^{17}O NMR 数据表明，C-S-H 凝胶中存在大量 Ca—OH，这些 Ca—OH 不仅存在于 C-S-H 凝胶的表明，且存在于结晶区域内部。^{29}Si NMR 数据表明，在 OPC 水化的初始时刻只能检测到单个硅氧四面体（即 Q^0）。随着水化进行，Q^0 逐渐聚合成为 Q^1 和 Q^2；C-S-H 凝胶的 MCL 也从初始时刻的 1 逐渐增加到～2（水化 12h）、～2.6（水化 1 个月）、～3.3（水化 1 年），直到养护数十年 MCL 仍然低于 5。由此可见，C-S-H 凝胶的硅链以 Q^1 为主，含有少量 Q^2。

再来看 C-S-H 凝胶的含水情况：根据 C-S-H 凝胶对水的等温吸附实验，在完全饱和的情况下，OPC 水化生成的 C-S-H 凝胶的含水量为 H/S≈4，这包括了 C-S-H 晶粒表面的吸附水，以及被束缚在晶粒间狭小空间中的液体水。Allen 等通过中子散射实验，定量分析了真正存在于 C-S-H 凝胶结晶区域内部的水分子，含量约为 $H/S=1.8$；Muller 等测定这一数值为 $H/S=1.92$。这两个结果与 C-S-H（Ⅰ）的研究结果都是基本吻合的。

基于以上实验证据和分析，我们在这里给出 C-S-H 凝胶的分子构型示意图，如图 3.6 所示。该结构在 c 方向上的尺寸为 2～3nm，这意味着只能有 2～3 个层状结构、1～2 个层间区域存在。硅氧四面体链上的桥键多数发生断裂，使 MCL 减小至 2～4。在层内区，原有的双钙层依然存在，并主要由硅氧四面体实现电荷平衡，部分有 Ca—OH 键合实现电荷平衡。托贝莫来石晶体中平行排列的双钙层和硅链此时均出现一定程度不规则形变，这使得 XRD 衍射峰强度降低且宽度增加。除双钙层外，有大量的钙存在于层间区和表面，其中存在于表面的钙被称为替换 Ca，因为这些钙取代了桥键硅氧四面体，与相邻的硅氧四面体实现电荷平衡。这些层间钙和表面钙同时也与氢氧根组成 Ca—OH 键合状态。在图 3.6 的分子构型中，水主要来自于：①层间的水分子；②层间、层内以及表面的氢氧根。它们与钙离子有较强的键合或配位作用，因此被归类为结构水。结构水在一般的脱水条件下很难失去。根据实验测定结果，这部分水的含量为 H/S =1.8～2.0。

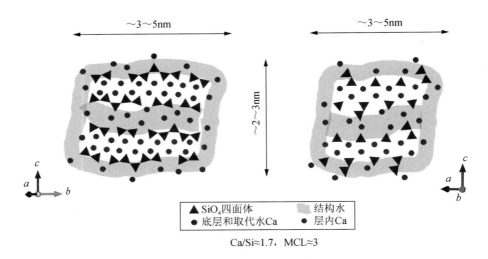

图 3.6　OPC 水化生成的 C-S-H 凝胶分子构型示意图

至此，我们给出了三类结晶状态的 C-S-H 的分子构型，即高度结晶的托贝莫来石矿物，结晶度较低的 C-S-H（Ⅰ），以及存在于 OPC 产物中的、结晶度极低的 C-S-H 凝胶。

3.1.3　C-S-H 的溶液化学性质

为了便于读者熟悉 C-S-H 这一物相，在前面我们首先给出了 C-S-H 的分子构型。本节将阐述 C-S-H 在硅酸根离子和钙离子水溶液中的溶解沉淀行为，特别是钙硅比对于 C-S-H 的化学组成、硅链结构和晶体结构的影响。探究这类问题是研究 C-S-H 的重要内容，为理解 C-S-H 的化学组成和晶体学特征提供重要线索。

3.1.3.1　$CaO\text{-}SiO_2\text{-}H_2O$ 体系的溶解度

水泥化学界对 C-S-H 固溶度的研究已有很长历史，最早可追溯至 20 世纪早期。常被研究的体系有三类：①C_3S 或 C_2S 直接水化；②CaO 和活性 SiO_2 的水溶液体系；③可溶性钙盐和硅盐，如 $Ca(NO_3)_2$ 和 Na_2SiO_3 的水溶液体系（为简化起见，三个体系分别被称为体系 1、2 和 3）。如图 3.7 所示，Taylor 给出了常温下 $CaO\text{-}SiO_2\text{-}H_2O$ 三相系统的物相组成示意图。由于在水溶液中液相始终存在，因此任何在液相中稳定存在的物相必须在相图中与液相区（solution）相邻。在图 3.7 中，与左下角液相区相邻的区域按照硅含量减小、钙含量增大的顺序依次为水合二氧化硅固体、水合二氧化硅固体+C-S-H（三相点）、C-S-H，C-S-H+氢氧化钙（三相点）、氢氧化钙。

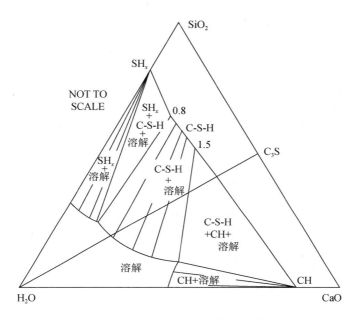

图 3.7　常温下 CaO-SiO$_2$-H$_2$O 的三相系统相图

　　为了进一步量化 C-S-H 在水溶液中的溶解沉淀行为，学者们测定了平衡状态的溶液中[Ca]和[Si]的浓度。Chen 等对大量文献数据做了总结（图 3.8），在这里我们将予以着重探讨。在 Chen 之后，Nonat、Walker 和 Kulik 等发表了类似的研究结果，本节将不再详述。如图 3.8 所示，当溶液中的钙离子（[Ca]）浓度低于 1mmol/L 时，硅酸根离子（[Si]）浓度 1mmol/L 以上。随着[Ca]浓度增加，[Si]的平衡浓度快速下降，然而不同实验数据给出的下降曲线有所差异；到了高[Ca]浓度端，文献中的数据对[Si]平衡浓度的报道存在较大偏差，在 1～100μmol/L 范围内波动。Chen 将不同趋势归纳为几条曲线，其中曲线 A 位于数据点的下限，体系 3（可溶性钙盐和硅盐的水溶液体系）的实验数据，以及个别体系 2（CaO 和 SiO$_2$ 溶液体系）和体系 1（C$_3$S 水化体系）的结果基本符合这一曲线。Taylor 认为曲线 A 对应着 C-S-H（I）的固溶度曲线。该曲线上有两个三相共存点：当[Ca]≈1mmol/L 时，C-S-H（Ca/Si=0.8，固相）与水合二氧化硅（固相）及水溶液（液相）三相共同存在；当[Ca]≈22mmol/L 时，C-S-H（Ca/Si=1.4，固相）与氢氧化钙（固相）及水溶液（液相）三相共同存在。

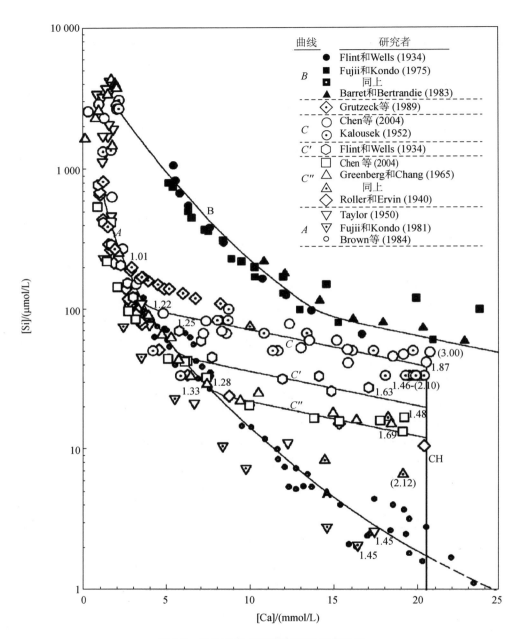

图 3.8　C-S-H 在水溶液中的固溶度曲线

　　绝大多数体系 1 的固溶度实验满足曲线 *B* 的趋势，其位于图 3.8 中数据点的上限，因此体系 1 中 C-S-H 溶度积高于体系 2 和体系 3。部分学者认为，曲线 *B* 并不是稳定状态的[Ca]和[Si]的水溶液固溶度曲线，其反应的是 C₃S 动态溶液再结晶过程的一种亚稳定状态；此时的沉淀物也只是一种亚稳态结构的 C-S-H。除了曲线 A 和 B 附近的数据点，仍有许多实验结果弥散分布于两者之间的，表明 C-S-H 的固溶度曲线还可以是另外几种趋势，如图 3.8 中曲线 C、C′ 和 C″ 所示。在[Ca] 较低时，这几条曲线与曲线 A 重合；当[Ca]> 4～7mmol/L 时，这些曲线开始偏向曲线 B 的趋势。Chen 认为，C-S-H 固溶度曲线呈现多种可能性的原因是 C-S-H 沉淀物的分子构型存在一定可变性。例如，对于同一钙硅比的 C-S-H，若其 MCL 较大（对应着 bridgingsite 断裂较少），那么固体中的 Ca—OH 成分则越多；若 MCL 较小，那么 Ca—OH 的含量也越少。这些构型略有差异的 C-S-H 固体的固溶度是不一样的。在图 3.8 中，当 C-S-H 沉淀的钙硅比相同时，溶液化学组成越靠近曲线 A，则 C-S-H 的 MCL 最短，固溶度越低；越靠近曲线 B，C-S-H 的 MCL 越长，固溶度越高。这一解释是合理的，因为 C-S-H 有连续变化的化学组成和分子构型，各构型之间的化学势差距较小，因此均可作为亚稳态结构存在于溶液体系中。Walkers 和 Kulik 利用几种不同钙硅比的 C-S-H 作为中间态，给出了固溶度曲线的理论计算结果，与实测数据拟合较好。

　　Walkers 等总结了 $CaO\text{-}SiO_2\text{-}H_2O$ 体系平衡时，固态 C-S-H 物相的钙硅比与溶液组分的关系。如图 3.9（a）所示，当 C-S-H 钙硅比为 0.4 时，溶液的 pH 为 9.5～10；随着 C-S-H 钙硅比升高，溶液的 pH 也逐渐升高；当钙硅比大于 1.4 时，溶液的 pH 达到 12.5，对应着饱和氢氧化钙的平衡 pH。如图 3.9（b）所示，溶液中[Ca] 浓度与 C-S-H 钙硅比的数据比较分散，但是可以看出总体趋势：当钙硅比为 1.0～1.2 时，[Ca]平衡浓度几乎维持在 1～3mmol/L 不变；当钙硅比大于 1.2 时，[Ca] 的浓度随钙硅比线性增加，但不同实验之间的数据误差较大。有一部分数据点显示，当钙硅比为 1.5～1.6 时，[Ca]将维持不变，此时溶液体系与氢氧化钙沉淀相平衡。Chen 认为 C_3S 水化体系（体系 1）生成的 C-S-H 钙硅比高于体系 2 和体系 3 的 C-S-H。具体来说，在体系 1 中当溶液的[Ca]≈20mmol/L 时，产物 C-S-H 凝胶的钙硅比约为 1.7，而在体系 2 和体系 3 中当[Ca]达到相同浓度时 C-S-H 的钙硅比往往在 1.5 左右。Chen 的观点被 Walkers 等证实，他们在利用体系 2 合成 C-S-H（Ⅰ）时，当初始的 Ca/Si 大于 1.64 时，将会有氢氧化钙沉淀物生成，即体系 2 难以生成钙硅比大于 1.6 的纯 C-S-H 物相。Renaudin、L'Hôpital、Garbev 和 Grangeon 等均证实在体系 2 中当 C-S-H 的钙硅比为 1.3～1.5 时将会伴随氢氧化钙生成。图 3.9（c）给出了溶液中[Si]浓度与 C-S-H 钙硅比的关系。同样，文献中的数据点分布较为分散，但是呈现出明显的负相关趋势。

　　值得一提的是，Harris 和 Chen 等将钙硅比较高的 C-S-H 凝胶浸泡在水或硝酸铵溶液中，进行了脱钙实验。其溶液化学测试表明，脱钙后的 C-S-H 的钙硅比所对应的平衡[Ca]、[Si]浓度及 pH，与合成 C-S-H 的体系是十分接近的。这表明 C-S-H 结构的脱钙和吸钙过程是可逆的。

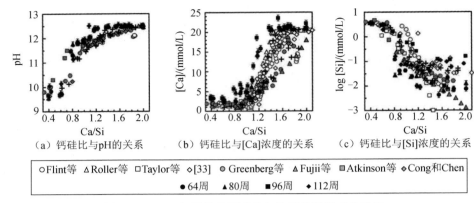

（a）钙硅比与pH的关系　　（b）钙硅比与[Ca]浓度的关系　　（c）钙硅比与[Si]浓度的关系

○Flint等　△Roller等　□Taylor等　◇[33]　● Greenberg等　▲Fujii等　■Atkinson等　◆Cong和Chen
●64周　▲80周　■96周　◆112周

图 3.9　C-S-H 沉淀物的钙硅比与溶液化学组成的关系

3.1.3.2　钙硅比对 C-S-H 的化学组成和晶体结构的影响

在图 3.5 中，我们讨论了钙硅比对 C-S-H 硅链结构的影响，即钙硅比增加会造成 MCL 减小。这种变化可以借助 ^{29}Si NMR 实验中定量分析，其依据是几种不同环境下的硅氧四面体的 ^{29}Si NMR 化学位移有明显差异：Q^1、Q_p^2 和 Q_b^2 分别在 -79.5ppm[①]、-83.0ppm 和 -85.5ppm 左右。当发生相邻层的硅链发生交联形成 Q^3 时，化学位移在 -95ppm 左右。这些化学位移值有一定波动范围，并随着 Ca/Si 增加有略微向正方向偏移的趋势。根据 ^{29}Si NMR 数据拟合出几种硅氧四面体的含量后，就可按照下面的公式算出 C-S-H 硅链的平均链长为

$$MCL = \frac{2\left(Q^1 + Q^2 + Q^3\right)}{Q^1} \tag{3-2}$$

图 3.10（a）总结了部分文献中 MCL 随钙硅比变化的趋势，两者呈现明显的负相关性。具体来说，当钙硅比小于 0.9 时，MCL 大于 10，此时在 C-S-H（Ⅰ）有限的结晶范围内，链上的桥键断裂很少。随着钙硅比增大，MCL 迅速减小，直到 Ca/Si>1.3 时 MCL 基本稳定在 2～4，对应着 60%～100%的桥键断裂。不同合成条件对 MCL 的影响在低钙硅比时不明显，在钙硅比较高时：提高合成温度能增加 C-S-H 的 MCL；体系 1 制备的 C-S-H 的 MCL 比体系 2 和体系 3 的略大。随着钙硅比提高及桥键断裂，越来越多的 Ca 进入 C-S-H 结构中，剩余的硅氧四面体无法提供足够的电荷平衡，因此 C-S-H 结构中的 Ca—OH 含量将逐渐增加，如图 3.10（b）所示。伴随着这一过程，Si—OH 将逐渐减少。在低钙硅比（Ca/Si<0.9）时 Ca—OH 几乎消失，这意味着 C-S-H 的表面应当是硅链结构，否则表面的钙必须与氢氧根达到电荷平衡，此时的 Si—OH 主要来自于硅链末端及桥键硅氧四面体与质子的电荷平衡。

---

① 1ppm=$1×10^{-6}$，下同。

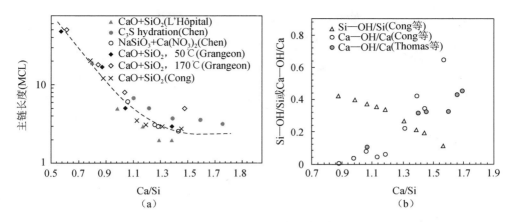

图 3.10　钙硅比对 C-S-H 的 MCL（a）和氢氧根基团位置（b）的影响

除了影响硅链结构，钙硅比提高对 C-S-H（I）晶体结构另一个显著影响是减小 C-S-H（I）的层间距。Geng、Renaudin、L'Hôpital、Garbev 和 Grangeon 等的 XRD 实验清晰地表明了这一点。如图 3.2 和图 3.11（a）所示，C-S-H 的 P1 峰来自于（002）晶面衍射。随着钙硅比从 0.8 增加到 1.3，P1 峰位置增加而向着晶面间距减小的方向移动，对应着层间距从～13Å 减小到 10～11Å；钙硅比大于 1.3时，P1 峰位置基本固定，C-S-H 层与层之间距离基本不再变化。该变化的机理如图 3.11（b）所示，当钙硅比较小时，桥键硅氧四面体的空间位阻使得相邻层无法靠近；随着钙硅比增大，桥键断裂增加，更多钙离子进入层间与断裂处电荷未达到平衡的氧发生配位，这增加了层与层之间的黏聚力，使相邻层间距离减小。在钙硅比大于 1.3 时，这一机制将无法继续减小层间距，因为此时桥键的断裂几乎达到 100%（对应 MCL≈2），如图 3.10（a）所示。

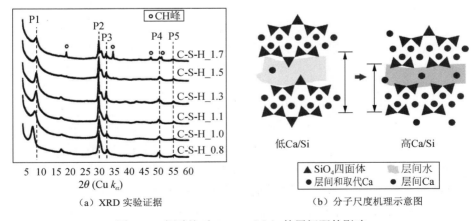

（a）XRD 实验证据　　　　　　　　（b）分子尺度机理示意图

图 3.11　钙硅比对 C-S-H（I）的层间距的影响

Richardson 发现 C-S-H（I）层间距与制备 C-S-H 时的干燥条件有关：在钙

硅比相同时，强烈干燥的 C-S-H（如 110℃烘干）比温和干燥（如在氮气环境中常温自然干燥）状态的 C-S-H 层间距平均减小 1～2Å。Alizadeh 等对钙硅比 1.2 的 C-S-H（I）的氮气干燥实验表明，随着水分流失，层间距从 11.7Å 降低到 9.8Å；这些流失的水极可能来自于 C-S-H 层间区域。由此可见，在讨论 C-S-H 的晶体学特征，如层间距时，了解样品的干燥历史对于结果分析的可靠性是十分必要的。

3.1.4　C-S-H 的纳米尺度结构

上述探讨了几类 C-S-H 的化学组成和分子构型及钙硅比的变化对 C-S-H 的影响。对于材料界学者而言，了解该材料的多尺度结构与化学组成的相互关系是预测其宏观性能的重要依据。本节将探讨 C-S-H 凝胶在纳米尺度的结构模型，需要注意的是，这些模型都是用来描述 OPC 水化产物 C-S-H 凝胶的，并不适用于描述 C-S-H（I）；本节对于 C-S-H 的微米级以上尺度的形貌将不做讨论。另外，文献中对 C-S-H 模型已经有较好的总结，这些文献对本节内容有很大启发。

3.1.4.1　早期胶粒模型——P-B 模型和 Munich 模型

Powers 和 Brownyard 在 1946 年提出的 P-B 模型是文献记载中关于 C-S-H 凝胶的第一个模型。该模型主要用来解决三个问题：①描述硬化浆体的微结构，如孔结构和比表面积等；②描述硬化浆体中水的存在状态；③解释硬化浆体的干燥收缩机理。如图 3.12（a）所示，P-B 模型假想 C-S-H 凝胶如球状包裹在未水化的水泥颗粒外部，凝胶球之间为毛细孔区域，其间存在未反应的液态水。在凝胶球的内部，凝胶夹杂着氢氧化钙等晶体相，而凝胶本身由大量胶粒组成；胶粒之间的凝胶孔中存在着凝胶水，胶粒内部含有结构水。在干燥条件下，毛细孔中的水优先蒸发，其产生的毛细吸力引起浆体收缩。当进一步干燥时，凝胶水逐渐蒸发。模型认为凝胶内部的结构水几乎不会在常温干燥条件中失去。P-B 模型存在一些缺陷或未解释的问题：①凝胶内部结构不明，胶粒的大小和形貌未被描述；②该模型不能解释硬化浆体的吸水和脱水曲线的不重合现象。尽管如此，该模型抓住了 C-S-H 的胶体特性，并提出了不同尺度孔结构对水的吸附能力的差异，这对之后的模型产生了深远的影响。

在 P-B 模型提出后的几十年内，许多学者试图对其进行完善。其中，Wittmann 在 1976 年提出了 Munich 模型，如图 3.12（b）所示。该模型相对 P-B 模型所做的最大的改进，在于对凝胶内部胶粒结构的描述。Munich 模型认为 C-S-H 颗粒及其表面吸附水共同构成了凝胶体系；颗粒松散堆积留下的较大空隙形成了毛细孔，且将会成为干燥时首先失水的位置。Munich 模型还对徐变现象进行了解释：颗粒之间的接触区域黏聚力较薄弱，因此在颗粒应力作用下会发生相对移动；C-S-H 颗粒表面吸附水越多，颗粒相互之间的黏聚力越薄弱，因此饱水的浆体比干燥的浆体更容易徐变。Munich 模型对 C-S-H 颗粒内部结构没有描述。

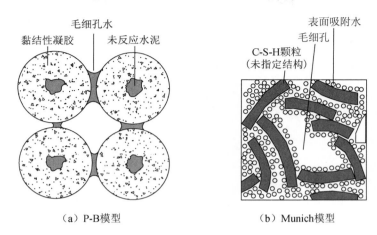

（a）P-B模型　　　　　　　　（b）Munich模型

图 3.12　C-S-H 凝胶的早期胶粒模型

3.1.4.2　层状结构模型——F-S 模型

随着水泥化学界对 $CaO\text{-}SiO_2\text{-}H_2O$ 溶液体系的研究加深，学者们逐渐认识到 C-S-H 分子构型与托贝莫来石的相似性，利用托贝莫来石层状结构来描述 C-S-H 的模型逐渐被提出来。Feldman 和 Sereda 在 1968 年提出了 F-S 模型，该模型对 C-S-H 在分子构型和几个纳米尺度上的形貌给出了定性描述。如图 3.13（a）所示，F-S 模型认为 C-S-H 的核心结构是相互交缠的类托贝莫来石层状结构，层的表面有物理吸附水层，距离较近的层之间分布着层间水，而距离较远的层之间则形成尺寸较大的毛细孔区域。各层状结构之间通过颗粒间键连接形成凝胶体。F-S 模型认为 C-S-H 的层间水是固体结构的一部分，其饱和程度对凝胶体力学性能产生影响。如图 3.13（b）所示，F-S 模型对吸脱水曲线的滞回，以及硬化浆体试件的尺寸和弹性模量的变化给出了解释：从初始饱和状态开始，在脱水初期（I→II），层状结构端处的层间水首先失去，此时浆体的尺寸和弹性模量几乎不变；进一步脱水（II→III）后，层状结构端处失水闭合，使得内部的水难以脱去，这是吸脱水曲线的滞回产生的主要原因；此时浆体的尺寸明显收缩，但弹性模量没有明显减小；在最终的脱水阶段（III→IV），内部的水也逐渐脱去，对应着浆体尺寸和弹性模量的同时减小。在吸水的前期（IV→V→VI），浆体尺寸明显增加但弹性模量维持不变；在吸水后期（VI→VII）浆体尺寸小幅增加但是弹性模量明显增加到脱水前的水平。F-S 模型形象地给出了凝胶孔的结构和凝胶水的状态，为后续模型描述介质（水、N_2 等）的吸附和脱附提供了思路。

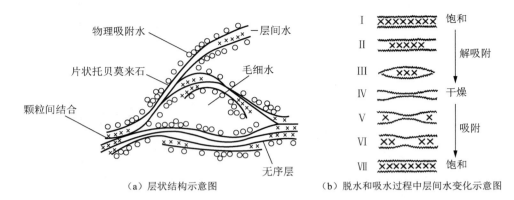

（a）层状结构示意图　　　　　　（b）脱水和吸水过程中层间水变化示意图

图 3.13　C-S-H 凝胶的层状结构 F-S 模型

3.1.4.3　现代胶粒模型——CM-Ⅰ和 CM-Ⅱ模型

随着小角 X 射线散射（SAXS）和小角中子散射（SANS）研究水泥基材料的方法和技术逐渐成熟，研究者利用其得到了 C-S-H 凝胶的定量形貌信息，并据此提出了新的 C-S-H 的纳观结构模型，其中最重要的是 Jennings 在 2000 年提出的 CM-Ⅰ模型（colloidal model-Ⅰ），以及在 2008 年对其改进得到的 CM-Ⅱ模型。CM-Ⅰ模型相对早期胶粒模型最大的进步在于，给出了基本胶粒的特征及其堆积方式的定量描述。如图 3.14（a）所示，C-S-H 结构最基本的组成单元（basic unit）是半径约 1.2nm 的近似球状颗粒，其密度可以由氦气比重法测得，约为 2450 kg/m^3。一些文献中利用饱水法测定该基本单元密度约为 2800kg/m^3，CM-Ⅰ模型未明确表示对这两种数据的倾向性。为简化起见，接下来的数据都以氦气比重法测定结果为准。这些基本单元通过堆积得到尺度更大一级的球状结构，此处且称为球粒（globule），其半径约为 3.2nm。当相对湿度（R.H.）大于 11%时，单个球粒内部将完全饱水，此时球粒密度约为 2180kg/m^3。当球粒进一步堆积时，由于堆积密度差异，将在 C-S-H 凝胶基体中产生两类 C-S-H，分别称为低密度 C-S-H（LD C-S-H）和高密度 C-S-H（HD C-S-H）。其中，LD C-S-H 内部有许多孔径较大且连通性强的孔，其表面积可以被 N_2 吸附法测得。这些孔有连续分布的孔径，且按孔径从小到大在 R.H.值 40%～90%的范围内依次饱和。相对地，在 HD C-S-H 中，球粒堆积较紧密，球粒间孔径狭窄，N_2 吸附测试难以探测到其表面积。可以看到，CM-Ⅰ描述的凝胶结构模型有明显的分形（fractal）特征，因此利用相关数学模型可以定量拟合出 C-S-H 凝胶在各尺度上的结构信息。对 LD C-S-H 和 HD C-S-H 的描述是 CM-Ⅰ模型的重要贡献，这解决了长期困扰学术界的疑问：为什么不同实验手段测得的 C-S-H 凝胶的比较面积存在系统性差异——CM-Ⅰ模型给出的回答是，不同探测手段会与 C-S-H 不同尺度的结构发生作用，且各种手段与 LD

C-S-H 和 HD C-S-H 作用的差别是不一样的。例如，LD 和 HD C-S-H 各尺度孔的比表面积在 SAXS 测试中均可被探测到，而在 N_2 测试中只有 LD C-S-H 的凝胶孔表面积能被测到。

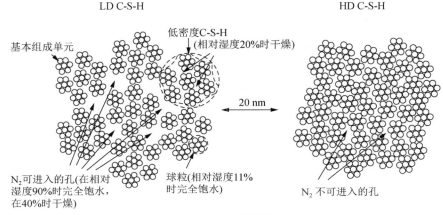

（a）CM-Ⅰ模型

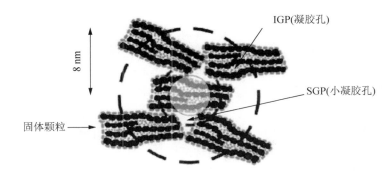

（b）CM-Ⅱ模型

图 3.14 基于 X 射线和中子散射的 C-S-H 凝胶模型

CM-Ⅰ模型将半径～1.2nm 的最小单元定性为 C-S-H 固体颗粒，并认为它的分子构型来自于托贝莫来石和硅钙石晶体结构片段的混合。随着学术界对 C-S-H 分子构型的认识加深，Jennings 在 2008 年提出了 CM-Ⅱ模型，以更新 CM-Ⅰ中对于最小组成单元的描述。如图 3.14（b）所示，CM-Ⅱ模型中不再有半径～1.2nm 的最小组成单元；尺寸约 4nm 的块状 C-S-H 固体颗粒（globule）被认为是构成 C-S-H 胶体的最小单元。该单元在分子尺度上由 3～4 层托贝莫来石层状结构组成，其饱水状态（内部饱水，表面无吸附水）的化学组成为 $C_{1.7}SH_{1.8}$，密度为 2604 kg/m^3。在每个固体颗粒内部存在凝胶孔（intraglobule pore），固体颗粒紧密堆积处会产生狭小的凝胶孔（small gel pore），在松散堆积时则产生大凝胶孔（large gel pore）。

当 R.H.从 100%降到 50%时，固体颗粒重新排布引起 LGP 的体积明显减小；同时，托贝莫来石之间会发生永久性滑移或相互转动，引起永久性收缩，这在首次干燥时最为明显。不难看出，CM-Ⅱ模型虽是胶粒模型，但是包含了 F-S 层状模型的许多特征，如描述了层间水和层间孔。

CM-Ⅱ试图解释 C-S-H 凝胶的力学性能，然而只停留在定性的描述，对固体颗粒接触区域的作用力没有给出解释。值得一提的是，CM-Ⅰ和 CM-Ⅱ模型通过对比面积和孔结构的研究给出了 LD C-S-H 和 HD C-S-H 的定义，而在同一时期纳米压痕（nanoindentation）测试也得到了类似结论，即水化 OPC 凝胶中同时存在两种弹模的 C-S-H。Jennings 的模型和纳米压痕的相关模型均认为，在极小尺度上，LD C-S-H 和 HD C-S-H 都是由同一种基本单元构成的，其堆积密度的差异造就了两类 C-S-H。另外，虽然 Jennings 没有给出托贝莫来石内部的分子构型，但是本节前半部分对于 C-S-H 凝胶分子构型的讨论结果认为，C-S-H 凝胶中的结晶区域大小在 3～5nm（图 3.6），这与 SANS 结果和 CM-Ⅱ模型是一致的。

3.1.5　小结

本节从托贝莫来石矿物的晶体结构出发，首先在分子尺度上探讨了 C-S-H（Ⅰ）和 C-S-H 凝胶的构型、化学组成与结晶特征；随后，探讨了纳米尺度上较具影响力的几种 C-S-H 凝胶结构模型。主要结论如下：

（1）C-S-H 凝胶和 C-S-H（Ⅰ）具有类似于托贝莫来石的层状结构，每一层由两条硅氧四面体链和一个双钙层组成，该结构在 C-S-H（Ⅰ）和 C-S-H 凝胶中的结晶程度依次降低。

（2）随着钙硅比增加，C-S-H（Ⅰ）的硅链结构中的 bridging site 硅氧四面体逐渐减少，层间和硅链断裂处的钙逐渐增加。在这一系列连续变化的结构中似乎不存在一种能量较低的形态，以驱动 $CaO\text{-}SiO_2\text{-}H_2O$ 溶液体系快速沉淀出某种特定组分的 C-S-H 固体，因而 $CaO\text{-}SiO_2\text{-}H_2O$ 溶液体系可能存在数种亚稳态 C-S-H。

（3）纳米尺度的 C-S-H 凝胶表现出颗粒结构和层状结构双重特性，模型必须同时考虑两种特性才能与实验数据吻合，这些数据主要来自于水、N_2 等介质的吸附脱附实验，SAXS 和 SANS 实验，纳米压痕实验等。

3.2　混合球组合模型计算 C-S-H 凝胶扩散系数

3.2.1　混合球组合模型

用混合球组合模型（MCSA）来描述硬化水泥浆体，基本思想是在复合球组合模型（CSA）的基础上，仍然保持复合球体的几何外形相似，但是使部分复合球体中各相的排列位置发生改变（如包裹层变为夹杂，夹杂变为包裹层）如图 3.15

所示。该模型中引入一个特征参数，使得最后各相的总体积分数保持不变。这个模型的优点是能够用于预测由于材料微观结构变化所引起的有效性能突然改变的情况，有效弥补了 CSA 模型对材料结构表述比较呆板的缺点。对两相复合材料而言，其有效扩散系数可表达为

$$D^{\text{eff}} = \frac{-b + \sqrt{b^2 - 4ac}}{2a} \qquad (3\text{-}3)$$

$$a = 1 + (2f - f_0)\beta_0^1 \qquad (3\text{-}4)$$

$$b = 2D_0 \left[1 - (f + f_0)\beta_0^1 \right] - D_1 \left[1 + 2(f + f_0)\beta_0^1 \right] \qquad (3\text{-}5)$$

$$c = 2D_0 D_1 \left[(f - f_0)\beta_0^1 - 1 \right] \qquad (3\text{-}6)$$

$$\beta_1^0 = \frac{D_1 - D_0}{D_1 + 2D_0} , \quad \beta_0^1 = \frac{D_0 - D_1}{D_0 + 2D_1} \qquad (3\text{-}7)$$

式中：f_0 和 f_1 分别为基体相和夹杂相的体积分数；D_0 和 D_1 分别为基体相和夹杂相的扩散系数。

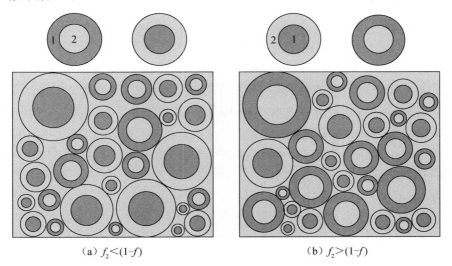

(a) $f_2 < (1-f)$ (b) $f_2 > (1-f)$

图 3.15　两类混合球模型示意图

1. 包裹层；2. 夹杂层

3.2.2　预测 C-S-H 凝胶扩散系数

根据 Jennings 的研究，C-S-H 凝胶分为高密度和低密度两种，这两种不同密度的 C-S-H 凝胶都是由凝胶固相和凝胶孔组成的。由于凝胶孔存在收缩效应，Stora 等认为这两种 C-S-H 凝胶用混合球模型能较好地描述其微观结构，其中 C-S-H 凝胶固相的扩散系数 D_s 近似为零，根据式（3-3）～式（3-7），高密度 C-S-H 凝

胶有效扩散系数（D_{CSHH}^*）和低密度 C-S-H 凝胶有效扩散系数（D_{CSHL}^*）可统一表达为

$$D_i^* = D_{\text{GP}} \frac{-1 + \left(f + \phi_{\text{GP}}^i\right) + \left|1 - \left(f + \phi_{\text{GP}}^i\right)\right|}{1 + (2f - \phi_{\text{GP}}^i)}, \quad i \in \{\text{CSHH, CSHL}\} \qquad （3-8）$$

$$f = V_2^{(p)} \left(\frac{1 + 2\beta_1^2 \beta_2^1 \left(V_2 - V_2^{(p)}\right)}{V_2 + 2\beta_1^2 \beta_2^1 \left(V_2 - V_2^{(p)}\right)} \right) \qquad （3-9）$$

式中：$\phi_{\text{GP}}^{\text{CSHH}}$ 和 $\phi_{\text{GP}}^{\text{CSHL}}$ 分别为凝胶孔在高密度 C-S-H 凝胶（CSHH）和低密度 C-S-H 凝胶（CSHL）中相对体积分数；V_2 和 $V_2^{(p)}$ 分别为凝胶孔的体积分数和其逾渗体积分数；β_1^2 和 β_2^1 见式（3-7）；D_{GP} 为凝胶孔扩散系数，取值为 $2 \times 10^{-10}\,\text{m}^2/\text{s}$，该值是通过氚水在自由水中的扩散系数确定的。

根据 Tennis 和 Jennings 的 C-S-H 凝胶微结构模型，认为在高密度 C-S-H 凝胶中，凝胶孔的孔隙率为 24%，将凝胶固相的扩散系数 $D_s = 0$，以及凝胶孔的扩散系数 D_{GP} 代入式（3-7）和式（3-9），得到凝胶孔扩散相在混合复合球中密度 f 为 0.805，将 $f = 0.805$ 代入式（3-8），即可得到高密度 C-S-H 凝胶的有效扩散系数 $D_{\text{CSHH}}^* = 8.3 \times 10^{-13}\,\text{m}^2/\text{s}$。Stora 等假定硬化浆体中的毛细孔隙率始终为 3.6%，低密度 C-S-H 凝胶中的凝胶孔体积分数随水灰比的增加而增大，这种假设不尽合理，Bary 等对氚水在硬化浆体中有效扩散系数的数值计算，认为低密度 C-S-H 凝胶的有效扩散系数 $D_{\text{CSHL}}^* = 3.4 \times 10^{-12}\,\text{m}^2/\text{s}$，理论与试验值吻合较好，因此本文也取该值。这里需要强调的是两类 C-S-H 凝胶有效扩散系数，尤其是氯离子在 C-S-H 凝胶中的扩散系数（因凝胶孔对氯离子有较强的吸附能力），直接测量相当困难，目前的试验结果均是基于氚水在硬化水泥浆体的传输试验结果，通过反演的方法计算得到。

3.3　广义有效介质法（GEM）反演 C-S-H 凝胶扩散系数

3.3.1　GEM 的理论背景

水泥基材料是一种多孔材料，其扩散系数与孔结构有着密切的关系。根据有效介质理论，具体关系如式（2-19）。然而，借助于现有的实验手段，目前还无法直接定量表征孔结构中的曲折度和收缩度，因此在工程中难以应用。为此，我们使用广义复合材料理论，采用 Archie 方程比较简单地表达电导率与孔结构的关系为

$$\sigma_{\text{t}} = a \cdot \phi_{\text{cp}}^n \qquad （3-10）$$

结合 Bruggeman 对称等效介质理论，推导出经验常数 a 等于 σ_0，指数 n 由曲折度和收缩度决定，大小一般介于 1～2。

逾渗理论是研究多孔介质传输行为的一个重要工具，其中逾渗阈值是该理论的一个关键指标，具体定义为孔隙网络开始出现连通现象的临界孔隙率。当水泥基材料的毛细孔隙率大于临界孔隙率，传输系数会急剧增加。因此，考虑逾渗阈值的影响，式（3-10）修正为

$$\frac{\sigma_t}{\sigma_0} = \left(\frac{\phi_{cp} - \phi_{cri}}{1 - \phi_{cri}} \right)^n \tag{3-11}$$

式中：σ_0 为孔溶液的电导率；σ_t 为水泥浆体的电导率；ϕ_{cp} 为毛细孔隙率；ϕ_{cri} 为临界孔隙率。

值得注意的是，水泥基材料与其他多孔材料不同，当毛细孔隙率低于逾渗阈值时，这时浆体中的 C-S-H 凝胶相可以作为传输通道，水分或离子在凝胶孔中传输。根据有效介质方程和逾渗理论，当孔隙率低于逾渗阈值，相对电导率可以表示为

$$\frac{\sigma_t}{\sigma_s} = \left(1 - \frac{\phi_{cp}}{\phi_{cri}} \right)^{-n} \tag{3-12}$$

式中：σ_s 是低导电相的电导率，即为浆体中的固相。

然而，对于式（3-11）和式（3-12）而言，最大的问题是它们无法准确预测在逾渗阈值附近的相对电导率。例如，$\phi_{cp} = \phi_{cri}$ 时，式（3-9）的相对电导率为 0，而式（3-12）却等于无限大。为了克服这个缺点，McLachlan 提出了广义有效介质理论（GEM）。

$$\phi_{cp} \left[\frac{\sigma_0^{1/n} - \sigma_t^{1/n}}{\sigma_0^{1/n} + A\sigma_t^{1/n}} \right] + (1 - \phi_{cp}) \left[\frac{\sigma_s^{1/n} - \sigma_t^{1/n}}{\sigma_s^{1/n} + A\sigma_t^{1/n}} \right] = 0 \tag{3-13}$$

式中

$$A = \frac{1 - \phi_{cri}}{\phi_{cri}}$$

式中：σ_s 为固相的电导率。式（3-13）一方面考虑到多孔材料中固相电导率不等于零的情况，另一方面解决了孔隙率在逾渗阈值附近时预测相对电导率的精度问题。因此，针对硬化水泥浆体特有的微结构，广义有效介质理论更适合预测硬化浆体的扩散系数。

由硬化浆体的 BSE 图像可知，存在三种不同的灰度［图 3.16（a）］。由于不同的水化产物的元素原子序数不同，导致灰度值有明显的差异。灰度值从大到小依次为：未水化水泥颗粒、水化产物、毛细孔。为了获取更清晰的水化产物形貌，

采用 SEM 技术对其进行观察，结果如图 3.16（b）所示。水化产物主要包含胶凝状的 C-S-H 凝胶、六方板状的 CH 及针状的钙矾石。观测的结果与 Stutzman 报道的一致。

（b）SEM 图像

（a）BSE 图像

图 3.16　硬化水泥浆体和水化产物的形貌

　　因此，根据 BSE 图像观察的结果，水泥浆体可以看作两相复合材料［图 3.17（a）］，一相为高导电的毛细孔，另一相为低导电的固相。低导电的固相也可以看作成两类复合材料［图 3.17（b）］，即一类为导电的 C-S-H 凝胶，另一类为不导电的未水化颗粒、CH 和 AF 相。这些微结构的组分随水化的进行而发生变化，因此各相的电阻率和体积分数决定了整个浆体的电阻率。Cui 等应用该两相复合模型成功地预测水泥基材料的渗透系数。Zhang 等利用 GEM 模型表征了水泥浆体的微结构演变过程。本节根据测试的电阻率结果，结合 GEM 模型预测了 C-S-H 凝胶的相对电阻率（扩散系数）。

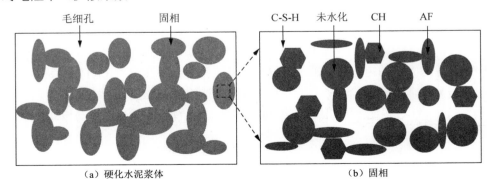

（a）硬化水泥浆体　　　　　　　　　　　　（b）固相

图 3.17　硬化水泥浆体和固相的复合材料模型

3.3.2　水泥浆体 GEM 模型

根据 Nernst-Einstein 方程可知 $\sigma_t / \sigma_0 = \rho_0 / \rho_t$ 和 $\sigma_s / \sigma_t = \rho_t / \rho_s$，式（3-13）变为

$$\phi_{cp}\left[\frac{\rho_0^{1/n} - \rho_t^{1/n}}{\left(\dfrac{1-\phi_{cri}}{\phi_{cri}}\right)\rho_0^{1/n} + \rho_t^{1/n}}\right] + (1-\phi_{cp})\left[\frac{\rho_s^{1/n} - \rho_t^{1/n}}{\left(\dfrac{1-\phi_{cri}}{\phi_{cri}}\right)\rho_s^{1/n} + \rho_t^{1/n}}\right] = 0 \qquad （3-14）$$

则浆体中孔隙率和电阻率之间的关系为

$$\phi_{cp} = \left[(1-\phi_{cri})\left(\frac{\rho_t}{\rho_0}\right)^{-1/n} + \phi_{cri}\right] \cdot \left[\frac{\left(\dfrac{\rho_s}{\rho_0}\right)^{1/n} - \left(\dfrac{\rho_t}{\rho_0}\right)^{1/n}}{\left(\dfrac{\rho_s}{\rho_0}\right)^{1/n} - 1}\right] \qquad （3-15）$$

由式（3-14）和式（3-15）得知，水泥浆电阻率 ρ_t 可以通过非接触无电极电阻率仪测试得到，且根据孔溶液化学组成，利用 CEMHYD3D 计算获得孔溶液电阻率 ρ_0、ρ_t 和 ρ_0 随水化程度的变化关系，如图 3.18 所示。毛细孔隙率 ϕ_{cp} 通过 CEMHYD3D 模拟方法得到；最近大量的实验和模拟研究表明，水泥浆体的毛细孔逾渗阈值 ϕ_{cri} 取值范围为 $0.17\sim0.20$。本书在 2.4.2 节中报道的浆体逾渗阈值为 $0.18\sim0.22$。Zhang 对逾渗阈值进行敏感性分析，发现从 0.16 变化到 0.20 时浆体的相对电阻率几乎没有变化。因此，在 GEM 模型中毛细孔的逾渗阈值取 0.18。ρ_s 表示固相电阻率，很多学者认为固相电阻率或者固相相对电阻率是恒量。Zhang 等在 GEM 模型中把固相相对电阻率定为 400。Neithalath 等假定固相电阻率等于 133 S/m。然而，随着水化进行，未水化颗粒等非导电相逐步转变成 C-S-H 凝胶等

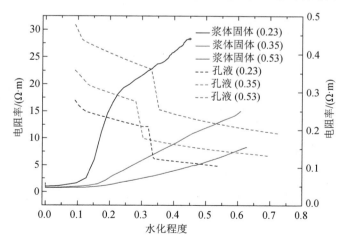

图 3.18　水泥浆基体和孔溶液电阻率随水化程度的变化

导电相，因此固相电阻率随着水化程度增加而下降，并非是定量。n 表示临界指数。Christensen 等又把指数 n 称作孔结构的形状因子，其值越大表示孔结构的曲折度越高。在三维格构逾渗模型中，Stauffer 和 Aharony 推导出 n 值的理论解等于 2。在连续逾渗模型中，其他学者却报道 n 值是个变量，McLachlan 等认为它的取值范围为 1.4～2.46，Zhang 报道 n 值为 4～7。

　　由于式（3-15）中固相电阻率 ρ_{s} 和临界指数 n 是未知量，根据图 3.18 和图 3.19 水化程度为 0.26、0.32、0.36、0.40、0.45 的数据点，用式（3-15）进行拟合（表 3.1）。拟合结果分别如图 3.20 和图 3.21 所示。从图 3.20 中可以看出，随着水化程度的升高和水胶比的下降，水泥浆体的毛细孔隙率减少，其相对电阻率呈现明显的增加。根据式（3-15），当毛细孔隙率等于零时，浆体相对电阻率 ρ_{s}/ρ_0 等于 ρ_{t}/ρ_0，浆体的有效电阻率将由固相电阻率所决定。由图 3.21 可知，浆体 GEM 方程中，拟合后的形状因子 n 和固相相对电阻率 ρ_{s}/ρ_0 与水化程度密切相关。n 随着水化程度的增加而呈线性增加。当水化程度从 0.26 增加至 0.45 时，n 值从 2.35 增加到 4.13，主要是因为随着水化程度的增加，毛细孔隙率下降，致使毛细孔的曲折度增加，因此浆体 n 值变大。Neithalath 等通过改变胶凝材料的组分拟合出水泥浆体最佳 n 值的范围为 2～5，与本节的拟合结果一致。水化程度从 0.26 增加至 0.32，ρ_{s}/ρ_0 从 4065 下降至 2021，呈非线性急剧下降；而水化程度从 0.32 变化到 0.45，ρ_{s}/ρ_0 开始缓慢下降，仅从 2021 降至 998。因为水化程度较低时，生成的固相水化产物较少，它们之间相互独立，互不胶结，ρ_{s} 由固相中非导电相（未水化颗粒、少量的 CH 和 AF）决定。后期，当浆体水化程度较高时，生成的固相产物相互搭接，形成连通路径。此时，一方面生成大量的非导电相继续提高浆体的电阻率，对电阻率起到正作用；另一方面 C-S-H 凝胶互相连通，可以提高浆体的导电能力，对浆体电阻率起负作用。因此，正负作用叠加致使电阻率增加的速率下降。

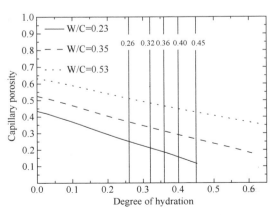

图 3.19　毛细孔隙率随水化程度的变化

表 3.1　GEM 方程（3-6）的输入参数和拟合结果

α	输入参数						拟合结果	
	W/C=0.23		W/C=0.35		W/C=0.53		ρ_s / ρ_0	n
	ρ_t / ρ_0	ϕ_{cp}	ρ_t / ρ_0	ϕ_{cp}	ρ_t / ρ_0	ϕ_{cp}		
0.26	164.35	0.25	28.49	0.37	7.91	0.51	4065	2.64
0.32	193.35	0.21	42.08	0.33	11.25	0.48	2021	2.82
0.36	213.66	0.18	51.66	0.31	14.09	0.47	1561	3.15
0.40	240.81	0.16	61.44	0.29	17.34	0.45	1285	3.62
0.45	274.17	0.12	75.16	0.26	22.36	0.43	998	4.13

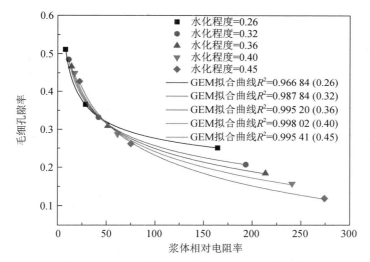

图 3.20　毛细孔隙率和浆体相对电阻率的关系

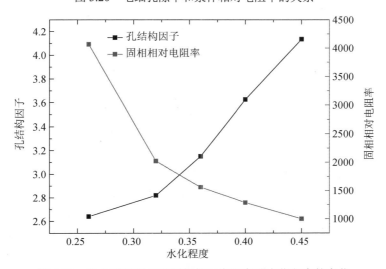

图 3.21　拟合形状因子和固相相对电阻率随水化程度的变化

3.3.3 固相 GEM 模型

在固相中，C-S-H 凝胶中含有 24%～37% 的凝胶孔，可以传输水分和离子。固相可以被认为由两相材料组成：高电阻率相（未水化颗粒、CH、AFt 等）和低电阻率相（C-S-H 凝胶），根据 GEM 模型，C-S-H 凝胶的电阻率可以表示为

$$\phi'_{\text{CSH}}\left[\frac{\rho_{\text{CSH}}^{1/n'}-\rho_{\text{s}}^{1/n'}}{\left(\frac{1-\phi_{\text{cri}}}{\phi'_{\text{cri}}}\right)\rho_{\text{CSH}}^{1/n'}+\rho_{\text{s}}^{1/n'}}\right]+(1-\phi'_{\text{CSH}})\left[\frac{\rho_{\text{non}}^{1/n'}-\rho_{\text{s}}^{1/n'}}{\left(\frac{1-\phi_{\text{cri}}}{\phi'_{\text{cri}}}\right)\rho_{\text{non}}^{1/n'}+\rho_{\text{s}}^{1/n'}}\right]=0 \quad （3\text{-}16）$$

其中

$$\phi'_{\text{CSH}}=\frac{V_{\text{CSH}}}{V_{\text{anh}}+V_{\text{CH}}+V_{\text{CSH}}} \quad （3\text{-}17）$$

式中：ϕ'_{cri} 为 C-S-H 凝胶的逾渗阈值；n' 为凝胶孔的形状因子；ρ_{non} 为高电阻率相的电阻率；ϕ'_{CSH} 为 C-S-H 凝胶在固相中的体积分数。

根据式（3-16），C-S-H 凝胶体积分数和相对电阻率之间的关系表示为

$$\phi'_{\text{CSH}}=\left[(1-\phi'_{\text{cri}})\left(\frac{\rho_{\text{s}}/\rho_0}{\rho_{\text{CSH}}/\rho_0}\right)^{-1/n'}+\phi'_{\text{cri}}\right]\cdot\left[\frac{\left(\frac{\rho_{\text{non}}}{\rho_{\text{CSH}}}\right)^{1/n'}-\left(\frac{\rho_{\text{s}}}{\rho_{\text{CSH}}}\right)^{1/n'}}{\left(\frac{\rho_{\text{non}}}{\rho_{\text{CSH}}}\right)^{1/n'}-1}\right] \quad （3\text{-}18）$$

由于未水化颗粒、CH、AFt 等相不导电，假设其电阻率（ρ_{non}）趋于正无穷大，则式（3-18）可以表示为

$$\phi'_{\text{CSH}}=\left[(1-\phi'_{\text{cri}})\left(\frac{\dfrac{\rho_s}{\rho_0}}{\dfrac{\rho_{CSH}}{\rho_0}}\right)^{-1/n'}+\phi'_{\text{cri}}\right] \quad （3\text{-}19）$$

由 2.4.1 节可知，C-S-H 凝胶的逾渗阈值为 0.12，ρ_{s}/ρ_0 由表 3.1 得到，通过 CEMHYD3D 可以得到 ϕ'_{CSH}，如图 3.22 所示，因此方程（3-19）中只有 n' 和 ρ_{CSH}/ρ_0 两个未知量。由图 3.22 可知，对于三种不同水灰比，固相中 C-S-H 凝胶所占体积分数随水化程度变化的关系重叠成一条直线，并且随着水化程度增加而呈线性递增。由于固相中 C-S-H 凝胶体积分数决定 C-S-H 凝胶的电阻率，因此 C-S-H 凝胶的 ρ_{CSH} 或 ρ_{CSH}/ρ_0 与水化程度有关，与水灰比无关。同样，在图 3.20 中选取水化程度分别为 0.26、0.32、0.36、0.40、0.45 对应的固相中 C-S-H 凝胶体积分数，用式（3-19）进行拟合，可以得到 C-S-H 凝胶的相对电阻率 ρ_{CSH}/ρ_0 和凝胶孔形状因子 n'，其详细的输入参数和拟合结果如表 3.2 所示。

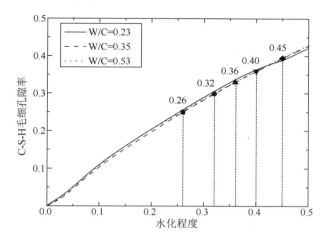

图 3.22　C-S-H 所占体积分数随水化程度的变化

表 3.2　GEM 方程（3-19）的输入参数和拟合结果

α	输入参数		拟合结果	
	ρ_s / ρ_0	ϕ'_{CSH}	ρ_{CSH} / ρ_0	n'
0.26	4065	0.25		
0.32	2021	0.30		
0.36	1561	0.33	120.9	1.8
0.40	1285	0.36		
0.45	998	0.40		

　　图 3.23 表示根据方程（3-19）对固相中 C-S-H 凝结体积分数与相对电阻率关系的拟合结果。C-S-H 的相对电阻率及其凝胶孔结构的形状因子均为恒值，分别为

$$\rho_{CSH} / \rho_0 = 120.9 , \quad n' = 1.802 \tag{3-20}$$

　　可以看出，凝胶孔比毛细孔的形状因子小，这是因为 C-S-H 凝胶中的凝胶孔是相互连通的，所以其曲折度小于毛细孔，连通度大于毛细孔。最初 Garboczi 和 Bentz 通过计算机模拟的方法得到 C-S-H 凝胶的相对电阻率等于 400。后来 Coverdale 等对实验结果采取拟合的方法得到 ρ_{CSH} / ρ_0 大约为 100。最近 Stora 和 Bary 等根据重水扩散实验结果，结合多尺度模型，把 C-S-H 凝胶相区分成高密度和低密度，最终利用实验和模型的方法得到高密度和低密度 C-S-H 凝胶的相对电阻率分别为 240 和 10。因此，本章利用 GEM 方程得到 ρ_{CSH} / ρ_0 介于 240 和 10 之间，是比较合理的。

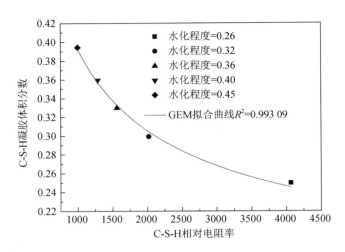

图 3.23　固相中 C-S-H 凝胶体积分数和 C-S-H 相对电阻率的关系

3.4　数值模拟 C-S-H 凝胶扩散系数

3.4.1　C-S-H 的 Macro 和 Micro 堆积模型

根据透射电镜观察的结果发现，C-S-H 凝胶粒子相互重叠堆积得到较低孔隙率的结构。为了重构 C-S-H 凝胶三维微结构，本节采用硬芯-软壳（HCSS）方法。假定 C-S-H 颗粒为球形，在它的外围包裹一层允许重叠的同心软壳。为了简化，所有 C-S-H 颗粒以及外围的软壳都假定是同一尺寸。利用周期边界，把粒子随机放入一个立方体单元内，随着粒子的不断放入，堆积得到预设的孔隙率。

基于 SANS 和 TEM 实验结果，Bentz 等把 C-S-H 模型分为两个尺度：Micro 和 Macro，Micro 尺度是 Macro 尺度中最小单元的一部分，它们之间的关系见图 3.24。C-S-H 模型尺度范围从 1nm 到几百纳米。本节将 Micro 尺度 C-S-H 代表单元是由 5nm 的小球团簇组成，Jennings 等研究表明 C-S-H 凝胶颗粒直径约为 5.6nm。因此，为了方便计算选定 Micro 尺度的颗粒直径 5nm 是合理的。Macro 尺度 C-S-H 代表单元是由最小代表单元为 40nm 的球堆积而成，该值是根据 SANS 实验结果得到的。对于 Micro 和 Macro 尺度模型，最重要的是确定它们的孔隙率。Powers 没有将 C-S-H 区分为高密度和低密度，认为水泥浆体中的 C-S-H 是均匀的一相，他研究表明 C-S-H 凝胶的总孔隙率为 28%，等温吸附实验测得 Micro 尺度的孔隙率为 22.3%，因此，Macro 尺度孔隙率为 7.6%。Micro 尺度和 Macro 尺度 C-S-H 代表单元的堆积模型的具体参数见表 3.3。

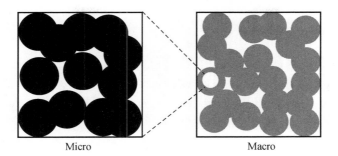

Micro　　　　　　　　　　　　　　Macro

图 3.24　Micro 尺度和 Macro 尺度的关系

表 3.3　Micro 和 Macro 模型的参数

尺度	边长大小/nm	像素的分辨率/nm	颗粒直径/nm	硬芯尺寸/nm	软壳尺寸/nm	颗粒数目	孔隙率/%
Micro	25	0.125	5	3.7	1.3	212	22.3
Macro	250	1.25	40	22	18	675	7.63

　　根据表 3.3 中的参数，重构 C-S-H 凝胶 Micro 尺度和 Macro 尺度的 2D 和 3D 视图，如图 3.25 所示。Micro 尺度中的孔隙率明显要比 Macro 尺度要高。采用图像处理技术计算出 Micro 和 Macro 模型的平均孔径分别为 3.69nm 和 14.17nm。

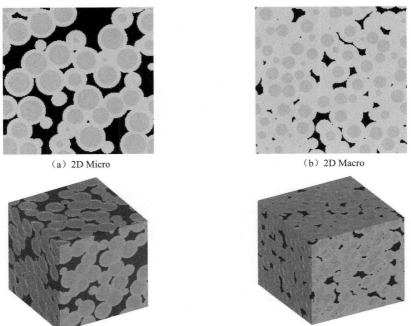

（a）2D Micro　　　　　　　　　　　　　　（b）2D Macro

（c）3D Micro　　　　　　　　　　　　　　（d）3D Macro

图 3.25　C-S-H 凝胶 Micro 和 Macro 模型的二维和三维图

3.4.2 电模拟方法

对于水泥基材料，相对扩散系数是研究传输行为的一个重要参数。根据 Nernst-Einstein 方程，相对扩散系数（D/D_0）等于相对电导率（σ/σ_0）。基于上面建立的 C-S-H 凝胶的 Micro 和 Macro 结构模型，可以采用电模拟（electrical analogy）方法分别计算两个尺度的相对扩散系数。

首先将 Micro 和 Macro 模型离散成三维格构网络，然后将离散化后的模型转换成电导网络，最后采用共轭梯度法计算出材料的相对电导率（扩散系数）。对于离散后的 HCSS 模型存在三相，即硬芯、软壳以及孔，如图 3.26 所示。在获取数字化的图像之后，将一个像素大小的电极"粘贴"到数字化单元的背面，并在每个像素中间设置一个节点，这样就形成一个节点网络。两个相邻像素点（i, j）的电导（Σ_{ij}）可用串联模型表示为

$$\Sigma_{ij} = \frac{1}{\dfrac{1}{\Sigma_i} + \dfrac{1}{\Sigma_j}} \tag{3-21}$$

$$\Sigma_i = \frac{\sigma_i \times d^2}{0.5d} = 2\sigma_i d \tag{3-22}$$

式中：Σ_i 为半个像素单元 i 的电导；d 为一个像素单元的边长。如果像素 i 和 j 都是孔相，$\sigma_i = \sigma_j = 1$，则 $\Sigma_{ij} = 1$；如果像素 i 和 j 至少有一个是固相，由于固相的电导处于零，则 $\Sigma_{ij} = 0$。

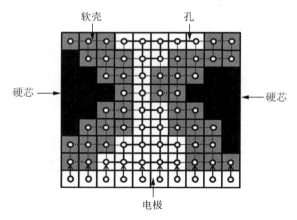

图 3.26　C-S-H 模型的电导网络示意图

根据式（3-22）计算图 3.26 中各节点的电导值。由于 C-S-H 模型中硬芯（hard core）和软壳（soft shell）都属于不能导电的固相，所以图中没有连线、虚线以及细实线的电导值都为 0；粗实线的电导值为 d。箭头表示连接电极和导电体。

当 C-S-H 凝胶的电导网络构造完毕，采用共轭梯度松弛算法，计算格构网络

的电导率。对该模型施加一个电势差，则可以测试出每个节点的电压，进而确定电流和电导。即在格构模型两端的分别施加电压为 1 和 0，节点之间符合线性插值。模型节点处的电压不断周期性更新，直到流入某一节点的电流之和等于由该节点流出的电流之和。

为了节约计算时间，达到稳定的计算结果，本节分析不同计算步数的共轭梯度松弛算法对 Macro 尺度相对扩散系数的影响。由图 3.27 可知，X、Y、Z 方向的结果都不一样，可见电模拟计算得到三维结构的相对扩散系数呈各向异性；但变化趋势基本一致，都是随计算步数的增加而模拟结果逐渐递减，最后趋于稳定。当计算步数大于 1500 时，X、Y、Z 三个方向的计算结果都趋向定值。根据上述分析结果，在用电模拟计算 C-S-H 凝胶的扩散系数时，选定计算步数为 1500，最终 C-S-H 整体的相对扩散系数取 X、Y、Z 三个方向的平均值。

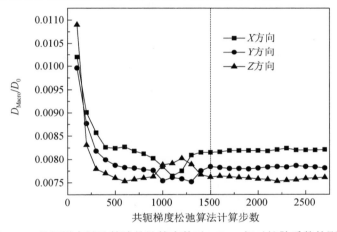

图 3.27　共轭梯度松弛算法的计算步数对 Macro 相对扩散系数的影响

3.4.3　双电层的影响

3.4.3.1　双电层模型

根据 C-S-H 凝胶的 Macro 和 Micro 堆积模型，计算出它们的平均孔径分别为 3.69nm 和 14.17nm。考虑到 C-S-H 凝胶孔壁是由硅氧四面体链组成的，电离后带有负电荷，孔溶液中的阳离子在静电作用下吸附到孔表面，形成双电层，吸附到孔表面的离子不能完全自由移动。当研究 C-S-H 凝胶扩散行为时，由于凝胶孔径非常小，吸附层的厚度不能忽略，需要考虑凝胶孔的双电层作用。C-S-H 凝胶孔中的双电层可以分为两个部分：吸附层和扩散层，如图 3.28 所示。根据斯特恩理论，固相表面由于基团解离或选择性吸附某种离子而形成内 Helmholtz 层（IHP），部分反离子由于电性吸引或者非电性吸引的作用与表面紧密结合而形成外 Helmholtz 层（OHP），内、外 Helmholtz 层构成了吸附层，其余的离子则扩散分布在吸附层的外围，构成双电层中的扩散层。

　　为了确定 C-S-H 凝胶能够进行扩散的最小临界孔径，必须知道双电层的厚度大小（图 3.29）。假定 C-S-H 凝胶孔中的溶液为氯化钠（NaCl），凝胶孔壁发生电离而带负电，吸引溶液中的 Na^+ 在其表面形成 IHP 层；由于吸附作用，OHP 层为 Na^+ 周围包裹了一圈水分子；与 OHP 层类似，扩散层也是由 Na^+ 和其表面的一圈水分子组成。氯化钠溶液中离子和水的半径如表 3.4 所示。

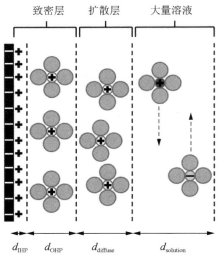

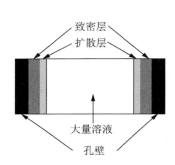

图 3.28　凝胶孔的双电层结构　　　　　图 3.29　双电层的厚度

表 3.4　离子和水的半径

种类	半径/pm
Na^+	102
Cl^-	54.5
H_2O	115

　　IHP 和 OHP 层的厚度分别为

$$d_{IHP} = d_{cation} = 2 \times 102\text{pm} = 204\text{pm} \tag{3-23}$$

$$d_{OHP} = 2d_{water} + d_{cation} = 2 \times 330\text{pm} + 204\text{pm} = 864\text{pm} \tag{3-24}$$

　　吸附层厚度为

$$d_{compact} = d_{IHP} + d_{OHP} = 204\text{pm} + 864\text{pm} = 1068\text{pm} \tag{3-25}$$

　　Friedmann 等认为水泥基复合材料扩散层的厚度（$d_{diffuse}$）为 970 pm，因此双电层（EDL）的厚度为

$$d_{EDL} = d_{compact} + d_{diffuse} = 1068\text{pm} + 970\text{pm} = 2038\text{pm} \tag{3-26}$$

　　为了保证 Cl^- 能够在凝胶孔中迁移，氯化钠溶液（solution）的最小直径为

$$d_{solution} = 4 \times d_{water} + d_{Na^+} + d_{Cl^-} = 1623\text{pm} \tag{3-27}$$

因此，C-S-H 凝胶孔中允许 Cl⁻ 扩散的最小临界孔径为

$$d_{\min} = 2 \times d_{\text{EDL}} + d_{\text{solution}} = 5700\text{pm} \qquad (3\text{-}28)$$

3.4.3.2　考虑双电层后的 C-S-H 扩散系数

分别对 Micro 尺度和 Macro 尺度的堆积模型的三维图片进行孔径分布统计，每隔 20 像素对三维图片进行切片，得到二维平面，然后统计出每张二维图像的最小孔径最大孔径及平均孔径，如图 3.30 和图 3.31 所示。可以看出，对于从三维结构中提取不同位置的二维图片，最小孔径和平均孔径大小几乎稳定不变，而最大孔径受空间分布的影响呈波动变化。考虑双电层得到 C-S-H 凝胶孔中氯离子自由传输的临界孔径为 5.7nm，与 Micro 尺度中的最大孔径比较接近，大于平均孔径和最小孔径，因此我们认为 Cl⁻ 不能在 Micro 尺度内进行扩散。由图 3.31 可以发现，Macro 尺度中的所有孔径都大于等于临界孔径，因此 C-S-H 凝胶中的扩散主要由 Macro 尺度决定。

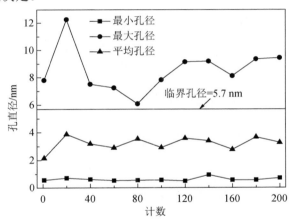

图 3.30　Micro 尺度的孔径分布

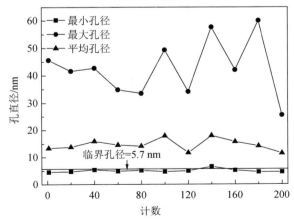

图 3.31　Macro 尺度的孔径分布

根据上面分析，基于重构的 C-S-H 堆积结构，就可以计算 C-S-H 的扩散系数。首先基于 C-S-H 凝胶的 Macro 模型，通过电模拟方法计算出 C-S-H 凝胶的相对扩散系数为 7.88×10^{-3}，其相对扩散系数与孔结构的关系可以表示为

$$\frac{D_1}{D_0} = \phi\beta \qquad (3\text{-}29)$$

式中：$\dfrac{D_1}{D_0}$ 为 Macro 的相对扩散系数；ϕ 为孔隙率；β 为孔结构因子。

由于 Macro 模型中引入双电层结构不会改变孔的结构，只会降低其有效孔隙率。假定 Macro 尺度中的孔为圆柱体，则初始孔隙率为

$$\phi_1 = \frac{\sum_i \frac{\pi}{4} d_i^2 \times L_i}{V_{\text{Macro}}} \qquad (3\text{-}30)$$

式中：d_i 和 L_i 分别为第 i 圆柱孔的直径和长度；V_{Macro} 为 Macro 尺度的体积。考虑双电层之后，有效孔的横截面积会减小，孔隙率变为

$$\phi_2 = \frac{\sum_i \frac{\pi}{4} (d_i - 2d_{\text{EDL}})^2 \times L_i}{V_{\text{Macro}}} \qquad (3\text{-}31)$$

因此校正后 Macro 模型的相对扩散系数 $\dfrac{D_2}{D_0}$ 为

$$\frac{D_2}{D_0} = \frac{(\bar{d} - 2d_{\text{EDL}})^2}{\bar{d}^2} \cdot \frac{D_1}{D_0} \qquad (3\text{-}32)$$

式中：$\bar{d}$ 为 Macro 的平均孔径，可由图 3.18 获得，则计算得到考虑双电层之后的 C-S-H 凝胶的氯离子相对扩散系数为 3.86×10^{-3}，相对电阻率为 259，与实验测试的结果相一致。

3.4.4　两种密度 C-S-H 凝胶的堆积模型与扩散系数的数值模拟

3.4.4.1　两种密度 C-S-H 凝胶模型一

早期，研究者普遍认为 C-S-H 凝胶是均匀相，Powers 认为其孔隙率为 28%。近年来，随着测试手段和表征技术的快速发展，研究表明，C-S-H 凝胶并不是单一均匀相，而是由高密度 HD C-S-H 和低密度 LD C-S-H 组成。由表 3.5 可知，C-S-H 凝胶的孔分布于 Micro 和 Macro 两个尺度中，其总体孔隙率为 7.63%+（1-7.63%）×22.3%=28.2%，与 Powers 报道的值相一致。根据 Jennings 研究表明 HD 和 LD C-S-H 凝胶的孔隙率分别为 24% 和 37%，假定 Micro 尺度的孔隙率不变，则 HD 和 LD C-S-H 凝胶在 Macro 尺度的孔隙率分别为 2.2% 和 18.9%。

Micro 模型中孔径低于氯离子扩散的临界孔径，可以假设 Micro 模型的相对扩散系数为 0，扩散行为仅发生在 Macro 尺度上。以上面的思想为指导，通过硬

芯软壳模型重构两种密度 C-S-H 凝胶的堆积结构，HD 和 LD C-S-H 在 Macro 尺度上的二维和三维模型，如图 3.32 所示，可以明显地发现 LD 中 Macro 尺度的孔隙率要高于 HD。对 HD 和 LD C-S-H 凝胶中 Macro 尺度的三维堆积结构进行切片，切片图像进行孔径分析与统计，结果如图 3.33 和图 3.34 所示。两种尺度中最小孔径基本一样，约为 5.7nm，而 LD 中最大孔径约是 HD 的 2.5 倍。运用电模拟方法计算它们的相对扩散系数，然后考虑凝胶孔内的双电层结构，经校正后 LD 和 HD C-S-H 凝胶的相对扩散系数分别为 4.92×10^{-2} 和 6.5×10^{-6}。

表 3.5　Micro 和 Macro 模型的参数

种类	尺度	边长大小 /nm	像素的分辨率 /nm	颗粒直径 /nm	硬芯尺寸/nm	软壳尺寸/nm	颗粒数目	孔隙率/%
HD C-S-H	Micro	25	0.125	5	3.7	1.3	212	22.3
	Macro	250	1.25	40	22	18	840	2.2
LD C-S-H	Micro	25	0.125	5	3.7	1.3	212	22.3
	Macro	250	1.25	40	22	18	520	18.9

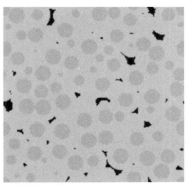

（a）二维 Macro image of HD C-S-H

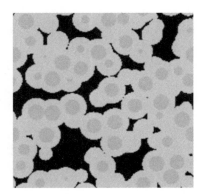

（b）二维 Macro image of LD C-S-H

（c）三维 Macro image of HD C-S-H

（d）三维 Macro image of LD C-S-H

图 3.32　HD 和 LD C-S-H 中 Macro 尺度模型的二维和三维图

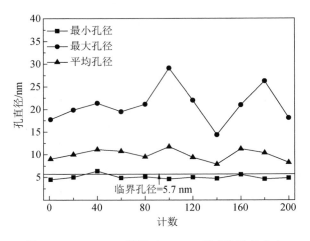

图 3.33　HD C-S-H 凝胶中 Macro 尺度的孔径分布

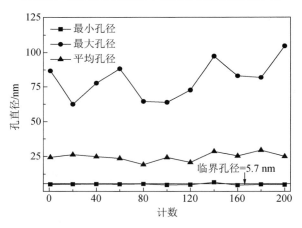

图 3.34　LD C-S-H 凝胶中 Macro 尺度的孔径分布

3.4.4.2　两种密度 C-S-H 凝胶模型二

Jennings 提出了两种密度的 C-S-H 凝胶纳米结构模型，如图 3.35 所示。C-S-H 凝胶在纳米尺度是由直径为 5.6nm 的颗粒组成，而这种颗粒是由多个直径为 2.2nm 的基本结构单元（basic building block）堆积而成。由于颗粒堆积密度不同，形成 HD 和 LD 的 C-S-H，相应的孔隙率分别为 24%和 37%。为了预测 C-S-H 凝胶的扩散系数，本节使用与模型一通过 Micro 和 Macro 两尺度法构建 C-S-H 凝胶结构不同的方式，采用 5.6nm 颗粒一个尺度直接堆积而成。首先基于 Jennings 模型构建出两种密度 C-S-H 凝胶三维结构，然后利用电模拟方法分别计算两种密度 C-S-H 凝胶的相对扩散系数，最后根据 C-S-H 凝胶中两种密度体积分数所占的比例，计算出最终 C-S-H 凝胶相对扩散系数。

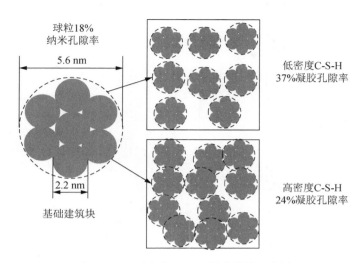

图 3.35　两种密度 C-S-H 凝胶结构示意图

Globule 模型含有 18%纳米凝胶孔，由于其孔径小于 2.2nm，所以认为在该模型中不会发生氯离子扩散现象，其相对扩散系数等于零。以 5.6nm 的颗粒作为最小单元，在空间大小为 100nm×100nm×100nm 的立方体内进行堆积，使得立方体单元的孔隙率分别为 24%（HD C-S-H）和 37%（LD C-S-H），两种密度 C-S-H 凝胶模型参数和 2D、3D 视图分别见表 3.6 和图 3.36。

表 3.6　Micro 和 Macro 模型的参数

尺度	边长大小 /nm	像素的分辨率/nm	颗粒直径 /nm	硬芯尺寸 /nm	软壳尺寸 /nm	颗粒数目	孔隙率/%
HD C-S-H	100	0.5	5.6	4.1	1.5	9420	24
LD C-S-H	100	0.5	5.6	4.1	1.5	7450	37

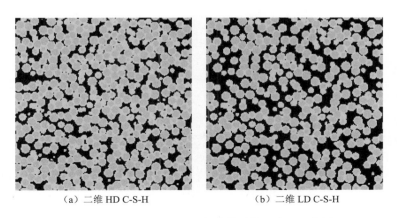

（a）二维 HD C-S-H　　　　　　　（b）二维 LD C-S-H

图 3.36　HD 和 LD C-S-H 凝胶模型的二维和三维图

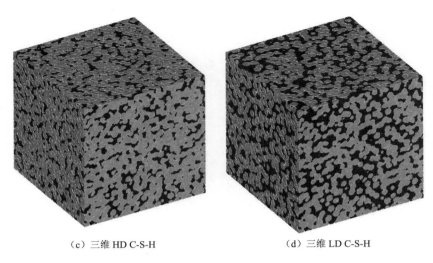

（c）三维 HD C-S-H　　　　　　　　　　　（d）三维 LD C-S-H

图 3.36（续）

　　对两种密度 C-S-H 的二维切片图片进行孔径分布统计，结果如图 3.37 和图 3.38 所示。LD C-S-H 凝胶模型中的最小孔径、最大孔径以及平均孔径分别比 HD C-S-H 大 11.44%、66.24% 和 33.80%。从图中可以看出两种密度的 C-S-H 凝胶都存在小于 5.7nm 的氯离子扩散临界孔。为了考虑临界孔径的影响，C-S-H 模型中二维每个孔径与孔面积的关系如图 3.39 所示。对于小于 5.7nm 的孔，认为是不能传输的；对于大于 5.7nm 的孔，考虑双电层对相对扩散系数的影响。根据式（3-32），最后计算得到 LD 和 HD C-S-H 的相对扩散系数分别为 1.10×10^{-1} 和 2.50×10^{-2}。

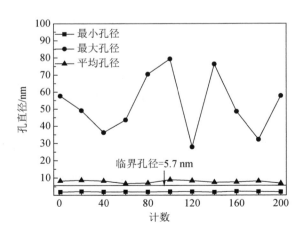

图 3.37　LD C-S-H 的孔径分布

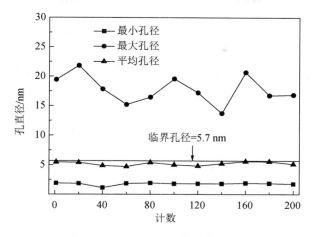

图 3.38　HD C-S-H 尺度的孔径分布

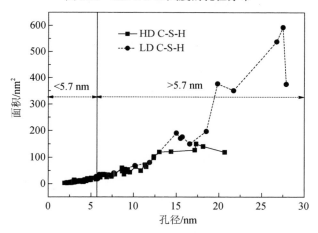

图 3.39　两种密度 C-S-H 凝胶模型中孔径和面积的关系

　　综合 C-S-H 凝胶微观结构的两种构建方式，不难看出，不同的颗粒堆积方式，C-S-H 凝胶微结构明显不同，导致预测的扩散系数也有较大差异。随着测试手段的不断发展和对 C-S-H 认识的不断深入，根据实验观察的结果，选择合适的 C-S-H 凝胶微结构对于性能准确预测具有重要的意义。

3.5　本 章 小 结

　　（1）从托贝莫来石矿物的晶体结构出发，在分子尺度上揭示了 C-S-H（Ⅰ）和 C-S-H 凝胶的分子构型、化学组成与结晶特征；探讨了国际上具有代表性的几种 C-S-H 凝胶分子结构模型。

（2）分别采用数学建模和数值模拟两种方法，系统研究了 C-S-H 的扩散系数及其预测方法。对于数学方法，提出了广义有效介质模型和混合球组合模型，并计算了高密度和低密度 C-S-H 的相对扩散系数。对于数值模拟方法，基于数字图像方法，通过电模拟方法数值模拟了 C-S-H 凝的相对扩散系数。

（3）采用 Micro-Macro 两尺度堆积法和一尺度直接堆积法两种方式构建了 C-S-H 凝胶 3D 结构，基于构建的凝胶微结构，获得了 C-S-H 凝胶孔的大小、分布及平均孔径，并比较了两种构建方式对 C-S-H 凝胶参数和传输系数的影响。

（4）分析了 C-S-H 凝胶孔的双电层模型，提出了允许氯离子在 C-S-H 凝胶孔发生扩散的最小临界孔大小为 5.7nm。

主要参考文献

ALIZADEH R, BEAUDOIN J J, RAKI L, 2007. C-S-H(Ⅰ)—a nanostructural model for the removal of water from hydrated cement paste?[J] Journal of the American Ceramic Society, 90: 670-672.

ALLEN A J, THOMAS J J, JENNINGS H M, 2007. Composition and density of nanoscale calcium-silicate-hydrate in cement[J]. Nature materials, 6: 311-316.

ALLEN A, BASTON A, WILDING C, 1988. Small Angle Neutron Scattering Studies of Pore and Gel Structures, Diffusivity, Permeability and Damage Effects[M]. Cambridge: Cambridge Unirersity Press.

ARCHIE G E, 1942. The electrical resistivity log as an aid in determining some reservoir characteristics: transactions[J]. Metallurgical and Petroleum Engineers, 146: 54-62.

ATKINSON A, HEARNE J A, KNIGHTS C F, 1989. Aqueous chemistry and thermodynamic modelling of CaO-SiO$_2$-H$_2$O gels[J]. Joural of the Chemical Society Dalton Transactions, (12): 2371-2379.

ATKINSON A, NICKERSON A, 1984. The diffusion of ions through water-saturated cement[J]. Journal of Materials Science, 19(9): 3068-3078.

BARRET P, BERTRANDIE D, 1983. Fundamental hydration kinetic features of the major cement constituents: Ca$_3$SiO$_5$ and β-Ca$_2$SiO$_4$[J]. Journal of Chemical Physics, 83: 765-775.

BARY B, BÉJAOUI S, 2006. Assessment of diffusive and mechanical properties of hardened cement pastes using a multi-coated sphere assemblage model[J]. Cement and Concrete Research, 36(2): 245-258.

BATTOCCHIO F, MONTEIRO P J, WENK H R, 2012. Rietveld refinement of the structures of 1.0 CSH and 1.5 CSH[J]. Cement and Concrete Research, 42: 1534-1548.

BEJAOUI S, BARY B, 2007. Modeling of the link between microstructure and effective diffusivity of cement pastes using a simplified composite model[J]. Cement and Concrete Research, 37(3): 469-480.

BENTZ D P, GARBOCZI E J, 1991. Percolation of phases in a three-dimensional cement paste microstructural model[J]. Cement and Concrete Research, 21(2-3): 325-344.

BENTZ D, Jensen O M, Coats A, GLASSER F, 2000. Influence of silica fume on diffusivity in cement-based materials: Ⅰ. Experimental and computer modeling studies on cement pastes[J]. Cement and Concrete Research, 30(6): 953-962.

BENTZ D, QUENARD D, BAROGHEL V, et al., 1995. Modelling drying shrinkage of cement paste and mortar Part Ⅰ: Structural models from nanometres to millimetres[J]. Materials and Structures, 28(8): 450-458.

BONACCORSI E, MERLINO S, KAMPF A R, 2005. The crystal structure of tobermorite 14 Å(plombierite), a C-S-H phase[J]. Journal of the American Ceramic Society, 88: 505-512.

BROWN P W, FRANZ E, FROHNSDORFF G, et al., 1984. Analyses of the aqueous phase during early C_3S hydration[J]. Cement and Concrete Research, 14: 257-262.

BRUGGEMAN D A G, 1935. Berechnung verschiedener Physikalischer Konstanten von heterogenen Substanzen[J]. Annalen der Physik, 24: 636-664.

CHEN J J, THOMAS J J, TAYLOR H F, et al., 2004. Solubility and structure of calcium silicate hydrate[J]. Cement and Concrete Research, 34: 1499-1519.

CHRISTENSEN B J, COVERDALE T, OLSON R A, et al., 1994. Impedance Spectroscopy of Hydrating Cement-Based Materials: Measurement, Interpretation, and Application[J]. Journal of the American Ceramic Society, 77(11): 2789, 2804.

CONG X, KIRKPATRICK R J, 1996. ^{17}O MAS NMR investigation of the structure of calcium silicate hydrate gel[J]. Journal of the American Ceramic Society, 79: 1585-1592.

CONG X, KIRKPATRICK R J, 1996. ^{29}Si MAS NMR study of the structure of calcium silicate hydrate[J]. Advanced Cement Based Materials, 3: 144-156.

CONSTANTINIDES G, ULM F J, 2004. The effect of two types of C-S-H on the elasticity of cement-based materials: Results from nanoindentation and micromechanical modeling[J]. Cement and concrete research, 34: 67-80.

COVERDALE R T, CHRISTENSEN B J, JENNINGS H M, et al., 1995. Interpretation of impedance spectroscopy of cement paste via computer modelling[J]. Journal of Materials Science, 30(3): 712-719.

CUI L, CAHYADI J H, 2001. Permeability and pore structure of OPC paste[J]. Cement and Concrete Research, 31(2): 277-282.

DE BELIE N, GROSSE C, BAERT G, 2008. Ultrasonic transmission to monitor setting and hardening of fly ash concrete[J]. Aci Materials Journal, 105(3): 221-226.

FELDMAN R F, SEREDA P J, 1968. A model for hydrated Portland cement paste as deduced from sorption-length change and mechanical properties[J]. Materials and structures, 1: 509-520.

FLINT E P, WELLS L S, 1934. Study of the system $CaO\text{-}SiO_2\text{-}H_2O$ at 30℃ and of the reaction of water on the anhydrous calcium silicates[J]. Journal of Research of the National Bureau of Standards, 12: 751-783.

FRIEDMANN H, AMIRI O, AIT A, 2008. Physical modeling of the electrical double layer effects on multispecies ions transport in cement-based materials[J]. Cement and Concrete Research, 38(12): 1394-1400.

FUJII K, KONDO R, 1975. Rate and mechanism of hydration of tricalcium silicate in an early stage[J]. Nippon Seramikkusu Kyokai Gakujutsu Ronbunshi, 83: 214-226.

GARBEV K, BEUCHLE G, BORNEFELD M, et al., 2008. Cell Dimensions and Composition of Nanocrystalline Calcium Silicate Hydrate Solid Solutions[J]. Part I : Synchrotron-Based X-Ray Diffraction. Journal of the American Ceramic Society, 91: 3005-3014.

GARBOCZI E J, BENTZ D P, 1992. Computer simulation of the diffusivity of cement-based materials[J]. Journal of Materials Science, 27(8): 2083-2092.

GARBOCZI E J, 1990. Permeability, diffusivity, and microstructural parameters: A critical review[J]. Cement and Concrete Research, 20(4): 591-601.

GENG G, et al, 2017. Aluminum-induced dreierketten chain cross-links increase the mechanical properties of nanocrystalline calcium aluminosilicate hydrate[J]. Scientific Reports, 7: 44032.

GENG G, et al., 2015. Atomic and nano-scale characterization of a 50-year-old hydrated C_3S paste[J]. Cement and Concrete Research, 77: 36-46.

GENG G, MYERS R J, QOMI M J A, et al., 2017. Densification of the interlayer spacing governs the nanomechanical properties of calcium-silicate-hydrate[J]. Scientific Reports, 7(1): 10986.

GOÑI S, et al., 2010. Quantitative study of hydration of C_3S and C_2S by thermal analysis. Journal of thermal analysis and calorimetry, 102: 965-973.

GRANGEON S, et al., 2013. On the nature of structural disorder in calcium silicate hydrates with a calcium/silicon ratio similar to tobermorite[J]. Cement and Concrete Research, 52: 31-37.

GRANGEON S, et al., 2016. Structure of nanocrystalline calcium silicate hydrates: insights from X-ray diffraction, synchrotron X-ray absorption and nuclear magnetic resonance[J]. Journal of Applied crystallography, 49(3): 771-783.

GREENBERG S A, CHANG T N, 1965. Investigation of colloidal hydrated calcium silicates: II. Solubility relationships in the calcium oxide– silica –water system at 25℃. Journal of Chemical Physics, 69(1): 182-188.

GRUTZECK M, BENESI A, FANNING B, 1989. Silicon-29 Magic Angle Spinning Nuclear Magnetic Resonance Study of Calcium Silicate Hydrates[J]. Journal of the American Ceramic Society, 72(4): 665-668.

HARRIS A W, MANNING M C, Tearle W M, 2002. Testing of models of the dissolution of cements—leaching of synthetic CSH gels[J]. Cement and Concrete Research, 32(5): 731-746.

JENNINGS H M, BULLARD J W, THOMAS J J, et al., 2008. Characterization and modeling of pores and surfaces in cement paste: Correlations to processing and properties[J]. Journal of Advanced Concrete Technology, 6(1): 5-29.

JENNINGS H M, KUMAR A, SANT G, 2015. Quantitative discrimination of the nano-pore-structure of cement paste during drying: New insights from water sorption isotherms[J]. Cement and Concrete Research, 76: 27-36.

JENNINGS H M, 2000. A model for the microstructure of calcium silicate hydrate in cement paste[J]. Cement and Concrete Research, 30(1): 101-116.

JENNINGS H M, 2008. Refinements to colloid model of CSH in cement: CM-II[J]. Cement and Concrete Research, 38(3): 275-289.

KALOUSEK G L, 1952. Application of differential thermal analysis in a study of the system lime-silica-water[C]// Proceedings of the Third International Symposium on the Chemistry of Cement, London: 296-311.

KLUR I, POLLET B, VIRLET J, et al., 1998. CSH structure evolution with calcium content by multinuclear NMR[C]// KLUR L et al. Nuclear Magnetic Resonance Spectroscopy of Cement-Based Materials. Berlin: Springer: 119-141.

KULIK D A, 2011. Improving the structural consistency of CSH solid solution thermodynamic models[J]. Cement and Concrete Research, 41(5): 477-495.

L'HÔPITAL E, LOTHENBACH B, KULIK D A, et al., 2016. Influence of calcium to silica ratio on aluminium uptake in calcium silicate hydrate[J]. Cement and Concrete Research, 85: 111-121.

LOTHENBACH B, WINNEFELD F, 2006. Thermodynamic modelling of the hydration of Portland cement[J]. Cement and Concrete Research, 36(2): 209-226.

MCLACHLAN D S, BLASZKIEWICZ M, NEWNHAM R E, 1990. Electrical Resistivity of Composites[J]. Journal of the American Ceramic Society, 73(8): 2187-2203.

MEHTA P K, MONTEIRO P J, 2014. Concrete Microstructure, Properties, and Materials[M]. 4 [th]Edition. New York: McGraw-Hill Companies.

MERLINO S, BONACCORSI E, ARMBRUSTER T, 2001. The real structure of tobermorite 11Å[J]. European Journal of Mineralogy, 13(3): 65-80.

MERLINO S, BONACCORSI E, ARMBRUSTER T, 2000. The real structures of clinotobermorite and tobermorite 9Å. OD character, polytypes, and structural relationships[J]. European Journal of Mineralogy, 12(2): 411-429.

MERLINO S, BONACCORSI E, ARMBRUSTER T, 1999. Tobermorites: Their real structure and order-disorder(OD) character[J]. American Mineralogist, 84(10): 1613-1621.

MOORE W J, 1983. Basic Physical Chemistry[M]: New York: Prentice-Hall.

MULLER A C A, SCRIVENER K L, GAJEWICZ A M, et al., 2013. Use of bench-top NMR to measure the density, composition and desorption isotherm of C-S-H in cement paste[J]. Microporous and Mesoporous Materials, 178(10): 99-103.

NEITHALATH N, PERSUN J, MANCHIRYAL R K, 2010. Electrical conductivity based microstructure and strength prediction of plain and modified concretes[J]. International Journal of Advances in Engineering Sciences and Applied Mathematics, 2(3): 83-94.

NOKKEN M, HOOTON R, 2008. Using pore parameters to estimate permeability or conductivity of concrete[J]. Materials and Structures, 41(1): 1-16.

NONAT A, 2004. The structure and stoichiometry of C-S-H[J]. Cement and Concrete Research, 34(9): 1521-1528.

OH B H, JANG S Y, 2004. Prediction of diffusivity of concrete based on simple analytic equations[J]. Cement and Concrete Research, 34(3): 463-480.

PAGE C, SHORT N, El TARRAS A, 1981. Diffusion of chloride ions in hardened cement pastes[J]. Cement and Concrete Research, 11(3): 395-406.

PAPATZANI S, PAINE K, CALABRIA-HOLLEY J, 2015. A comprehensive review of the models on the nanostructure of calcium silicate hydrates[J]. Construction and Building Materials, 74: 219-234.

PELLENQ R M, LEQUEUX N, VAN DAMME H, 2008. Engineering the bonding scheme in C-S-H: The iono-covalent framework[J]. Cement and Concrete Research, 38(2): 159-174.

POWERS T C, BROWNYARD T L, 1946. September. Studies of the physical properties of hardened Portland cement paste[J]. Journal Proceedings, 43: 101-132.

RENAUDIN G, RUSSIAS J, LEROUX F, FRIZON F, et al., 2009. Structural characterization of C-S-H and C-A-S-H samples—part I long-range order investigated by Rietveld analyses[J]. Journal of Solid State Chemistry, 182(12): 3312-3319.

RICHARDSON I G, 2014. Model structures for C-(A)-S-H(I). Acta Crystallographica Section B: Structural Science, Crystal Engineering and Materials, 70(6): 903-923.

RICHARDSON I G, 1999. The nature of CSH in hardened cements. Cement and Concrete Research, 29: 1131-1147.

RICHARDSON I G, 2004. Tobermorite/jennite-and tobermorite/calcium hydroxide-based models for the structure of CSH: applicability to hardened pastes of tricalcium silicate, β-dicalcium silicate, Portland cement, and blends of Portland cement with blast-furnace slag, metakaolin, or silica fume[J]. Cement and Concrete Research, 34(9): 1733-1777.

ROLLER P S, ERVIN Jr G, 1940. The System Calcium Oxide-Silica-Water at 30°. The Association of Silicate Ion in dilute alkaline solution. Journal of the American Chemical Society, 62(3): 461-471.

STAUFFER D, AHARONY A, 1994. Introduction to Percolation Theory[M]. London: Taylor and Francis.

STORA E, BARY B, He Q-C, 2008. On estimating the effective diffusive properties of hardened cement pastes[J]. Transport in Porous Media, 73(3): 279-295.

TAYLOR H F W, 1997. Cement Chemistry. Second ed. London: Thomas Telford.

TAYLOR H W, 1950. Hydrated calcium silicates. Part Ⅰ. Compound formation at ordinary temperatures[J]. Journal of the Chemical Society(Resumed): 3682-3690.

TAYLOR R, et al, 2015. Developments in tem nanotomography of calcium silicate hydrate[J]. Journal of the American Ceramic Society, 98(7): 2307-2312.

TENNIS P D, JENNINGS H M, 2000. A model for two types of calcium silicate hydrate in the microstructure of Portland cement pastes[J]. Cement and Concrete Research, 30(6): 855-863.

THOMAS J J, CHEN J J, JENNINGS H M, et al., 2003. Ca-OH bonding in the C-S-H gel phase of tricalcium silicate and white portland cement pastes measured by inelastic neutron scattering[J]. Chemistry of Materials, 15: 3813-3817.

WALKER C S, SAVAGE D, TYRER M, et al., 2007. Non-ideal solid solution aqueous solution modeling of synthetic calcium silicate hydrate[J]. Cement and Concrete Research, 37(4): 502-511.

XIAO L, LI Z, 2009. New understanding of cement hydration mechanism through electrical resistivity measurement and microstructure investigations[J]. Journal of Materials in Civil Engineering, 21(8): 368-373.

ZHANG J, LI Z, 2009. Application of GEM Equation in Microstructure Characterization of Cement-Based Materials[J]. Journal of Materials in Civil Engineering, 21(11): 648-656.

ZHANG J, 2008. Microstructure study of cementitious materials using resistivity measurement[D]. Hong Kong: The Hong Kong University of Science and Technology.

第 4 章　现代混凝土的传输通道 II：水泥浆体

第 3 章对现代混凝土中最小的传输通道 I——C-S-H 凝胶进行了详细介绍，本章重点介绍含有毛细孔的传输通道 II——水泥浆体。硬化水泥浆体的传输性能与浆体中各物相的体积分数以及各物相自身的传输系数密切相关。本章基于经典的水泥水化理论和有关矿物掺和料水化反应研究的最新进展，分别采用数学建模和数值模拟两种方法，系统研究了纯水泥浆体系、粉煤灰-水泥复合胶凝体系和磨细矿渣-水泥复合胶凝体系的水化反应过程，建立了水泥熟料矿物反应程度与养护龄期、水灰比与温度之间的定量关系，提出了水泥-矿物掺和料复合胶凝体系中各种物相体积分数的计算公式，建立现代水泥基复合胶凝材料传输系数的定量计算模型；基于数字图像基方法和元胞自动机原理，提出现代水泥基复合胶凝材料的水化动力学模型，对复合胶凝材料的三维微结构形成过程进行了数值模拟，计算了不同组成的水泥浆体的传输系数；并通过大量的实验，对数学模型的计算结果和数值模拟的结果进行验证，为现代水泥基复合胶凝材料传输性能的准确预测提供了科学基础。

4.1　纯水泥浆体中各相体积分数

4.1.1　单矿相反应程度

4.1.1.1　单矿水化程度模型

Taylor 对水泥熟料中单矿水化程度采用经典的水化动力学模型——Avrami 方程进行近似计算，方程的形式表达为

$$\alpha_i = 1 - \exp\left[-a_i(t-b_i)^{c_i}\right] \tag{4-1}$$

式中：α_i 为反应物 i 的水化程度；t 为试样的水化龄期（d）；a_i、b_i 和 c_i 分别为对应单矿的特征常数。

通过试验回归得到系数如表 4.1 所示。对于水化早期单矿水化程度的预测准确度高，水化后期准确度略低。水泥的水化程度是各单矿水化程度的加权平均。对于实际水泥而言，水泥的水化程度可以通过增益时间的方法，使浆体水化程度计算值与测量值匹配，从而获得单矿的水化程度。图 4.1（a）是根据式（4-1）和表 4.1 中参数得到的单矿的水化程度，并通过加权平均得到实际水泥的水化程度与养护时间的变化关系，从图 4.1（a）中可以看出，只要得知水泥熟料的矿物组

成就可以利用式（4-1）近似估算一定龄期下，水泥的水化程度以及相应的单矿水化程度。由水泥化学的理论可知，日本山口悟郎等用 X 射线 Rietveld refinement 方法对不同水泥熟料单矿的水化速率和水化程度研究进行试验研究，得到水化程度随水化时间的变化关系如图 4.1（b）所示。对比图 4.1（a）和（b），Taylor 和山口悟郎得到的四种熟料单矿的水化规律以及水化程度的大小水化早期基本一致，在水化后期略有差异。Taylor 通过试验认为单矿中水化速率的顺序为 $C_3A>C_3S>C_4AF>C_2S$，而山口悟郎认为 C_3S 最初反应较慢，但以后反应很快；C_3A 则与 C_3S 相反，开始时反应很快，但以后反应较慢；而 C_4AF 开始的反应速度也比 C_3S 快，但以后变慢。对 C_4AF 水化速率大小一致存在争议，研究人员普遍认为其水化速率始终比 C_3S 低。从图 4.1（b）中可以看出，水化 90d 后 C_3S 的水化程度比 C_4AF 的略高，但两者均超过 90%，后期水化过程中两者大小几乎相同。纵观 Taylor 给出的单矿水化程度预测模型在水化后期与山口悟郎等试验结果有一定的差异，正如前面所提到的，通过实际水泥的水化程度校正和调整模型中水化时间可以满足要求。虽然 Taylor 提出的水化动力学模型简单明了，为本节单矿水化程度的计算提供了一定的理论支持，但该水化动力学模型未体现出影响水泥熟料水化的主要因素如水灰比、水泥比表面积（或水泥细度）和水化温度等因素，需要提出新的水化动力学模型进一步探讨。

表 4.1　Avrami 方程所用的常数

组成	a	b	c
C_3S	0.70	0.90	0.25
C_2S	0.12	0	0.46
C_3S	0.77	0.90	0.28
C_4AF	0.55	0.90	0.26

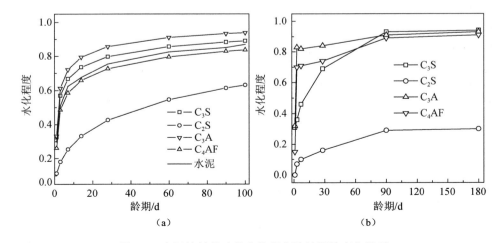

图 4.1　水泥熟料单矿的水化程度随龄期的变化关系

4.1.1.2　单矿水化动力学新模型

由前面分析可知，水泥熟料中单矿的水化程度或水化速率非常重要，而单矿的水化程度取决于其化学反应动力学机制。化学反应动力学是以动态的观点研究化学反应，分析化学反应过程中的内因（反应物的状态、结构）和外因（温度、催化剂）对于反应速率和反应方向的影响，从而揭示化学反应的宏观和微观机理。长期以来，许多学者从不同角度研究水泥熟料中主要矿物的动力学机制，Swaddiwudhipong 等的研究表明，在相同条件下水泥的水化产物与单个组成矿物的水化产物在化学和物理性质上相当接近。进一步推广到水泥熟料矿物的独立水化假设：即相同条件下，水泥的水化反应为各种熟料组分单独反应的综合，单矿的水化放热动力学通过单矿的活化能和基准水化热速率表征；相比较而言，Krstulovic 等较系统地提出了水泥熟料矿物的水化反应的动力学模型，认为水泥的水化反应有三个基本过程，即结晶成核与晶体生长、相边界反应和扩散，三个过程可同时发生，但整个水化进程由其最低速率来控制；国内的阎培渝、刘麟以及张景富对该模型作了进一步研究并用于水泥-矿物掺和料体系。Krstulovic 模型也存在着一些不足，模型认为水化速率只与水泥颗粒粒径有关，而与水灰比和水泥的比表面积无关，在水泥水化过程的初始没有溶解过程。事实上，低水灰比的情况下单位体积含水量偏低，水泥颗粒与水不能很好地接触，故水化反应不能充分进行而且水化过程的初始就已有溶解过程。相比较而言，Parrot 和 Killoh（简称 P-K）提出的水化动力学模型更加符合实际而且对水泥水化反应溶解过程没有任何限制。众所周知，影响水泥水化进程的有水灰比，水泥的比表面积、相对湿度、温度等因素。本文基于 P-K 模型系统地给出了影响水泥水化动力学的主要因素模型。

1）P-K 的水化动力学机制

P-K 提出的水化动力学机制可依次分为以下三个过程。

（1）结晶成核与晶体生长反应过程（nucleation and growth）如下所示，即

$$\frac{d\alpha_t}{dt} = R_{NG} = \frac{K_1}{N_1}(1-\alpha_t)[-\ln(1-\alpha_t)]^{(1-N_1)} \tag{4-2}$$

（2）扩散反应过程（diffusion）如下所示，即

$$\frac{d\alpha_t}{dt} = R_D = \frac{K_2(1-\alpha_t)^{2/3}}{1-(1-\alpha_t)^{1/3}} \tag{4-3}$$

（3）形成水化壳或者水化膜过程（formation of hydration shell）如下所示，即

$$\frac{d\alpha_t}{dt} = R_F = K_3(1-\alpha_t)^{N_3} \tag{4-4}$$

对上述三个水化动力学方程分别积分，得到水化程度与水化时间的关系表达式为

$$G_{NG}(\alpha) = [-\ln(1-\alpha)]^{N_1} = K_1 t \tag{4-5}$$

$$G_D(\alpha) = \frac{3}{2}\left(1 - \sqrt[3]{1-\alpha}\right)^2 = K_2 t \tag{4-6}$$

$$G_F(\alpha) = \frac{(1-\alpha)^{1-N_3} - 1}{N_3 - 1} = K_3 t \tag{4-7}$$

式中：K_1 为结晶成核与晶体生长反应过程的反应速率常数；K_2 为扩散反应过程的反应速率常数；K_3 为形成水化膜层反应速率常数；N 均为反应级数。

2）动力学机制转换条件及其参数确定

式（4-2）和式（4-7）适用于水泥熟料中各组分矿物的水化反应。按其速率表达式，在反应级数一定的条件下，给定不同的反应速率常数，可以获得如图 4.2 所示的水化程度（α）-水化速率（R）两种曲线形式。

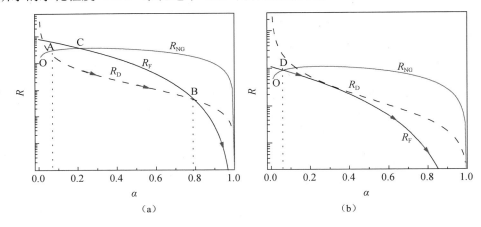

图 4.2　水化动力学过程转变

由图 4.2 可以看出，在水泥的水化过程中，按照最低速率控制反应过程的基本原理，不同水化程度下的水泥颗粒，所体现的化学动力学机理是不同的，而控制其水化进程的动力学方式按水化程度出现阶段性的交替变化。图 4.2（a）中 A、B 和 C 三点是水化速率曲线 R_{NG}、R_D 和 R_F 的交点，当 $\alpha_A < \alpha_C$ 时，控制水化过程的动力学行为由最初的成核与生长作用控制转变为由扩散反应控制，然后又由扩散反应控制转变为由形成水化产物膜层反应控制，即沿着图 4.2（a）中 O—A—B—1 的箭头所示路线发生动力学控制方式的转变；而在图（b）中时，控制水化过程的动力学方式将为由成核与生长反应控制转变直接转化为由形成水化膜层反应方式控制，即沿着图 4.2（b）中 O—D—1 的方式变换，该种情况下，控制水化的动力学仅涉及成核作用及形成水化膜层两种方式。根据方程（4-2）方程（4-4），各种动力学方式的转变点即为各线的交点，由此，存在如下 3 个动力学转换条件，可表达为

$$R_{NG}(\alpha_A) = R_D(\alpha_A) \tag{4-8}$$

$$R_{\mathrm{D}}(\alpha_{\mathrm{B}}) = R_{\mathrm{F}}(\alpha_{\mathrm{B}}) \tag{4-9}$$

$$R_{\mathrm{NG}}(\alpha_{\mathrm{D}}) = R_{\mathrm{F}}(\alpha_{\mathrm{D}}) \tag{4-10}$$

由式（4-2）和式（4-7）可知，只要水化动力学参数和不同反应机制转化的临界水化程度、临界水化时间确定后，就可以得到水化程度作为时间的函数关系表达式。因此动力学参数的确定需要通过方程（4-2）和方程（4-7）、方程（4-8）～方程（4-10）联立方程组方可，针对图 4.2（a）和（b）两种情况分别讨论。

由方程（4-5）～方程（4-7）可得到水化程度-水化时间的关系曲线，并根据图 4.2（a）和（b）以及方程（4-8）～方程（4-10）的转化条件，又可得到不同的实际水泥水化曲线（G_{Total}），如图 4.3 所示。在图 4.3（a）中，实际水化描述如下：在水化初始阶段，水化过程由成核与晶体生长反应控制，其水化程度-时间关系式遵从方程（4-5）；当水化程度达到成核与扩散反应控制临界转变点假定为 α_{A} 时，对应的时间为 t_{A}，其后的水化过程由扩散反应控制，水化程度-时间遵从方程（4-6），直到达到扩散反应与水化膜形成过程反应转换临界水化程度 α_{B} 及临界水化时间 t_{B} 为止；此后，水化过程受水化膜形成作用控制，水化程度随时间的变化关系将遵从方程（4-7）。根据上述动力学机制的描述，可得到描述水泥水化全过程的动力学表达式，根据该方程组就可以确定所有动力学参数。同理，图 4.3（b）所示的实际水化过程为：水化开始的阶段，水化行为由成核与晶体生长控制，其水化程度-时间的关系遵从方程（4-5）；当水化程度达到成核与扩散反应转换临界水化程度 α_{D} 及临界水化时间 t_{D} 时，其后的水化过程由水化膜形成作用控制，相应的水化程度-时间的变化关系式遵从式（4-7），这样也可以得到水化全过程的动力学方程组（4-12），根据该方程组也可以确定相关的动力学参数。由以上分析知，对于给定的实验样品，当确定了水化程度-时间的关系曲线，就可根据方程（4-11）

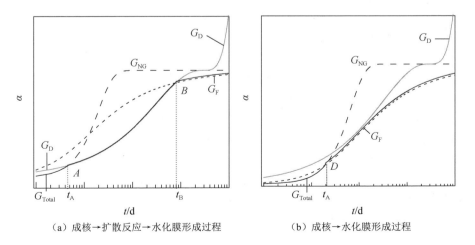

（a）成核→扩散反应→水化膜形成过程　　　　（b）成核→水化膜形成过程

图 4.3　水化程度与水化时间关系

或方程（4-12）来确定相应的动力学参数；反之，当已知各动力学相关参数时，也可以按照方程组（4-11）或方程（4-12）得到实际水泥的水化程度-时间变化关系曲线，也可得到水化产物各物相的体积分数。Lothenbach 等在文中标注出 P-K 所给出的动力学参数，如表 4.2 所示，这些动力学数据均是根据不同种类水泥水化，采用 Rietveld 方法对水化试样进行 XRD 的定量分析得到。根据 P-K 所给出的动力学参数，表明大多数水泥熟料中四种单矿的水化过程基本是结晶成核生长和形成水化膜两种方式。

$$
\begin{cases}
\left[-\ln(1-\alpha_A)\right]^{N_1} = K_1 t_A \\[2mm]
\dfrac{K_1}{N_1}(1-\alpha_A)\left[-\ln(1-\alpha_A)\right]^{1-N_1} = \dfrac{K_2(1-\alpha_A)^{2/3}}{1-(1-\alpha_A)^{1/3}} \\[2mm]
\dfrac{3}{2}\left[\left(1-\sqrt[3]{1-\alpha_B}\right)^2 - \left(1-\sqrt[3]{1-\alpha_A}\right)^2\right] = K_2(t_B - t_A) \\[2mm]
\dfrac{K_2(1-\alpha_B)^{2/3}}{1-(1-\alpha_B)^{1/3}} = K_3(1-\alpha_B)^{N_3} \\[2mm]
\left[-\ln(1-\alpha)\right]^{N_1} = K_1 t & t \leqslant t_A \\[2mm]
\dfrac{3}{2}\left[\left(1-\sqrt[3]{1-\alpha}\right)^2 - \left(1-\sqrt[3]{1-\alpha_A}\right)^2\right] = K_2(t-t_A) & t_A \leqslant t \leqslant t_B \\[2mm]
\dfrac{(1-\alpha)^{1-N_3} - (1-\alpha_B)^{1-N_3}}{N_3 - 1} = K_3(t - t_B) & t > t_B
\end{cases}
\tag{4-11}
$$

$$
\begin{cases}
\left[-\ln(1-\alpha_A)\right]^{N_1} = K_1 t_A \\[2mm]
\dfrac{K_1}{N_1}(1-\alpha_D)\left[-\ln(1-\alpha_D)\right]^{1-N_1} = \dfrac{K_2(1-\alpha_D)^{2/3}}{1-(1-\alpha_D)^{1/3}} \\[2mm]
\left[-\ln(1-\alpha)\right]^{N_1} = K_1 t & t \leqslant t_D \\[2mm]
\dfrac{(1-\alpha)^{1-N_3} - (1-\alpha_D)^{1-N_3}}{N_3 - 1} = K_3(t - t_D) & t > t_D
\end{cases}
\tag{4-12}
$$

表 4.2　用于单矿水化作为水化时间函数所需要的参数

参数	C_3S	C_2S	C_3A	C_4AF
K_1	1.50	0.50	1.00	0.37
N_1	0.70	1.00	0.85	0.70
K_2	0.05	0.02	0.04	0.015
K_3	1.10	0.70	1.00	0.40
N_3	3.30	5.00	3.20	3.70
H	1.80	1.35	1.60	1.45

3）水化动力学模型的改进

根据方程（4-2）～方程（4-4）和水泥水化进程由最低速率控制的条件，并综合考虑水灰比、比表面积、相对湿度和温度等主要影响的单矿水化速率方程可综合表达为

$$\frac{\partial \alpha_t}{\partial t} = \min\left(R_{NG}, R_D, R_F\right) f_{W/C} f_S f_{RH} f_T \tag{4-13}$$

式中：$f_{W/C}$、f_C、f_{RH}、f_T 分别为水灰比、比表面积、相对湿度和温度对熟料矿物的影响系数，其中 $f_{W/C}$ 在 Parrot 模型中可表达为

$$f_{W/C} = \begin{cases} [1 + 3.333(H \times W/C - \alpha_t)]^4 & \alpha_t > H \times W/C \\ 1 & \alpha_t < H \times W/C \end{cases} \tag{4-14}$$

式中：H 为经验常数，需根据试验来确定，在 Parrot 模型中所有单矿的 H 均为 1.333，而在相关文献中单矿的 H 值略有变化。

$$f_S = \frac{A}{A_0} \tag{4-15}$$

式中：A 为实际水泥的比表面积；A_0 为基准水泥的表面积，$A_0 = 3602 \, \mathrm{cm^2/g}$，$A_0 = 3850 \, \mathrm{cm^2/g}$。

关于相对湿度影响系数，Bažant 和 Najjar 提出的相对湿度系数可表达为

$$f_{RH} = \left[1 + \left(7.5 - 7.5h\right)^4\right]^{-1} \tag{4-16}$$

而 Saetta 提出的相对湿度系数可表达为

$$f_{RH} = \left[1 + \frac{\left(1-h\right)^4}{\left(1-h_c\right)^4}\right]^{-1} \tag{4-17}$$

式中：h 为硬化浆体中孔的相对湿度；h_c 为临界相对湿度，通过试验确定，对硬化浆体而言，Bažant 和 Najjar 湿度因子较常用，而对混凝土而言，Saetta 的湿度因子常用。温度对单矿的水化影响的系数可表达为

$$f_T = \exp\left[\frac{E_a}{R}\left(\frac{1}{T_0} - \frac{1}{T}\right)\right] \tag{4-18}$$

式中：E_a 为表观活化能（J/mol）；R 为摩尔气体常量[$8.314 \times 10^{-3} \mathrm{kJ/(K \cdot mol)}$]；$T_0$ 为基准温度（$T_0 = 293\mathrm{K}$）；T 为实际环境中的水化温度。

这样将方程（4-2）～方程（4-4）以及方程（4-14）～方程（4-17）代入方程（4-13），可得到综合考虑水灰比、温度、相对湿度和水泥比表面积对水化速率的影响的方程。这样整个水泥熟料的水化速率可表达为

$$\frac{\partial \alpha}{\partial t} = \frac{\dfrac{\partial \alpha_{C_3S}}{\partial t} p_{C_3S} + \dfrac{\partial \alpha_{C_2S}}{\partial t} p_{C_2S} + \dfrac{\partial \alpha_{C_3A}}{\partial T} p_{C_3A} \dfrac{\partial \alpha_{C_4AF}}{\partial t} p_{C_4AF}}{p_{C_3S} + p_{C_2S} + p_{C_3A} + p_{C_4AF}} \tag{4-19}$$

式中： p_i 为熟料中矿物组分的质量百分比。

对水化方程（4-13）做进一步的分析。假定水泥浆体在常温下养护，相对湿度为100%，根据方程（4-13）和表 4.2 中所给出的动力学参数，可得到是否考虑水灰比（$W/C = 0.5$）影响的水化速率（R）-水化程度（α）的关系曲线（图 4.4）。从图4.4 中可以看出，无论是否考虑水灰比影响，水泥熟料与水刚接触时，水化速率最快的是 C_3A；随着水化时间的增加，C_3S 的水化速率超过 C_3A。当考虑水灰比因素时，所有单矿的水化速率均有增加，但增加的幅度相对很小。Breugel 研究表明，在水泥水化过程中，假定水分与外界不进行任何交换，水泥熟料中 C_3S、C_2S、C_3A 和 C_4AF 完全水化的理论水灰比分别为 0.234、0.178、0.514 和 0.158，这样水泥完全水化所需要的最小水灰比可表达为方程（4-20）。对大多硅酸盐水泥而言，熟料中矿物组分的范围计算根据方程（4-20）。理论上水泥完全水化的最小水灰比在0.2~0.3，这一范围与 Powers 模型得到的结论是一致的。从中可以看出，当水灰比大于一定值时（如 0.23），水灰比对熟料单矿的影响可以忽略，其前提条件是浆体在水化过程中，水分未有任何损失。根据 Breguel 的熟料最小水灰比理论，在一定程度上可以解释图 4.4（a）、（b）两图中水灰比对熟料单矿影响较小的原因，这可能也是 Taylor 在水化模型中对普通浆体中未考虑水灰比的原因。

$$(W/C)_{\min} = 0.234 \times p_{C_3S} + 0.178 \times p_{C_2S} + 0.514 \times p_{C_3A} + 0.158 \times p_{C_4AF} \quad (4\text{-}20)$$

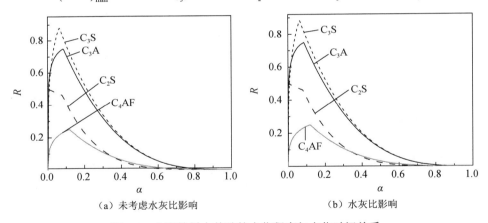

（a）未考虑水灰比影响　　　　　　　　　　（b）水灰比影响

图 4.4　水泥熟料中单矿的水化程度与水化时间关系

根据图 4.4（a）和（b）中水化速率-水化程度的关系曲线，可得到水化程度-时间的关系曲线，因考虑到水灰比对单矿的影响，方程（4-13）的积分相对困难，需通过 MATLAB 数值求解才能计算。从图 4.5（a）和（b）可以看出，考虑水灰比对单矿影响时，其水化程度略有增加。从图 4.5 中还可以看出，根据 Parrot 模型得到的 C_3A 与 C_3S 的水化程度除早期 C_3A 的水化程度略高外，水化后期几乎相等，这个结果与图 4.1（b）的试验结果一致，但 C_4AF 与 C_2S 相比，水化早期 C_2S 的水化速率和相应的水化程度高于 C_4AF，在水化一定龄期后水化速率 $C_4AF>C_2S$，这个结果与图 4.1（b）的试验结果有一定差异。在相同养护龄期下，将图 4.1（a）与图 4.5（a）的水化程度作差，比较两个模型计算单矿的水化程度的差异，结果如图 4.6 所示，这里水化龄期 1000d。从图中可以看出，两个模型得到的 C_3S、C_3A 和 C_4AF 除水化 1d 前有差异外，1d 以后计算的水化程度几乎相同；相比较而言，C_2S 的两个模型计算结果差异性较大，从水泥化学以及最新文献的结果查阅，Taylor 模型计算的水化程度值略大，因为在水泥熟料各相水化过程中，相与相之间相互影响，特别是水化速率较快的 C_3S 在水化早期会延缓了 C_2S 的水化，只有当 C_3S 水化到一定程度后 C_2S 才加速水化，这也是水泥强度后期增长的主要原因。一般而言，水化 1 年后 C_2S 的水化程度可接近或达到 C_3S 的水化程度。

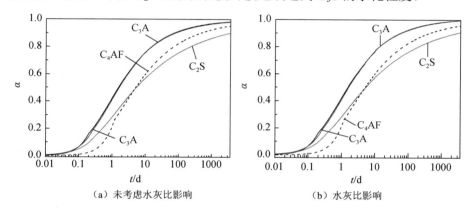

（a）未考虑水灰比影响　　　　　　　（b）水灰比影响

图 4.5　水泥熟料中单矿的水化程度与水化时间关系

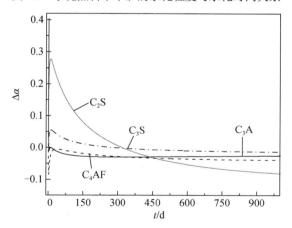

图 4.6　不同水化模型单矿水化程度对比

4.1.2　纯水泥反应程度

根据改进的 P-K 模型就可以得到各自单矿的反应程度，并通过加权平均和校正的方法计算出水泥的水化程度。

$$\alpha_{cement} = K\left(M_{C_3S} \cdot \alpha_{C_3S} + M_{C_2S} \cdot \alpha_{C_2S} + M_{C_3A} \cdot \alpha_{C_3A} + M_{C_4AF} \cdot \alpha_{C_4AF}\right) \quad (4\text{-}21)$$

式中：α_{cement} 为水泥的水化程度；M_{C_3S}、M_{C_2S}、M_{C_3A} 和 M_{C_4AF} 分别为 C_3S、C_2S、C_3A 和 C_4AF 的质量分数，由 Bouge 方程根据水泥的化学组成计算得到；K 为交互作用系数，主要考虑矿物相之间的交互作用。

通过模型计算的水泥水化程度（predicted value）与测试值（measured value）比较，如图 4.7 所示。从图中可以看出，$k = 1.038$ 时，拟合方程为 $y = x$，数据点与拟合直线的拟合系数（R^2）为 0.9969，预测结果与真实值吻合良好。利用模型定量计算水灰比为 0.23、0.35 和 0.53 的硬化水泥浆体在 1d、3d、7d、14d、28d 和 90d 的水化程度如图 4.8 所示。

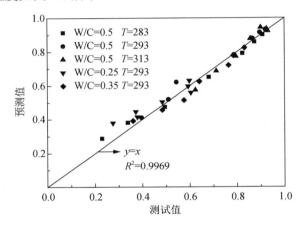

图 4.7　水泥水化程度的测试和预测值

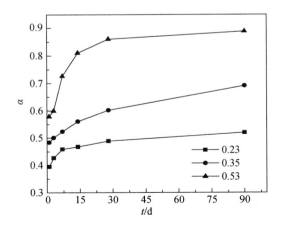

图 4.8　硅酸盐水泥的水化程度随养护龄期变化

4.1.3　纯水泥浆体中各相体积分数

纯水泥浆体的含义是由硅酸盐水泥制备的浆体。根据电子显微镜可以确定浆体中微结构分为两类：固相和孔相。从传输角度而言，可以分为扩散相和非扩散相。扩散相包括：C-S-H 凝胶相和毛细孔相；非扩散相为氢氧化钙（CH）、铝酸盐相（如钙矾石 AFt、单硫型硫铝酸钙 AFm、水石榴石 C_3AH_6 等统称 AF 相）、未水化水泥颗粒。研究水泥浆体微观结构与传输行为的首要问题是准确获取各相的体积分数。基于水蒸气等温吸附的方法，Powers 提出计算硬化浆体体积分数的经验模型。该模型的局限性是未考虑两类密度（HD 和 LD）C-S-H 凝胶。Tennis 和 Jennings 对 C-S-H 凝胶进行划分，结合化学计量的方法，提出硅酸盐水泥中各种矿物相水化方程。

$$2C_3S + 10.6H \longrightarrow C_{3.4}S_2H_8 + 2.6CH \tag{4-22}$$

$$2C_2S + 8.6H \longrightarrow C_{3.4}S_2H_8 + 0.6CH \tag{4-23}$$

$$C_3A + 3C\bar{S}H_2 + 26H \longrightarrow C_6A\bar{S}_3H_{32} \tag{4-24}$$

$$2C_3A + C_6A\bar{S}_3H_{32} + 4H \longrightarrow 3C_4A\bar{S}H_{12} \tag{4-25}$$

$$C_3A + CH + 12H \longrightarrow C_4AH_{13} \tag{4-26}$$

$$C_4AF + 2CH + 10H \longrightarrow 2C_3(A,F)H_6 \tag{4-27}$$

前两个方程（4-22）和方程（4-23）主要用来计算 C-S-H 凝胶的体积分数；在方程（4-24）中，C_3A 首先与石膏生成 AFt，当石膏完全消耗时，剩余的 C_3A 继续与生成的 AFt 反应形成 AFm［方程（4-25）］，若还有剩余的 C_3A，则与 CH 和 H 反应生成 C_4AH_{13}［方程（4-26）］；方程（4-27）中 C_4AF 水化形成 $C_3(A,F)H_6$。根据 Bogue 方程，水泥中四种矿物相和石膏的质量分数可以用氧化物来表示：

$$C_3S = 4.071(f_{C,c} - 0.7f_{\bar{S},c}) - (7.6f_{S,c} + 6.72f_{A,c} + 1.43f_{F,c}) \tag{4-28}$$

$$C_2S = 2.867f_{S,c} - 0.754(C_3S) \tag{4-29}$$

$$C_3A = 2.65f_{A,c} - 1.692f_{F,c} \tag{4-30}$$

$$C_4AF = 3.043f_{F,c} \tag{4-31}$$

$$C\bar{S}H_{12} = 2.15f_{\bar{S},c} \tag{4-32}$$

为了便于定量计算，本章制订了一个共同的参考基准：$1m^3$ 净浆中分别包括 C(kg)水泥和 W(kg)水；$f_{i,c}$ 为水泥中氧化物 i［i=C(CaO), S(SiO_2), A(Al_2O_3), F(Fe_2O_3), $\bar{S}$ (SO_3)］的质量分数；R 为水泥未发生反应的质量；H 为结合水的质量；计算浆体各相体积分数所需的参数，如表 4.3 所示。

表 4.3　水泥浆体中各组分体积分数计算时所用的参数

组成	密度 /($\times 10^3$kg/m^3)	摩尔质量 /($\times 10^{-3}$kg/mol)	摩尔体积 /($\times 10^{-6}$m^3/mol)	备注
C	3.32	56.08	16.89	
S	2.20	60.08	27.28	
A	4.00	101.96	25.49	
F	5.24	159.69	30.48	
$\bar{S}$	—	80.07	—	
M	—	159.60	—	
C_3S	3.20	228.30	71.34	
C_2S	3.30	172.22	52.19	
C_3A	3.03	270.18	89.17	
C_4AF	3.77	485.96	128.90	
H_2O	1.00	18.02	18.02	
$C\bar{S}H_2$	2.32	172.17	74.21	
CH	2.24	74.10	33.08	
$C_3(A,F)H_6$	2.67	407.00	152.70	
C_4AH_{19}	1.80	668.40	371.33	饱和状态
C_4AH_{13}	2.06	560.47	272.07	D 干燥
M_5AH_{19}	1.80	645.50	358.12	饱和状态
$C_4A\bar{S}H_{12}$	1.95	622.51	319.24	饱和状态
$C_4A\bar{S}H_8$	2.40	551.00	229.00	D 干燥
$C_6A\bar{S}_3H_{32}$	1.75	1225.00	717.00	饱和状态
$C_6A\bar{S}_3H_7$	2.38	805.00	338.00	D 干燥
$C_{1.1}SH_{3.9}$	1.88	191.60	101.80	饱和状态
$C_{3.4}S_2H_8$	2.10	455.00	217.00	饱和状态(C-S-H)
$C_{3.4}S_2H_3$	1.44	365.00	252.00	D 干燥(低密度 C-S-H)
$C_{3.4}S_2H_3$	1.75	365.00	211.00	D 干燥(高密度 C-S-H)

根据方程（4-23）～方程（4-32）化学反应和表 4.3 各相的基本参数值，水泥浆体中各相体积分数计算结果如下。

（1）当 $C\bar{S}H_2 > 1.912(C_3A)$ 时，表示石膏掺量高于 C_3A 完全水化时所需量，C_3A 只会发生方程（4-25）反应，即 $C\bar{S}H_2 > (5.067f_{A,c} - 3.234f_{F,c})C$ 或 $f_{\bar{S},c} > (2.357f_{A,c} - 1.504f_{F,c})$。浆体中各相的质量分别如下。

CH 的质量为

$$CH = [0.422(C_3S)\alpha_{C_3S} + 0.129(C_2S)\alpha_{C_2S} - 0.305(C_4AF)\alpha_{C_4AF}]C \quad (4\text{-}33)$$

C-S-H 凝胶的质量为

$$CSH = [0.996(C_3S)\alpha_{C_3S} + 1.321(C_2S)\alpha_{C_2S}]C \tag{4-34}$$

$C_6A\overline{S}_3H_{32}$ 的质量（CA$\overline{S}$H）为

$$CASH = 4.534(C_3A)\alpha_{C_3A}C \tag{4-35}$$

$C_3(A,F)H_6$ 的质量[C(AF)H]为

$$C(AF)H = 1.675(C_4AF)\alpha_{C_4AF}C \tag{4-36}$$

R 为水泥未发生反应的质量：

$$R = [1 - (C_3S)\alpha_{C_3S} - (C_2S)\alpha_{C_2S} - 2.91(C_3A)\alpha_{C_3A} - (C_4AF)\alpha_{C_4AF}]C \tag{4-37}$$

H 为结合水的质量：

$$H = [0.418(C_3S)\alpha_{C_3S} + 0.450(C_2S)\alpha_{C_2S} + 0.667(C_3A)\alpha_{C_3A} + 0.371(C_4AF)\alpha_{C_4AF}]C \tag{4-38}$$

则固相的体积分别为

$$V_{CH} = [0.188(C_3S)\alpha_{C_3S} + 0.0576(C_2S)\alpha_{C_2S} - 0.136(C_4AF)\alpha_{C_4AF}]C \times 10^{-3} \tag{4-39}$$

$$V_{CSH} = [0.475(C_3S)\alpha_{C_3S} + 0.630(C_2S)\alpha_{C_2S}]C \times 10^{-3} \tag{4-40}$$

$$V_{CA\overline{S}H} = 2.591(C_3A)\alpha_{C_3A}C \times 10^{-3} \tag{4-41}$$

$$V_{C(AF)H} = 0.627(C_4AF)\alpha_{C_4AF}C \times 10^{-3} \tag{4-42}$$

$$V_{anh} = [1 - (C_3S)\alpha_{C_3S} - (C_2S)\alpha_{C_2S} - 2.91(C_3A)\alpha_{C_3A} - (C_4AF)\alpha_{C_4AF}]\left(\frac{C}{\rho_c}\right) \tag{4-43}$$

式中：V_{anh} 为未水化水泥颗粒的体积；ρ_c 为水泥的密度。

浆体中毛细孔隙率可以表示为

$$\phi = \frac{W}{\rho_w} - \Delta\phi_c \tag{4-44}$$

式中：ρ_w 为水的密度（1000 kg/m³）；$\Delta\phi_c$ 为由于水泥水化产物固相增加的体积分数，即

$$\begin{aligned}
\Delta\phi_c &= (C_3S)\overline{V}_{C_3S} + (C_2S)\overline{V}_{C_2S} + (C_3A)\overline{V}_{C_3A} + (C_4AF)\overline{V}_{C_4AF} \\
&= [0.347(C_3S)\alpha_{C_3S} + 0.384(C_2S)\alpha_{C_2S} + 1.500(C_3A)\alpha_{C_3A} \\
&\quad + 0.224(C_4AF)\alpha_{C_4AF}]C \times 10^{-3}
\end{aligned} \tag{4-45}$$

其中，$\overline{V}_j$（j = C₃S, C₂S, C₃A, C₄AF）为式（4-22）～式（4-27）中固相产物与单位固相反应物之间的体积差。把式（4-45）代入式（4-44）中，有

$$\phi = W \times 10^{-3} - [0.347(C_3S)\alpha_{C_3S} + 0.384(C_2S)\alpha_{C_2S} + 1.500(C_3A)\alpha_{C_3A}$$
$$+ 0.224(C_3AF)\alpha_{C_3AF}]C \times 10^{-3} \tag{4-46}$$

（2）当 $0.637(C_3A) < C\bar{S}H_2 < 1.912(C_3A)$ 时，C_3A 只会发生式（4-24）和式（4-25）的反应，即 $(1.689f_{A,C} - 1.078f_{F,C})C < C\bar{S}H_2 < (5.067f_{A,C} - 3.234f_{F,C})C$，或者 $(0.786f_{A,C} - 0.501f_{F,C}) < f_{\bar{S},C} < (2.357f_{A,C} - 1.504f_{F,C})$。

浆体各相的质量分别如下。

固相中 CH、C-S-H、C_3（AF）H_3 的体积与上面的计算公式一致，分别用方程（4-39）～方程（4-41）表示。H 质量用式（4-38）表示，对于 $CA\bar{S}H$ 相和未水化水泥，其质量分别表示为

$$CA\bar{S}H = C_6A\bar{S}_3H_{32} + C_4\bar{S}_3H_{12} = 3.454(C_3A)\alpha_{C_3A}C - 1.811(C\bar{S}H_2)C \tag{4-47}$$

$$R = [1 - (C_3S)\alpha_{C_3S} - (C_2S)\alpha_{C_2S} - (C_3A)\alpha_{C_3A} - (C_4AF)\alpha_{C_4AF} - (C\bar{S}H_2)]C \tag{4-48}$$

则它们相应的体积为

$$V_{CA\bar{S}H} = 1.771(C_3A)\alpha_{C_3A} \times 10^{-3} - 0.925(C\bar{S}H_2)C \times 10^{-3} \tag{4-49}$$

$$V_{anh} = [1 - (C_3S)\alpha_{C_3S} - (C_2S)\alpha_{C_2S} - (C_3A)\alpha_{C_3A} - (C_4AF)\alpha_{C_4AF} - (C\bar{S}H_2)]\left(\frac{C}{\rho_c}\right) \tag{4-50}$$

毛细孔隙率为

$$\phi = W \times 10^{-3} - [0.347(C_3S)\alpha_{C_3S} + 0.384(C_2S)\alpha_{C_2S} + 0.115(C_3A)\alpha_{C_3A}$$
$$+ 0.724(C\bar{S}H_2) + 0.224(C_4AF)\alpha_{C_4AF}]C \times 10^{-3} \tag{4-51}$$

（3）当 $C\bar{S}H_2 < 0.637(C_3A)$ 时，C_3A 会发生式（4-25）和式（4-26）的反应，即 $C\bar{S}H_2 < (1.689f_{A,C} - 1.078f_{F,C})C$，或者 $f_{\bar{S},C} < (0.786f_{A,C} - 0.501f_{F,C})$，各相的质量分别如下。

CH 的质量为

$$CH = [0.422(C_3S)\alpha_{C_3S} + 0.129(C_2S)\alpha_{C_2S} - 0.305(C_4AF)\alpha_{C_4AF}$$
$$- 0.274(C_3A)\alpha_{C_3A} + 0.925f_{\bar{S},C}]C \tag{4-52}$$

C-S-H 凝胶质量同样可以用式（4-34）表示；$C_4A\bar{S}H_{12}$ 和 C_4AH_{13} 质量，即为铝相（$CA\bar{S}H$）可以表示为

$$CA\bar{S}H = [2.076(C_3A)\alpha_{C_3A} + 0.776f_{\bar{S},C}]C \tag{4-53}$$

C_3(A,F)H_6 的质量，即铁相 C(AF)H 可以用式（4-36）表示；未水化水泥质量（R）和水化产物结合水质量（H）可以分别用式（4-54）和式（4-55）表示为

$$R = [1 - (C_3S)\alpha_{C_3S} - (C_2S)\alpha_{C_2S} - (C_3A)\alpha_{C_3A} - (C_4AF)\alpha_{C_4AF} - 2.15f_{\bar{S},C}]C \tag{4-54}$$

$$H = [0.418(C_3S)\alpha_{C_3S} + 0.450(C_2S)\alpha_{C_2S} + 1.466(C_3A)\alpha_{C_3A}$$
$$+ 0.371(C_4AF)\alpha_{C_4AF} - 2.700f_{\bar{S},C}]C \tag{4-55}$$

固相的体积为

$$V_{CH} = [0.188(C_3S)\alpha_{C_3S} + 0.058(C_2S)\alpha_{C_2S} - 0.136(C_4AF)\alpha_{C_4AF}$$
$$- 0.122(C_3A)\alpha_{C_3A} + 0.413f_{\bar{S},C}]C \times 10^{-3} \tag{4-56}$$

$$V_{CA\bar{S}H} = [1.008(C_3S)\alpha_{C_3S} + 0.589f_{\bar{S},C}]C \times 10^{-3} \tag{4-57}$$

毛细孔隙率为

$$\phi = W \times 10^{-3} - [0.347(C_3S)\alpha_{C_3S} + 0.384(C_2S)\alpha_{C_2S} + 0.555(C_3A)\alpha_{C_3A}$$
$$+ 0.035(C\bar{S}H_2) + 0.224(C_4AF)\alpha_{C_4AF}]C \times 10^{-3} \tag{4-58}$$

根据氮气吸附的方法，Jennigs 和 Tennis 对两种密度 C-S-H 凝胶进行了划分，认为氮气只能进入低密度的 C-S-H 凝胶孔，而不能进入高密度的 C-S-H 凝胶孔中。他们对大量的实验数据采用多线性回归方法得到 LD C-S-H 质量与总 C-S-H 凝胶的质量比（M_r），如式（4-59）所示。

$$M_r = 3.017(W/C)\alpha - 1.347\alpha + 0.538 \tag{4-59}$$

则两类 C-S-H 凝胶的体积为

$$V_{HD} = \frac{M_t - M_r M_t}{\rho_{HD}} \tag{4-60}$$

$$V_{LD} = \frac{M_r M_t}{\rho_{LD}} \tag{4-61}$$

式中：V_i 和 ρ_i 分别为 i（i=HD，LD）的体积和质量；M_t 为 C-S-H 凝胶的总质量。值得注意的是，方程中的质量都为 D 干燥条件下 C-S-H 的质量。

由式（4-60）和式（4-61）可以看出，C-S-H 凝胶中高密度和低密度所占的体积分数（volume fraction）由水灰比（W/C）和水化程度（hydration degree）决定。如图 4.9（a）所示，当水化程度<0.5 时，在同一水灰比条件下 LD 的 C-S-H 体积分数随着水化程度增加而下降，HD 的 C-S-H 体积分数却随水化程度的增加而增大；而且随着水化程度的递增，两种密度 C-S-H 凝胶体积分数之差也越来越大。当处于同一水化程度时，HD 的 C-S-H 凝胶体积分数要高于 LD 的 C-S-H；两种密度 C-S-H 凝胶体积分数之间的差值随水灰比的增加而减小。如图 4.9（b）所示，当水化程度≥0.5 时，对于同一水灰比，随着水化程度的增加，HD 和 LD 的 C-S-H 凝胶体积分数表现出与图 4.9（a）截然相反的变化趋势。当水化程度相同时，随着水灰比的增加，HD 的 C-S-H 的体积分数下降，而 LD 的 C-S-H 的体积分数呈

现上升趋势，两种密度 C-S-H 凝胶体积分数的差值也逐渐增大。总之，低水灰比条件下主要生成 HD C-S-H 凝胶，而 LD C-S-H 主要出现在高水灰比的浆体中。

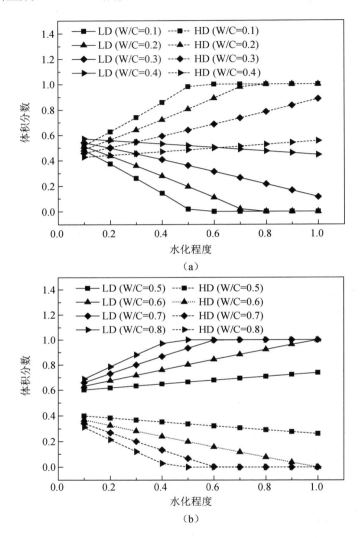

图 4.9　水灰比和水化程度对两种密度 C-S-H 凝胶的影响

根据本节所用 P·I 型硅酸盐水泥的化学组成和物理性质（表 2.1），结合式（4-21）的水化反应程度方程和 J-T 模型，分别计算水灰比为 0.23、0.35、0.53 下不同养护时间的水化产物体积分数和化学收缩率，如图 4.10～图 4.12 所示。可以看出，水灰比以及养护龄期对两类 C-S-H 凝胶、未水化水泥和毛细孔体积分数影响大，而对三种晶体相氢氧化钙（CH）、单硫型水化硫铝酸钙（AFm）和水化铝酸钙的体积分数影响较小。水灰比越低，养护龄期越长，高密度 C-S-H 凝胶的体积分数越大，相应的低密度 C-S-H 的体积分数就越小，这也是水灰比低、水泥力学和抗渗性能高的主要原因之一；相反，水灰比越高，高密度 C-S-H 所占的比例越低。此外，在相同龄期下，三种水灰比浆体的水化凝胶总量（除毛细孔和未水化水泥）相差不大，但随龄期的增加，总的凝胶量也是增加的。图 4.13 所示浆体在早期的化学收缩变化较大，而后期收缩变化较小。W/C=0.23 浆体在 28 d 后的化学收缩几乎没有变化，这是由于低水灰比浆体后期水化程度增长缓慢。养护时间为 360d 后 *W/C*=0.53 的化学收缩是 W/C=0.23 的 3 倍，且水灰比越高，浆体的化学收缩也越大。

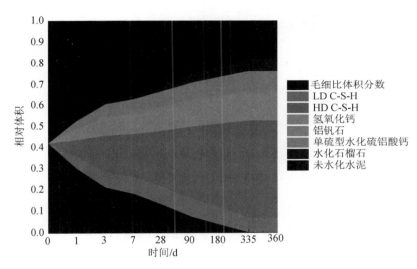

图 4.10　W/C=0.23 时模型预测的各相体积分数

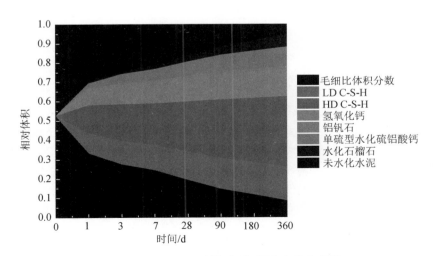

图 4.11　W/C=0.35 时模型预测的各相体积分数

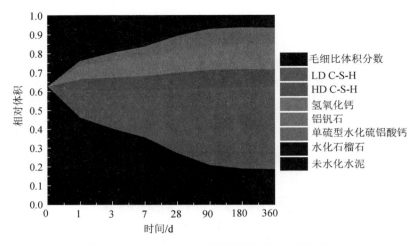

图 4.12　W/C=0.53 时模型预测的各相体积分数

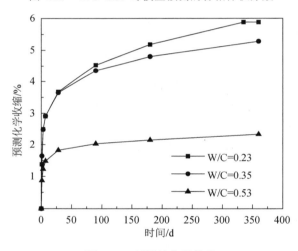

图 4.13　预测的化学收缩

4.1.4　纯水泥水泥浆体模型的验证

　　自从 Scrivener 等利用背散射技术（BSE）研究水泥基材料的微观结构开始，该技术逐渐推广到用于水泥基材料中水化产物、界面过渡区以及孔结构的定量分析。BSE 技术不仅可以观测材料的形貌，而且根据所测材料含有元素的差异进行其定量表征。根据 Scrivener 等的方法本节对所有测试样品，至少选择五个不同测试区域，然后根据背散射图像以及灰度统计分析结果进行水化产物的定量分析。

　　图 4.14 为水泥粉末在 BSE 下的图片，从图中可以看出：水泥颗粒表面粗糙，形状呈多棱角无规则形的。当水泥水化时，未水化水泥的形貌仍能直观地看出来，对水化产物体积分数的具体分析是根据水化产物中各物质在背散射电镜下表现出的灰度值来进行分析的。由于未水化的水泥颗粒中钙、硅元素比例较高，平均原

子序数较大，表现在背散射图像上就是衬度较亮的区域，第二亮度是 CH、第三为水化凝胶混合物，亮度最暗的为孔相，对应的灰度值最小。

　　图 4.15 为养护 90d 纯水泥浆体试样的 BSE 图片。从水灰比为 0.35 和 0.53 浆体试样的 BSE 图片中，可以观测到颜色较亮的不规则区域为未水化的水泥颗粒，可以与水泥浆体中其他物相区分开来，最暗的区域为孔隙，其余均为固相水化产物，它们之间很难区别。因此，本节在进行分析时，目前只考虑这三相，即未水化的水泥颗粒、水化产物以及孔隙。对比水胶比为 0.35 和 0.53 浆体的 BSE 图片，可以明显观测到水灰比越高，颜色较亮的区域明显减少，说明水灰比为 0.53 的浆体试样水泥的水化程度很高。根据养护龄期 90d 的背散射图像特征，利用 MATLAB 计算得到的灰度与各物相的概率分布曲线如图 4.16 所示。从水灰比为 0.35 的浆体中可以明显地观测到三个峰值，按照灰度（gray level）的大小，由低到高依次是孔、水化产物以及未水化的水泥颗粒三相共存；而对于水灰比为 0.53 浆体而言，因水化程度较高，未水化水泥粒子的峰值几乎被水化产物掩盖，所以可明显观测到两个峰值。

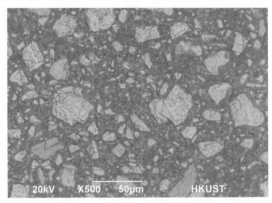

图 4.14　水泥粉末的背散射图片

（a）P-35　　　　　　　　　　　　　　（b）P-53

图 4.15　养护 90d 时纯水泥浆体的 BSE 图片

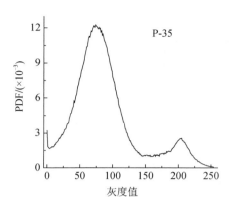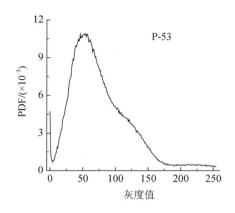

图 4.16　养护 90d 时纯水泥浆体的概率分布曲线

　　图 4.17 和图 4.18 为养护 547d（1.5 年后）纯水泥浆体试样的 BSE 图片和对应图片的灰度-概率分布曲线图，其规律与图 4.13 和图 4.15 基本类似。对比图 4.13 中水灰比为 0.23、0.35 和 0.53 的纯水泥浆体，可以明显看到，即使养护 1.5 年，水灰比为 0.23 的未水化水泥粒子依然十分明显，相比较而言，0.35 浆体试样的未水化水泥粒子却很少，而水灰比为 0.53 的未水化水泥粒子几乎完全消失，说明水灰比为 0.53 浆体的水化程度趋于 1，对 0.53 浆体的 BSE 图片还可以观测到大量白色小颗粒物质，对图 4.17（c）的白色区域进一步放大到 5000 倍，如图 4.16（a）所示，可以观测到大量结晶完好的物质，经能谱分析 [图 4.19（b）]，均为水泥水化产物 CH 和铝酸盐相的结晶相。说明水灰比越高，水化空间越充分，越有利于 CH 和铝酸盐相结晶，此时整个浆体比较疏松；相反，水灰比越低，CH 和铝酸盐相晶体长大空间受限，以致于它们填充在原来的充水孔洞，使浆体更致密。

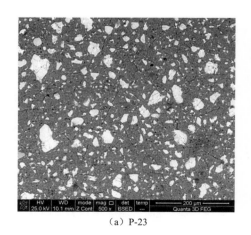

（a）P-23　　　　　　　　　　　　　（b）P-35

图 4.17　养护 547d 时纯水泥浆体的 BSE 图片

（c）P-53

图 4.17（续）

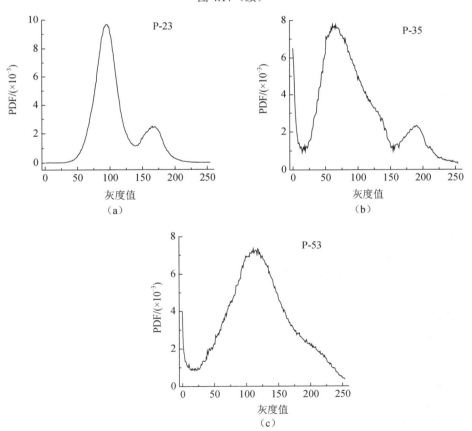

图 4.18　养护 547d 时纯水泥浆体的概率分布曲线

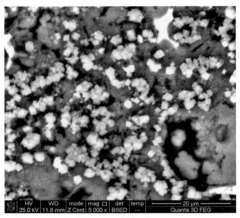

（a）BSE 图片

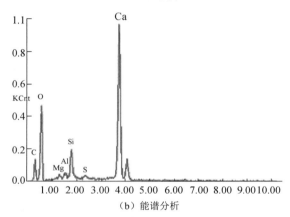

（b）能谱分析

图 4.19　局部放大水灰比 0.53 浆体的 BSE 图片及能谱分析

对养护龄期为 90d 和 1.5 年浆体试样所拍的 BSE 图像进行统计分析，每个样品至少随机选择五个不同区域进行拍摄，将实验获得的灰度-概率分布曲线进行高斯拟合，便于根据拟合函数对各物相的量进行统计分析。在统计分析前，首先需要确定水化产物各物相的灰度区间，对水化产物、未水化的水泥和矿渣，可以直接根据灰度值和概率分布曲线的峰谷确定，而毛细孔的确定相对困难，这里借鉴Wong 等提出的方法确定 BSE 图像中孔隙的灰度阈值。这样对图 4.15 和图 4.17 确定各物相灰度值区间取值如下：毛细孔灰度值为 0～40，水泥水化产物凝胶阈值为 41～164，未水化水泥的灰度阈值为 190～255。根据试验所测得养护龄期为 90d 和 547d 的 BSE 进行统计分析（至少 5 张图像），结果如表 4.4 所示。可明显看出，对总的水化产物凝胶（H_{pu}）而言，理论计算值与试验结果基本吻合，但对其他产物则相对有一定误差。浆体中毛细孔隙率（C_{ap}）的试验值均高于计算值，可能主要原因是试样制备过程中以及硬化浆体自身收缩，导致测试表面总有一定的微裂纹，这样统计的毛细孔值会偏高，未水化水泥（U_c）对水灰比为 0.35 的浆体而言，理论预测和试验基本吻合，但水灰比为 0.53 时因未水化水泥粒子量小，反映在灰度-概率分布曲线的峰值包围的面积则相应较小，而所有水化产物在计算时均是基于高斯拟合函数的统一基线，这样基于 BSE 统计的值与 4.1.3 节给出的理论值相比误差增大。

表 4.4　水泥水化产物与理论计算值与试验结果对比

W/C	t/d	理论计算值			试验值		
		H_{pu}	C_{ap}	U_c	H_{pu}	C_{ap}	U_c
0.35	90	73.62	11.66	14.72	70.64	16.38	12.98
	547	84.79	8.56	6.57	87.54	5.23	7.23
0.53	90	72.59	23.22	4.19	71.45	26.45	2.10
	547	78.42	20.60	0.98	76.78	23.12	0.10

4.2　粉煤灰-水泥复合胶凝体系中各相体积分数

随着人们对混凝土工程质量的要求不断提高，对高性能胶凝材料的需求越来越强烈。生产高性能胶凝材料的一个重要途径是把辅助性胶凝材料与高胶凝性水泥熟料进行复合。其中，辅助性胶凝材料是指具有潜在水硬活性或火山灰特性的固体废渣，如粉煤灰、硅灰和磨细矿渣等。辅助胶凝材料掺入水泥中，一方面提高了现代混凝土的性能，但另一方面使得现代混凝土中的胶凝材料更加复杂。

为了准确掌握现代混凝土中复合胶凝材料水化硬化后的各相体积分数，首先需要确定水泥和辅助性胶凝材料的水化程度。测定纯水泥水化程度的实验方法主要采用水化热法、CH 含量测试法、非蒸发水量法、背散射电镜法以及 XRD 定量分析法等。对于粉煤灰-水泥复合胶凝体系，由于复合胶凝材料中同时存在水泥水化反应和粉煤灰火山反应，水化产物中的非蒸发水量和 CH 量无法用来区分单个组分的水化程度。为了研究复合胶凝体系中水泥的水化程度和粉煤灰的反应程度，胡曙光教授等利用盐酸选择溶解法对复合胶凝材料中粉煤灰的反应程度进行了测试。李响等、张云升等和 Lam 等分别通过化学结合水量的测定和盐酸选择溶解试验获得复合胶凝材料中水泥的水化程度和粉煤灰的反应程度，并研究粉煤灰-水泥复合胶凝体系的水化进程。然而，目前国内外对于粉煤灰-水泥复合胶凝体系水化反应模型的研究较少，其主要原因粉煤灰-水泥体系生成的水化产物复杂，其反应程度和水化产物不仅与粉煤灰和水泥的各自水化反应有关，还受到它们交互作用的影响。

4.2.1　粉煤灰-水泥复合胶凝材料反应程度模型

Powers 认为纯水泥浆体中的非蒸发水是衡量水泥的反应程度的重要指标，用不同龄期的非蒸发水量 $W_{n,(t)}$ 与水泥完全水化的非蒸发水量 $W_{n,(\infty)} = 0.23$ 的比值表征水泥的反应程度。非蒸发水量主要来源于水化产物 CH 和 C-S-H 凝胶，在粉煤灰-水泥浆体中，不仅水泥水化产生 C-S-H，粉煤灰火山灰反应也形成 C-S-H，而且还会消耗由水泥水化产生的 CH，因此不宜再用非蒸发水量来区分体系中水泥和粉煤灰各自的反应程度。粉煤灰-水泥复合胶凝体系的总非蒸发水量 $\left[(W_n)_{T1}\right]$ 可以表示为

$$(W_n)_{T1} = (W_n)_c \cdot m_c + (W_n)_f \cdot m_f \qquad (4\text{-}62)$$

式中：$(W_n)_c$ 和 $(W_n)_f$ 分别为水泥和粉煤灰参与水化生成水化产物的非蒸发水量；m_c 和 m_f 分表为水泥和粉煤灰的质量分数。又因为掺加粉煤灰提高了有效水灰比而导致水泥的水化程度增加，则由水泥生成水化产物的非蒸发水量为

$$(W_n)_c = (W_n)_{c\text{-}0} + (W_n)_{c\text{-}f} \qquad (4\text{-}63)$$

式中：$(W_n)_{c\text{-}0}$ 为在相同水化条件下纯水泥的非蒸发水量；$(W_n)_{c\text{-}f}$ 为由于粉煤灰的存在导致增加的非蒸发水量。将式（4-63）代入式（4-62）中，可得

$$(W_n)_{T1} = [(W_n)_{c\text{-}0} + (W_n)_{c\text{-}f}] \cdot m_c + (W_n)_f \cdot m_f \qquad (4\text{-}64)$$

同样，粉煤灰-水泥复合胶凝体系的反应程度可以用式（4-65）表示为

$$\alpha_{T1} = \alpha_c \cdot m + \alpha_{c\text{-}f} \cdot m_c + \alpha_f \cdot m_f \qquad (4\text{-}65)$$

式中：α_{T1} 为粉煤灰-水泥浆体的总反应程度；α_c 和 α_f 分别为纯水泥和粉煤灰的反应程度；$\alpha_{c\text{-}f}$ 为由于粉煤灰的存在导致增加的水泥水化程度。

对于 α_c 可用非蒸发水量实验和 Powers 模型计算；α_f 可通过盐酸选择性溶法实验获得；Escalante-Garcia 认为粉煤灰完全水化时非蒸发水量为 0.05，根据粉煤灰的反应程度可以得到粉煤灰反应的非蒸发水量，就可以由总的非蒸发水量，纯水泥的非蒸发水量以及粉煤灰的非蒸发水量计算出粉煤灰的存在导致增加的水泥水化程度 $\alpha_{c\text{-}f}$，它与总的非蒸发水量、纯水泥的非蒸发水量以及粉煤灰的反应程度相关，所以由式（4-65）可得 $\alpha_{c\text{-}f}$ 的表达式

$$\alpha_{c\text{-}f} = \frac{(W_n)_{T1} - (W_n)_{c\text{-}0}\alpha_c m_c - 0.05\alpha_f m_f}{0.23 m_c} \qquad (4\text{-}66)$$

$$\alpha_f = \frac{(W_n)_f}{0.05} \qquad (4\text{-}67)$$

基于张云升等测试得到的粉煤灰-水泥体系中总非蒸发水量以及粉煤灰反应程度的实验结果，根据式（4-66）和式（4-67）模型，计算出各种条件下粉煤灰-水泥复合体系中增加的水泥水化程度，如图 4.20 和图 4.21 所示。

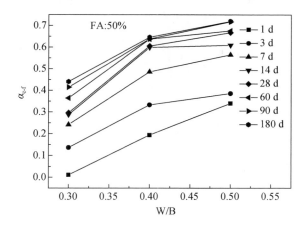

图 4.20　水胶比对增加的水泥水化程度影响

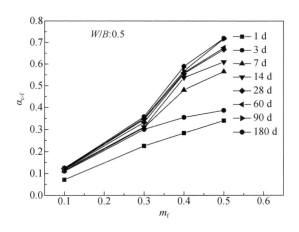

图 4.21　掺量对增加的水泥水化程度影响

图 4.20 表示粉煤灰掺量 50%、水胶比从 0.3 上升到 0.5 时复合胶凝体系不同龄期增加的水泥水化程度的变化。各龄期的反应程度随着水胶比的增长而提高。图 4.21 是水胶比为 0.5 时增加的水泥水化程度随粉煤灰掺量的变化趋势。可以发现，增加的水泥水化程度随粉煤灰掺量的增加而增加。粉煤灰掺量小于 0.3 时，龄期对增加的水泥水化程度影响较小；当掺量大于 0.3 时，随龄期的增加，增加的水泥水化程度值显著地提高。例如，当复合胶凝体系的养护龄期从 1d 增加至 180d 时，粉煤灰掺量为 0.1 时增加的水泥水化程度值从 0.07 提高到 0.11；粉煤灰掺量为 0.5 时，增加的水泥水化程度值从 0.34 提高至 0.72。显然，水胶比、粉煤灰掺量以及龄期都能促进水泥的水化程度。这主要是因粉煤灰的掺入一方面提高了水泥的有效水灰比，使得水泥水化环境得到改善，水化程度提高；另一方面由

于后期粉煤灰的二次反应，促使水泥水化产物 $Ca(OH)_2$ 的消耗，有利用于水泥水化反应进行。

根据实验结果，结合 Avrami 方程，分别得出由于掺加粉煤灰导致增加的水泥水化程度和粉煤灰的反应程度与时间、水胶比以及粉煤灰掺量之间的定量关系如下所示。

$$\alpha_{c-f} = 1 - e^{-a(t-b)^c} \tag{4-68}$$

其中

$$a = -3.054\,81 + 2.867\,22e^{[0.342\,93 \times (W/B)]}$$

$$b = 0$$

$$c = -11.672\,38 + 11.315\,3e^{[0.117\,95 \times (m_f)]}$$

$$\alpha_f = 1 - e^{-d(t-f)^g} \tag{4-69}$$

其中

$$d = 0.038\,69 + 0.004\,26e^{[5.5539 \times (W/T)]}$$

$$f = 0.9$$

$$g = -0.014\,87 + 0.413e^{[-0.7646 \times (m_f)]}$$

4.2.2　粉煤灰-水泥复合胶凝体系各相体积分数计算模型

丹麦的 Papadakis 认为粉煤灰的玻璃相主要由活性二氧化硅和三氧化二铝相组成，它们参与水化反应分别生成 $C_3S_2H_3$、$C_4A\bar{S}H_{12}$、C_4AH_{13} 等相，根据这一机理，提出粉煤灰-水泥二元体系水化产物的定量计算。

假定 $1m^3$ 净浆中分别包括水泥 C(kg)、水 W(kg) 和粉煤灰 FA(kg)；$f_{i,C}$ 和 $f_{i,FA}$ 分别表示水泥和粉煤灰中的氧化物 i [$i=C(CaO)$，$S(SiO_2)$，$A(Al_2O_3)$，$F(Fe_2O_3)$，$\bar{S}(SO_3)$] 的质量分数；γ_i 为粉煤灰中氧化物 $i(i=S, A)$ 中"活性"氧化物所占的质量分数；R 为水泥和粉煤灰未发生反应的质量；H 为结合水的质量。

（1）当石膏掺量高于水泥完全水化以及粉煤灰中活性氧化铝反应所需量时，即

$$C\bar{S}H_2 > (1.689f_{A,C} - 1.078f_{F,c})C + 1.689\gamma_A f_{A,FA}FA \tag{4-70}$$

或者

$$f_{\bar{S},C} > (0.785f_{A,C} - 0.501f_{F,C}) + 0.785\gamma_A f_{A,FA}(FA/C) \tag{4-71}$$

在粉煤灰-水泥复合胶凝体系中，水泥发生如下水化反应：

$$2C_3S + 10.6H \longrightarrow C_{3.4}S_2H_8 + 2.6CH$$

$$2C_2S + 8.6H \longrightarrow C_{3.4}S_2H_8 + 0.6CH$$

$$C_3A + 3C\bar{S}H_2 + 26H \longrightarrow C_6A\bar{S}_3H_{32}$$

$$C_4AF + 2CH + 10H \longrightarrow 2C_3(A,F)H_6$$

粉煤灰的水化反应可表达为

$$S + 1.1H + 2.8H \longrightarrow C_{1.1}SH_{3.9} \tag{4-72}$$

$$A + C\bar{S}H_2 + 3CH + 7H \longrightarrow C_4A\bar{S}H_{12} \tag{4-73}$$

各相的质量分别为

$$CH = [0.422(C_3S)\alpha_{C_3S} + 0.129(C_2S)\alpha_{C_2S} - 0.305(C_4AF)\alpha_{C_4AF}]C$$
$$- (1.357\gamma_S f_{S,FA} + 2.176\gamma_A f_{A,FA})\alpha_{FA}(FA) \tag{4-74}$$

$$CSH = C_{3.4}S_2H_8 + C_{1.1}SH_{3.9} = [0.996(C_3S)\alpha_{C_3S} + 1.321(C_2S)\alpha_{C_2S}]C$$
$$+ 3.189\gamma_S f_{S,FA}\alpha_{FA}(FA) \tag{4-75}$$

$$CA\bar{S}H = 2.304(C_3A)\alpha_{C,A}C + 6.106\gamma_A f_{A,FA}\alpha_{FA}(FA) \tag{4-76}$$

$$C(AF)H = 1.675(C_4AF)\alpha_{C_4AF}C$$

$$R = [1 - (C_3S)\alpha_{C_3S} - (C_2S)\alpha_{C_2S} - 1.637(C_3A)\alpha_{C_3A} - (C_4AF)\alpha_{C_4AF}]C \tag{4-77}$$
$$+ (1 - \gamma_S f_{S,FA}\alpha_{FA} - 2.689\gamma_A f_{A,FA}\alpha_{FA})(FA)$$

$$H = [0.418(C_3S)\alpha_{C_3S} + 0.450(C_2S)\alpha_{C_2S} + 0.667(C_3A)\alpha_{C_3A} + 0.371(C_4AF)\alpha_{C_4AF}]C$$
$$+ (0.840\gamma_S f_{S,FA}\alpha_{FA} + 1.237\gamma_A f_{A,FA}\alpha_{FA})(FA) \tag{4-78}$$

当方程（4-74）结果为正值时，粉煤灰才有可能完全发生火山灰反应；否则，将没有足够的 CH 来激发粉煤灰中的 A 和 S。当 CH=0 时，可得到粉煤灰完全发生火山灰反应时的最大掺量，即

$$FA_{max} = \frac{[0.422(C_3S) + 0.129(C_2S) - 0.305(C_4AF)]C}{1.357\gamma_S f_{S,FA} + 2.176\gamma_A f_{A,FA}} \tag{4-79}$$

各相的体积分别为

$$V_{CH} = [0.188(C_3S)\alpha_{C_3S} + 0.0576(C_2S)\alpha_{C_2S} - 0.136(C_4AF)\alpha_{C_4AF}]C \times 10^{-3}$$
$$- (0.606\gamma_S f_{S,FA} - 0.971\gamma_A f_{A,FA})\alpha_{FA}(FA) \times 10^{-3} \tag{4-80}$$

$$V_{CSH} = [0.475(C_3S)\alpha_{C_3S} + 0.630(C_2S)\alpha_{C_3S}]C \times 10^{-3}$$
$$+ 1.702\gamma_S f_{S,FA}\alpha_{FA}(FA) \times 10^{-3} \tag{4-81}$$

$$V_{CA\bar{S}H} = 1.182(C_3A)\alpha_{C_3A}C \times 10^{-3} + 3.131\gamma_A f_{A,FA}\alpha_{FA}(FA) \times 10^{-3} \tag{4-82}$$

$$V_{C(AF)H} = 0.627(C_4AF)\alpha_{C_4AF}C \times 10^{-3} \tag{4-83}$$

$$\phi = \frac{W}{\rho_w - \Delta\phi_c - \Delta\phi_p} \tag{4-84}$$

其中

$$\Delta\phi_c = (C_3S)\bar{V}_{C_3S} + (C_2S)\bar{V}_{C_2S} + (C_3A)\bar{V}_{C_3A} + (C_4AF)\bar{V}_{C_4AF}$$
$$= [0.347(C_3S)\alpha_{C_3S} + 0.384(C_2S)\alpha_{C_2S} + 0.577(C_3A)\alpha_{C_3A}$$
$$+ 0.224(C_4AF)\alpha_{C_4AF}]C \times 10^{-3} \tag{4-85}$$

$$\Delta\phi_{\mathrm{p}} = \gamma_{\mathrm{S}}f_{\mathrm{S,FA}}\alpha_{\mathrm{FA}}(\mathrm{FA})\overline{V}_{\mathrm{S}} + \gamma_{\mathrm{A}}f_{\mathrm{A,FA}}\alpha_{\mathrm{FA}}(\mathrm{FA})\overline{V}_{\mathrm{A}}$$
$$= (0.635\gamma_{\mathrm{S}}f_{\mathrm{S,FA}} + 1.180\gamma_{\mathrm{A}}f_{\mathrm{A,FA}})\alpha_{\mathrm{FA}}(\mathrm{FA})\times10^{-3} \tag{4-86}$$

$$\phi = W\times10^{-3} - [0.347(\mathrm{C_3S})\alpha_{\mathrm{C_3S}} + 0.384(\mathrm{C_2S})\alpha_{\mathrm{C_2S}} + 0.577(\mathrm{C_3A})\alpha_{\mathrm{C_3A}}$$
$$+ 0.224(\mathrm{C_4AF})\alpha_{\mathrm{C_4AF}}]C\times10^{-3}$$
$$- (0.635\gamma_{\mathrm{S}}f_{\mathrm{S,FA}} + 1.180\gamma_{\mathrm{A}}f_{\mathrm{A,FA}})\alpha_{\mathrm{FA}}(\mathrm{FA})\times10^{-3} \tag{4-87}$$

（2）当石膏掺量能使水泥完全水化，但不足以让粉煤灰中活性氧化铝全部发生反应，即

$$C\overline{S}H_2 < (1.689f_{\mathrm{A,C}} - 1.078f_{\mathrm{F,C}})C + 1.689\gamma_{\mathrm{A}}f_{\mathrm{A,FA}}\mathrm{FA} \tag{4-88}$$

或者

$$f_{\overline{\mathrm{S}},\mathrm{C}} < (0.785f_{\mathrm{A,C}} - 0.501f_{\mathrm{F,C}}) + 0.785\gamma_{\mathrm{A}}f_{\mathrm{A,FA}}(\mathrm{FA/C}) \tag{4-89}$$

此时，水泥发生如下反应：

$$2\mathrm{C_3S} + 10.6\mathrm{H} \longrightarrow \mathrm{C_{3.4}S_2H_8} + 2.6\mathrm{CH}$$

$$2\mathrm{C_2S} + 8.6\mathrm{H} \longrightarrow \mathrm{C_{3.4}S_2H_8} + 0.6\mathrm{CH}$$

$$\mathrm{C_3A} + 3\mathrm{C\overline{S}H_2} + 26\mathrm{H} \longrightarrow \mathrm{C_6A\overline{S}_3H_{32}}$$

$$\mathrm{C_4AF} + 2\mathrm{CH} + 10\mathrm{H} \longrightarrow 2\mathrm{C_3(A,F)H_6}$$

粉煤灰发生如下反应：

$$\mathrm{S} + 1.1\mathrm{H} + 2.8\mathrm{H} \longrightarrow \mathrm{C_{1.1}SH_{3.9}}$$

$$\mathrm{A} + \mathrm{C\overline{S}H_2} + 3\mathrm{CH} + 7\mathrm{H} \longrightarrow \mathrm{C_4A\overline{S}H_{12}}$$

$$\mathrm{A} + 4\mathrm{CH} + 9\mathrm{H} \longrightarrow \mathrm{C_4AH_3}$$

各相的质量分别为

$$\mathrm{CH} = [0.422(\mathrm{C_3S})\alpha_{\mathrm{C_3S}} + 0.129(\mathrm{C_2S})\alpha_{\mathrm{C_2S}} - 0.305(\mathrm{C_4AF})\alpha_{\mathrm{C_4AF}}$$
$$- 0.274(\mathrm{C_3A})\alpha_{\mathrm{C_3A}} + 0.925f_{\overline{\mathrm{S}},\mathrm{C}}]C$$
$$- (1.357\gamma_{\mathrm{S}}f_{\mathrm{S,FA}} + 2.907\gamma_{\mathrm{A}}f_{\mathrm{A,FA}})\alpha_{\mathrm{FA}}(\mathrm{FA}) \tag{4-90}$$

$$\mathrm{CSH} = [0.996(\mathrm{C_3S})\alpha_{\mathrm{C_3S}} + 1.321(\mathrm{C_2S})\alpha_{\mathrm{C_2S}}]C + 3.189\gamma_{\mathrm{S}}f_{\mathrm{S,FA}}\alpha_{\mathrm{FA}}(\mathrm{FA})$$

$$\mathrm{CA\overline{S}H} = 7.774f_{\overline{\mathrm{S}},\mathrm{C}}C \tag{4-91}$$

$$\mathrm{C(AF)H} = 1.675(\mathrm{C_4AF})\alpha_{\mathrm{C_4AF}}C \tag{4-92}$$

$$\mathrm{CAH} = [2.074(\mathrm{C_3A})\alpha_{\mathrm{C_3A}} - 6.999f_{\overline{\mathrm{S}},\mathrm{C}}]C + 5.497\gamma_{\mathrm{A}}f_{\mathrm{A,FA}}\alpha_{\mathrm{FA}}(\mathrm{FA}) \tag{4-93}$$

$$R = [1 - (\mathrm{C_3S})\alpha_{\mathrm{C_3S}} - (\mathrm{C_2S})\alpha_{\mathrm{C_2S}} - (\mathrm{C_3A})\alpha_{\mathrm{C_3A}} - (\mathrm{C_4AF})\alpha_{\mathrm{C_4AF}} - 2.15f_{\overline{\mathrm{S}},\mathrm{C}}]C$$
$$+ (1 - \gamma_{\mathrm{S}}f_{\mathrm{S,FA}}\alpha_{\mathrm{FA}} - \gamma_{\mathrm{A}}f_{\mathrm{A,FA}}\alpha_{\mathrm{FA}})(\mathrm{FA}) \tag{4-94}$$

$$H = [0.418(\mathrm{C_3S})\alpha_{\mathrm{C_3S}} + 0.450(\mathrm{C_2S})\alpha_{\mathrm{C_2S}} + 0.800(\mathrm{C_3A})\alpha_{\mathrm{C_3A}}$$
$$+ 0.371(\mathrm{C_4AF})\alpha_{\mathrm{C_4AF}} - 0.45 f_{\bar{\mathrm{S}},\mathrm{C}}]C$$
$$+ (0.840\gamma_\mathrm{S} f_{\mathrm{S,FA}}\alpha_{\mathrm{FA}} + 1.591\gamma_\mathrm{A} f_{\mathrm{A,FA}}\alpha_{\mathrm{FA}})(\mathrm{FA}) \tag{4-95}$$

各相的体积分数为

$$V_{\mathrm{CH}} = [0.188(\mathrm{C_3S})\alpha_{\mathrm{C_3S}} + 0.058(\mathrm{C_2S})\alpha_{\mathrm{C_2S}} - 0.136(\mathrm{C_4AF})\alpha_{\mathrm{C_4AF}}$$
$$- 0.122(\mathrm{C_3A})\alpha_{\mathrm{C_3A}} + +0.413 f_{\bar{\mathrm{S}},\mathrm{C}}]C\times10^{-3}$$
$$- (0.606\gamma_\mathrm{S} f_{\mathrm{S,FA}} + 1.298\gamma_\mathrm{A} f_{\mathrm{A,FA}})\alpha_{\mathrm{FA}}(\mathrm{FA})\times10^{-3} \tag{4-96}$$

$$V_{\mathrm{CSH}} = [0.475(\mathrm{C_3S})\alpha_{\mathrm{C_3S}} + 0.630(\mathrm{C_2S})\alpha_{\mathrm{C_2S}}]C\times10^{-3}$$
$$+ 1.702\gamma_\mathrm{S} f_{\mathrm{S,FA}}\alpha_{\mathrm{FA}}(\mathrm{FA})\times10^{-3} \tag{4-97}$$

$$V_{\mathrm{CA\bar{S}H}} = 3.987 f_{\bar{\mathrm{S}},\mathrm{C}}C\times10^{-3} \tag{4-98}$$

$$V_{\mathrm{C(AF)H}} = 0.627(\mathrm{C_4AF})\alpha_{\mathrm{C_4AF}}C\times10^{-3} \tag{4-99}$$

$$V_{\mathrm{CAH}} = [1.001(\mathrm{C_3A})\alpha_{\mathrm{C_3A}} - 3.398 f_{\bar{\mathrm{S}},\mathrm{C}}]C\times10^{-3} + 2.668\gamma_\mathrm{A} f_{\mathrm{A,FA}}\alpha_{\mathrm{FA}}(\mathrm{FA})\times10^{-3} \tag{4-100}$$

$$\phi = \frac{W}{\rho_\mathrm{w} - \Delta\phi_\mathrm{c} - \Delta\phi_\mathrm{p}} \tag{4-101}$$

其中

$$\Delta\phi_\mathrm{c} = (\mathrm{C_3S})\bar{V}_{\mathrm{C_3S}} + (\mathrm{C_2S})\bar{V}_{\mathrm{C_2S}} + (\mathrm{C_3A})\bar{V}_{\mathrm{C_3A}} + (\mathrm{C_4AF})\bar{V}_{\mathrm{C_4AF}}$$
$$= [0.347(\mathrm{C_3S})\alpha_{\mathrm{C_3S}} + 0.384(\mathrm{C_2S})\alpha_{\mathrm{C_2S}} + 0.577(\mathrm{C_3A})\alpha_{\mathrm{C_3A}}$$
$$+ 0.224(\mathrm{C_3AF})\alpha_{\mathrm{C_4AF}}]C\times10^{-3} \tag{4-102}$$

$$\Delta\phi_\mathrm{p} = 0.635\gamma_\mathrm{S} f_{\mathrm{S,FA}}\alpha_{\mathrm{FA}}(\mathrm{FA})\times10^{-3} + [0.075 f_{\bar{\mathrm{S}},\mathrm{C}} - 0.022(\mathrm{C_3A})\alpha_{\mathrm{C_3A}}]C\times10^{-3}$$
$$+ 1.121\gamma_\mathrm{A} f_{\mathrm{A,FA}}\alpha_{\mathrm{FA}}(\mathrm{FA})\times10^{-3} \tag{4-103}$$

$$\phi = W\times10^{-3} - (0.635\gamma_\mathrm{S} f_{\mathrm{S,FA}} + 1.180\gamma_\mathrm{A} f_{\mathrm{A,FA}})\alpha_{\mathrm{FA}}(\mathrm{FA})\times10^{-3}$$
$$- [0.347(\mathrm{C_3S})\alpha_{\mathrm{C_3S}} + 0.384(\mathrm{C_2S})\alpha_{\mathrm{C_2S}} + 0.555(\mathrm{C_3A})\alpha_{\mathrm{C_3A}}$$
$$+ 0.224(\mathrm{C_4AF})\alpha_{\mathrm{C_4AF}} + 0.075 f_{\bar{\mathrm{S}},\mathrm{C}}]C\times10^{-3} \tag{4-104}$$

4.2.3　粉煤灰-水泥浆体复合体系模型的验证

利用式（4-68）和式（4-69）可以预测在不同掺量、水胶比和养护龄期下粉煤灰-水泥复合胶凝体系中水泥增加的水化程度 $\alpha_{\mathrm{C-f}}$ 和粉煤灰反应程度 α_f。为了验证模型的精确度，本实验采用贾艳涛实验测试的结果。图 4.22 为 $\alpha_{\mathrm{C-f}}$ 实验值与预测值之间的比较，点和直线（ $y = 0.993\,66x$ ）的拟合系数 R^2 为 0.988 49，图 4.23 表示为 α_f 的实验值与预测值，点和直线（ $y = 0.995\,52x$ ）的拟合系数 R^2 为 0.991 31。

可以发现，该模型与实验值基本一致，因此本节提出复合胶凝体系中粉煤灰自身的反应程度模型以及影响水泥水化加速的模型是合理的。

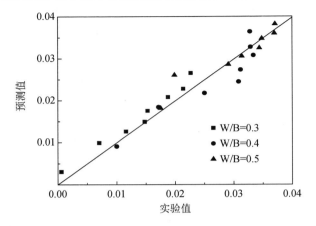

图 4.22　粉煤灰-水泥复合体系中增加水泥的水化程度的预测值与实验值

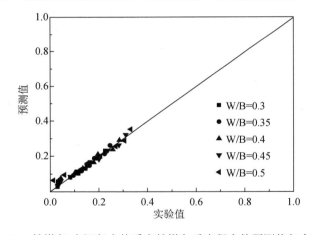

图 4.23　粉煤灰-水泥复合体系中粉煤灰反应程度的预测值与实验值

　　选取复合胶凝体系中 CH 含量和孔隙率 2 个参数作为水化产物的验证。图 4.24 表示粉煤灰-水泥复合体系中 CH 含量的预测值与实验值的比较结果，其中实验结果来自相关文献。对于不同的水胶比和掺量，随着龄期的增加预测结果越接近实验值。在 7 d 和 90 d 时最大相对误差分别为 13.5%和 6.6%。图 4.25 表示粉煤灰-水泥复合体系中孔隙率（porosity）的预测值与实验值的比较结果，其中实验结果为贾艳涛采用压汞法测试得到。对于所有的样品，预测值高于实测值。这可能是因为通过模型预测得到复合体系的孔隙率是毛细孔隙率，而通过压汞仪实测得到的孔隙率不仅包含毛细孔隙率，还有部分凝胶孔隙率。养护龄期越长，粉煤灰火山灰反应生成 C-S-H 凝胶相越多，预测值与实测值之间的差异也越大。

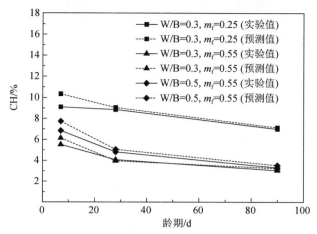

图 4.24　粉煤灰-水泥复合体系中 CH 含量的预测值与实验值

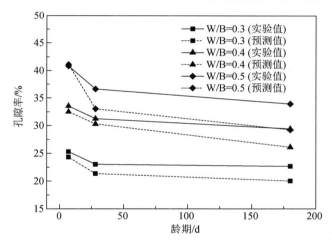

图 4.25　粉煤灰-水泥复合体系中孔隙率的预测值与实验值

4.3　磨细矿渣-水泥复合胶凝体系中各相体积分数

4.3.1　磨细矿渣-水泥复合胶凝体系反应程度模型

　　矿渣是冶炼生铁时从高炉中排出的造渣熔融体，经水淬急冷处理，形成以玻璃体为主要成分的颗粒，全称为水淬粒化高炉矿渣。研究水泥-磨细矿渣复合胶凝体系中磨细矿渣的水化程度，对评价磨细矿渣的反应活性及其对复合体系中水化产物的贡献具有重要意义。以钠作阳离子的络合剂，乙二铵四乙酸（ethylene diamine tetraacetic acid, EDTA）和三乙醇胺（triethanolamine, TEM）的水溶液作为选择性溶剂，从磨细矿渣水泥中选择性溶解水泥及水化产物，是目前确定磨细矿渣反应程度较为成熟的一种方法。

磨细矿渣的主要成分为 CaO、SiO_2、Al_2O_3、Fe_2O_3、SO_3 等。水泥水化生成的 CH 是磨细矿渣的碱性激发剂，与磨细矿渣反应生成 C-S-H 凝胶、钙矾石、类水滑石、铝酸四钙等水化产物。与粉煤灰-水泥复合胶凝体系相似，磨细矿渣-水泥复合胶凝浆体的总水化程度（α_{T2}）包括纯水泥的水化程度（α_c）、磨细矿渣的反应程度（α_s），掺加磨细矿渣提高有效水灰比而导致增加的水泥反应程度（α_{c-s}）。

$$\alpha_{T2} = \alpha_c \cdot m_c + \alpha_{c-s} \cdot m_c + \alpha_s \cdot m_s \tag{4-105}$$

式中：m_c 和 m_s 分别为水泥和磨细矿渣的质量分数。

据 Escalante-Garcia 报道磨细矿渣完全水化时非蒸发水量为 0.12，基于磨细矿渣的反应程度可以得到磨细矿渣反应的非蒸发水量，进一步由总的非蒸发水量、纯水泥的非蒸发水量以及磨细矿渣的非蒸发水量，计算出磨细矿渣的存在导致增加的水泥水化程度。

$$\alpha_{c-s} = \frac{(W_n)_{T2} - (W_n)_{c-0}\alpha_c m_c - 0.12\alpha_s m_s}{0.23 m_c} \tag{4-106}$$

$$\alpha_s = \frac{(W_n)_s}{0.12} \tag{4-107}$$

根据相关文献中磨细矿渣-水泥复合胶凝体系的总非蒸发水量以及磨细矿渣反应程度的实验数据，利用式（4-106）和式（4-107）可以计算出不同条件下水泥-磨细矿渣复合体系中增加的水泥水化程度，结果如图 4.26、图 4.27 所示。由于磨细矿渣掺入，水胶比对增加的水泥水化程度影响如图 4.26 所示。随水胶比的增加，养护龄期小于 7d 时 α_{c-s} 值下降，当养护龄期大于 7d 时 α_{c-s} 却没有出现减小现象。主要是磨细矿渣在 7d 之后会与 CH 发生水化反应，从而提高水泥的水化程度。图 4.27 表示磨细矿渣掺量对增加的水泥水化程度影响。从图中可以看出，磨细矿渣掺量越高，α_{c-s} 值越小，主要是磨细矿渣掺量越大致使水泥所占质量百分数越少，从而减弱磨细矿渣促进水泥水化程度的作用。

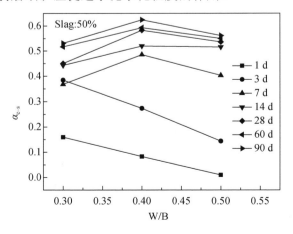

图 4.26　水胶比对磨细矿渣增加的水泥水化程度影响

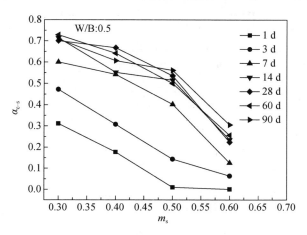

图 4.27　磨细矿渣掺量对增加的水泥水化程度影响

根据实验结果，结合 Avrami 方程，分别得出 $\alpha_{\text{c-s}}$ 和 α_{s} 与养护龄期、水胶比以及磨细矿渣掺量之间的定量关系为

$$\alpha_{\text{c-s}} = 1 - e^{-h(t-j)^k} \tag{4-108}$$

其中

$$\begin{cases} h = -8.1432 + 9.244\,76e^{-0.184\,57(m_{\text{f}})} \\ j = 0.95 \\ k = -7.396\,99 + 7.716\,44e^{0.119\,69(\text{W/B})} \\ \alpha_{\text{s}} = 1 - e^{-l(t-m)^n} \end{cases} \tag{4-109}$$

其中

$$l = 0.052\,61 + 3.32 \times 10^{-9}e^{34.531\,67(\text{W/B})}$$

$$m = -1.7334$$

$$n = 0.22152 + 2.171\,42e^{-6.012\,68(m_{\text{f}})}$$

4.3.2　磨细矿渣-水泥复合胶凝体系各相体积分数计算模型

矿渣由于熔融体经过急冷，玻璃体的含量一般高达 80%以上，矿渣中玻璃相有潜在的水化活性，使水淬高炉矿渣具有较好的水硬性。现代分析技术表明，影响矿渣活性的主要因素不仅与其比表面积有关，与玻璃相中的主要成分氧化钙、氧化铝和氧化硅的含量密切相关，而且还与活性氧化镁和氧化硫的含量相关。在矿渣中的主要晶体相为镁硅钙石（merwinite）和黄长石（melilite），前者组成可表达为 C_3MS_2，后者为钙黄长石相（gehlenite: C_2AS）和镁黄长石（akermanite:C_2MS_2）的固溶体。水泥-矿渣二元体系与水拌和后，首先水泥熟料矿物与水作用，生成的重要产物之一氢氧化钙（CH）是矿渣的碱性激发剂，使玻璃体中的 SiO_4^{4-}、AlO_4^{5-}、Ca^{2+}、Al^{3+} 进入溶液，生成新的水化产物。

目前，国内外关于磨细矿渣-水泥二元体系水化反应理论模型的研究较少，其主要原因一方面是影响磨细矿渣活性的因素多，难以用简单模型预测；另一方面磨细矿渣-水泥体系生成的水化产物复杂，其组成受矿渣和熟料组分的共同影响。对磨细矿渣-水泥体系中 C-S-H 凝胶的表征，研究人员做了大量的工作。Taylor 较早提出一种简化的矿渣-水泥体系水化反应产物计算方法，假定 C-S-H 凝胶中的钙硅比和铝钙比分别为 1.55 和 0.045，通过物质的量平衡法得到 C-S-H 凝胶的数量。Richardson 和 Groves 采用透射电镜和电子探针技术，对不同掺量的矿渣-水泥体系水化反应产物的特征进行研究表明，C-S-H 凝胶的钙硅比和铝硅比随矿渣掺量的变化而变化；Chen 和 Brouwers 的研究也表明 C-S-H 凝胶的组成随渣掺量和组成的变化而变化。相比较而言，研究者较为关注的问题是磨细矿渣-水泥体系水化产物 C-S-H 凝胶与硅酸盐水泥的是否相同，低密度 C-S-H 凝胶和高密度 C-S-H 是否有较大差异。Richardson 和 Groves 通过对养护 3 年的浆体进一步研究表明，磨细矿渣-水泥体系生成的低密度 C-S-H 凝胶和高密度 C-S-H 除形貌和孔隙率有差异外，其化学组成差别很小；Groves 等采用透射电镜和 X 射线研究了碳化对 C-S-H 凝胶的影响，也表明两类 C-S-H 凝胶的组成几乎无差别。因此，可以认为对于水泥-矿渣体系而言，生成的 C-S-H 凝胶组成完全一致，类似特征也在其他掺和料的浆体中观察到。可能原因是 C-S-H 凝胶在水化过程中存在一个组分均匀化过程，即不同成分的 C-S-H 凝胶随时间增长其内部结构趋于同化。

4.3.2.1　计算模型一

关于矿物掺和料-水泥二元体系水化产物的定量计算模型，Papadakis 较早研究了水泥-粉煤灰和水泥-硅灰体系水化产物的计算，该模型中认为粉煤灰玻璃相中活性氧化硅和氧化铝参与水化反应，且参与反应的氧化硅全部生成 C-S-H 凝胶。Papadakis 模型已被国内外学者用来计算水泥-粉煤灰体系水化产物的数量。基于这一理念，本书也尝试建立磨细矿渣-水泥体系水化产物的定量计算模型。正如前述，矿渣组分复杂，矿渣中氧化钙不仅含量高，而且活性也比粉煤灰高。根据 Papadakis 计算水泥-粉煤灰的方法，本书认为矿渣中的活性氧化硅、氧化铝和氧化钙参与水化反应，因矿渣的掺入，原来硅酸盐水泥水化形成的 C-S-H 凝胶中钙硅比将降低；但矿渣与粉煤灰不同，它的氧化钙含量很高，在矿渣掺量一定范围内，钙硅比变化不大。因此，本节根据 Richardson 和 Groves 的试验结果，认为矿渣掺量低于 70% 时，C-S-H 凝胶的钙硅比为 1.5。矿渣中的主要氧化物采用简写形式 $CaO(C)$、$SiO_2(S)$、$Al_2O_3(A)$、$MgO(M)$、$Fe_2O_3(F)$ 和 $SO_3(\bar{S})$，在矿渣中的百分含量用对应的 $f_{i,p}$ 对应表示，这样在磨细矿渣-水泥体系中，首先水泥水化形成的产物见式（4-22）～式（4-27），矿渣的水化反应可表达为

$$C + H \longrightarrow CH \tag{4-110}$$

$$S + 1.5CH + H \longrightarrow C_{1.5} - S - H_{2.5} \tag{4-111}$$

$$A + C\overline{S}H_2 + 3CH + 7H \longrightarrow C_4A\overline{S}H_{12} \tag{4-112}$$

$$A + 4CH + 9H \longrightarrow C_4AH_{13} \tag{4-113}$$

在上述水化方程（4-110）～方程（4-113）中，矿渣中的活性氧化钙（CaO）水化形成氢氧化钙（CH），活性氧化硅反应生成 C-S-H 凝胶，活性氧化铝在石膏掺量充足时，生成单硫型硫铝酸钙（$C_4A\overline{S}H_{12}$）。当石膏掺量不足时，部分氧化铝与 CH 反应生成 C_4AH_{13}。针对上述情况，对水化产物的计算需分别探讨。为便于表达，首先需给出水泥-矿渣体系中矿渣掺量的表达式。

水泥-矿渣二元体系的总质量 m 为水泥质量（m_c）和矿渣质量（m_p）之和，其表达式为

$$m = m_c + m_p \tag{4-114}$$

矿渣的掺入量（λ）定义为

$$\lambda = \frac{m_p}{m_c + m_p} = \frac{m_p}{m} \tag{4-115}$$

这样矿渣的质量可表达为 $m_p = \lambda m$，水泥的质量可表达为 $m_C = (1-\lambda)m$。

（1）当石膏掺量大于水泥完全水化和矿渣中活性氧化铝反应所需量时，即满足条件：$C\overline{S}H_2 > 0.637 m_c p_3 + 1.689 m_p f_{A,p}$ 或者 $C\overline{S}H_2 > (1.689 f_{A,c} - 1.078 f_{F,c}) m_c + 1.689 m_p f_{A,p}$ 时，根据式（4-22）～式（4-27）和式（4-110）～式（4-113），这样水泥-矿渣体系的反应产物计算如下。

在饱和状态下，水化产物的质量为

$$m_{CH} = (0.487\alpha_1 p_1 + 0.215\alpha_2 p_2 - 0.305\alpha_4 p_4) m_c$$
$$+ (1.321 f_{C,p} - 1.850 f_{S,p} - 2.182 f_{A,p}) m_p \beta_S \tag{4-116}$$

$$m_{CSH} = (0.829\alpha_1 p_1 + 1.099\alpha_2 p_2) m_c + 3.150 m_p \beta_S f_{S,p} \tag{4-117}$$

$$m_{CA\overline{S}H} = 2.307 m_c \alpha_3 p_3 + 6.110 m_p \beta_S f_{A,p} \tag{4-118}$$

$$m_{CAFH} = 1.675 m_c \alpha_4 p_4 \tag{4-119}$$

$$m_H = (0.316\alpha_1 p_1 + 0.314\alpha_2 p_2 + 0.667\alpha_3 p_3 + 0.371\alpha_4 p_4) m_c$$
$$+ (0.321 f_{C,p} + 1.236 f_{A,p} + 0.300 f_{S,p}) m_p \beta_S \tag{4-120}$$

式中：$f_{C,p}$、$f_{S,p}$ 和 $f_{A,p}$ 分别为 CaO、SiO_2 和 Al_2O_3 在矿渣中的含量；β_S 为矿渣的水化程度；m_H 为需水量。

当水泥完全水化，根据方程（4-116），可得到矿渣完全发生反应时在水泥中最大掺量为

$$m_{p_{max}} = \frac{(0.487 p_1 + 0.215 p_2 - 0.305 p_4) m_c}{(1.850 f_{S,p} + 2.182 f_{A,p} - 1.321 f_{C,p}) \beta_S} \tag{4-121}$$

用氧化物的质量分数可表示为

$$m_{CH} = [1.322(f_{C,c} - 0.7f_{\bar{S},c}) - (2.098f_{S,c} + 2.182f_{A,c} + 1.392f_{F,c})]m_c$$
$$+ [1.321f_{C,p} - 1.850f_{S,p} - 2.182f_{A,p}]m_p\beta_S \qquad (4-122)$$

$$m_{CSH} = 3.150(m_c f_{S,c} + m_p \beta_S f_{S,p}) \qquad (4-123)$$

$$m_{CA\bar{S}H} = (6.110f_{A,c} - 3.903f_{F,c})m_c + 6.110m_p\beta_S f_{A,p} \qquad (4-124)$$

$$m_{CAFH} = 5.097m_c f_{F,c} \qquad (4-125)$$

$$m_H = \left[0.321(f_{C,c} - 0.7f_{\bar{S},c}) + 1.236f_{A,c} - 0.112f_{F,c}\right]m_c$$
$$+ (0.321f_{C,p} + 1.236f_{A,p} + 0.300f_{S,p})m_p\beta_S \qquad (4-126)$$

$$m_{P_{max}} = \frac{\left[1.322(f_{C,c} - 0.7f_{\bar{S},c}) - (2.098f_{S,c} + 2.182f_{A,c} + 1.392f_{F,c})\right]m_c}{(1.321f_{C,p} - 1.850f_{S,p} - 2.182f_{A,p})\beta_S} \qquad (4-127)$$

如果在 D 干燥条件下，水化产物的质量为

$$m_{CSH}^D = (0.750\alpha_1 P_1 + 0.994\alpha_2 P_2) + 2.850m_p\beta_S f_{S,p} \qquad (4-128)$$

$$m_{CA\bar{S}H}^D = 2.042m_c\alpha_3 p_3 + 5.404m_p\beta_S f_{A,p} \qquad (4-129)$$

$$m_H^D = (0.237\alpha_1 p_1 + 0.209\alpha_1 p_1 + 0.400\alpha_3 p_3 + 0.371\alpha_4 p_4)m_c$$
$$+ (0.321f_{C,p} + 0.530f_{A,p})m_p\beta_S \qquad (4-130)$$

m_{CH}^D 和 m_{CAFH}^D 的质量表达式同式（4-116）和式（4-119）。

同理，当水泥完全水化，用氧化物质量分数来表示水化产物的质量为

$$m_{CSH}^D = 2.850(m_c f_{S,c} + m_p \beta_S f_{S,p}) \qquad (4-131)$$

$$m_{CA\bar{S}H}^D = (5.409f_{A,C} - 3.453f_{F,C})m_c + 5.409m_p f_{A,p}\beta_S \qquad (4-132)$$

$$m_H^D = \left[0.482(f_{C,c} - 0.7f_{\bar{S},c}) - 0.510f_{S,c} + 0.264f_{A,c} - 0.283f_{F,c}\right]m_c$$
$$+ (0.321f_{C,p} + 0.530f_{A,p})m_p\beta_S \qquad (4-133)$$

m_{CH}^D 和 m_{CAFH}^D 的质量表达式同式（4-116）和式（4-120）。

（2）当掺入的石膏使水泥完全水化，但不足以使矿渣中的活性 Al_2O_3 反应，即满足条件：$C\bar{S}H_2 < (1.689f_{A,c} - 1.078f_{F,c})m_c + 1.689m_p f_{A,p}$，石膏首先与水泥熟料中的 C_3A 反应，剩余的石膏 $\left[(2.15f_{S,c} - 1.689f_{A,c} - 1.078f_{F,c})m_c\right]$ 与矿渣中部分活性 Al_2O_3，剩余的活性 Al_2O_3 继续与 CH 反应生成 C_4AH_{13}（用 CAH 表示），这样水泥-矿渣体系的反应产物计算如下。

在饱和状态下，水化产物的质量为

$$m_{CH} = (0.422\alpha_1 p_1 + 0.129\alpha_2 p_2 - 0.275\alpha_3 p_3 - 0.305\alpha_4 p_4 + 0.433p_5)m_c$$
$$+ (1.321f_{C,p} - 1.850f_{S,p} - 2.907f_{A,p})m_p\beta_S \qquad (4-134)$$

$$m_{\text{CSH}} = \left(0.829\alpha_1 p_1 + 1.099\alpha_2 p_2\right)m_\text{c} + 3.150 m_\text{p}\beta_\text{S}f_{\text{S,p}} \tag{4-135}$$

$$m_{\text{CA}\bar{\text{S}}\text{H}} = 3.622 m_\text{C}p_{\bar{\text{S}}} \tag{4-136}$$

$$m_{\text{CAH}} = 5.497 m_\text{p}f_{\text{A,p}}\beta_{\bar{\text{S}}} - 3.254\left(p_{\bar{\text{S}}} - 0.637 p_3\alpha_3\right)m_\text{c} \tag{4-137}$$

$$m_{\text{CAFH}} = 1.675 m_\text{c}\alpha_4 p_4 \tag{4-138}$$

$$m_{\text{H}} = \left(0.418\alpha_1 p_1 + 0.450\alpha_1 p_1 + 0.799\alpha_3 p_3 + 0.371\alpha_4 p_4 - 0.208 p_5\right)m_\text{c}$$
$$+ \left(1.589 f_{\text{A,p}} + 0.322 f_{\text{C,p}} + 0.300 f_{\text{S,p}}\right)m_\text{p}\beta_\text{S} \tag{4-139}$$

当水泥完全水化，根据方程（4-134），可得到矿渣完全发生反应时在水泥中最大掺量为

$$m_{\text{p}_{\max}} = \frac{\left(0.422 p_1 + 0.129 p_2 - 0.275 p_3 - 0.305 p_4 + 0.433 p_5\right)m_\text{c}}{\left(1.321 f_{\text{C,p}} - 1.850 f_{\text{S,p}} - 2.907 f_{\text{A,p}}\right)\beta_\text{S}} \tag{4-140}$$

用氧化物质量分数表示为

$$m_{\text{CH}} = \left(1.322 f_{\text{C,c}} - 2.098 f_{\text{S,c}} - 2.907 f_{\text{A,c}} - 0.927 f_{\text{F,c}}\right)m_\text{c}$$
$$+ \left(1.321 r_\text{C}\beta_\text{C}f_{\text{C,p}} - 2.907 r_\text{A}\beta_\text{A}f_{\text{A,p}} - 1.850 r_\text{S}\beta_\text{S}f_{\text{S,p}}\right)m_\text{p} \tag{4-141}$$

$$m_{\text{CSH}} = 3.150\left(m_\text{c}f_{\text{S,c}} + m_\text{p}\beta_\text{S}f_{\text{S,p}}\right) \tag{4-142}$$

$$m_{\text{CA}\bar{\text{S}}\text{H}} = 7.788 m_\text{c}f_{\bar{\text{S}},\text{c}} \tag{4-143}$$

$$m_{\text{CAH}} = 5.497 r_\text{A}\beta_\text{A}m_\text{p}f_{\text{A,p}} + \left(5.497 f_{\text{A,c}} - 3.508 f_{\text{F,c}} - 6.997 f_{\bar{\text{S}},\text{c}}\right)m_\text{c} \tag{4-144}$$

$$m_{\text{CAFH}} = 5.097 m_\text{c}f_{\text{F,c}} \tag{4-145}$$

$$m_{\text{H}} = \left(0.321 f_{\text{C,c}} - 0.672 f_{\text{S,c}} + 0.690 f_{\text{S,c}} + 1.589 f_{\text{A,c}} - 0.336 f_{\text{F,c}}\right)m_\text{c}$$
$$+ \left(1.589 f_{\text{A,p}} + 0.322 f_{\text{C,p}} + 0.300 f_{\text{S,p}}\right)m_\text{p}\beta_\text{S} \tag{4-146}$$

$$m_{\text{p}_{\max}} = \frac{\left(1.322 f_{\text{C,c}} - 2.098 f_{\text{S,c}} - 2.907 f_{\text{A,c}} - 0.927 f_{\text{F,c}}\right)m_\text{c}}{\left(1.321 f_{\text{C,p}} - 1.850 f_{\text{S,p}} - 2.907 f_{\text{A,p}}\right)\beta_\text{S}} \tag{4-147}$$

在 D 干燥条件下，水化产物的质量为

$$m_{\text{H}}^{\text{D}} = \left(0.221\alpha_1 p_1 + 0.136\alpha_2 p_2 + 0.801\alpha_3 p_3 + 0.371\alpha_4 p_4 - 0.629 p_5\right)m_\text{c}$$
$$+ \left(0.321 f_{\text{C,p}} + 0.321 f_{\text{A,p}} - 0.120 f_{\text{S,p}}\right)m_\text{p}\beta_\text{s} \tag{4-148}$$

m_{CH}^{D} 的表达式同式（4-122）；$m_{\text{CSH}}^{\text{D}}$ 同式（4-123）；$m_{\text{CA}\bar{\text{S}}\text{H}}^{\text{D}}$ 同式（4-136）；$m_{\text{CAH}}^{\text{D}}$ 同式（4-137）；$m_{\text{CAFH}}^{\text{D}}$ 同式（4-138）。用氧化物的质量分数表示，可以参考式（4-141）～式（4-146）。

4.3.2.2 计算模型二

4.3.2.1 节给出的水泥-矿渣水化模型，未考虑 A 取代 S 参与 C-S-H 凝胶结构的构建，因此导致计算的水化产物 CH 含量偏低，铝酸盐相含量偏高，化学结合水也偏高，相应地，预测的毛细孔、化学收缩均带来较大误差。为了克服这一缺

点，本章基于 Chen 和 Brouwers 的研究结果，提出了新模型。董刚对一系列比表面积相似的矿渣研究指出，矿渣中 MgO（M）和 SO_3（$\overline{S}$）对矿渣的活性有一定影响，说明矿渣玻璃相中不仅 CaO、Al_2O_3 和 SiO_2 参与了水化反应，而且 MgO 和 SO_3 也参与了水化反应；Richardson 和 Groves，Wang 和 Scrivener 等采用现代分析手段均证实了水泥-矿渣体系存在含镁化合物；Taylor 在水泥化学中指出，当矿渣中的 MgO 含量较高时，在水化过程中与 Al_2O_3 以及水泥水化产物形成水滑石（$M_6A\overline{C}H_{12}$），这种物质生成后和 C-S-H 凝胶混合，几乎无法分辨，当矿渣中的 M 含量现对低时，生成水化铝酸镁（M_5AH_{13}），这种物质的结构和水滑石结构类似，镁铝比并不固定，在一定范围内变动。总之，正如 4.3.2.1 节所述，水泥-矿渣体系水化产物中，因矿渣中的氧化物含量不同，生成的水化产物也不同，为便于计算和数值计算，对于水泥-矿渣二元体系水化反应，按照 Taylor 的研究结果做如下假定。

（1）矿渣中 Mg 全部水化形成 M_5AH_{13}。

（2）矿渣中的 S 和 A 进入 C-S-H 凝胶中，形成的 C-S-H 凝胶形式为 $C_xSH_yA_z$，在这里 x 和 z 为钙硅物质的量比和铝硅物质的量比，需根据矿渣的氧化物组成和水化方程来确定。

（3）矿渣中剩余的 A 与其水化释放出来的 $\overline{S}^{2-}$ 参与了 AFm 相的构建，即形成 AFm。

（4）消耗的 CH 和 Ca/Si 的减少均参与了 C-S-H 凝胶的构建。

这样根据以上 4 条假定，水泥-矿渣体系的主要水化产物为水化硅酸钙凝胶 (C-S-H)、氢氧化钙(CH)、水化铝酸镁(M_5AH_{13})、一种含铁的水石榴石$[(C_3(A,F)H_6)]$、单硫型硫铝酸钙($C_4A\overline{S}H_{12}$)和水化铝酸四钙(C_4AH_{13})。类似于式（4-110）～式（4-113），矿渣的水化方程式近似表达为

$$C_{n'_{C,p}}S_{n_{S,p}}A_{n'_{A,p}} + n^p_{CH}CH + n_{H,p}H \longrightarrow n_{S,p}C_{(C/S)}SA_{(A/S)}H_x (C-S-H) \qquad (4\text{-}149)$$
（矿渣）

$$5M + A + 13H \longrightarrow M_5AH_{13} \qquad (4\text{-}150)$$

$$\overline{S} + Al + 4C + 12H \longrightarrow C_4A\overline{S}H_{12} \qquad (4\text{-}151)$$

$$A + 4C + 13H \longrightarrow C_4AH_{13} \qquad (4\text{-}152)$$

对上述反应式做进一步解释：在式（4-149）中，矿渣中 A 水化时首先取代 S 生成一种复杂的 C-S-H 凝胶，其钙硅物质的量比（n_C/n_S）和铝硅物质的量比为 n_A/n_S，根据式（4-149）～式（4-152）中氧化物的物质的量平衡法可得到。正如前文所提到的这种凝胶对于充分水化的水泥-矿渣体系，随时间增长其结构趋于同化，即生成的 C-S-H 凝胶组成与纯硅酸盐水泥水化形成的 C-S-H 凝胶相同。矿渣中剩余的 A，若含量较高时除部分与 SO_3 生成 AFm，见式（4-151），还会生成 C_4AH_{13}；当矿渣中 A 含量较低时，剩余的 A 优先形成 AFm。

1）C-S-H 中平均钙硅比和铝硅比的确定

矿渣反应产物中的主要氧化物钙、硅、铝、镁、硫（其他微量氧化物可略去），按照水泥化学的规定，其简写形式 C、S、A、M 和 $\overline{\text{S}}$，对应的物质的量用 $n_{i,\text{p}}$ 表示（i= C，S，A，M，$\overline{\text{S}}$）。根据矿渣水化反应方程（4-149）～方程（4-152），产物中水化铝酸镁（M_5AH_{13}）是唯一的含镁产物，故物质的量（n_{MAH}）用 M 表示产物的数量为

$$n_{\text{MAH}} = n_{\text{M,p}}/5 \tag{4-153}$$

矿渣中硫全部进入产物 AFm 中，根据方程（4-151），矿渣水化生成的 AFm 为

$$n_{\text{AFm}} = n_{\overline{\text{S}},\text{p}} \tag{4-154}$$

这样，根据方程（4-150）和方程（4-151），矿渣中参与水化形成 C-S-H 和可能形成的 C_4AH_{13}，而剩余的 C 和 A 的物质的量为

$$n'_{\text{C,p}} = n_{\text{C,p}} - 4n_{\overline{\text{S}},\text{p}} \tag{4-155}$$

$$n'_{\text{A,p}} = n_{\text{A,p}} - n_{\text{M,p}}/5 - n_{\overline{\text{S}},\text{p}} \tag{4-156}$$

根据方程（4-154）两边氧化物物质的量平衡得到钙硅比 $\left(\dfrac{\text{C}}{\text{S}}\right)$ 和铝硅比 $\left(\dfrac{\text{A}}{\text{S}}\right)$ 为

$$\frac{\text{C}}{\text{S}} = \frac{\left(n'_{\text{C,p}} + n^{\text{p}}_{\text{CH}}\right)}{n_{\text{S,p}}} \tag{4-157}$$

$$\frac{\text{A}}{\text{S}} = \frac{n'_{\text{A,p}}}{n_{\text{S,p}}} \tag{4-158}$$

将水泥水化形成的 C-S-H 凝胶和矿渣水化形成的 C-S-H 相加，得到水泥-矿渣二元体系总的 C-S-H 凝胶为

$$n_{\text{C}_3\text{S}}\text{C}_3\text{S} + n_{\text{C}_2\text{S}}\text{C}_2\text{S} + \text{C}_{n'_{\text{C,p}}}\text{S}_{n'_{\text{S,p}}}\text{A}_{n'_{\text{A,p}}} + n'_{\text{H}} \longrightarrow$$
$$\left(n_{\text{C}_3\text{S}} + n_{\text{C}_2\text{S}}\right)\text{C}_{1.7}\text{SH}_4 + n_{\text{S,p}}\text{C}_{(\text{C/S})}\text{SA}_{(\text{A/S})}\text{H}_x + \left(n^{\text{C}}_{\text{CH}} - n^{\text{p}}_{\text{CH}}\right)\text{CH} \tag{4-159}$$

式中：n^{C}_{CH} 为水泥水化形成的 CH 的物质的量；n^{p}_{CH} 为矿渣消耗的 CH 的物质的量。

在方程（4-159）中，仍考虑了两种组成不同的 C-S-H 凝胶 $\text{C}_{1.7}\text{SH}_4$ 和 $\text{C}(n_\text{C}/n_\text{S})\text{SA}_{(n_\text{A}/n_\text{S})}\text{H}_x$。正如前面所提到的，这两种 C-S-H 凝胶由于均化作用将最终成分基本一致，此时的钙硅比定义为平均 $\overline{n_\text{C}}/\overline{n_\text{S}}$，这样方程（4-159）写为

$$n_{\text{C}_3\text{S}}\text{C}_3\text{S} + n_{\text{C}_2\text{S}}\text{C}_2\text{S} + \text{C}_{n'_{\text{C,p}}}\text{S}_{n'_{\text{S,p}}}\text{A}_{n'_{\text{A,p}}} + n'_{\text{H}} \longrightarrow$$
$$\left(n_{\text{C}_3\text{S}} + n_{\text{C}_2\text{S}}\right)\text{C}_{\overline{\text{C}}/\overline{\text{S}}}\text{SH}_4 + n_{\text{S,p}}\text{C}_{\overline{\text{C}}/\overline{\text{S}}}\text{SA}_{(\text{A/S})}\text{H}_x + \left(n^{\text{C}}_{\text{CH}} - n^{\text{p}}_{\text{CH}}\right)\text{CH} \tag{4-160}$$

根据化合物物质的量平衡，得到 C-S-H 凝胶中的平均钙硅比为

$$\frac{\overline{C}}{\overline{S}} = \frac{3n_{C_3S} + 2n_{C_2S} + n'_{C,p} - n^C_{CH} + n^p_{CH}}{n_{C_3S} + n_{C_2S} + n_{S,p}} = \frac{1.7\left(n_{C_3S} + n_{C_2S}\right) + n'_{C,p} + n^C_{CH}}{n_{C_3S} + n_{C_2S} + n_{S,p}} \quad (4\text{-}161)$$

而平均铝硅比（A/S）可以用式（4-158）来计算。这里需要特别强调的是，矿渣中 A 取代 S 参与 C-S-H 凝胶的构建存在一个上限值，Richardson 给出了铝钙比上限$\left(\dfrac{\overline{A}}{\overline{C}}\right)$和 C-S-H 凝胶中硅钙比$\left(\dfrac{S}{C}\right)$之间存在一种线性关系，可以表达为

$$\frac{A}{C} = \left(\frac{S}{C} - 0.428\right)\bigg/ 4.732 \quad (4\text{-}162)$$

经计算，A 取代 S 最大数量为 12%，如果矿渣中超过此上限 [式（4-162）]，剩余的 A 水化形成产物 C_4AH_{13}。

因此，对于 A 含量较高的矿渣，生成 C_4AH_{13} 后，其 C-S-H 凝胶的平均钙硅比表达为

$$\frac{\overline{C}}{\overline{S}} = \frac{3n_{C_3S} + 2n_{C_2S} + n'_{C,p} - n^C_{CH} + n^p_{CH} - 4n_{CAH,p}}{n_{C_2S} + n_{C_2S} + n_{S,p}} = \frac{1.7\left(n_{C_3S} + n_{C_2S}\right) + n_{C,p} + n^C_{CH} - 4n_{CAH,p}}{n_{C_3S} + n_{C_2S} + n_{S,p}}$$

$$(4\text{-}163)$$

相应的铝硅比可表达为

$$\frac{A}{S} = \frac{1 - 0.428\overline{C}/\overline{S}}{4.732} \quad (4\text{-}164)$$

生成水化铝酸钙的总量为

$$n_{CAH,p} = n'_{A,p} - \frac{n_{S,p}\left(1 - 0.428\overline{C}/\overline{S}\right)}{4.732} \quad (4\text{-}165)$$

由方程（4-161）或方程（4-163）可知，在水泥-矿渣水化过程中，由于均化作用的影响，生成的 C-S-H 凝胶其钙硅比要比纯硅酸盐水泥水化得到的 C-S-H 凝胶钙硅比要低，因此，$\overline{C}/\overline{S} \leqslant 1.7$。

根据方程（4-161）或方程（4-163），矿渣水化所消耗的 CH 量应满足如下条件为

$$0 \leqslant n^p_{CH} \leqslant 1.7n_{S,p} - n'_{C,p} \quad (4\text{-}166)$$

$$0 \leqslant n^p_{CH} \leqslant 1.7n_{S,p} - n'_{C,p} + 4n_{CAH,p} \quad (4\text{-}167)$$

由此可见，C-S-H 凝胶的平均钙硅比（$\overline{C}/\overline{S}$）由被矿渣水化所消耗的氢氧化钙总量（$n'_{C,p}$）来决定。即矿渣水化所消耗的 CH 量已知时，C-S-H 凝胶的平均钙

硅比也确定。目前常用的实验手段都是间接获得剩余的 CH 量。对被消耗的 CH 量比例可以定义为

$$p = n_{CH}^{p} / n_{CH}^{C} \qquad (4\text{-}168)$$

Chen 和 Brouwers 提出了一个半经验公式来表示 CH 消耗量，引入本节，对方程（4-161）而言，半经验公式为

$$p = \frac{1.7 n_{S,p} - n_{C,p}'}{n_{CH}^{C} + 1.7 n_{S,p} - n_{C,p}'} = \frac{\lambda \beta_{S} \left(1.7 y_{S,p} - y_{C,p}' \right)}{(1-\lambda)\left(1.3 y_{C_3S} + 0.3 y_{C_3S}\right) + \lambda \beta_{S} \left(1.7 y_{S,p} - y_{C,p}' \right)} \qquad (4\text{-}169)$$

对方程（4-163）而言，矿渣消耗 CH 的半经验表达式为

$$p = \frac{1.7 n_{S,p} - n_{C,p}' + 4 n_{CAH,p}}{n_{CH}^{C} + 1.7 n_{S,p} - n_{C,p}' + 4 n_{CAH,p}} \qquad (4\text{-}170)$$

式（4-169）或式（4-170）对计算 C-S-H 凝胶的平均钙硅比至关重要，本节根据董刚给出的 CH 消耗量来验证半经验公式的准确性。以方程（4-169）计算结果为例，得到 CH 消耗量与矿渣掺量的关系如图 4.28 所示。从图 4.28 中可以看出，理论计算的 CH 消耗量与试验值有一定的吻合性，说明方程（4-169）或方程（4-170）是合理的。根据方程（4-169），模拟得到矿渣在不同水化程度下 CH 的消耗比例（图 4.29）。从图 4.29 中可以看出，当矿渣水化程度（β_{S}）超过 0.5 时，随矿渣掺量的增加，CH 消耗比例几乎呈线性增加；相反，矿渣水化程度低时，CH 的消耗比例增加也缓慢，模拟结果基本符合实际，进一步说明方程（4-169）是合理的。

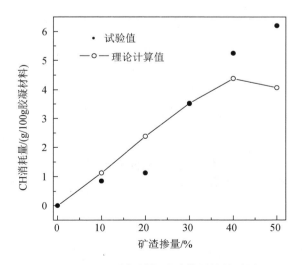

图 4.28　CH 消耗量与矿渣掺量的关系图

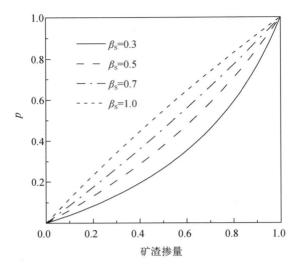

图 4.29　CH 消耗比例与矿渣产量关系

根据式（4-169）和式（4-161），可以得到水泥-矿渣体系中 C-S-H 凝胶的平均钙硅比并和试验结果进行对比。Richardson 采用透射电镜和电子探针技术，详细研究了水胶比为 0.5，养护 3 年的矿渣硅酸盐水泥体系中 C-S-H 凝胶组成，得到了在不同矿渣掺量下的钙硅比和铝硅比，这里需要强调的是，因 Richardson 在文中的钙硅比是在误差范围上下限给出的，本节在试验结果选取时采用几何平均值得到。Richardson 使用的原材料如表 4.5 所示，根据表中的氧化物组成，利用 Bogue 方程计算得到归一化的水泥矿物组成（$C_3S=0.674$，$C_2S=0.106$，$C_3A=0.121$，$C_4AF=0.099$），因 Richardson 未给出矿渣的水化程度，本节假定其值为在 0.5～0.7 范围内变化，所得的平均钙硅比理论计算结果和试验结果对比如图 4.30 所示。从图 4.30 中可以看出，在假定的矿渣水化程度范围内，理论结果和试验结果基本吻合，说明利用方程（4-169）和方程（4-161）得到的 C-S-H 凝胶的钙硅比是合理的。

表 4.5　原材料的化学组成

原材料	CaO	SO_2	Al_2O_3	MgO	SO_3	Fe_2O_3
水泥	66.5	20.2	6.2	1.3	2.7	3.1
矿渣	41.15	36.72	10.86	7.64	3.63	—

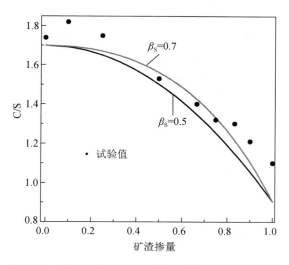

图 4.30　钙硅比（C/S）理论计算值和试验值对比

　　根据试验验证的方程（4-91）和方程（4-96），进一步得到矿渣在不同水化程度下，其平均钙硅比随矿渣掺量的变化趋势（图 4.31）。从图 4.31 中可以看出，在矿渣掺量和水化程度较低时，钙硅比变化不很明显，尤其是矿渣掺量低于 0.2 时，钙硅比几乎无变化。主要原因可能是矿渣中活性 A 取代部分 S，使水泥-矿渣水化形成的 C-S-H 凝胶中的 S 含量与纯水泥水化生成的 C-S-H 中相比无明显变化，随矿渣掺量和水化程度的增加，A 的取代量在一定范围内也增加，再加上矿渣中氧化钙水化也部分参与了 C-S-H 凝胶的构建，导致 C/S 在降低。从图 4.31 中还可以看出，当矿渣掺量低于 70% 时，平均钙硅比在 1.5 左右，超过此值，钙硅比几

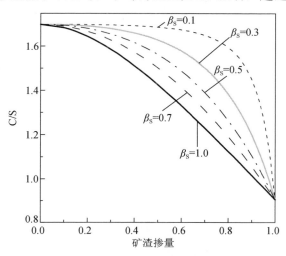

图 4.31　钙硅比（C/S）随矿渣掺量的变化

乎呈线性下降。对实际使用的混凝土而言，矿渣掺量一般在 50% 左右，Taylor 也指出，矿渣在几年甚至几十年都不能完全水化。图 4.31 的模拟结果也说明 Taylor 给出水泥-矿渣体系中 C-S-H 凝胶中钙硅比为 1.55 有一定的合理性。

为了便于实际应用，本节根据 Richardson 等的试验结果和图 4.31 的模拟结果，对式（4-90）做进一步的简化。假定矿渣掺量低于 70% 时，C-S-H 凝胶的钙硅比均为 1.5，当超过此值，钙硅比为 1.2，下面给出进一步简化的水泥-矿渣水化产物体积分数计算模型以及试验验证模型的可靠性。

2）水泥-矿渣体系水化产物的物质的量的计算

情况（1）：根据上述，当矿渣掺量小于 70% 时，可以将 C-S-H 凝胶的平均钙硅比设定为 1.5，水泥中 C_3S 和 C_2S 的水化方程修改为

$$C_3S + 5.5H \longrightarrow C_{1.5}\text{-}S\text{-}H_4 + 1.5CH \tag{4-171}$$

$$C_2S + 4.5H \longrightarrow C_{1.5}\text{-}S\text{-}H_4 + 0.5CH \tag{4-172}$$

C_3A 和 C_4AF 的水化方程仍为式（4-25）和式（4-27）。

矿渣的水化方程（4-149）表示为

$$C_{n'_{C,p}} S_{n_{S,p}} A_{n'_{A,p}} + aCH + bH \longrightarrow n_{S,p} C_{1.50} SA_d H_4 \tag{4-173}$$

（矿渣）　　　　　　　　　　　　（C-S-H）

式中：$a = 1.5 n_{S,p} - n'_{C,p}$；$b = 4 n_{S,p} - a$；$d = n_{A,p} / n_{S,p}$。当矿渣组分确定后，系数 a、b 和 d 即可确定。矿渣中其他氧化物的水化方程见式（4-150）～式（4-152）。根据上节分析可知，当矿渣中 A 含量较高，超过方程（4-152）所规定 A 取代 S 的上限时，部分铝将水化生成 C_4AH_{13}。C_4AH_{13} 的生成量直接影响其他产物的定量计算，因此，分以下两种情况分别探讨。

① 当矿渣玻璃相中铝钙比 $A/C < (S/C - 0.428)/4.732$ 时，水化铝酸四钙（C_4AH_{13}）的生成量为零，这样水泥-矿渣二元体系水化产物的物质的量为

$$n_{CSH} = n_{C_3S} + n_{C_2S} + n_{S,p} \tag{4-174}$$

$$n_{CH} = 1.5 n_{C_3S} + 0.5 n_{C_2S} - 2 n_{C_4AF} - 1.5 n_{S,p} + n_{C,p} - 4 n_{\bar{S},p} \tag{4-175}$$

$$n_{MAH} = \frac{n_{M,p}}{5} \tag{4-176}$$

$$n_{CA\bar{S}H} = n_{\bar{S},p} + n_{C_3A} \tag{4-177}$$

$$n_{CAFH} = 2 n_{C_4AF} \tag{4-178}$$

$$H_N = 3 n_{C_3S} + 2 n_{C_2S} + 8 n_{C_3A} + 10 n_{C_4AF} + n_{C,p} + 1.4 n_{M,p} - 0.3 n_{S,p} - \frac{4}{3} n_{\bar{S},p} \tag{4-179}$$

式中：H_N 为非蒸发水的物质的量。

各种反应物和水化产物的摩尔质量如表 4.3 所示。根据表 4.3 和式（4-171）～式（4-178），水化产物的质量可表示为

$$m_{CSH} = \frac{(0.814\alpha_1 p_1 + 1.078\alpha_2 p_2)m_C + m_p\beta_S f_{S,p}(216 + 102d)}{60} \quad (4\text{-}180)$$

$$m_{CH} = (0.487\alpha_1 p_1 + 0.215\alpha_2 p_2 - 0.305\alpha_4 p_4)m_C$$
$$- m_p\beta_S(1.850 f_{S,p} - 1.322 f_{C,p} + 3.700 f_{\bar{S},p}) \quad (4\text{-}181)$$

$$m_{MAH} = 3.203 m_p f_{M,p}\beta_S \quad (4\text{-}182)$$

$$m_{CA\bar{S}H} = 7.788 m_p f_{\bar{S},p}\beta_S + 2.307 m_C\alpha_3 p_3 \quad (4\text{-}183)$$

$$m_{CAFH} = 1.675 m_C\alpha_4 p_4 \quad (4\text{-}184)$$

$$m_H = (0.237\alpha_1 p_1 + 0.209\alpha_2 p_2 + 0.533\alpha_3 p_3 + 0.370\alpha_4 p_4)m_C$$
$$+ m_p\beta_S(0.321 f_{C,p} + 0.630 f_{M,p} - 0.090 f_{S,p} - 0.300 f_{\bar{S},p}) \quad (4\text{-}185)$$

② 当矿渣中 A/C > $(S/C - 0.428)/4.732$ 时，水化产物中含有 C_4AH_{13}。所生成的水化产物物质的量与①基本相同，但 C-S-H 凝胶中因 A/S 比发生变化，其摩尔质量和密度均发生变化。具体而言，水化产物的物质的量可表示为

$$n_{CH} = 1.5 n_{C_3S} + 0.5 n_{C_2S} - 2 n_{C_4AF} - 1.196 n_{S,p} + n_{C,p} - 4 n_{A,p} + 0.8 n_{M,p} \quad (4\text{-}186)$$

$$n_{CAH,p} = n'_{A,p} - n_{S,p}\left(1 - 0.428\bar{C}/\bar{S}\right)\big/4.732 = \frac{n_{A,p} - n_{M,p}}{5 - n_{\bar{S},p} - 0.076 n_{S,p}} \quad (4\text{-}187)$$

$$H_N = 3 n_{C_3S} + 2 n_{C_2S} + 8 n_{C_3A} + 10 n_{C_4AF} + n_{C,p} + 0.8 n_{M,p} + 3 n_{A,p} - 0.528 n_{S,p} - \frac{13}{3} n_{\bar{S},p}$$
$$(4\text{-}188)$$

n_{CSH}、n_{MAH}、n_{CASH} 和 n_{CAFH} 的物质的量如式（4-174）、式（4-176）～式（4-178）。在 C-S-H 凝胶（$C_{1.5}SA_dH_{4.0}$）中，$d = A/S = \dfrac{1 - 0.428\bar{C}/\bar{S}}{4.732} = 0.076$，水化产物的质量表达式与式（4-180）～式（4-185）类似，这里不再列举。

情况（2）：当矿渣掺量超过 70%时，钙硅比取 1.2 时，根据是否生成 C_4AH_{13} 也分两种情况探讨。

① 当矿渣玻璃相中铝钙比 A/C<(S/C-0.428)/4.732 时，水化铝酸四钙（C_4AH_{13}）的生成量为零，这种情况下生成的 C-S-H 凝胶的物质的量仍为式（4-174），但因摩尔质量发生变化，其对应的水化产物质的量也发生改变。
生成 CH 的物质的量为

$$n_{CH} = 1.8 n_{C_3S} + 0.8 n_{C_2S} - 2 n_{C_4AF} - 1.2 n_{S,p} + n_{C,p} - 4 n_{\bar{S}} \quad (4\text{-}189)$$

生成非蒸发水的物质的量为

$$H_N = 2.7 n_{C_3S} + 1.7 n_{C_2S} + 8 n_{C_3A} + 10 n_{C_4AF} + n_{C,p} + 1.4 n_{M,p} + 4 n_{\bar{S},p} \quad (4\text{-}190)$$

其他水化产物的物质的量见式（4-191）～式（4-193）。

相应的水化产物质量可表达为

$$m_{\text{CSH}} = \frac{(0.716\alpha_1 p_1 + 0.949\alpha_2 p_2)m_c + m_p\beta_p f_{\text{S,p}}(199.376 + 102d)}{60} \quad (4\text{-}191)$$

$$m_{\text{CH}} = \left(0.585\alpha_1 p_1 + 0.344\alpha_2 p_2 - 0.305\alpha_4 p_4\right)m_c$$
$$- m_p\beta_p\left(1.480 f_{\text{S,p}} - 1.322 f_{\text{C,p}} + 3.700 f_{\bar{\text{S}},\text{p}}\right) \quad (4\text{-}192)$$

$$m_{\text{H}} = \left(0.213\alpha_1 p_1 + 0.178\alpha_2 p_2 + 0.533\alpha_3 p_3 + 0.370\alpha_4 p_4\right)m_c$$
$$+ m_p\beta_p\left(0.321 f_{\text{C,p}} + 1.199 f_{\bar{\text{S}},\text{p}} + 0.158 f_{\text{M,p}}\right) \quad (4\text{-}193)$$

其他水化产物的质量，如式（4-182）～式（4-184）所示。

② 当矿渣中 $\text{A/C} > \left(\text{S/C} - 0.428\right) / 4.732$ 时，水化产物中含有 C_4AH_{13}。

C-S-H 凝胶中因 C/S 和 A/S 比变化，其摩尔质量和密度均发生变化。具体而言，水化产物的物质的量可表示为

$$n_{\text{CH}} = 1.8n_{\text{C}_3\text{S}} + 0.8n_{\text{C}_2\text{S}} - 2n_{\text{C}_4\text{AF}} - 0.788n_{\text{S,p}} + n_{\text{C}} - 4n_{\text{A}} + 0.8n_{\text{M}} \quad (4\text{-}194)$$

$$n_{\text{CAH,p}} = \frac{n'_{\text{A,p}} - n_{\text{S,p}}\left(1 - 0.428\overline{\text{C}}/\overline{\text{S}}\right)}{4.732} = n'_{\text{A,p}} - 0.103n_{\text{S,p}} \quad (4\text{-}195)$$

$$H_{\text{N}} = \frac{2.7n_{\text{C}_3\text{S}} + 1.7n_{\text{C}_2\text{S}} + 8n_{\text{C}_3\text{A}} + 10n_{\text{C}_4\text{AF}} + n_{\text{C,p}} + 0.8n_{\text{M,p}} + 3n_{\text{A,p}} - 0.528n_{\text{S,p}} - 13}{3n_{\bar{\text{S}},\text{p}}}$$
$$(4\text{-}196)$$

n_{CSH}、n_{MAH}、$n_{\text{CA}\bar{\text{S}}\text{H}}$ 和 n_{CAFH} 物质的量见式（4-174）、式（4-176）～式（4-178）。

在 $C_{1.5}SA_dH_{4.0}$ 中，$d = \text{A/S} = \dfrac{1 - 0.428\overline{\text{C}}/\overline{\text{S}}}{4.732} = 0.103$，其他水化产物的质量表达在这里不再列举。

3）水化产物体积的计算

水泥-矿渣体系中重要水化产物 C-S-H 的密度和摩尔质量是计算体积分数关键参数，若 C-S-H 凝胶的组成用 $C_aSA_dH_b$ 来表示，Chen 和 Brouwers 给出了在饱和状态下 C-S-H 凝胶的密度（ρ_{CSH}）近似表达为

$$\rho_{\text{CSH}} = \frac{87.12 + 74.10a}{38.42 + 33.05a} \quad (4\text{-}197)$$

C-S-H 凝胶的摩尔体积（φ_{CSH}）是其摩尔质量（M_{CSH}）与密度（ρ_{CSH}）之比，可表达为

$$\varphi_{\text{CSH}} = \frac{M_{\text{CSH}}}{\rho_{\text{CSH}}} \quad (4\text{-}198)$$

而摩尔质量表示为

$$M_{CSH} = aM_C + M_S + dM_A + bM_H \qquad (4\text{-}199)$$

式中：a、b 和 d 分别是 C-S-H 凝胶的钙硅物质的量比、水硅物质的量比和铝硅物质的量比。在方程（4-194）中，A/S 并未包含在方程中，原因是到目前为止，A 对 C-S-H 凝胶性能的影响仍不清楚，近似认为铝取代硅对 C-S-H 凝胶的密度无影响。但 A 取代硅增加了 C-S-H 凝胶的摩尔质量［式（4-196）］，因此 C-S-H 凝胶的体积已发生变化。Chen 等研究表明 C-S-H 凝胶在各种水化状态下，如在 105℃ 下加热或者相对湿度降低到 80%，C-S-H 凝胶释放出来的水对其体积影响几乎忽略。因此，可以认为在不同的水化状态 C-S-H 凝胶的摩尔体积为恒定值。

因矿渣的掺入，胶凝材料的密度发生变化，相应的浆体的初始体积也发生变化，在饱和状态下浆体的总体积（V_t）为胶凝材料体积与水体积之和，可表达为

$$V_t = m\left[\frac{1}{\rho_b} + (W/C)\rho_W\right] \qquad (4\text{-}200)$$

复合胶凝材料的密度（ρ_b）为复合材料的总质量除以其组成材料的体积之和，可表示为

$$\rho_b = \frac{1}{\dfrac{1-\lambda}{\rho_C} + \dfrac{\lambda}{\rho_p}} = \frac{\rho_C\rho_p}{(1-\lambda)\rho_p + \lambda\rho_C} \qquad (4\text{-}201)$$

式中：ρ_C 和 ρ_p 分别为水泥和矿渣密度，$\rho_C = 3.15\text{cm}^3/\text{g}$，$\rho_p = 2.80\text{cm}^3/\text{g}$ 和 $\rho_W = 1.0\text{cm}^3/\text{g}$。由式（4-200）和式（4-201）可知，浆体的总体积随矿渣掺入量发生相应的变化，并不是定值。

根据水泥化学的相关知识，毛细孔的体积（V_{cap}）为浆体总体积（V_t）与水化固相产物体积（V_{hp}）、未水化水泥体积（V_u）和未水化矿渣体积（V_{up}）之差，可表示为

$$V_{cap} = V_t - V_{hp} - V_u - V_{up} = m\left[\frac{1}{\rho_b} + (W/C)\rho_W\right] - \sum n_i V_{im}$$

$$- \frac{m(1-\lambda)(1-\alpha_c)}{\rho_C} - \frac{m\lambda(1-\beta_p)}{\rho_P} \qquad (4\text{-}202)$$

根据 Brownyard 和 Chen 的方法，水泥-矿渣体系凝胶孔的孔隙率（ϕ_{CSH}）为

$$\phi_{CSH} = \frac{32.44}{94.60} + 33.05\left(\overline{C}/\overline{S} - 1.7\right) \qquad (4\text{-}203)$$

故凝胶体的体积（V_{gel}）为

$$V_{get} = \varphi_{CSH}\phi_{CSH} = n_{CSH}\varphi_{CSH}\phi_{CSH} \qquad (4\text{-}204)$$

式中：n_{CSH} 和 φ_{CSH} 分别为 C-S-H 凝胶的物质的量和摩尔体积。

　　水化其他产物的体积根据 4.3.2 节介绍的产物物质的量与对应产物的摩尔体积（表 4.3）相乘即可得到，所得产物的体积除以浆体的总体积［式（4-200）］，就可得到产物的体积分数。

4.3.3　磨细矿渣-水泥浆体复合体系模型的验证

4.3.3.1　模型一验证

　　正如在 4.1.3 节所指出的，水化产物的验证一方面可以通过测定生成的 CH 量，另一方面也可以通过测定非蒸发水量或化学结合水量，本节以 4.3.2 节给出的 CH 含量来验证水泥-矿渣水化模型的准确度。贾艳涛以及董刚研究了水泥-矿渣体系中，矿渣在不同龄期以及不同掺量下的水化程度，并通过 TG-DSC 测得到了 CH 的含量，实验所采用的原材料组成以及不同掺量下矿渣的水化程度（养护 90d）如表 4.6 所示，根据表 4.6 中的数据，理论计算得到的 CH 含量与试验值对比，如图 4.32（a）和（b）所示，其中图（a）为贾艳涛试验值，图（b）为董刚试验值。这里需要强调的是不同文献中给出的 CH 含量的基准是不同的，为便于统一表达，本节对不同文献中的数值均换算为以饱和浆体中的 CH 含量为准。从图 4.32 中可以看出，对纯水泥水化而言，理论计算值和实验值吻合，说明水化方程（4-11）～方程（4-16）的近似处理是合理的。而对水泥-矿渣体系而言，随矿渣掺量的增加，理论计算值和实验值误差越来越大，图 4.32（b）表现得更加突出。在图 4.32（a）中，当矿渣掺量达到 60% 时，CH 含量的理论计算值为零，而实验证明仍有一定量的 CH 存在。为了证明更长龄期养护，CH 是否能完全消耗，本节采用水胶比为 0.35、矿渣掺量为 70% 的浆体在标养室养护 1.5 年，XRD 和 TG-DTG-DSC 曲线如图 4.33 所示，根据水泥化学理论分析可知，浆体中仍有少量 CH 存在；Chen 和 Brouwers 也指出，水泥-矿渣体系中，即使矿渣掺量在 70%～80% 和长期水养护下，仍然会有少量 CH 存在，说明 4.3.1 节介绍的水化模型需进一步完善。

表 4.6　原材料化学组成、矿物组成、矿渣掺量及其水化程度

原材料	CaO	SiO₂	Al₂O₃	Fe₂O₃	MgO	SO₃	C₃S	C₂S	C₃A	C₄AF
水泥	64.89	21.68	5.64	4.22	0.81	0.00	55.5	20.3	7.81	12.8
矿渣	35.81	32.07	14.68	0.97	9.30	2.51				
矿渣掺量/水化程度			30 /84.11		40 /74.21		50 /48.14		60 /42.02	80 /38.79
原材料	CaO	SiO₂	Al₂O₃	Fe₂O₃	MgO	SO₃	C₃S	C₂S	C₃A	C₄AF
水泥	63.99	22.01	5.17	3.94	0.00	0.33	51.92	23.97	7.04	11.99
矿渣	37.90	33.50	12.52	1.10	9.29	2.51				
矿渣掺量/水化程度			10 /40.00		20 /45.49		30 /49.01		40 /51.07	50 /39.50

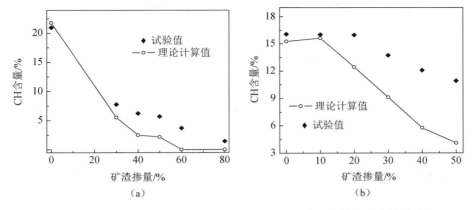

图 4.32　不同矿渣掺量下硬化浆体中 CH 含量的理论计算值与试验结果对比

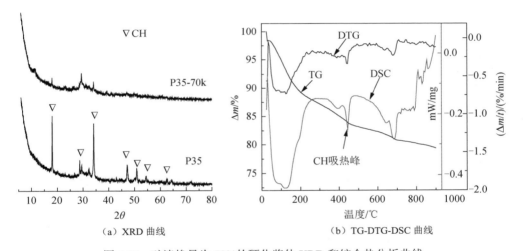

图 4.33　矿渣掺量为 70% 的硬化浆体 XRD 和综合热分析曲线

　　事实上，Wang 和 Scrivener 通过核磁共振技术实验研究表明，C-S-H 凝胶的链状结构中，部分铝将取代硅的位置，参与 C-S-H 凝胶分子结构的构建，这种取代对于钙硅比较低的 C-S-H 凝胶来说更加明显。若根据 Papadakis 模型，矿物掺和料中的 A 将最终转化为铝酸盐相［如单硫型硫铝酸钙、钙矾石或水化铝酸四钙（C_4AF）］，那么随矿物掺和料的增加，在最终水化产物中这些水化产物的含量应明显增加，但从图 4.33 XRD 的衍射峰来判断，铝酸盐相的衍射峰几乎无明显增加，TG 曲线看也无明显的热失重。因此，预测水泥-矿渣体系水化产物应考虑产物中 A 取代 S 的程度，这也说明 Papadakis 模型无论计算水泥-粉煤灰体系，还是本节基于该模型所给出的水泥-矿渣体系，由于未考虑掺和料中 A 参与 C-S-H 凝胶分子结构的构建，计算得到的水化产物数量与实际误差较大。但模型一也有优点，一方面模型表达简单，便于理解和计算；另一方面可以根据矿渣玻璃相含量和氧化物组成，粗略判断矿物掺和料能发挥火山灰效应的最大掺量，对矿渣的掺入量有一定的指导作用。

4.3.3.2　简化模型二验证

4.3.2.2 节介绍的简化模型二是否合理，需通过试验数据验证。贾艳涛、董刚用 TG-DSC 测得了不同矿渣掺量下硬化浆体（水胶比为 0.5，养护 90d）的 CH 含量，试验原材料以及矿渣在不同掺量下的水化程度如表 4.6 所示。阎培渝等研究了水胶比为 0.3，矿渣掺量分别为 0、0.2、0.35 和 0.5 的硬化浆体在不同龄期下 CH 含量变化，本节以其养护龄期为 1 年的试验测试的 CH 值来验证模型的可靠性，由于文献中未给出矿渣的水化程度，根据水胶比和养护龄期，假定矿渣的水化程度在 0.3～0.5 范围内变化，其中原材料的组成如表 4.7 所示。Luke 和 Glasser 给出了水胶比为 0.6、矿渣掺量为 30%的硬化浆体在不同矿渣水化程度下 CH 含量的变化，原材料的组成如表 4.7 所示。

表 4.7　原材料化学组成、矿物组成（质量比，%）

原材料	CaO	SiO$_2$	Al$_2$O$_3$	Fe$_2$O$_3$	MgO	SO$_3$	C$_3$S	C$_2$S	C$_3$A	C$_4$AF
水泥	62.50	21.09	4.34	2.81	1.81	2.87	52.80	20.66	6.75	8.55
矿渣	38.52	32.04	15.49	0.92	9.45	2.86				
原材料	CaO	SiO$_2$	Al$_2$O$_3$	Fe$_2$O$_3$	MgO	SO$_3$	C$_3$S	C$_2$S	C$_3$A	C$_4$AF
水泥	60.23	20.31	4.75	1.81	1.93	2.30	42.18	29.30	9.53	5.51
矿渣	38.12	34.22	12.38	0.78	8.08	—				
原材料	CaO	SiO$_2$	Al$_2$O$_3$	Fe$_2$O$_3$	MgO	SO$_3$	C$_3$S	C$_2$S	C$_3$A	C$_4$AF
水泥	61.27	21.04	6.94	2.36	2.64	1.94	33.99	34.70	14.40	7.18
矿渣	32.46	32.46	17.45	2.82	10.64	1.58				

按照以上给出的原材料组成，首先计算矿渣中 A/C 物质的量比，再根据比值大小和掺量范围选择 4.3.2.2 节中计算 CH 含量的表达式，所得的理论计算值与试验结果对比，如图 4.34 所示，其中（a）～（d）依次为相关文献的试验值。从图 4.34 中可以明显看出，采用 4.3.2.2 节介绍的简化模型理论计算值和试验值基本吻合。其中，图 4.34（d）似乎误差大，其实都在合理的范围内，因作者采用高水胶比，即使在矿渣水化程度相同的情况下，得到的 CH 含量差别也很大，可能与作者试样的成型有一定的离析有关。再对比图 4.34（a）、（b）和图 4.32 两种模型的计算结果，采用 4.3.2.2 节介绍的水化产物简化模型，预测结果的准确度明显提高。另外，从图 4.34 中还可以看出，当矿渣掺量低于 20%，（b）和（c）中理论计算 CH 值和试验值误差相对大些，说明矿渣水泥的水化产物 C-S-H 凝胶的钙硅比降低幅度很小。即在矿渣水泥中矿渣掺量低时，C-S-H 钙硅比要大于 1.5，否则理论计算得到的 CH 含量偏高，但从整体来看，本节假定的 C-S-H 凝胶在矿渣掺量小于 70%的范围内，其钙硅比为 1.5 是合理的。

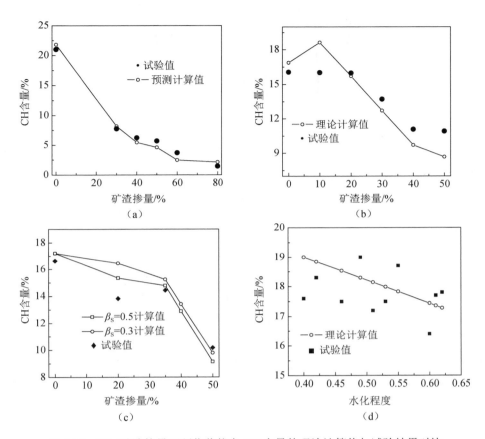

图 4.34 不同矿渣掺量下硬化浆体中 CH 含量的理论计算值与试验结果对比

水化产物模型的验证除用 CH 含量外，还可以用化学结合水或非蒸发水来验证。贾艳涛通过试验得到了不同矿渣掺量和水化程度下的非蒸发水含量，原材料的主要组成和矿渣水化程度如表 4.6 所示；王迎斌和马保国等也得到了水胶比为0.4，矿渣掺量为 0、15%、30% 和 45% 以及养护 90d 时硬化浆体的非蒸发水量，原材料的组成如表 4.7 所示。根据上述的原材料组成、矿渣水化程度和 4.3.2.2 节介绍的非蒸发水含量计算模型，得到的理论计算值和试验结果如图 4.35 所示。其中，（a）和（b）分别为相关文献的试验结果对比。从图 4.30 中可以看出，理论计算值和试验值也基本吻合。

总之，通过相关测试的矿渣水化程度与 CH 含量以及非蒸发水含量，均证明4.3.2.2 节所提出的简化模型是合理的，为定量计算水泥-矿渣体系水化产物提供了理论依据。

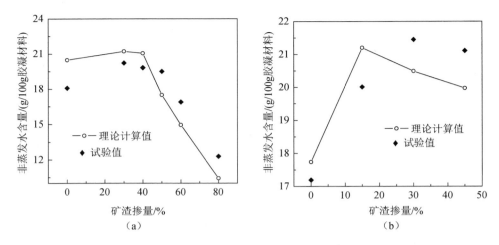

图 4.35　不同矿渣掺量下硬化浆体中非蒸发水含量的理论计算值与试验结果对比

4.4　水泥水化过程与浆体微结构演变的计算机模拟

本节基于数字图像基方法和元胞自动机原理，对纯水泥浆体系、粉煤灰-水泥体系和磨细矿渣-水泥体系的水化反应和三维微结构形成过程进行数值模拟，并通过大量的实验，对数值模拟结果从多个角度进行验证。

4.4.1　构建水泥浆体的初始三维微结构

4.4.1.1　生成水泥颗粒的空间分布

假定水泥颗粒形状为球形，根据激光粒度仪测试得到的水泥粒径分布曲线（图 4.36）和浆体的水灰比，将代表真实水泥颗粒的球体按照从大到小的顺序依次放入 100×100×100 像素的三维立方体中。根据石膏在水泥中的含量，随机指定一些颗粒为石膏，剩余部分则为水泥熟料。值得注意的是，放入过程是随机的，且球形颗粒不允许重叠。同时，采用了周期性边界方法解决立方体空间中边界的影响，即某个颗粒超出立方体的部分将映射到对面的空间内。为了模拟减水剂对颗粒分布的影响，在颗粒放置过程中，使其比真实颗粒的直径大一个像素，完成放置之后立方体中所有颗粒之间的距离都至少大于两个像素的距离，通过该方法距离可以消除颗粒的团簇现象。构建的三种水灰比的初始微结构，如图 4.37 所示。从图中可以清晰地发现，随着水灰比的增加，单位体积内水泥颗粒的数量显著减少。

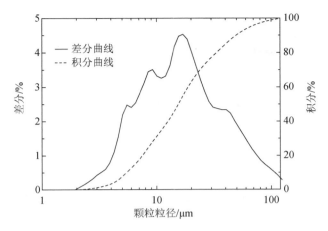

图 4.36　水泥颗粒的粒径分布曲线

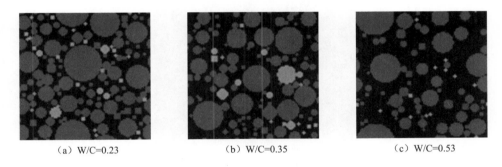

（a）W/C=0.23　　　　　　（b）W/C=0.35　　　　　　（c）W/C=0.53

图 4.37　水泥浆体初始结构二维截图（W/C=0.23，0.35，0.53）

4.4.1.2　区分水泥颗粒矿物相的组成和分布

获得颗粒的空间分布之后，需要获取水泥矿物相的组成及空间分布等信息。经典的 Bougue 虽然能定量计算出各个矿物相的体积（质量）分数，却不能定位其空间分布状况。近年来随着表征技术的发展，背散射扫描方法（BSE）已经成为定量表征水泥基材料微结构的重要手段。本节中，首先利用 BSE 技术获取水泥颗粒的二维图像，然后根据图像灰度值的变化结合能谱（EDS）手段，通过图像处理的方法，区分出四种水泥矿物相（C_3S, C_2S, C_3A, C_4AF）以及石膏（$C\bar{S}H_2$）的位置，并计算得到它们的体积分数、表面积分数和相关函数，之后利用体视学原理，采用相关函数对模拟得到的水泥颗粒进行物相划分，利用局部曲率的办法对像素进行局部调整，最后使划分之后得到体积分数及表面积分数与 BSE 实测值一致，具体情况如下。

1）样品的制备

制备好的样品是获取清晰背散射图片的关键要素。称取 25g 水泥粉末与低黏性的环氧树脂按照适当比例混合成黏稠状的浆体，在圆柱形的塑料模具（直径32mm）成型之后，放入压力为 30mbar（$1\,bar=10^5\,Pa$）的真空箱中室温养护 24h。待环氧树脂完全固化后脱模，在砂轮切割机上切割成厚度约 1cm 的圆柱体样品。

利用自动磨样机（Buehler Phoenix4000），控制转速为 150 r/min 分别依次在细度为 P180、P600、P1200 的碳化硅砂纸进行打磨，每次打磨之后均用乙醇清洗样品表面，防止把上一级硅砂纸上的颗粒带入至下一级；然后使用 0.1 μm 金刚石悬浮液在抛光布上抛光 1h，直至用光学显微镜观察样品表面没有划痕；最后把抛光之后的样品在乙醇中用超声波清洗残余的抛光液和杂质，并烘干密封待用（图 4.38）。为了避免在制样过程中水泥颗粒发生水化，整个过程使用乙醇和油性打磨抛光液。

图 4.38　打磨和抛光后的样品

2）BSE 图片的获取

因为水泥基材料不具有导电性，需在其表面喷镀一层碳导电层用于背散射电镜实验。本次实验使用背散射电子的加速电压和管电流分别是 12kV 和 2nA。首先利用背散射电子获取样品表面物相的信号，然后采用 X 射线能谱法（管电流为10nA）在 BSE 图像的相同位置分别获取 Ca、Si、Al、Fe、S、K 和 Mg 等主要元素的 X 射线能谱图。由于拍摄的能谱图与 BSE 图像处于同一区域，一系列能谱图片（EDS）可以用来区分 BSE 图像中每种矿物相的位置。图 4.39 为电镜所拍摄的BSE 和 EDS 图像。为了便于对多种图片进行比较，实验中所有的仪器参数（对比度、亮度、放大倍数和大小尺寸）均保持恒定。图片放大倍率对物相的统计分析尤为重要：当拍照倍率太大时，图片不仅模糊，而且视野内的水泥颗粒太少，不具有代表性；相反，当倍率太小时，则图片中水泥颗粒太多，不利于图像分割和处理。利用背散射图片中最亮区域（灰度值最大）、最易分辨的 C_4AF，检测 BSE 图片中其含量的变化来确定适合统计分析的放大倍率（图 4.40）。

图 4.39　样品的背散射图像（a）和 X 射线能谱图像（b）～（f）

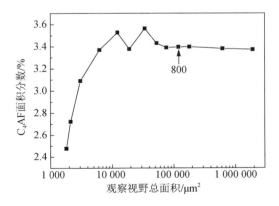

图 4.40　样品所测试 C_4AF 面积分数与观察视野总面积的关系

由图 4.40 可知，随着 BSE 倍率的减小，所观察视野面积随之增大，测试得到的 C_4AF 含量逐渐趋于稳定。当电镜观察区域大于 76 098 μm²，C_4AF 含量已趋于稳定。因此本次 BSE 图像所选取的拍摄区域大小为 76 098 μm²，对应的放大倍数为 800 倍（1024×885 像素）作为样品的代表单元。为了检查采集的图片在 10%误差范围内是否产生 95%置信度，根据 Ye 报道的结果选取 12 张背散射图片作为研究对象，按照如下的方法进行统计分析。

对于 N 个照片，标准偏差 σ 为

$$\sigma = \sqrt{\frac{\sum_{i=1}^{N}\left(x_i - \bar{x}\right)^2}{N-1}} \tag{4-205}$$

$$\bar{x} = \frac{1}{N}\sum_{i=1}^{N}x_i \tag{4-206}$$

式中：x 为第 i 个样品值；$\bar{x}$ 为 N 个样品的平均值。

置信区间 C 为

$$C = \bar{x} \pm t_d\left(\frac{\sigma}{\sqrt{N}}\right) \tag{4-207}$$

式中：t_d 是 t 分布，它可以通过查表得出，主要取决于自由度 $N-1$。

本次试验所采用的 12 张统计 C_4AF 表面积分数的图片，面积范围 0.032 98～0.035 38，它的标准偏差为 0.0007。查表可知自由度为 11 时，置信度 95%的 t 为 1.796，所以可以计算出它的置信区间为 0.033 89～0.000 37。如图 4.41 所示，所选取的 12 张图片在 10%误差范围内都能满足 95%的置信区间。

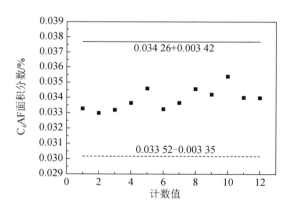

图 4.41　每个样品图像的统计误差

3）图像数字化处理

众所周知，背散射图片的亮度与物相的平均原子数成正比。在水泥的 BSE 图像中，从最亮到最暗的相依次为 C_4AF、C_3S、C_2S、C_3A、$C\bar{S}H_2$ 和树脂填充的

孔。最亮的 C_4AF 和次亮的 C_3S 最先从 BSE 图像中划分出来。然而，C_2S 和 C_3A 相的平均原子数几乎一样，导致它们的灰度值发生重叠。因此必须先把 C_2S 和 C_3A 混合相从 BSE 图像中提取出来，然后根据 X 射线能谱（EDS）图像中 Al 元素分布，把 C_3A 区分出来，剩下的则为 C_2S。最后利用能谱中 S 元素的分布图像把 $C\bar{S}H_2$ 从 BSE 图像中分离出来。BSE-EDS 图像中各种矿物相经划分之后，采用中值滤波的方法进行降噪处理。具体为采取面积为 3×3 像素的小单元过滤或消除图像中孤立存在的像素点。经过划分物相，降噪处理之后，BSE 图像如图 4.42 所示。由体视学理论可知，二维图像的面积分数等于三维物相的体积分数。

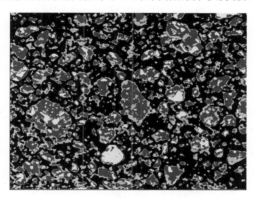

图 4.42　划分和处理之后的最终 BSE 图像

表 4.8 将图 4.42 统计得到的各矿物相面积分数与 Bogue 法计算得到的体积分数进行比，可以看出这两种方法得到的结果比较一致。因此，利用 BSE-EDS 技术对水泥矿物相进行划分，具有较高的精确度。

表 4.8　水泥矿物相的体积分数（BSE-EDS 和 Bogue）

水泥矿物相	BSE-EDS/%	Bogue 方程/%
C_3S	52.36	54.29
C_2S	29.75	27.04
C_3A	4.77	7.51
C_4AF	13.12	11.17

4.4.1.3　水泥三维图像中矿物相的划分

二维 BSE-EDS 图像获取的各相面积分数和周长分数分别对应三维水泥颗粒中各相体积分数和面积分数，通过相关函数和曲率半径的方法分别调整三维空间中矿物相的体积分数和表面积分数，使其与测试的结果相一致。

对于一个 $M×N$ 大小的图像，任一相或相组合的自相关函数 $S(x,y)$ 可以表示如下：

$$S(x, y) = \sum_{i=1}^{M-x} \sum_{j=1}^{N-y} \frac{I(i,j) \times I(i+x, j+y)}{(M-x) \times (N-y)} \qquad （4\text{-}208）$$

坐标 (i, j) 是所需的物相，则 $I(i, j)$ 为 1；当坐标 (i, j) 不是所需的物相时，则 $I(i, j)$ 为 0。对于水泥颗粒，分相时一般需要三种不同的相关函数，分别为硅相（$C_3S + C_2S$）、C_3S 相和 C_3A 相。第一步使用硅相的相关函数，把水泥划分硅相（$I(i, j) = 1$）和铝相（$I(i, j) = 0$）；第二步使用 C_3S 相的相关函数，把硅相划分为 C_3S（$I(i, j) = 1$）和 C_2S（$I(i, j) = 0$）；最后使用 C_3A 相的相关函数，把铝相划分为 C_3A 和 C_4AF。每次分相都是对分相之后的三维结构进行统计分析、反复调整直至三维结构的体积分数与二维 BSE 图像的面积分数一致。

应用相关函数分相之后三维物相的面积分数与二维图像的周长分数可能存在一定的差异。因此，需要对分相之后的微结构进行曲率半径调整。局部曲率半径：

$$R_h = \frac{6}{4} \times \frac{V_i}{S_i} \qquad （4\text{-}209）$$

式中：V_i 为三维空间某矿物相的体积；S_i 为相的表面积。由于数字化的三维球形其表面积近似于 $6\pi R^2$ 而不是 $4\pi R^2$，所以用 6/4 对式（4-209）进行修正。对分相之后的像素进行局部调整，使得三维空间中各相的面积分数也与实测结果一致。

基于 BSE-EDS 测定的物相信息，采取上述相关函数和曲率半径的方法，对 W/C=0.35 的水泥颗粒进行矿物相划分，最终生成的水泥浆体初始三维微结构如图 4.43 所示。

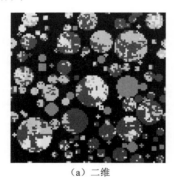

　　（a）二维　　　　　　　　　　　　　　　　（b）三维

图 4.43　W/C=0.35 分相之后的初始微结构

4.4.2　模拟水泥浆体的水化过程

4.4.2.1　水化反应规则

4.4.1 节已经构建出水泥浆体的初始三维结构，该结构是由众多的体素点组成，每个体素点代表某种物相（C_3S、C_2S、C_3A、C_4AF、石膏、水中的一种）。为了模拟水化过程，把体素点看成元胞。根据水泥矿物相水化反应方程，建立一套元胞自动机规则，采用这套规则控制像素的溶解、扩散及化学反应，从而可以模拟水泥浆体的水化和三维微结构的形成过程。

图 4.44 为 CEMHYD3D 模型中建立的元胞自动机水化规则。模型认为每一个元胞可用两个参数表示：溶解属性与溶解概率。溶解属性用来表示该元胞是否可溶，值为 1 时表示可溶，值为 0 时表示不可溶；溶解概率指某像素"随机走进"孔隙时的相对概率，主要是控制水泥水化速度。开始执行水化之前，先对初始三维结构中的每个体素点进行判断，只要水泥颗粒六个随机方向有一个或多个与水接触，则认为该相能够发生溶解。经过标识为可溶的体素允许做一个体素的随机移动，如果其溶解概率大于系统产生的某一随机数，当该像素移至孔隙相的位置就会产生一种或多种扩散相，以后可以在孔隙中随机移动。如果不能满足以上两个条件时，体素在原来的位置保持不动。生成的扩散相在孔隙中做随机的布朗运动，当遇到其他物质，按照化学计量式产生新的物相。

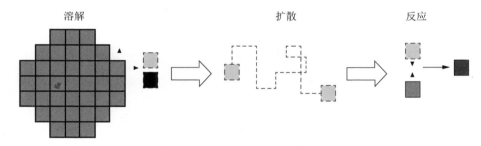

图 4.44　CEMHYD3D 模型的水化规则

模型中元胞自动机反应规则的整个流程为：首先执行溶解规则，然后不断执行扩散和反应规则，直到没有扩散或反应的物相为止；然后再次执行溶解规则，并继续不间断执行扩散和反应规则。依此重复这个过程至水化终止。每执行完一次循环，模型可以统计出水化程度和水化放热等水化信息，以及固相和孔相的体积分数及连通度等三维微结构信息，从而可以对水泥浆体的宏观性能进行预测。

4.4.2.2　时间-循环转换因子

由于元胞自动机的水化规则是利用循环次数来控制水化进程，需要建立循环次数与真实水化时间的关系，即

$$t = \gamma \times n^2 \tag{4-210}$$

式中：t 为真实水化时间；n 为模型的循环次数；γ 为时间-循环转换因子。

γ 是一个经验参数，与水泥颗粒的细度、组成等密切相关。为了确定模型中 γ 值，利用等温量热仪测试水泥的水化热，然后对数值模拟结果进行校正。由图 4.45 可知，当时间-循环转换因子 γ 为 0.000 11 h/cycle^2 时，模拟的水化热结果与实验值吻合。按照上述的方法执行水化，W/C=0.35 水泥浆体的三维微结构演变过程

（0~300 个循环），如图 4.46 所示。可以发现，水泥矿物相（C₃S, C₂S, C₃A, C₄AF）、石膏以及孔隙减少，水化产物（CH 和 C-S-H）明显增加。

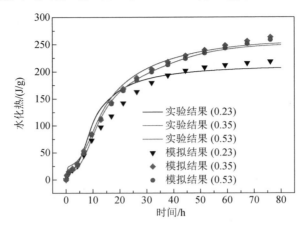

图 4.45　水化热的实验和模拟结果

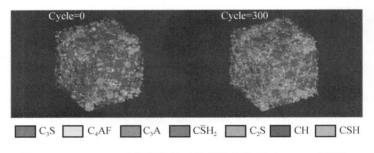

图 4.46　W/C=0.35 水泥浆体的三维微结构演变（0~300 循环）

4.4.3　模拟复合胶凝体系的水化过程

4.4.3.1　粉煤灰-水泥复合体系的水化及三维微结构的重构

在建立初始的粉煤灰-水泥浆体三维微结构之前，除了复合胶凝体系的水胶比，还应该确定粉煤灰的掺量及其粒径分布，图 4.47 为粉煤灰颗粒的粒径分布曲线。粉煤灰掺量通常用质量分数，本次模拟采用的 CEMHYD3D 模型是离散模型，其最小单元的体积为 1μm³，所以需要把粉煤灰的质量分数转变成体积分数。根据水胶比、粉煤灰掺量以及水泥、粉煤灰的粒径分布曲线，就可以计算出 100 像素×100 像素×100 像素立方体单元中水泥和粉煤灰颗粒的大小和数量，粉煤灰掺量和水胶比对粉煤灰-水泥体系中模拟颗粒半径与数目的影响，如图 4.48 所示，水胶比越低，掺量越高，则体系中粉煤灰颗粒数目就越多。按照粒径从大到小的次序以随机的方式放入立方体单元中，图 4.49 表示未分相的粉煤灰-水泥复合胶凝体系的二维截图，黑色为水泥颗粒，灰色表示石膏，白色表示粉煤灰颗粒。

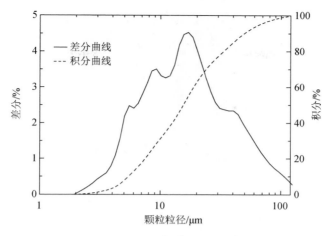

图 4.47　粉煤灰颗粒的粒径分布曲线

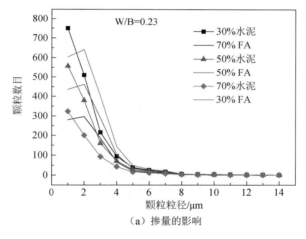

（a）掺量的影响

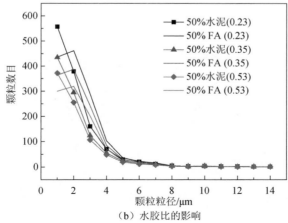

（b）水胶比的影响

图 4.48　粉煤灰-水泥体系中模拟的颗粒半径与数目

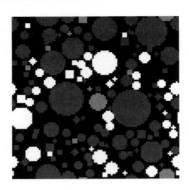

图 4.49　粉煤灰-水泥复合体系初始结构二维截图（W/B=0.23）

　　Pietersen 通过实验研究表明粉煤灰中含有 SiO_2、$SiAl_2O_5$、$CaCl_2$、$CaSO_4$、$CaSi_2Al_2O_8$、$Ca_3Al_2O_6$ 以及其他惰性物质。借助于 SEM-EDX 技术可以区分粉煤灰中不同的物相，并且得到这些物相在粉煤灰结构中的体积分数、表面积分数以及自相关函数。与水泥一样，根据这些信息可以重构粉煤灰的三维微结构。实际上，粉煤灰的物相组成要比上述列举的物相更复杂。为了便于计算机模拟，我们对粉煤灰进行简化处理，利用 Bogue 方程计算得到粉煤灰的矿物相组成，表 4.9 为本章研究的粉煤灰中各物相的体积分数。

表 4.9　粉煤灰中各物相的体积分数

成分	百分比/%	成分	百分比/%	成分	百分比/%
$SiAl_2O_5$	36.24	$Ca_3Al_2O_6$	6.35	SiO_2	55.12
$CaSi_2Al_2O_8$	0	$CaCl_2$	0	$CaSO_4$	2.29

　　基于实测的 SEM 图像发现，粉煤灰颗粒绝大多数是单一物相，本次模拟中在保证各物相体积分数一定的情况下，在粉煤灰中随机选取一定数量的颗粒作为某种物相，划分之后粉煤灰所有的颗粒均是单矿相。对于粉煤灰-水泥复合体系，物相划分的原则是先对水泥颗粒进行物相划分，然后再对粉煤灰颗粒进行分相，分相结果如图 4.50 所示。图 4.51 为粉煤灰-水泥复合体系浆体的初始三维微结构。

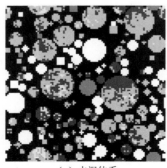
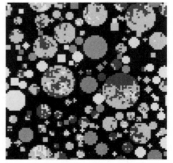

（a）水泥体系　　　　　　　　　　　（b）粉煤灰-水泥复合体系

图 4.50　W/B=0.23 分相之后的粉煤灰-水泥复合体系初始二维微结构

图 4.51　粉煤灰-水泥复合体系初始三维微结构

CEMHYD3D 模型中粉煤灰与水泥水化产物发生火山灰反应的化学表达式如下，即

$$S + 1.1CH + 2.8H \longrightarrow C_{1.1}SH_{3.9} \tag{4-211}$$

$$C_{1.7}SH_4 + 0.5H \longrightarrow C_{1.1}SH_{3.9} + 0.6CH \tag{4-212}$$

$$C_3A + CaCl_2 + 10H \longrightarrow C_3A(CaCl_2)H_{10} \tag{4-213}$$

$$C_4AF + CaCl_2 + 14H \longrightarrow C_3A(CaCl_2)H_{10} + CH + FH_3 \tag{4-214}$$

$$C\bar{S} + 2H \longrightarrow C\bar{S}H_2 \tag{4-215}$$

$$2CH + AS + 6H \longrightarrow C_2ASH_8 \tag{4-216}$$

$$CAS_2 + C_3A + 16H \longrightarrow 2C_2ASH_8 \tag{4-217}$$

$$CAS_2 + C_4AF + 20H \longrightarrow 2C_2ASH_8 + CH + FH_3 \tag{4-218}$$

相比于纯水泥的反应规则，粉煤灰-水泥复合体系中新增了四种扩散相，即无水石膏、$CaCl_2$、AS、扩散 CAS_2。而粉煤灰中硅相本身不溶解，只有 CH 扩散相与粉煤灰中的硅相相遇，才能发生反应生成火山灰 C-S-H 凝胶。新增的扩散相与硅酸盐水泥相互反应如下。

（1）扩散氯化钙：当扩散氯化钙相与固相或扩散 C_3A 碰撞，生成 Friedel 盐；当它与固相 C_4AF 碰撞时，生成 Friedel 盐、CH 和 FH_3。

（2）扩散 AS：当扩散 AS 与固相或扩散 CH 碰撞时，生成水化硅铝酸钙。

（3）扩散 CAS_2：当扩散 CAS_2 与固相或扩散 C_3A 碰撞时，生成水化硅铝酸钙；如果它与固相 C_4AF 碰撞，则生成水化硅铝酸钙、CH 和 FH_3。

（4）扩散无水石膏：当扩散无水石膏与固相或扩散石膏碰撞时，即转化为固相石膏。

4.4.3.2 磨细矿渣-水泥复合体系的水化及三维重构

图 4.52 是用激光粒度分析仪实测得到的磨细矿渣颗粒粒径分布曲线，根据水泥和磨细矿渣的粒径分布以及复合体系的水胶比，可以确定水泥与磨细矿渣球形颗粒在不同半径时的数目，当磨细矿渣掺量为 30%、50% 和 70% 以及水胶比为 0.23、0.35 和 0.53 时水泥-磨细矿渣体系中模拟颗粒半径与数目分别，如图 4.53 所示。

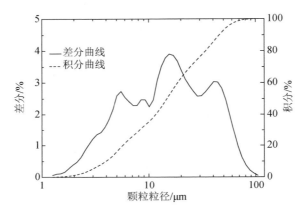

图 4.52　磨细矿渣颗粒的粒径分布曲线

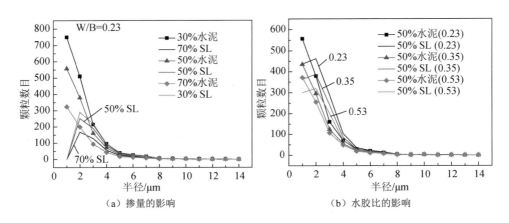

（a）掺量的影响　　　　　　　　　（b）水胶比的影响

图 4.53　水泥-磨细矿渣体系中模拟的颗粒半径与数目

假定数值模型中磨细矿渣为单一矿物相，确定复合体系的水胶比、磨细矿渣掺量以及胶凝材料的粒径分布之后进行分相，分相后的磨细矿渣-水泥复合体系的二维和三维微结构，如图 4.54 所示。

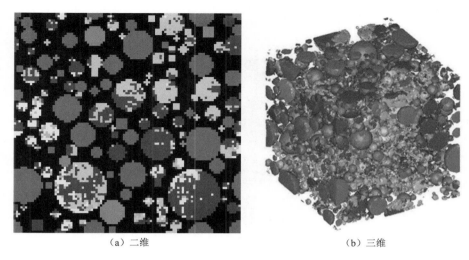

（a）二维　　　　　　　　　　　　　　　（b）三维

图 4.54　W/B=0.23 分相之后的磨细矿渣-水泥体系初始微结构

Wang 研究表明，磨细矿渣与 CH 发生反应生成 C-S-H 凝胶的钙硅比要低于水泥水化生成的 C-S-H 凝胶。执行模拟磨细矿渣水化之前应通过实验确定水化产物的密度、摩尔体积、Ca/Si 比和 H_2O/Si 比等数据，将这些参数输入 CEMHYD3D 模型运用元胞自动机模拟磨细矿渣-水泥复合体系的水化进程。

4.4.4　模拟结果的敏感性分析与实验验证

4.4.4.1　水化热及水化程度

1）水化热

图 4.55 和图 4.45 分别为 CEMHYD3D 模拟水泥粒径和水灰比对水化放热的影响。水泥颗粒越小和水灰比越高，水泥水化放热量则越大。由于水泥颗粒越小，则比表面积就越大，能够有更多的表面与水接触，放热量变大。0～10h，由于水泥水化处于诱导期，水灰比对水化放热几乎没有影响；当水化时间大于 10h 之后，水灰比越高，单位体积浆体内的水量也越高，水泥颗粒就能够更充分地与水接触反应，产生大量的水化热。

粉煤灰和磨细矿渣掺量对复合胶凝体系水化放热的影响，如图 4.56 所示。从图 4.51 中可以看出，无论是粉煤灰还是磨细矿渣，随着掺量的增加，水化放热量随之下降。这是因为矿物掺和料取代了复合浆体中的水泥，有效地降低了浆体中水泥的水化放热量，致使总放热量明显下降。当粉煤灰掺量和磨细矿渣掺量为 70%时，复合胶凝材料体系在 3d 内总放热量分别为 76J/g 和 116J/g。相比较于磨细矿渣，掺入粉煤灰抑制浆体总放热量的效果更明显。

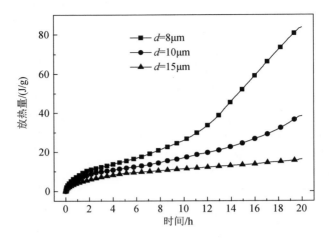

图 4.55　模拟颗粒粒径大小对水化放热的影响

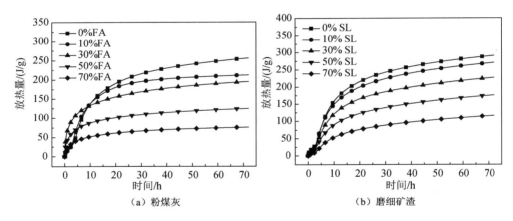

图 4.56　模拟矿物掺和料对水化放热的影响

2）水化程度

图 4.57 表示粉煤灰和磨细矿渣掺量对复合浆体中水泥水化程度的影响。可以发现，掺加矿物掺和料可以明显提高复合胶凝材料二元体系中的水泥水化程度，而且掺量越大，其水泥水化程度值也越高。这是因为在水化早期浆体中矿物掺和料与水发生少量反应或不反应，但它提高了浆体中的有效水灰比，从而提高了水泥的水化程度。

三种不同水灰比的水泥净浆养护至规定龄期，破碎取样并浸泡于无水乙醇中以终止水化，然后把样品研磨成粉末，取过 200 目筛的粉末作为待测样品。为了测试水泥的水化程度，采用两种化学结合水法，即干燥-高温灼烧法和热重分析法。

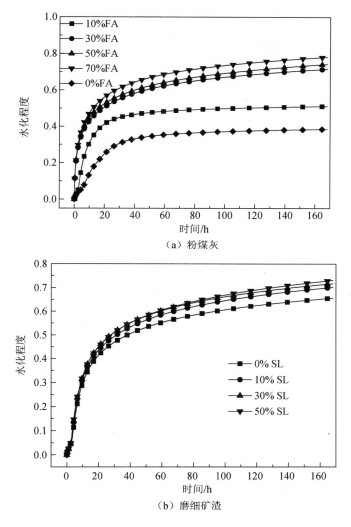

（a）粉煤灰

（b）磨细矿渣

图 4.57　模拟矿物掺和料对水泥水化程度的影响

干燥-高温灼烧法：首先将粉末放入 105℃干燥箱中去除蒸发水，称取 1g（精确至 0.0001 g，质量记为 m_{105}）粉末放入坩埚中，然后装入马弗炉中，升温至 950℃并保持 4h，完成灼烧后冷却至室温用天平称量粉末质量（m_{950}）。

热重分析法：采用德国耐驰的 STA449F3 差热-热重仪进行测量。将几十毫克粉末放入仪器的坩埚中，通入氮气防止浆体碳化，以每分钟 10℃ 的速率升温至 1200℃。为了与干燥-高温灼烧法的实验条件一致，取 105～950℃ 的质量差（$m_{950}-m_{105}$）作为该方法测试得到的灼烧质量差，如图 4.58 所示。

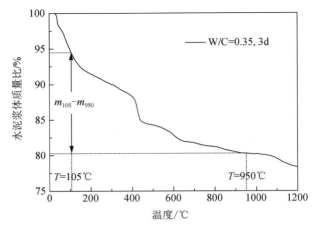

图 4.58　水泥浆体的热重曲线（W/C=0.35, 3d）

Escalante-Garcia 研究发现，对于纯水泥浆体中化学结合水含量 W_n 可表示为

$$W_n = \frac{m_{105} - m_{950}}{m_{950}} - L_c \tag{4-219}$$

式中：L_c 为水泥的烧失量。

根据 Powers 模型，硬化水泥浆中水泥的水化程度为

$$\alpha_c = \frac{100 \times W_n}{0.23} \tag{4-220}$$

式中：α_c 为水泥的水化程度（%）。

图 4.59 和图 4.60 分别为两种实验结果与模拟值的比较。浆体的水灰比越低，其水化程度也越低。热重分析法和高温灼烧法与 CEMHYD3D 模拟结果的相对误差分别为 8%和 35%，而且在水化后期预测的精度要比前期高。针对水化程度，CEMHYD3D 模型计算的结果与热重法更为一致。

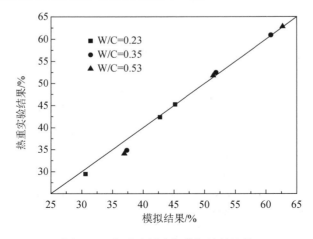

图 4.59　热重分析法与模拟值的比较

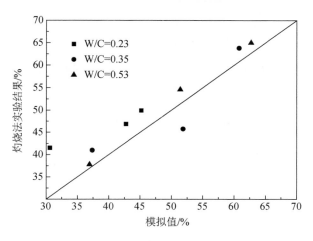

图 4.60　灼烧法与模拟值的比较

4.4.4.2　水化产物

1）C-S-H

X 射线衍射物相分析包括定性和定量分析。传统的 XRD 定量分析法，如内标法、外标法、绝热法和 K 值法等，由于分析水泥基材料的衍射谱为若干个单一的衍射线或衍射族组成，存在严重的谱峰重叠以及择优取向效应等一系列问题，影响了物相量化的精度。Rietveld 在 1967 年提出利用全谱拟合法，该方法成功用于水泥矿物相和硬化浆体水化产物的定量分析。最近，李华采用 XRD-Rietveld 分析法研究侵蚀过程中净浆试件中的物相组分和侵蚀产物的变化规律。对于水泥基材料而言，该分析方法最主要的一个优势是可以对 C-S-H 凝胶相进行定量表征。

（1）工作原理。

每一种晶体物质的 XRD 衍射图谱都是独一无二的。根据 Bragg 定律，衍射峰的位置由晶面间距决定为

$$n\lambda = 2d\sin\theta \qquad (4\text{-}221)$$

式中：n 为反射级数，用整数表示；λ 为实验所用射线的波长；d 为晶面间距；θ 为衍射峰的角度。

根据结构因子计算公式，衍射峰强度由晶胞中原子的种类和位置所决定为

$$F(hkl) = \sum_{I}^{N} f_n \exp 2\pi i (hx_n + ky_n + lz_n) \qquad (4\text{-}222)$$

式中：hkl 为反射面的米勒指数；f_n 为原子结构因子；x_n、y_n、z_n 为含有 N 个原子的晶胞中第 n 个原子的坐标。

Rietveld 分析的原理是根据已知相的图谱，它包括晶相数量、晶格参数以及设备参数等信息，对实验结果中各相衍射峰进行拟合，在拟合过程中不断调节参数，使其与实验结果达到最佳吻合。

（2）样品制备。

水灰比为 0.23、0.35 和 0.53 的样品分别养护至 1d、7d 和 28d 后，浸入酒精终止水化，然后取出，破碎、研磨，在 60℃烘箱中干燥 24h，用玛瑙研钵磨细至全部过 200 目筛子（0.074μm），之后加入 10%平均粒径为 0.4μm 的 α-Al$_2$O$_3$ 用研磨混匀 30min，从中取少量的粉末用于 XRD 实验。

（3）XRD-Rietveld 实验。

采用德国 Bruker 生产的 D8 Discover 型 X 射线衍射仪，利用 Cu 靶配备高能 LynxEye 探测得到激发 X 射线管功率为 40kV×30mA，对试样进行步进扫描。其中，扫描角度范围为 5°～80°，步长为 0.02°，扫描速度为 5°/min。首先对扫描得到的 XRD 图谱用 EVA 软件进行定性分析，然后打开 TOPAS 软件，载入样品 XRD 图谱的源文件（.raw），输入定性分析得到的物相结构数据库，再对物相和图谱进行精修，最终得到水化产物中各相的含量。

（4）Rietveld 方法的可靠性分析。

Al$_2$O$_3$ 相的纯度直接影响到测试结果的精度。掺入 Al$_2$O$_3$ 粉末的 XRD 图谱与设备自带的标准刚玉图谱的比较如图 4.61 所示。两个图谱的峰值位置几乎完全吻合，只是峰值强度有一定的偏差。说明本实验掺入 Al$_2$O$_3$ 粉末是纯度非常高的 α 型氧化铝，可以作为参比物定量分析水化产物中晶相和非晶相的含量。

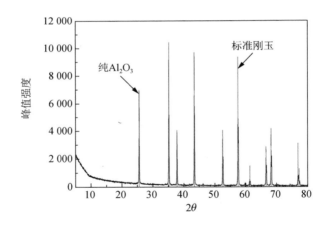

图 4.61　氧化铝粉末 XRD 与标准刚玉的图谱对比

图 4.62 为对水灰比 0.35 水泥净浆养护 1d 后进行 XRD-Rietveld 定量分析的结果。折线表示样品 XRD 测试后的源图谱，平滑线表示利用 Rietveld 法对实验结果进行全谱拟合的结果。可以发现：两条曲线非常吻合，拟合结果的 R_{wp} 因子值为 6.8，表明该方法得到的结果可靠。

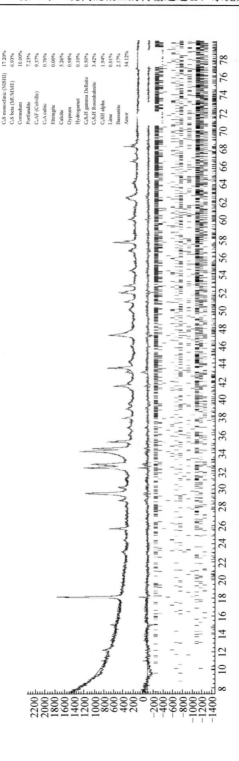

图 4.62　水泥浆体的 XRD-Rietveld 分析结果

　　为了验证 CEMHYD3D 模型的精确度,采用 XRD-Rietveld 分析法定量获取的 C-S-H 质量分数。图 4.63 为实验与模拟结果的比较,大部分 XRD-Rietveld 实验测试结果要大于 CEMHYD3D 模拟结果,它们之间的最大相对误差为 32.9%。主要是因为 XRD 定量分析法假定 C-S-H 凝胶为非晶相,可能把水化产物中的其他非晶相物质都归为 C-S-H 凝胶相,导致测试结果高于模拟结果。

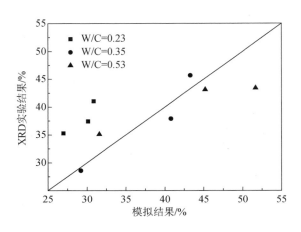

图 4.63　XRD 定量分析与模拟 C-S-H 的比较

2) CH

　　矿物掺和料对复合胶凝材料体系中 CH 量的影响,如图 4.64 所示。CH 量随着矿物掺和量的增加而减少。水泥净浆中的 CH 含量随养护时间的延长而增长,其中水化早期增长速度较快,28d 后增速趋于平缓。当掺入磨细矿渣之后,磨细矿渣-水泥二元体系中 CH 量在 14 d 之前随龄期的增加而增加,14 d 之后却表现出下降趋势。这是因为水化早期磨细矿渣几乎不参与水化反应,此时水泥水化生成 CH 的量不断增加;后期磨细矿渣与 CH 发生反应,致使浆体中 CH 的量不断消耗,当磨细矿渣消耗 CH 量大于水化生成 CH 量时,磨细矿渣-水泥二元体系中总 CH 量就开始下降。对于粉煤灰-水泥二元体系,当粉煤灰掺量为 50% 时后期复合浆体中 CH 量变化趋势与磨细矿渣类似,但当粉煤灰掺量为 10% 和 30% 时 90d 的 CH 量却没有减少。可能是由于煤灰-水泥二元体系的水胶比较低(0.23),早期有更多的水泥参与水化生成 CH,当粉煤灰掺量较少时,致使消耗的 CH 量要低于水泥水化生成量。

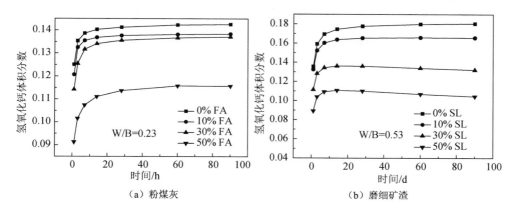

（a）粉煤灰　　　　　　　　（b）磨细矿渣

图 4.64　模拟矿物掺和料对 CH 量的影响

　　分别采用 XRD-Rietveld 和热重-差热（TG-DSC）定量测试水泥浆体中氢氧化钙的含量。图 4.65 为水泥浆体的典型 TG-DSC 曲线（W/C=0.23，1d）。DSC 曲线在 400～450℃存在一个放热峰，对应的 TG 曲线有一个明显的下降段（ΔW_1），主要是氢氧化钙分解为氧化钙并脱羟基。根据氢氧化钙的热分解方程式 $Ca(OH)_2 \rule[0.5ex]{1.5em}{0.4pt} CaO + H_2O$，则 $Ca(OH)_2$ 的质量为 $4.11 \times \Delta W_1$。

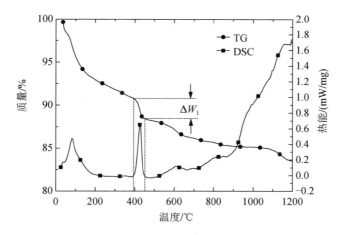

图 4.65　典型的水泥浆体热重-差热曲线（W/C=0.23, 1d）

　　三种不同水灰比（0.23、0.35 和 0.53）的水泥浆体分别养护 1d、3d、7d，分别利用 XRD-Rietveld 和 TG-DSC 法测试的 CH 含量，并与模拟的结果进行比较，如图 4.66 和图 4.67 所示。随着养护龄期的增加，CH 含量也随着增加。CH 量从 1～3d 时的增长速率要明显大于 3～7d 内的增长，说明在 3d 以前水化比较剧烈，之后逐渐趋向缓慢。模拟结果与 XRD 定量分析的最大相对误差为 27.87%，而与热重-差热分析结果的最大相对误差为 36.76%。值得注意的是，TG-DSC 实验结果均比模拟值大,可能是因为 400～450℃范围内浆体的下降质量不仅仅是 CH 分解,可能还包括其他相的分解。

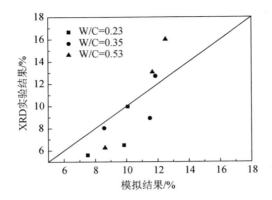

图 4.66　XRD 定量分析与模拟 CH 量的比较

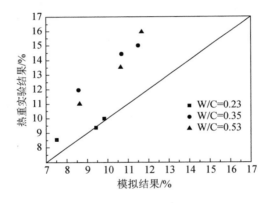

图 4.67　热重-差热分析与模拟 CH 量的比较

3) 毛细孔隙率

图 4.68 为压汞法测试的孔隙率与模拟结果的比较,水灰比 0.23 和 0.35 的水泥净浆在 1d、7d 和 28d 时实验测试的孔隙率全部大于模拟结果,主要是由于压汞法测试浆体的孔隙率包括两种孔:毛细孔和凝胶孔。在 CEMHYD3D 模型中不能在 C-S-H 凝胶相中区分出凝胶孔,只能模拟出毛细孔的孔隙率。因此实验与模拟结果存在较大的偏差,需要进行校正。在前面的章节中,根据 C-S-H 凝胶 Macro 模型计算出 C-S-H 凝胶孔径为 14.17nm,将压汞测试结果中小于 14nm 的孔隙率去除,得到校正后的实验结果与模拟值进行比较,如图 4.69 所示。从图 4.69 中可以看出,校正后的结果与模拟结果比较吻合,最大相对误差为 14.9%。

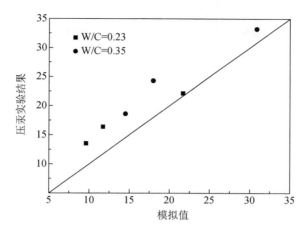

图 4.68　比较压汞测试与模拟得到的 C-S-H 量

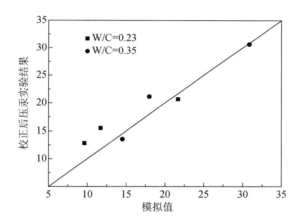

图 4.69　比较校正后压汞测试与模拟得到的 C-S-H 量

4.4.4.3　力学性能

1）胶空比

水泥基复合材料的抗压或抗折强度由胶空比决定。Powers 等定义水泥浆体的胶空比 $X(t)$ 为水化产物与毛细孔的体积比，与时间 t 和 W/C 密切相关，即

$$X(t) = \frac{0.68\alpha(t)}{0.32\alpha(t) + \mathrm{W}/\mathrm{C}} \tag{4-223}$$

然而，式（4-223）是一个简单的经验方程。对于复合胶凝体系，不仅水泥发生水化反应，矿物掺和料也能发生火山灰反应，而矿物掺和料反应引起胶空比的变化尚无文献报道。CEMHYD3D 模型可以模拟水泥浆体微结构中水化产物和毛细孔

的演变过程，根据各相的体素点可以定量计算出胶空比。针对不同水胶比的纯水泥浆体，图 4.70 比较 Powers 方程和 CEMHYD3D 模型计算的胶空比。两种方法计算的结果几乎一样，说明 CEMHYD3D 可以准确预测胶凝材料的胶空比。

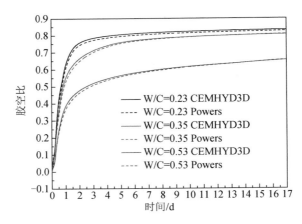

图 4.70　比较 Powers 方程和 CEMHYD3D 模拟的胶空比

2）抗压强度

水泥发生水化，生成的水化产物相互胶结，抗压强度随之增加。为了预测抗压强度，Powers 和 Brownyard 最早建立了抗压强度与胶空比的关系为

$$\sigma_c(t) = \sigma_0 X(t)^3 \tag{4-224}$$

式中：σ_0 为假定水泥浆体中所有孔隙均被水化产物填充的最大抗压强度，与水泥矿物组成、粒径分布、水灰比和养护条件等有关。为了确定最大抗压强度，通过测试 14d 水灰比 0.23、0.35、0.53 的抗压强度，结合拟合的方法得到最大抗压强度为 133.7MPa。Principigallo 等也采用该方法计算得到的最大抗压强度为 137MPa。当确定 σ_0 值后，采用 CEMHYD3D 模拟方法分别计算 1d、3d、7d 和 14d 的胶空比，并用方程（4-224）获取相应的抗压强度。

图 4.71 比较模拟和实验的抗压强度。CEMHYD3D 模型能够准确预测水泥浆体的抗压强度，早期的最大相对误差为 25%，后期的最大相对误差仅为 9%。水泥和水拌和之后，抗压强度几乎为零，主要是因为在该阶段大部分水泥颗粒呈离散状态，少量颗粒仅仅只靠范德华力连接在一起，无法承受外部压力。大约 5h 之后，连通的固相体积分数快速增加，抗压强度也快速增长。此阶段由于生成水化产物将水泥颗粒胶结在一起，同时降低浆体的孔隙率，致使强度和硬度明显增加。当 7d 之后，几乎所有的固相相互搭接在一起，抗压强度缓慢增加。根据以上的分析，浆体的早期抗压强度与固相连接程度呈正比。

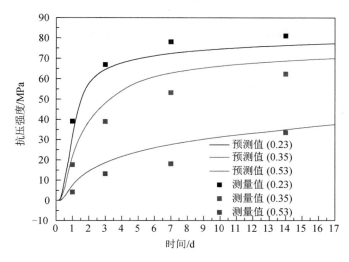

图 4.71　比较模拟和实验得到的水泥浆体抗压强度

通过实验测试的水热化、各种水产物数量、毛细孔隙率和力学强度，与数值模拟的结果进行对比可以发现，实验值与模拟值基本吻合，表现出来的规律一致，这表明数值模拟方法可以用来表征现代水泥基胶凝材料的水化和微结构形成过程。

4.5　水泥浆体扩散系数的预测

本节分别从数学建模和数值模拟两个角度，系统研究水泥浆体扩散系数的预测方法。对于数学建模，推导了 Mori-Tanaka 法和广义自洽法；对于数值模拟，提出了考虑高密度和低密度 C-S-H 的水泥浆体扩散系数的数值模拟方法。并通过大量的实验，对数学模型计算结果和数值模拟结果进行了验证。

4.5.1　夹杂的 Mori-Tanaka 预测方法

4.5.1.1　Mori-Tanaka 理论模型

Mori-Tanaka（简称 M-T）方法因其直接给出了复合材料有效模量的显示表达式，在理论研究和工程中较为常用。但应用在介质传输方面，目前的文献较少发现，本节详细推导了适用于介质传输的 M-T 模型，并应用于考虑界面过渡区的水泥基材料。

稀疏方法在建立局部化关系时，将每类夹杂放置于一无限大基体中，并且远处作用的浓度梯度（力学上指的是应变）与作用在复合材料代表单元上的浓度梯度相同（图 4.72），即复合材料的宏观浓度梯度。M-T 方法认为对于复合材料代表单元，由于其他夹杂的存在，具体作用在某个夹杂周围的浓度梯度有别于远处作用的浓度梯度（图 4.72）。基于这样的观察，M-T 法在将多夹杂转化为单夹杂问题时，在单夹杂问题中的远场作用的浓度梯度为复合材料基体的平均浓度梯度 $\langle \bar{\boldsymbol{H}} \rangle_0$。而复合材料的基体平均浓度梯度 $\langle \bar{\boldsymbol{H}} \rangle_0$ 本身是个未知待求量。下面给出含 N 相夹杂的 M-T 法的推导过程。

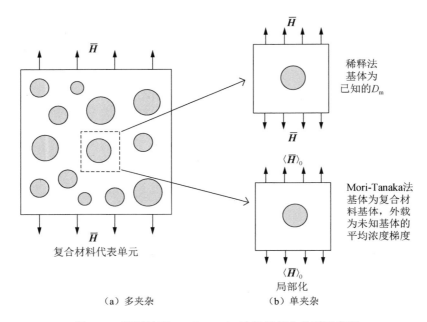

图 4.72　稀释法和 Mori-Tanaka 法的局部化关系示意图

1）完好界面的单一夹杂

根据 Fick 第一定律，氯离子在饱和混凝土孔溶液中的扩散表达为

$$J_i = -D^{\text{eff}} \frac{\partial C}{\partial x_i} = D^{\text{eff}} C_i \tag{4-225}$$

式中：i 为方向，$C_i = C_i(x,t)$ 为自由氯离子浓度；x 为位置，t 为时间，x_i 采用笛卡儿坐标且 $i = 1$、2、3；D^{eff} 为氯离子的有效扩散系数。

在无穷远处，方程（4-225）受到的边界条件为

$$C(x)_{x \to \infty} = \boldsymbol{H}^0 x = -ax \tag{4-226}$$

式中：$\boldsymbol{H}^0$ 为平均浓度梯度；a 为任一常数；x 为笛卡儿坐标。考虑到线性问题，引入浓度集中因子 $\boldsymbol{A} \in \boldsymbol{R}^{3 \times 3}$，来表达局部浓度梯度与平均浓度梯度（宏观浓度梯度）关系为

$$\boldsymbol{H}_{(r)} = \boldsymbol{A}_{(r)} \bar{\boldsymbol{H}} \tag{4-227}$$

式中：$\bar{H}$ 为复合材料的平均浓度梯度。浓度集中因子在夹杂内的表达式为

$$A_{(r)} = \left[\boldsymbol{I} - \boldsymbol{S}(\boldsymbol{D}_{\mathrm{m}})^{-1}(\boldsymbol{D}_{\mathrm{m}} - \boldsymbol{D}_i) \right]^{-1} \quad , \quad x \in \varOmega^i \qquad (4\text{-}228)$$

式中：$\boldsymbol{I}$ 为二阶单位张量，$\boldsymbol{S} \in \boldsymbol{R}^{3 \times 3}$ 为 Eshelby 张量，意味着夹杂为椭球体，其值取决于基体的扩散系数和椭球的半轴长度比 $a_2 : a_1$ 和 $a_3 : a_2$。对于半轴长为 a_1、a_2 和 a_3 的椭球，夹杂在各向同性基体中，S 的表达式为

$$\boldsymbol{S}_{ij} = \frac{a_1 a_2 a_3}{4} \frac{\partial}{\partial x_i \partial x_j} \int_0^\infty \left(\frac{x_1^2}{a_1^2 + s} + \frac{x_2^2}{a_2^2 + s} + \frac{x_3^2}{a_3^2 + s} \right) \frac{1}{\Delta s} \mathrm{d}s \qquad (4\text{-}229)$$

其中，当 $i \neq j, \boldsymbol{S}_{ij} = 0$ 时

$$\Delta s = \sqrt{\left(a_1^2 + s \right)\left(a_2^2 + s \right)\left(a_3^2 + s \right)}$$

根据方程（4-237），得到几类特殊椭球 Eshelby 张量的表达式如下。

对球形夹杂（$a_1 = a_2 = a_3$）

$$\boldsymbol{S}_{11} = \boldsymbol{S}_{22} = \boldsymbol{S}_{33} = \frac{1}{3}$$

椭球圆柱体（$a_3 \to \infty$）

$$\boldsymbol{S}_{11} = \frac{a_2}{a_1 + a_2}, \quad \boldsymbol{S}_{22} = \frac{a_1}{a_1 + a_2}, \quad \boldsymbol{S}_{33} = 0$$

钱币形（$a_1 = a_2 \gg a_3$）

$$\boldsymbol{S}_{11} = \boldsymbol{S}_{22} = \frac{\pi a_3}{4 a_1}, \quad \boldsymbol{S}_{33} = 1 - 2\boldsymbol{S}_{22} = \frac{\pi a_3}{2 a_1}$$

扁椭球体（$a_1 = a_2 > a_3$）

$$\boldsymbol{S}_{11} = \boldsymbol{S}_{22} = \frac{a_1^2 a_3}{2\left(a_1^2 - a_3^2 \right)^{3/2}} \left[\arccos \frac{a_3}{a_1} - \frac{a_3}{a_1} \left(1 - \frac{a_3^2}{a_1^2} \right)^{1/2} \right], \quad \boldsymbol{S}_{33} = 1 - 2\boldsymbol{S}_{22}$$

长椭球体（$a_1 = a_2 < a_3$）

$$\boldsymbol{S}_{11} = \boldsymbol{S}_{22} = \frac{a_1^2 a_3}{2\left(a_3^2 - a_1^2 \right)^{3/2}} \left[\frac{a_3}{a_1} \left(\frac{a_3^2}{a_1^2} - 1 \right)^{1/2} - \operatorname{arccos} h \frac{a_3}{a_1} \right], \quad \boldsymbol{S}_{33} = 1 - 2\boldsymbol{S}_{22}$$

故对扩散系数为 $\boldsymbol{D}_{\mathrm{I}} = D_{\mathrm{I}} \boldsymbol{I}$ 的球形夹杂嵌入到扩散系数为 $\boldsymbol{D}_{\mathrm{m}} = D_{\mathrm{m}} \boldsymbol{I}$ 各向同性基体中，式（4-228）简化为

$$A_i = A_{\mathrm{sph}}' \boldsymbol{I}, \quad A_{\mathrm{sph}}^j = \frac{3 \boldsymbol{D}_{\mathrm{m}}}{2 \boldsymbol{D}_{\mathrm{m}} + \boldsymbol{D}_{\mathrm{I}}} \qquad (4\text{-}230)$$

2）完好界面的多相夹杂

假设具有 N 相夹杂的 $N+1$ 元复合材料系统，每一相的扩散通量与浓度梯度的关系表达为

$$J_{(r)} = D_r H_{(r)} \qquad (4\text{-}231)$$

式中：下标 r 表示第 r 相（$r = 0, 1, \cdots, N$），$r = 0$ 表示基体材料，每一相的体积分数假设为 f_r 且 $\sum_{i=0}^{N+1} f_r = 1$。根据上节给出的单一夹杂浓度集中因子表达式（4-225），可以推广到具有 N 相夹杂的 $N+1$ 元复合系统。第 r 相对应的椭球形夹杂为 $\Omega(r)$，它的半轴为 $a(r)1$、$a(r)2$ 和 $a(r)3$，体积分数 f_r，对应的扩散系数为 $D(r)$，按照 Benveniste 对原始的 M-T 算法的改进，夹杂相之间的相互作用在基体中各夹杂相近似认为与基体平均浓度梯度（$\langle H \rangle m = \langle H \rangle_0$）的作用是相互独立的，因此，第 r 相夹杂的平均浓度梯度可以写成

$$\langle H \rangle_r = T_r \langle H \rangle_m \tag{4-232}$$

其中

$$H_i = -\frac{\partial C}{\partial x_i} \qquad \langle H \rangle_r = \frac{1}{V_r} \int_{V_r} H_r \mathrm{d}V$$

式中：V_r 为第 r 相材料所占的体积。

T_r 是第 r 相局部浓度梯度集中因子，其大小为 3×3 矩阵，T_r 表达为

$$T_r = \begin{cases} I , & r = 0 \\ R_r S(R_r)^\mathrm{T}, & r = 1, 2, \cdots, N \end{cases} \tag{4-233}$$

式中：R_r 为以夹杂为对称轴在宏观坐标系与局部坐标系下的差，也称为转换矩阵。

根据 M-T 在有限体分比下的均匀化方法，复合材料的平均浓度梯度等于各组分浓度梯度之和，即

$$\bar{H} = \sum_{r=0}^{N} f_r \langle H \rangle_r = \left(\sum_{r=0}^{N} f_r T_r \right) \langle H \rangle_m = f_0 \langle H \rangle_m + \sum_{r=1}^{N-1} f_r \langle H \rangle_r \tag{4-234}$$

通过对上面的矩阵求逆，得到基体的平均浓度梯度为

$$\langle H \rangle_m = \left(\sum_{r=0}^{N} f_r T_r \right)^{-1} \bar{H} = \left(f_c I + \sum_{r=1}^{N-1} f_r T_r \right) = A_m \bar{H} \tag{4-235}$$

将方程（4-235）代入方程（4-232），从而利用 Mori-Tanaka 方法得到的局部化关系为

$$\langle H \rangle_r = T_r \left(\sum_{r=0}^{N} f_r T_r \right)^{-1} \bar{H} = T_r \left(f_m I + \sum_{r=1}^{N-1} f_r T_r \right) = A_r \bar{H} \tag{4-236}$$

式中：A_m 和 A_r 分别是基体和夹杂的浓度梯度集中因子。

假定把每一相看作是各相同性的，在第 r 相中的平均扩散通量为

$$\langle J \rangle_r = -D_r \langle H \rangle_r \tag{4-237}$$

这样复合材料平均扩散通量为各组分扩散量的和，即

$$\bar{J} = \sum_{r=0}^{N} f_r \langle J \rangle_r = -\left(\sum_{r=0}^{N} f_r D_r T_r \right) \left(\sum_{r=0}^{N} f_r T_r \right)^{-1} \bar{H} \tag{4-238}$$

从上式可以得到有效扩散通量 $\bar{J} = -D^{\text{eff}}\bar{H}$ 的最后形式为

$$D^{\text{eff}} = \left(f_{\text{m}}D_{\text{m}} + \sum_{r=1}^{N} f_{\text{r}}D_{\text{r}}T_{\text{r}} \right)\left(f_{\text{m}}I + \sum_{r=1}^{N} f_{\text{r}}T_{\text{r}} \right)^{-1} \tag{4-239}$$

若假定复合材料是由各相同性的基体和在空间任意随机分布单一球形夹杂组成的 $N+1$ 元复合材料，方程（4-239）的有效扩散系数简化为

$$D^{\text{eff}} = \frac{f_{\text{m}}D_{\text{m}} + \sum_{r=1}^{N} f_{\text{r}}D_{\text{r}}\{T_{\text{r}}\}}{f_{\text{m}} + \sum_{r=1}^{N} f_{\text{r}}\{T_{\text{r}}\}} , \qquad \{T_{\text{r}}\} = \frac{3D_{\text{m}}}{2D_{\text{m}} + D_{\text{r}}} \tag{4-240}$$

3）多相夹杂角度平均

在多夹杂问题中，若 N 相夹杂中所有夹杂的种类相同，这样就可以根据方程（4-239）直接计算复合材料的有效扩散系数，若 N 相材料中有 $M(M \ll N)$ 类夹杂，每一类夹杂都可以用其对应的浓度因子 A_i [方程（4-228）] 表示，这样 M 类椭球夹杂在空间任意方向随机分布，计算复合材料有效扩散系数时，需要进行角度平均处理，其计算过程的示意如图图 4.73 所示，原始复合材料体系有 N 相夹杂 [图 4.73（a）]，在建立局部化过程中，将多夹杂问题→单夹杂 [图 4.73（b）]，根据建立方程（4-240）的假定，各夹杂与基体相互作用不受其他夹杂影响，将单夹杂推广到多夹杂问题 [图 4.73（c）]，将空间仍以分布的夹杂进行空间角度平均后 [图 4.73（d）]，夹杂简化为各相同性，这样就很方便地计算出含 M 类夹杂的复合材料有效扩散系数。

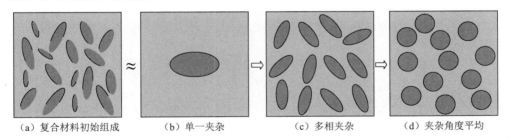

（a）复合材料初始组成　　（b）单一夹杂　　　　（c）多相夹杂　　　　（d）夹杂角度平均

图 4.73　多类夹杂的计算过程示意图

设夹杂在局部坐标系下建立的坐标轴与夹杂的三个对称轴 a_1、a_2 和 a_3 平行，这样夹杂在宏观坐标下的表达式为

$$T_{\text{r}} = R\left[I - S\left(D_{\text{m}}\right)^{-1}\left(D_{\text{m}} - D_{\text{r}}\right) \right]^{-1} R^{\text{T}} \tag{4-241}$$

根据复合材料理论，转换矩阵 R 可表达为

$$R(\alpha, \beta, \gamma) = \begin{pmatrix} \cos\gamma & -\sin\gamma & 0 \\ \sin\gamma & \cos\gamma & 0 \\ 0 & 0 & 1 \end{pmatrix}\begin{pmatrix} \cos\beta & 0 & -\sin\beta \\ 0 & 1 & 0 \\ \sin\beta & 0 & \cos\beta \end{pmatrix}\begin{pmatrix} \cos\alpha & -\sin\alpha & 0 \\ \sin\alpha & \cos\alpha & 0 \\ 0 & 0 & 1 \end{pmatrix} \tag{4-242}$$

式中：α、β 和 γ 为 Euler 角。这里的 $\boldsymbol{R}$ 是按照 X_2 轴约定转换，沿不同轴变换，矩阵 $\boldsymbol{R}$ 的表达式是不同的，但不会影响角度平均值的计算。

$\boldsymbol{T}_r$ 的角度平均用花括号（与复合材料中角度平均方法符号相同）来表示为

$$\{T_r\} = \frac{1}{8\pi^2} \int_0^{2\pi} \int_0^{\pi} T_r \sin\beta \mathrm{d}\alpha \mathrm{d}\gamma \tag{4-243}$$

通过 MATLAB 编程可以对 $\boldsymbol{T}_r$ 的角度平均数值直接化简。

这样，对于 N 相夹杂含 M 类夹杂的复合材料有效扩散系数，类似于方程（4-240），可简单地表达为

$$D^{\mathrm{eff}} = \frac{f_{\mathrm{m}} D_{\mathrm{m}} + \sum_{s=1}^{M} f_s D_s \{T_s\}}{f_{\mathrm{m}} + \sum_{s=1}^{M} f_s \{T_s\}} \tag{4-244}$$

式中：f_s 为第 S 类夹杂所占的总体积分数；$\{T_s\}$ 为第 S 类夹杂的角度平均值。

对方程（4-240）夹杂角度平均的两类特例进行分析。若夹杂全部由球形粒子（$a=b=c$）组成，Eshelly 张量 $S_{11}=S_{22}=S_{33}$，方程（4-243）的角度平均可表达为

$$\{T_r\} = \frac{3D_{\mathrm{m}}}{2D_{\mathrm{m}} + D_r} \tag{4-245}$$

将方程（4-245）代入方程（4-244），可得到**由球形粒子组成的复合材料 M-T 有效扩散系数的表达式**。对两相复合材料组成的 **M-T** 表达式可简化为

$$D^{\mathrm{eff}} = D_{\mathrm{m}} \frac{2D_{\mathrm{m}} + D_r + 2f_r(D_r - D_{\mathrm{m}})}{2D_{\mathrm{m}} + D_r - f_r(D_r - D_{\mathrm{m}})} \tag{4-246}$$

在方程（4-240）中，若夹杂全部由无限长的圆柱体（$a=b, c \to \infty$）组成，$\{T_r\}$ 可表达为

$$\{T_r\} = \frac{2D_{\mathrm{m}}}{D_{\mathrm{m}} + D_r} \tag{4-247}$$

故由基体和圆柱体组成的两项复合材料，有效扩散系数的 M-T 可表达为

$$D^{\mathrm{eff}} = D_{\mathrm{m}} \frac{D_{\mathrm{m}} + D_r + 2f_r(D_r - D_{\mathrm{m}})}{2D_{\mathrm{m}} + D_r - f_r(D_r - D_{\mathrm{m}})} \tag{4-248}$$

其他旋转椭球体，如长椭球和扁椭球，根据式（4-229）计算得到响应 Eshelly 张量，代入式（4-241）与式（4-245），来考察夹杂形貌的变化对复合材料有效扩散系数的影响。

4）M-T 预测模型的特例-稀疏模型

根据复合材料理论和图 4.72 的示意图可知，在复合材料中远处作用的浓度梯度与作用在复合材料代表单元上的浓度梯度相同，所以，基体的 $\langle \boldsymbol{H} \rangle_{\mathrm{m}} = \langle \bar{\boldsymbol{H}} \rangle$，这样在方程（4-232），第 r 相夹杂利用稀疏夹杂方法，可直接得到的局部化关系为

$$\langle \boldsymbol{H} \rangle_r = \boldsymbol{T}_r \bar{\boldsymbol{H}} \tag{4-249}$$

与式（4-235）含义相同，复合材料的平均扩散通量为各组分通量之和，得到

$$\bar{\boldsymbol{J}} = \sum_{r=0}^{N} f_r \langle \boldsymbol{J} \rangle_r = -\left(\sum_{r=0}^{N} f_r \boldsymbol{D}_r \boldsymbol{T}_r \right) \bar{\boldsymbol{H}} \tag{4-250}$$

再利用 $\bar{\boldsymbol{J}} = -\boldsymbol{D}^{\mathrm{eff}} \bar{\boldsymbol{H}}$ 的关系，复合材料稀释法建立的有效扩散系数的表达式为

$$\boldsymbol{D}^{\mathrm{eff}} = \left(f_0 \boldsymbol{D}_m + \sum_{r=1}^{N} f_r \boldsymbol{D}_r \boldsymbol{T}_r \right) \tag{4-251}$$

对于由 N 相球状夹杂组成的复合材料有效扩散系数 $\boldsymbol{D}^{\mathrm{eff}}$ 由式（4-251）中 $\boldsymbol{D}^{\mathrm{eff}}=D^{\mathrm{eff}}\boldsymbol{I}$，表达为

$$D^{\mathrm{eff}} = f_0 D_m + \sum_{r=1}^{N} f_r D_r \{T_r\}, \qquad \{T_r\} = \frac{3D_m}{2D_m + D_r} \tag{4-252}$$

4.5.1.2　M-T 模型预测有效扩散系数的数值分析

由前面分析可知，根据式（4-229）、式（4-241）和式（4-245）可以预测各类夹杂形貌对传输性能的影响，以旋转椭球体为例来说明这一问题。在椭球的三个轴中，假定椭球以 c 轴为对称轴旋转，且 c 为最短轴半径（扁椭球）或最长轴半径（长椭球），这样 $a=b$ 为旋转椭球的圆基半径。直接可以用 c/a 的长径比变化来表征椭球形貌的变化，设基体的扩散系数 $D_m=8.0\times10^{-12}\mathrm{m^2/s}$，夹杂的扩散系数 $D_I=1.0\times10^{-13}\mathrm{m^2/s}$，若夹杂为长椭球，即 $c/a \geqslant 1$，得到的复合材料有效扩散系数（扩散方向与 c 轴平行）随夹杂体积分数的变化如图 4.74（a）所示。从图 4.75 中可以看出，夹杂的形貌由球形（$c/a=1$）一直变化到 $c/a=1000$ 的长椭球 [椭球的形貌示意如图 4.75（a）所示]，其形状变化对复合材料传输性能几乎无任何影响，而夹杂为扁椭球 [图 4.74（b）] 时，随夹杂长径比的降低，复合材料有效扩散系数显著降低，当 c/a 的值非常小时，此时的夹杂转化为裂缝。

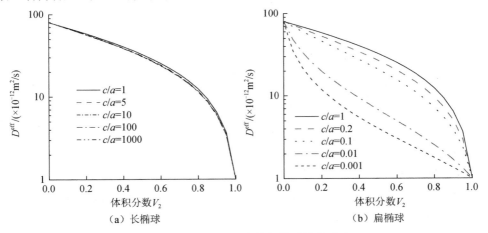

（a）长椭球　　　　　　　　　　　（b）扁椭球

图 4.74　夹杂形貌对有效扩散系数的影响

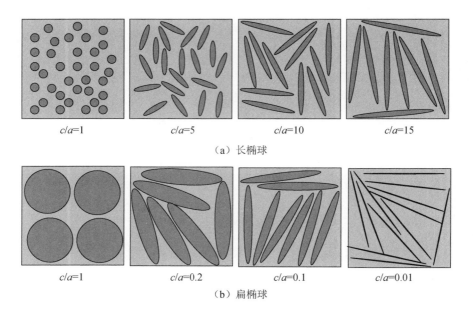

（a）长椭球

（b）扁椭球

图 4.75　椭球形貌示意图

　　长径比变化对复合材料有效扩散系数的影响，可以用夹杂数量的变化来解释。椭球的体积可表示为 $V_{sp}=4\pi N_r a^2 c/3$，其中 N_r 为椭球的数量。若夹杂的总体积恒定，旋转椭球体的圆基半径 a 也不变，椭球的数量 N_r 与其长轴半径 c 的变化成反比，c 值越大，对长椭球而言，其数量个数就越少［图 4.75（a）］，夹杂之间相互连接形成渗流通道在降低。从这一点来讲，夹杂数量减少降低了介质在复合材料中的传输性能，但夹杂纵向长度的无限增大使基体整个贯穿的概率也增大，会增加介质的传输。整体来看，长椭球夹杂数量变化对传输性能的正负效应几乎抵消，后者略大于前者，所以对长椭球而言，对复合材料传输性能的影响很小。而对扁椭球而言，因 c 值不断减小，夹杂的数量显著增加，当 c 无限小时，夹杂几乎为裂缝［图 4.75（b）］，将显著增加传输性能，因此在模拟裂缝对传输性能影响时常采用扁椭球。

4.5.1.3　含界面过渡区的 M-T 有效扩散系数预测法

　　在普通混凝土中，界面过渡区是最薄弱的区域，对其传输性能有显著影响，因此，各种预测模型都需充分考虑界面过渡区。在水泥复合材料中，夹杂可视为水化固相产物、集料、界面过渡区或孔相，视研究对象而定。考虑夹杂的形貌变化的预测模型已在 4.5.1.1 节详细给出，对传输性能的影响也在 4.5.1.2 节中作了深入分析。本节为便于推导含界面过渡区 M-T 预测模型，将夹杂视为球形，这样可以直接用 4.5.1.1 节给出球形夹杂模型来预测水泥基复合材料有效扩散系数。在细观尺度上，水泥基复合材料看作由集料、基体和界面过渡区组成，其示意图如

图 4.76 所示。M-T 的预测步骤可能分为两步：第一步集料视为夹杂，界面过渡区视为基体组成复合球，这一复合球体称为等效球，通过 M-T 法得到等效球的扩散系数；第二步将等效球嵌入水泥基体中组成的复合球再嵌入无限大的介质中，得到整个水泥基材料的有效扩散系数，其计算表达式为

$$D^{\text{eff}} = D_{\text{m}} \frac{2D_{\text{m}} + D_{\text{e}} + 2f_{\text{e}}(D_{\text{e}} - D_{\text{m}})}{2D_{\text{m}} + D_{\text{e}} - f_{\text{e}}(D_{\text{e}} - D_{\text{m}})} \tag{4-253}$$

$$D_{\text{e}} = D_{\text{I}} \frac{2D_{\text{I}} + D_{\text{a}} + 2f_{\text{a}}(D_{\text{a}} - D_{\text{I}})}{2D_{\text{I}} + D_{\text{a}} - f_{\text{a}}(D_{\text{a}} - D_{\text{I}})} \tag{4-254}$$

式中：D_{a}、D_{I}、D_{m} 和 D_{e} 分别为集料、界面过渡区、基体和由集料和界面组成的等效球的扩散系数；f_{a}，f_{I} 分别为集料和界面过渡区体积分数，$f_{\text{e}} = f_{\text{a}} + f_{\text{I}}$。在图 4.76 模型示意图中，$f_{\text{a}} = (a/c)^3$；$f_{\text{I}} = \left[(b-a)/c\right]^3$。具体界面过渡区基体分数的计算需根据集料级配、集料体积分数和界面过渡区厚度计算，详细过程见第 5 章。

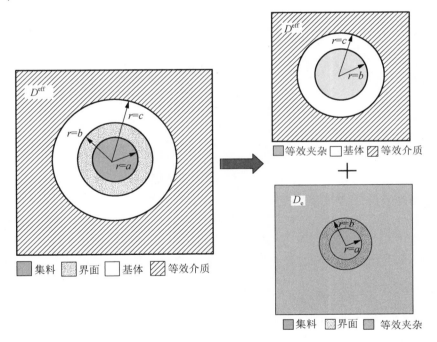

图 4.76　基于 M-T 算法预测水泥基复合材料有效扩散系数

4.5.2　广义自洽法预测水泥浆体的扩散系数

4.5.2.1　夹杂相为球形

Béjaoui 等用 SEM-EDX 对硬化水泥浆体微结构各物相的分布和含量分别进行

定性和定量分析，结果表明未水化水泥颗粒被两层产物层所包裹，最里层是内部 C-S-H 层，外层是由 C-S-H 凝胶、CH、AF 相以及毛细孔组成的外部水化产物层。基于实验观测的硬化水泥浆体微观形貌，利用多层复合球模型对浆体进行等效处理，如图 4.77 所示。图 4.77（a）中由 3 层复合球组成，最内层为未水化水泥颗粒，中间层为高密度 C-S-H 凝胶，最外层为低密度 C-S-H 凝胶层（由 CH、AF、毛细孔以及低密度 C-S-H 凝胶组成）。由于在水化过程中生成高密度 C-S-H 凝胶的水化空间受到较大限制和获得较少的水，致使其凝胶孔隙率小于低密度 C-S-H 凝胶。当低密度 C-S-H 凝胶不发生逾渗现象时，可以用两层复合球模型表示浆体的微结构［图 4.77（b）］。最内层还是由未水化水泥颗粒组成；最外层称为 C-S-H 凝胶层，该层把高密度 C-S-H 凝胶看成基体相，CH、AF、毛细孔及低密度 C-S-H 凝胶看成夹杂相。

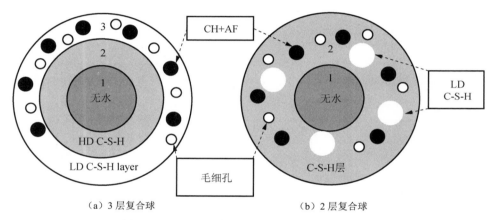

（a）3 层复合球　　　　　　　　　　　（b）2 层复合球

图 4.77　硬化水泥浆体的多层复合球模型示意图

　　无论是三层复合球模型还是两层复合球模型，其内部每一层都可以看成均一相。而最外层属于典型的基体-夹杂型结构模型。对于三层复合球模型的最外层，高扩散性的毛细孔相和非扩散的 CH+AF 相作为夹杂相镶嵌于 LD C-S-H 凝胶基体中。考虑到毛细孔的逾渗作用，分别采用两种不同的基体-夹杂模型来计算扩散系数。

　　1）毛细孔隙率大于 0.18

　　此时，低密度 C-S-H 层的毛细孔相达到逾渗阈值时，自洽模型（SC）适合预测其等效扩散系数，具体表达式为

$$\sum_{j=1}^{3} \frac{f_{\text{ext}}^{j}}{f_{\text{ext}}^{1}+f_{\text{ext}}^{2}+f_{\text{ext}}^{3}} \frac{D_{\text{ext}}^{j}-D_{\text{ext}}^{\text{eff}}}{D_{\text{ext}}^{j}+2D_{\text{ext}}^{\text{eff}}}=0 \qquad (4\text{-}255)$$

式中：$D_{\text{ext}}^{\text{eff}}$ 为均匀化之后最外层（低密度 C-S-H 层）的有效扩散系数；D_{ext}^{j} 和 f_{ext}^{j} 分别为在最外层中第 j 相的扩散系数和体积分数。$j=1$ 表示毛细孔相，$j=2$ 表示 AF 和 CH 相，$j=3$ 表示 LD C-S-H 基体相。

根据方程（4-255），最外层的有效扩散系数可表示为

$$D_{ext}^{eff} = \frac{1}{4}\left[\chi + \sqrt{\chi^2 + 8D_{ext}^1 D_{ext}^3 \left(1 - \frac{3}{2}f_{ext}^2\right)} \right] \tag{4-256}$$

$$\chi = D_{ext}^3 \left[2 - 3\left(f_{ext}^1 + f_{ext}^2\right) \right] + D_{ext}^1 \left(3f_{ext}^1 - 1\right) \tag{4-257}$$

2）毛细孔隙率小于 0.18

当低密度 C-S-H 凝胶层中毛细孔相的体积分数小于 0.18 时，即毛细孔不能发生逾渗现象，此时不能采用 SC 法来计算该层的有效扩散系数。然而，利用基体-夹杂模型中的 Mori-Tanaka 方法可以解决这个问题。对于基体夹杂 N 种相的复合材料有效扩散系数可以简单地表述为

$$D^{eff} = \frac{f_m D_m + \sum_{s=1}^{N} f_s D_s \{T_s\}}{f_m + \sum_{s=1}^{N} f_s \{T_s\}} \tag{4-258}$$

式中：f_m 和 f_s 分别为基体相和第 S 类夹杂相的体积分数；D_m 和 D_s 分别为基体相和夹杂相的扩散系数；$\{T_s\}$ 为第 S 类夹杂相的角度平均值。

假定夹杂相的形状全部为球形粒子，根据 Eshelly 张量计算出球形夹杂相的角度平均值为

$$\{T_s\} = \frac{3D_m}{2D_m + D_s} \tag{4-259}$$

将式（4-259）代入式（4-258），就可得到在低密度 C-S-H 凝胶层由两种夹杂相组成的三相复合材料有效扩散系数

$$D_{ext}^{eff} = \frac{D_{ext}^3 + 2 \cdot \delta \cdot D_{ext}^3}{1 - \delta} \tag{4-260}$$

$$\delta = f_{ext}^1 \frac{D_{ext}^1 - D_{ext}^3}{D_{ext}^1 + 2D_{ext}^3} + f_{ext}^2 \frac{D_{ext}^2 - D_{ext}^3}{D_{ext}^2 + 2D_{ext}^3} \tag{4-261}$$

两层复合球模型的最外层可以看成毛细孔相、CH+AF 相、低扩散性的 C-S-H 凝胶相作为夹杂相镶嵌于 HD C-S-H 凝胶基体中。该层的有效扩散系数可由 4 相的 Mori-Tanaka 模型得到。

$$\frac{D_{ext}^{eff} - D_{ext}^4}{D_{ext}^{eff} + 2D_{ext}^4} = \frac{f_{ext}^1}{\sum_{i=1}^{4} f_{ext}^i} \frac{D_{ext}^1 - D_{ext}^4}{D_{ext}^1 + 2D_{ext}^4} + \frac{f_{ext}^2}{\sum_{i=1}^{4} f_{ext}^i} \frac{D_{ext}^2 - D_{ext}^4}{D_{ext}^2 + 2D_{ext}^4} + \frac{f_{ext}^3}{\sum_{i=1}^{4} f_{ext}^i} \frac{D_{ext}^3 - D_{ext}^4}{D_{ext}^3 + 2D_{ext}^4} \tag{4-262}$$

式中：$j = 4$ 表示 HD C-S-H 凝胶相。

当复合球模型中每层的有效扩散系数确定之后，利用 Caré 基于广义自洽方法（GSCS）提出用于预测复合材料扩散行为的（$n+1$）层复合球体模型，如图 4.78 所示。该模型主要考虑复合材料中相与相之间性能存在梯度差，在一个等效介质

的中心放入一个球形颗粒，在该颗粒外围包裹着一系列不同半径的同心球壳，复合球体的等效扩散系数等于包围 $n+1$ 层相的扩散系数。通过回归方法可以得到复合球体有效扩散系数的解析解。

$$D_{i+1}^{\text{eff}} = D_{i+1} + \cfrac{D_{i+1}\left(\cfrac{r_i^3}{r_{i+1}^3}\right)}{\cfrac{D_{i+1}}{\left(D_i^{\text{eff}} - D_{i+1}\right) + \cfrac{1}{3}\cfrac{\left(r_{i+1}^3 - r_i^3\right)}{r_{i+1}^3}}} \tag{4-263}$$

式中：D_i 为第 i 相的扩散系数；D_i^{eff} 为从第 1 层到第 i 层组成复合球体的有效扩散系数；r_i 为第 i 层同心球的半径，$D_i^{\text{eff}} = D_1$。

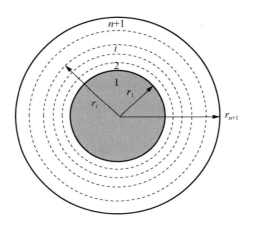

图 4.78　$n+1$ 层复合球模型示意图

假定未水化水泥的扩散系数为 0，即 $D_1 = 0$，则将整个硬化水泥浆体视为三层复合球模型的有效扩散系数 D_C^{eff}：

$$D_C^{\text{eff}} = D_2^{\text{eff}} \frac{6D_3^{\text{eff}}\left(1 - \phi_1\right)\left(\phi_1 + \phi_2\right) + 2\phi_2\left(D_2^{\text{eff}} - D_3^{\text{eff}}\right)\left(1 + 2\phi_1 + 2\phi_2\right)}{3D_3^{\text{eff}}\left(2 + \phi_1\right)\left(\phi_1 + \phi_2\right) + 2\phi_2\left(1 - \phi_1 - \phi_2\right)\left(D_2^{\text{eff}} - D_3^{\text{eff}}\right)} \tag{4-264}$$

式中：ϕ_1, ϕ_2, ϕ_3 分别为 3 层复合球模型中第 1、2、3 层的体积分数，即分别表示整个硬化浆体中未水化水泥颗粒、高密度 C-S-H 凝胶以及低密度 C-S-H 凝胶层的体积分数。

按照以上同样方法，可以得到将整个浆体视为两层复合球模型的有效扩散系数 D_C^{eff} 为

$$D_C^{\text{eff}} = D_2^{\text{eff}} + \frac{3D_2^{\text{eff}}\phi_1}{\phi_2 - 1} \tag{4-265}$$

式中：D_2^{eff} 为表示两层复合球模型中最外层（第 2 层）的扩散系数，该层就是指高密度 C-S-H 凝胶层；ϕ_1 和 ϕ_2 分别为第 1 和 2 层的体积分数，即分别表示整个硬化浆体中未水化的水泥颗粒和高密度 C-S-H 凝胶层的体积分数。

4.5.2.2　夹杂相为椭圆

水泥水化产物主要由 C-S-H、CH、AF 以及毛细孔组成，毛细孔仅存在于低密度 C-S-H 凝胶层中。尽管 CH 和 AF 晶体的形貌及其分布在 C-S-H 凝胶中的规律尚不得而知，但对于大多数水泥而言，由于这两种水化产物含量相对小，可以进一步假定 CH 和 AF 晶体均匀地分布于 C-S-H 的凝胶基体中。此外，Stora 等指出 CH 和 AF 相的形貌对硬化水泥浆体弹性性能有显著影响，并用等效椭球代替这两种夹杂形貌（图 4.79），理论预测值和试验值吻合较好，本节研究介质传输时对这两种产物形貌也做考虑。由于毛细孔的连通性和逾渗特性对传输性能极其重要，对低密度 C-S-H 凝胶层需特殊处理，下面讨论假定 CH、AF 为椭圆对两种不同的 C-S-H 凝胶有效扩散系数影响，并给出合适的预测模型。

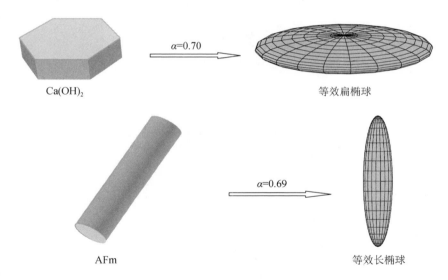

图 4.79　CH 和 AF 相近似为等效椭球

假定在高密度 C-S-H 层中，非扩散相 CH 和 AF 相作为夹杂，均匀地分布于 C-S-H 凝胶基体相中，属于典型的基体-夹杂型结构模型，考虑到夹杂形貌以及夹杂之间相互作用对传输性能影响，用 Mori-Tanaka 预测方法较合适。根据 Mori-Tanaka 法中方程（4-244），高密度 C-S-H 凝胶层的有效扩散系数（$D_{\text{CSHH}}^{\text{eff}}$）为

$$D_{\text{CSHH}}^{\text{eff}} = D_{\text{CSHH}}^{*} \frac{1 - \phi_{\text{CH}}^{\text{H}} - \phi_{\text{AF}}^{\text{H}}}{1 - \phi_{\text{CH}}^{\text{H}} - \phi_{\text{AF}}^{\text{H}} + \phi_{\text{CH}}^{\text{H}} \left\{ T_{s(\text{CH})} \right\} + \phi_{\text{AF}}^{\text{H}} \left\{ T_{s(\text{AF})} \right\}} \tag{4-266}$$

其中

$$\phi_{CH}^{H} = \frac{V_{CH}^{H}}{V_{CH}^{H} + V_{AF}^{H} + V_{CSHH}}$$

$$\phi_{AF}^{H} = \frac{V_{AF}^{H}}{V_{CH}^{H} + V_{AF}^{H} + V_{CSHH}}$$

式中：V_{CH}^{H}、V_{AF}^{H} 和 V_{CSHH} 分别为 CH 和 AF 在高密度凝胶中的体积以及高密度 C-S-H 的相对体积；ϕ_{CH}^{H} 和 ϕ_{AF}^{H} 分别为 CH 和 AF 在高密度 C-S-H 基体中的相对体积分数；如果把夹杂相形貌看成球形，$\{T_{S(CH)}\} = \{T_{S(AF)}\} = 3/2$；$D_{CSHH}^{*}$ 值由最小尺度 I 获得（详见第 3 章）。

在低密度 C-S-H 层中，夹杂相 CH、AF 和毛细孔相分布于低密度 C-S-H 凝胶基体中，如上所述由于低密度凝胶层中毛细孔含量较高，考虑到毛细孔的连通性以及逾渗特征，选用自洽方法较合适预测均匀化后的低密度 C-S-H 层有效扩散系数。这里需要强调的是，因 CH 和 AF 一部分体积已分布于高密度 C-S-H 凝胶层中，故在低密度 C-S-H 中含量已相对降低，将这两种夹杂相视为球形是可行的，低密度 C-S-H 层有效扩散系数（D_{CSHL}^{eff}）为

$$D_{CSHL}^{eff} = \frac{1}{4}\left[p + \sqrt{p^2 + 8D_{CSHL}^{*}D_{cap}\left(1 - \frac{3}{2}\left(\phi_{CH}^{L} + \phi_{AF}^{L}\right)\right)}\right] \tag{4-267}$$

$$p = D_{CSHL}^{*}\left[2 - 3\left(\phi_{cap} + \phi_{CH}^{L} + \phi_{AF}^{L}\right)\right] + D_{cap}\left(3\phi_{cap} - 1\right) \tag{4-268}$$

其中

$$\phi_{CH}^{L} = \frac{V_{CH}^{L}}{V_{CH}^{L} + V_{AF}^{L} + V_{CSHL} + V_{cap}}$$

$$\phi_{AF}^{L} = \frac{V_{AF}^{L}}{V_{CH}^{L} + V_{AF}^{L} + V_{CSHL} + V_{cap}}$$

$$\phi_{cap} = \frac{V_{cap} - V_{cap}^{cri}}{V_{CH}^{L} + V_{AF}^{L} + V_{CSHL} + V_{cap}}$$

式中：V_{cap} 为毛细孔的体积；V_{cap}^{cri} 为逾渗体积分数，为 0.18；V_{CH}^{L}、V_{AF}^{L} 和 V_{CSHL} 分别为 CH 和 AF 在低密度 C-S-H 凝胶中的相对体积以及低密度 C-S-H 的体积；ϕ_{CH}^{L}、ϕ_{AF}^{L} 和 ϕ_{cap} 分别为 CH、AF 和毛细孔在低密度 C-S-H 层中的相对体积分数；V_{CSHL}^{*} 为低密度 C-S-H 的自扩散系数，由尺度 I 获得；D_{cap} 为毛细孔的扩散系数，这里取 $2.03 \times 10^{-9}\,\text{m}^2/\text{s}$。

在低密度 C-S-H 凝胶层中，当毛细孔在硬化浆体中的体积分数小于 0.18 时，直接可用 4.5.1.3 节方法来计算该层的有效扩散系数。

4.5.3　计算机模拟水泥浆体的相对扩散系数

4.5.3.1　考虑 C-S-H 凝胶为单一均相

硬化水泥浆体的微结构非常复杂，主要包括未水化水泥颗粒、毛细孔、多种水化产物（CH、AF，以及 C-S-H 凝胶等）。对于传输而言，仅有毛细孔和 C-S-H 凝胶孔能够发生传输行为，然而由于毛细孔与凝胶孔的孔径以及连通度有明显的差异，因此从氯离子扩散的角度，把硬化水泥浆体分为三相：非扩散相、C-S-H 凝胶相以及毛细孔相。当水化程度为 0.57 时，水灰比为 0.35 的硬化水泥浆体的微结构重构图，如图 4.80（a）所示。为了便于模拟其扩散行为，对该微结构进行物相按照扩散相进行重新划分［图 4.80（b）］，黑色表示毛细孔，深灰色表示 C-S-H 凝胶相，浅灰色表示不能进行传输的固相。

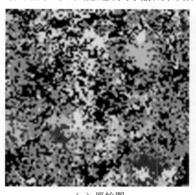 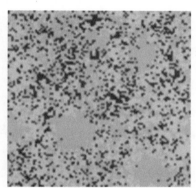

（a）原始图　　　　　　　　　　　　　　（b）重新划分后的图

图 4.80　水化程度为 0.57 的 W/C=0.35 硬化水泥浆体二维图

划分之后的微结构中，毛细孔的相对扩散系数为 1，凝胶孔的相对扩散系数见第 3 章，而非扩散固相的相对扩散系数则为 0。利用电模拟的方法，可以预测水泥浆体的相对扩散系数。

4.5.3.2　考虑 C-S-H 凝胶为高密度（HD）和低密度（LD）相

Richardson 通过扫描电镜发现"内部"和"外部"水化产物，类似于 HD 和 LD C-S-H 凝胶。因此，在硬化水泥浆体这个尺度上，假定占据原来水泥颗粒轮廓以内的 C-S-H 称为 HD C-S-H 凝胶；位于原始水泥颗粒轮廓以外的 C-S-H 称为 LD C-S-H 凝胶。具体的分相过程，见图 4.81，水泥水化导致固相体积增大，C-S-H 凝胶相（浅阴影）不仅在原来水泥颗粒处生长，而且也在孔隙中沉积。将生成 C-S-H 凝胶相划分成两相：占据原来水泥颗粒轮廓以内的 HD C-S-H 相（深阴影）以及沉积于原来水占据空间的 LD C-S-H 相（浅灰色）。按照图 4.81 的划分准则，对水灰比为 0.35、水化程度为 0.43 的硬化水泥浆体进行两种密度 C-S-H 凝胶相的划分，结果如图 4.81（a）所示。划分高、低密度 C-S-H 之后的图 4.81（b）中深灰色和白色为未水化水泥颗粒、CH 以及 AF 相等、浅阴影色表示 HD C-SH、浅灰色表示 LD C-S-H、黑色为毛细孔。

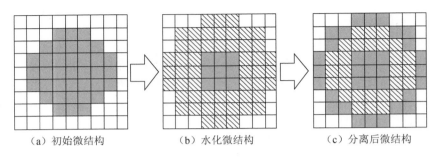

（a）初始微结构　　　　　　　（b）水化微结构　　　　　　　（c）分离后微结构

图 4.81　C-S-H 凝胶划分为 HD 和 LD C-S-H 示意图

在分相之后的微结构（图 4.82）包含五相，HD 和 LD C-S-H 凝胶的相对扩散系数由第 3 章得到；黑色毛细孔的相对扩散系数为 1；深灰色和灰白色相统称为非传输相，相对扩散系数为 0。利用电模拟方法，可以计算出考虑 HD 和 LD C-S-H 凝胶相的水泥浆体的相对扩散系数。

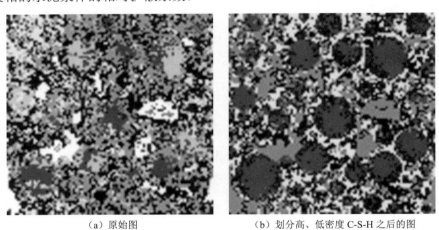

（a）原始图　　　　　　　　　（b）划分高、低密度 C-S-H 之后的图

图 4.82　水化程度为 0.43 的 W/C=0.35 硬化水泥浆体二维图

4.6　本　章　小　结

（1）基于 Avrami 方程，考虑养护龄期、水灰比、养护温度等影响水化的因素，分别建立四种矿物相的水化程度模型。在此基础上，根据硅酸盐水泥水化、粉煤灰-水泥体系、磨细矿渣-水泥体系水化反应的化学近似计量式以及 Jennings 和 Tennis（简称 J-T）模型对低密度和高密度 C-S-H 凝胶的划分方法，提出了纯水泥

和水泥-矿物掺和料复合体系水化产物体积分数的计算模型，并通过水化程度、水化产物、孔隙率和力学强度进行了实验验证，证实预测模型的可靠性。

（2）根据硬化水泥浆体的组成特征，将其看成 2 相或 3 相复合球结构，利用广义自洽模型预测浆体的扩散系数，其中复合球最外层结构有效扩散系数的预测分别采用自洽法（毛细孔隙率大于 18%）和 Mori-Tanaka 法（毛细孔隙率小于 18%）。

（3）利用激光粒度仪测试出水泥、粉煤灰和磨细矿渣的粒径分布，通过转换成以像素为单位的粒径分布信息，建立了初始浆体的三维微结构。采用自行开发的 BSE-EDS 图片处理程序，提取了四种水泥矿物的体视学参数，并对初始微结构进行分相，最后采用元胞自动机算法模拟胶凝材料的水化过程。为了验证模型的可靠性与准确性，利用 DSC-TG、XRD 和压汞测试等方法验证水泥水化程度和 CH、C-S-H 和孔隙等物相含量，通过水化热方法测试水泥浆体水化放热，并将试验结果与模型计算进行比对，发现二者吻合良好。

（4）在水泥浆体尺度上，利用改进的 CEMHYD3D 模型将 C-S-H 凝胶分为两相：占据原来水泥颗粒轮廓以内的为 HD C-S-H 凝胶；原来水泥颗粒轮廓以外的为 LD C-S-H 凝胶。然后，采用电模拟方法计算考虑两种密度 C-S-H 凝胶之后水泥浆体的相对扩散系数。

主要参考文献

董刚，2008．粉煤灰和矿渣在水泥浆体中的反应程度研究[D]．北京：中国建筑材料科学研究总院．

胡曙光，吕林女，何永佳，等，2004．低水胶比下粉煤灰对水泥早期水化的影响[J]．武汉理工大学学报，26(7)：14-16．

贾艳涛，2005．矿渣和粉煤灰水泥基材料的水化机理研究[D]．南京：东南大学．

李华，2012．硫酸盐侵蚀下水泥基材料微结构演变的测试与分析研究[D]．南京：东南大学．

李响，阿茹罕，阎培渝，2010．水泥-粉煤灰复合胶凝材料水化程度的研究[J]．建筑材料学报，13(005)：584-588．

刘麟，2010．基于细观模型的水泥水化动力学计算与力学性质预测[D]．南昌：南昌大学．

施惠生，方泽锋，2004．粉煤灰对水泥浆体早期水化和孔结构的影响[J]．硅酸盐学报，32(1)：95-98．

田冠飞，2006．氯离子环境中钢筋混凝土结构耐久性与可靠性研究[D]．北京：清华大学．

王迎斌，马保国，罗忠涛，等，2009．掺矿渣水泥水化反应特性的试验研究[J]．混凝土与水泥制品，(4)：9，11

阎培渝，贾耀东，阿茹罕，2010．复合胶凝材料水化过程中 $Ca(OH)_2$ 量的变化[J]．建筑材料学报，13(5)：563-567．

阎培渝，郑峰，2006．水泥基材料的水化动力学模型[J]．硅酸盐学报，34(5)：555-559．

袁润章，1996．胶凝材料学[M]．2 版．武汉：武汉工业大学出版社．

张景富，2001．G 级油井水泥的水化硬化及性能[D]．杭州：浙江大学．

张云升，孙伟，郑克仁，等，2006．水泥-粉煤灰浆体的水化反应进程[J]．东南大学学报(自然科学版)，36(1)：118-123．

ARCHIE G E, 1942. The electrical resistivity log as an aid in determining some reservoir characteristics: transactions[J]. Metallurgical and Petroleum Engineers, 146: 54-62.

ARYA C, XU Y, 1995. Effect of cement type on chloride binding and corrosion of steel in concrete[J]. Cement and Concrete Research, 25(4): 893-902.

BAI J, WILD S, WARE J A, et al., 2003. Using neural networks to predict workability of concrete incorporating metakaolin and fly ash[J]. Advances in Engineering Software, 34(11-12): 663-669.

BARY B, BÉJAOUI S, 2006. Assessment of diffusive and mechanical properties of hardened cement pastes using a multi-coated sphere assemblage model[J]. Cement and Concrete Research, 36(2): 245-258.

BARY B, SELLIER A, 2004. Coupled moisture-carbon dioxide-calcium transfer model for carbonation of concrete[J]. Cement and Concrete Research, 34(10): 1859-1872.

BAŽANT Z, NAJJAR L J, 1972. Nonlinear water diffusion in nonsaturated concrete[J].Materials and Structures, 5(25): 3-20.

BÉJAOUI S, BARY B, NITSCHE S, et al., 2006. Experimental and modeling studies of the link between microstructure and effective diffusivity of cement pastes[J]. Revue Européenne de Génie Civil, 10(9): 1073-1106.

BEJAOUI S, BARY B, 2007. Modeling of the link between microstructure and effective diffusivity of cement pastes using a simplified composite model[J]. Cement and Concrete Research, 37(3): 469-480.

BENTZ D P, GARBOCZI E J, 1991. Percolation of phases in a three-dimensional cement paste microstructural model[J]. Cement and Concrete Research, 21(2-3): 325-344.

BENTZ D, QUENARD D, BAROGHEL-BOUNY V, et al., 1995. Modelling drying shrinkage of cement paste and mortar Part 1. Structural models from nanometres to millimetres[J]. Materials and Structures, 28(8): 450-458.

BENTZ D, 2007. Cement hydration: building bridges and dams at the microstructure level[J]. Materials and Structures, 40(4): 397-404.

BERNARD F, KAMALI B S, PRINCE W, 2008. 3D multi-scale modelling of mechanical behaviour of sound and leached mortar[J]. Cement and Concrete Research, 38(4): 449, 458.

Bernard F, KAMALI-BERNARD S, 2010. Performance simulation and quantitative analysis of cement-based materials subjected to leaching[J]. Computational Materials Science, 50(1): 218-226.

BERNARD O, UIM F J, LEMARCHAND E, 2003. A multiscale micromechanics.hydration model for the early-age elastic properties of cement·based materials[J]. Cement and Concrete Research, 33(9): 1293-1309.

BIRNIN-YAURI U A, GLASSER F P, 1998. Friedel's salt, $Ca_2Al(OH)_6(Cl, OH)·2H_2O$: its solid solutions and their role in chloride binding[J]. Cement and Concrete Research, 28(12): 1713-1723.

BOGUE R H, 1947. The Chemistry of Portland Cement[M]. New York: Reinhold Publishing Corporation.

CARÉ S, 2003. Influence of aggregates on chloride diffusion coefficient into mortar[J]. Cement and Concrete Research, 33(7): 1021-1028.

CHEN W, BROUWERS H, 2007. The hydration of slag, Part 2: reaction models for blended cement[J]. Journal of Materials Science, 42(2): 444-464.

CHRISTENSEN R M, 1979. Mechanics of Composite Materials[M]. New York: Wiley Interscience.

DRIDI W, 2012. Analysis of effective diffusivity of cement based materials by multi-scale modelling[J]. Materials and Structures: 1-14.

ESCALANTE-GARCIA J I, 2003. Nonevaporable water from neat OPC and replacement materials in composite cements hydrated at different temperatures[J]. Cement and Concrete Research, 33(11): 1883-1888.

FRIEDMANN H, AMIRI O, AIT-MOKHTAR A, 2008. Physical modeling of the electrical double layer effects on multispecies ions transport in cement-based materials[J]. Cement and Concrete Research, 38(12): 1394-1400.

GALLUCCI E, SCRIVENER K, GROSO A, et al., 2007. 3D experimental investigation of the microstructure of cement pastes using synchrotron X-ray microtomography(μCT)[J]. Cement and Concrete Research, 37(3): 360-368.

GARBOCZI E J, BENTZ D P, 1992. Computer simulation of the diffusivity of cement-based materials[J]. Journal of Materials Science, 27(8): 2083-2092.

GARBOCZI E J, BENTZ D P, 1998. Multiscale analytical/numerical theory of the diffusivity of concrete[J]. Advanced Cement Based Materials, 8(2): 77-88.

GARBOCZI E J, 1990. Permeability, diffusivity, and microstructural parameters: A critical review[J]. Cement and Concrete Research, 20(4): 591-601.

GROVES G W, LE SUEUR P J, SINCLAIR W, 1986. Transmission electron microscopy and microanalytical studies of ion—beam-thinned sections of tricalcium silicate paste[J].American Ceramic Society, 69(4): 353-356.

HOSHINO S, HIRAO H, YAMADA K, 2005. Application of XRD/Rietveld method for the qualification minerals of cement containing amorphous phases[J]. Cement Science and Concrete Technology, 59: 14-21.

IGARASHI S, KAWAMURA V, WATANABE A, 2004. Analysis of cement pastes and mortars by a combination of backscatter-based SEM image analysis and calculations based on the Powers model[J]. Cement & Concrete Composites, 26(8): 977-985.

KRSTULOVIC R, DABIC P, 2000. A conceptual model of the cement hydration process[J].Cement and Concrete Research, 30(5): 693-698.

LAM L, WONG Y L, POON C S, 2000. Degree of hydration and gel/space ratio of high-volume fly ash/cement systems[J]. Cement and Concrete Research, 30(5): 747-756.

LEECH C, LOCKINGTON D, DUX P, 2003. Unsaturated diffusivity functions for concrete derived from NMR images[J]. Materials and Structures, 36(6): 413-418.

LOTHENBACH B, THOMAS M, et al., 2008. Thermodynamic modelling of the effect of temperature on the hydration and porosity of Portland cement[J].Cement and Concrete Research, 38(1): 1-18.

LUKE K, GLASSER F P, 1988. Internal chemical evolution of the constitution of blended cements[J]. Cement and Concrete Research, 18(4): 495-502.

MATSUSHITA T, HOSHINO S, MARUYAMA I, et al., 2007. Effect of curing temperature and water to cement ratio on hydration of cement compounds[C]//Proceedings of 12th International Congress Chemistry of Cement, Montreal.

MORI T, TANAKA K, 1973. Average stress in matrix and average elastic energy of materials with misfitting inclusions[J]. Acta Metallurgica, 21(5): 571-574.

MOUNANGA P, KHELIDJ A, LOUKILI A, et al., 2004. Predicting $Ca(OH)_2$ content and chemical shrinkage of hydrating cement pastes using analytical approach[J]. Cement and Concrete Research, 34(2): 255-265.

NEITHALATH N, PERSUN J, MANCHIRYAL R K, 2010. Electrical conductivity based microstructure and strength prediction of plain and modified concretes[J]. International Journal of Advances in Engineering Sciences and Applied Mathematics, 2(3): 83-94.

PAPADAKIS V G, 1999. Effect of fly ash on Portland cement systems Part Ⅰ. Low-calcium fly ash[J].Cement and Concrete Research, 29(11): 1727-1736.

PIETERSEN H S, 1993. Reactivity of fly ash and slag in cement[D]. The Netherlands: Delft University of Technology.

Powers T C, 1958. Structure and physical properties of hardened Portland cement paste[J]. Journal of the American Ceramic Society, 41(1): 1-6.

PRINCIGALLO A, LURA P, et al., 2003. Early development of properties in a cement paste: A numerical and experimental study[J].Cement and Concrete Research, 33(7): 1013-1020.

RICHARDSON I G, GROVES G W, 1992. Microstructure and microanalysis of hardened cement pastes involving ground granulated blast—furnace slag[J].Materials Science, 27(22): 6204, 6212.

RICHARDSON I, 2000. The nature of the hydration products in hardened cement pastes[J]. Cement and Concrete Composites, 22(2): 97-113.

RICHARDSON I , 2004. Tobermorite/jennite-and tobermorite/calcium hydroxide-based models for the structure of CSH: applicability to hardened pastes of tricalcium silicate, β-dicalcium silicate, Portland cement, and blends of Portland cement with blast-furnace slag, metakaolin, or silica fume[J]. Cement and Concrete Research, 34(9): 1733-1777.

RIETVELD H, 1969. A profile refinement method for nuclear and magnetic structures[J]. Journal of Applied Crystallography, 2(2): 65-71.

SAETTA A V, SCOTTA R V, VITALIANI R V, 1993. Analysis of chloride diffusion into partially saturated concrete[J]. ACI Materials Journal, 90(5): 441-451.

SCHINDLER A K, FOLLIARD K J, 2005. Heat of hydration models for cementitious materials[J]. Aci Materials Journal, 102(1): 24-33.

SCRIVENER K L, FULLMANN A, GALLUCCI E, et al., 2004. Quantitative study of Portland cement hydration by X-ray diffraction/Rietveld analysis and independent methods[J]. Cement and Concrete Research, 34(9): 1541-1547.

SCRIVENER K L, CRUMBIE A K, LAUGESEN P, 2004. The interracial transition zone(ITZ)between cement paste and aggregate in concrete[J]. Interface Science, 12(4): 411-421.

SCRIVENER K L, 2004. Backscattered electron imaging of cementitious microstructures: Understanding and quantification[J]. Cement and Concrete Composites, 26(8): 935-945.

STORA E, HE Q C, BARY B, 2006. Influence of inclusion shapes on the effective linear elastic properties of hardened cement pastes[J]. Cement and Concrete Research, 36(7): 1330-1344.

STUTZMAN P, 2004. Scanning electron microscopy imaging of hydraulic cement microstructure[J]. Cement and Concrete Composites, 26(8): 957-966.

SWADDIWUDHIPONG S, CHEN D, ZHANG M H, 2002. Simulation of the exothermic hydration process of portland cement[J]. Advance in Cement Research, 1 4(2): 61-69.

TAYLOR H F W, 1997. Cement Chemistry[M]. London: Thomas Telford Publishing.

TAYLOR H F W, 1987. A method for predicting alkali ion concentration in cement pore solutions[J]. Advance in Cement Research, 1(1): 5-17.

TAYLOR H, 1997. Cement Chemistry[M]. 2nd ed. London: Thomas Telford, Publishing.

TENNIS P D, JENNINGS H M, 2000. A model for two types of calcium silicate hydrate in the microstructure of Portland cement pastes[J]. Cement and Concrete Research, 30(6): 855-863.

TORQUATO S, 2002. Random Heterogeneous Materials: Microstructure and Macroscopic Properties[M]. New York: Springer.

VAN BREUGEL K, 1991. Simulation of hydration and formation of structure in hardening cement based materials[D].Delft: Delft University of Technology.

WANG S D, SCRIVENER K L, 2003. ^{29}Si and ^{27}Al NMR study of alkali-activated slag[J]. Cement and Concrete Research, 33(5): 769, 774.

WANG S D, 2000. Alkali-activated slag: hydration process and development of microstructure[J]. Advances in Cement Research, 12(4): 163-172.

WONG H S, HEAD M K, BUENFELD N R, 2006. Pore segmentation of cement—based materialsfrom backscattered electron images [J].Cement and Concrete Research, 36(6): 1083-1090.

YE G, 2003. Experimental study and numerical simulation of the development of the microstruc and permeability of cementitious materials[D]. Delft: Delft University of Technology.

第 5 章　现代混凝土的传输通道Ⅲ：界面过渡区

第 4 章对现代混凝土的传输通道Ⅱ：水泥浆体进行了详细介绍，本章重点介绍现代混凝土的传输通道Ⅲ：集料-基体之间的界面过渡区（ITZ）。ITZ 是介质传输速率最快的区域，也是利用多尺度方法研究从纳米尺度的 C-S-H 到微米尺度的水泥浆体、再到宏观尺度的混凝土传输行为不可缺少的环节。ITZ 的传输性能与ITZ 的厚度、体积分数、微结构及其自身的传输系数密切相关。本章分别采用数学建模和数值模拟两种方法，从两个角度系统研究了 ITZ 的产物特征、微结构和传输性能。在数学建模方面，建立了考虑水灰比、水泥水化程度、水泥粒子最大粒径、界面过渡区厚度的界面过渡区孔隙分布计算模型；基于最邻近表面分布函数，提出了考虑界面过渡区重叠的 ITZ 体积分数的定量计算方法，利用广义自洽法的（$n+1$）层复合球体模型预测了 ITZ 的扩散系数。在数值模拟方面，采用数字图像基计算机模拟方法，重构了单个平板形集料 ITZ 的三维微结构，基于电模拟算法计算了 ITZ 的传输系数。同时，通过室内实验和文献报道数据，对数学模型计算结果和数值模拟结果进行验证，为现代混凝土 ITZ 传输性能的准确预测提供了科学基础。

5.1　ITZ 结构特点

混凝土是由集料（aggregate）、界面过渡区（ITZ）及基体（bulk paste）三部分组成。水泥颗粒大小为 1～100μm，而集料的尺度比水泥颗粒大几个数量级。巨大的尺寸差异易在集料表面形成一个非均匀的区域，即 ITZ，它的厚度通常为10～50μm，ITZ 的产物种类、数量及孔隙率与水泥基体明显不同，如图 5.1 所示。图中最左边为集料，两条白线分别表示距离集料表面的距离为 20μm 和 50μm，可以看出，距离集料表面 20μm 的孔隙率要高于 50μm。

ITZ 的形成过程不仅与混凝土的初始微结构密切相关，而且还受到搅拌、成型以及养护等许多外部因素的影响。陈惠苏等总结了 ITZ 在早期水化过程中形成的机理为边壁效应，颗粒絮凝作用，微区泌水效应，离子的迁移、沉积与成核生长，单边生长效应，脱水收缩效应等。基于 ITZ 的形成机理和微观形貌，Metha提出一个广受大家认可的 ITZ 微结构模型，如图 5.2 所示。图中示出在 ITZ 区域的 CH、Ettringite 及孔的含量高于基体。

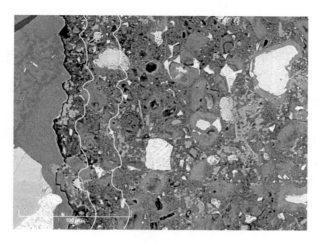

图 5.1　混凝土界面过渡区的背散射图片

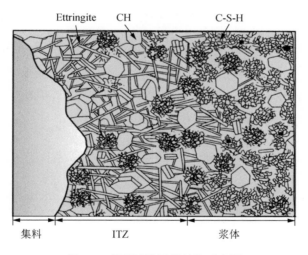

图 5.2　界面过渡区微结构示意图

5.2　ITZ 中各物相分布

5.2.1　孔隙率

　　将混凝土看成由集料、界面过渡和水泥石基体组成的三相复合材料，可用图 5.3 所示的三相复合球模型表示。Zheng 等根据数值模拟的结果，通过数学回归的方法得到混凝土中离开集料表面不同距离处水泥体积密度 $D(x)$ 为

$$\begin{cases} D(x) = D_c & x \geqslant t_{ITZ} \\ D(x) = D_c \left(x/t_{\mathrm{ITZ}} \right)^{\left[1 - \lambda \left(x/t_{\mathrm{ITZ}} \right)^k \right]} & 0 \leqslant x \leqslant t_{\mathrm{ITZ}} \end{cases} \tag{5-1}$$

式中：x 为任何一点到集料表面的距离；t_{ITZ} 为界面过渡区的厚度；λ 和 k 均为常数，二者密切相关；D_c 为基体的水泥体积密度，它与水灰比 W/C 和最大水泥颗粒直径 D_{cem} 之间的关系可以表示为

$$\begin{aligned} D_c = \frac{1}{1 + 3.15 \mathrm{W/C}} \Big[& \left(1.0482 \times 10^{-5} D_{cem}^2 + 3.2364 \times 10^{-4} D_{cem} + 0.014\,06 \right) \mathrm{W/C} \\ & - 1.79 \times 10^{-7} D_{cem}^2 + 5.0429 \times 10^{-5} D_{cem} + 1.005\,64 \Big] \end{aligned} \tag{5-2}$$

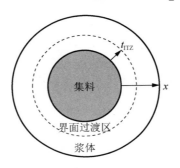

图 5.3　混凝土的三相微结构

根据界面过渡区水泥颗粒分布的模拟结果，得出界面过渡区厚度 t_{ITZ} 与混凝土水灰比 W/C 和最大水泥颗粒直径 D_{cem} 之间的经验公式为

$$\begin{cases} t_{\mathrm{ITZ}} = (-6.25 \mathrm{W/C} + 58.25) \left(\dfrac{D_{cem}}{60} \right)^{1 - (D_{cem}/60)^{2.5}} & 0 \leqslant D_{cem} \leqslant 60\ \mu\mathrm{m} \\ t_{\mathrm{ITZ}} = -6.25 \mathrm{W/C} + 58.25 & D_{cem} \geqslant 60\ \mu\mathrm{m} \end{cases} \tag{5-3}$$

Zheng 对模拟结果进行回归分析，得到

$$\lambda = 1.08 \tag{5-4}$$

由于 λ 值已经确定，k 值根据 Zheng 模型由式（5-5）得到

$$\int_0^{t_{\mathrm{ITZ}}} \left(x/t_{\mathrm{ITZ}} \right)^{1 - \lambda \left(x/t_{\mathrm{ITZ}} \right)^k} \mathrm{d}x = \frac{\dfrac{125}{1 + 3.15 \mathrm{W/C}} - (125 - t_{\mathrm{ITZ}}) D_c}{D_c} \tag{5-5}$$

由于混凝土的 W/C 和 D_{cem} 已经确定，把式（5-2）～式（5-5）的结果代入式（5-1），就可以得到水泥体积密度分布 $D(x)$。假定混凝土的水灰比为 0.35，同时根据激光粒度测试结果可知，水泥颗粒的最大粒径为 D_{cem}，模拟出混凝土中水泥颗粒的体积分布如图 5.4 所示。从模拟结果可以看出，界面过渡区与水泥石基体相比，具有较高的孔隙率。界面过渡区的水泥体积分数随着与集料表面的增大而增大，这主要是因为集料周围水泥颗粒的分布受集料表面约束的影响。

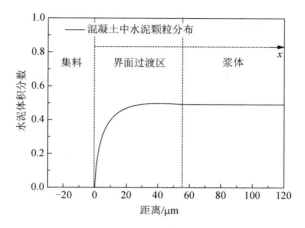

图 5.4 模拟混凝土的水泥颗粒分布

根据上述的界面过渡区中水泥粒子体积分布密度函数，可推导出界面过渡区的孔隙率。图 5.3 混凝土中界面层的任意一点局部水灰比可以表示为

$$W / C(x) = \frac{1 - D(x)}{3.15D(x)} \qquad (5\text{-}6)$$

根据 Powers 模型，水泥浆体内任一点的局部孔隙率为

$$\phi(x) = \frac{W / C(x) - 0.36\alpha}{W / C(x) + 0.32} = 1 - \frac{1 + 1.125\alpha}{1 + 3.125 \times W / C(x)} \qquad (5\text{-}7)$$

联立式（5-1）、式（5-6）和式（5-7）可得混凝土中界面过渡区和基体浆体的孔隙率分布为

$$\begin{cases} \phi(x) = 1 - (1 + 1.125\alpha) D(x), & 0 \leqslant x \leqslant t_{\mathrm{ITZ}} \\ \phi(x) = \phi_{\mathrm{bulk}}, & x \geqslant t_{\mathrm{ITZ}} \end{cases} \qquad (5\text{-}8)$$

式中：ϕ_{bulk} 为混凝土中基体浆体的孔隙率，可由式（5-9）表示为

$$\phi_{\mathrm{bulk}} = 1 - \frac{1 + 1.125 \cdot \alpha}{1 + 3.125 \cdot W_{\mathrm{bulk}} / C} \qquad (5\text{-}9)$$

式中：α 为水化程度；W_{bulk} / C 为基体的水灰比。由式（5-6）可得

$$W_{\mathrm{bulk}} / C = \frac{1 - D_{\mathrm{c}}}{3.15D_{\mathrm{c}}} \qquad (5\text{-}10)$$

把式（5-10）代入式（5-9），化简为

$$\phi_{\mathrm{bulk}} = 1 - D_{\mathrm{c}} - 1.125 \cdot D_{\mathrm{c}} \cdot \alpha \qquad (5\text{-}11)$$

式（5-8）可以用如下方程表示，即

$$\phi(x) = \begin{cases} 1 - (1 - \phi_{\mathrm{bulk}})(x/t_{\mathrm{ITZ}})^{\left(1 - \lambda(x/t_{\mathrm{ITZ}})^{k}\right)}, & 0 \leqslant x \leqslant t_{\mathrm{ITZ}} \\ \phi_{\mathrm{bulk}}, & x \geqslant t_{\mathrm{ITZ}} \end{cases} \qquad (5\text{-}12)$$

假定界面过渡区是均匀的，界面区的平均孔隙率 $\overline{\phi}_{ITZ}$ 可表达为

$$\overline{\phi}_{ITZ} = \frac{\int_0^{t_{ITZ}} \phi(x)\mathrm{d}x}{t_{ITZ}} \tag{5-13}$$

把式（5-12）代入式（5-13）中可得

$$\overline{\phi}_{ITZ} = \frac{t_{ITZ} - (1-\phi_{bulk})\int_0^{t_{ITZ}} (x/t)^{\left(1-\lambda(x/t)^k\right)}\mathrm{d}x}{t_{ITZ}} \tag{5-14}$$

根据式（5-14）和式（5-5）可得

$$\overline{\phi}_{ITZ} = \frac{t_{ITZ}D_c - (1-\phi_{bulk})\left[\dfrac{125}{1+3.15\,W/C} - (125-t_{ITZ})D_c\right]}{t_{ITZ}D_c} \tag{5-15}$$

水灰比、水化程度以及最大水泥颗粒直径对混凝土中孔隙率分布的影响，如图 5.5～图 5.7 所示。图 5.5 中设定 $D_{cem} = 62\ \mu m$ 和 $\alpha = 0$，W/C 的变化范围为 0.2～0.65。当 $D_{cem} \geqslant 60\ \mu m$ 时，W/C 从 0.2 增加至 0.65，t_{ITZ} 仅减小了 5%，可以看出 W/C 的变化对 ITZ 的厚度并无明显影响，但基体孔隙率随着水灰比增大而升高。当 W/C = 0.35 和 $D_{cem} = 62\ \mu m$ 时，混凝土的水化程度对孔隙率分布的影响如图 5.6 所示。与 W/C 一样，α 变化不会明显影响 ITZ 的厚度，但对孔隙率分布有很大的影响。随着水化程度从 0 增加到 0.8，ϕ_{bulk} 减小了 87%，主要是因为水化程度的增加导致大量水化产物不断填充浆体中的孔隙，导致混凝土中孔隙率显著下降。假定 W/C = 0.35 和 $\alpha = 0$，模拟 D_{cem} 对混凝土孔隙率分布的影响如图 5.7 所示。相对于 W/C 和 α，D_{cem} 对混凝土基体的浆体孔隙率影响较小，ϕ_{bulk} 约为 0.5。然而 ITZ 厚度随着 D_{cem} 增加而显著增加，当 $D_{cem} \geqslant 60\ \mu m$ 后混凝土的 ITZ 厚度不再发生变化。

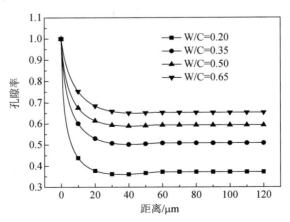

图 5.5　水灰比对混凝土孔隙率分布的影响

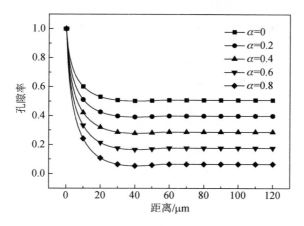

图 5.6　水化程度对混凝土孔隙率分布的影响

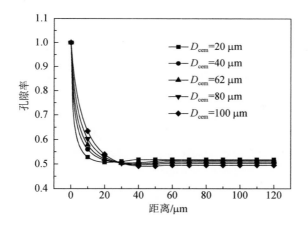

图 5.7　最大水泥颗粒直径对混凝土孔隙率分布的影响

同样，模拟 W／C、α 以及 D_{cem} 对混凝土中界面过渡区平均孔隙率与基体孔隙率的比值 $\bar{\phi}_{ITZ}／\phi_{bulk}$ 的影响如图 5.8～图 5.10 所示。从图 5.8 可以看出，$\bar{\phi}_{ITZ}／\phi_{bulk}$ 均为 1.07，W／C 的变化对 $\bar{\phi}_{ITZ}／\phi_{bulk}$ 没有明显影响。随着 α 和 D_{cem} 增加，混凝土的 $\bar{\phi}_{ITZ}／\phi_{bulk}$ 值也随着增加（图 5.9 和图 5.10）。当水化程度 α 从 0 增加至 0.8 时，$\bar{\phi}_{ITZ}／\phi_{bulk}$ 值增加了一倍；D_{cem} 从 20μm 增长到 100μm，混凝土的 $\bar{\phi}_{ITZ}／\phi_{bulk}$ 值仅提高了 7%。因此，从模拟结果可以看出，α 是影响混凝土 $\bar{\phi}_{ITZ}／\phi_{bulk}$ 值大小的最主要因素。

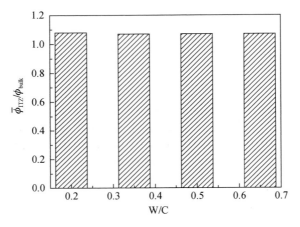

图 5.8 水灰比对混凝土 $\bar{\phi}_{ITZ} / \phi_{bulk}$ 的影响

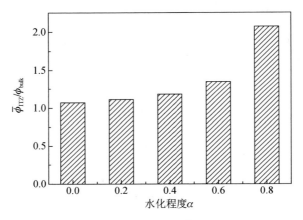

图 5.9 水化程度对混凝土 $\bar{\phi}_{ITZ} / \phi_{bulk}$ 的影响

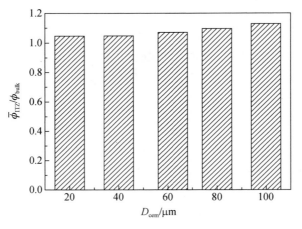

图 5.10 最大水泥颗粒直径对混凝土 $\bar{\phi}_{ITZ} / \phi_{bulk}$ 的影响

5.2.2　其他非扩散相

　　基于式（5-1）混凝土中水泥颗粒的粒径分布和第 4 章中定量计算各物相体积分数的公式，混凝土中各物相水化产物的分布如图 5.11 所示。图 5.11 中模拟参数为 W / C = 0.35、α = 0.4 和 D_{cem} = 62 μm，计算得到 ITZ 厚度为 56μm。在 ITZ 区域，HD C-S-H、固相（CH+AF）以及未水化水泥颗粒的体积分数都随着与集料表面距离增加而增大，而 LD C-S-H 却表现出相反的趋势。由于受到边壁效应的影响，距离集料表面的距离越远，水泥颗粒的体积密度也越大，则未水化水泥颗粒与 HD C-S-H、CH 以及 AF 相等水化产物的体积密度也相应地增加。由式（4-59）可知，LD 和 HD C-S-H 凝胶相分别占 C-S-H 凝胶相的体积分数与浆体的水灰比和水化程度密切相关，当 α = 0.2 时，结合 ITZ 局部区域水灰比的大小得到 LD 和 HD C-S-H 凝胶随着与集料表面距离的变化，如图 5.12 所示。随着水灰比的增加，LD C-S-H 凝胶体积分数随之增加，而 HD C-S-H 凝胶却明显下降。在混凝土中靠近集料表面的水灰比要远远大于基体，所以随着与集料表面距离增加，HD C-S-H 凝胶表现出增加趋势，而 LD C-S-H 凝胶呈现下降的趋势。

　　如图 5.13 所示为 W / C 对混凝土 ITZ 区域各物相的影响。当 α = 0.4 和 D_{cem} = 62 μm 时，W / C 的变化对混凝土中的水化产物和未水化水泥的分布有重要影响。在 ITZ 区域内，混凝土的水灰比越高，HD C-S-H、其他水化产物以及未水化水泥的体积分数越低，而低密度 C-S-H 体积分数则越高。当 W / C = 0.35 和 D_{cem} = 62 μm，α 对混凝土中各相的影响，如图 5.14 所示。与 W / C 一样，α 对混凝土 ITZ 区域各物相产生很大的影响。随着混凝土的 α 增加，除了未水化水泥外其他水化产物都相应地增加。当 α 从 0.2 增加至 0.8，基体中 LD C-S-H、HD C-S-H、其他水化产物的体积分数分别提高了 1.31 倍、4.99 倍和 3.18 倍，未水化水泥下降了 4.57 倍。

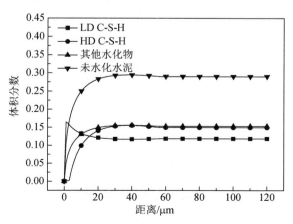

图 5.11　混凝土中各物相体积分数

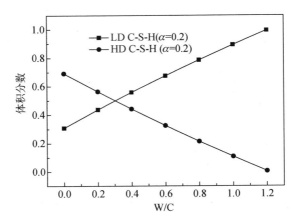

图 5.12　水灰比对 LD 和 HD C-S-H 体积分数的影响

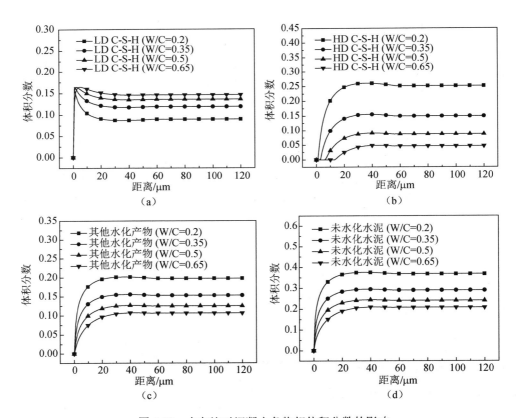

图 5.13　水灰比对混凝土各物相体积分数的影响

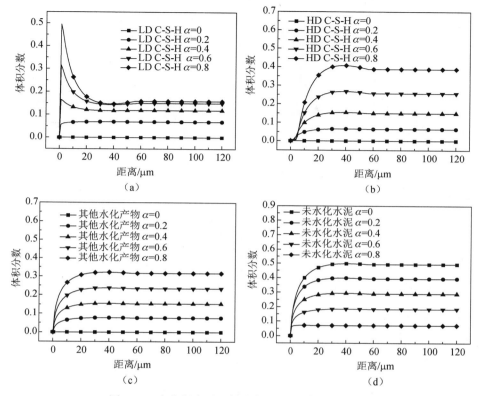

图 5.14　水化程度对混凝土各物相体积分数的影响

相比较于 W／C 和 α，D_{cem} 对混凝土 ITZ 和基体内各物相的影响较小。当 W／C 和 α 分别为 0.35 和 0.4 时，从图 5.15 中可以看出，基体中 HD C-S-H、其他水化产物、未水化水泥的体积分数随着 D_{cem} 增大而小幅度增加［图 5.15（b）～（d）］。当 D_{cem} 从 20μm 增加到 100μm，它们分别增加了 11%、4.8%、4.5%；而 LD C-S-H 凝胶的体积分数仅下降了 3.8%［图 5.15（a）］。

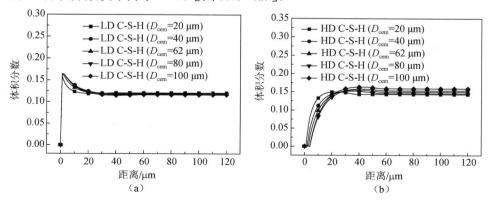

图 5.15　最大水泥颗粒直径对混凝土各物相体积分数的影响

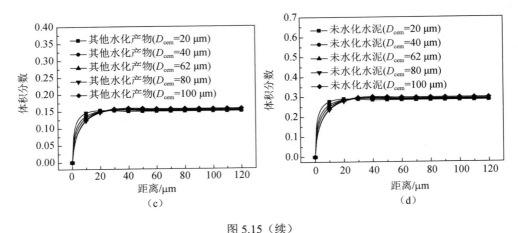

图 5.15（续）

5.3　ITZ 体积分数的数学模型

5.3.1　ITZ 体积分数

混凝土可用三相复合球模型来表示，内部的球是集料，中间的同心圆环是界面过渡区，最外面的圆环是基体。Shane 等研究表明当砂率为 0.45～0.49 时，ITZ 出现逾渗现象。Princigallo 等采用电阻率的方法证实集料体积分数大于 60% 的混凝土中 ITZ 将出现逾渗路径。这是因为当集料体积分数超过某一临界值时，界面过渡区将会重叠形成逾渗通道，增加混凝土的传输性能。Sun 等采用模拟和试验的方法验证了当混凝土和砂浆中集料的体积分数分别高达 60%～80% 和 30%～60% 时，相邻集料之间的界面过渡区就会发生相互重叠，这种界面过渡区重叠增加了界面体积分数计算的难度。Lu 和 Torquato 考虑界面过渡区的重叠，利用最邻近表面分布函数中"空隙排斥概率"（void exclusion probability），得到界面过渡区体积分数的解析表达式。Garboczi 和 Bentz 通过计算机模拟方法对其进行了验证。当 ITZ 厚度为 t（$t = r_b - r_a$）时，ITZ 体积分数（f_{ITZ}）的定量计算公式为

$$f_{ITZ} = (1 - f_a)\{1 - \exp[-\pi N(\alpha t + \beta t^2 + \gamma t^3)]\} \tag{5-16}$$

式中：f_a 为集料的体积分数；N 为单位体积混凝土中集料的总数量；α、β 和 γ 是关于集料平均半径 $\langle R \rangle$ 以及集料平均半径平方 $\langle R^2 \rangle$ 的函数。根据实际集料的粒径分布为

$$\alpha = \frac{4\langle R^2 \rangle}{1 - f_a} \tag{5-17}$$

$$\beta = \frac{4\langle R \rangle}{1-f_a} + \frac{8\pi N \langle R^2 \rangle^2}{(1-f_a)^2} \tag{5-18}$$

$$\gamma = \frac{4}{3(1-f_a)} + \frac{16\pi N \langle R \rangle \langle R^2 \rangle}{3(1-f_a)^2} + \frac{64\lambda\pi^2 N^2 \langle R^2 \rangle^3}{27(1-f_a)^3} \tag{5-19}$$

Lu 和 Torquato 推导公式中参数 λ 可以为 0，2，3。孙国文和 Garboczi 等认为 λ 的取值不会明显影响 ITZ 的体积分数，当 $\lambda = 0$ 时，所得到的结果与数值计算值较为一致，而且计算过程也更简便。因此，在定量计算 ITZ 体积分数时，λ 值取 0。

为了计算 ITZ 的体积分数，需要知道三个参数 N，$\langle R \rangle$ 和 $\langle R^2 \rangle$。首先测试集料粒径分布的筛分曲线，然而，筛分曲线不能确定集料粒子的分布，所以首先必须假设每一级筛分中集料的分布情况。根据 Garboczi 和 Bentz 给出的两种假定方法，一种假定是每一级筛上集料粒子的体积都相同，另一种假定是筛上集料粒子的半径都相同。

（1）假定每一级筛上集料粒子的体积都相同，可得到第 i 级筛分区间（V_i, V_{i+1}）的体积基概率密度 $p(V)$ 为

$$p(V)dV = \frac{f_i dV}{V_{i+1} - V_i} \tag{5-20}$$

式中：f_i 为集料粒子体积 $V_i \sim V_{i+1}$ 的体积分数。

第 i 级筛分区间（V_i, V_{i+1}）的集料粒子数量百分数，即

$$n(V)dV = \frac{f_a f_i dV}{NV(V_{i+1} - V_i)} \tag{5-21}$$

V 为在（V, $V+dV$）范围内一个球形集料的体积，如果把体积转换成半径，则 $V = 4/3\pi r^3$ 和 $dV = 4\pi r^2 dr$，式（5-21）可以等效为

$$n(r)dr = \frac{9f_a f_i dr}{4\pi Nr(r_{i+1}^3 - r_i^3)} \tag{5-22}$$

对筛分曲线中所有的每一级筛分终点进行积分，可得

$$\sum_{i=1}^{M} \int_{r_i}^{r_{i+1}} n(r)dr = 1 \tag{5-23}$$

将式（5-23）代入式（5-22）中，单位体积混凝土中集料的总数量为

$$N = \sum_{i=1}^{M} \frac{9f_a f_i}{4\pi(r_{i+1}^3 - r_i^3)} \ln\left(\frac{r_{i+1}}{r_i}\right) \tag{5-24}$$

根据经典概率理论，$n(r)$ 关于原点的第 h 阶矩 $\langle R^h \rangle$ 可表达为

$$\langle R^h \rangle = \sum_{i=1}^{M} \int_{r_i}^{r_{i+1}} r^h n(r)dr \tag{5-25}$$

把式（5-21）代入式（5-25）中，可得到

$$\langle R^h \rangle = \sum_{i=1}^{M} \frac{9 f_a f_i}{4\pi N (r_{i+1}^3 - r_i^3)} \int_{r_i}^{r_{i+1}} r^{h-1} \mathrm{d}r \qquad (5\text{-}26)$$

由式（5-26）可以得到集料平均半径和集料平均半径的平方分别为

$$\langle R \rangle = \sum_{i=1}^{M} \frac{9 f_a f_i}{4\pi N (r_{i+1}^3 - r_i^3)} (r_{i+1} - r_i) \qquad (5\text{-}27)$$

$$\langle R^2 \rangle = \sum_{i=1}^{M} \frac{9 f_a f_i}{8\pi N (r_{i+1}^3 - r_i^3)} (r_{i+1}^2 - r_i^2) \qquad (5\text{-}28)$$

（2）假定每一级筛上集料粒子的半径都相同。

第 i 级筛分区间中，当集料粒子半径为（r, $r+\mathrm{d}r$）时，集料的体积分数为

$$p(r)\mathrm{d}r = \frac{f_i \mathrm{d}r}{(r_{i+1} - r_i)} \qquad (5\text{-}29)$$

与式（5-21）类似，集料半径在（r_i, r_{i+1}）区间的集料数量百分数为

$$n(r)\mathrm{d}r = \frac{f_a f_i \mathrm{d}r}{NV(r_{i+1} - r_i)} = \frac{3 f_a f_i \mathrm{d}r}{4\pi r^3 N(r_{i+1} - r_i)} \qquad (5\text{-}30)$$

根据式（5-29）和式（5-30），可得到单位体积混凝土中集料总数量的表达式为

$$N = \sum_{i=1}^{M} \frac{3 f_a f_i (r_{i+1} + r_i)}{8\pi (r_{i+1} r_i)^2} \qquad (5\text{-}31)$$

同式（5-26），粒子数量密度的平均值 $\langle R^h \rangle$ 为

$$\langle R^h \rangle = \sum_{i=1}^{M} \frac{3 f_a f_i}{4\pi N (r_{i+1} - r_i)} \int_{r_i}^{r_{i+1}} r^{h-3} \mathrm{d}r \qquad (5\text{-}32)$$

因此，当每一级筛上集料粒子的半径都相同时，集料平均半径 $\langle R \rangle$ 和集料平均半径的平方 $\langle R^2 \rangle$ 分别为

$$\langle R \rangle = \sum_{i=1}^{M} \frac{3 f_a f_i}{4\pi N r_i r_{i+1}} \qquad (5\text{-}33)$$

$$\langle R^2 \rangle = \sum_{i=1}^{M} \frac{3 f_a f_i}{4\pi N (r_{i+1} - r_i)} \ln\left(\frac{r_{i+1}}{r_i}\right) \qquad (5\text{-}34)$$

通过筛分法得到集料（砂子）的粒径分布曲线，如图 5.16 所示，结合式（5-16）就可以定量计算砂浆中 ITZ 的体积分数。图 5.17 表示两种集料均一分布类型对单位体积混凝土中界面过渡区体积分数（f_{ITZ}）的影响。从图 5.17 中可以看出，无论是假定筛上集料粒子的体积相同还是假定半径相同，对 f_{ITZ} 影响几乎一致。采用假定筛上集料粒子体积相同方法获得的 f_{ITZ} 值要略高于假定筛上集料粒子半径

相同的方法，仅提高了 7.4%。因此，两种假定筛上集料粒子的方法都可以用来计算 f_{ITZ}，其结果差异不大。

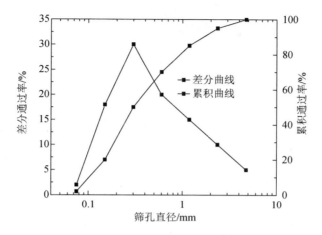

图 5.16　细集料的粒径分布曲线

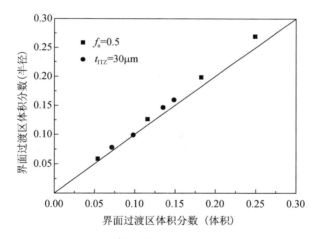

图 5.17　两种集料均一分布类型方法的比较

由于集料的粒径分布已经确定，定量分析界面过渡区厚度（t_{ITZ}）和集料体积分数（f_a）对单位体积混凝土中界面过渡区体积分数（f_{ITZ}）的影响，结果如图 5.18 所示。对比图 5.18（a）和（b），当 f_a 开始增加时，f_{ITZ} 几乎都呈线性增加；当 f_a 达到某一临界值之后，其 f_{ITZ} 开始随 f_a 增加而降低。该临界值的范围为 0.6～0.8，随 t_{ITZ} 值增加而减小。主要原因是当集料的颗粒级配确定时，影响混凝土 f_{ITZ} 的大小主要是 t_{ITZ} 和 f_a 值。f_a 增加会对 f_{ITZ} 变化存在两个方面的影响。根据图 5.3 中 ITZ 结构可知，单个集料周围 ITZ 的体积可近似等于集料表面积与 t_{ITZ} 的乘积，t_{ITZ} 和 f_{a} 值越大，f_{ITZ} 值也越大。当 t_{ITZ} 和 f_{a} 值增大到一定程度时，临近集料表面的 ITZ 将发生重叠，此时 f_{ITZ} 处于临界最大值。当 t_{ITZ} 和 f_{a} 值继续增加，一方面，ITZ 体积继续增加，属于正效应；另一方面，相邻集料的界面过渡区重叠程度急剧增加，导致 ITZ 体积显著减小，为负效应。当负效应大于正效应后，f_{ITZ} 逐渐开始下降。

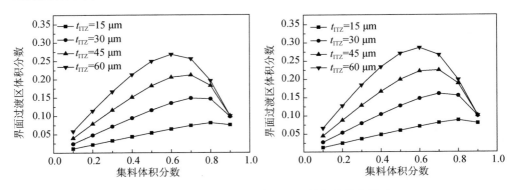

图 5.18　实际集料粒径分布对 ITZ 体积分数的影响

5.3.2　ITZ 的重叠度

ITZ 体积分数的计算方程（5-16）考虑了 ITZ 的重叠效应。为了深入分析 t_{ITZ} 和 f_{a} 对 ITZ 重叠程度的影响，假定混凝土的所有的 ITZ 不发生重叠，获得非重叠 ITZ 体积分数的推导过程如下。

假定每一级筛上集料粒子的半径都相同，可得到第 i 级筛分区间的平均半径为

$$\overline{r_i} = \frac{r_i + r_{i+1}}{2} \tag{5-35}$$

则在该级筛分区间的集料体积可以表示为

$$f_i \cdot V_{\text{a}} = \frac{4\pi \cdot \overline{r_i}^3}{3} \cdot N_i \tag{5-36}$$

式中：N_i 为第 i 级筛分区间的集料颗粒数目。假定每个集料周围的 ITZ 厚度相同，用 t_{ITZ} 表示，在第 i 级筛分区间的 ITZ 体积分数（f_{ITZ}^i）可表示为

$$f_{\text{ITZ}}^i = \frac{4\pi[(\overline{r_i} + t_{\text{ITZ}})^3 - \overline{r_i}^3]}{3} \cdot N_i \tag{5-37}$$

把式（5-37）代入式（5-36）中，可得

$$f_{\text{ITZ}}^i = V_{\text{a}} \cdot f_i \cdot \left[\left(\frac{t_{\text{ITZ}}}{\overline{r_i}} \right)^3 + \frac{3t_{\text{ITZ}}}{\overline{r_i}} + 3\left(\frac{t_{\text{ITZ}}}{\overline{r_i}} \right)^2 \right] \tag{5-38}$$

假定混凝土 ITZ 区域彼此不发生重叠的体积分数表达式为

$$f'_{ITZ} = V_a \cdot t_{ITZ} \cdot \sum_{i=1}^{M} f_i \cdot \frac{t_{ITZ}^2 + 3\overline{r}_i^2 + 3t_{ITZ} \cdot \overline{r}_i}{\overline{r}_i^3} \tag{5-39}$$

由式（5-16）和式（5-39）可以分别定量计算考虑重叠效应和非重叠效应的界面过渡区体积分数，混凝土界面过渡区重叠度（ξ）可用式（5-40）表示为

$$\xi = \frac{f'_{ITZ} - f_{ITZ}}{f'_{ITZ}} \tag{5-40}$$

由式（5-40）可知，当 $\xi = 0$ 时，ITZ 不会发生重叠；当 $\xi > 0$ 时，表示混凝土的 ITZ 区域出现重叠，其值越大表明 ITZ 的重叠程度也越高。

图 5.19 和图 5.20 分别表示集料体积分数（f_a）和界面过渡区厚度（t_{ITZ}）对混凝土中界面重叠度（ξ）的影响。由图 5.19 所知，ξ 值随着 f_a 值增大而增加。其中，$f_a < 0.6$ 时，ξ 值缓慢增加；当 $f_a > 0.6$ 时，ξ 值却迅速增加。当 $t_{ITZ} = 60\,\mu m$ 时，f_a 值从 0 增加到 0.6 时，ξ 值增加了 0.22；f_a 值从 0.6 增加到 0.9，混凝土的 ξ 值增加了 0.55。可以发现，当集料体积分数较低时，集料之间的距离较大，ITZ 彼此不易发生重叠。图 5.20 所示 ξ 值随着 t_{ITZ} 值增加而呈线性增加，且 f_a 值越大，斜率也越大。$f_a = 0.7$ 时，ξ 值随 t_{ITZ} 值变化直线的斜率为 $f_a = 0.1$ 的 20 倍。值得注意的是，当 $f_a = 0.9$ 时，t_{ITZ} 值从 10 增加到 $50\mu m$，ξ 值同样呈线性增加。然而，当 $t_{ITZ} > 50\mu m$ 之后，ξ 值变化的斜率值却下降了，可能是因为集料体积分数非常大，颗粒之间的距离非常小，几乎所有的界面都发生重叠，所以界面过渡区的厚度继续增加对其重叠度影响甚小。

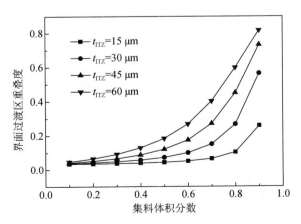

图 5.19　集料体积分数对 ITZ 重叠度的影响

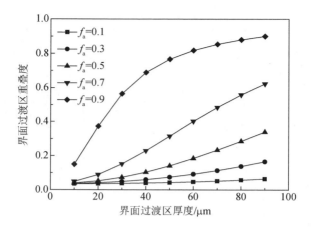

图 5.20　　界面过渡区厚度对 ITZ 重叠度的影响

5.4　ITZ 的微结构的计算机模拟及实验验证

5.4.1　单个集料的 ITZ 微结构

由于 ITZ 的微结构与基体明显不同，要获得其传输行为需要掌握 ITZ 的微结构。本节首先通过数值模拟技术构建单个集料周围的 ITZ 微结构，接着利用电模拟方法获得 ITZ 的有效扩散系数，然后将其引入到砂浆或混凝土的 ITZ 结构中。

由于在实际混凝土材料中集料的曲率半径要远高于水泥颗粒的曲率半径，为了便于模拟 ITZ 的微结构，可以通过在体积单元（100μm×100μm×100μm）的中间位置上竖直放入一个平板集料（2μm×100μm×100μm，曲率半径无穷大），这种处理方法是合理的。然后在集料周围按照真实的水灰比和水泥颗粒粒径分布在立方体中随机放入水泥颗粒，模拟"边壁效应"造成水泥颗粒在集料周围的堆积，得到的初始微结构，如图 5.21（a）和（c）所示；之后对该微结构执行水化过程，图 5.21（b）和（d）分别为水化 1d 后的二维和三维结构。

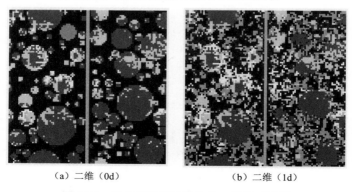

（a）二维（0d）　　　　　　　　　（b）二维（1d）

图 5.21　单个集料 ITZ 结构的二维和三维图

（c）三维（0d）　　　　　　　　　　　　（d）三维（1d）

图 5.21（续）

5.4.2　集料表面孔隙率的分布

　　根据图 5.21 的模拟结果，图 5.22 和图 5.23 表示在不同水化程度和水灰比条件下集料表面的孔隙率分布。由于水泥颗粒在集料表面不能充分堆积，靠近集料表面浆体中孔隙率要高于远离集料表面的孔隙率，这种现象就是"边壁效应"，是混凝土形成 ITZ 的主要原因之一。对集料表面的孔隙率分布进行统计，当浆体距离集料表面距离大于 16μm 时其孔隙率值不再发生变化，可见计算机模拟得到 ITZ 的厚度为 16μm，该值非常接近水泥的中值粒径（14μm），与水化程度与水灰比无关，与图 5.5 和图 5.6 中模拟的结果一致。Scrivener 等通过实验表明，水泥的颗粒分布是决定 ITZ 的最主要因素，水灰比对 ITZ 微结构仅有较小的影响。

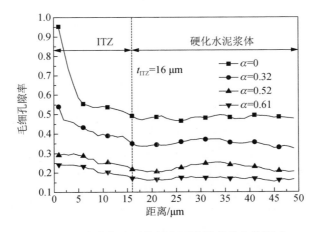

图 5.22　水化程度对集料表面孔隙率分布的影响

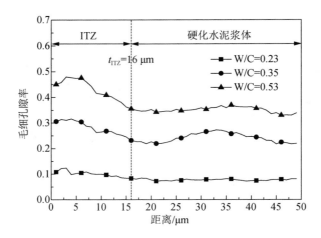

图 5.23　水灰比对集料表面孔隙率分布的影响

5.4.3　集料表面固相的分布

　　水化程度对集料表面固相分布的影响，如图 5.24 所示。设定 W/C=0.35，随着水化程度的增加，水化产物（CH，C-S-H）增加，而其他固相（未水化水泥颗粒）减少。与 C-S-H 和未水化水泥颗粒分布不同，CH 体积分数越靠近集料表面，其体积分数越高［图 5.24（a）］。由于边壁效应，集料表面孔隙率较大导致靠近集料表面的水灰比高于基体，随着水化的进行，水泥颗粒溶解产生的钙离子、硫酸根、氢氧根及铝酸根离子等相互结合生成 CH 和钙矾石相，最先在集料表面的大毛细孔中定向结晶生长成较粗大的晶体，因此越靠近集料表面 CH 的体积分数就越高。

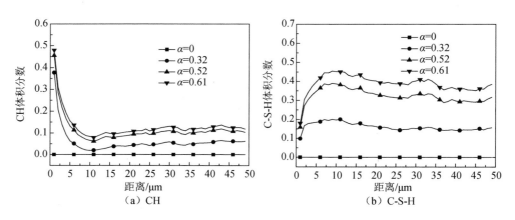

（a）CH　　　　　　　　　　　　　　　（b）C-S-H

图 5.24　水化程度对集料表面固相分布的影响

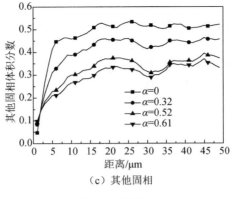

（c）其他固相

图 5.24（续）

当水化程度为 0.5 时，图 5.25 表示水灰比对集料表面固相分布的影响。水灰比从 0.23 增加至 0.53，基体的 CH 体积分数、C-S-H 体积分数以及其他固相体积分数分别下降 33.1%、15.2%、41.8%。主要是因为水灰比越高，单位体积内的毛细孔隙率也越高，CH、C-S-H 以及其他固相的体积就越低。集料表面毛细孔以及固相的变化趋势与 5.2.1 节中解析模型的结果一致。

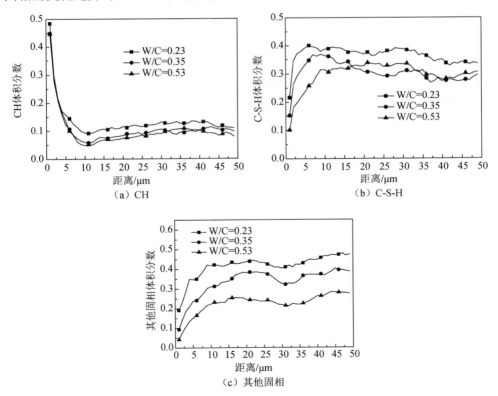

（a）CH

（b）C-S-H

（c）其他固相

图 5.25 水灰比对集料表面固相分布的影响

5.4.4　背散射技术对界面过渡区孔隙率的测试

在第 4 章中指出，采用背散射技术可以测试水泥浆体中各物相的体积分数，同样也可采用背散射技术测试混凝土中集料周围界面过渡区孔隙率的变化情况，以及界面过渡区厚度，进而可以分析界面过渡区的性能。图 5.26 是混凝土试样在放大 100 倍下的 BSE 图像，从图中明显可以看出砂子、石子、水泥基体以及界面过渡区（砂子和石子周围较明显的黑色区域），砂子和石子因自身密度不同，在BSE 下的亮度也是有差异的，相对而言，石子较亮。选取集料周围的界面过渡区进行分析，可得到孔隙率分布。对混凝土试样中界面过渡区孔隙分布定量分析的关键是确定孔隙的灰度阈值，这里借鉴 Wong 等提出的方法，即在 BSE 图片上选取单个毛细孔及其灰度沿图中白线值变化（图 5.27），图片中孔隙边缘处的灰度值是从 45 逐步过渡到 0 的变量。因此，本节的背散射电子图像确定图 5.27 中孔隙灰度值为 45。

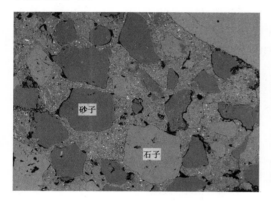

图 5.26　混凝土 BSE 图像（×100）

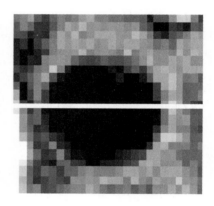

图 5.27　孔隙灰度阈值的确定

图 5.28 是养护一年、水灰比为 0.35 和 0.53 混凝土试样的 BSE 图像（放大 500倍），从图 5.28 中可以明显看出，在集料周围有一明显的黑色区域，即界面过渡区。对比图 5.28（a）和（b），可以明显看出水灰比为 0.35 的混凝土集料与基体接触紧密，黑色区域宽度窄，而水灰比为 0.53 的混凝土黑色区域较宽而且与基体黏结相对疏松；从图中还可以看出，水灰比为 0.35 的混凝土基体更加致密，同时夹杂部分未水化的水泥粒子（较亮的白色区域）；而水灰比为 0.53 混凝土基体相对疏松，同时在基体中夹杂大量水化晶体产物，其原因主要是水灰比越高，水化空间越充分，有利于晶体产物长大。

根据上述确定 BSE 图像中孔隙灰度阈值之后进行二值化处理，其中水灰比为0.53 试样的 BSE 图像以及二值化图像如图 5.29 所示。从图 5.29（b）的二值化图像可以更加直观地观测到界面过渡区孔隙分布与基体之间的差异，即集料周围的黑色区域明显高于远离集料的基体区域。

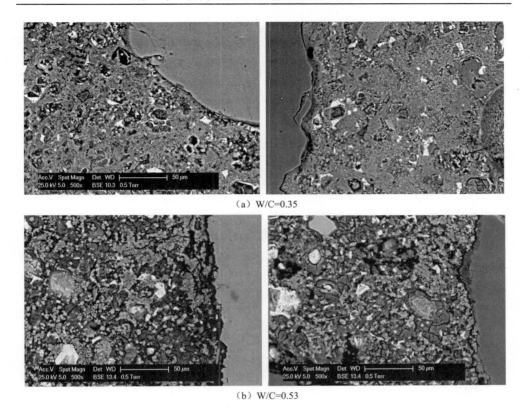

（a）W/C=0.35

（b）W/C=0.53

图 5.28　混凝土试样的 BSE 图像（×500）

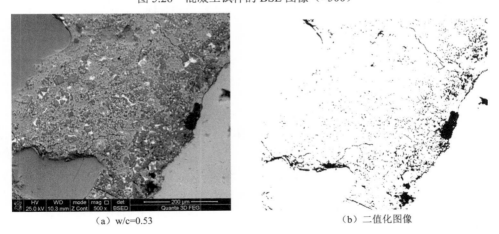

（a）w/c=0.53　　　　　　　　　　（b）二值化图像

图 5.29　混凝土 BSE 图像的二值化

　　需要强调的是，对混凝土集料-基体界面区 BSE 图片进行定量分析之前，先采用图像处理软件对距离集料 20μm×50μm 矩形区域进行条带状（每隔 2μm）分割后，然后根据确定孔隙灰度阈值 45 对各条带区域图像进行二值化处理，并统计分析所在条带区域的孔隙率百分数，每个试样选取 5 幅图像进行数据分析，对水灰比为 0.35 和 0.53 混凝土试样的分析结果，如图 5.30 所示。这里强调的是，对孔隙率的统计分析是在距离集料 1μm 之外，否则在距离集料小于 1μm 处几乎都是孔隙，会带来较大的试验误差。从图 5.30 中可以看出，随着与集料距离的增加，浆体孔隙率逐渐减低。在集料附近的 0～20μm 内，浆体的孔隙率比较高，对水灰比为 0.35 [图 5.30（a）] 的混凝土试样，距集料表面约 25μm 后孔隙率趋于稳定。相比较而言，0.53 水灰比试样约在 30μm，说明界面过渡区的厚度在 30μm 范围内 [图 5.30（b）]。Garboczi 和 Bentz 统计计算模拟分析认为界面过渡的厚度为水泥粒子的平均半径，对比本节水泥粒子的平均半径为 25.88μm 的结果来看，Garboczi 和 Bentz 给出的界面过渡厚度取值有一定的合理性。根据本节水灰比为 0.35 和 0.53 混凝土的界面、过渡区厚度约为 25μm 和 30μm，及相应孔隙率的统计分析结果，可分别得到界面过渡孔隙率是基体的 1.70 倍和 1.42 倍，这一结果与 5.2 节的理论计算相比，结果相近，再一次证明了本节给出的计算界面过渡区孔隙分布表达式 [式（5-8）] 是合理的，也为本节预测界面过渡区孔隙分布及其传输性能提供了依据。

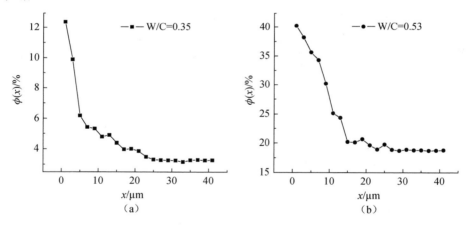

图 5.30　混凝土的背散射图像孔隙率统计结果

5.5　ITZ 扩散系数的预测

5.5.1　ITZ 扩散系数的数学模型

根据 ITZ 的微结构特征，可将其划分为两个尺度，如图 5.31 所示。

（1）ITZ 的（Ⅰ）尺度：由于 ITZ 中孔隙率存在梯度差，将 ITZ 看成由 n 层不同扩散系数的水泥浆体层组成，同样采用广义自洽法的（$n+1$）层复合球体模型预测 ITZ 的扩散系数，其表达式见方程（4-263）。

由于界面过渡区为非均质材料，第 1 相看作集料，第 2～n+1 相为界面过渡区，如图 5.31（a）所示。假定界面过渡区中每层为均匀介质，因此可以利用（n+1）层复合球体模型预测含有集料和界面的扩散系数。由于集料相扩散系数、集料半径以及界面层的半径都已知，只有界面层的扩散系数是个未知量。

（2）ITZ 的（Ⅱ）尺度：界面过渡区中的第 i 层实际上是水泥浆体，其孔隙率大于基体浆体。该层主要由未水化水泥颗粒、HD 和 LD C-S-H 相、AF+CH 相和毛细孔相组成 ［图 5.31（b）］，可以利用 3 层或 2 层复合球模型预测该界面层的扩散系数。具体的计算方法见 4.5.2 节。

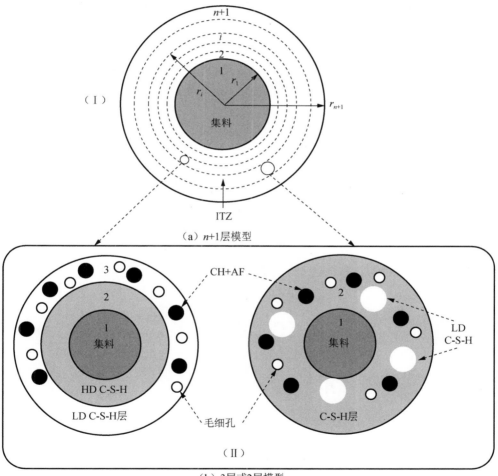

（a）n+1 层模型

（b）3层或2层模型

图 5.31　ITZ 微结构的多尺度划分

根据混凝土中各相分布，首先利用式（4-255）、式（4-256）或式（4-258）、式（4-260）得到 C-S-H 凝胶层的扩散系数，然后把该结果代入方程（4-263）中得到混凝土中界面层的扩散系数如图 5.32～图 5.34 所示。可以看出，随着与集料表面距离的增加，界面层的扩散系数急剧下降；当与集料表面的距离大于 $30\mu m$ 时，其扩散系数趋于稳定（图 5.32）。当混凝土的水灰比（W/C）减少时，界面层的扩散系数明显下降，W/C 越小，其下降的幅度越大。尤其当 W/C=0.2 时，浆体扩散系数为 $4.88\times10^{-11}m^2/s$，仅为 W/C=0.65 的 7%。图 5.33 表示水化程度（α）对混凝土界面层扩散系数的影响，α 越大，孔隙率越低，扩散系数也就越小。当 $\alpha>0.6$ 时，基体浆体的扩散系数几乎不发生变化，主要是 α 较大，导致基体中孔隙率低于 0.18，此时几乎所有的毛细孔不发生连通，其扩散系数为 $4.2\times10^{-11}m^2/s$，介于 LD C-S-H 扩散系数（$7.17\times10^{-11}\sim10.4\times10^{-11}m^2/s$）和 HD C-S-H 扩散系数（$8.30\times10^{-13}m^2/s$）之间。因此，再次验证了当毛细孔发生阻断时，浆体的扩散由 C-S-H 凝胶决定的结论。由图 5.7 和图 5.15 可知，最大水泥颗粒直径 D_{cem} 对混凝土中孔相和固相影响较小，因此最大水泥颗粒直径对界面层扩散系数的影响也甚小，不同颗粒直径导致扩散系数的变化几乎重叠成一条曲线（图 5.34）。

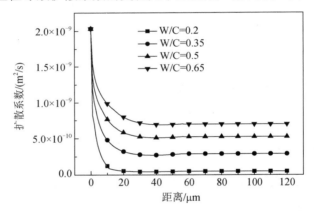

图 5.32　水灰比对界面层扩散系数的影响

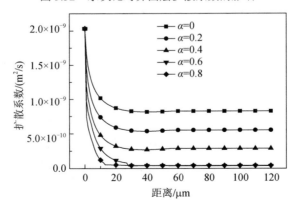

图 5.33　水化程度对界面层扩散系数的影响

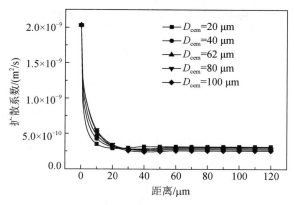

图 5.34　最大水泥颗粒直径对界面层扩散系数的影响

对图 5.29～图 5.31 中 ITZ 和基体浆体的扩散系数进行统计,得到混凝土中 ITZ 平均扩散系数与基体扩散系数的比值($\bar{D}_{ITZ}/D_{bulk}$),如图 5.35～图 5.37 所示。当 $\alpha=0.4$ 和 $D_{cem}=62\ \mu m$ 时,随着 W/C 下降,$\bar{D}_{ITZ}/D_{bulk}$ 值增加(图 5.35)。当混凝土 W/C 分别为 0.2、0.35、0.5 和 0.65 时,$\bar{D}_{ITZ}/D_{bulk}$ 值分别为 2.9、1.42、1.25 和 1.21。可见,当 W/C 为 0.2 时,$\bar{D}_{ITZ}/D_{bulk}$ 值要明显高于其他的高水灰比,主要是因为基体中的毛细孔隙率仅为 0.093,低于 0.18 使得毛细孔全部发生阻断,造成基体的扩散系数急剧下降,因此 $\bar{D}_{ITZ}/D_{bulk}$ 值较高。在图 5.36 中,混凝土中 $\bar{D}_{ITZ}/D_{bulk}$ 值随着 α 增加而增加,$\alpha=0.6$ 时 $\bar{D}_{ITZ}/D_{bulk}$ 值最大,随后 $\bar{D}_{ITZ}/D_{bulk}$ 开始减小。主要是因为 $\alpha>0.6$ 时,基体毛细孔不发生连通,随着水化程度的进一步增加,ITZ 的孔隙率进一步下降导致 ITZ 的平均扩散系数下降。如图 5.37 所示,相对于 W/C 和 α,D_{cem} 对 $\bar{D}_{ITZ}/D_{bulk}$ 值的影响较小。当 $W/C=0.35$ 和 $\alpha=0.4$,混凝土中各界面层的孔隙率都大于 0.18,$\bar{D}_{ITZ}/D_{bulk}$ 的变化趋势与图 5.10 中 $\bar{\phi}_{ITZ}/\phi_{bulk}$ 一致,都是随着 D_{cem} 的增加而增加。

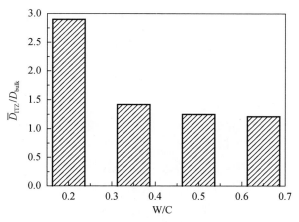

图 5.35　水灰比对混凝土 $\bar{D}_{ITZ}/D_{bulk}$ 的影响

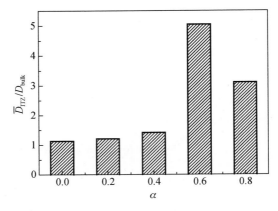

图 5.36　水化程度对混凝土 $\bar{D}_{ITZ} / D_{bulk}$ 的影响

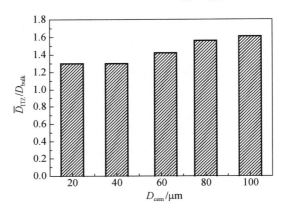

图 5.37　最大水泥颗粒直径对混凝土 $\bar{D}_{ITZ} / D_{bulk}$ 的影响

5.5.2　ITZ 相对扩散系数的计算机模拟

由于 ITZ 微结构复杂，目前研究者通常假定界面过渡区的厚度和孔隙分布是均匀的，这样界面区的孔隙梯度分布就取平均值，然后根据式（5-36）计算出复合材料的相对扩散系数。但是该模型仅考虑孔隙率及逾渗阈值对扩散系数的影响，而忽略孔隙的三维空间分布信息。

根据 5.4 节确定 ITZ 的厚度之后，将三维 ITZ 结构单独从原来的 ITZ 单个集料微结构中提取出来，如图 5.38 所示。同样用电模拟的方法计算 ITZ 及的相对扩散系数。ITZ 微结构与相扩散系数（$\bar{D}_{ITZ} / D_{bulk}$）的比值如图 5.39 和图 5.40 所示。

从图 5.39 中可以发现，$\bar{D}_{ITZ} / D_{bulk}$ 随水灰比的提高是先增大后减小，水灰比为 0.45 时，相对扩散系数的比值最大。低水灰比在 0.25～0.45 时，无论界面区还是水泥基体的孔隙率均低于毛细孔的逾渗阈值（0.18），此时复合材料的传输系数主要由凝胶孔来控制。水灰比越低，界面与基体生成凝胶量差异越小，则相对扩散系数比值就越小；当水灰比超过 0.45 时，离子在基体和界面区的传输均由毛细孔隙率来控制，相比较而言，界面区效应降低，所以 $\overline{D}_{ITZ}/D_{bulk}$ 也逐渐降低。

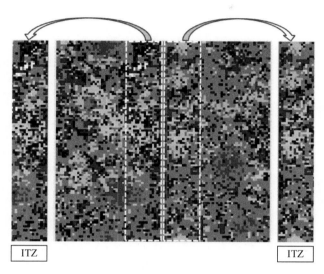

图 5.38　提取 ITZ 结构示意图

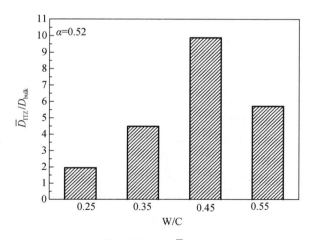

图 5.39　模拟水灰比对 $\overline{D}_{ITZ}/D_{bulk}$ 的影响

　　水化程度对相对扩散系数比值的影响，如图 5.40 所示。水化程度从 0 增加至 0.61 时，$\overline{D}_{ITZ}/D_{bulk}$ 先升高，约在水化程度 0.45 时达到最大值，随后逐渐降低。这可能是因为"边壁效应"，刚开始水化时，界面过渡区内的孔隙率大于水泥基体中，有更多的毛细孔参与传输，所以初始的 $\overline{D}_{ITZ}/D_{bulk}>1$；但随着水化的进行，在水泥基体中的孔隙率被来自各个方向的产物填充，界面过渡区内由于集料的存在，孔隙只能从水泥基体一侧被填充，相对界面过渡区水泥基体中的孔隙迅速降低，这时界面过渡区的传输贡献更大，$\bar{D}_{ITZ}/D_{bulk}$ 呈上升趋势；随着水化的继续进行，水泥基体中的孔隙不断被填充，水化速度放缓，而界面过渡区内含有更多的水分，有效水灰比更高，水化依然较快进行，使得界面过渡区内的孔隙率不断接近水泥基体中的孔隙率，所以 $\bar{D}_{ITZ}/D_{bulk}$ 开始降低。

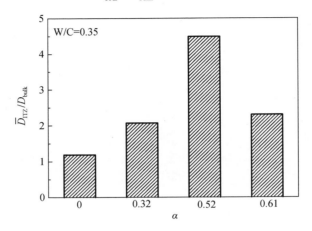

图 5.40　模拟水化程度对 $\bar{D}_{ITZ}/D_{bulk}$ 的影响

5.6　本 章 小 结

ITZ 不仅是混凝土中力学性能最薄弱的环节，也是介质传输速度最快的区域。影响 ITZ 传输性能的因素很多，但相比较而言，ITZ 的体积分数和孔隙率是影响传输性能最重要的两个因素。

（1）根据 Powers 模型和 Zheng 等给出的 ITZ 水泥粒子分布特征，建立了 ITZ 中各物相分布的计算模型，并分析了水灰比、水化程度及最大水泥颗粒直径对 ITZ 各物相分布的影响规律，发现水灰比和水化程度对 ITZ 中孔隙率影响较大。

（2）基于 Torqutao 的最邻近表面分布函数，根据 ITZ 的厚度、集料的级配和体积分数，建立了考虑界面过渡区重叠的 ITZ 体积分数定量计算方法。通过研究 ITZ 厚度和集料体积分数对扩散系数的影响发现，当 ITZ 厚度不断增加时，其体积分数一直增加；当 ITZ 厚度较大时，集料体积增加，ITZ 体积分数表现出先增加后减小的现象。

（3）根据 ITZ 的微结构特点，将集料及其周围包裹的 ITZ 看成（$n+1$）层复合球模型，假定每个界面层为均匀相，采用广义自洽法预测了 ITZ 的有效扩散系数。

（4）通过向水泥浆体中加入平板集料的方式，重构了 ITZ 三维微结构，并根据孔隙率的分布曲线确定了 ITZ 的厚度，然后单独取出 ITZ 和基体微结构，利用电模拟方法计算相对扩散系数。结果表明，随着水化程度的增加，ITZ 与基体扩散系数的比值呈现先增加、后减小的趋势。

主要参考文献

陈惠苏，孙伟，PIET S，2004. 水泥基复合材料集料与浆体界面研究综述(二)：界面微观结构的形成，劣化机理及其影响因素[J]. 硅酸盐学报，32(1)：70-79.

孙国文，2012. 氯离子在水泥基复合材料中的传输行为与多尺度模拟[D]. 南京：东南大学.

GARBOCZI E J, BENTZ D P, 1998. Multiscale analytical/numerical theory of the diffusivity of concrete[J]. Advanced Cement Based Materials, 8(2): 77-88.

GUOWEN S, WEI S, YUNSHENG Z, 2011. Quantitative analysis and affecting factors of the overlapping degree of interfacial transition zone between neighboring aggregates in concrete[J]. Journal of Wuhan University of Technology (Materials Science Edition), 26(1): 147-153.

LU B, TORQUATO S, 1992. Nearest-surface distribution functions for polydispersed particle systems[J]. Physical Review A, 45(8): 5530-5544.

MEHTA P K, MONTEIRO P J, 2006. Concrete: Microstructure, Properties, and Materials[M]. New York: McGraw-Hill.

POWERS T C, BROWNYARD T L, 1947. Studies of the physical properties of hardened Portland cement paste[J]. Bulletin, 22.

PRINCIGALLO A, VAN BREUGEL K, LEVITA G, 2003. Influence of the aggregate on the electrical conductivity of Portland cement concretes[J]. Cement and Concrete Research, 33(11): 1755-1763.

SCRIVENER K L, CRUMBIE A K, LAUGESEN P, 2004. The interfacial transition zone (ITZ) between cement paste and aggregate in concrete[J]. Interface Science, 12(4): 411-421.

SCRIVENER K, 1999. Characterisation of the ITZ and its quantification by test methods[J]. RILEM Report: 3-18.

SHANE J D, MASON T O, JENNINGS H M, et al., 2000. Effect of the interfacial transition zone on the conductivity of Portland cement mortars[J]. Journal of the American Ceramic Society, 83(5): 1137-1144.

WONG H S, HEAD M K, BUENFELD B R, 2006. Pore segmentation of cement-based materials from backscattered electron images. [J]. Cement and Concrete Research, 36(6): 1083-1090.

ZHENG J J, LI C Q, ZHOU X Z, 2005. Characterization of microstructure of interfacial transition zone in concrete[J]. ACI Materials Journal, 102(4): 265-271.

第6章 基于多尺度方法预测现代混凝土的扩散系数

前面三章对三类典型的传输通道进行了详细介绍，在此基础上，本章首先根据现代混凝土微结构特征，从介质传输的角度将其进行了多尺度划分；基于均匀化理论，提出了现代混凝土扩散系数的多尺度数学预测模型。接着，采用硬芯软壳-HCSS 模型，通过计算机模拟技术构建了含集料-ITZ-集料三相的混凝土/砂浆的三维微结构，利用蚂蚁随机行走算法，模拟了氯离子在现代混凝土中的传输性能，并提出了传输系数的数值预测模型。最后，通过大量实验结果，从不同尺度对数学模型和数值模拟进行验证。为现代混凝土传输性能的准确预测提供了科学基础。

6.1 数 学 模 型

6.1.1 混凝土/砂浆扩散系数的预测模型

混凝土/砂浆是由集料、ITZ 及基体三部分组成。如果将集料和 ITZ 看成单一相，由第 4 章可以获得集料+ITZ 的有效扩散系数，则混凝土/砂浆可以看成两相复合球模型，集料+ITZ 相作为夹杂相镶嵌于砂浆或水泥浆体中。因此，可采用基体-夹杂物模型预测混凝土/砂浆的扩散系数。

（1）当混凝土/砂浆中集料体积分数小于 50%时，材料中 ITZ 一般不会出现逾渗现象，则应该使用 Mori-Tanaka 法预测氯离子的扩散系数，具体表达式为

$$D_{M}^{eff} = D_{p}^{eff} \frac{2D_{p}^{eff} + D_{I1}^{eff} + 2f_{I1}\left(D_{I1}^{eff} - D_{p}^{eff}\right)}{2D_{p}^{eff} + D_{I1}^{eff} - f_{I1}\left(D_{I1}^{eff} - D_{p}^{eff}\right)} \tag{6-1}$$

$$D_{C}^{eff} = D_{M}^{eff} \frac{2D_{M}^{eff} + D_{I2}^{eff} + 2f_{I2}\left(D_{I2}^{eff} - D_{M}^{eff}\right)}{2D_{M}^{eff} + D_{I2}^{eff} - f_{I2}\left(D_{I2}^{eff} - D_{M}^{eff}\right)} \tag{6-2}$$

式中：D_{p}^{eff}、D_{M}^{eff}、D_{C}^{eff} 分别为硬化水泥浆体，砂浆，混凝土的有效扩散系数；D_{I1}^{eff} 和 f_{I1} 分别为砂浆中 ITZ+细集料的有效扩散系数和体积分数；D_{I2}^{eff} 和 f_{I2} 分别为混凝土中 ITZ+粗集料的有效扩散系数和体积分数。

（2）当混凝土/砂浆中集料体积分数大于 50%时，ITZ 会彼此搭接形成逾渗通道，故应该采用自洽模型预测混凝土/砂浆的有效扩散系数，具体表达式为

$$\frac{f_{I1}(D_{I1}^{\text{eff}} - D_{\text{M}}^{\text{eff}})}{D_{I1}^{\text{eff}} + 2D_{\text{M}}^{\text{eff}}} = \frac{(1 - f_{I1})(D_{\text{M}}^{\text{eff}} - D_{\text{p}}^{\text{eff}})}{D_{\text{p}}^{\text{eff}} + 2D_{\text{M}}^{\text{eff}}} \tag{6-3}$$

$$\frac{f_{I2}(D_{I2}^{\text{eff}} - D_{\text{C}}^{\text{eff}})}{D_{I2}^{\text{eff}} + 2D_{\text{C}}^{\text{eff}}} = \frac{(1 - f_{I1})(D_{\text{C}}^{\text{eff}} - D_{\text{M}}^{\text{eff}})}{D_{\text{M}}^{\text{eff}} + 2D_{\text{C}}^{\text{eff}}} \tag{6-4}$$

6.1.2 多尺度代表单元的划分

根据现代混凝土微结构组成特征，基于从宏观到细观、再到微观的划分准则，按照介质的传输通道将其分为五个尺度，如图 6.1 所示。假定所有夹杂相为球形。

（1）尺度 Ⅰ：混凝土。该尺度代表性单元的大小为 $10^{-2}\sim10^{-1}$m，由粗集料（石子）、界面过渡区（ITZ）及砂浆基体组成。由于常规的粗集料结构致密，本身不存在连通孔，可以假定它的扩散系数为 0，在该尺度上离子的传输通道主要分布于 ITZ 和砂浆基体中。

（2）尺度 Ⅱ：砂浆。该尺度的特征大小为 $10^{-3}\sim10^{-2}$m。其微结构与混凝土类似，也包含集料、ITZ 及基体三相，只是在该尺度上集料为细集料（砂子），基体相为水泥浆体。传输通道同样分布于 ITZ 和水泥浆体中。

（3）尺度Ⅲ：集料-ITZ 复合相。提取混凝土中集料及包裹在外面 ITZ 作为该尺度的代表单元。它包括集料以及 ITZ 相。将 ITZ 相看成由 n 层均质的 ITZ 层组成。ITZ 的孔隙率要高于基体，因此它是混凝土材料服役寿命失效的主要的原因之一。

（4）尺度Ⅳ：水泥浆体。该尺度的大小范围较宽，从几微米到几百微米。主要由未水化水泥颗粒和 C-S-H 凝胶层组成。水化反应之后，未水化水泥颗粒被两层凝胶层所包裹，内层为高密度的 C-S-H 凝胶，外层由各相异性的混合物组成，即由低密度 C-S-H 凝胶、CH、AF 及毛细孔组成。当水灰比较低时，仅生成少量的低密度 C-S-H 时，则可认为未水化水泥颗粒外围包裹一层水化产物层。

（5）尺度Ⅴ：水化产物。该尺度代表单元尺寸为 10 μm。在水泥粒子原来占有的空间内部形成高密度 C-S-H 凝胶，而低密度的 C-S-H 凝胶在外部形成，这两种 C-S-H 分别也称为内部和外部产物。包裹在最外层的低密度 C-S-H 作为基体相，CH、AF 及毛细孔相作为夹杂相。在该尺度能够提供传输通道的是高密度 C-S-H 凝胶、低密度 C-S-H 凝胶、毛细孔相。

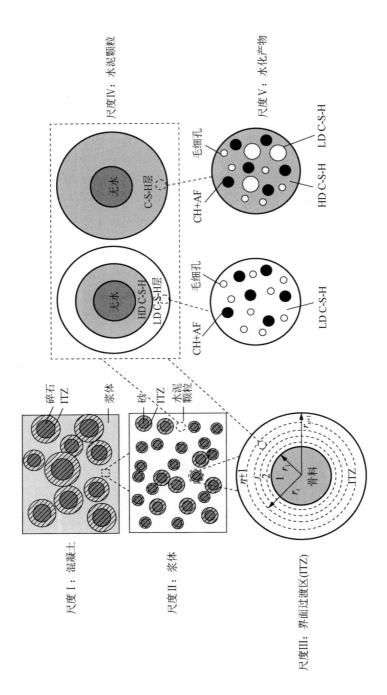

图 6.1　基于多尺度方法划分现代混凝土材料

为了预测现代混凝土的扩散系数，从最小单元尺度Ⅴ出发计算出扩散系数，并逐级代入上一尺度最终得到混凝土的扩散系数。尺度Ⅴ、Ⅳ及Ⅲ的具体计算方法见本书第 3～5 章，混凝土/砂浆扩散系数的预测模型见式（6-1）～式（6-4）。现代混凝扩散系数的多尺度数学模型中每个尺度的输入参数、输出参数及预测方法，如表 6.1 所示。

表6.1　现代混凝土扩散系数的多尺度数学模型的使用过程

尺度	输入参数	输出参数	预测方法
Ⅴ：水化产物	LD C-S-H 凝胶、AF、CH、毛细孔的体积分数和扩散系数	LD C-S-H 凝胶层的有效扩散系数	自洽法或 Mori-Tanaka 法
Ⅳ：水泥浆体	LD C-S-H 凝胶层、HD C-S-H 凝胶、未水化水泥颗粒的体积分数和扩散系数	水泥浆体的有效扩散系数	广义自洽法
Ⅲ：ITZ 复合相	ITZ 厚度和孔隙率分布，集料体积分数和扩散系数	ITZ 复合相的有效扩散系数	广义自洽法
Ⅱ：砂浆	水泥浆体和 ITZ 复合相的体积分数和扩散系数	砂浆的有效扩散系数	自洽法或 Mori-Tanaka 法
Ⅰ：混凝土	砂浆和 ITZ 复合相的体积分数和扩散系数	混凝土的有效扩散系数	自洽法或 Mori-Tanaka 法

6.1.3　扩散系数实验及其变化规律

6.1.3.1　扩散系数的测试方法

现代混凝土由于掺加了矿物掺和料和高性能减水剂，施工质量不断提高，其渗透性普遍较低，扩散系数的测试需要很长时间。解决方法一般有两种，一种方法为增加离子溶液的浓度，但在这种情况下，由于离子交互作用的影响，扩散机制可能会不遵循菲克定律；另一种方法是施加外部电场加速氯离子扩散，这一办法目前已被广泛的应用。例如，非稳态的电迁移实验方法——RCM 实验，外加电压为 30 V，通过测试一定时间氯离子的侵入深度来计算扩散系数，但是实验时间是根据初始电流确定的，最长为 168h，对于渗透性低的混凝土即使实验 168h，其氯离子侵入深度也难以测得，因此这种方法对于渗透性低的混凝土无法得出有效的扩散系数。直流电量法 ASTM C1202 实验时间为 6h 外加电压为 60 V，对于渗透性低的混凝土得出的电量值也无法进行有效比较，而且电压过高忽略了发热对实验结果的影响，且无法得到氯离子扩散系数。

在外加电场作用下，氯离子在饱和混凝土中的迁移，则影响传输机制有浓度梯度、电位梯度与对流效应，其控制方程式可表达为

$$-J(x) = \frac{D\partial C(x)}{\partial x} + \frac{ZF}{RT}DC\frac{\partial E(x)}{\partial x} + CV(x) \tag{6-5}$$

式中：$J(x)$ 为离子通量，即单位时间内，垂直通过单位面积的氯离子量；D 为离子扩散系数；$C(x)$ 为氯离子迁移至 x 距离处时之离子浓度；Z 为离子价数；F 为法

拉第常量；R 为摩尔气体常量；T 为热力学温度；C 为测试试件内氯离子浓度；$E(x)$ 为试件 x 距离时的电位差；$V(x)$ 为速度梯度。

式（6-5）中第一项为由于浓度梯度所造成的离子移动，第二项为电位梯度所造成的离子移动，最后一项 $CV(x)$ 为对流效应所造成的离子移动，在电加速作用下浓度梯度和对流对氯离子传输的影响远远小于电场作用下的离子迁移，故对式（6-5）可改写为式（6-6），即 Nernst-Planck 方程，氯离子的扩散系数式为

$$D_{\mathrm{Cl}} = \frac{RT}{CF\left(\dfrac{V}{l}\right)} J_{\mathrm{Cl}} \tag{6-6}$$

式中：R 为摩尔气体常量（8.314 J/mol/K）；F 为 Faraday 常量（F= 96 485C/mol）；T 为热力学温度（K）；C 为上游槽中的氯离子浓度（mol/L）；V/l 为施加的电场强度（V/m）。其中，扩散通量（J_{Cl}）可以通过观察下游槽（阳极槽）溶液中氯离子浓度的变化，即当氯离子浓度与测试的时间呈线性关系时，可得到单位时间内通过单位截面的氯离子流量（J_{Cl}）为

$$J_{\mathrm{Cl}} = \frac{\Delta C_{\mathrm{Cl}} V_{\mathrm{comp}}}{A_{\mathrm{s}} \cdot \Delta t} \tag{6-7}$$

式中：V_{comp} 为下游槽的溶液体积（m³）；Δt 为观测时间间隔（s）；ΔC_{Cl} 为下游槽中观测到的氯离子浓度变化（mol/L）；A_{s} 为迁移面积（m²），每组试样做 3 次平行试验，取其平均值。

在电场作用下，氯离子在混凝土中传输可以分为三个阶段（图 6.2），分别为非稳态阶段（non-steady state）、过渡区阶段（transition period）、稳态阶段（steady state）。

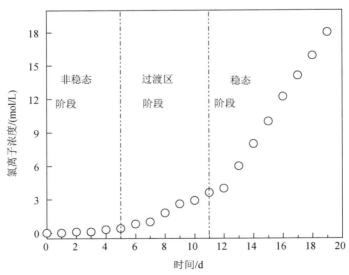

图 6.2　氯离子在水泥基复合材料中的传输历程

（1）非稳态阶段指的是氯离子在混凝土内部传输，但尚未穿透混凝土试件至阳极槽中，因此阳极槽内未检测到氯离子浓度。

（2）过渡区阶段指的是氯离子通过混凝土试样达到阳极槽，使得氯离子逐渐阳极槽内累积，此阶段的氯离子的累计浓度与时间呈非线性增长趋势。

（3）稳态阶段指的是氯离子浓度与时间关系呈线性关系。

本节采用稳态电迁移扩散池测试氯离子在混凝土扩散系数，如图 6.3 所示。将新拌混凝土成型于直径为 100mm 的 PVC 管内，养护至一定龄期后将其切成厚度为 30mm 的圆柱体试件。首先对试件进行真空饱水；将饱水后的试件用夹具安装于两个扩散池之间，其中阴极扩散池加 3.0% NaCl 溶液，阳极 0.3mol/L 的 NaOH 溶液；然后对试件施加 24 V 的直流电压，在电势差的作用促使阴极扩散池内氯离子穿过试件达到阳极扩散池。每隔 1 d 用硝酸银滴定法测量阳极扩散池内氯离子浓度的变化，当氯离子浓度与测试的时间呈线性关系时，可通过式（6-6）和式（6-7）得到混凝土的氯离子扩散系数。

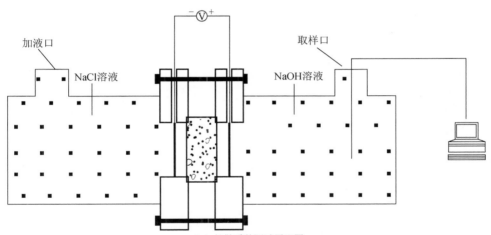

（a）扩散系数测试原理图

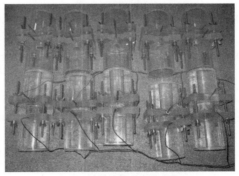

（b）扩散系数试验测试图

图 6.3　稳态扩散系数测试装置图

6.1.3.2　氯离子扩散系数测试结果

为了验证现代水泥基复合材料在不同尺度下的氯离子扩散系数模型的准确性，本节设计与制备净浆、砂浆和混凝土三种水泥基材料。对于净浆，主要研究水胶比（0.23、0.35 和 0.53）和矿物掺和料掺量（10%、30%、50%、70%）的影响。对于砂浆，主要考虑集料体积分数（0.3、0.4、0.5 和 0.65）、集料级配（粗、中和细）、矿渣掺量和水胶比（0.23、0.35 和 0.53）的影响。对于混凝土，主要考察水胶比（0.23、0.35 和 0.53、砂率变化（25%、38%、50%）和矿渣掺量（10%、30%、50%、70%）的影响，砂子为中砂。分别养护 60 d、90 d 和 547 d 的净浆、砂浆和混凝土试样，在饱和状态下测试的氯离子扩散系数（D_E），实验结果如表 6.2 所示。

表 6.2　水泥基复合材料氯离子扩散系数测试结果　　单位：$\times 10^{-12} \mathrm{m}^2/\mathrm{s}$

编号	龄期/60 d			龄期/90 d			龄期/547 d		
	D_E	$\bar{D}$	D_E/D_P	D_E	$\bar{D}$	D_E/D_P	D_E	$\bar{D}$	D_E/D_P
P-23	1.03	1.03	1.00	1.00	1.00	1.00	0.35	0.35	1.00
P-35	4.12	4.12	1.00	3.89	3.89	1.00	1.90	1.90	1.00
P-53	10.6	10.6	1.00	9.85	9.85	1.00	6.05	6.05	1.00
P35-10S	—	—	—	2.12	2.12	1.00	1.62	1.62	1.00
P35-30S	—	—	—	2.10	2.10	1.00	1.45	1.45	1.00
P35-50S	—	—	—	2.45	2.45	1.00	1.15	1.15	1.00
P35-70S	—	—	—	6.78	6.78	1.00	2.98	2.98	1.00
M30S	5.12	7.31	1.24	4.70	6.71	1.21	2.32	3.31	1.22
M40S	7.23	12.05	1.75	4.68	7.80	1.20	2.12	3.53	1.12
M50S	8.46	16.92	2.05	4.40	8.80	1.13	1.98	3.96	1.04
M65S	11.36	32.46	2.76	5.80	16.57	1.49	2.50	7.14	1.32
M50C	4.28	8.56	1.04	3.89	7.78	1.00	1.89	3.78	0.99
M50F	10.91	21.82	2.65	6.35	12.7	1.63	3.12	6.24	1.64
M23-50	3.26	6.52	3.17	1.12	2.24	1.09	0.41	0.82	1.17
M53-50	15.26	30.52	1.44	14.5	29.00	1.47	10.80	21.6	1.79
M35-10S	—	—	—	2.12	4.24	1.00	1.98	3.96	1.22
M35-30S	—	—	—	2.09	4.18	1.00	1.86	3.72	1.28
M35-50S	—	—	—	2.24	4.48	0.91	1.23	2.46	1.07
M35-50S	—	—	—	5.48	10.96	0.81	2.38	4.76	0.80
C-23	2.98	9.19	2.89	1.00	3.08	1.00	0.31	0.96	0.89
C-35	6.35	20.77	1.54	2.78	9.09	0.71	1.22	3.99	0.64
C-53	13.26	42.91	1.25	8.80	28.48	0.89	5.46	17.67	0.90
C35-25	6.09	19.88	1.48	2.40	7.84	0.62	1.02	3.33	0.54

续表

编号	龄期/60 d			龄期/90 d			龄期/547 d		
	D_E	$\bar{D}$	D_E/D_P	D_E	$\bar{D}$	D_E/D_P	D_E	$\bar{D}$	D_E/D_P
C35-50	7.06	23.11	1.71	3.12	10.21	0.80	1.35	4.42	0.71
C35-10S	—	—	—	1.45	4.74	0.68	1.00	3.27	0.62
C35-30S	—	—	—	1.42	4.65	0.68	0.99	3.24	0.68
C35-50S	—	—	—	1.32	4.32	0.54	0.72	2.36	0.63
C35-70S	—	—	—	2.34	7.65	0.35	1.20	3.93	0.40

注：1. 前缀 P 表示浆体，后缀 S 表示矿渣，10 表示矿渣掺量为 10%，其余类同，P23 表示水胶比为 0.23 浆体。

2. 前缀 M 表示砂浆，后缀 C、F 和 S 表示粗砂、细砂和矿渣，M23-50 表示水胶比为 0.23、砂子体积分数 50% 的砂浆。

3. 前缀 C 表示混凝土，后缀 S 表示矿渣，C-35 表示水胶比为 0.35、砂率 38% 的混凝土，C-35-25 表示水胶比为 0.35、砂率 25% 的混凝土。

从表 6.2 中可以看出集料、水胶比对氯离子扩散系数的影响较显著，众所周知，水胶比越大，氯离子扩散系数也越大。从表 6.2 中还可以看出集料级配和集料掺量对水泥基材料有效扩散系数的影响规律与养护龄期也有一定关系。如比较水灰比相同的 P-35、M30S、M40S、M50S 和 M65S 试样，在养护龄期 60 d 时氯离子扩散系数随集料体积分数(V_a)的增加而增加，这一点与 Caré 以及 Halamickova 等的研究结果一致，但龄期达到 90 d 后且集料体积分数小于 50% 时，砂浆的氯离子扩散系数又随集料体积分数的增加而降低；当集料的体积分数超过一定量且细度模数和级配发生变化时，如试样 C-35 和 C35-25 混凝土试样，氯离子扩散系数随集料体积分数的增加也降低。这一点从理论上可以说明，即集料与纯水泥浆体相比，是一种非渗透性相，单位体积砂浆中粗集料的掺入，其宏观扩散系数应降低。与相同水胶比的纯水泥浆体相比，混凝土/砂浆中的扩散系数（$\bar{D}$）是显著增加的，结果也列于表 6.2 中，这里扩散系数（$\bar{D}$）定义为水泥基复合材料测试的扩散系数（D_E）与水泥浆体体积分数的比值，即 $\bar{D}=D_E/(1-V_a)$，该参数可以表征水泥基材料中基体扩散系数的变化。此外，对比养护 60 d 的 M23-50、M50S 和 M53-50 三种试样，所含集料粒径、级配和体积分数相同，但水灰比不同，氯离子扩散系数随水灰比的增大而增大，从砂浆试样的氯离子扩散系数（D_E）与相应的纯水泥浆体的扩散系数（D_P）比值来看，水灰比越大，两者的比值越小，如 M23-50 几乎是 M53-50 的 2.2 倍，说明集料与基体之间的界面区受水灰比控制，水灰比增大时，界面过渡区对基体扩散系数的影响降低。M50S、M50C 和 M50F 试样，水灰比和集料体积分数相同，但集料的粒径和级配发生变化，导致氯离子扩散系数也发生变化。

总之，集料掺入导致水泥基材料中氯离子扩散系数变化，其原因可能是集料改变了水泥基材料的微结构，Shah 将集料对微结构的影响归结为四种效应，即稀释效应、曲折效应、界面区和逾渗效应，下面就集料对水泥基材料微结构和扩散系数的影响做进一步分析。

6.1.3.3　集料对水泥基复合材料界面过渡区体积分数的影响

在水泥基复合材料中，界面过渡区体积分数的计算复杂，当集料的体积分数超过 40%后，界面区之间的重叠程度增加。研究人员采用扫描电镜（SEM）、背散射图像分析表明：界面区的厚度通常在 15～50 μm，典型厚度一般为 30 μm 左右。Garboczi 和 Bentz 认为界面过渡区厚度为水泥的粒子的平均半径，根据本文水泥颗粒的激光粒度分析曲线（图 6.4）可知，平均半径约为 26 μm，因此，综合试验结果和文献报道，在计算中假定界面区厚度定为 30 μm。本节实验的砂浆和混凝土中各物相的体积分数，如表 6.3 和表 6.4 所示。

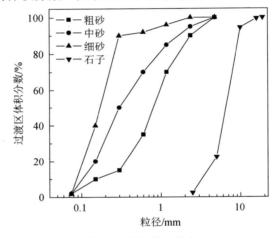

图 6.4　集料粒径分布

表 6.3　砂浆界面过渡区体积分数　　　　　　　　　　　　单位：%

编号	W/B	V_{sa}	V_{sI}	V_B
M35-30	0.35	30	12.12	57.88
M35-40	0.35	40	15.79	44.21
M35-50	0.35	50	19.00	31.00
M35-65	0.35	65	21.90	13.10
M35-50C	0.35	50	11.33	38.67
M35-50F	0.35	50	27.25	22.75
M23-50	0.23	50	19.00	31.00
M53-50	0.53	50	19.00	31.00
M35-10S	0.35	50	12.55	37.45
M35-30S	0.35	50	12.55	37.45
M35-50S	0.35	50	12.55	37.45
M35-50S	0.35	50	12.55	37.45

注：V_{sa}、V_{sI} 和 V_B 分别为砂子、砂界面过渡区和水泥基体的体积分数。

表 6.4　混凝土界面过渡区体积分数　　　　　　　单位：%

编号	V_{sa}	V_{ga}	V_I	V_B
C-23	40.73	26.83	16.47	15.97
C-35	26.22	43.21	11.37	19.20
C-53	27.82	41.28	11.96	18.94
C35-25	17.48	51.89	8.04	22.59
C35-50	34.92	34.53	14.53	16.02
C35-10S	26.22	43.21	7.26	23.31
C35-30S	26.22	43.21	7.26	23.31
C35-50S	26.22	43.21	7.26	23.31
C35-70S	26.22	43.21	7.26	23.31

注：V_{ga}、V_I 分别为石子体积分数以及混凝土中界面过渡区体积分数。

对于砂浆试样，由表 6.4 知，对于相同水胶比且掺有相同级配细集料的 M35-30、M35-40、M35-50 和 M35-65 砂浆试样而言，界面过渡区体积分数（V_I）随集料体积分数的增加而增大，如 M35-65 与 M35-30 相比，其界面过渡区体积分数增加了 80.69%。而对于水胶比和集料体积分数相同、粒径分布不同 M35-50，M35-50C 和 M35-50F 而言，砂子越细（M35-50F），V_I 值也越大，其原因正如第 5 章所谈到的，在一定的条件下，V_I 与砂的比表面积成正比，故砂子的粒径越小，比表面积越大，这样 V_I 也越大。而对于细集料体积分数相同、水胶比不同的 M23-50、M35-50 和 M53-50 砂浆试样，由于集料级配和界面过渡区厚度相同，计算得到的 V_I 是相同的。对水胶比相同的 M35-10S～M35-70S 砂浆试样，在水泥-矿渣胶凝材料中因矿渣掺量变化，准确分析二者在混合后的平均粒径相对困难，文中界面过渡区厚度统一取值为 20 μm，再加上集料的体积分数在 M35-10S～M35-70S 试样中也相同，故得到的 V_I 也相同。

对于混凝土试样，对比表 6.3 和表 6.4 可知，水胶比相同的 C-35 与 M35-30、M35-40、M35-50 和 M35-65 混凝土与砂浆相比，当集料的体积分数超过一定程度时，界面过渡区的体积分数（V_I）降低，如 C-35 与含最小 V_I 的 M35-30 相比，降低了 6.60%。其原因一方面是混凝土中含有粒径较大的石子，与相同体积的砂子相比，表面积降低，这样单位体积混凝土中的 V_I 值也相应减小；另一方面是对于给定的界面区厚度与集料级配，V_I 随集料之间间距的减小而减小，单位体积混凝土中集料体积分数越大，它们之间的间距也越小，界面区之间的重叠程度也越大，导致界面区的体积也减小。C-35、C35-25 和 C35-50 的混凝土的 V_I 相比，粗细集料的总体积分数相同，但砂石比越大，V_I 值也越大，如砂石比最大的 C35-50 与 C35-25 相比，V_I 增加了 80.72%。其原因如前所述，在集料总体积相同的条件下，细集料砂含量越高，其表面积也越大，这样 V_I 也相应增大。C35-10S～C35-70S 的混凝土试样，考虑到矿渣的微集料效应，其界面过渡区厚度取值为 20μm，因集料的总体积分数相同，所以 V_I 值也相同。

6.1.3.4 集料对水泥基材料孔结构的影响

图 6.5（a）和（b）分别是养护 60 d 的净浆 P-35 和砂浆 M35-30、M35-40、M35-50 总孔隙率和孔径分布图。由图 6.5（a）可知，集料的存在改变了孔结构，砂浆与净浆相比，总孔隙率降低，从孔径分布变化图 6.5（b）来看，随着集料体积分数的增加，孔结构倾向于小孔径方向分布，但另一方面，超过 100nm 的大孔也明显增多，可能是界面过渡区导致。这个结果与先前报道的结果一致，在界面区有更多的孔并与水泥基体相伴。图 6.5（c）和（d）分别是含相同体积分数但不同细度砂子的 M35-50C、M35-50 和 M35-50F 砂浆的孔隙率和孔径分布图。由图 6.5（c）和（d）可知：含集料越细的砂浆（M35-50F），总孔隙率也越高，这是因为当集料的体积分数和界面区厚度不变时，界面区体积与集料的比表面近似成正比，集料越细，界面过渡区的体积分数越大，相应的总孔隙率也提高。从图 6.5（d）的孔径分布变化来看，在 10～100nm 间的连通孔径较小，但小于 10nm 的连通孔径明显高于 M35-50C、M35-50 试样的，这可能会加速氯离子在水泥基材料中的传输。

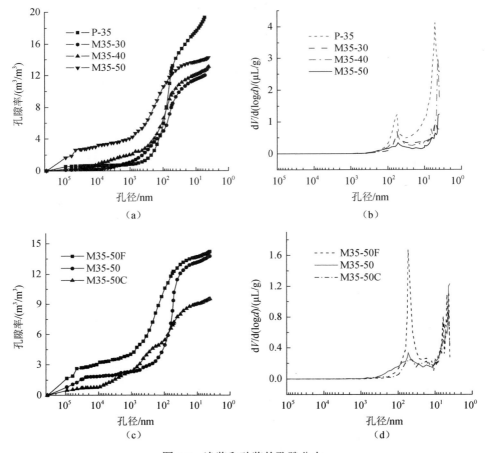

图 6.5　净浆和砂浆的孔隙分布

为了进一步对比分析集料对水泥基材料孔结构的影响，采用 MIP 测试养护 60 d 的净浆和砂浆的总孔隙率（表 6.5）和孔隙率分布（图 6.6）。表 6.5 为测试样品的总孔隙率（ϕ_T）、毛细孔隙率（ϕ_{cap}）及重新计算得到的单位浆体的总孔隙率（ϕ_{por}），这里将 10nm 以上的孔看作毛细孔，低于将 10nm 以上的孔看作凝胶孔。由表 6.5 可知，若假定所有试样中，仅仅水泥浆体是多孔的，M35-30、M35-40、M35-50 和 M35-65 的孔隙率结果表明，砂浆的总孔隙率随砂子体积分数的增加而增加。如上所述，从理论上讲，砂子可视为一种非渗透相，砂子的掺入总孔隙率应该降低，但事实恰好相反，说明集料与基体之间富含孔隙的界面区对整个砂浆孔隙率的影响起显著作用，并随界面区体积分数的增加而增加，这一点从表 6.3 的界面过渡区体积分数的计算结果已证明。此外，由图 6.5 可知，砂子的掺入，浆体中孔结构也发生了变化，按照 Mindess 等对混凝土孔分为三个范围：>200nm，10～200nm 和<10nm，根据 MIP 压汞曲线可得砂浆试样的孔隙率变化，如图 6.6 所示。从图 6.6 中可以看出试样 M35-30、M35-40、M35-50，随集料体积分数的增加，>200nm 的孔隙显著增加，10～200nm 之间的孔分布变化微小，而当集料的体积分数超过 50%时，10～200nm 的孔隙显著增加，说明当集料的体积分数超过一定限度时，对传输性能的影响也将发生显著变化。

表 6.5　水泥基复合材料孔隙率测试结果　　　　　单位：%

编号	ϕ_T	ϕ_{por}	ϕ_{cap}
P-23	14.34	14.34	12.16
P-35	19.29	19.29	17.45
P-53	26.45	26.45	23.23
M35-30	12.78	18.26	11.79
M35-40	13.25	22.08	12.17
M35-50	14.22	28.44	13.64
M35-65	15.42	44.06	14.61
M35-50C	13.05	26.1	12.12
M35-50F	15.18	30.36	14.16
M23-50	11.27	22.54	8.49
M53-50	18.45	36.90	17.58

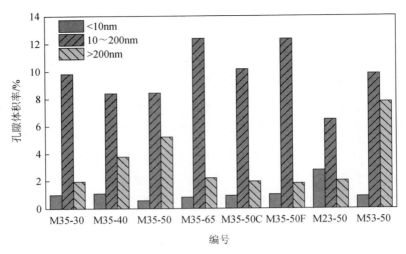

图 6.6   砂浆试样的孔隙分布

采用 X-CT 对 M35-30、M35-40、M35-50 和 M35-65 砂浆试样扫描结果，如图 6.7 所示。为便于比较，本节假定通过 X-CT 测试的试样缺陷都视作孔隙，从图 6.7 中可以直观地看出，随着集料体积分数的增加，砂浆中的孔隙也增加，当集料的体积分数达到 65%，试样中充满了大量小孔隙，这个结果与压汞测试结果一致。M35-30、M35-40、M35-50 和 M35-65 试样的 X-CT 表征的孔隙率依次为 0.89%、1.24%、1.56% 和 5.45%。若将 X-CT 测试的孔隙大小分为三类即 $\leqslant 1mm^3$、$1\sim 10mm^3$ 和 $>10mm^3$，计算结果如表 6.6 所示。从表 6.6 中可以看出，当集料的体积分数超过 50%，$\leqslant 1mm^3$ 的孔隙显著增加，尤其在 M35-65 试样中，该孔隙率是总孔隙的 54%。

表 6.6   X-CT 试验结果   单位：%

编号	M30S	M40S	M50S	M65S	M50C	M50F
总孔隙率	0.89	1.24	1.56	5.45	1.87	4.16
$\leqslant 1mm^3$ 孔隙率	0.42	0.51	0.61	2.95	0.76	2.78
$1\sim 10mm^3$ 孔隙率	0.36	0.47	0.58	1.76	0.95	1.23
$>10mm^3$ 孔隙率	0.11	0.26	0.37	0.73	0.17	0.15

对于集料级配和体积分数相同，但水灰比不同的 M23-50、M35-50 和 M53-50 试样而言，正如所预料的，总孔隙率随水灰比的增加而增加，单位浆体中孔隙率的变化显著，水灰比越低，界面区对孔结构的影响越显著。由表 6.5 可知，在水灰比为 0.23 时，净浆中总孔体积（进汞体积）是相对低的，而在砂浆中单位体积浆体的孔隙是相对较高的（与纯水泥浆体相比），因为在砂浆中富含孔隙的界面区改变了浆体的孔结构，相比较而言，水灰比为 0.53 时，由于净浆自身含有更多的孔能使汞进入，界面效应影响较小。而从图 6.6 中 M23-50、M35-50 和 M53-50 试

样的孔结构来看，水灰比越低，<10nm 的凝胶孔显著增加，大孔也相应减少。

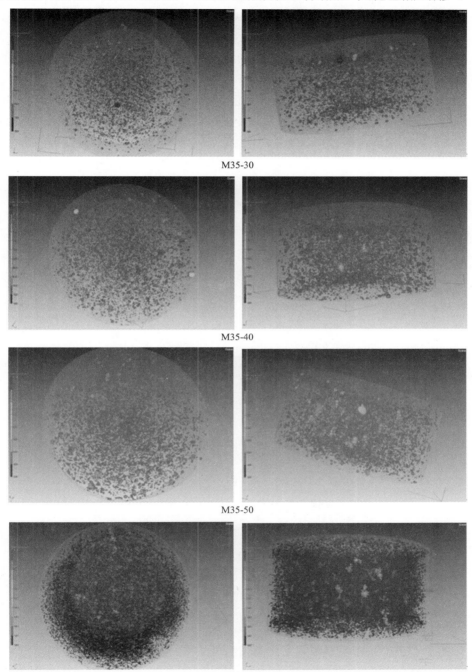

M35-30

M35-40

M35-50

M35-65

图 6.7　不同体积分数砂的水泥基试样的 X-CT 扫描图

对于水灰比和集料体积分数相同，但集料级配不同的 M35-50、M35-50C 和 M35-50F 三种砂浆试样而言，细度模数不同对孔结构及孔隙率的影响也很显著，主要体现在界面区改变了砂浆孔隙率，这一点从表 6.3 中界面过渡区体积分数计算可以直观地看出。细度模数越大，如 M35-50C 试样，界面过渡区体积分数越小，原因可以解释为界面区的体积分数与集料的比表面积成正比，当集料的体积分数相同时，集料越粗，比表面积就越小。而图 6.6 中集料类型对孔结构的影响似乎不明显。对比砂浆试样 M35-50C 和 M35-50F 的 X-CT 扫描结果（图 6.8）与 M35-50 的 X-CT 扫描结果（图 6.7），从图中可以看出，集料类型不同导致孔隙分布也不同，三种试样的孔隙率依次是 1.56%、1.87% 和 4.16%。M35-50S 与 M35-50C 相比，大孔洞略多，小孔隙较少，而 M35-50F 明显含有更多细小且相对均匀的孔隙，$\leqslant 1\text{mm}^3$ 的孔隙是总孔隙率的 67%。

M35-50C

M35-50F

图 6.8   不同细度砂的水泥基试样的 X-CT 扫描图

6.1.3.5   集料对氯离子扩散系数的影响

前述已指出 Shah 将集料对水泥基材料微结构的影响归结为四个效应，稀释和曲折效应降低了氯离子的扩散系数，而界面区和逾渗效应增加了氯离子扩散系数。一般而言，集料的逾渗效应与集料的级配和体积分数密切相关，Yang 等研究表明，集料之间的逾渗效应对氯离子的传输影响很小，可忽略。因此，本节重点研究其他三种效应，其中界面过渡区效应将在多尺度预测模型中探讨。

1）稀释效应

一般将常规集料视为非渗透相时，当将水泥基复合材料看作水泥浆体和集料两相复合材料，有效扩散系数可表达为

$$D^{\mathrm{eff}} = D_{\mathrm{p}}\left(1 - V_{\mathrm{a}}\right) \tag{6-8}$$

2）曲折效应

集料对水泥基复合材料传输性能的影响有正负效应，与纯浆体相比，一方面，集料的存在使扩散路径变长，降低了氯离子的传输；另一方面，集料周围的界面区体积分数增加了氯离子的传输。正负效应可以用两个曲折度定义表达。从宏观尺度上，曲折度 ξ 由集料得出，在微观尺度上曲折度 τ 由浆体的孔隙网络确定。对孔隙率为 ϕ 的多孔介质而言，有效扩散系数的计算公式为

$$D^{\mathrm{eff}} = D_0 \phi \tau = D_0 \frac{2\phi}{3-\phi} \tag{6-9}$$

式中：D_0 为离子在水中扩散系数；τ 为孔隙网络的曲折度，在微观尺度上可表达为

$$\tau = \frac{2}{3-\phi} \tag{6-10}$$

上述方程是通过多尺度模拟技术基于 Mori-Tanaka 方法得到，描述的是固相粒子作为夹杂分布于液相中。对于水泥基复合材料而言，这样定义的曲折度 τ 无任何意义，因为固相粒子在液相中作为夹杂不能描述水泥基材料。但就非渗透性集料而言，类似作为夹杂嵌入浆体中，这样式（6-9）可重新表达，用 D_{p}（浆体的扩散系数）代替 D_0，集料的体积分数（$1-V_{\mathrm{a}}$）代替孔隙率，因此，考虑集料的稀释和曲折效应的有效扩散系数可表达为

$$D^{\mathrm{eff}} = D_{\mathrm{p}}\left(1 - V_{\mathrm{a}}\right)\frac{2}{2+V_{\mathrm{a}}} \tag{6-11}$$

式（6-11）说明复合球模型在理论预测氯离子的扩散系数时，相应地考虑了夹杂的曲折效应，这样氯离子传输路径在宏观尺度上用曲折度 ξ 表示为

$$\xi = \frac{2}{2+V_{\mathrm{a}}} \tag{6-12}$$

由式（6-12）知，曲折度 ξ 仅仅取决于集料的体积分数而不是集料粒径分布，因此，由集料诱发的曲折度 ξ 是氯离子扩散随曲折路径增加的函数。将氯离子扩散系数作为集料体积分数的函数，通过式（6-8）和式（6-11）所得计算结果与养护 60 d 试样 M35-30、M35-40、M35-50、M35-50C、M35-50F、C35-25 和 C35-50 结果对比，如图 6.9 所示。由图 6.9 可知，氯离子扩散系数随集料体积分数的增加而降低，集料的稀释和曲折效应降低了水泥基材料的传输性能。例如，当 $V_{\mathrm{a}} = 0.5$ 时，若仅仅考虑稀释效应时，扩散系数从 $4.12\times10^{-12}\mathrm{m^2/s}$ 降至 $2.06\times10^{-12}\mathrm{m^2/s}$；若

同时考虑集料的稀释和曲折效应时，氯离子迁移率降低从 $4.12×10^{-12}\text{m}^2/\text{s}$ 到 $1.468×10^{-12}\text{m}^2/\text{s}$。从图 6.9 中还可以看出，理论预测与试验结果有较大差距，说明集料与基体之间的界面过渡区不能忽略，而且起主导作用。例如，$V_a = 0.5$ 时，对 M50C 砂浆而言，氯离子扩散系数从 $1.468×10^{-12}\text{m}^2/\text{s}$ 增加到 $4.28×10^{-12}\text{m}^2/\text{s}$，对 M50F 砂浆而言，理论预测和实测差距更大，这些差距都是因界面过渡区引起的。

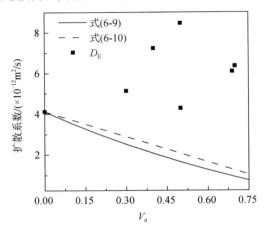

图 6.9　氯离子扩散系数与集料体积分数的关系

6.1.3.6　总孔隙率、毛细孔隙率和扩散系数之间的关系

水泥基复合材料的传输性能与孔数量和孔结构相关，特别是毛细孔隙率。根据 Mindess 等将混凝土中孔分两类：凝胶孔小于 10nm（凝胶孔与水化产物的形成有关）、大于 10nm 的毛细孔（孔径在 10～100 000nm），列于表 6.5 中。根据表 6.2 和表 6.5 可知，总孔隙率与氯离子扩散系数几乎呈线性关系（图 6.10），总孔隙率增大，扩散系数也增大。根据 Mindess 等对孔的划分，水泥基材料中毛细孔占主体；吴中伟也指出，水泥石中孔径小于 20nm 为无害孔，对氯离子的传输影响很小，因此，本节重点研究毛细孔。在水泥水化早期毛细孔是完全连通的，这些孔数量远大于凝胶孔，随着水化产物的增加，毛细孔数量不断减少，毛细孔径变的越来越小，连通性下降。当水化到一定程度后毛细孔将不再连通，不同阶段毛细孔的连通性可以作为水灰比和养护龄期的函数。在毛细孔连通与非连通之间存在一个临界值（也称为逾渗阈值），大于这个临界值，即使水泥完全水化，也存在连通的毛细孔。Bentz 等指出水泥浆体的临界值约为 0.18。Bentz 和 Garboczi 基于微分有效介质理论和计算机模拟，建立了水泥基复合材料的相对扩散系数与毛细孔隙率的函数表达为

$$D = D_0 \{0.001 + 0.07\phi(x)^2 + 1.8 \cdot H[\phi(x) - \phi_{\text{cri}}] \cdot [\phi(x) - \phi_{\text{cri}}]^2\} \qquad (6\text{-}13)$$

式中：D_0 为氯离子在自由水中的扩散系数，在 25℃时 $D_0 = 2.032×10^{-9}\text{m}^2/\text{s}$；

$\phi(x)$ 为在距集料表面 x 处的孔隙率；H 为 Heaviside 函数，$\phi(x) > \phi_{\mathrm{cri}}$ 时，$H\big(\phi(x) - \phi_{\mathrm{cri}}\big) = 1$，否则为 0；$\phi_{\mathrm{cri}}$ 为毛细孔的逾渗阈值，取 0.18。

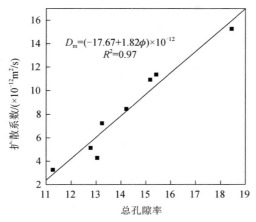

图 6.10　总孔隙率与扩散系数的关系

由图 6.10 可知，本节研究的砂浆毛细孔隙率小于或者等于 18%，因此，式（6-13）中的第三项可以忽略，这样水泥基材料的相对扩散系数可以转为绝对扩散系数，因此式（6-13）可表达为

$$D_{\mathrm{m}} = a + b\phi^2 \tag{6-14}$$

式中：a 和 b 是实验常数。测试的氯离子扩散系数和毛细孔隙的关系如图 6.11 所示。实验数据通过式（6-14）回归分析得到

$$D_{\mathrm{m}} = \left(-1.376 + 0.054\phi^2\right) \times 10^{-12} \tag{6-15}$$

从图 6.11 中可以看出，氯离子扩散系数与毛细孔隙率之间有很好的相关性，$R^2 = 0.91$，所以根据式（6-15）可以预测水泥基复合材料的氯离子扩散系数。

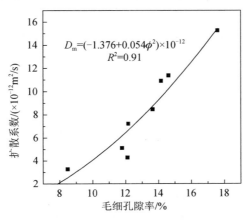

图 6.11　毛细孔隙率与扩散系数关系

6.1.3.7　连通孔径、连通孔隙率和扩散系数之间的关系

在混凝土/砂浆中，集料的掺入对传输性能有正负效应。稀释和曲折效应降低了氯离子的扩散系数，为正效应；界面区和逾渗效应增加氯离子扩散系数，为负效应。因此，混凝土的扩散主要取决于毛细孔隙率以及毛细孔形成的连通孔隙，只有连通孔隙对扩散起作用。毛细孔的连通性一般用连通孔径表示，该参数可反映孔隙的连通性和渗透路径的曲折性，其定义为：进入的孔体积与孔径函数曲线的突变点（inflection point），如图 6.12 所示，在进汞的 dV/d（log$d$）曲线上的最大值处对应的孔直径。连通孔径也称为临界孔径，其理论基础为材料由不同尺寸的孔隙组成，较大的孔隙之间由较小的孔隙连通，临界孔是能将较大的孔隙连通起来的各孔的最大孔级。连通孔径代表了一组相互连通孔隙的最大部分（影响传输性能），研究其对传输性能的影响有极其重要的意义。试样的连通孔径与扩散系数之间的关系，如图 6.13 所示，通过回归分析可得到如下关系为

$$D_{\mathrm{m}} = \left(-14.42 + 0.38d_{\mathrm{c}}\right) \times 10^{-12} \tag{6-16}$$

式中：d_{c} 为毛细孔的连通孔径（nm）；D_{m} 为砂浆的扩散系数（m²/s）。从图 6.13 中可以看出，连通孔径和砂浆的扩散系数之间有很好的线性关系，其 $R^2 = 0.94$，氯离子扩散系数随连通孔径的增加而增加。

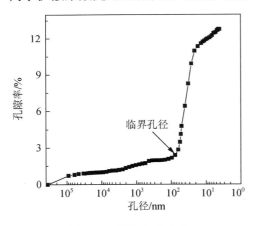

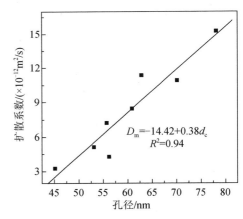

图 6.12　连通孔径定义　　　　　　　图 6.13　扩散系数与连通孔径的关系

水泥基复合材料中连通孔隙可以通过 MIP 试验二次进汞可获得，图 6.14 是养护一年的砂浆试样 M35-30、M35-40、M35-50、M35-50C、M35-50F、M35-10S、M35-30S、M35-50S 和 M35-70S 的孔隙率分布和二次进汞试验结果。由图 6.14（b）、（d）和（f）可知，上述试样的连通孔隙率占该试样总孔隙率的百分比依次为 33.33%、38.91%、30.75%、41.75%、32.57%、35.38%、32.24%、35.02% 和 32.94%，再根据图 6.14（a）、（c）和（e）的累计孔隙率分布可得到连通孔隙率与扩散系数（表 6.2）的关系，如图 6.15 所示。从图 6.15 中可以看

出，连通孔隙率与扩散系数之间有一定的相关性，但相关性与连通孔径相比有明显差距，经拟合两者之间的相关系数 $R^2 = 0.53$。

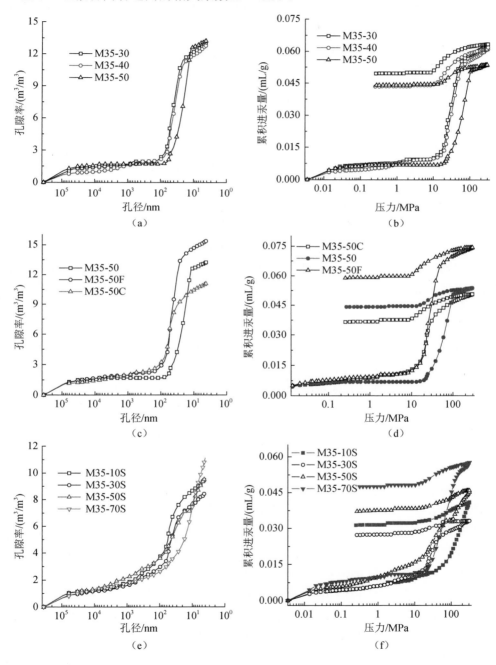

图 6.14　二次进汞孔隙率测试结果

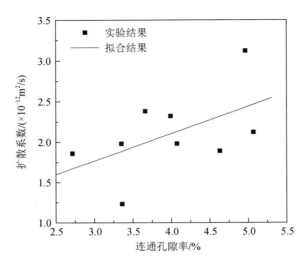

图 6.15　扩散系数与连通孔隙率关系

　　基于 MIP 试验结果，分析了氯离子在水泥基复合材料中的有效扩散系数与孔结构参数之间的关系，预测结果的准确性与 MIP 测得孔结构准确度密切相关。事实上，MIP 结果受多种因素影响：①孔形误差，众所周知，水泥基材料中的孔结构多种多样，有连通的、半连通的，也有闭口的，孔形也有不规则的，压汞法无法检测到闭口孔，所以闭口孔、非圆柱形孔的存在所引起的误差不可避免；②接触角误差，接触角 θ 取 140° 的值是基于理想的圆柱孔模型，并假定多孔体表面各处是均匀的，实际上多孔材料表面多数是不均匀的，汞和固体表面的真实接触角 θ 受样品表面粗糙度、几何形貌和汞自身的纯度等因素影响；③受汞的表面张力以及汞的压缩性影响；④受到样品制备方法和干燥制度等影响，上述因素直接影响了试验结果的准确性。但 MIP 试验结果对宏观试验的对比分析有指导作用，而且试验结果的重现性也较好，在水泥基复合材料得到广泛应用。另外，在上述 MIP 试验结果与有效扩散系数之间建立定量的关系时，未考虑界面过渡区对传输性能的影响，由第 5 章可知，这一因素相当重要，因此要合理预测氯离子的有效扩散系数，必须基于水泥基材料自身微结构特征，建立两者之间的定量关系才能揭示其传输本质。多尺度过渡（upscaling）方法是建立材料微观结构与宏观性能之间定量关系的重要研究方法。基本思路是将低尺度的微观结构信息，如纳观（nano-level）、微观（micro-level）和细观（meso-level）的结构信息，通过 upscaling 方法输入到高一级的尺度以便获得高一级尺度的材料性能。

6.1.4　扩散系数的多尺度预测数学模型的实验验证

6.1.4.1　硬化水泥浆体有效扩散系数的预测

　　根据硬化水泥浆体的微结构特征，6.1.3 节详细阐述了各尺度下的预测方法，

尺度Ⅰ采用混合球模型预测（MSCA）、尺度Ⅱ采用 Mori-Tanaka 或 SCS 方法，该尺度充分考虑了夹杂形貌对 C-S-H 凝胶有效扩散系数的影响，尺度Ⅲ采用 GSCS方法，通过 upscaling 方法得到的氯离子在硬化水泥浆体中的有效扩散系数。采用第 4 章中给出的各物相计算公式，计算出单位体积浆体中低密度 C-S-H 凝胶、高密度 C-S-H 凝胶、氢氧化钙、铝酸盐相（AFm 和 C_3（A,F）H_6 相）、毛细孔和未水化水泥的体积分数（这里分别用符号 V_{HD}、V_{LD}、V_{CH}、V_{AF}、V_{cap} 和 V_u 表示），依据第 3~6 章给出的各尺度扩散系数计算方程，得到扩散系数的预测结果（D^{eff}），如表 6.7 所示，为了方便比较，也将试验结果（D_E）列于表 6.7 中。由表 6.7 可知，预测结果和试验结果基本吻合。将预测值与试验值之间的相对误差定义为偏差，即|试验值−预测值|/预测值，由表 6.7 可知，水灰比为 0.23、0.35 和 0.53 的硬化水泥浆体，预测的最大偏差分别是 12.00%、13.15%和12.83%。

表 6.7　水泥浆体扩散系数的预测值与试验值

编号	t/d	V_{HD}/%	V_{LD}/%	V_{AF}/%	V_{CH}/%	V_{cap}/%	V_u/%	D^{eff}/($\times10^{-12}$m²/s)	D_E/($\times10^{-12}$m²/s)	偏差/%
P-23	90	30.23	9.08	16.43	11.33	5.12	27.81	1.12	1.00	12.00
	547	37.56	7.69	18.98	12.67	0.08	23.02	0.37	0.35	5.75
P-35	90	26.42	17.39	18.18	11.63	11.66	14.72	4.11	3.89	5.57
	547	29.08	19.56	22.28	13.86	8.65	6.57	1.65	1.90	13.15
P-53	90	8.69	33.79	18.95	11.16	23.22	4.19	9.33	9.85	5.27
	547	8.68	37.15	19.64	12.95	20.6	0.98	5.27	6.05	12.83

为了进一步验证该方法的有效性，还选用 Caré、Ngala 和黄晓峰等的试验结果进行比较。Caré 给出了水灰比为 0.45 的硬化浆体扩散系数和水化程度（0.811）；Ngala 给出水灰比分别为 0.4、0.5、0.6 和 0.7 的硬化浆体扩散系数，该方法是将试件在 22℃的水中养护 14d 后脱模，再浸泡在浓度为 35mmol/L、温度为（38±2）℃的 NaOH 溶液中 70d；黄晓峰给出水灰比分别为 0.4、0.5 和 0.6 的硬化水泥浆体，在 20℃的水中养护 28d 的氯离子扩散系数。因部分文献未给出给定龄期的水化程度，为预测的统一性，本节采用黄晓峰等拟合的水化程度与水灰比和养护龄期的关系为 $\alpha = 0.716t^{0.0901}\exp\left[-0.103t^{0.0719}/(W/C)\right]$。采用本节预测方法得到的结果和上述文献报道的试验数据进行对比，如表 6.8 所示。从表 6.8 中可以看出，采用本节方法预测的结果与实测也基本吻合，最大误差是 13.79%，因各地试验条件以及成型浆体的差异，对硬化水泥浆体而言，误差在这个范围内是可以接受的，进一步验证了本方法的有效性。

表 6.8　文献报道的水泥浆体扩散系数预测值与试验值的对比

作者	W/C	V_{HD}/%	V_{LD}/%	V_{AF}/%	V_{CH}/%	V_{cap}/%	V_{u}/%	D^{eff}/($\times10^{-12}m^2$/s)	D_E/($\times10^{-12}m^2$/s)	偏差/%
Caré	0.45	20.74	27.05	13.4	14.67	16.2	7.94	5.52	5.65	1.95
Ngala	0.40	26.15	17.48	15.78	15.62	12.21	12.38	4.87	4.28	13.79
	0.50	9.06	32.94	15.32	15.21	22.00	5.47	8.19	8.43	2.85
	0.60	0.65	41.60	12.98	14.25	27.11	3.82	12.30	13.10	6.11
	0.70	0.00	42.4	13.12	13.72	30.26	0.50	22.90	21.10	8.53
Huang	0.40	26.79	19.42	14.18	15.24	12.56	11.96	4.78	5.42	11.81
	0.50	8.86	33.90	13.44	15.49	21.76	6.79	8.08	8.24	1.94
	0.60	0.62	41.90	12.38	14.22	27.25	3.69	13.00	13.60	4.41

采用本节建立的硬化水泥浆体的预测方法,尝试预测矿渣-水泥浆体的有效扩散系数,预测结果与试验结果,如表 6.9 所示。矿渣-水泥体系水化产物的计算过程和结果在第 4 章详细给出。由表 6.9 可知,氯离子在矿渣水泥浆体中的有效扩散系数的预测与试验结果也基本吻合,除养护 90d 时偏差较大外(21.86%),其余偏差均小于 10%。众所周知,矿渣-水泥二元体系的微结构复杂,准确预测更加困难,正如 Caré 所谈到的,对组成复杂的现代水泥基复合材料而言,由于试验的各种不确定性因素,无论硬化水泥浆体、砂浆还是混凝土,预测偏差在 30% 内均是合理的,从这一点来讲,本节的矿渣-水泥浆体预测结果可接受。

表 6.9　矿渣-水泥浆体的扩散系数预测值与试验值的对比

编号	t/d	V_{HD}/%	V_{LD}/%	V_{AF}/%	V_{CH}/%	V_{cap}/%	V_{u}/%	D^{eff}/($\times10^{-12}m^2$/s)	D_E/($\times10^{-12}m^2$/s)	偏差/%
P35-10S		29.47	14.68	13.18	13.08	18.54	11.05	1.77	2.12	16.51
P35-30S		26.56	14.05	14.64	8.27	19.94	16.54	2.03	2.10	3.12
P35-50S	90	23.66	13.06	13.37	4.45	21.74	23.72	2.99	2.45	21.86
P35-70S		16.05	12.01	12.98	2.15	25.02	31.79	7.45	6.78	9.78
P35-10S		40.89	16.66	16.23	14.82	9.75	1.65	1.74	1.62	7.58
P35-30S	547	39.89	16.25	20.16	8.31	8.71	6.69	1.59	1.45	9.40
P35-50S		33.88	13.80	18.81	3.79	14.4	15.33	1.08	1.15	6.23
P35-70S		26.84	10.93	16.55	0.00	21.24	24.65	3.16	2.98	6.13

6.1.4.2　砂浆有效扩散系数的预测

砂浆试样的氯离子有效扩散系数的预测,采用水泥浆体作为基体,砂子作为夹杂的复合球模型。将水灰比为 0.23、0.35 和 0.53 的砂浆在养护 90d 时的水化程度，代入上述介绍的界面过渡区孔隙率分布预测模型中，得到界面过渡区孔隙率分布，如图 6.16（a）所示。从图 6.16 中可以看出，孔隙率在距集料表面间距约 20μm 后，与基体的孔隙率相一致。图 6.16（b）为水灰比为 0.35 的硬化浆体在 60d 时界面过渡区孔隙的变化。对比图 6.16（a）和（b），二者的分布规律几乎一致，仅仅基体孔隙大小存在差异。根据图 6.16（a）和式（6-13）可得到界面过渡区的平均孔隙率，代入式（6-13），可得到养护 90d 的砂浆界面过渡区有效扩散系数（表 6.10），再根据表 6.3 得到的集料体积分数、界面过渡区体积分数和上述预测得到的水泥基体扩散系数，代入式（6-1）或式（6-3），得到砂浆有效扩散系数的预测值，如表 6.10 所示。从表 6.10 中可以看出，由纯水泥作为凝胶材料制备的砂浆试样的预测结果与试验结果吻合良好。从表 6.10 中还可以看出，水灰比为 0.23、0.35 和 0.53 的砂浆试样的界面过渡区扩散系数分别是基体的 4.17、6.32 和 11 倍。Sun 等系统研究养护 60d 的水灰比为 0.35 的砂浆指出，界面过渡区扩散系数是基体的扩散系数的 10～20 倍，这一结果与 Breton 等的实验结果一致；Delagrave 等基于试验结果指出混凝土/砂浆的界面过渡区扩散系数是基体的 6～10 倍；Breton 和 Bourdette 等也指出界面过渡区扩散系数是基体的 6～12 倍；Caré 通过对水灰比为 0.45 砂浆的试验回归得到界面过渡区扩散系数是基体的 16.2 倍；Zheng 等根据 Yang 的试验结果（水胶比为 0.40），也通过回归的方法得到该值为 12.79；Oh 对水胶比为 0.35、0.45 和 0.55 的一系列砂浆和混凝土研究表明，界面过渡区扩散系数是基体的 7 倍左右较合理。本节预测的值在已有文献报道的范围内，这说明本节提出的界面过渡扩散系数计算模型具有一定的合理性。

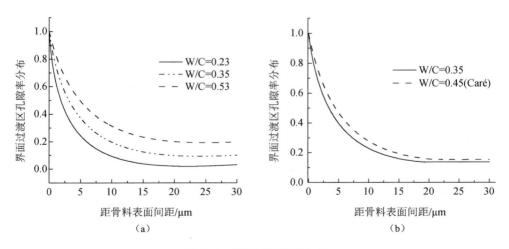

图 6.16　界面区孔隙率分布

表 6.10　养护 90 d 的砂浆氯离子有效扩散系数预测值与试验值的对比

编号	V_I/%	D_B/($\times 10^{-12}\mathrm{m}^2$/s)	D_I/($\times 10^{-12}\mathrm{m}^2$/s)	D^{eff}/($\times 10^{-12}\mathrm{m}^2$/s)	D_E/($\times 10^{-12}\mathrm{m}^2$/s)	偏差/%
M35-30	0.12	4.11	26.00	4.66	4.70	0.77
M35-40	0.16	4.11	26.00	4.80	4.68	2.67
M35-50	0.19	4.11	26.00	4.88	4.40	10.84
M35-65	0.22	4.11	26.00	4.68	5.80	19.34
M35-50C	0.11	4.11	26.00	3.67	3.89	5.62
M35-50F	0.27	4.11	26.00	6.18	6.35	2.69
M23-50	0.19	1.23	5.13	1.06	1.12	5.16
M53-50	0.19	9.3	102.00	16.2	14.5	11.98
M35-10S	0.13	1.67	10.60	1.57	2.12	25.81
M35-30S	0.13	2.03	12.90	1.91	2.09	8.45
M35-50S	0.13	2.99	18.90	2.81	2.24	25.35
M35-50S	0.13	7.44	47.00	7.00	5.48	27.73

　　掺矿渣的砂浆界面过渡区传输性能的预测相对困难，本节用纯水泥浆体的研究结果近似代替，即近似认为水灰比为 0.35 的硬化水泥浆体在养护 90 d 时已接近成熟，这样界面过渡区有效扩散系数与基体之间的倍数关系，也适合矿渣水泥浆体中，这样矿渣砂浆 M35-10S、M35-30S、M35-50S 和 M35-70S 的界面过渡区扩散系数也是基体的 6.32 倍；将相关参数代入式（6-1）或式（6-3）得到的养护 90d 砂浆有效扩散系数，如表 6.10 所示。从表 6.10 中可以看出，随矿渣掺量的增大，预测值与试验值的偏差在增大，其主要原因是随矿渣掺量的增加，大量矿渣未参与水化，胶凝材料与集料之间的界面区相对疏松，更有利于离子传输，本节假定界面过渡区与基体之比恒定，导致偏差增大，但最大偏差为 27.73%。如上所述，对于水泥基材料而言，偏差在 30% 内也是合理的。

　　为了进一步验证本节所提出的界面区有效扩散系数计算模型，利用 Caré 砂浆试样氯离子扩散系数结果，同时该文献中还详细给出了水灰比为 0.45 净浆的水化程度（0.811）以及界面过渡区体积分数，这样可得到界面过渡区的孔隙分布，如图 6.16（b）所示。将计算得到的相关参数依次代入式（6-1）或式（6-3），预测结果与 Caré 的试验结果，如表 6.11 所示。从表 6.11 中可以看出，预测结果（D^{eff}）与试验结果（D_E）吻合程度较高，界面过渡区的有效扩散系数是基体的 10.46 倍，最大误差 M2C 为 19.82%，进一步验证了本节所提出的模型的合理性。当然，在实际应用中还可以对模型进行适当的修正，如界面过渡区厚度、浆体的水化程度等发生变化时做出相应的调整。

表 6.11　预测水泥基材料的氯离子扩散系数与试验结果

编号	V_I /%	D_I/($\times 10^{-11}$m²/s)	D^{eff}($\times 10^{-12}$m²/s)	D_E/($\times 10^{-12}$m²/s)	偏差 / %
P-45	—	—	5.52	5.65	3.89
M1C	1.80	5.91	4.49	5.40	14.81
M2C	3.60	5.91	3.65	4.80	19.82
M2M	10.3	5.91	5.95	7.40	13.65
M1F	8.00	5.91	6.50	8.10	16.15
M2F	15.4	5.91	7.54	9.50	13.76

　　本节将养护 90d、水灰比为 0.23、0.35 和 0.53 的硬化水泥浆体近似看成成熟浆体，得到的界面过渡区扩散系数分别是基体扩散系数的 4.17 倍、6.32 倍和 11 倍，引入到养护 547d（1.5 年）的砂浆有效系数预测模型中，计算过程与 90d 砂浆试样完全相同，其中基体扩散系数为对应养护 547d 的硬化浆体扩散系数（表 6.9）。由表 6.12 中可以看出，预测的砂浆有效扩散系数与试验结果吻合，最大偏差为 24.97%，说明本节给出的不同水灰比下界面过渡扩散系数与基体之间的关系是合理的，也进一步证明了本节所提出的模型具有可靠性。

表 6.12　养护 547 d 的砂浆氯离子扩散系数的预测值与试验值的对比

编号	V_I	D_B/($\times 10^{-12}$m²/s)	D_I/($\times 10^{-12}$m²/s)	D^{eff}/($\times 10^{-12}$m²/s)	D_E/($\times 10^{-12}$m²/s)	偏差/%
M35-30	0.12	1.65	10.43	1.87	2.32	19.29
M35-40	0.16	1.65	10.43	1.93	2.12	9.03
M35-50	0.19	1.65	10.43	1.96	1.98	1.16
M35-65	0.22	1.65	10.43	1.88	2.50	24.93
M35-50C	0.11	1.65	10.43	1.47	1.89	22.04
M35-50F	0.27	1.65	10.43	2.48	3.12	20.54
M23-50	0.19	0.37	1.54	0.33	0.41	20.09
M53-50	0.19	5.27	57.97	9.22	10.80	14.64
M35-10S	0.13	1.74	11.00	1.64	1.98	17.22
M35-30S	0.13	1.59	6.99	1.49	1.86	19.79
M35-50S	0.13	1.08	6.79	1.01	1.23	17.55
M35-50S	0.13	3.16	19.9	2.97	2.38	24.97

6.1.4.3　混凝土有效扩散系数的预测

　　对混凝土试样有效扩散系数的预测，采用的是以砂浆为基体，石子为夹杂的复合球模型，其预测步骤与砂浆相同。首先根据混凝土配合比计算砂子和石子的体积分数，再根据砂子和石子的级配得到相应的界面过渡区体积分数，如表 6.4 所示。根据上述介绍的方法可得到砂浆基体的有效扩散系数，如表 6.13 所示，其中砂浆基体中的水泥浆体扩散系数为对应龄期的预测值，如表 6.7 所示。水灰比

为 0.23、0.35 和 0.53 的砂浆基体的界面过渡区有效扩散系数分别取基体的 4.17
倍、6.32 倍和 11 倍。将砂浆基体的扩散系数、石子的体积分数、石子掺入的
界面过渡区体积分数、砂浆基体和石子之间的界面过渡区扩散系数代入式（6-2）
或式（6-4），就可预测混凝土的有效扩散系数，如表 6.13 所示。从表 6.13 中可以
看出，混凝土有效扩散系数的预测值与试验值也基本吻合，从水泥浆体、砂浆到
混凝土有效扩散系数的预测累计偏差最大 28.44（C35-70S）。对比相同龄期的砂浆
和混凝土预测结果，即表 6.10 和表 6.13，混凝土有效扩散系数预测的偏差普遍大
于砂浆，其原因是从净浆到砂浆再到混凝土，偏差存在传递，导致混凝土的预测
偏差较大，但相较而言，偏差范围均不超过 30%。

表 6.13　养护 90d 的混凝土有效扩散系数预测结果与试验值对比

编号	V_{sI}	V_{gI}	$D_{MB}/(\times10^{-12}\mathrm{m}^2/\mathrm{s})$	$D_I/(\times10^{-12}\mathrm{m}^2/\mathrm{s})$	$D^{eff}/(\times10^{-12}\mathrm{m}^2/\mathrm{s})$	$D_E/(\times10^{-12}\mathrm{m}^2/\mathrm{s})$	偏差/%
C-23	0.160	0.0044	1.14	4.75	0.72	1.00	27.95
C-35	0.107	0.0070	4.60	29.07	2.32	2.78	16.57
C-53	0.113	0.0067	13.14	144.54	7.25	8.80	17.58
C35-25	0.072	0.0084	4.44	28.06	1.88	2.40	21.61
C35-50	0.140	0.0056	4.74	29.95	2.80	3.12	10.34
C35-10S	0.068	0.0047	2.23	14.07	1.10	1.45	24.35
C35-30S	0.068	0.0047	2.53	15.99	1.24	1.42	12.36
C35-50S	0.068	0.0047	3.25	20.53	1.60	1.32	21.11
C35-70S	0.068	0.0047	6.11	38.58	3.01	2.34	28.44

注：V_{sI} 和 V_{gI} 分别为砂子和石子的界面过渡区的体积分数。

养护 547d 的混凝土有效扩散系数的预测与 90 d 的步骤完全相同，预测结果
如表 6.14 所示。从表 6.14 中可以看出，最大偏差为 27.77%（C35-50S 试样），与
同龄期砂浆试样相比，其累计偏差也普遍增大。

表 6.14　养护 547d 的混凝土有效扩散系数预测结果与试验值对比

编号	V_{sI}	V_{gI}	$D_{MB}/(\times10^{-12}\mathrm{m}^2/\mathrm{s})$	$D_I/(\times10^{-12}\mathrm{m}^2/\mathrm{s})$	$D^{eff}/(\times10^{-12}\mathrm{m}^2/\mathrm{s})$	$D_E/(\times10^{-12}\mathrm{m}^2/\mathrm{s})$	偏差/%
C-23	0.160	0.0044	0.34	1.43	0.23	0.31	27.08
C-35	0.107	0.0070	1.85	11.69	0.93	1.22	23.55
C-53	0.113	0.0067	7.44	81.84	4.12	5.46	24.56
C35-25	0.072	0.0084	1.78	11.25	0.75	1.02	26.06
C35-50	0.140	0.0056	1.90	12.01	1.12	1.35	16.94
C35-10S	0.068	0.0047	1.70	10.74	0.84	1.00	16.38
C35-30S	0.068	0.0047	1.55	9.80	0.76	0.99	22.60
C35-50S	0.068	0.0047	1.05	6.64	0.52	0.72	27.77
C35-70S	0.068	0.0047	3.09	19.53	1.52	1.20	26.66

总之，通过净浆、砂浆和混凝土有效扩散系数的预测可知，多尺度的 upscaling 方法最终将混凝土所包含的主要微结构信息，如硬化水泥浆体水化产物数量、水泥基体与砂子之间的界面过渡区以及砂浆与石子之间的界面过渡区等与氯离子扩散系数建立了定量的关系，从本质上揭示了氯离子在水泥基材料中的传输特性，为预测氯离子在混凝土中传输行为以及氯盐环境下混凝土结构的服役寿命奠定了科学基础。

6.2　计算机数值模拟

6.2.1　模拟混凝土/砂浆的微结构

由第 5 章可知，集料表面的界面过渡区 ITZ 的微结构与基体存在明显差异，在研究混凝土/砂浆扩散行为时应该将 ITZ 单独作为一相考虑。本节基于硬芯软壳 HCSS（hard core/soft shell）模型，构建了混凝土/砂浆的三维微结构，如图 6.17 所示。该模型包含三相：①均质的基体相；②随机分布于基体中的硬芯颗粒，即为集料；③每个硬芯颗粒表面包裹了一层与集料同心的软壳，即为界面。模拟时，设定硬芯颗粒之间不允许重叠，但是允许软壳之间或软壳与硬芯之间可以相互重叠。

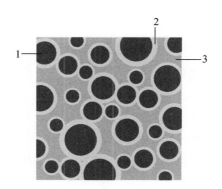

图 6.17　HCSS 模型示意图

1. 集料；2. 界面过渡区；3. 基体

为了模拟实际集料的级配必须将集料的筛分曲线转换成数字信息。考虑到在集料级配曲线中，即使在同一级配区间内，颗粒的粒径大小并不相同，但在 HCSS 模型中，需要假定在每个级配区间取同样尺寸的球形颗粒作为这一级配区间内的集料，颗粒的尺寸是根据该级配区间两端筛分孔径大小圆球体积的平均值计算得到。以实验中所用砂子级配为例，在 2.36～4.75mm 区间内的砂子，使用直径为

$d = \sqrt[3]{\dfrac{4.75^3 + 2.36^3}{2}} = 3.92(\text{mm})$ 的颗粒代表这一区间的集料颗粒。根据每个区间内的集料粒径和体积，可以计算获得每个级配区间内的颗粒体积分数，图 6.18 表示输入 HCSS 模型中砂子（粗砂、中砂、细砂）和石子的颗粒级配。

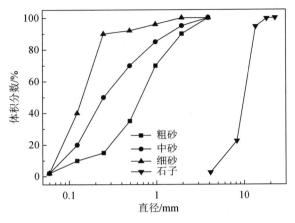

图 6.18　HCSS 模型中集料的粒径分布

在混凝土/砂浆的微结构模型中，每个硬芯集料颗粒都被软壳 ITZ 所包裹。利用 HCSS 模拟时假定包裹在集料外围的 ITZ 厚度为恒定值，砂浆和混凝土代表单元边长分别取 10mm 和 30mm 的立方体。

6.2.2　模拟混凝土/砂浆的扩散系数

在宏观尺度上观察到的扩散现象，是由于存在浓度差造成离子从高浓度迁移至低浓度，该现象可以用 Fick 定律表述。实际上在微观尺度上，可以用颗粒的布朗运动来描述离子的扩散现象，将离子看成微小的颗粒在孔隙中做无规则运动。在建立混凝土/砂浆三维 HCSS 微结构模型后，使用随机行走算法（random walk algorithm）搭建离子在微观尺度上的自由运动与宏观尺度上的扩散系数的桥梁，基本原理如下：将混凝土中参与扩散的离子都假定为"蚂蚁"，在三维空间内每个"蚂蚁"以恒定的步长（Δx）随机行走，"蚂蚁"向每个方向行走的概率相同，且与上一次的行程无关。所有"蚂蚁"的起始位置[$x_j(0)$, $y_j(0)$, $z_j(0)$]、现在位置[$x_j(t_j)$, $y_j(t_j)$, $z_j(t_j)$]以及行走时间（t_j）都被记录。由于集料、ITZ 以及基体的扩散行为不同，只允许"蚂蚁"在 ITZ 和基体中自由行走，并且 ITZ 与基体的扩散系数存在差异，"蚂蚁"在这两相中的行走速率不同。通过比较大量的"蚂蚁"在混凝土/砂浆的孔隙中自由行走与在基体相中随机行走，则混凝土/砂浆的有效扩散系数 D_{eff} 与基体的扩散系数 D_{bulk} 之比可以通过以下的公式计算为

$$\frac{D_{\text{eff}}}{D_{\text{bulk}}} = \frac{\left\langle \dfrac{\overline{R}_j^2}{t_j} \right\rangle}{\Delta x^2} \times \left(1 - \phi_{\text{HC}}\right) \tag{6-17}$$

式中：ϕ_{HC} 为三维微结构中硬芯颗粒的体积分数；$\left\langle \dfrac{\overline{R}_j^2}{t_j} \right\rangle$ 为"蚂蚁"单位时间内行走距离的平方的平均值，其中每只"蚂蚁"行走距离 R_j 可表示为

$$R_j = \sqrt{[x_j(t_j) - x_j(0)]^2 + [y_j(t_j) - y_j(0)]^2 + [z_j(t_j) - z_j(0)]^2} \tag{6-18}$$

根据模拟得到的混凝土/砂浆 $D_{\text{eff}}/D_{\text{bulk}}$，以及前面得到的水泥浆体的 D_{bulk}/D_0，利用式（6-19）可以计算出最终混凝土的扩散系数

$$D_{\text{eff}} = \frac{D_{\text{eff}}}{D_{\text{bulk}}} \times \frac{D_{\text{bulk}}}{D_0} \times D_0 \tag{6-19}$$

6.2.3　数值模拟结果的分析与验证

6.2.3.1　扩散系数的分析

1）水灰比对扩散系数的影响

通过计算机模拟方法研究水灰比（0.23、0.35、0.53）对砂浆和混凝土扩散系数的影响，如图 6.19 所示。从模拟的结果看出，随着水灰比的增加，水泥基体和 ITZ 的孔隙率也随之增加，导致最后砂浆和混凝土的氯离子扩散系数也增加；对于同一水灰比，水化龄期 90d 扩散系数低于 60d 的扩散系数，这是由于龄期越长，水泥基体和 ITZ 的孔隙率就越低。值得注意的是，当水灰比和养护龄期确定时，混凝土的扩散系数要低于砂浆，因为混凝土中集料的体积分数要高于砂浆，一方面降低材料的孔隙率，另一方面增加了浆体毛细孔的曲折度。

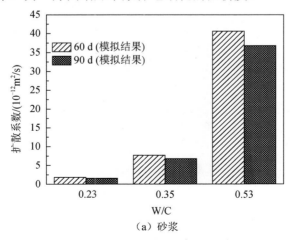

（a）砂浆

图 6.19　水灰比对砂浆/混凝土扩散系数的影响

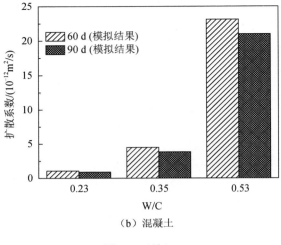

（b）混凝土

图 6.19（续）

2）砂子对扩散系数的影响

如图 6.20 所示，当砂子体积分数为 50%时，三种粒径（粗砂、中砂、细砂）分别对砂浆扩散系数的影响。相同养护龄期下砂子粒径越小，氯离子扩散系数越大，在 60d 和 90d 时掺加细砂的砂浆扩散系数分别比掺加粗砂提高了 14.2%和 9.2%。这是因为在相同体积分数的砂浆中，随着砂子颗粒变小，砂子的表面积变大，界面过渡区的体积分数变大，由界面过渡区形成的连通通道变多，有利于氯离子的扩散。

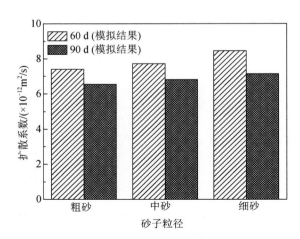

图 6.20　砂子粒径对砂浆扩散系数的影响

图 6.21 表示砂子体积分数（30%、40%、50%）对砂浆扩散系数的影响。可以明显看出，相同养护龄期下扩散系数随着砂子体积分数的增加而减小。砂子体

积分数从 30%增加至 50%，砂浆氯离子的扩散系数在 60d 和 90d 时分别减少了 29.9%和 29.8%。砂子体积分数小于 50%时，砂浆内形成 ITZ 体积较少，彼此之间未形成连通。此时，随着中砂体积分数的增加，氯离子传输的路径更曲折，因而降低了砂浆氯离子的扩散系数。

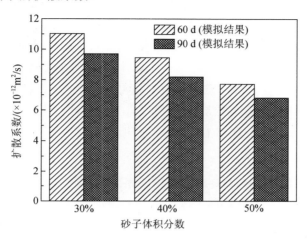

图 6.21　砂子体积分数对砂浆扩散系数的影响

当混凝土集料的质量分数恒定时，砂率变化（25%、37.5%、50%）对混凝土氯离子扩散系数的影响，如图 6.22 所示。随着砂率的增加，混凝土扩散系数相应的增加，但增加的幅度较低。砂率从 25%增加至 37.5%，其 60d 和 90d 的扩散系数分别增加了 0.89%和 2.14%；当砂率从 37.5%增长到 50%时，养护龄期 60d 和 90d 的扩散系数分别增加了 3.1%和 2.08%。混凝土砂率增加，意味着集料中砂子所占比例提高，增加了 ITZ 的体积分数，但是由于混凝土的砂率小于 50%，ITZ 并没有发生连通，当砂率提高时，混凝土扩散系数增加的幅度较小。

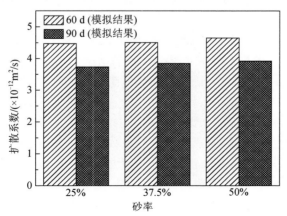

图 6.22　模拟砂率对混凝土扩散系数的影响

6.2.3.2　扩散系数的实验验证

1) HD 和 LDC-S-H 凝胶

从第 3 章可知，采用两种方法分别构造了 HD 和 LD C-S-H 凝胶的三维微结构，利用电模拟的方法获得它们各自的相对扩散系数。25℃时，氯离子在纯水中的扩散系数 D_0 为定值（$2.032\times10^{-9}\,m^2/s$），通过计算机模拟得到 HD 和 LD C-S-H 凝胶扩散系数值与 Stora 和 Bary 等实验结果的比较，如表 6.15 所示。对于 LD C-S-H 凝胶的扩散系数，两种模拟方法得到的结果与实验结果比较一致；对于 HD C-S-H 凝胶的扩散系数，采用模型一获的模拟值与实验结果的相对误差为 20.5%，而模型二得到的结果却比实际结果大两个数量级。因此，对于最小尺度的 C-S-H 凝胶，选取模型一模拟来计算 HD 和 LD C-S-H 凝胶扩散系数，并输入至上一尺度，即硬化水泥浆体。

表 6.15　HD 和 LD C-S-H 凝胶扩散系数模拟值与实验结果的比较

项目	两种密度 C-S-H 凝胶 模型一	两种密度 C-S-H 凝胶 模型二	Stora 和 Bary 结果
HD C-S-H 凝胶/（m^2/s）	1.0×10^{-14}	1.4×10^{-11}	8.30×10^{-13}
LD C-S-H 凝胶/（m^2/s）	1.0×10^{-10}	1.6×10^{-10}	$7.17\times10^{-11}\sim1.04\times10^{-10}$

2) 硬化水泥浆体

利用模型一得到的 HD 和 LD C-S-H 扩散系数，输入至上一尺度，得到三种水灰比浆体在 60 d 和 90 d 的养护龄期下扩散系数的模拟值，并与实验结果比较，如图 6.23 所示。从图 6.23 中可以看出，水灰比越高，养护龄期越长，孔隙率则越低，其扩散系数也随之降低。模拟结果较好地揭示了这一规律，但模拟与实验结果仍有一定的差距，随着水灰比的增加，这种差距越明显。水灰比为 0.23 时浆体扩散系数的相对误差最大为 33%，而水灰比为 0.53 时扩散系数模拟值是实验值的 1.98 倍。其原因可能是随着水灰比的增大，代表性体积单元中投入的水泥颗粒个数减少，水灰比为 0.53 时水泥浆体微结构中的水泥颗粒数仅是水灰比为 0.23 时的 0.45 倍，导致高水灰比时水化模拟得到的微结构易受到施加参数的干扰，从而影响模拟扩散系数的精度。因此，在模拟高水灰比时，应该增加代表性单元的体积。

3) 砂浆和混凝土的扩散系数

采用 HCSS 模型模拟砂浆氯离子扩散系数结果，并与实验值比较，如图 6.24 和图 6.25 所示。砂浆的水灰比较低时（小于 0.35），砂浆扩散系数模拟值与实验结果的最大偏差为 54%；当水灰比为 0.53 时，模拟值是实验结果的 2.5 倍。可见，采用计算机模拟高水灰比砂浆的扩散系数时误差较大，这主要是净浆尺度上模拟的相对误差被代入到砂浆中，导致误差发生了累积。

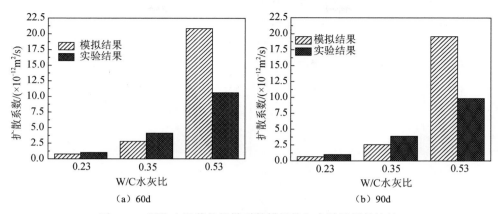

图 6.23　硬化水泥浆体扩散系数模拟值与实验结果的比较

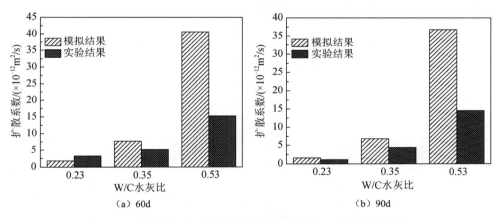

图 6.24　不同水灰比时砂浆扩散系数模拟值与实验结果的比较

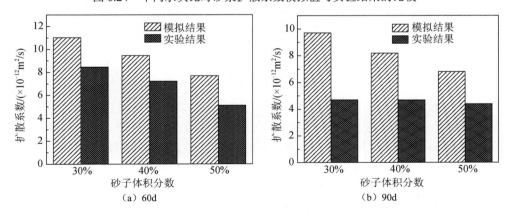

图 6.25　不同砂子体积分数时砂浆扩散系数模拟值与实验结果的比较

　　混凝土氯离子扩散系数模拟值和试验结果的对比，如图 6.26 和图 6.27 所示。由于模拟混凝土扩散系数采用的是多尺度过渡法，误差存在传递，混凝土的扩散系数模拟值和试验结果之间的差值较大。相比较高水灰比而言，低水灰比时模拟混凝土扩散系数值与实验结果吻合性好一些，最大误差为29%。不同砂率时混凝土扩散系数模拟值与实验结果的偏差波动较小，当砂率分别为25%、37.5%和50%时，混凝土在60 d和90 d时模拟的平均误差分别为38.1%、33.6%和29.8%。

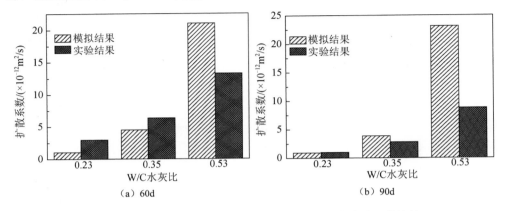

图 6.26　不同水灰比时混凝土扩散系数模拟值与实验结果的比较

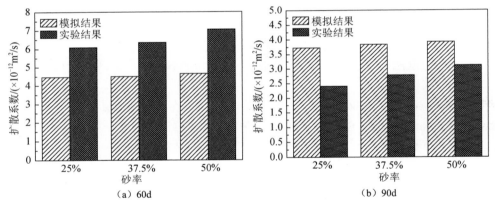

图 6.27　不同砂率时混凝土扩散系数模拟值与实验结果的比较

　　根据对 C-S-H 凝胶、水泥浆体、砂浆、混凝土模拟结果与实验值进行对比发现，采用计算机模拟方法可以很好地反映氯离子扩散系数的变化规律，除了高水灰比时模拟水泥浆体存在较大的偏差，其他模拟值与实验结果之间的差值可以接受。

6.3　氯离子扩散系数的敏感性分析

　　影响氯离子在水泥基材料中有效扩散系数的主要因素有界面过渡区扩散系数、界面过渡区厚度、最大集料粒径以及集料级配，本节采用符合 Fuller 分布或等体积（EVF）分布的集料来研究上述因素对扩散系数的影响规律。

6.3.1　界面过渡区扩散系数的影响

界面过渡区扩散系数变化对混凝土有效扩散系数的影响，如图 6.28 所示，其中图 6.28（a）是 Fuller 级配集料，其最小（$D_{\min}$）粒径、最大粒径（$D_{\max}$）和界面过渡区厚度（t_{ITZ}）分别为 $D_{\min}=0.25$ mm、$D_{\max}=20$ mm、$t_{\mathrm{ITZ}}=30$ μm；界面过渡区扩散系数与基体扩散系数的比值用 P 表示，这里 P 分别为 2、6、10 和 15。从图中可以看出，当单位体积混凝土中集料体积分数给定后，混凝土扩散系数随 P 的增加而增加；但对于给定的 P 值，混凝土有效扩散系数随 V_{a} 的增加而减小。具体而言，当 P 从 2 增加到 15 时，$V_{\mathrm{a}}=0.3$、0.5、0.7，$D^{\mathrm{eff}}/D_{\mathrm{B}}$ 增加了 47.71%、104.62% 和 215.85%。主要原因是集料是非渗透相，随集料体积分数的增加，混凝土主要由非渗透相组成，导致有效扩散系数降低，相比较而言，界面过渡区的扩散系数大于基体，故对给定的 V_{a}，混凝土有效扩散系数随 P 的增加而增加。这表明界面过渡区扩散系数的变化对混凝土有效扩散系数有显著影响。

图 6.28（b）为集料最大和最小粒径发生变化，分别为 $D_{\min}=0.15$ mm 和 $D_{\max}=10$ mm 时，其他参数不变。从图 6.28 中可以看出，混凝土有效扩散系数显著增加，尤其是 $P>10$ 时，$D^{\mathrm{eff}}/D_{\mathrm{B}}>1$。主要原因是单位体积混凝土中集料比表面积增加，导致界面过渡区体积分数显著增加。这也说明集料对混凝土的传输性能的影响存在正负效应，一方面常规集料为非渗透相，它的掺入降低了混凝土的渗透性；另一方面因集料掺入导致形成的界面过渡区又提高了混凝土的渗透性，当后者大于前者时，混凝土的扩散系数大于基体扩散系数。

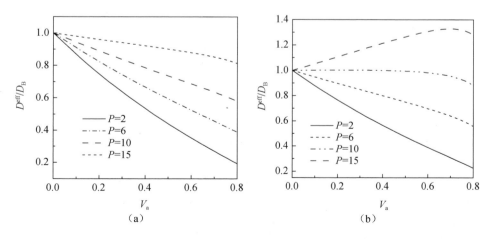

图 6.28　界面过渡区扩散系数对混凝土扩散系数的影响

6.3.2 界面过渡区厚度的影响

界面过渡区厚度变化对混凝土有效扩散系数的影响，如图 6.29 所示。图 6.29 （a）的主要参数是 $D_{min} = 0.25 \ mm$、$D_{max} = 20 \ mm$，$P = 10$，界面过渡区厚度（t_{ITZ}）的变化值为 10 μm、30 μm 和 50 μm。从图中可以看出，对于给定的集料体积分数（V_a），混凝土有效扩散系数随界面过渡区厚度的增加而增加，主要原因是界面过渡区所占的体积分数随其厚度增加而增加，导致混凝土的有效扩散系数相应增加。具体而言，当 t_{ITZ} 从 10 μm 增加到 50 μm 时，对于给定的 $V_a = 0.3$、0.5 和 0.7，D^{eff} / D_B 分别增加了 41.47%、84.64% 和 149.13%。图 6.29 （b）的 $D_{min} = 0.15 \ mm$ 和 $D_{max} = 10 \ mm$，其他参数不变。从图 6.29 中可以看出，混凝土有效扩散系数显著增加，尤其当 $t_{ITZ} > 30 \ \mu m$ 时，混凝土的扩散系数远大于基体扩散系数。正如第 5 章所提到的，降低界面过渡区厚度最有效和最经济的方法是降低水灰比和添加较细的矿物掺和料来提高混凝土耐氯离子侵蚀性。

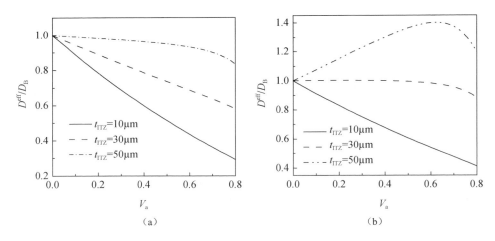

图 6.29　界面过渡区厚度对混凝土扩散系数的影响

6.3.3 最大集料粒径的影响

最大集料粒径对混凝土有效扩散系数的影响，如图 6.30 所示，这里 $P = 10$、$t_{ITZ} = 30 \ \mu m$ 和 $D_{min} = 0.25 \ mm$，最大集料粒径 D_{max} 的变化为 10mm、20mm 和 30mm。从图 6.30 中可以看出，对于给定的集料体积分数（V_a），混凝土有效扩散系数随 D_{max} 的增大而降低，其原因是对于给定的 V_a，界面过渡区体积分数随 D_{max} 的增加而降低，再加上界面过渡区扩散系数高于基体，导致混凝土的有效扩散系数降低。具体而言，当 D_{max} 从 10mm 增加到 30mm，对于给定的 $V_a = 0.3$、0.5、0.7，D^{eff} / D_B 分别降低了 12.68%、20.89% 和 28.42%。

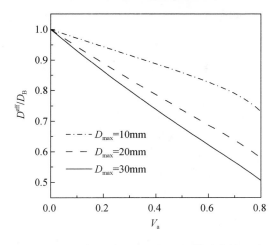

图 6.30　最大集料粒径对混凝土扩散系数的影响

6.3.4　集料级配的影响

集料级配对混凝土有效扩散系数的影响，如图 6.31 所示，这里 $P = 10$、$t_{\text{ITZ}} = 30\ \mu\text{m}$、$D_{\min} = 0.25\ \text{mm}$ 和 $D_{\max} = 20\ \text{mm}$。从图 6.30 中可以看出，对于给定的集料体积分数（V_a），Fuller 级配集料的混凝土有效扩散系数总是小于等体积级配集料（EVF）的有效扩散系数，主要原因是 EVF 集料级配中含有更多的小集料颗粒，这样 EVF 集料级配的混凝土界面过渡区体积分数要大于 Fuller 级配混凝土界面过渡区体积分数，导致混凝土有效扩散系数增加。当 $V_a = 0.3$、0.5、0.7 时，与 Fuller 级配集料相比，EVF 级配集料的混凝土有效扩散系数 $D^{\text{eff}} / D_{\text{B}}$ 值分别增加了 22.52%、40.38% 和 57.89%。

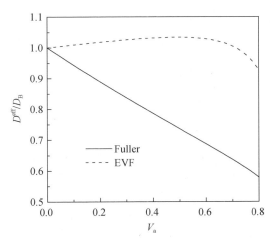

图 6.31　集料级配对混凝土扩散系数的影响

　　从上面的分析中可以看出，对混凝土有效扩散系数影响最大的是界面过渡区扩散系数，如 $V_a = 0.7$ ， P 从 2 增加到 15，混凝土扩散系数增加了 215.85%；其次是界面过渡区的厚度，如 $V_a = 0.7$ ， t_{ITZ} 从 10 μm 增加到 30 μm，混凝土有效扩散系数增加了 149.13%；其次是集料级配，如 $V_a = 0.7$ ，EVF 级配集料的混凝土比 Fuller 级配集料混凝土的扩散系数增加了 57.89%，最后是最大集料直径，如 $V_a = 0.7$ ， D_{max} 从 10mm 增加到 30mm，混凝土有效扩散系数降低了 28.42%。

6.4　本章小结

　　（1）根据现代混凝土微结构特征，从介质传输的角度将其划分为五个尺度：尺度 Ⅰ：混凝土，尺度 Ⅱ：砂浆，尺度 Ⅲ：ITZ 复合相，尺度 Ⅳ：水泥浆体，尺度 Ⅴ：水化产物。基于均匀化理论，提出了现代混凝土扩散系数的多尺度数学预测模型，该模型从最小尺度的 C-S-H 凝胶开始，将计算的扩散系数逐级代入上一尺度，最后得到混凝土的扩散系数。通过多尺度模型预测得到的净浆、砂浆和混凝土扩散系数与试验结果吻合较好。

　　（2）对于数值模拟，基于硬芯软壳-HCSS 模型，构建了含集料-ITZ-集料三相的混凝土/砂浆的三维微结构。通过"蚂蚁"随机行走算法，模拟了氯离子在现代混凝土中的传输性能，提出了传输系数的数值预测模型，模拟结果与试验结果表示的规律一致。

　　（3）采用 Fuller 分布或 EVF 分布的集料，定量分析了影响现代混凝土扩散系数的主要因素，影响扩散系数大小顺序依次是界面过渡区扩散系数、界面过渡区厚度、集料级配和最大集料粒径。

主要参考文献

管学茂，2005．水泥基材料在氯盐环境中的服役行为及机理研究[D]．北京：中国建筑材料科学研究总院．

黄晓峰，郑建军，周欣竹，2010．水泥石氯离子扩散系数的简单解析解[J]．建材世界，31(2)：4-6．

金祖权，2006．西部地区严酷环境下混凝土的耐久性与寿命预测[D]．南京：东南大学．

李宗津，孙伟，潘金龙，2009．现代混凝土的研究进展[J]．中国材料进展，28(11)：1-7．

庞超明，2010．高延性水泥基复合材料的制备、性能及基本理论研究[D]．南京：东南大学．

孙伟，2006．荷载与环境因素耦合作用下结构混凝土的耐久性与服役寿命[J]．东南大学学报(自然科学版)，(s2)：

　　7-14．

唐明述，2007．节能减排工作应重视提高基建工程寿命[J]．中国水泥，(9)：24-28．

田冠飞，2006．氯离子环境中钢筋混凝土结构耐久性与可靠性研究[D]．北京：清华大学．

ANN K Y, AHN J H, RYOU J S, 2009. The importance of chloride content at the concrete surface in assessing the time to corrosion of steel in concrete structures[J]. Construction & Building Materials, 23(1): 239-245.

BENTZ D P, GARBOCZI E J, 1991. Percolation of phases in a three-dimensional cement paste microstructural model[J]. Cement and Concrete Research, 21(2-3): 325-344.

BOURDETTE B, RINGOT E, OLLIVIER J P, 1995. Modeling of the transition zone porosity[J]. Cement and Concrete Research, 25(4): 741-751.

BRAKEL J V, HEERTJES P M, 1974. Analysis of diffusion in macroporous media in terms of a porosity, a tortuosity and a constrictivity factor[J]. International Journal of Heat & Mass Transfer, 17(9): 1093-1103.

BRETON D, OLLIVIER J P, BALLIVY G, 1992. Diffusivity of chloride ions in the transition zone between cement paste and granite[C] // MASO J C Ed. Interfaces between Cementitous Composites. London: E & FN Spon: 279-288.

CARÈ S, 2003. Influence of aggregate on chloride diffusion coefficient into water[J]. Cement and Concrete Research, 33(7): 1021-1028.

DELAGRAVE A, MARCHAND J, OLLIVIER J P, et al., 1997. Chloride binding capacity of various hydrated cement paste systems[J]. Advanced Cement Based Materials, 6(1): 28-35.

GARBOCZI E J, BENTZ D P, 1997. Analytical Formulas for Interracial Transition Zone Properties[J]. Advanced Cement Based Materials, 6(3-4): 99-108.

GARBOCZI E J, BENTZ D P, 1998. Multiscale Analytical/Numerical Theory of the Diffusivity of Concrete[J]. Advanced Cement Based Materials, 8(2): 77-88.

HALAMICKOVA P, DETWILER R J, BENTZ D P, 1995. Water permeability and chloride ion diffusion in Portland cement mortars: relationship to sand content and critical pore diameter[J]. Cement and Concrete Research, 25(4): 790-802.

KAPATA C, PRADHANA B, BHATTACHARJEE B, 2006. Potentiostatic study of reinforcing steel in chloride contaminated concrete powder solution extracts[J]. Corrosion Science, 48(7): 1757-1769.

MINDESS S, YOUNG J F, 1981. Concrete[M]. Englewood Cliffs: Prentice-Hall.

MORENO M, MORRIS W, ALVAREZ M G, et al., 2004. Corrosion of reinforcing steel in simulated concrete pore solutions: Effect of carbonation and chloride content[J]. Corrosion Science, 46(11): 2681-2699.

NGALA V T, PAGE C L, 1997. Effects of carbonation on pore structure and diffusional properties of hydrated cement pastes[J]. Cement & Concrete Research, 27(7): 995-1007.

OH B H, JANG S Y, 2004. Prediction of diffusivity of concrete based on simple analytic equations[J]. Cement & Concrete Research, 34(3): 463-480.

OLLIVIER J P, MASO J C, BOURDETTE B, 1995. Interfacial Transition Zone in Concrete[J]. Advanced Cement Based Materials, 2(1): 30-38.

SHANE J D, MASON T O, JENNINGS H M, et al., 2000. Effect of the interfacial transition zone on the conductivity of Portland cement mortars[J]. Journal of the American Ceramic Society, 83(5): 1137-1144.

STORA E, BARY B, HE Q C, 2008. On Estimating the Effective Diffusive Properties of Hardened Cement Pastes[J]. Transport in Porous Media, 73(3): 279-295.

SUN G, ZHANG Y, SUN W, et al., 2011. Multi-scale prediction of the effective chloride diffusion coefficient of concrete[J]. Construction and Building Materials, 25(10): 3820-3831.

YANG C C, SU J K, 2002. Approximate migration coefficient of interface transition zone and the effect of aggregate content on the migration coefficient of mortar[J]. Cement and Concrete Research, 32(10): 1559-1565.

ZHENG J J, ZHOU X Z, 2007. Prediction of the chloride diffusion coefficient of concrete[J]. Materials & Structures, 40(7): 693-701.

第 7 章　饱和状态下现代混凝土的
氯离子传输过程和规律

7.1　引　　言

前面几章已对现代混凝土氯离子传输系数的理论计算和数值模拟进行了系统研究，并获得了现代混凝土传输系数（D）的计算模型。众所周知，D 是研究混凝土传输行为的重要参数，知道了 D 值后，可以了解混凝土的致密程度及抵抗氯离子传输的能力。然而，仅得到 D 还不足以完全掌握氯离子在混凝土中传输过程和规律。这是因为氯离子在混凝土中传输很复杂，侵入混凝土内部的方式包括吸附、扩散、结合、渗透和毛细作用等迁移机制。但是，因浓度梯度引起的扩散作用是其最主要和最重要的迁移方式，因而扩散理论常常是预测钢筋混凝土结构在氯盐环境中使用寿命的理论基础。目前，国内外研究者多采用 Fick 第二扩散定律描述氯离子在混凝土中的扩散过程。对于 Fick 第二扩散定律，除了需要获得混凝土的 D 值外，尚需知道氯离子在传输过程中氯离子结合、表面氯离子浓度等关键参数。基于这些参数，根据 Fick 第二扩散定律就可计算和预测混凝土内部不同位置、不同时间氯离子的浓度大小，从而可以评估氯离子传输的深度及钢筋表面氯离子的浓度。

本章重点研究实际工程中常用且有代表性的三类现代混凝土——粉煤灰混凝土、矿渣混凝土及双掺矿物掺和料混凝土在单一、双重和多重耦合作用下氯离子的扩散规律，并获得关键扩散参数。

7.2　原材料与试验方法

7.2.1　原材料

采用 P·Ⅱ42.5 硅酸盐水泥；Ⅰ级和Ⅱ级两种粉煤灰；S95 级矿渣粉；细度模数 2.6 的中粗河砂，泥含量 1.2%；5～20mm 连续级配的玄武岩碎石；聚羧酸系高效减水剂，减水率为 25.8%；自来水。

7.2.2　配合比

针对工程中常用现代混凝土——粉煤灰混凝土、矿渣混凝土和双掺矿物掺和料混凝土，通过对国内外几十个重点工程所采用的配合比进行调研，从中选取典型、常用的且有代表性的配合比，如表 7.1 和表 7.2 所示。

7.2.2.1　粉煤灰混凝土

实验研究了粉煤灰掺量（0、20%、40%、60%）、粉煤灰种类（Ⅰ级、Ⅱ级）、水胶比（0.3、0.35、0.4）、凝胶材用量（380kg/m³ 和 460kg/m³）对混凝土氯离子扩散的影响。混凝土砂率设定为 38%，坍落度控制在（180±20）mm 范围内，具体配合比见表 7.1。

表 7.1　粉煤灰混凝土配合比

编号	凝胶材用量/（kg/m³）	凝胶材组成/%		粉煤灰等级	水胶比	用水量/（kg/m³）
		C	FA			
W35F0	400	100	0	Ⅰ	0.35	161
W35F20	460	80	20	Ⅰ	0.35	161
W35F40	460	60	40	Ⅰ	0.35	161
W35F60	460	40	60	Ⅰ	0.35	161
W30F40	460	60	40	Ⅰ	0.35	161
W40F40	460	60	40	Ⅰ	0.40	160
A40Ⅰ40	380	60	40	Ⅰ	0.35	140
A40Ⅱ40	380	60	40	Ⅱ	0.30	120

注：W35F60 代表凝胶用量 460，水胶比 0.35，一级粉煤灰掺量为 60%；A40Ⅰ40 凝胶用量 380，水胶比 0.40，一级粉煤灰掺量为 40%。

7.2.2.2　矿渣混凝土

实验研究了矿渣掺量（0、20%、40%、60%、80%）、水胶比（0.3、0.35、0.4）、凝胶材用量（400kg/m³ 和 460kg/m³）和养护龄期（3d、7d、28d 和 90d）对混凝土氯离子扩散的影响。混凝土砂率设定为 39%，坍落度控制在（180±20）mm 范围内，具体配合比见表 7.2。

表 7.2　矿渣混凝土配合比

编号	凝胶材用量/（kg/m³）	凝胶材组成/%		水胶比	用水量/（kg/m³）
		C	SL		
SL00L35	460	100	0	0.35	161
SL20L35	460	80	20	0.35	161
SL40L35	460	60	40	0.35	161
SL60L35	460	40	60	0.35	161
SL80L35	460	20	80	0.35	161

续表

编号	凝胶材用量/（kg/m³）	凝胶材组成/%		水胶比	用水量/（kg/m³）
		C	SL		
SS60S40	400	40	60	0.40	160
SS60S35	400	40	60	0.35	140
SS60S30	400	40	60	0.30	120
SL60L35（3）	460	40	60	0.35	161
SL60L35（7）	460	40	60	0.35	161
SL60L35（90）	460	40	60	0.35	161

注：SLxx 表示矿渣掺量为 xx%；L 或 S 表示胶凝材料用量，L 表示凝胶用量 460，S 表示凝胶用量 400；之后的 xx 表示水胶比为 0.xx；（x）括号中的数字表示养护龄期为 x 天。

7.2.2.3　双掺矿物掺合料混凝土

考虑到重要的混凝土结构，在关键部位常采用双掺矿物掺合料混凝土，本研究在单掺粉煤灰混凝土和单掺矿渣混凝土的基础上，设计了双掺矿渣-硅灰混凝土和双掺粉煤灰-矿渣混凝土，水胶比为 0.35，凝胶材料用量为 460 kg/m³，砂率为 39%，变化两种掺合料之间的搭配比例，混凝土配合比见表 7.3，新拌混凝土的坍落度控制在（180±20）mm。

表 7.3　双掺混凝土配合比

编号	凝胶材用量/（kg/m³）	凝胶材组成/%				水胶比	用水量/（kg/m³）
		C	SL	FA	SF		
SL60SF05L35	460	35	60	0	5	0.35	161
SL60FA20L35	460	20	60	20	0	0.35	161

注：C 为硅酸盐水泥；SL 为矿渣粉；FA 为硅灰；SF 为粉煤灰。

7.2.3　试验方法

7.2.3.1　试件制备与基本力学性能

混凝土的搅拌、振捣、养护制度按照《普通混凝土性能试验方法标准》（GB/T 50081）进行。单因素耐久性实验和力学实验均采用规范规定的标准试块；多因素耐久性实验采用试块的尺寸 70mm×70mm×230mm。力学性能实验按照《普通混凝土性能试验方法标准》（GB/T 50081）进行。

混凝土的力学性能如表 7.4 和表 7.5 所示。SL60S35 混凝土的 3d、7d 抗压强度分别为 35.8MPa 和 47.0MPa。

表 7.4　粉煤灰混凝土的力学性能

编号	抗压强度/MPa	
	28d	90d
W35F0	77.0	80.0
W35F20	65.7	72.1
W35F40	52.5	67.2
W35F60	37.3	42.8
W30F40	64.9	73.7
W40F40	38.9	61.3
A40 I 40	45.1	63.5
A40 II 40	42.8	62.3

表 7.5　矿渣混凝土和双掺矿物掺和料混凝土的力学性能

编号	抗压强度/MPa	
	28d	90d
SL00L35	62.0	74.6
SL20L35	48.8	65.6
SL40L35	57.5	71.3
SL60L35	55.2	73.5
SL80L35	45.5	61.2
SS60S40	46.9	58.8
SS60S35	47.1	65.8
SS60S30	47.7	77.4
SL60SF05L35	55.8	75.4
SL60FA20L35	35.9	58.2

7.2.3.2　氯离子浸泡试验

1）试样制备与氯离子浸泡

对于实验室制备的棱柱形或立方体试件，在标准养护室内养护到规定龄期取出，风干至表面无液态水珠，除一个侧面外，其余五个面均用环氧树脂予以密封。对于现场取芯的圆柱形试件，采用切割机将试样的两个端面切除、风干，保留一个切割面，其余面均用环氧树脂予以密封。处理后的试件分别置于浓度为 3.5%、7.0%的 NaCl 溶液中浸泡。为保证 NaCl 溶液浓度稳定，每月更换一次盐溶液。

2）取粉

浸泡到规定时间，将试件从盐溶液中取出，用毛巾擦去表面的盐溶液，然后采用混凝土磨粉机从表面向内逐层磨粉，每层的厚度为 5mm，浸泡 1 个月、3 个月、6 个月、12 个月的试样粉磨最小深度分别为 20mm、30mm、50mm、70mm，每层收集的样品 5g 以上。将混凝土粉末在 105℃下干燥 24h，然后冷却至室温，用 0.15mm 方孔筛筛除大颗粒后用于氯离子含量测试。

　　3）氯离子含量测定

　　氯离子含量测定目前主要有两种方法——化学滴定法和电化学滴定法用于测试氯离子含量。化学滴定法：自由氯离子浓度和总氯离子浓度的测试可按《水运工程混凝土试验规程》（JTJ 270—98）的规定进行，氯离子浓度是用占混凝土质量的百分比表示的。电化学滴定法：①水溶性氯离子含量的测定：用电子天平称取 2g 左右粉末置于三角瓶中，加入 50mL 蒸馏水浸泡 24h，在浸泡过程中振荡三角瓶 3～5 次。用移液枪移取 10mL 上清液置于滴定杯中，滴加 1 滴酚酞溶液作指示剂，用稀硫酸中和至无色，在滴定杯中放一搅拌子，然后将滴定杯置于自动电位滴定仪上，用已知浓度的 AgNO₃ 标准溶液进行滴定。突跃参数应根据滴定情况进行设置，一般设置为 50mV/mL，滴定至终点，记录消耗 AgNO₃ 标准溶液的体积量。②总氯离子含量的测定：用电子天平称取 2g 左右粉末置于三角瓶中，加入 50mL 稀硝酸浸泡 24h，在浸泡过程中振荡三角瓶 3～5 次；用移液枪移取 10mL 上清液置于滴定杯中，加入适量的蒸馏水，并在滴定杯中放一搅拌子，然后将滴定杯置于自动电位滴定仪上，用已知浓度的 AgNO₃ 标准溶液进行滴定。突跃参数一般设置为 50mV/mL，滴定至终点，记录消耗 AgNO₃ 标准溶液的体积量。混凝土样品中的水溶性氯离子或总氯离子含量按以下公式计算为

$$P = \frac{C_{\mathrm{AgNO_3}} \cdot V_1 \cdot V_0 \times 35.45}{m \cdot V_2 \times 1000} \times 100\%$$

式中：P 为样品中氯离子质量分数（%）；$C_{\mathrm{AgNO_3}}$ 为所用 AgNO₃ 标准溶液的浓度（mol/L）；V_0 为浸泡样品所用蒸馏水的体积（mL）；V_1 为所消耗的 AgNO₃ 标准溶液的体积（mL）；V_2 为移取的待测溶液的体积（mL）；m 为称取粉末样品的质量（g）。

7.2.3.3　弯曲应力的施加

　　采用图 7.1 所示的四拉杆的弹簧加载装置对试件施加不同水平的应力，其中试件的上半部分处于压应力状态，而下半部分处于弯曲应力状态，下底面中心跨距为 210mm，上表面支点跨距为 70mm。加载时采用 MTS810 材料试验机以 0.01mm/s 的速率缓慢地对上压板施加应力直至规定应力比，然后迅速拧紧螺帽。应力传感器与计算机相连实时监测应力的变化，一旦应力损失超过 3%，则拧紧螺帽使之恢复至初始应力值。

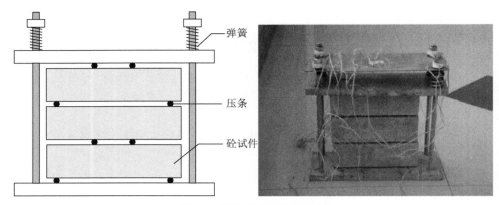

图 7.1　四拉杆弹簧加载装置

7.2.3.4　加载-Cl⁻侵蚀

加载-Cl⁻侵蚀双因素耐久性试验采用的是将施加指定应力水平的混凝土试件置于 NaCl 浓度为 3.5%的试验箱（温度保持 20℃±2℃）内进行浸泡试验的方法，浸泡龄期分别为 1 个月、2 个月、3 个月、6 个月、9 个月、12 个月。为保持试验过程中 NaCl 浓度的稳定，每隔 1 个月更换一次溶液。

到达规定时间后，将混凝土试件风干至表面无液态水珠，然后将混凝土成型面、底面、两个端面和一个侧面用环氧树脂密封，仅留下一个侧面暴露在浓度为 3.5%的 NaCl 溶液中，并且这个侧面加载过程中承受弯曲应力。浸泡至规定龄期，将施加荷载的混凝土取出并卸载，在混凝土试件的纯弯曲段进行不同深度（0～5mm、5～10mm、10～15mm 和 15～20mm 四个深度）取粉。同一配比取三个混凝土试件的粉样作为研究应力状态下的氯离子扩散规律。

7.2.3.5　加载-干湿循环 Cl⁻侵蚀

加载-Cl⁻-干湿循环多因素耐久性试验采用的是将施加应力的混凝土试件在 50℃±2℃的温度下烘 3d，然后在室温（20℃±2℃）中冷却 3h，再放入 NaCl 浓度为 3.5%的试验箱（温度保持 20℃±2℃）内浸泡 3d，以此作为一个干湿循环，如此往复。当浸泡龄期分别为 1 个月、2 个月、3 个月、6 个月、9 个月、12 个月时将混凝土试件从加载试验架中卸下并风干，然后进行取粉。为保持试验过程中 NaCl 浓度的稳定，每隔 1 个月更换一次溶液。

7.3　单一因素作用下氯离子扩散规律

7.3.1　混凝土氯离子结合能力

氯离子在扩散过程中，一部分氯离子与混凝土的水化产物发生物理吸附或化学结合，形成结合氯离子，它不对钢筋产生锈蚀危害；另外一部分以自由氯离子的状态进入混凝土内部，腐蚀钢筋。在混凝土中，自由氯离子浓度 C_f 和结合氯离子浓度 C_b 之和构成了混凝土中总氯离子浓度 C_t。根据有关表面物理化学的理论和实验，外界通过扩散进入混凝土内部的氯离子，其 C_b 和 C_f 的关系，采用氯离子等温吸附曲线能够很好地反映混凝土的氯离子结合能力。正如 Martin-Perez 指出，通过回归分析，氯离子浓度范围对 C_b 和 C_f 之间的拟合曲线是有影响的，在不同的浓度范围，会表现出不同的结合规律。Tuutti 的实验处于较低的 C_f 范围，C_b 和 C_f 之间线性关系符合得很好；Martin-Perez、Sergi、Nilsson、Tang、Tritthart 和 Glass 等在更大的氯离子浓度范围内，证实两者之间属非线性关系。前述的大量文献已经报道了混凝土对氯离子的结合具有线性、Freundlich 非线性和 Langmuir 非线性等 3 种等温吸附关系。

7.3.1.1　矿物掺和料对氯离子结合能力的影响

1）粉煤灰混凝土

粉煤灰掺量为 0、20%、40% 和 60% 的混凝土中自由氯离子和总氯离子浓度，如图 7.2 所示。

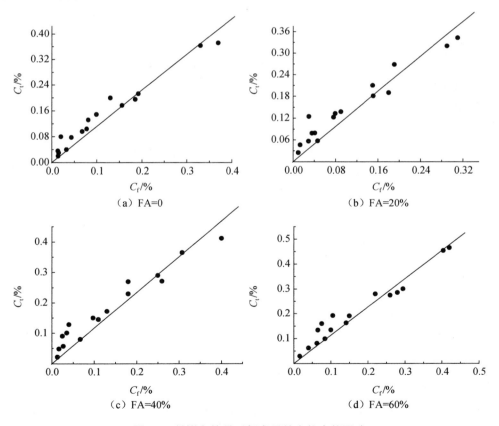

图 7.2　粉煤灰掺量对氯离子结合能力的影响

氯离子结合能力可用下式表示为

$$R = \frac{\partial C_b}{\partial C_f} = \frac{\partial (C_t - C_f)}{\partial C_f} = \frac{\partial C_t}{\partial C_f} - 1 \tag{7-1}$$

由图 7.2 可以看出，不同粉煤灰掺量对氯离子的结合规律主要表现出线性吸附关系，总氯离子含量 C_t 与自由氯离子含量 C_f 之间为线性关系。通过式（7-1）计算各个粉煤灰掺量下结合能力和相关系数，如表 7.6 所示。由表 7.6 可以看出，各个粉煤灰掺量时的氯离子结合能力顺序为：20%＞40%＞60%＞0，即掺加粉煤灰之后，氯离子的结合能力都比未掺加时要大，同时，当掺量为 20%时出现峰值，其大小为 0 掺量的 1.73 倍；掺量为 60%混凝土的结合能力迅速减小，其值和 0%掺量的混凝土接近。

表 7.6　不同粉煤灰掺量与混凝土氯离子的结合能力

粉煤灰掺量/%	结合能力（R）	相关系数（R^2）
0	0.12	0.9667
20	0.21	0.9439
40	0.17	0.9526
60	0.13	0.9565

通过数据拟合，可以得到粉煤灰掺量同氯离子结合能力的关系为：$R = 2.708\text{FA}^3 - 3.25\text{FA}^2 + 0.992\text{FA} + 0.12$（拟合方差 $R^2 = 0.99$），FA 为粉煤灰掺量（以比例表示），如图 7.3 所示。

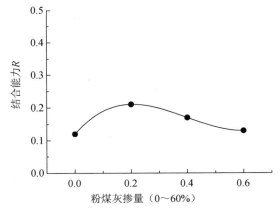

图 7.3　粉煤灰掺量与氯离子结合能力的关系

2）矿渣混凝土

通过式（7-1）计算不同矿渣掺量下结合能力和相关系数，如表 7.7 所示。从表 7.7 中可以看到，不同矿渣掺量的氯离子结合能力顺序为：80%＞60%＞40%＞0，即掺加矿渣后，氯离子的结合能力都比未掺加时要大，且当掺量大于 40%时氯离子结合能力快速增加。因此，在海工混凝土结构中，矿渣掺量一般大于 40%后抵抗氯离子侵蚀能力大幅度提升。

表 7.7 不同矿渣掺量混凝土氯离子结合能力

矿渣掺量/%	结合能力（R）	相关系数（R^2）
0	0.14	0.9727
40	0.26	0.9318
60	0.65	0.9216
80	1.39	0.9425

通过数据拟合，可以得到矿渣掺量与氯离子结合能力的关系为：$R = 3.267SL^2 - 1.069SL + 0.144$（拟合方差 $R^2 = 0.98$），SL 为矿渣掺量（以比例表示），如图 7.4 所示。

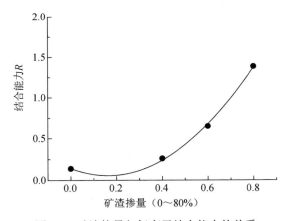

图 7.4 矿渣掺量与氯离子结合能力的关系

大量研究已证实，混凝土具有一定的氯离子结合能力，特别是掺入矿物掺合料的混凝土。根据大量的文献报道，混凝土对氯离子的吸附/结合机理主要包括 4 个方面。

（1）C_3A 和 C_4AF 的水化产物 C_3AH_6 和矿物掺和料的铝相与 NaCl 或 $CaCl_2$ 发生化学结合形成 $C_3A \cdot CaCl_2 \cdot 10H_2O$（简称为 Friedels 盐）为

$$2NaCl(aq) + C_3AH_6(s) + Ca(OH)_2(aq) + 4H_2O \longrightarrow C_3A \cdot CaCl_2 \cdot 10H_2O(s) + 2NaOH(aq)$$
$$CaCl_2(aq) + C_3AH_6(s) + 4H_2O \longrightarrow C_3A \cdot CaCl_2 \cdot 10H_2O(s)$$

其中，C_3AH_6 与 NaCl 反应使孔溶液的 pH 升高，$Ca(OH)_2$ 的溶解度减小，因此该反应是速率逐渐减小的反应。

（2）C_3S 和 C_2S 的水化产物 $Ca(OH)_2$ 与 NaCl 或 $CaCl_2$ 发生化学结合形成含 $CaCl_2$ 的络合物为

$$2NaCl(aq) + 4Ca(OH)_2(s) + 12H_2O \longrightarrow CaCl_2 \cdot 3Ca(OH)_2 \cdot 12H_2O(s) + 2NaOH(aq)$$
$$CaCl_2(aq) + 3Ca(OH)_2(s) + 12H_2O \longrightarrow CaCl_2 \cdot 3Ca(OH)_2 \cdot 12H_2O(s)$$

　　Harald 据众多研究者的实验结果，总结认为 Ca(OH)$_2$ 与 NaCl 的络合反应进行程度很小，几乎可忽略不计。以上发生的是氯离子化学结合，Tang 和 Nilsson 认为，被水化产物化学结合的氯离子是不可逆的，不像被物理吸附的那部分氯离子在氯盐浓度降低时能重新释放出来。

　　（3）水泥水化产物 C-S-H 凝胶表面吸附氯离子，然后在凝胶表面扩散。与孔溶液中自由氯离子的扩散速率相比，凝胶表面氯离子的移动速率要小得多。

　　（4）水泥浆体孔隙内表面对氯离子的吸附作用，即 Cl$^-$ 被孔隙表面带正电的水泥水化产物所吸引，这种现象导致在水泥浆体内部的固液界面形成扩散双电层。

7.3.1.2　水胶比对氯离子结合能力的影响

1）粉煤灰混凝土

　　不同水胶比对混凝土氯离子结合能力的影响，采用和上面相同的处理方式。由表 7.8 可以看出，随着水胶比的增加，氯离子的结合能力减小，水胶比为 0.40 的结合能力只有 0.30 的 39.75%，这是由于水胶比过大造成混凝土内部孔结构增多，粉煤灰水化产生的 C-S-H 凝胶结合氯离子的能力较差。因此，在海工混凝土中，为了提高结构混凝土的耐久性，保护钢筋不过早受到氯离子的侵蚀而发生锈蚀，粉煤灰混凝土的水胶比不宜过大。

表 7.8　不同水胶比的粉煤灰混凝土氯离子结合能力

水胶比（W/B）	结合能力（R）	相关系数（R^2）
0.30	0.22	0.9570
0.35	0.17	0.9526
0.40	0.12	0.9841

　　通过数据拟合，可以得到粉煤灰混凝土水胶比同氯离子结合能力的关系为 $R=-1.051W/B+0.537$（拟合方差 $R^2=0.99$），如图 7.5 所示。

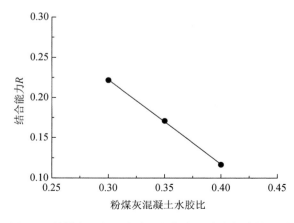

图 7.5　粉煤灰混凝土水胶比与氯离子结合能力的关系

2）矿渣混凝土

表 7.9 为水胶比对矿渣混凝土氯离子结合能力的影响。从表 7.9 中可以看到，水胶比越大，氯离子结合能力越小。

表 7.9　不同水胶比的矿渣混凝土氯离子结合能力

矿渣掺量/%	结合能力（R）	相关系数（R^2）
0.30	2.41	0.9562
0.35	0.65	0.9469
0.40	0.32	0.9623

通过拟合，可以得到水胶比与结合能力的关系为 $R = 286W/B^2-221.1W/B+43$（拟合方差 $R^2=0.99$），如图 7.6 所示。

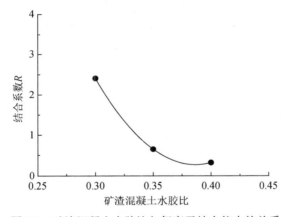

图 7.6　矿渣混凝土水胶比与氯离子结合能力的关系

根据上面粉煤灰混凝土矿渣混凝土的氯离子结合能力实验结果发现，R 与矿物掺和料的掺量和水胶比密切相关，对实验数据进行回归得到

粉煤灰混凝土的 $R=(15.85FA^3-19.03FA^2+5.81FA+0.70)(-1.051W/B+0.537)$

矿渣混凝土的 $R=(5.03SL^2-1.64SL+0.22)(286W/B^2-221.1W/B+43)$

7.3.2　氯离子扩散系数

氯离子扩散系数 D 是用来反映混凝土对氯化物侵蚀抵抗能力的重要参数。根据氯离子浸泡实验，通过 Fick 第二扩散定律建立的扩散模型，可以计算不同浸泡龄期混凝土的表观氯离子扩散系数。

7.3.2.1　矿物掺和料对氯离子扩散系数的影响

1）粉煤灰混凝土

图 7.7 为粉煤灰掺量为 0、20%、40%和 60%混凝土在 2 个月、6 个月、9 个月、12 个月时的表观扩散系数。由图 7.7（a）可以看出，混凝土的扩散系数随浸泡

时间的增加而减少；如 20%掺量的粉煤灰混凝土，12 个月时的氯离子扩散系数只有两个月时的 62.4%，这是由于随着浸泡时间的增加，混凝土不断水化，内部致密性提高，从而使扩散变得困难；扩散系数的大小顺序为 60%＞40%＞20%＞0，即混凝土随着粉煤灰掺量的增加扩散系数增加，但增加值随浸泡时间的延长而有减小的趋势。如图 7.7（b）所示，在浸泡 6 个月时 0 掺量的扩散系数是 20%掺量的81.3%；12 个月时除了 60%粉煤灰掺量外，其余掺量的混凝土扩散系数接近，0掺量的扩散系数是 20%掺量的 94%。

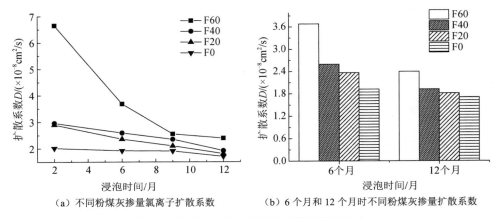

（a）不同粉煤灰掺量氯离子扩散系数   （b）6 个月和 12 个月时不同粉煤灰掺量扩散系数

图 7.7   粉煤灰掺量对氯离子扩散系数的影响

2）矿渣混凝土

图 7.8 为矿渣掺量为 0、20%、40%、60%和 80%混凝土在不同浸泡龄期时的表观氯离子扩散系数。由图 7.8 可以看到，矿渣混凝土的扩散系数随浸泡时间的增加而减小，表明氯离子扩散系数存在时间依赖性。另外，矿渣的掺入能够提高

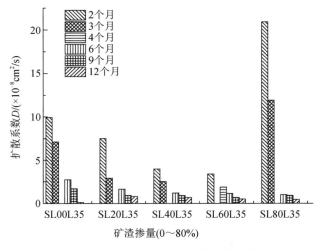

图 7.8   矿渣掺量对氯离子扩散系数的影响

混凝土抵抗氯离子侵蚀的能力，矿渣的掺量对扩散系数的影响规律呈现先减小再增大的趋势，当矿渣掺量 60%左右时，扩散系数达到最小，超过 60%后扩散系数将缓慢增大。因此，大掺量矿渣掺入有利于混凝土抵抗氯离子侵蚀。

图 7.9 选取浸泡时间为 9 个月的混凝土，研究氯离子表观扩散系数与矿渣掺量的关系，得到的拟合方程为

$$D = 3.21SL^2 - 3.47SL + 1.64 \quad (10^{-12}\text{m}^2/\text{s})$$

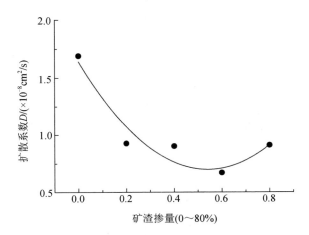

图 7.9　矿渣掺量与氯离子扩散系数的关系（浸泡 9 个月）

另外，还比较了双掺矿渣-粉煤灰混凝土（SL60FA20L35）和双掺矿渣-硅灰混凝土（SL60F05L35）在不同浸泡时间的表观扩散系数，如图 7.10 所示。

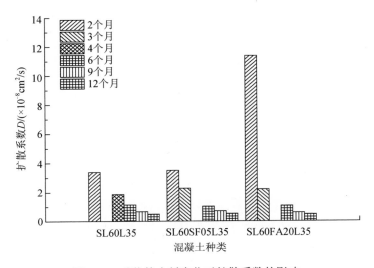

图 7.10　矿物掺合料变化对扩散系数的影响

由图 7.10 可知，双掺矿渣-粉煤灰混凝土由于矿物掺合料总掺量高达 80%，导致水泥量较少，在早期（2 个月时）水化产物较少，结果表观扩散系数明显大于双掺矿渣-硅灰混凝土和单掺矿渣混凝土；后期（3 个月之后）三种混凝土的扩散系数接近。这可能是由于后期矿渣和粉煤灰的二次水化增强了混凝土的孔结构，同时，混凝土强度等级较高，达到 C50，结构致密，所以氯离子扩散系数相差不大。

7.3.2.2　水胶比对氯离子扩散系数的影响

1）粉煤灰混凝土

图 7.11 为水胶比 0.30、0.35 和 0.40 的 40%粉煤灰混凝土在 2 个月、6 个月、9 个月和 12 个月时氯离子扩散系数。由图 7.11 可以看出，在相同浸泡时间时，氯离子扩散系数随水胶比变化情况为 0.40＞0.35＞0.30。在早期（浸泡两个月）水胶比 0.40 的混凝土扩散系数较大，这是由于高水胶比在早期强度明显比低水胶比的混凝土低，造成扩散系数相对较大；随着浸泡时间的增加，强度的提高，各水胶比混凝土的扩散系数差距逐渐减小。

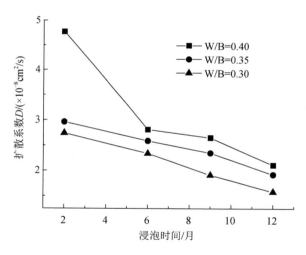

图 7.11　水胶比对氯离子扩散系数的影响

2）矿渣混凝土

图 7.12 是不同水胶比的混凝土表观扩散系数与时间的关系。从图 7.12 中可以看到，与粉煤灰混凝土相似，随着水胶比的提高，矿渣混凝土的表观扩散系数增大。

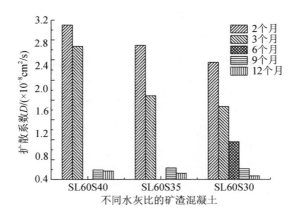

图 7.12 水胶比对氯离子扩散系数的影响

设 $K_{W/C}$ 为水胶比对氯离子表观扩散系数的影响因子，取水胶比 0.35 的混凝土影响因子为 1，则不同水胶比的混凝土影响因子通过拟合得到：$K_{W/C} = \dfrac{D_{W/C}}{D_{0.35}} = 0.34+1.86W/B$，如图 7.13 所示。

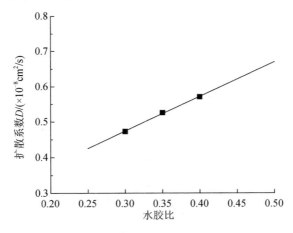

图 7.13 氯离子扩散系数与水胶比的关系（浸泡时间为 12 个月）

7.3.2.3 养护龄期对氯离子扩散系数的影响

1）粉煤灰混凝土

图 7.14 是养护龄期分别为 28d 和 90d 的混凝土在 2 个月、6 个月、9 个月和 12 个月时的氯离子扩散系数。由图 7.14 可以看出，养护 90d 的混凝土的氯离子扩散系数明显比养护 28d 时的扩散系数小，当浸泡时间为 6 个月时，养护 90d 的扩散系数是养护 28d 扩散系数的 1.56 倍。这说明粉煤灰混凝土在服役期间，为了提高抵抗氯离子入侵的性能，延长养护龄期是有效途径。

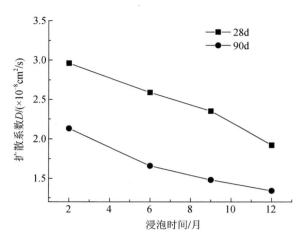

图 7.14　养护龄期对粉煤灰混凝土氯离子扩散系数的影响

2）矿渣混凝土

矿渣掺量 60% 的混凝土，分别养护 3d、7d 和 28d 后，在氯盐溶液中浸泡不同时间，养护龄期对混凝土表观扩散系数的影响规律，如图 7.15 所示。

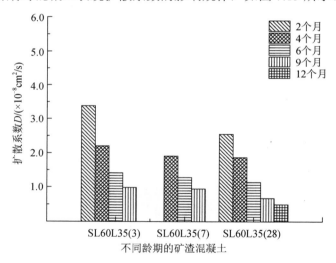

图 7.15　养护龄期变化对矿渣混凝土扩散系数的影响

由图 7.15 可知，随着混凝土养护龄期的增长，扩散系数逐渐的减小。这说明适当延长养护龄期能够有效增强混凝土抵抗氯离子侵蚀的能力。为了量化养护龄期的影响，将标准养护 28d 混凝土的氯离子扩散系数作为标准值，其他龄期混凝土的氯离子扩散系数与标准值相比定义为养护龄期影响因子。图 7.16 是矿渣混凝土在氯盐溶液中浸泡 9 个月时养护龄期影响因子的变化，通过数据回归得到养护龄期因子与时间的关系为

$$K_{\mathrm{C}} = \frac{D_{\mathrm{t}}}{D_{28}} = 1.5 - 0.018t$$

式中：t 为养护龄期。

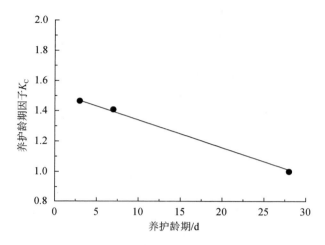

图 7.16　养护龄期对扩散系数的影响参数

7.3.3　表面氯离子浓度

在氯盐环境中，混凝土暴露表面的自由氯离子浓度（C_{s}）随时间发展，其浓度由低到高，逐渐达到饱和。根据实测的自由氯离子浓度-深度曲线，按 Fick 第二定律进行曲线拟合，取 $x=0$ 可得到表面氯离子浓度 C_{s}。图 7.17 和图 7.18 分别为粉煤灰混凝土和矿渣混凝土表面氯离子浓度随时间变化曲线。

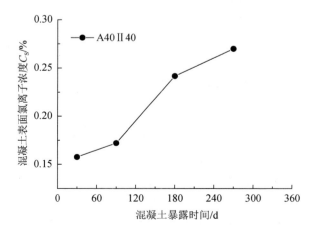

图 7.17　粉煤灰混凝土表面氯离子浓度随时间变化

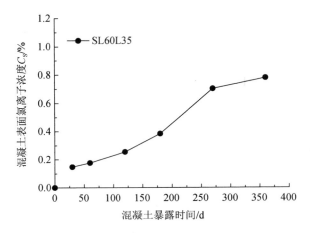

图 7.18　矿渣混凝土表面氯离子浓度随时间变化

可以看到，表面氯离子浓度随浸泡时间的增加，早期增加速度较快，而到了后期表面氯离子浓度增加的速度趋缓。按照扩散理论当表面氯离子浓度和外界氯离子浓度达到平衡时，表面氯离子浓度就变成了定值。

7.4　双重和多重因素作用下氯离子的扩散规律

实际的混凝土结构在服役期间大多受到荷载、干湿交替等双重和多重因素的共同作用。对于氯离子扩散来说，多重因素耦合作用对扩散影响很大，尤其当环境中存在干湿交替循环时，氯离子的扩散规律发生明显改变。

7.4.1　荷载作用下氯离子的扩散规律

7.4.1.1　粉煤灰混凝土

1）荷载的影响

图 7.19 为 W35F0 混凝土分别施加弯曲应力水平 $\sigma=0$ 和 $\sigma=0.35$，浸泡 9 个月时自由氯离子浓度和总氯离子浓度曲线图。由图 7.19 可以看出，无论是自由氯离子浓度还是总氯离子浓度，$\sigma=0.35$ 作用下各个深度的氯离子浓度都比无应力时大，这是由于当混凝土被施加了弯曲应力后，试件受拉面产生了微细裂缝，裂缝的存在加速了氯离子扩散，从而加大了氯离子的浓度值。

对 W35F40 混凝土施加不同弯曲应力比（0、0.2、0.35、0.5），分别测试不同浸泡时各深度自由氯离子浓度［图 7.20（a）］。为了有效表征不同应力对扩散的影响，采用应力加速因子 K_{δ_s} 进行表征［图 7.20（b）］。由图 7.20 可以看出，随应力比的提高，氯离子扩散系数逐步增大，通过回归可得到应力加速因子与弯曲应力比的关系，如式（7-2）所示为

$$K_{\delta_s} = \frac{D_{\delta_s}}{D_0} = 1 + k\sigma \qquad (7\text{-}2)$$

式中：k 为实验系数，与混凝土性能有关。

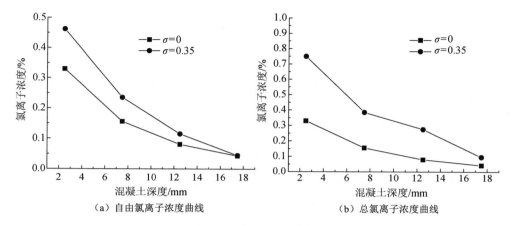

（a）自由氯离子浓度曲线　　　　　　（b）总氯离子浓度曲线

图 7.19　加载和非加载作用下粉煤灰混凝土氯离子浓度随深度的变化

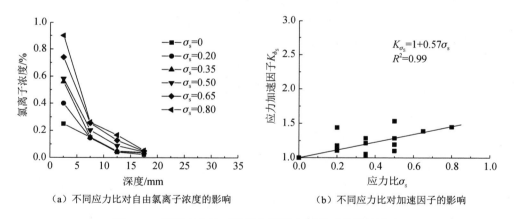

（a）不同应力比对自由氯离子浓度的影响　　　（b）不同应力比对加速因子的影响

图 7.20　不同应力比对粉煤灰混凝土氯离子扩散的影响

2）粉煤灰掺量的影响

本实验还研究了相同应力比下（0.35），不同粉煤灰掺量混凝土（0、20%、40% 和 60%）扩散系数的变化。为了量化应力对扩散系数的影响，采用 $I = (D_{0.35} - D_0) / D_0 \times 100$ 表征，其中 $D_{0.35}$ 为 0.35 应力比状态下的扩散系数，D_0 为无应力状态下的扩散系数。

表 7.10 为粉煤灰混凝土的氯离子扩散系数值。从表 7.10 中可以看出，浸泡 9 个月时氯离子的扩散系数随着粉煤灰掺量的变化波动相对比较大，随着粉煤灰的

增加先变小再增大，而浸泡 12 个月时的数值变化不大。由此可以看出随浸泡时间的延长，相同应力比对不同粉煤灰掺量混凝土氯离子扩散系数的影响接近。

表 7.10　荷载对粉煤灰混凝土扩散系数的影响　单位：×10⁻⁸cm²/s

表 7.10　荷载对粉煤灰混凝土扩散系数的影响　单位：$\times 10^{-8} \text{cm}^2/\text{s}$

编号	0	20%	40%	60%
D_0（9 个月）	1.70	1.81	1.92	2.39
$D_{0.35}$（9 个月）	1.91	2.10	2.35	2.55
I（9 个月）	0.89	0.86	0.82	0.94
D_0（12 个月）	1.85	1.94	2.09	2.57
$D_{0.35}$（12 个月）	2.62	2.58	2.58	3.58
I（12 个月）	0.71	0.75	0.81	0.72

7.4.1.2　矿渣混凝土

图 7.21 为 SL60L35 混凝土在加载和不加载两种条件下，浸泡 6 个月时氯离子浓度随深度的变化。从图 7.21 中可以看到，加载混凝土各个深度的氯离子浓度比不加载的大，氯离子在混凝土中扩散主要是通过孔和裂缝进行的，扩散速度与孔结构和孔隙率以及连通性密切相关。当混凝土在荷载作用下，特别是承受弯曲或拉伸应力，内部裂纹会由于荷载作用而增多，裂纹增多使得毛细孔连通性增大，从而加快了氯离子在混凝土中的扩散。

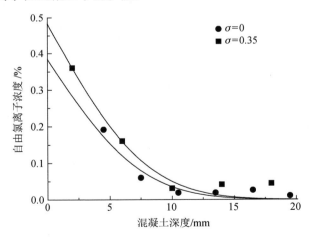

图 7.21　加载和非加载作用下对矿渣混凝土氯离子扩散的影响

图 7.22 为 SL60L35 混凝土在加载和不加载两种条件下表观氯离子扩散系数随浸泡时间的变化。从图 7.22 中可以看到，矿渣混凝土在加载和不加载条件下表观扩散系数随时间变化曲线有着相似形状，均随时间的增加而减小；加载混凝土表观扩散系数比不加载试件稍大。

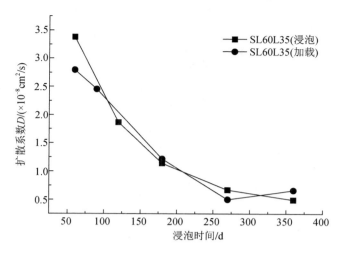

图 7.22　加载与不加载作用下矿渣混凝土氯离子浓度随时间的变化

7.4.2　干湿交替作用下氯离子的扩散规律

海洋浪溅区和潮汐区混凝土受到干湿交替的物理作用，当混凝土表层干燥时，一接触海水混凝土将首先以毛细管吸入机制吸入海水。混凝土的毛细管吸入能力主要取决于混凝土的孔结构和水饱和度，混凝土水饱和度越低，毛细管吸收作用就越大，吸入速度就越快；当混凝土吸水饱和后，海水中氯离子开始以扩散机制向混凝土内部渗透。当退潮后，混凝土外部环境又开始干燥，这时混凝土中的水分逐步向外蒸发，整个干燥过程始终伴随着水分向外迁移和氯离子向内扩散两个传输过程，这样实际上混凝土表面氯离子浓度得不到明显积累，但混凝土表层某一深度处氯离子浓度会不断升高，氯离子向内扩散的浓度梯度逐渐加大，扩散快速进行。随着混凝土孔隙水不断蒸发，混凝土孔溶液将逐渐成为盐类饱和溶液，多余的盐将析出晶体并储存于混凝土空隙中，当盐晶体经过反复蒸发积累到一定程度时，就会对混凝土造成破坏作用。多次循环将在离表层混凝土一定深度处形成一个氯离子浓度峰值，实际上从浓度峰值向内起氯离子主要以扩散机制传输，而该处向外实际上主要以毛细管吸入和水分蒸发机制进行物质迁移。随着循环次数增加和干湿程度加大，毛细管作用范围不断扩大，吸入深度不断增加，氯离子浓度峰值有向混凝土内部迁移的倾向，氯离子峰值积累程度和向内推移速度主要取决于干湿交替长短和循环次数的多少。干燥程度越高，循环次数越多，氯离子向内推移速度越快，这正好解释了干燥期长、湿润期短的浪溅区混凝土钢筋比湿润期长、干期较短区域更容易产生锈蚀的原因。干湿交替周期一定时随循环次数增加，将会有更多的氯离子侵入混凝土更深的部位，直至钢筋表面氯离子达到脱钝化的临界浓度。

由于干湿交替作用的存在，氯离子传输机制发生改变，氯离子结合能力也会发生变化，研究显示由于干湿循环作用氯离子结合能力有可能变大，也有可能变小，主要取决于混凝土本身的性能，但目前尚未系统研究干湿交替作用下矿物掺和料掺量和水胶比对氯离子结合能力的影响规律。

7.4.2.1　矿物掺合料对氯离子结合能力的影响

表 7.11 为不同粉煤灰掺量（0、20%、40%和60%）混凝土在浸泡条件和干湿交替条件下氯离子结合能力值。由表 7.11 可以看出，混凝土在干湿交替作用条件下氯离子结合能力大于未受干湿交替作用的值，这是由于掺粉煤灰混凝土，养护 28d，矿物掺合料的活性并没有得到充分发挥。在干湿循环情况下，矿物掺合料的活性将得到激发，生成了较多的铝酸凝胶，为结合氯离子提供了更多的载体，氯离子结合能力提高。因而，在海洋的浪溅区或使用除冰盐地区，掺入矿物掺合料可以提高混凝土对氯离子结合能力，从而改善混凝土的抗氯离子侵蚀能力。

表 7.11　不同环境条件下粉煤灰掺量对氯离子结合能力的影响

环境条件	粉煤灰掺量			
	0	20%	40%	60%
R（有干湿作用）	0.16	0.26	0.18	0.20
R（无干湿作用）	0.12	0.21	0.17	0.13

7.4.2.2　不同水胶比对氯离子结合能力的影响

表 7.12 为不同水胶比（0.3、0.35、0.40）混凝土在浸泡条件和干湿交替条件下氯离子结合能力的值。由表 7.12 可以看出，水胶比 0.30 混凝土在干湿循环作用时结合能力小于未受干湿作用的混凝土，其余水胶比混凝土都是在受到干湿交替作用时的氯离子结合能力高，这可能是由于低水胶比混凝土早期强度相对较高，在干湿循环下部分铝酸凝胶受到破坏而不能得到补充，氯离子的结合能力也随之降低，而 0.35 和 0.40 配合比由于早期强度相对比较低，干湿交替作用时混凝土中生成了更多的铝酸凝胶，为结合氯离子提供了更多的载体。

表 7.12　不同环境条件下水胶比对混凝土氯离子结合能力的影响

环境条件	水胶比		
	0.30	0.35	0.40
R（无干湿作用）	0.22	0.17	0.12
R（有干湿作用）	0.20	0.18	0.17

7.5　本章小结

本章系统研究了矿物掺合料种类和掺量、水胶比、养护龄期等关键因素对混凝土氯离子结合能力、扩散系数和表面氯离子浓度的影响规律；分析了荷载对混凝土氯离子扩散的影响，探讨了干湿交替作用下混凝土氯离子扩散规律。

（1）粉煤灰混凝土抗氯离子侵蚀能力顺序为 20%＞40%＞60%＞0，即掺加了粉煤灰之后，混凝土氯离子的扩散比未掺加时要小，当掺量为 20%时抗氯离子扩散能力最高，60%掺量时降低，其值和不掺加粉煤灰的混凝土相近。矿渣混凝土的抗氯离子扩散系数顺序为 60%＞80%＞40%＞20%＞0，当掺量超过 40%后，抗氯离子能力显著提高，超过 80%后氯离子能力开始降低。水胶比越低，混凝土的抗氯离子侵蚀能力越强；养护龄期的延长有利于提高混凝土的致密性，改善混凝土的抗氯离子侵蚀。

（2）弯曲应力造成了混凝土内部缺陷的产生、扩展、增多和增大，成为氯离子扩散的快速通道，导致氯离子扩散速率加快，这种加速作用 K_{δ_s} 随应力水平 σ_s 的增加而变大，符合线性函数：$\dfrac{D_\sigma}{D_0} = 1 + k\sigma$。

（3）干湿交替作用下加速了氯离子的传输，表观扩散系数增大，表面氯离子浓度增加明显。

主要参考文献

GLASS G K, STEVENSON G M, Buenfeld N R, 1998. Chloride-binding isotherms from the diffusion cell test [J]. Cement and Concrete Research, 28(7): 939-945.

MARTIN P B, ZIBARA H, HOOTON R D, et al., 2000. A study of the effect of chloride binding on service life predictions [J]. Cement and Concrete Research, 30(8): 1215-1223.

SERGI W, YU S W, PAGE C L, 1992. Diffusion of chloride and hydroxyl ions in cementitious materials exposed to a saline environment [J]. Mag. Concr. Res., 158(44): 63- 69.

TANG L, NILSSON L O, 1993. Chloride binding capacity and binding isotherms of OPC pastes and mortars [J]. Cement and Concrete Research, 23(2): 247- 253.

TRITTHART J, 1989. Chloride binding in cement[J]. Cement and Concrete Research, 19(5): 683- 691.

TUUTTI K, 1982. Corrosion of steel in concrete[R]. Stockholm: Swedish Cement and Concrete Institute, (4): 469-478.

第8章 非饱和状态下现代混凝土的水分迁移与传输模型

8.1 引　　言

众所周知，混凝土结构最先出现破坏的地方往往是浪溅区、潮汐区、地表、干湿交界处，且破坏程度也最为严重，主要原因是这些区域的混凝土处于非饱和状态。在混凝土孔隙饱和状态下，孔隙水整体处于相对静止状态，侵蚀性离子在混凝土中以扩散作为主要的传输方式；而当混凝土孔隙处于非饱和状态时，孔隙水和侵蚀性离子都处于运动状态，外界离子的输运除了发生扩散以外，还随孔隙液的渗流发生对流现象，在这种情况下氯离子在混凝土中的传输行为将变得更加复杂。

同时，混凝土结构在服役过程中，不可避免地与周围的环境发生相互作用，遭受循环荷载、温度应力、冻融循环、干燥收缩等多种损伤形式，致使混凝土产生微细观裂纹乃至宏观裂缝，而且混凝土材料本身就携带微观缺陷，裂缝的存在为外界有害介质的侵入提供了快速通道，加快了材料的性能劣化速度，导致混凝土结构寿命大大缩短，造成突发性的安全事故和巨大的经济财产损失。

第7章研究了饱和状态下现代混凝土的氯离子传输过程和规律，本章重点介绍非饱和状态下带裂缝和不带裂缝混凝土的传输行为，包括水分传输和氯离子传输，揭示相应的传输规律，获取基本数据；基于非饱和传输特性和机理，建立考虑干湿循环作用下的氯离子传输模型，为实际工程的结构耐久性设计、寿命预测、维修与维护提供科学支撑。

8.2 非饱和混凝土的水分传输行为

8.2.1 非饱和状态下混凝土毛细吸水与水分分布

8.2.1.1 毛细吸水理论

毛细吸水过程是指在毛细管作用力下，水分在毛细孔内部的迁移过程。一般情况下，混凝土材料的毛细吸水模型是基于平行管孔隙多孔介质内的毛细吸收理论。根据 Hagen-Poiseuille 方程，在外部压力作用下单个圆柱形毛细管内水分迁移

方程为

$$\frac{\mathrm{d}v}{\mathrm{d}t} = \frac{\pi r^4}{8\eta} \cdot \frac{\Delta P}{y} \tag{8-1}$$

式中：v 为毛细吸水体积；t 为时间；r 为毛细管半径；η 为水的黏滞系数；y 为渗透深度。

根据 Laplace 方程，毛细孔内吸附水分达到平衡时，由于存在表面张力会在气-液-固交界处形成一个接触角 φ，并在液体表面产生一个压力差 ΔP，即

$$\Delta P = \frac{2\sigma \cos \varphi}{r} \tag{8-2}$$

式中：σ 为水的表面张力。

又因为毛细管中吸水量与吸水高度之间的关系为

$$\mathrm{d}v = \pi r^2 \mathrm{d}y \tag{8-3}$$

联立式（8-1）～方程（8-3）可得水泥基复合材料毛细吸水渗透深度 y 与时间 t 的关系为

$$\frac{\mathrm{d}y}{\mathrm{d}t} = \frac{r\sigma \cos \varphi}{4\eta y} \tag{8-4a}$$

$$y = \sqrt{\frac{r\sigma \cos \varphi}{2\eta} t} = S \cdot t^{1/2} \tag{8-4b}$$

$$S = \sqrt{\frac{r\sigma \cos \varphi}{2\eta}} \tag{8-4c}$$

式中：S 为毛细吸水系数。可以看出毛细吸水系数只与水泥基复合材料毛细孔径、表面张力、接触角以及黏滞系数密切相关，因此对于同一种材料的一维毛细吸水过程，其毛细吸水系数为常数，则单个毛细孔的累计毛细吸水体积量可以用式（8-5）表示，即

$$v = \pi r^2 y = \pi r^2 \sqrt{\frac{r\sigma \cos \varphi}{2\eta} t} \tag{8-5}$$

假定水泥基复合材料内部的毛细孔为多维随机平行分布的圆柱形孔，当一维方向含有 n 个毛细孔，则毛细吸水导致增加的体积 V 为

$$V = nv = n\pi r^2 \sqrt{\frac{r\sigma \cos \varphi}{2\eta} t} \tag{8-6}$$

由于在实验过程中，往往更易测量毛细吸水的质量而不是体积，将式（8-6）中的混凝土毛细吸水体积换算成增加的质量 W。

$$W = \rho v = n\rho\pi r^2 \sqrt{\frac{r\sigma\cos\varphi}{2\eta}t} \qquad (8\text{-}7)$$

式中：ρ 为水的密度。

多孔水泥基复合材料的孔隙率可以表示为

$$\phi = \frac{V_\text{p}}{V} = \frac{n\pi r^2}{A} \qquad (8\text{-}8)$$

式中：V_p 为毛细孔体积；V 为样品体积；A 为与水接触的面积。

将式（8-8）代入式（8-7）中可得

$$W = \phi A\rho\sqrt{\frac{r\sigma\cos\varphi}{2\eta}t} \qquad (8\text{-}9)$$

则当吸水时间为 t 时，样品单位横截面面积上的累计吸水量 Q 为

$$Q = \frac{W}{A} = \phi\rho\sqrt{\frac{r\sigma\cos\varphi}{2\eta}t} = Z \cdot t^{1/2} \qquad (8\text{-}10\text{a})$$

$$Z = \phi\rho\sqrt{\frac{r\sigma\cos\varphi}{2\eta}} \qquad (8\text{-}10\text{b})$$

式中：Z 为毛细吸水质量系数，由此可见，其不仅与毛细孔径大小、接触角、表面张力、黏滞系数以及水的密度有关，而且还跟水泥基复合材料的孔隙率有关。与毛细吸水系数 S 一样，当混凝土发生毛细吸水现象时，其毛细吸水质量系数 Z 也是定值。

8.2.1.2 毛细吸水试验研究

1）试样制备与试验方法

本研究设计了三个强度等级的混凝土，水灰比分别为 035、0.45、0.55，具体配合比如表 8.1 所示。混凝土的坍落度控制在 150～170mm，实测 28d 抗压强度见表 8.1。

表 8.1 混凝土配合比及 28d 抗压强度

| 编号 | W/C | 原料配比/（kg/m³） | | | | | 28d 抗压强度/MPa |
		水泥	砂	石子	水	减水剂	
C1	0.35	445	652	1142	156	4.45	68.8
C2	0.45	433	655	1117	195	2.2	52
C3	0.55	355	703	1147	195	0	37.3

　　浇注成型尺寸为ϕ106mm×200mm 的圆柱形混凝土试件，在养护室内养护 24h 后脱模，并将试件放置于养护室内继续养护至 60d。然后，将混凝土试件切割成厚度为 50mm±1mm 的试样，如图 8.1 所示。将混凝土片真空饱水后置于干燥箱内干燥至预设的饱和度，并用环氧树脂密封除吸水面的其他表面，待树脂硬化后用塑料袋将试样密封保存 20d 以上，使内部水分达到均一。

　　参照 ASTM C1585-13 标准测试混凝土试样的吸水，如图 8.2 所示。试样环境温度为 20℃±1℃。试样称重的时间点为 5min、10min、20min、30min、1h、2h、3h、4h、5h、6h、10h、14h、24h，之后每天记录一次至 30d。混凝土的吸水量表示为

$$I = \frac{m_t}{A \times \rho} \tag{8-11}$$

式中：I 为吸水量（mm）；m_t 为试样在 t 时刻的质量变化（g）；A 为试样与水接触的面积（mm^2）；ρ 为水的密度（0.001g/mm^3）。以吸水量 I 为纵坐标、时间的平方根 $\sqrt{t}$ 为横坐标绘图，前 6h 数据线性拟合后的斜率即为吸水系数。

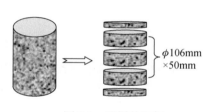

图 8.1　试样的切割

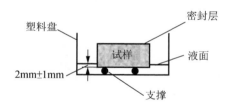

图 8.2　吸水试验

　　2）非饱和混凝土累积吸水量

　　图 8.3 为不同水灰比混凝土在 30d 内的累积吸水量。混凝土的初始饱和度对吸水过程影响较大，其累积吸水量随着饱和度的降低而增加。混凝土的吸水过程可划分为两个阶段，即快速吸水期与稳定吸水期。快速吸水期一般持续几小时至十几小时，与混凝土的初始饱和度密切相关，初始饱和度越小，快速吸水期持续时间越长，此阶段的吸水主要由毛细孔控制。快速吸水阶段结束后进入到稳定吸水阶段，此阶段主要是凝胶孔吸水和水分扩散。

　　3）混凝土饱和度对吸水系数的影响

　　图 8.4 为混凝土快速吸水阶段累积吸水量与时间平方根的关系。可以看出，I 与 $\sqrt{t}$ 呈典型的线性关系，拟合线的斜率即为吸水系数。随着混凝土饱和度的增加，其吸水系数明显下降。图 8.5 所示为混凝土吸水系数与饱和度的关系，呈典型的幂函数关系，$S=a\times(1-\theta)^b$，其中 a、b 为常数，与材料的微结构相关。

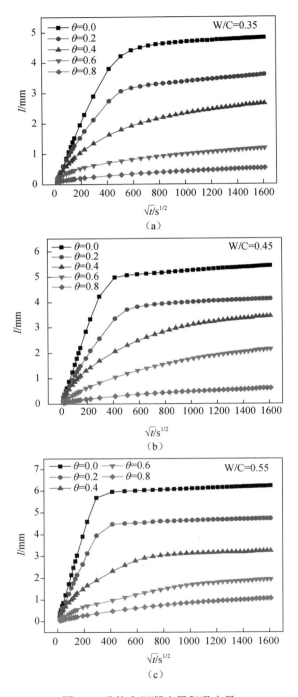

图 8.3 非饱和混凝土累积吸水量

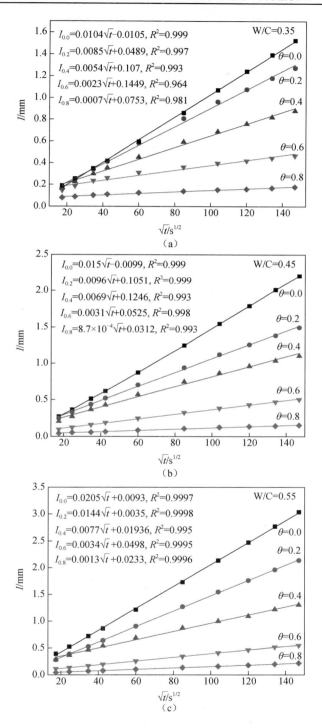

图 8.4　不同饱和度混凝土的吸水系数

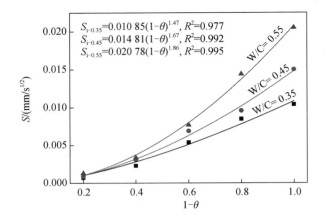

图 8.5 混凝土吸水系数与饱和度的函数关系

8.2.1.3 基于毛细吸水的水分分布计算模型

针对多孔建筑材料，由毛细管作用力产生的非饱和流可以用扩展的达西定律进行描述为

$$q = K(\Theta)F_c(\Theta) \qquad (8-12)$$

式中：q 为流体流速；$K(\Theta)$ 为水力传导系数；$F_c(\Theta)$ 为毛细管作用力；Θ 为混凝土的体积含水量。

毛细管作用力被认为是毛细势能的梯度，表示为

$$F_c(\Theta) = -\nabla \psi(\Theta) \qquad (8-13)$$

在水分一维传输且各向同性的情况下，有

$$q = -K(\Theta)\frac{\mathrm{d}\psi}{\mathrm{d}x} \qquad (8-14)$$

式（8-14）通常又写成

$$q = -D(\Theta)\frac{\mathrm{d}\Theta}{\mathrm{d}x} \qquad (8-15)$$

式中：$D(\Theta) = K(\Theta)\dfrac{\mathrm{d}\psi}{\mathrm{d}\Theta}$ 为水分扩散系数。

基于以上理论，水分通过非饱和混凝土的扩散方程可以表达为

$$\frac{\partial \theta}{\partial t} = \nabla[D(\theta)\nabla\theta] \qquad (8-16)$$

式中：$D(\theta)$ 为水分扩散系数，它是饱和度 θ 的函数；t 为水分扩散的时间；θ 为混凝土的饱和度，当以混凝土的体积含水量表示时，有

$$\theta = \frac{\Theta - \Theta_0}{\Theta_s - \Theta_0} \tag{8-17}$$

式中：Θ_s 为混凝土饱和时的体积含水量，近似等于混凝土的孔隙率；Θ_0 为混凝土绝干时的含水量，$\Theta_0 = 0$。当混凝土处于饱和状态时，$\theta = 1$；当混凝土绝干时，$\theta = 0$。

当水分的传输方向为一维时，式（8-16）可写为

$$\frac{\partial \theta}{\partial t} = \frac{\partial \theta}{\partial x}\left[D(\theta)\frac{\partial \theta}{\partial x} \right] \tag{8-18}$$

其初始与边界条件为

$$\theta = 1,\ x = 0,\ t > 0 \tag{8-19}$$

$$\theta = 0,\ x \geqslant 0,\ t = 0 \tag{8-20}$$

$$\theta = 0,\ x \to \infty,\ t > 0 \tag{8-21}$$

为了求得 $D(\theta)$，引入 Boltzmann 变换 $\phi = xt^{-1/2}$，代入式（8-18），得到

$$-\frac{1}{2}\phi\frac{\mathrm{d}\theta}{\mathrm{d}\phi} = \frac{\mathrm{d}}{\mathrm{d}\phi}\left[D(\theta)\frac{\mathrm{d}\theta}{\mathrm{d}\phi} \right] \tag{8-22}$$

满足初始与边界条件：$\phi = 0$ 时，$\theta = 1$；$\phi \to \infty$，$\theta = 0$。

混凝土的累计吸水量可通过含水量分布积分得到，即

$$I = \int_{\Theta_i}^{\Theta_s} x\mathrm{d}\theta = t^{1/2}\int_{\Theta_i}^{\Theta_s} \phi\mathrm{d}\theta \tag{8-23}$$

式中：Θ_i 为初始体积含水量，则吸水系数 S 可表示为

$$S = \int_{\Theta_i}^{\Theta_s} \phi\mathrm{d}\theta = (\Theta_s - \Theta_i)\int_0^1 \phi\mathrm{d}\theta \tag{8-24}$$

Parlange 等给出了式（8-22）精确的近似解为

$$2\int_{\theta}^1 \frac{D(a)}{a}\mathrm{d}a = s\phi + \frac{B}{2}\phi^2 \tag{8-25}$$

式中：s 为相对吸水系数，可表示为

$$s = \frac{S}{\Theta_s - \Theta_i} \approx \left[\int_0^1 (1 + \theta)D(\theta)\mathrm{d}\theta \right]^{1/2} \tag{8-26}$$

$$B = 2 - \frac{s^2}{\int_0^1 D(\theta)\mathrm{d}\theta} \tag{8-27}$$

扩散系数 $D(\theta)$ 通常表示成 θ 的指数形式，即

$$D(\theta) = D_0\mathrm{e}^{n\theta} \tag{8-28}$$

把式（8-28）代入式（8-26）、式（8-27），得到

$$D_0 = \frac{n^2 s^2}{e^n(2n-1)-n+1} \qquad (8\text{-}29)$$

$$B = \frac{e^n - n - 1}{n(e^n - 1)} \qquad (8\text{-}30)$$

式中：D_0 和 n 为经验拟合参数。Hall 指出，对于一般的建筑材料，n 的变动范围为 6~8，与材料性能几乎没有关系。另外，Lockington 等的研究结果也表明 n 在 6~8 变动对结果几乎没有影响。

定义 $\lambda(\theta) = \int_\theta^1 \frac{D(a)}{a} \mathrm{d}a$，则式（8-25）可写成

$$\frac{B}{2}\phi^2 + s\phi - 2\lambda(\theta) = 0 \qquad (8\text{-}31)$$

此方程的解为

$$\phi = \frac{-s + \sqrt{s^2 + 4B\lambda(\theta)}}{B} \qquad (8\text{-}32)$$

因此，试样内某一位置 x 与其饱和度的关系可以表示为

$$x = \frac{-s + \sqrt{s^2 + 4B\lambda(\theta)}}{B} t^{1/2} \qquad (8\text{-}33)$$

利用式（8-33）可计算任意时间 t、任何位置 x 混凝土的饱和度 θ，进而得到混凝土吸水后内部的水分分布特征。

图 8.6 所示为不同水灰比混凝土吸水后的水分分布特征。混凝土吸水后其饱和度从表面向内逐渐降低，随着吸水时间的增加，水分传输深度增加，而且不同位置的饱和度逐渐增加。在相同的吸水时间内，混凝土水灰比增大，其水分传输距离越大，而且同一位置处的饱和度越大。

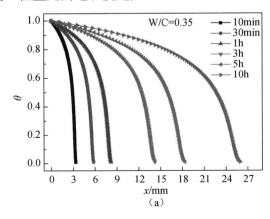

图 8.6　不同水灰比凝土吸水后的水分分布特征

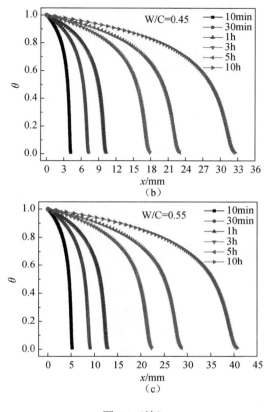

图 8.6（续）

8.2.2　X-CT 原位监测非饱和水泥基材料水分传输

8.2.2.1　试样制备与测试

1）试样制备

设计了如表 8.2 所示的试样配比，用于研究水灰比、粉煤灰掺量等因素对水分传输的影响；以 PP2 为基础，制备砂体积掺量分别为 20%、40%的砂浆试样，用于研究细集料体积掺量对砂浆水分传输的影响；同时，制备 CP2 混凝土试样，用于观察水分在有粗集料存在时的传输行为。以上所有试样成型的尺寸为 100mm×100mm×100mm，以纯硅酸盐水泥为胶凝材料的试样在环境室内（20℃，RH≥95%）养护 60d，掺入粉煤灰的试样养护至 90d。养护结束后，采用金刚石锯从成型试样的中间部位切割出尺寸为 20mm×20mm×80mm 的试样（对于 PP2 试样，并将切割后试样放置于鼓风干燥箱中于 60℃干燥至恒重，待冷却至室温后用环氧树脂将所有侧面和一个端面密封，另一个端面与水接触。

表 8.2　试样配比（质量分数，%）

编号	W/B	水泥	粉煤灰	矿渣	砂	石灰石	水
PP1	0.35	100	0	0	0	0	35
PP2	0.45	100	0	0	0	0	45
PP3	0.55	100	0	0	0	0	55
PF1	0.45	90	10	0	0	0	45
PF2	0.45	70	30	0	0	0	45
PF3	0.45	50	50	0	0	0	45
MP1	0.45	100	0	0	51	0	45
MP2	0.45	100	0	0	135	0	45
CP2	0.45	100	0	0	151	258	45

2）测试方法

德国 YXLON 公司的 Precision S 型 X-CT，探测器类型为 Y.XRD0820，主要工作参数：X 射线管电压 195 kV，管电流 0.34mA，投影数 1080，图像重构速率小于等于 7.5 帧/s。实验时，使用塑料浅盘，在浅盘的底部以一定的间距粘贴直径为 2mm 的塑料条作为支撑，将试样放置于支撑条上，并用胶带将试样固定于浅盘上，保证样品台旋转时试样的稳定性，样品的放置如图 8.7 所示。把样品放置于 CT 样品台后加入水溶液至液面高于样品底面 1～2mm，以加水时间为起始时间，按照设定的时间间隔进行扫描，并采用 VGStudio Max 软件进行图像处理。

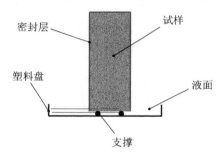

图 8.7　CT 测试时样品的放置

8.2.2.2　试验结果与分析

1）X-CT 联合离子增强技术的提出

非饱和水泥基材料通过毛细作用吸收水分填充内部空隙，图 8.8（a）为硬化水泥浆体吸水之后的 CT 图像。然而，水分的吸入对 X 射线衰减度提高不明显，样品润湿部分与干燥部分的灰度差较小，水分上升高度不易辨识。基于此，本研究提出了在水中加入 Cs 离子增强 CT 图像的对比度，其原因有以下三点：①Cs 为 55 号元素，原子序数较大，能提高水对 X 射线的衰减；②低浓度 Cs 离子溶液的表面张力与纯水接近；③Cs 与 Na、K 为同主族元素，性质接近。通过大量实验发现，当采用质量分数为 5% 的 CsCl 溶液时，水分传输的位置可以清楚地确定，如图 8.8（b）所示。另外，试件尺寸对 CT 空间分辨率和密度分辨率也有较大影响，当采用截面尺寸为 20mm×20mm 试件时，无论水泥浆体、砂浆，还是混凝土均显示出良好的图像清晰度。

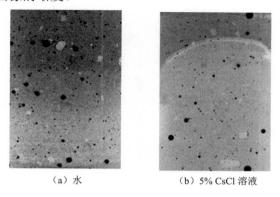

（a）水　　　　　　　　（b）5% CsCl 溶液

图 8.8　纯水和掺 Cs^+ 溶液侵入水泥基材料质 CT 图像变化

2）X-CT 连续追踪净浆的水分传输

图 8.9 为采用 X-CT 联合离子增强技术原位监测 PP2 浆体的连续吸水过程，水分的上升可以被实时记录，并以二维、三维的 CT 图像重现。可以清晰地看出，随着吸水时间的增加，水分上升的高度逐渐增加。图 8.10 所示为水分上升高度与时间的关系，当采用线性拟合后，发现水分上升的高度 h 与时间的平方根 $t^{1/2}$ 呈典型的线性关系为

$$h = k \times t^{1/2} + b \tag{8-34}$$

式中：k、b 为拟合参数。k 为直线的斜率，被定义为吸水系数或毛细系数，k 值大小与液体黏度、表面张力、材料微结构等因素密切相关，当采用相同的介质时，k 值是评价材料性能、预测其耐久性的重要参数。k 与 S 在名称、量纲上是一致的，但 k 的量纲具有实际的物理意义，而 S 只是形式上的相同。

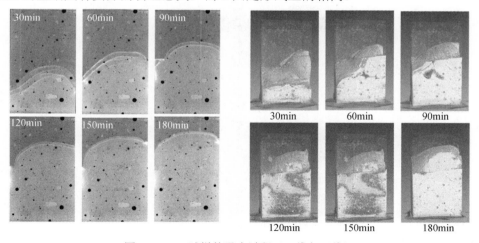

图 8.9　PP2 试样的吸水过程（二维与三维）

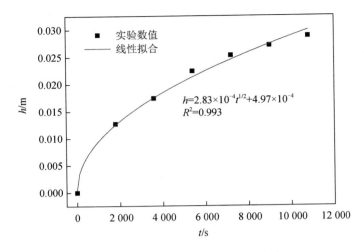

图 8.10　水分上升高度与时间的关系

　　图 8.11 为不同水灰比浆体的吸水。可以看出，不论水灰比大小，水分上升高度与时间的平方根仍为线性关系，而且随着水灰比的增加，浆体的吸水系数明显增大，主要因为浆体的孔径和总孔隙率随着水灰比的增加而增大。图 8.12 为不同粉煤灰掺量浆体的吸水。当粉煤灰掺量从 10% 增加到 30% 时，浆体的吸水系数明显降低；然而当掺量达到 50% 时，浆体的吸水吸水再次增大。该研究结果与前人得到的结论完全一致，再次证明 X-CT 联合离子增强技术在研究水分传输方面具有较高的可靠性。

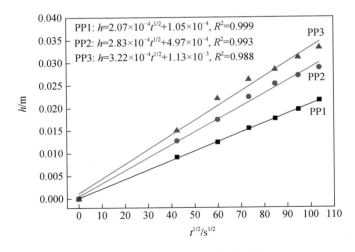

图 8.11　不同水灰比浆体的吸水

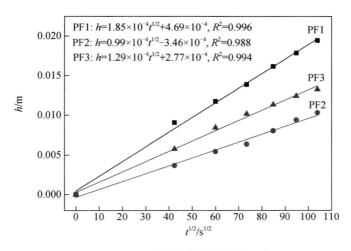

图 8.12　不同粉煤灰掺量浆体的吸水

3）X-CT 连续追踪砂浆的水分传输

图 8.13 为不同砂体积掺量的砂浆吸水。当砂的体积掺量从 0 增加到 40%时，砂浆的吸水系数从 2.83×10^{-4}m/s$^{1/2}$ 下降到 1.65×10^{-4}m/s$^{1/2}$。砂的吸水性和浆体相比可以忽略，因此砂的掺入对浆体的吸水起到稀释作用，且增加了水分传输通道的曲折度。

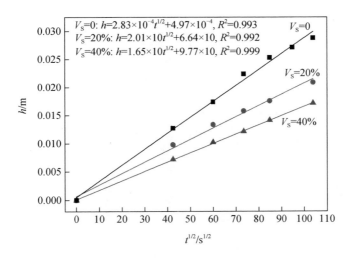

图 8.13　砂浆的吸水

为研究砂体积掺量的影响，定义了相对吸水系数 k/k_0，其中 k 为含有一定砂量的砂浆吸水系数，k_0 为浆体（砂掺量为 0）的吸水系数。图 8.14 所示为砂体积掺量对砂浆相对吸水系数的影响。毫无疑问，k/k_0 随着砂体积掺量（V_s）的增加而减小，而且 k/k_0 总是小于 $1-V_s$，因为砂的掺入增加了传输路径的曲折度。k/k_0 与 V_s 的关系可表示为

$$\frac{k}{k_0} = 1 - 1.86V_s + 2.03V_s^2 \qquad (8\text{-}35)$$

该研究结果较好地验证了 Hall 等的分析模型和 Abyaneh 等的数值模拟结果。

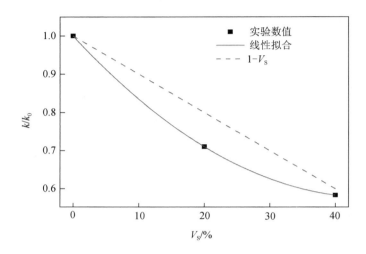

图 8.14　砂体积掺量对相对吸水系数的影响

4）X-CT 连续追踪混凝土的水分传输

图 8.15 为采用 X-CT 连续追踪水分在混凝土中的传输过程，混凝土吸水部分的灰度值明显高于未吸水部分，水的传输前峰能清晰辨识。随着吸水时间的增加，水分上升高度逐渐增加，而且水分绕过粗集料在砂浆中传输。

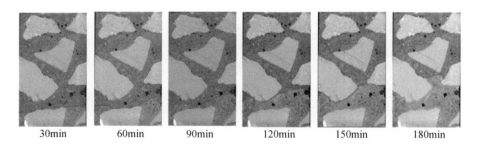

| 30min | 60min | 90min | 120min | 150min | 180min |

图 8.15　混凝土中的水分传输

图 8.16 为混凝土内水分上升高度与时间的关系，h 与 $t^{1/2}$ 仍为线性关系，未受粗集料的影响。该混凝土的吸水系数为 $1.47 \times 10^{-4} \mathrm{m/s^{1/2}}$，稍低于同水灰比砂浆的吸水系数，粗集料的加入增加了水分传输路径的曲折度。

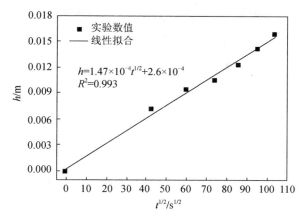

图 8.16　混凝土水分传输高度与时间的关系

8.2.3　X-CT 原位监测带裂缝水泥基材料水分传输

8.2.3.1　试验方法

1）样品制备

分别加工厚度为 0.05mm、0.1mm、0.2mm、0.4mm 和 0.6mm 的不锈钢钢片，在砂浆成型阶段将不同厚度的钢片嵌入砂浆内，并于终凝前拔出钢片，预留裂缝。成型试样的尺寸为 100mm×100mm×100mm，钢片嵌入深度为 70mm。试样带模养护 1d 后脱模，并继续放置于标准养护室内养护至 60d。

将养护完毕的砂浆试样切割成如图 8.17 所示的试样，厚度为 20mm，分别用于研究纵向裂缝、横向裂缝对水分传输的影响。将切割后的样品置于电热鼓风干燥箱中于 60℃干燥至恒重，并用环氧树脂将试样的侧面与上表面密封，留出下表面与水接触。

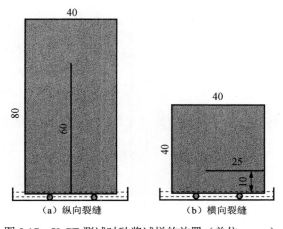

图 8.17　X-CT 测试时砂浆试样的放置（单位：mm）

2）测试方法

按图 8.17 所示将测试样品放置于带有支撑点的塑料浅盘上，并用透明胶带粘接牢固，然后放置于 CT 测试样品台上；用胶头滴管吸取 5% CsCl 溶液置于浅盘中，液面高出试样底部 1~2mm，并当试样底面与水溶液接触时开始计时，按设定时间间隔进行扫描；采用 VG Studio 软件对获取的原始文件进行处理，得到相应的 CT 图像。

8.2.3.2　结果与分析

1）纵向裂缝对砂浆吸水的影响

图 8.18 为采用 X-CT 联合离子增强技术原位连续监测带裂缝砂浆的毛细吸水过程。水分进入砂浆后增加了对 X 射线的衰减，在 CT 图像上显示为亮的区域。从吸水过程可以看出，水分不但自下而上向砂浆内传输，而且在裂缝中上升更为迅速，并以裂缝为新的水源向砂浆基体内传输。换言之，对于带裂缝的水泥基材料，当裂缝直接与水源接触时，水分将以二维的形式向基体内传输。如图 8.18 所示，当纵向裂缝宽度为 0.05mm 时，水分能迅速到达裂缝的顶端，但随着裂缝宽度的增加，相同时间内水分在裂缝中上升的高度逐渐下降。这是因为裂缝宽度增加，裂缝的毛细抽吸作用力减弱。

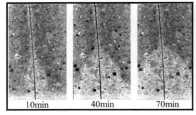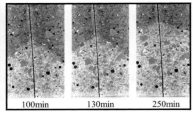

（a）0.05mm

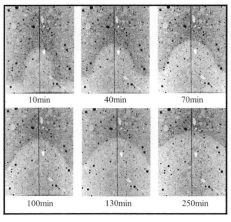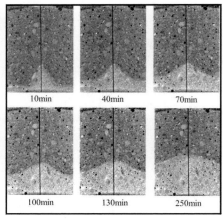

（b）0.1mm　　　　　　　　　　　　　（c）0.2mm

图 8.18　不同宽度纵向裂缝砂浆的毛细吸水

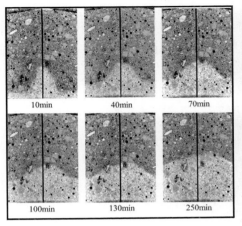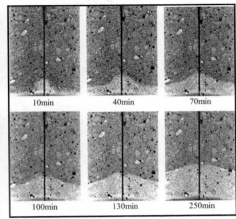

（d）0.4mm　　　　　　　　　　　　　　　（e）0.6mm

图 8.18（续）

图 8.19（a）为带裂缝砂浆水分上升高度与时间的关系。可以看出，水分上升高度 h 与时间的平方根 $t^{1/2}$ 呈典型的线性关系，直线的斜率被定义为毛细系数或吸水系数。当裂缝的宽度从 0.1mm 增加到 0.6mm，带裂缝砂浆纵向的吸水系数在 $9.69\times10^{-5}\sim11.6\times10^{-5}\,m/t^{1/2}$ 波动，裂缝宽度对砂浆纵向吸水系数影响较小。h 与 $t^{1/2}$ 线性的截距即为 $t=0$ 时裂缝中的水分上升高度，其驱动力为裂缝的毛细抽吸力。图 8.19（b）为裂缝宽度对裂缝中水分上升高度的影响。可以看出，随着裂缝宽度的增加，水分上升高度呈下降趋势。同时，水分在砂浆内上升的整体高度随着裂缝宽度的增加而下降，该现象与裂缝中水分上升高度密切相关，因为裂缝中的水分为其向砂浆中传输提供水源。

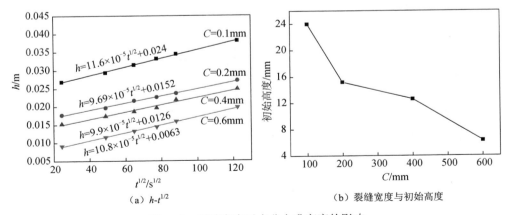

（a）h-$t^{1/2}$　　　　　　　　　　　　　　　（b）裂缝宽度与初始高度

图 8.19　裂缝宽度对水分上升高度的影响

2）横向裂缝对砂浆吸水的影响

采用 X-CT 联合离子增强技术连续观测带横向裂缝砂浆的毛细吸水过程，如

图 8.20 所示。对于带横向裂缝的砂浆，无论是 0.05mm 的微裂缝还是 0.6mm 的宏观裂缝，水分的传输并未直接穿过裂缝，而是绕过裂缝在砂浆内前行。分析其原因，在无外力作用下，非饱和水泥砂浆主要依靠毛细作用力吸水，其内部的毛细孔产生的抽吸力要远大于裂缝的毛细作用力。然而，当外界有静水压力时，水分在压力的驱使下必先进入裂缝中而后向砂浆内传输。

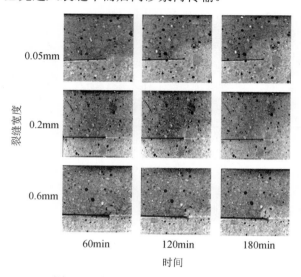

图 8.20　横向裂缝对水分传输的影响

8.3　非饱和混凝土氯离子传输试验研究

8.3.1　混凝土配合比

本节设计三个强度等级的混凝土，水灰比分别为 035、0.45、0.55，具体配合比如表 8.3 所示。混凝土的坍落度控制在 150～170mm，实测 28d 抗压强度如表 8.3 所示。

表 8.3　混凝土配合比及 28d 抗压强度

编号	W/C	原料配比/（kg/m³）					28d 抗压强度/MPa
		水泥	砂	石子	水	减水剂	
C1	0.35	445	652	1142	156	4.45	68.8
C2	0.45	433	655	1117	195	2.2	52
C3	0.55	355	703	1147	195	0	37.3

8.3.2　试验方法

按以上配比成型尺寸为 ϕ106mm×200mm 的混凝土试样，在 20℃、RH≥95%

养护室内养护 24h 后脱模，并将试样放入养护室内继续养护至 60d。然后，将混凝土试件切割为ϕ106mm×95mm 的试样，经真空饱水后置于干燥箱内干燥至预设的饱和度（θ=0.4、06、0.8、1.0），并用环氧树脂密封一个端面和所有表面，另一切割断面用于暴露于盐溶液。待环氧树脂硬化后用密封袋将试样密封保存 20d 以上使内部水分达到均一。将处理好的混凝土试样浸泡于质量分数为 3% 的 NaCl 溶液中，环境温度为 20℃，浸泡时间为 1 年，然后将试样取出，擦去表面的盐溶液后分层磨粉，每层的厚度为 5mm。将所取混凝土粉末在 105℃ 下干燥 24h 以上，冷至室温后，用 0.15mm 方孔筛筛除大颗粒。氯离子的浸出等过程参照《水运工程混凝土试验规程》（J 270—98）所述方法进行，然后采用沉淀电位滴定法测定混凝土中自由氯离子含量。

8.3.3　结果与分析

氯离子在混凝土中的传输通常用 Fick 第二定律进行描述为

$$\frac{\partial C}{\partial t} = \frac{\partial}{\partial x}\left(D\frac{\partial C}{\partial x} \right) \qquad (8\text{-}36)$$

且符合以下边界条件为

$$C(x=0,\ t>0)=C_s$$
$$C(x>0,\ t=0)=C_i$$

式中：C 为氯离子的浓度，是基于位置 x、时间 t 的函数；D 为氯离子的扩散系数；C_s 为表面氯离子的浓度；C_i 为混凝土初始氯离子的浓度。

引入误差函数求得方程（8-36）的解为

$$C(x,t) = C_i + (C_s - C_i)\mathrm{erfc}\left(\frac{x}{2\sqrt{Dt}} \right) \qquad (8\text{-}37)$$

对于现浇混凝土，通常认为混凝土内部初始氯离子浓度 C_i=0，因此式（8-37）可简写为

$$C(x,t) = C_s \cdot \mathrm{erfc}\left(\frac{x}{2\sqrt{Dt}} \right) \qquad (8\text{-}38)$$

因此，在某一时刻只要获得混凝土内部氯离子浓度分布，依据式（8-38）可计算得到氯离子扩散系数 D 与表面氯离子浓度 C_s。

图 8.21 为不同初始饱和度的混凝土试样在氯盐溶液中浸泡 1 年后获得的氯离子浓度分布。针对不同的混凝土强度等级，同一深度的氯离子浓度随着饱和度的增加而下降，混凝土的初始饱和度对氯离子传输有较大的影响。采用式（8-38）对获得的氯离子浓度分布进行拟合，得到不同饱和度下氯离子的扩散系数 D，如图 8.22 所示。当混凝土的饱和度在 0.4～1.0 变化时，氯离子的扩散系数在 2 个数量级之间变动；C1、C2 混凝土从完全饱和状态下降到 θ=0.4 时，其氯离子扩散系

数增长为原来的 4.1 倍，而 C3 混凝土的扩散系数增长为原来的 2.8 倍。同时，非饱和混凝土氯离子扩散系数与饱和度呈线性关系为

$$D(\theta) = K \cdot \theta + b \qquad (8\text{-}39)$$

式中：K 和 b 为拟合参数。对三种强度等级的混凝土，其线性方程如下所示，即

C1：$D = 1.85 \times 10^{-11} - 1.6 \times 10^{-11}\theta$，$R^2 = 0.974$

C2：$D = 2.32 \times 10^{-11} - 1.84 \times 10^{-11}\theta$，$R^2 = 0.876$

C3：$D = 2.96 \times 10^{-11} - 2.26 \times 10^{-11}\theta$，$R^2 = 0.986$

由线性方程可以看出，混凝土水灰比越大，线性斜率越大，即氯离子扩散系数随饱和度增加而降低的幅度越大。

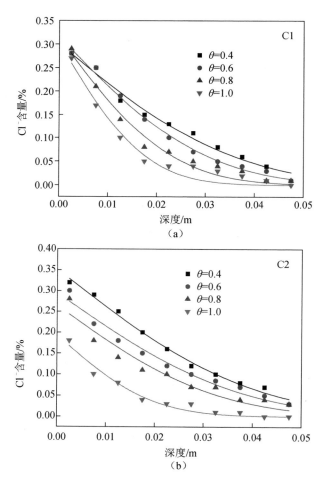

图 8.21　不同水灰比混凝土氯离子浓度分布

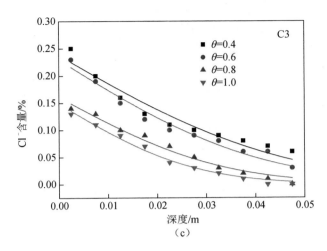

（c）

图 8.21（续）

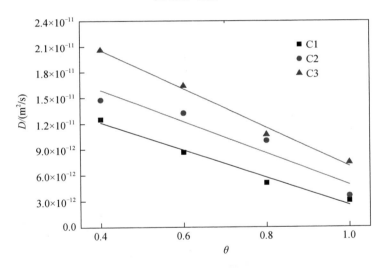

图 8.22　氯离子扩散系数与饱和度的关系

　　上述研究非饱和混凝土与氯盐溶液直接接触，氯离子的传输是基于毛细吸收和自然迁移，然而当混凝土两端外加电势时，其结果恰好相反。Mercado-Mendoza 等采用电化学阻抗谱（EIS）的方法研究了在 200mV 电压下非饱和混凝土的氯离子扩散系数，其结果如图 8.23 所示。从整体上看，随着混凝土饱和水平的降低，氯离子的扩散系数呈下降趋势。当混凝土从完全饱和状态下降到 0.76 时，氯离子的扩散系数下降较少，说明材料内部的孔溶液处于连续状态。然而，当混凝土的饱和水平从 0.76 下降到 0.16 时，氯离子的扩散系数降低三个数量级，从 $3×10^{-12}$m/s^2 降低到 $4×10^{-15}$m/s^2。

Climent 等分别以气态 HCl 和固态 NaCl 为介质，探究混凝土饱和度对氯离子扩散系数的影响。以气态 HCl 为介质，当混凝土的饱和度从 70%下降到 30%时，氯离子的扩散系数下降 2 个数量级；当饱和度在 45%～70%时，氯离子的扩散系数从 1×10^{-12}m/s^2 增长到 4×10^{-12}m/s^2；当混凝土的饱和度小于 40%时，氯离子的扩散系数降低到 1×10^{-13}m/s^2。同时发现，对于强度等级为 C25 的混凝土，当饱和度为 33%～69%时，氯离子扩散系数随饱和度增加线性增长。当以固态 NaCl 直接与不同饱和度的混凝土接触，得到的研究结果与采用气态 HCl 具有相同的规律。

研究结果的巨大差异取决于关注点的不同，反映的实际作用机理不同。当混凝土结构直接与海水接触时，如浪溅区、潮汐区等，此时氯离子的传输是毛细吸收与扩散共同存在，而类似于 Climent 等研究的纯扩散条件只在特定环境中存在。

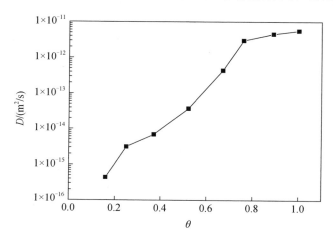

图 8.23　混凝土饱和水平对氯离子扩散系数的影响

8.4　开裂混凝土氯离子传输行为模拟研究

8.4.1　氯离子在裂缝中的扩散系数

氯离子在裂缝中传输速度也可以用扩散系数来表示，它与裂缝宽度、裂缝曲折度等因素有关。裂缝越窄，对氯离子传输的阻碍作用越大，且水泥基材料存在自愈合效应，导致氯离子在裂缝中的扩散系数变小；裂缝的曲折使氯离子传输路径变长，整体扩散系数减小。国内外学者对氯离子在裂缝中的扩散系数 D_{cr} 进行了大量的研究，结果表明裂缝内氯离子扩散系数介于混凝土内的扩散系数与在水中的扩散系数之间，即 $D<D_{cr}<D_0$，其中 D_0 为氯离子在水中的扩散系数。

D_{cr} 与裂缝宽度有如下关系：①当裂缝宽度 w 小于影响氯离子扩散的裂缝宽度下限值 w_1 时，即 $w<w_1$，裂缝壁会阻碍氯离子迁移，且裂缝发生自愈合，致使氯离

子在裂缝中的扩散系数与混凝土基体相等，即 $D_{cr}=D$，如图 8.24（a）所示；②当裂缝宽度介于影响氯离子扩散的裂缝宽度上下限值之间时，即 $w_l < w < w_h$，这时裂缝的自愈合效应并不能将裂缝完全填补，氯离子会从裂缝一端快速扩散至另一端，但是裂缝同样会对氯离子的扩散起到一定的阻碍作用，使裂缝中的氯离子扩散系数有一定程度的降低，即 $D < D_{cr} < D_0$，见图 8.24（b）；③当裂缝宽度大于上限值时，即 $w > w_h$，裂缝的自愈合效应可以忽略，氯离子在裂缝中的扩散如同在纯水中扩散，即 $D_{cr}=D_0$；氯离子迅速在裂缝中达到平衡状态，之后沿着裂缝壁两侧向混凝土内部扩散，由于 D_{cr} 远大于 D，可认为氯离子在裂缝附近的混凝土内呈现二维扩散，见图 8.24（c）。对影响氯离子扩散的裂缝宽度上下限值 w_l 和 w_h，诸多学者给出了不同的结果，如表 8.4 所示。

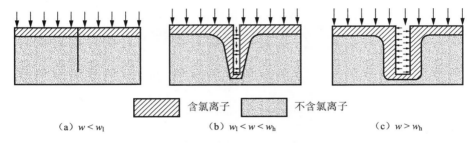

	含氯离子		不含氯离子

（a）$w < w_l$　　　　　（b）$w_l < w < w_h$　　　　　（c）$w > w_h$

图 8.24　不同裂缝宽度下的氯离子扩散

表 8.4　影响裂缝中氯离子扩散系数的宽度上下限值　　　　单位：μm

作者	w_l	w_h	材料
Takewaka	50	100	混凝土
Ismail	30	125	砂浆
Francois	30	—	混凝土
Kato	—	70	混凝土
Djerbi	30	80	混凝土

结合现有研究成果，选取 w_l=30μm，w_h=100μm，并提出不同裂缝宽度下氯离子在裂缝中的扩散系数满足下列关系式，即

$$D_{cr} = \begin{cases} D & w < 30\mu m \\ D\left(\dfrac{D_0}{D}\right)^{\frac{w-30}{70}} & 30\mu m \leqslant w \leqslant 100\mu m \\ D_0 & w \geqslant 100\mu m \end{cases} \tag{8-40}$$

本节选取 D_0 为 $2.03 \times 10^{-9} m^2/s$，$D_{cr}$ 为基于多尺度方法预测得到的混凝土的氯离子扩散系数，在此选取的混凝土配合比为水胶比 0.35，细集料体积掺量 30%和粗集料体积掺量 30%。

8.4.2　开裂混凝土氯离子传输控制方程

开裂混凝土中氯离子传输依然满足质量守恒方程和 Fick 定律，但是需要注意的是，对 Fick 第二定律进行数值求解时，由于时间步长 Δt 必须满足如下收敛条件，即

$$\Delta t \leqslant \frac{1}{4} \cdot \frac{(\Delta l)^2}{D_{\mathrm{cr}}} \tag{8-41}$$

对于裂缝宽度大于 100μm 的混凝土而言，D_{cr} 比 D 大几个数量级，相比于完整混凝土而言，开裂混凝土迭代时间 Δt 会非常小，为了能以合适的速度计算出氯离子在开裂混凝土中的浓度分布情况，运用并行计算来加快运算速度。

如图 8.25 所示，带有裂缝的混凝土左侧面用于暴露于氯离子环境，其他边界为密封，即氯离子为一维扩散传输，设混凝土表层氯离子浓度为 0.5%（质量分数）。

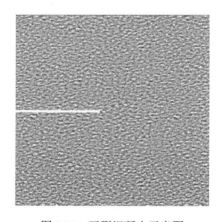

图 8.25　开裂混凝土示意图

8.4.3　裂缝特征参数对混凝土传输行为的影响

8.4.3.1　裂缝宽度

1）$w < w_{\mathrm{l}}$

当裂缝宽度值小于影响扩散的裂缝宽度下限值时，氯离子在裂缝中的扩散系数等于氯离子在混凝土基体中的扩散系数，即 $D_{\mathrm{cr}} = D$，则氯离子在混凝土中的扩散分布图与氯离子在完整混凝土中的扩散分布图相同。

2）$w_{\mathrm{l}} \leqslant w \leqslant w_{\mathrm{h}}$

当裂缝宽度介于上下限之间时，氯离子在裂缝中的扩散系数介于 D 和 D_0 之间，且满足上述提出的裂缝中氯离子扩散系数关系。图 8.26 和图 8.27 分别是氯离

子在裂缝宽度为 80μm、深度为 10cm 的开裂混凝土中扩散 1 年、10 年、50 年和 100 年之后的浓度分布与沿垂直扩散方向截面的氯离子平均浓度。氯离子在混凝土中呈梯度分布，随着扩散时间的延长，氯离子传输深度增加，在相同位置浓度升高，而且在裂缝处存在明显的氯离子浓度尖峰，即裂缝周围浓度高于基体的浓度。

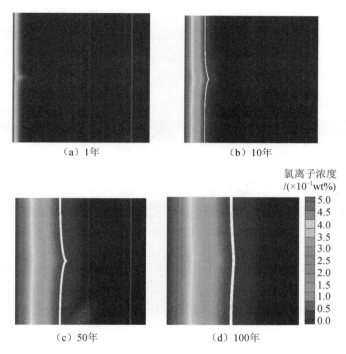

图 8.26　不同扩散时间氯离子浓度分布图（裂缝宽度为 80μm，深度为 10cm）

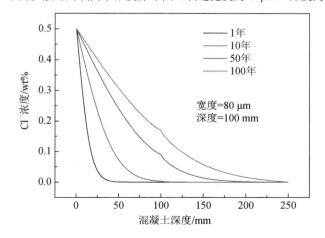

图 8.27　垂直扩散方向截面的氯离子平均浓度（裂缝宽度为 80μm，深度为 10cm）

3）$w > w_h$

当裂缝宽度值大于影响扩散的裂缝宽度上限值时，氯离子在裂缝中的扩散系数等于 D_0。图 8.28 和图 8.29 为裂缝宽度为 500μm、深度为 10cm 的开裂混凝土服役 1 年、5 年、10 年及 20 年氯离子浓度分布与平均浓度曲线。从图中可以看出，随着服役时间的延长，氯离子向混凝土内扩散的深度增加，同时，裂缝的存在加快了氯离子在混凝土中的传输过程，而且氯离子可以通过裂缝边壁向混凝土内部传输，呈现出近似二维扩散形式，在接近裂缝处的区域氯离子浓度高于远离裂缝的区域；另外，氯离子可以通过裂缝快速扩散，在裂缝尖端处不断向混凝土内部扩散，由此提高了氯离子在混凝土中的渗透深度。

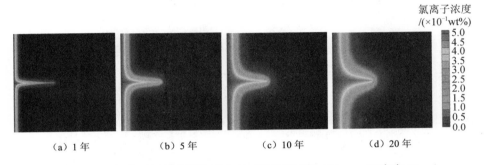

$$\begin{array}{cccc}\text{（a）1 年} & \text{（b）5 年} & \text{（c）10 年} & \text{（d）20 年}\end{array}$$

图 8.28　不同扩散时间氯离子浓度分布（裂缝宽度为 500μm，深度为 10cm）

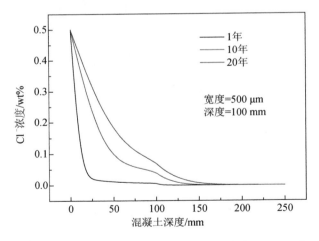

图 8.29　垂直扩散方向截面的氯离子平均浓度（裂缝宽度为 500μm，深度为 10cm）

综上所述，裂缝宽度对氯离子在混凝土中的传输过程有重要的影响。一般而言，当裂缝宽度小于 100μm 时，裂缝对氯离子在混凝土中的传输过程影响较小，而当裂缝宽度大于 100μm 时，裂缝会明显加速氯离子在混凝土内的传输，使混凝土内氯离子含量增加，进而缩短混凝土结构的服役寿命。

8.4.3.2　裂缝深度

图 8.30 为氯离子在裂缝宽度为 500μm、深度分别为 2.5cm、5cm 和 10cm 的开裂混凝土中扩散 20 年的浓度分布。从浓度分布图可以看出，裂缝深度越大，裂缝尖端效应越明显，氯离子将会快速在裂缝中传输，并达到浓度平衡，进而沿裂缝尖端向混凝土内部传输；同时可以发现，当裂缝深度越小时，裂缝周围的浓度越大，且浓度差小；而在深度为 10cm 的裂缝中，裂缝内的氯离子浓度并没有达到平衡，这是因为裂缝深度太大时，裂缝边壁变大，通过边壁向混凝土内部传输的氯离子越多，从而导致裂缝内的氯离子很难达到平衡。图 8.31 为不同深度裂缝垂直扩散方向截面的氯离子平均浓度曲线。从平均浓度曲线可以看出，裂缝深度越大，在相同位置氯离子浓度越大，向混凝土内输运的氯离子量就越多。

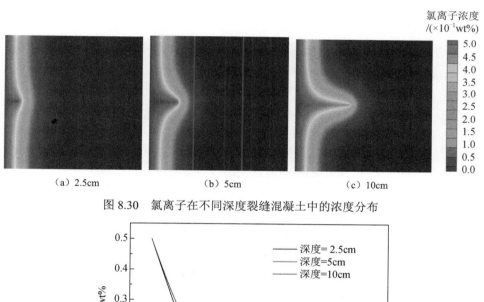

（a）2.5cm　　　　　　　　　　（b）5cm　　　　　　　　　　（c）10cm

图 8.30　氯离子在不同深度裂缝混凝土中的浓度分布

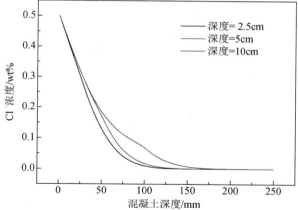

图 8.31　不同深度裂缝垂直扩散方向截面的氯离子平均浓度

8.4.3.3　裂缝数目

裂缝作为氯离子向混凝土内传输的快速通道，其数目多少对混凝土整体氯离子的传输起到重要的作用。本章选取宽度为 500μm、深度为 5cm 的裂缝，研究不同数目的裂缝对混凝土传输性能的影响。图 8.32 为裂缝数目对开裂混凝土氯离子相对扩散系数的影响。从图 8.32 中可以看出，随着裂缝数目的增加，相对扩散系数不断增加，但增长幅度有所下降。图 8.33 为带有 5 条裂缝的混凝土服役 20 年的氯离子浓度分布。与单裂缝下的氯离子浓度分布图对比，当含有多条裂缝时，混凝土中氯离子浓度在裂缝尖端效应并不明显，随着裂缝数目的增加，裂缝之间的间距变小，裂缝周围的浓度差变小，但是氯离子的侵蚀范围变大。

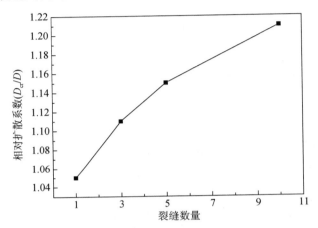

图 8.32　开裂混凝土相对氯离子扩散系数与裂缝数目的关系

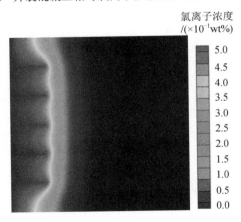

图 8.33　开裂混凝土服役 20 年的氯离子浓度分布

（裂缝宽度为 500μm，深度为 5cm，数量 5 条）

8.4.3.4　内部裂缝

结构混凝土在服役的过程中会受到外界环境的作用而产生微裂纹，大多数的裂缝存在于混凝土内部，不能直接为氯离子从表面向内部传输提供快速通道，但是这种裂缝会改变混凝土内部的微结构，增大混凝土内孔结构的连通性，疏通了有害离子的传输通道。因而，研究混凝土内部裂缝对混凝土传输的影响具有重要的意义。

本节基于分形理论构建出如图 8.34 所示的混凝土结构，在一个尺寸为 25cm×25cm 的混凝土中，将混凝土分为 5×5 的区域，尺寸为 5cm×5cm，在各小区域的中心分别构建相同宽度的不同长度的微裂缝，且氯离子在微裂缝中的扩散系数设定为 $2.03×10^{-9}m^2/s$。

图 8.34 为带不同长度内部裂缝的混凝土服役 20 年的氯离子浓度分布，其中裂缝宽度为 500μm，裂缝长度分别为 1cm、2cm、3cm 和 4cm。从图 8.34 中可以看出，微裂缝的长度对混凝土中氯离子浓度的分布有着重要的影响，裂缝越短，氯离子浓度场分布越接近完整混凝土的浓度场分布，氯离子等浓度线越接近直线，而随着微裂缝长度的增加，氯离子等浓度线呈现波浪形。同时可以发现，在靠近混凝土传输表面的微裂缝尖端处，等浓度线为"凸"形，即氯离子浓度低于周围区域的氯离子浓度，这是因为氯离子由混凝土表面向混凝土内传输到微裂缝时，氯离子会由裂缝一端快速传向另一端，裂缝传输起始端的氯离子浓度会低于同一深度其他地方的氯离子浓度。在裂缝的另一端，氯离子浓度线呈现"凹"形，裂缝周围氯离子浓度高于同深度区域的浓度。从图 8.34 中可以看出，微裂缝长度越长，相同位置的氯离子浓度越大，且传输深度越深，内部裂缝对氯离子的传输同样具有重大的影响。

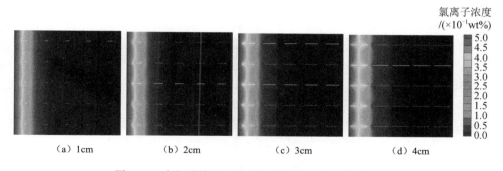

（a）1cm   （b）2cm   （c）3cm   （d）4cm

图 8.34 内部裂缝对混凝土的氯离子浓度分布的影响

（裂缝长度分别为 1cm、2cm、3cm 和 4cm）

8.5 干湿循环作用下混凝土中氯离子的传输模型

自 1970 年意大利 Collepardi 等假设氯离子在混凝土中的扩散符合 Fick 扩散第二定律以来，国内外学者在建立氯离子传输模型时大都把扩散作为氯离子在混凝土中传输的主要方式。对于实际混凝土结构工程，暴露环境条件的不断变化尤其是混凝土表层的干湿循环，如海洋的潮汐区和浪溅区、除冰盐环境、建筑根部距地面 1m 范围等，通常会产生混凝土的非饱和传输，暴露条件不同离子侵入机理也不同。当干湿循环作用时，表层混凝土中氯离子浓度变化无法用一般的 Fick 扩散第二定律来解释。前面已对非饱和状态下混凝土中水分传输行为进行了系统的研究，掌握了水分迁移的特点和规律；海水、除冰盐雪水、地下水等溶解了离子的水溶液的非饱和传输行为与水类似，可用上述获得的规律试图构建干湿循环作用下混凝土的传输模型。考虑到混凝土中裂缝分布高度随机，对传输的影响非常复杂，目前还不能定量掌握裂缝对水分和离子传输的影响。因此，本节仅针对不带裂缝的混凝土，建立考虑干湿循环作用的氯离子传输模型。

8.5.1　干湿循环作用下氯离子的传输机制

干湿循环作用下，当混凝土表层干燥时，接触海水后混凝土将首先以毛细吸入机制吸入海水，混凝土表层的毛细吸入能力主要取决于混凝土孔结构和孔隙水含量，混凝土水饱和度越低，毛细吸收作用越大，吸入速度就越快；当混凝土吸水饱和后，海水中氯离子开始以扩散机制向混凝土内部渗透；与毛细吸收作用相比，混凝土表层由于扩散侵入的氯离子可以忽略。退潮后，混凝土外部环境又开始干燥，这时混凝土表层中的水分逐步向外蒸发，整个干燥过程伴随着水分向外迁移和氯离子向内扩散两个传输过程，这样实际上表层混凝土氯离子浓度得不到积累，但混凝土内部某一深度处氯离子浓度会逐渐累积升高，氯离子向内扩散的浓度梯度加大，只要内部具有足够的湿度就可以使扩散过程持续不断进行。多次循环作用将在离表层混凝土一定深度处形成一个氯离子浓度峰值，实际上从这一浓度峰值向内起氯离子主要以扩散机制传输，从该处起向外实际上主要以毛细吸入和水分蒸发机制进行物质迁移的过程。随着循环次数增加和干湿程度加大，毛细管作用范围不断扩大，吸入深度不断增加，氯离子浓度峰值有向混凝土内部迁移的倾向，氯离子峰值积累程度和向内推移速度主要取决于干湿循环长短和循环次数的多少。干燥程度越高，循环次数越多，氯离子向内推移速度越快，这恰好解释了干燥期长、湿润期短的浪溅区混凝土中的钢筋比湿润期长、干燥期较短的更快产生锈蚀且锈蚀更为严重的原因。因此，研究干湿循环作用下混凝土中氯离子传输规律应该考虑湿度梯度作用下的毛细吸入机制。

8.5.2　干湿循环作用下氯离子传输过程

当混凝土表面存在干湿循环作用时，氯离子浓度传输规律与单纯以扩散为主的氯离子传输规律不一样，同时可以发现，干湿循环作用对混凝土的影响有一定的区域范围，即混凝土超过一定深度之后影响变得微乎其微，换言之干湿循环只对混凝土表层有影响，而达到一定深度之后氯离子的传输仍以扩散为主。因此，在建立干湿循环作用下氯离子传输模型时，既不能完全依据 Fick 第二扩散定律，也不能只考虑毛细作用，应该以一定的方式对两者加以综合，从而建立更加科学的传输模型。

8.5.2.1　干燥过程

混凝土中含有大量的毛细孔，具有很强的吸水能力，即使在周围空气相对湿度较低的情况下，混凝土内部也显示出较高的含水率，因此本节假设干湿循环条件下，深层混凝土内部孔隙是饱水的。当外界环境转为干燥时，表层混凝土中水分迁移方向逆转，水从毛细孔向外蒸发，这个过程符合非稳态扩散情况，可用 Fick 第二定律描述。设混凝土内部饱水区水的浓度为 $C_{w,in}$ (%)，混凝土表面水的浓度为 $C_{w,s}$ (%)，干燥时间为 t_d (s)，不饱水锋面距混凝土表面距离（也就是干燥影响深度）为 L（m），则

$$C_{w,s} = C_{w,in}\left[1 - \mathrm{erf}\left(\frac{L}{2\sqrt{D_w t_d}}\right)\right] \tag{8-42}$$

式中：D_w 为干燥过程中水分从混凝土深层向表层传输的扩散系数（m²/s）；erf 为误差函数。

将式（8-42）移项变形，可得干燥影响深度：

$$L = 2\sqrt{D_w t_d} \times \mathrm{inverf}\left(1 - \frac{C_{w,s}}{C_{w,in}}\right) \tag{8-43}$$

若混凝土内部饱水区水的浓度用孔隙水体积占混凝土体积比值表示，则 $C_{w,in} = \phi_o$（ϕ_o 为混凝土中开口孔隙率，%），$C_{w,s}$ 为混凝土表层水的浓度，与环境温度、湿度和混凝土材料有关。

1）水分扩散系数 D_w 的确定

两种方法均可确定 D_w。

方法一，采用干燥实验。在实验室内按照实际工程混凝土配合比制作一球形混凝土试件，测试连续干燥几次的平均可蒸发水量，通过式（8-44）可计算出 D_w，即

$$m - m_f = \frac{6}{\pi^2}(m_0 - m_f)\sum_{n=1}^{\infty}\frac{1}{n^2}\exp\left(-\frac{n^2\pi^2 D_w^2 t_d}{r^2}\right) \tag{8-44}$$

式中：r 为所用球形混凝土试件的半径（m）；m_0 为混凝土试件初始质量（g）；m_f 为达到蒸发平衡时混凝土试件质量（g）；m 为经过干燥时间 t_d 后混凝土试件质量（g）。

方法二，采用脱附试验。在实验室内按照实际工程混凝土配合比，成型尺寸为 100mm×100mm×300mm 的混凝土试样，在 20℃、RH≥90%标准养护室内养护 24h 后脱模，然后将试样放入标准养护室内继续养护至规定龄期。将养护好的混凝土试样沿垂直于长度方向切割成尺寸为 100mm×100mm×10mm 片层，然后进行

真空饱水。将处理后的混凝土片标记称重后放置于由不同种类的饱和盐溶液创造的湿度环境中（20℃），密封放置一年后再次称重。试验过程如图 8.35 所示。不同种类的饱和盐溶液对应的实测相对湿度如表 8.5 所示。

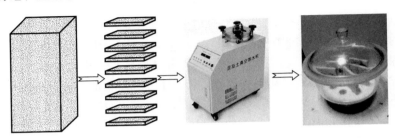

图 8.35　混凝土脱附试验

表 8.5　不同种类饱和盐溶液的相对湿度

饱和盐溶液	LiCl	MgCl$_2$	NaBr	KCl
RH/%	18	46	66	77

混凝土试样脱附之后达到的饱和度按以下公式计算，即

$$\theta = \frac{m - m_0}{m_s - m_0} \tag{8-45}$$

式中：θ 为混凝土饱和度；m 为混凝土试样平衡状态的质量；m_s 为试样饱和时的质量（真空饱水）；m_0 为试样绝干（105℃干燥至恒重）时的质量。

在恒定温度下，混凝土材料通过脱附过程达到平衡状态，此时材料内部达到一定的水分饱和度。以环境相对湿度（RH）为自变量，以混凝土饱和度（θ）为因变量，建立混凝土脱附过程的 θ-RH 关系曲线，即为混凝土的等温脱附曲线，如图 8.36 所示。

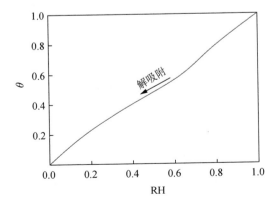

图 8.36　混凝土的等温脱附曲线

由 Kelvin 公式与 Laplace 方程联立，得到：$P_c = \dfrac{\rho_c RT}{M_w} \ln RH$，依据脱附实验得到的 RH-$\theta$ 关系，可进一步得到混凝土水分特征曲线 P_c-θ，如图 8.37 所示。Van Genuchten 给出了描述水分特征曲线的经验公式为

$$P_c = \alpha(\theta^{-\beta} - 1)^{1-1/\beta} \tag{8-46}$$

式中：P_c 为毛细压力；α、β 分别为由试验数据拟合得到的参数。α 为具有应力的量纲，其物理意义为对应特定饱和度（$\theta = 0.5^{1/\beta}$）下的毛细压力，是水分特征曲线的一个特征值，反映了水分迁移的难易程度；β 为无量纲，其决定了特征曲线的形状。

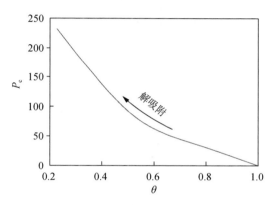

图 8.37　混凝土的水分特征曲线

基于脱附过程中的水分特征曲线，水蒸气在非饱和混凝土中的扩散系数可通过以下公式计算为

$$D_w(\theta) = -\frac{dP_c}{d\theta} \cdot \left(\frac{M_w}{\rho_l RT}\right)^2 \cdot D_{w0} \cdot \varphi^{4/3} \cdot (1-\theta)^{10/3} \cdot \frac{P_{gs}}{\varphi} \times \exp\left(\frac{M_w}{\rho_l RT} P_c\right) \tag{8-47}$$

式中：$D_w(\theta)$ 为水蒸气的扩散系数；D_{w0} 为水蒸气在空气中的自由扩散系数（$2.47 \times 10^{-5}\,\mathrm{m^2/s}$，$20 \sim 25\,^\circ\mathrm{C}$）；$P_{gs}$ 为饱和蒸气压；φ 为混凝土孔隙率；RH 为相对湿度；M_w 为水的摩尔质量；R 为摩尔气体常量，$8.314\,\mathrm{J/(mol \cdot K)}$；$T$ 为热力学温度（K）；ρ_l 为液态水的密度。

根据式（8-47）可得到混凝土脱附过程中水蒸气扩散系数与饱和度的关系，如图 8.38 所示。根据结构混凝土所处环境的相对湿度，在等温脱附曲线上查到对应的饱和度，根据图 8.38 便可得到水蒸气的扩散系数 D_w。例如，如果混凝土结构水位变动区所处大气环境的相对湿度为 40%，由图 8.36 可知对应的混凝土饱和度为 0.4，则水蒸气的扩散系数 $D_w = 1.44 \times 10^{-10}\,\mathrm{m^2/s}$。

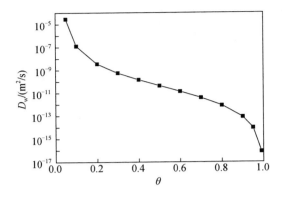

图 8.38　混凝土水蒸气扩散系数与饱和度的关系

2）混凝土表层水浓度 $C_{w,s}$ 和内部水浓度 $C_{w,in}$ 的确定

$C_{w,s}$ 和 $C_{w,in}$ 可以通过现场取样或实验室模拟两种方法均可获得，在条件允许下尽量采用现场取样法。

（1）现场取样。在涨潮之前（干燥程度达到最大时）采用磨粉机在混凝土的表面磨取深度为 1mm 的混凝土粉末，立即密封，称重后在 105℃ 的干燥箱中干燥至恒重，混凝土表层水浓度为

$$C_{w,s} = \frac{m_i - m_0}{m_0} \times 100\%$$ （8-48）

式中：m_i 为试样未干燥前的质量；m_0 为 105℃ 干燥至恒重的质量。

退潮后采用混凝土钻芯机在水位变动区钻取混凝土芯样，长度 100mm，切掉表层 50mm，将内层不受外干湿循环影响的芯样立即密封保存，然后在 105℃ 的干燥箱中干燥至恒重，混凝土内部水浓度 $C_{w,in}$ 计算方法与式（8-48）相同。

（2）实验室模拟。根据实际工程所用混凝土配比在实验室成型混凝土试样（150mm×150mm×150mm），采用与工程相同的养护时间，然后根据服役环境特点（温度、湿度、风速、涨潮/退潮时间比等）在实验室模拟混凝土的干湿循环。待干湿循环稳定之后，干燥结束时采用金刚石磨粉机磨取表面深度为 1mm 的混凝土粉末，然后在 105℃ 的干燥箱中干燥至恒重后按式（8-48）计算表面水的浓度 $C_{w,s}$。在润湿结束时，从混凝土试样的中心部位切出尺寸为 50mm×50mm×50mm 的试样，称取质量后在 105℃ 的干燥箱中干燥至恒重，然后按式（8-48）计算混凝土内部水浓度 $C_{w,in}$。

3）干燥深度 L 的确定

依据文献的研究，随着干燥的进行，孔隙中水分减少，水在混凝土的扩散系数从 2.2×10⁻¹⁰m²/s 降低到 4.4×10⁻¹¹m²/s，平均扩散系数为 D_w =1.32×10⁻¹⁰m²/s；$C_{w,in}$ =7%，$C_{w,s}$ =0.35%。如果采用 3d 干、3d 湿（烘干 3d、浸泡 3d）制度

t_d =3×24×60×60=259 200（s），扩散系数 D_w 分别取 1.32×10⁻¹⁰ m²/s 和 4.4×10⁻¹¹ m²/s，L 值分别为 16mm 和 10.5mm。

8.5.2.2　润湿过程

当混凝土表面处于干燥状态时，与水接触时混凝土依靠毛细吸附作用大量吸水，称为润湿过程，这个过程可用 Rideal-Washburn 方程描述为

$$\frac{dy}{dt} = \frac{r \cdot \sigma \cdot \cos\theta}{4\eta \cdot y} \tag{8-49}$$

式中：y 为液体流过毛细管的距离（m）；t 为时间（s）；r 为毛细管道的半径（m）；η 为液体的黏度（Pa·s）；σ 为水的表面张力（N/m）；θ 为液体与管壁的接触角（°）。

该方程适用于液体流入充满空气的毛细管的简化模型，将式（8-49）变形，即

$$y = \sqrt{\frac{r \cdot \sigma \cdot \cos\theta}{2\eta}} \cdot \sqrt{t} \tag{8-50}$$

由式（8-50）可以看出，水进入毛细管的深度与时间的平方根呈线性关系。水进入干燥混凝土的速率很快，在较短的时间（半小时至几小时）水或氯盐溶液就能被毛细孔吸入到混凝土 5～10mm。因此，本节中假设一旦不饱和混凝土接触到溶液就立即达到干燥锋面处，是合理的。

8.5.2.3　干燥锋面氯离子浓度

在干湿循环作用时，表层混凝土在干燥时水分快速蒸发，这时氯离子扩散这种通过水才能进行的传输变得缓慢或停止。对于干燥锋面氯离子浓度，相关文献研究表明，干湿循环情况下，表层混凝土的氯离子浓度与干湿循环次数的平方根有较好的线性关系，这主要是由于干燥过程和润湿过程中氯离子侵入均与时间 t 的平方根线性相关。故干燥锋面氯离子浓度可用式（8-51）计算，即

$$C_b(f,N) = f\sqrt{N} = f\left(t/t_c\right)^{1/2} \tag{8-51}$$

式中：C_b 为干燥锋面氯离子浓度（%）；N 为干湿循环次数；f 干湿循环影响系数，与干燥时间 t_d、混凝土材料特性有关；t_c 为一次干湿循环所需要的时间（s）；t 为暴露时间（s）。

可通过对新建或既有工程在水位变动区现场取样或在实验室对留样混凝土试样模拟水位变动区的干湿循环条件，分别暴露 3 个月、6 个月或 12 个月（12 个月及以上长龄期更好，因为历经春、夏、秋冬四季，用 12 个月数据来推算几十年的数据比采用短龄期的更有代表性），根据式（8-43）确定的干燥峰面深度 L，在 L 处取粉用化学滴法测试氯离子浓度；依据现场潮汐情况，统计 3 个月、6 个月或

12 个月等暴露龄期的干湿循环次数，利用式（8-51）计算干湿循环影响系数的大小。例如，海洋环境为全日潮，即每天基本上为一次干湿循环，暴露 12 个月历经了 365d×1=365 次循环，L 处取粉实测得到的氯离子浓度为 $C_b(f,N)$=0.4623%，则

$$f = \frac{C_b(f,N)}{\sqrt{N}} = \frac{0.4623}{\sqrt{365}} = 0.0242 。$$

8.5.3　考虑干湿循环作用的氯离子传输模型

综上所述，当混凝土在带有干湿循环作用时，氯离子的传输模型不能简单采用毛细吸附模型，因为毛细吸附深度有限；同时，又不能用简单的 Fick 第二定律表示，因为混凝土表层是以毛细吸附传输机制为主，所以在考虑带有干湿循环作用时氯离子传输模型时应该同时考虑混凝土表层的毛细作用和混凝土深层的 Fick 扩散，这样才与工程实际相符。在干湿循环作用影响深度 L 范围内以毛细吸附作用为主，在深度大于 L 时遵守干燥锋面氯离子不断累积的 Fick 扩散定律，即变边界条件的扩散问题，表现形式为

$$C(x,t)=\begin{cases} C_{w-d}(f,N)+C_0 & 0\leqslant x<L \\ C_b(f,N)+C_0 & x=L \\ \dfrac{\partial C}{\partial t} = D\left(\dfrac{\partial^2 C}{\partial x^2}\right) & x>L \end{cases} \tag{8-52}$$

式中：$C(x,t)$ 为距离混凝土表面 x 处的氯离子浓度（%）；$C_{w-d}(f,N)$ 为由于干湿循环引起表层混凝土（$0\leqslant x<L$）毛细吸附导致的氯离子浓度（%）；$C_b(f,N)$ 由于干湿循环引起的干燥锋面（$x=L$）氯离子浓度（%）；C_0 为混凝土中初始氯离子浓度（未掺加含氯外加剂混凝土 C_0=0）。

变边界条件 $\left(f\left(\dfrac{t}{t_c}\right)^{\frac{1}{2}}+C_0\right)$ 的扩散方程的求解如下。

在混凝土深层（$x>L$），氯离子的传输满足式（8-52）的第三式：$\dfrac{\partial C}{\partial t} = D\left(\dfrac{\partial^2 C}{\partial x^2}\right)$。

初始条件和边界条件为：$t=0$，$C(x,0)=C_0$，$C(L,t)=C_b(f,N)+C_0=f(t/t_c)^{1/2}+C_0$，$C(\infty,0)=C_0$。

根据余红发教授的研究，式（8-52）的第三式偏微分方程的解为

$$C(x,t)=c_0 + f'\,T^{\frac{1}{2}}\left\{\exp\left[-\frac{x^2}{4D_{app}T}\right] - \frac{x\sqrt{\pi}}{2\sqrt{D_{app}T}}\,\mathrm{erfc}\left[\frac{x}{2\sqrt{D_{app}T}}\right]\right\} \tag{8-53}$$

式中：T 为代换参数，$T = \dfrac{t^{1-m}}{1-m}$；D_{app} 为表观氯离子扩散系数，$D_{app} = \dfrac{KD_0t_0^m}{1+R}$。

当考虑混凝土的氯离子结合能 R、氯离子扩散系数的时间依赖性 m 和劣化系数 K，式（8-53）变成

$$C(x,t)=c_0+f \cdot t^{\frac{1-m}{2}}\left\{\exp\left[-\frac{x^2}{\dfrac{4KD_0t_0^mt^{1-m}}{(1+R)(1-m)}}\right]\right.$$

$$\left. -\frac{x\sqrt{\pi}}{2\sqrt{\dfrac{KD_0t_0^mt^{1-m}}{(1+R)(1-m)}}}\operatorname{erfc}\left[\frac{x}{2\sqrt{\dfrac{KD_0t_0^mt^{1-m}}{(1+R)(1-m)}}}\right]\right\} \tag{8-54}$$

因此，考虑表面混凝土干湿循环作用下的氯离子传输模型为

$$C(x,t)=\begin{cases} C_{w-d}(f,N)+C_0 & 0 \leqslant x < L \\ C_b(f,N)+C_0 & x=L \\ c_0+f \cdot t^{\frac{1-m}{2}}\left\{\exp\left[-\dfrac{x^2}{\dfrac{4KD_0t_0^mt^{1-m}}{(1+R)(1-m)}}\right]-\dfrac{x\sqrt{\pi}}{2\sqrt{\dfrac{KD_0t_0^mt^{1-m}}{(1+R)(1-m)}}}\operatorname{erfc}\left[\dfrac{x}{2\sqrt{\dfrac{KD_0t_0^mt^{1-m}}{(1+R)(1-m)}}}\right]\right\} & x > L \end{cases} \tag{8-55}$$

式中：f 为干湿循环影响系数，与干燥时间 t_d、混凝土材料相关；D_0 为时间 t_0 时的混凝土饱水扩散系数（$\mathrm{m^2/s}$），t_0 通常取 28d；t 为暴露时间（s）。

8.5.4　案例分析

我国南海某桥梁工程，混凝土承台处于潮汐区，使用 C35 混凝土，混凝土的抗压强度 43.5MPa，水胶比 0.35，其中胶凝材料中粉煤灰掺量 40%；钢筋的保护层厚度为 40mm；桥梁所处海洋环境为全日潮（即干湿循环一次所需的时间 t_c=24h），高潮和低潮之间间隔 12h（可近似认为干燥时间为 12h，润湿时间为 12h），海水中的 NaCl 浓度为 3.0%；落潮后承台混凝土干燥时平均扩散系数为 $5.50 \times 10^{-11}\mathrm{m^2/s}$，混凝土内部水的浓度为 $C_{w,in}$=7%，混凝土表面水的浓度为 $C_{w,s}$=0.35%，干湿循环影响系数 f=0.0242；c_0=0，m=0.60，R=0.21，D_0=3.1$\times10^{-12}\mathrm{m^2/s}$，$t_0$=28d，$K$=1，$C_{crit}$=0.07%，如果不考虑干湿循环影响，按饱和传输混凝土表面的 C_s=0.9%。试求分别经过 10 年、50 年、100 年后距离混凝土

表面不同位置的氯离子浓度是多少？与饱和传输进行比较，并预测达到临界氯离子浓度时混凝土承台的寿命是多少？

1）干燥深度 L 的计算为

$$L = 2\sqrt{D_\mathrm{w} t_\mathrm{d}} \cdot \mathrm{Inverf}\left(1 - \frac{C_\mathrm{w,s}}{C_\mathrm{w,in}}\right)$$

$$= 2\sqrt{5.50 \times 10^{-11} \times 12 \times 60 \times 60} \cdot \mathrm{erf}^{-1}\left(1 - \frac{0.35}{7}\right)$$

$$= 4.3\mathrm{mm}$$

2）干燥锋面氯离子浓度为

$$x = L, \quad C_\mathrm{b}(f, N) = f\sqrt{N} = 0.0242\sqrt{N}$$

3）$x > L$ 后混凝土不同位置、不同暴露时间的氯离子浓度

根据式（8-53）可以计算考虑混凝土表层干湿循环影响的氯离子浓度变化，如图 8.39～图 8.41 所示，为了方便与饱和传输比较，计算了不考虑干湿循环影响的氯离子浓度变化，将结果也绘于图中。可以看出，干湿循环明显加速了氯离子在混凝土中的传输；考虑干湿循环的混凝土氯离子浓度高于不考虑干湿循环的，尤其是距离混凝土表面 30mm 以内。

另外，还分别计算了考虑干湿循环与不考虑干湿循环的混凝土承台的服役寿命，如图 8.42 所示。从图 8.42 中可知，按饱和传输计算其寿命为 87 年，而考虑了由于海水潮汐引起混凝土表层干湿循环导致混凝土寿命下降，其寿命仅 52 年，相差 35 年。也就是说，采用传统的饱和状态下氯离子扩散模型来预测浪溅区和水位变动区混凝土结构的服役寿命偏不安全，这应该引起海工混凝土工程的业主、施工单位和科技工作者的高度重视。

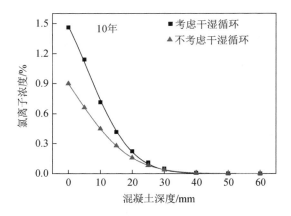

图 8.39　暴露 10 年的混凝土承台不同位置处的氯离子浓度

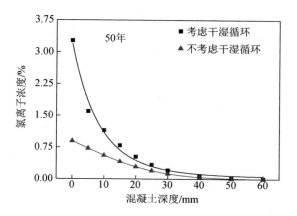

图 8.40 暴露 50 年的混凝土承台不同位置处的氯离子浓度

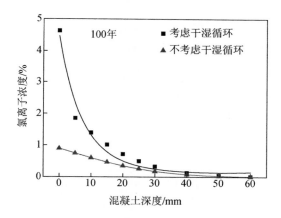

图 8.41 暴露 100 年的混凝土承台不同位置处的氯离子浓度

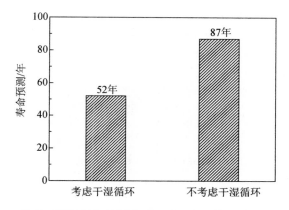

图 8.42 考虑干湿循环和不考虑干湿循环对混凝土承台寿命的影响

8.6　本章小结

　　本章提出了 X-CT 联合 Cs 离子增强技术，实现了原位连续可视化观测水泥基材料的水分传输过程；探讨了水灰比、掺和料种类与掺量、细集料体积掺量以及带有不同裂缝宽度与取向混凝土的水分传输规律；建立基于毛细吸水的水分分布计算模型。

　　以试验研究与模拟相结合研究了氯离子在非饱和与开裂混凝土中的传输行为，对比分析了非饱和混凝土在不同形式下的氯离子传输特点，详细探究了裂缝宽度、长度、数量及内部裂缝对氯离子传输性能的影响。

　　基于非饱和传输机理，定量分析了干湿循环过程中的干燥过程和润湿过程，建立了综合虑表层的考虑毛细作用和混凝土深层的 Fick 扩散的干湿循环作用的氯离子传输模型，并进行了工程案例分析。

主要参考文献

陈伟，许宏发，2006. 考虑干湿循环影响的氯离子侵入混凝土模型[J]. 哈尔滨工业大学学报，38(12)：2191-2193.

井山哲夫，1986. 水处理工程理论与应用[M]. 张自杰，译. 北京：中国建筑工业出版社.

李春秋，2009. 干湿交替下表层混凝土中水分与离子传输过程研究[D]. 北京：清华大学.

沈春华，水中和，周紫晨，2007. 水泥基材料水分传输及动力学研究[J]. 武汉理工大学学报，29(9)：84-87.

王立成，2009. 建筑材料吸水过程中毛细管系数与吸水率关系的理论分析[J]. 水利学报，40(9)：1085-1090.

延永东，2011. 氯离子在损伤及开裂混凝土内的输运机理及作用效应[D]. 杭州：浙江大学.

杨金凤，1996. 混凝土耐久性与实验方法(续 2)[J]. 低温建筑技术，(4)：45-47.

余红发，2007. 盐湖地区高性能混凝土的耐久性、机理与使用寿命预测方法[D]. 南京：东南大学.

张鹏，赵铁军，WITTMANN F H，2011. 基于中子成像的水泥基材料毛细吸水动力学研究[J]. 水利学报，42(1)：81-87.

ABYANEH S D, WONG H S, BUENFELD N R, 2014. Computational investigation of capillary absorption in concrete using a three-dimensional mesoscale approach [J]. Computational Materials Science, 87: 54-64.

ANDRADE C, 2002. Concepts of the chloride diffusion coefficient [C]//Third RILEM Workshop on Testing and Modelling the Chloride Ingress into Concrete, Madrid.

BEAR J, 1972. Dynamics of fluids in porous media [J]. Soil Science, 120(2): 174-175.

CLIMENT M A, DE VERA G, LÓPEZ J F, et al., 2002. A test method for measuring chloride diffusion coefficients through nonsaturated concrete Part Ⅰ: The instantaneous plane source diffusion case [J]. Cement and Concrete Research, 32: 1113-1123.

COLLEPARDI M, MARCIALIS A, TURRIZZANI R, 1970. The Kinetics of penetration of chloride ions into the concrete [J]. Cement, (4): 157-164.

DE VERA G, MIGUEL A, et al., 2007. A test method for measuring chloride diffusion coefficients through partially saturated concrete. Part Ⅱ: The instantaneous plane source diffusion case with chloride binding consideration [J]. Cement and Concrete Research, 37: 714-724.

DJERBI A, BONNET S, KHELIDJ A, et al., 2008. Influence of traversing crack on chloride diffusion into concrete[J]. Cement & Concrete Research, 38(6): 877-883.

GUIMARÃES A T C, CLIMENT M A, DE VERA G, et al., 2011. Determination of chloride diffusivity through partially saturated Portland cement concrete by a simplified procedure [J]. Construction and Building Materials, 25: 785-790.

GUMMERSON R J, HALL C, HOFF W D, 1979. Unsaturated water flow within porous materials observed by NMR imaging [J]. Nature, 281: 56-57.

HALL C, 1989. Water sorptivity of mortars and concretes: a review[J]. Magazine of Concrete Research, 41(147): 51-61.

HALL C, HOFF W D, WILSON M A, 1993. Effect of non-sorptive inclusions on capillary absorption by a porous material[J]. Journal of Physics D: Applied Physics, 26(1): 31-34.

HONG K, HOOTON R D, 1999. Effects of cyclic chloride exposure on penetration of concrete cover[J]. Cement and Concrete Research, 29(9): 1379-1386.

ISMAIL M, TOUMI A, FRANÇOIS R, et al., 2008. Effect of crack opening on the local diffusion of chloride in cracked mortar samples[J]. Cement & Concrete Research, 38(8-9): 1106-1111.

KATO Y, UOMOTO T, 2005. Modeling of effective diffusion coefficient of substances in concrete considering spatial properties of composite materials[J]. Journal of Advanced Concrete Technology, 3(2): 241-251.

LEVENTIS A DAV, Halseetal M R, 2000. CaPillary imbibition and Pore characterization in cement Pastes[J]. TransPort in Porous Media, 39: 143-157.

MARTYS N S, FERRARIS C F, 1997. Capillary transport in mortars and concrete[J]. Cement and Concrete Research, 27(5): 747-760.

MERCADO-MENDOZA H, LORENTE S, BOURBON X, 2013. The diffusion coefficient of ionic species through unsaturated materials [J]. Transport in Porous Media, 96: 469-481.

NILSSON L O, 2002. Concepts in chloride ingress modeling [C]//Third RILEM Workshop on Testing and Modelling the Chloride Ingress into Concrete, Madrid.

PARLANGE J Y, LOCKINGTON D, DUX P, 1999. Sorptivity and the estimation of water penetration into unsaturated concrete [J]. Materials and Structures, 32: 342-347.

PHILLIPSON M, BAKER P, DAVIES M, et al., 2007. Moisture measurement in building materials: an overview of current methods and new approaches[J]. Building Services Engineering Research and Technology, 28(4): 303-316.

PHILLIPSON M, BAKER P, DAVIES M, et al., 2008. Suitability of time domain reflectometry for monitoring moisture in building materials[J]. Building Services Engineering Research and Technology, 29(3): 261-272.

TAKEWAKA K, YAMAGUCHI T, MAEDA S, 2003. Simulation model for deterioration of concrete structures due to Chloride attack[J]. Journal of Advanced Concrete Technology, 1(2): 139-146.

VÉRONIQUE B B, 2007. Water vapour sorption experiments on hardened cementitious materials. Part Ⅱ: Essential tool for assessment of transport propertiesand for durability prediction [J]. Cement and Concrete Research, 37: 438-454.

第9章 氯盐环境下混凝土寿命预测的确定性模型

9.1 引　言

混凝土结构的服役寿命是指从建成使用开始到结构失效的时间过程。许多文献将混凝土的使用寿命划分为 3 个阶段，如图 9.1 所示，即混凝土的服役寿命公式为

$$t = t_1 + t_2 + t_3 \tag{9-1}$$

式中：t 为混凝土的服役寿命；t_1、t_2 和 t_3 分别为诱导期、发展期和失效期。氯盐环境下的诱导期是指混凝土内部钢筋表面氯离子浓度达到临界氯离子浓度，引起钢筋钝化膜破坏所需的时间；发展期是指从钢筋表面钝化膜破坏到混凝土保护层发生开裂所需的时间；失效期是指从开裂到保护层不能承受荷载作用力所需的时间（欧洲相关指南规定，混凝土保护层不能承受荷载作用力时临界裂缝宽度限定值为 1.0mm）。

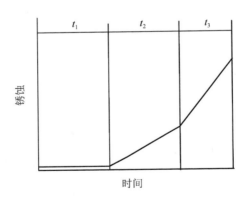

图 9.1　混凝土结构服役寿命构成示意图

自 20 世纪 80 年代以来，国内外关于混凝土服役寿命的研究主要集中于诱导期的预测，一般是将发展期和失效期作为服役寿命的安全储备对待，特别是对于拟建和在建工程更是如此。近些年来，钢筋钝化膜破坏后的发展期和失效期研究日益受到重视，目前积累了大量实验和现场数据，也建立了几种代表性模型，预测混凝土保护层开裂和裂缝发展已成为可能。

本章重点研究基于扩散的混凝土诱导期预测模型。另外，还在国内外相关研

究的基础上，探索从钢筋脱钝到混凝土保护层开裂（发展期）和裂缝发展直至保护层不再承受载荷作用力（失效期）这两个阶段的预测模型。

9.2　诱导期预测模型

9.2.1　基于氯离子扩散的混凝土多因素寿命预测新方程

氯离子引起的钢筋锈蚀是混凝土结构耐久性破坏的首要原因，每年我国由于钢筋锈蚀引起混凝土结构的损失高达 8000 亿元/年。因此，研究氯离子在混凝土中的扩散规律及特性，并建立科学合理的寿命预测模型，具有十分重要的理论研究意义和工程实用价值。

氯离子在混凝土中传输机理复杂，氯离子侵入混凝土内部的方式包括吸附、扩散、结合、渗透和毛细作用等迁移机制，因浓度梯度引起的扩散作用是最主要和最重要的迁移方式。因而，扩散理论是预测钢筋混凝土结构在氯盐环境中使用寿命的理论基础。目前，国内外研究者多采用 Fick 第二扩散定律描述氯离子在混凝土中的扩散行为，并以此建立相应的寿命预测模型。然而，目前常用的基于 Fick 第二扩散定律的氯离子标准扩散模型主要针对一维的无限大体，并基于"氯离子扩散系数为常数、混凝土的氯离子结合能力为 0 及暴露表面氯离子浓度为常数"三个基本假设的理想化模型。然而实际情况下，氯离子在混凝土中扩散过程并不完全满足扩散定律的模型条件，主要存在以下六个问题：①实际混凝土结构是有限大体；②实际结构暴露面往往是多个，即存在二维或三维扩散；③混凝土在结构形成和服役过程中存在缺陷或损伤；④氯离子扩散系数具有时间依赖性；⑤混凝土，特别是加掺合料的混凝土具有明显的氯离子结合能力，且在高浓度下氯离子结合能呈现非线性特征；⑥混凝土表面氯离子浓度（即边界条件）具有时变性。因此，未加修正的 Fick 第二扩散定律对于混凝土的适用性受到质疑，而且预测的寿命与工程实际寿命存在明显偏差。正是认识到这些问题，国内外许多学者专门针对 Fick 第二扩散定律在混凝土中应用时存在的某一个或两个问题进行了探索，提出了一些修正模型：Mangat 模型和 Maage 模型考虑了"氯离子扩散系数是时间的变量"一个方面问题；Amey 模型考虑了"线性函数和幂函数的边界条件"一个方面问题；Kassir 模型考虑了"指数函数变边界条件"一个方面问题；而 Mejlbro 模型则考虑了"氯离子扩散系数是时间的变量"和"混凝土的氯离子扩散系数与使用环境、养护和胶凝材料有关"两个方面的问题。只有 Mejlbro 模型设置的"养护系数、环境系数和材料系数"隐含了混凝土材料在使用过程中内部微裂纹等缺陷的影响，其他模型没有考虑这个问题。综观上述模型不难发现，国内外学者已经认识到 Fick 第二扩散定律在混凝土应用中存在明显缺陷，并对其进行了一些改进，但仍然没有完全解决 Fick 第二定律在混凝土中应用时存在的上述六个问题，特别是有限大体、多维扩散和氯离子结合问题并未系统考虑。

针对上述问题，基于前几章有关多因素作用下混凝土氯离子扩散规律实验研究，借鉴余红发在理论上修正的混凝土氯离子扩散基准方程，并结合不同的初始条件和边界条件，提出了适用于实际混凝土结构体型和暴露条件的氯离子扩散新模型。

9.2.1.1 传统扩散方程存在的六个问题的解决方法

余红发综合考虑氯离子结合能力、氯离子扩散系数的时间依赖性和混凝土缺陷等因素影响，建立了混凝土无限大体的一维、二维和三维氯离子扩散新方程，解决了传统扩散方程的关键问题。

1）结构尺寸和暴露维数问题——针对有限大体和多个暴露维数求解扩散方程

传统的氯离子标准扩散模型采用的假设是将混凝土看成只有一个暴露面的一维无限大均匀体。实际情况下，混凝土结构往往不能看成是无限大的，都应属于有限大体范畴；不同结构部位，暴露维数也有明显的差别，在求解扩散方程时应区别对待。常见的混凝土结构体型和暴露维数主要有以下三种。

（1）有一个暴露面的一维有限大体。如海港码头的挡水面、盐渍地区的地下防渗墙、海洋钻井平台的大板等。

（2）有两组正交暴露面的二维有限大体的边棱区域。如海港建筑的梁柱、跨海大桥的主梁、矩形截面桥墩等边棱区域。

（3）有三组正交暴露面的三维有限大体的角部，其三个方向的尺寸相差不大，如跨海大桥的索塔顶部和承台角部、海洋钻井平台的水下方形油罐、海工结构物基础的角部等。

求解氯离子扩散方程时，针对以上几种结构体型和暴露情况，通过复杂的偏微分方程求解，可以解决混凝土应用 Fick 第二扩散定律时存在的第一和第二个问题。

2）结构形成和服役过程中缺陷或损伤问题——引进劣化效应系数

混凝土在微结构形成和服役过程中内部将产生微裂纹和缺陷，其原因主要有以下几个方面：①环境和气候作用，如温度及其变化（冻融循环），湿度及其变化（干湿循环、干燥收缩等），环境介质侵蚀（碳化、氯盐腐蚀、硫酸盐腐蚀膨胀、酸雨侵蚀等）；②荷载作用，如静态荷载（压、拉、弯等），动态荷载（疲劳、冲击等）；③混凝土材料自身的劣化作用，如碱集料反应和自收缩产生的裂缝；④施工养护作用，养护龄期不足容易导致混凝土内部产生缺陷。缺陷的存在必然会加速氯离子扩散，导致混凝土使用寿命的缩短。在运用 Fick 扩散定律描述使用过程中含缺陷的非均匀性混凝土氯离子扩散时，为了保证 Fick 扩散定律的材料均匀性假设，余红发借鉴损伤力学中等效应力方法，采用有缺陷混凝土的等效氯离子扩

散系数 D_e 代替无缺陷混凝土的扩散系数 D_f。在理论建模时，为了统一描述各因素对氯离子扩散的影响，引进了综合劣化效应系数 K，含缺陷的非均匀性混凝土的等效扩散系数 D_e 可用式（9-2）表示为

$$D_f = D_e = KD_t \tag{9-2}$$

为同时反映环境、荷载、材料、施工等方面的影响，采用分项系数法进一步得到

$$K = K_e K_{\delta_s} K_m K_c \tag{9-3}$$

式中：K_e、K_{δ_s}、K_m 和 K_c 分别代表环境劣化系数、应力加速系数、材料劣化系数和施工养护系数，其中，K_e 包括温度和湿度变化的影响，即 $K_e = K_T K_E$（K_T 为温度影响因子、K_E 为干湿循环影响因子）。

式（9-3）变为

$$K = K_T K_E K_{\delta_s} K_m K_c \tag{9-4}$$

这就将应用 Fick 第二扩散定律时存在的第三个问题解决了。由式（9-2）可以看出，K 值表明了混凝土的氯离子扩散系数在实际使用过程中的数值与实验室标准条件下的数值之比，反映的是实际生产和使用过程中氯离子扩散性能的放大倍数。

3）氯离子扩散系数的时间依赖性问题——引进时间依赖性常数

氯离子在向混凝土内部扩散的过程中，一方面混凝土内部未水化的水泥和活性掺和料继续水化，导致孔隙不断被水化产物填充、结构逐渐密实；另一方面，扩散进入混凝土内部的氯离子通过化学结合作用产生的 Friedels 盐也使得孔径分布向小孔方向移动。因此，混凝土的氯离子扩散系数是随着扩散时间而减小的。Maage 等利用下式描述氯离子扩散系数的时间依赖性，即

$$D_t = D_0 \left(\frac{t_0}{t} \right)^m \tag{9-5}$$

式中：D_0 为时间 t_0 时的混凝土氯离子扩散系数（也称初始氯离子扩散系数）；D_t 为时间 t 时的混凝土氯离子扩散系数；m 为时间依赖性常数。这样就解决了应用 Fick 第二扩散定律时存在的第四个问题。

4）氯离子结合能力及其非线性问题——引进线性结合能力和非线性系数

混凝土本身对氯离子具有一定的结合能力，特别是掺加硅灰、矿渣和粉煤灰等矿物掺和料的高性能混凝土。1994 年 Nilsson 等定义了混凝土的氯离子结合能力 R 为

$$R = \frac{\partial C_b}{\partial C_f} \tag{9-6}$$

式中：C_f 和 C_b 分别为混凝土的自由氯离子浓度和结合氯离子浓度。

长期氯离子浸泡实验表明：①混凝土对氯离子吸附关系在低自由氯离子浓度范围内（如海洋环境条件）表现为线性吸附关系，此时氯离子结合能力为常数，即 $R = \partial C_b / \partial C_f = \alpha_1$。②在更高的自由氯离子浓度范围内（如我国西部盐湖地区的高卤盐环境），混凝土对氯离子吸附关系属于非线性关系，符合 Langmuir 吸附，即 $R_L = \dfrac{\partial C_b}{\partial C_f} = \dfrac{\alpha_4}{(1 + \beta_4 C_f)^2}$。为了便于求解扩散方程，余红发通过引进非线性系数 p_L，将混凝土的非线性氯离子结合能力转换成线性氯离子结合能力，即

$$p_L = \frac{R_L}{R} = \frac{\alpha_4}{\alpha_1 \left(1 + \beta_4 C_f\right)^2} \tag{9-7}$$

这样就解决了应用 Fick 第二扩散定律时存在的第五个问题。

5）变边界条件问题——引进时间边界函数

混凝土结构在实际氯盐环境的长期暴露过程中，暴露表面的自由氯离子浓度 C_s 并非一成不变，而是一个浓度由低到高、逐渐达到饱和的时间过程。根据 Weyers 等测定 15 座高速公路桥梁混凝土的实验结果表明，采用指数函数的时间边界条件较符合实际情况，即

$$C_s = C_{s0}(1 - e^{-\alpha t}) \tag{9-8}$$

将扩散方程的边界条件由常数变为时间的函数，这样就解决了应用 Fick 第二扩散定律时存在的第六个问题。

9.2.1.2　基于氯离子扩散的多因素寿命预测新方程

扩散定律来源于 Thomas Graham 和 Adolf Fick。Thomas Graham 对气体扩散和液体扩散进行了大量试验研究，认为扩散导致的通量正比于溶液的浓度差，并得出扩散过程随试验进程而放慢的结论，但是，他没有用数学公式对这一过程加以定量描述。1855 年，Fick 在对 Thomas Graham 的试验做归纳整理后发现，在一定湿度、一定压力条件下，二元扩散体系中任意组元的分子扩散通量与该组元的浓度梯度成正比，他认为，描述扩散的数学基础等同于热传导的傅里叶定律或电传导的欧姆定律，他将一维的通量定义为

$$J = Aq = -AD\frac{\partial C}{\partial x} \tag{9-9}$$

式中：J 为一维通量；A 为扩散发生的截面积；q 为单位面积的通量；C 为浓度；x 为距离；D 为扩散系数。

当溶质穿入一维无限大体中薄层 Δx 时，由质量守恒定律有

体积 $A\Delta x$ 中的溶质积累率=x 处扩散进入的速率-($x + \Delta x$ 处扩散出来的速率)

用数学式则表达为

$$\frac{\partial}{\partial t}(A\Delta x C) = A(q\big|_x - q\big|_{x+\Delta x}) \tag{9-10}$$

式（9-10）经整理得到

$$\frac{\partial C}{\partial t} = -\left[\frac{q|_{x+\Delta x} - q|_x}{(x+\Delta x) - x}\right] \tag{9-11}$$

令 Δx 趋于零，由导数定义有

$$\frac{\partial C}{\partial t} = -\frac{\partial}{\partial x}D\frac{\partial C}{\partial x} \tag{9-12}$$

式（9-12）是 Fick 第二定律所建立的扩散方程的基本形式。当扩散仅发生在溶液中时，D 仅是关于扩散溶质类型及其浓度的函数，在该条件下所测得的扩散系数称为自由扩散系数。当扩散发生在多孔介质时，扩散路径不仅受溶液中其他离子的影响，还受固相孔隙结构的影响，因此，扩散在三个方向都有发生，当扩散离子与固体介质表面之间不起反应时，通常定义溶质在多孔介质中的扩散系数为有效扩散系数 D_{eff}。

1）对于一维无限大体的氯离子扩散新方程

当扩散离子与物质发生物理结合或化学反应时，扩散系数称为表观扩散系数 D_{app}。在此情况下，物理结合或化学反应降低了表观扩散系数并增大了界面处的溶质通量，从而改变了原来的扩散过程。通常，扩散溶质以两种形式存在：①可以扩散的自由溶质（组分 1），对于混凝土的氯离子扩散对应的是自由氯离子；②固定在反应点的已经反应和结合的溶质（组分 2），对于混凝土的氯离子扩散对应的是结合氯离子，如果该反应是不可逆的且快速扩散，有

$$C_{\text{b}} = RC_{\text{f}} \tag{9-13}$$

式中：C_{b} 为结合或反应溶质的浓度；C_{f} 为自由溶质浓度；R 为结合能力。

由质量守恒定律有

在 $A\Delta x$ 内的累积量=（扩散进入的量-扩散出去的量）

+（$A\Delta x$ 内反应生成的量）

对自由溶质用数学式则表达为

$$\frac{\partial}{\partial t}(A\Delta x C_{\text{f}}) = A(q_{\text{f}}|_x - q_{\text{f}}|_{x+\Delta x}) + rA\Delta x \tag{9-14}$$

式中：r 为单位体积内自由溶质的生成率。式（9-14）可以改写成

$$\frac{\partial C_{\text{f}}}{\partial t} = \frac{\partial}{\partial x}D_{\text{f}}\frac{\partial C_{\text{f}}}{\partial x} + r \tag{9-15}$$

式中左侧项为累积项，右侧第一项是扩散进入与扩散出去溶质的差，r 则为反应项。

结合或反应溶质的质量守恒式为

$$\frac{\partial}{\partial t}(A\Delta x C_{\text{b}}) = -rA\Delta x \tag{9-16}$$

或

$$\frac{\partial C_{\mathrm{b}}}{\partial t} = -r \tag{9-17}$$

因为结合或反应溶质不能扩散，因此没有扩散项，反应项的值与前面相同，但符号相反，因为以组分 1 形式消失的溶质都以组分 2 的形式出现。

式（9-15）+ 式（9-17），有

$$\frac{\partial}{\partial t}(C_{\mathrm{f}} + C_{\mathrm{b}}) = \frac{\partial}{\partial x} D_{\mathrm{f}} \frac{\partial C_{\mathrm{f}}}{\partial x} \tag{9-18}$$

混凝土的总氯离子浓度 C_{t} 与结合氯离子浓度 C_{b} 和自由氯离子浓度 C_{f} 之间的关系为

$$C_{\mathrm{t}} = C_{\mathrm{b}} + C_{\mathrm{f}} \tag{9-19}$$

将式（9-19）代入式（9-18），得

$$\frac{\partial C_{\mathrm{t}}}{\partial t} = \frac{\partial}{\partial x} D_{\mathrm{f}} \frac{\partial C_{\mathrm{f}}}{\partial x} \tag{9-20}$$

式（9-19）对 t 求导，得

$$\frac{\partial C_{\mathrm{t}}}{\partial t} = \frac{\partial C_{\mathrm{f}}}{\partial t}\left(1 + \frac{\partial C_{\mathrm{b}}}{\partial C_{\mathrm{f}}}\right) \tag{9-21}$$

将式（9-19）代入式（9-20），并假设扩散系数不随浓度变化，经过整理，得

$$\frac{\partial C_{\mathrm{t}}}{\partial t} = \frac{D_{\mathrm{f}}}{1 + \dfrac{\partial C_{\mathrm{b}}}{\partial C_{\mathrm{f}}}} \cdot \frac{\partial^2 C_{\mathrm{f}}}{\partial x^2} \tag{9-22}$$

Nilsson 等将表观氯离子扩散系数 D_{app} 定义为

$$D_{\mathrm{app}} = \frac{D_{\mathrm{f}}}{1 + \dfrac{\partial C_{\mathrm{b}}}{\partial C_{\mathrm{f}}}} \tag{9-23}$$

式中：$\dfrac{\partial C_{\mathrm{b}}}{\partial C_{\mathrm{f}}}$ 为氯离子结合能力，用 R 表示，式（9-23）可以写成

$$D_{\mathrm{app}} = \frac{D_{\mathrm{f}}}{1 + R} \tag{9-24}$$

将式（9-2）、式（9-5）和式（9-24）代入式（9-22），得到综合考虑氯离子结合能力、氯离子扩散系数的时间依赖性和混凝土结构微缺陷影响的实际混凝土的氯离子扩散新方程：

$$\frac{\partial C_{\mathrm{f}}}{\partial t} = \frac{KD_0 t_0^m}{1+R} \cdot t^{-m} \cdot \frac{\partial^2 C_{\mathrm{f}}}{\partial x^2} \tag{9-25}$$

为了求解式（9-25），做如下变换为

$$\frac{\partial C_{\mathrm{f}}}{t^{-m}\partial t} = \frac{KD_0 t_0^m}{1+R} \cdot \frac{\partial^2 C_{\mathrm{f}}}{\partial x^2} \tag{9-26}$$

令

$$\partial T = t^{-m}\partial t \tag{9-27}$$

求解式（9-27），即

$$T = \int_0^t t^{-m}\mathrm{d}t \tag{9-28}$$

对式（9-28）积分，得到代换参数 T 与时间 t 之间的关系

$$T = \frac{t^{1-m}}{1-m} \tag{9-29}$$

同时，令

$$D_{\mathrm{ee}} = \frac{KD_0 t_0^m}{1+R} \tag{9-30}$$

将式（9-29）和式（9-30）代入式（9-25），得到一维氯离子扩散方程式

$$\frac{\partial C_{\mathrm{f}}}{\partial T} = D_{\mathrm{ee}} \frac{\partial^2 C_{\mathrm{f}}}{\partial x^2} \tag{9-31}$$

2）对于二维无限大体的氯离子扩散新方程

$$\frac{\partial^2 C_{\mathrm{f}}}{\partial x^2} + \frac{\partial^2 C_{\mathrm{f}}}{\partial y^2} = \frac{1}{D_{\mathrm{ee}}} \frac{\partial C_{\mathrm{f}}}{\partial T} \tag{9-32}$$

3）对于三维无限大体的氯离子扩散新方程

$$\frac{\partial^2 C_{\mathrm{f}}}{\partial x^2} + \frac{\partial^2 C_{\mathrm{f}}}{\partial y^2} + \frac{\partial^2 C_{\mathrm{f}}}{\partial z^2} = \frac{1}{D_{\mathrm{ee}}} \frac{\partial C_{\mathrm{f}}}{\partial T} \tag{9-33}$$

其中

$$D_{\mathrm{ee}} = \frac{KD_0 t_0^m}{1+R}, \quad T = \frac{t^{1-m}}{1-m}, \quad K = K_{\mathrm{T}} K_{\mathrm{E}} K_{\delta \mathrm{S}} K_{\mathrm{m}} K_{\mathrm{c}}$$

9.2.2　基于氯离子扩散的多因素寿命预测新方程的求解

9.2.2.1　无限大体的非稳态齐次扩散问题（常数边界条件）

1）一维无限大体的氯离子扩散理论模型

假定混凝土是无限大的等效均匀体，氯离子扩散是一维的，扩散方程如式（9-31）

所示。当初始条件为：$T=0$，$x>0$ 时，$C_f = C_0$；边界条件为：$x=0$，$T>0$ 时，$C_f = C_s$（常数），扩散方程的解析解为

$$C_f = C_0 + (C_s - C_0)\left(1 - \mathrm{erf}\,\frac{x}{2\sqrt{D_{ee}T}}\right)$$ （9-34）

式中：C_0 为混凝土内部的初始自由氯离子浓度；C_s 为混凝土暴露表面的自由氯离子浓度；erf 为误差函数，$\mathrm{erf}\,u = \dfrac{2}{\sqrt{\pi}}\int_0^u \mathrm{e}^{-t^2}\mathrm{d}t$。

用 $\dfrac{KD_0 t_0^m}{1+R}$ 代替 D_{ee}，用 $\dfrac{t^{1-m}}{1-m}$ 代替 T，即得综合考虑氯离子结合能力、扩散系数时间依赖性、结构微缺陷的混凝土一维扩散新方程的解析解。

$$C_f = C_0 + (C_s - C_0)\left[1 - \mathrm{erf}\,\frac{x}{2\sqrt{\dfrac{KD_0 t_0^m}{(1+R)(1-m)} \cdot t^{1-m}}}\right]$$ （9-35）

2）二维无限大体的氯离子扩散理论模型

根据扩散理论中的 Newman 乘积解定理，得到二维无限大体的氯离子扩散方程的解析解，即

$$C_f = C_0 + (C_s - C_0)\left[1 - \mathrm{erf}\,\frac{x}{2\sqrt{\dfrac{KD_0 t_0^m}{(1+R)(1-m)} \cdot t^{1-m}}}\,\mathrm{erf}\,\frac{y}{2\sqrt{\dfrac{KD_0 t_0^m}{(1+R)(1-m)} \cdot t^{1-m}}}\right]$$ （9-36）

3）三维无限大体的氯离子扩散理论模型

同理，得到三维无限大体的氯离子扩散方程的解析解，即

$$C_f = C_0 + (C_s - C_0)\left[1 - \mathrm{erf}\,\frac{x}{2\sqrt{\dfrac{KD_0 t_0^m}{(1+R)(1-m)} \cdot t^{1-m}}}\,\mathrm{erf}\,\frac{y}{2\sqrt{\dfrac{KD_0 t_0^m}{(1+R)(1-m)} \cdot t^{1-m}}}\,\mathrm{erf}\,\frac{z}{2\sqrt{\dfrac{KD_0 t_0^m}{(1+R)(1-m)} \cdot t^{1-m}}}\right]$$

（9-37）

9.2.2.2　无限大体的非稳态非齐次扩散问题（指数边界条件）

由于求解非稳态非齐次扩散问题非常复杂，仅针对一维无限大体的非稳态非齐次氯离子扩散情况，借鉴 Crank 和余红发有关求解非齐次扩散方程的研究，得到综合考虑指数函数边界条件、氯离子结合能力、扩散系数时间依赖性、结构微缺陷的混凝土一维无限大体的非稳态非齐次扩散模型为

$$
\begin{aligned}
C = C_0 + C_{s0} &\left\{ 1 - \mathrm{erf} \frac{x}{2\sqrt{\dfrac{KD_0 t_0^m t^{1-m}}{(1+R)(1-m)}}} - \frac{1}{2} \mathrm{e}^{-\frac{\alpha t^{1-m}}{1-m}} \left[\mathrm{e}^{-x^2 \left(\frac{-\alpha(1+R)}{KD_0 t_0^m} \right)^{\frac{1}{2}}} \mathrm{erfc} \frac{x}{2\sqrt{\dfrac{KD_0 t_0^m t^{1-m}}{(1+R)(1-m)}}} \right.\right. \\
&\left.\left. - \left(-\frac{\alpha t^{1-m}}{1-m} \right)^{\frac{1}{2}} + \mathrm{e}^{x^2 \left(\frac{-\alpha(1+R)}{KD_0 t_0^m} \right)^{\frac{1}{2}}} \mathrm{erfc} \left(\frac{x}{2\sqrt{\dfrac{KD_0 t_0^m t^{1-m}}{(1+R)(1-m)}}} - \left(-\frac{\alpha t^{1-m}}{1-m} \right)^{\frac{1}{2}} \right) \right] \right\}
\end{aligned}
\tag{9-38}
$$

初始条件为：$T=0$，$x>0$ 时，$C_f=C_0$；边界条件为：$x=0$，$t>0$，$C_s=C_0+C_{s0}(1-\mathrm{e}^{-\alpha t})$。

9.2.2.3　有限大体的非稳态齐次扩散问题（常数边界条件）

1）一维有限大体的氯离子扩散理论模型

设板厚度为 L。在同时考虑混凝土的氯离子结合能力、劣化系数和时间依赖性时，借鉴 Ozisik，张洪济，Crank，余红发有关求解非齐次扩散方程的研究，得到混凝土一维有限大体的氯离子扩散理论模型，即

$$
C_f = C_s + \sum_{n=1,3,5}^{\infty} \frac{4}{n\pi}(C_0 - C_s) \sin\left(\frac{\pi n}{L} x \right) \exp\left(-\frac{n^2 \pi^2}{L^2} \cdot \frac{KD_0 t_0^m t^{1-m}}{(1+R)(1-m)} \right)
\tag{9-39}
$$

2）二维有限大体的氯离子扩散理论模型

设沿 x 方向的厚度为 L_1，沿 y 方向的厚度为 L_2。同理，在同时考虑混凝土的氯离子结合能力、劣化系数和时间依赖性的情况下，混凝土二维有限大体的氯离子扩散理论模型为

$$
\begin{aligned}
C_f = C_s + &\sum_{n=1,3,5}^{\infty} \sum_{p=1,3,5}^{\infty} \frac{16}{np\pi^2}(C_0 - C_s) \sin\left(\frac{n\pi}{L_1} x \right) \sin\left(\frac{p\pi}{L_2} y \right) \\
&\times \exp\left[-\frac{KD_0 t_0^m t^{1-m}}{(1+R)(1-m)} \left(\frac{n^2 \pi^2}{L_1^2} + \frac{p^2 \pi^2}{L_2^2} \right) \right]
\end{aligned}
\tag{9-40}
$$

3）三维有限大体的氯离子扩散理论模型

设沿 x 方向的厚度为 L_1，沿 y 方向的厚度为 L_2，沿 z 方向的厚度为 L_3。同理，得到混凝土三维有限大体的氯离子扩散理论模型

$$
\begin{aligned}
C_f = C_s + &\sum_{n=1,3,5}^{\infty} \sum_{p=1,3,5}^{\infty} \sum_{q=1,3,5}^{\infty} \frac{64}{npq\pi^3}(C_0 - C_s) \sin\left(\frac{n\pi}{L_1} x \right) \sin\left(\frac{p\pi}{L_2} y \right) \sin\left(\frac{q\pi}{L_3} z \right) \\
&\times \exp\left[-\frac{KD_0 t_0^m t^{1-m}}{(1-R)(1-m)} \left(\frac{n^2 \pi^2}{L_1^2} + \frac{p^2 \pi^2}{L_2^2} + \frac{q^2 \pi^2}{L_3^2} \right) \right]
\end{aligned}
\tag{9-41}
$$

9.2.2.4　有限大体的非稳态非齐次扩散问题（指数边界条件）

1）一维有限大体的氯离子扩散理论模型

对于一维有限大体的非稳态非齐次扩散问题，设暴露表面的自由氯离子浓度随时间呈指数变化：$C_s = C_0 + C_{s0}\left(1 - e^{-\alpha t}\right)$。在这种情形下，不能同时考虑扩散系数的时间依赖性影响，否则扩散方程没有解析解，但是可考虑氯离子结合能力和劣化系数的影响。借鉴 Crank 和余红发有关求解扩散方程的研究，可以得到一维有限大体的氯离子扩散理论模型为

$$C_f = C_{s0}\left(1 - e^{-\alpha t}\right) + \sum_{n=1,3,5}^{\infty} \frac{4}{n\pi}\left[\left(C_0 + H_n\right)\exp\left(-\frac{KD_0}{(1+R)}\cdot\frac{n^2\pi^2}{L^2}t\right) - H_n\exp(-\alpha t)\right]\sin\left(\frac{n\pi}{L}x\right)$$

（9-42）

其中

$$H_n = \frac{\alpha C_{s0}}{KD_0\left(\dfrac{n^2\pi^2}{L^2}\right) - \alpha(1+R)}$$

2）二维有限大体的氯离子扩散理论模型

（1）正交各向同性二维有限大体。

对于二维有限大等效均匀体的非稳态非齐次扩散问题，同时考虑氯离子结合能力和劣化系数的影响，借鉴 Crank 和余红发有关求解扩散方程的研究，可以推导出二维有限大体的氯离子扩散理论模型为

$$C_f = C_{s0}\left(1 - e^{-\alpha t}\right) + \sum_{n=1,3,5}^{\infty}\sum_{p=1,3,5}^{\infty} \frac{16}{np\pi^2}\left\{\left(C_0 + H_{np}\right)\exp\left[-\frac{KD_0 t}{1+R}\left(\frac{n^2\pi^2}{L_1^2} + \frac{p^2\pi^2}{L_2^2}\right)\right]\right.$$

$$\left. - H_{np}\exp(-\alpha t)\right\}\sin\left(\frac{n\pi}{L_1}x\right)\sin\left(\frac{p\pi}{L_2}y\right)$$

（9-43）

其中

$$H_{np} = \frac{\alpha C_{s0}}{KD_0\left(\dfrac{n^2\pi^2}{L_1^2} + \dfrac{p^2\pi^2}{L_2^2}\right) - \alpha(1+R)}$$

（2）正交各向异性二维有限大体。

在混凝土的氯离子扩散过程中，一般将混凝土按照各向同性材料来处理，但是实际服役状态下，结构混凝土往往受到多个方向的应力，导致不同方向的氯离子扩散系数是不同的，不能简单将其作为各向同性材料，这时按照正交异性材料来描述混凝土的扩散行为是必要的。假设二维有限大体沿 x 和 y 方向的尺度分别为为 L_1 和 L_2，对应的氯离子扩散系数分别为 D_{10} 和 D_{20}，暴露表面的氯离子浓度随着时间呈指数变化规律 $C_s = C_0 + C_{s0}\left(1 - e^{-\alpha t}\right)$。同时，考虑离子结合能力和劣化

系数的影响，借鉴 Crank 和余红发有关求解扩散方程的研究，可以推导出有限大体的正交各向异性材料二维氯离子扩散理论模型为

$$C_f = C_{s0}\left(1 - e^{-\alpha t}\right) + \sum_{n=1,3,5}^{\infty}\sum_{p=1,3,5}^{\infty}\frac{16}{np\pi^2}\left\{(C_0 + H_{np})\exp\left[-\frac{Kt}{1+R}\left(D_{10}\frac{n^2\pi^2}{L_1^2} + D_{20}\frac{p^2\pi^2}{L_2^2}\right)\right]\right.$$

$$\left. - H_{np}\exp(-\alpha t)\right\}\sin\left(\frac{n\pi}{L_1}x\right)\sin\left(\frac{p\pi}{L_2}y\right) \tag{9-44}$$

其中

$$H_{np} = \frac{\alpha C_{s0}}{K\left(D_{10}\dfrac{n^2\pi^2}{L_1^2} + D_{20}\dfrac{p^2\pi^2}{L_2^2}\right) - \alpha(1+R)}$$

3）三维有限大体的氯离子扩散理论模型

（1）正交各向同性三维有限大体。

对于三维有限大等效均匀体的非稳态非齐次扩散问题，同时考虑离子结合能力和劣化系数的影响，借鉴 Crank 和余红发有关求解扩散方程的研究，可以推导出三维有限大体的氯离子扩散理论模型为

$$C_f = C_{s0}\left(1 - e^{-\alpha t}\right) + \sum_{n=1,3,5}^{\infty}\sum_{p=1,3,5}^{\infty}\sum_{q=1,3,5}^{\infty}\frac{64}{npq\pi^3}\left\{(C_0 + H_{npq})\exp\left[-\frac{KD_0 t}{1+R}\left(\frac{n^2\pi^2}{L_1^2} + \frac{p^2\pi^2}{L_2^2} + \frac{q^2\pi^2}{L_3^2}\right)\right]\right.$$

$$\left. - H_{npq}\exp(-\alpha t)\right\}\sin\left(\frac{n\pi}{L_1}x\right)\sin\left(\frac{p\pi}{L_2}y\right)\sin\left(\frac{p\pi}{L_3}z\right) \tag{9-45}$$

其中

$$H_{npq} = \frac{\alpha C_{s0}}{KD_0\left(\dfrac{n^2\pi^2}{L_1^2} + \dfrac{p^2\pi^2}{L_2^2} + \dfrac{q^2\pi^2}{L_3^2}\right) - \alpha(1+R)}$$

（2）正交各向异性三维有限大体。

假设三维有限大体沿 x、y 和 z 方向的尺度分别为为 L_1、L_2 和 L_3，对应的氯离子扩散系数分别为 D_{10}、D_{20} 和 D_{30} 暴露表面的氯离子浓度随着时间呈指数变化规律 $C_s = C_0 + C_{s0}\left(1 - e^{-\alpha t}\right)$。同时考虑离子结合能力和劣化系数的影响，借鉴 Crank 和余红发有关求解扩散方程的研究，得到有限大体的正交各向异性材料三维氯离子扩散理论模型

$$C_f = C_{s0}\left(1 - e^{-\alpha t}\right) + \sum_{n=1,3,5}^{\infty}\sum_{p=1,3,5}^{\infty}\sum_{q=1,3,5}^{\infty}\frac{64}{npq\pi^3}\left\{(C_0 + H_{npq})\exp\left[-\frac{K}{1+R}\left(D_{10}\frac{n^2\pi^2}{L_1^2} + D_{20}\frac{p^2\pi^2}{L_2^2}\right.\right.\right.$$

$$\left.\left.\left. + D_{30}\frac{q^2\pi^2}{L_3^2}\right)t\right] - H_{npq}\exp(-\alpha t)\right\}\sin\left(\frac{n\pi}{L_1}x\right)\sin\left(\frac{p\pi}{L_2}y\right)\sin\left(\frac{p\pi}{L_3}z\right) \tag{9-46}$$

其中

$$H_{npq} = \frac{\alpha C_{s0}}{K\left(D_{10}\dfrac{n^2\pi^2}{L_1^2} + D_{20}\dfrac{p^2\pi^2}{L_2^2} + D_{30}\dfrac{q^2\pi^2}{L_3^2}\right) - \alpha(1+R)}$$

当考虑混凝土的非线性氯离子结合能力时，将各种理论模型中的 R 更换成 $p_L R$，即可得到同时考虑非线性氯离子结合能力的一维、二维和三维有限大体和无限大体的多因素氯离子扩散理论模型。

9.2.3　模型参数的测定方法

在上述理论模型中，R、C_s、k、D_0、m 和 K 是 6 个关键参数。为了准确地预测和评价混凝土结构在氯盐环境条件下的使用寿命，需制订这些参数的标准测试方法，借鉴欧洲 DuraCrete 项目、日本土木学会标准以及美国 Life-365 标准设计程序的成功经验，并建立适合我国国情的混凝土寿命预测基本参数数据库，具有重要的现实意义。模型参数测定的基本原则：在有条件情况下，以现场实际工程取样为准；条件受限下，可以使用相近地域的工程调查数据或暴露站数据；在没有上述条件下，可以使用实验室内的模拟实验，具体情况如下。

9.2.3.1　混凝土的氯离子结合能力 R

在实验室条件下，将混凝土试件浸泡在真实或模拟的氯盐溶液中一定时间后，取样并进行化学分析；对于实际的混凝土结构，在暴露一定时间后，现场取芯后进行分析。依据《水运工程混凝土试验规程》（JTJ 270—98），混凝土的氯离子总浓度采用酸溶法，自由氯离子浓度采用水溶法，氯离子浓度的测试可采用化学滴定或电化学滴定。对于更高浓度的氯盐侵蚀，其氯离子结合能力非线性系数采用式（9-7）计算。

9.2.3.2　混凝土暴露表面的自由氯离子浓度 C_s 及其时间参数 k

关于混凝土暴露表面的自由氯离子浓度的测定方法，目前有两种观点：一种是实测值——将混凝土近表面（$x=13$mm 和 $x=6.35$mm）的实测自由氯离子浓度作为暴露表面的 C_s 值；另一种是拟合值——因为表面的氯离子浓度是不可测定的，只能根据实测的自由氯离子浓度与混凝土深度之间的关系来拟合 C_s 值，拟合方法也有两种——按照扩散模型拟合和按照回归公式拟合。根据氯离子扩散理论分析，C_s 应该是 $x=0$ 时的"表面混凝土"氯离子浓度，无法直接测定。因此，本节采用实验拟合值，至于具体的拟合方法，如果采用扩散理论同时拟合 C_s 值和扩散系数 D 这两个参数，会有较大误差，本研究采用回归拟合方法。将成型养护好的混凝土试件浸泡在常温的 3.5% NaCl 溶液或其他配制的氯盐溶液中，在不同浸泡时间取出，根据测定的混凝土自由氯离子浓度与扩散深度之间的关系，通过回归分析拟合两者之间的一元二次关系的效果最佳。在得到的回归关系式中，令深度 $x=0$ 时便可以计算 C_s 值。

9.2.3.3　初始氯离子扩散系数 D_0 及其时间依赖性常数 m

将成型养护好的混凝土试件浸泡在常温的氯盐溶液中，在不同浸泡时间取出，测定不同深度的自由氯离子浓度和总氯离子浓度，在较低的自由氯离子浓度范围内，按照线性回归得到氯离子结合能力，然后按照式（9-47）计算出不同扩散时间 t 对应的 $D_{t,m} = D_t/(1-m)$ 值，计算时由于在实验室条件下，氯盐溶液对混凝土没有腐蚀等破坏作用，取 $K=1$。

$$C_f = C_0 + \left(C_s - C_0\right)\left[1 - \mathrm{erf}\frac{x}{2\sqrt{\dfrac{KD_t t}{(1+R)(1-m)}}}\right] \tag{9-47}$$

然后，根据不同 t 对应的 $D_{t,m}$ 值，按照下式求出 D_0 值和 m 值，通常 D_0 取浸泡 28d 时混凝土的氯离子扩散系数。

$$D_{t,m} = \frac{D_t}{(1-m)} = \frac{D_0}{(1-m)}\left(\frac{t_0}{t}\right)^m \tag{9-48}$$

9.2.3.4　氯离子扩散性能的劣化效应系数 K

（1）环境劣化系数 K_E：对于水下区，在现场环境和实验室条件下同时进行混凝土试件的自然扩散法浸泡实验，在相同的浸泡龄期测定混凝土不同深度的自由氯离子浓度和总氯离子浓度，根据式（4-64）计算混凝土在实验室条件（$K=1$）下的自由氯离子扩散系数，结合现场环境条件下的实验数据就能够进一步计算出混凝土的 K_E 值。对于水位变区或浪溅区，可以采用第 8 章建立的干湿循环作用下传输模型计算氯离子的传输；考虑到干湿循环作用下传输模型较为复杂，可以使用上面建立的饱和氯离子扩散方程，仅对饱和扩散系数 D 乘以一个干湿循环劣化系数 K_E 进行简化处理，即在实验室进行干湿循环+氯盐腐蚀实验，与现场环境下混凝土的扩散系数进行比较，则可以得到影响混凝土氯离子扩散性能的干湿循环劣化系数 K_E。

（2）荷载劣化系数 K_y：在实验室条件下，对混凝土试件同时进行加载和不加载的自然扩散法浸泡实验，就能计算出混凝土在不同加载方式和荷载比条件下的 K_y 值。

（3）材料劣化系数 K_m：在实验室条件下，针对经过劣化的混凝土试件（如经碱集料反应或自干燥收缩），进行浸泡，不同龄期时取出，采用与测定 m 值类似的方法，按照式（9-49）可以计算混凝土自身的 K_m 值，即

$$D_{t,m} = \frac{K_m D_0}{(1-m)}\left(\frac{t_0}{t}\right)^m \tag{9-49}$$

9.2.4　模型参数取值规律

　　混凝土的氯离子扩散理论模型中含有多个参数，这些参数的取值关系到预测结果的准确性。尤其应该引起注意的是，在混凝土寿命的预测过程中，对于含有时间变量的参数的取值问题，应该慎之又慎，因为时间与结构的使用寿命相联系，稍有疏漏，将会导致错误的预测结果，尽量使用现场实际的工程实测数据。对于新建工程的耐久性设计，由于工程尚未建设，现场数据无法获得，待工程建好使用一段时间后，取样测试相关模型参数，将其代入预测模型中进行验证和调整，并根据情况进行耐久性再设计。

9.2.4.1　自由氯离子初始扩散系数 D_0

　　图 9.2 是根据实验得到的标准养护 28d 的各种粉煤灰混凝土和矿渣混凝土在浓度为 3.5% NaCl 溶液中浸泡 28d 的自由氯离子扩散系数 D_0 值。结果表明，混凝土的自

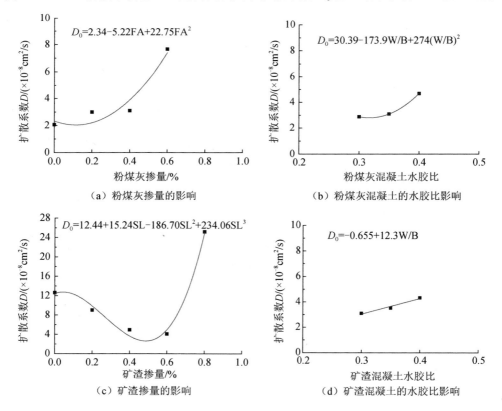

（a）粉煤灰掺量的影响　　　　　　　　　（b）粉煤灰混凝土的水胶比影响

（c）矿渣掺量的影响　　　　　　　　　　（d）矿渣混凝土的水胶比影响

图 9.2　矿物掺和料混凝土在氯盐溶液中的初始氯离子扩散系数（标准养护 28d）

由氯离子扩散系数与矿物掺和料掺量和水胶比密切相关，对本研究的实验结果进行回归得到：粉煤灰混凝土 D_0=(0.60-1.34FA+1.50FA^2)[30.39-173.9W/B+274(W/B)^2]；矿渣混凝土 D_0=(3.41+4.18SL-51.16 SL^2+64.13 SL^3)(-0.655+12.3W/B)。在粉煤灰混凝土中，粉煤灰掺量小于 40%范围内 D_0 值较小，水胶比越小 D_0 值较小，说明采用低水胶比和适当掺量优质粉煤灰的混凝土对于提高结构的使用寿命是有利的。在矿渣混凝土中，随着矿渣掺量增加 D_0 值减小，当矿渣掺量达到 40%～60%时，D_0 值很小，与粉煤灰混凝土类似水胶比越低 D_0 值越小，说明采用低水胶比和大掺量优质矿渣的混凝土对于提高结构的使用寿命是有利的。

9.2.4.2　临界氯离子浓度 C_{cr}

引起混凝土内部钢筋锈蚀的氯离子临界浓度 C_{cr}，受胶凝材料品种、掺量、混凝土内含水量、孔隙率和孔结构、钢筋种类和表面属性、混凝土孔隙液中其他碱性物质，以及温度、湿度等环境条件和多种因素的影响。目前受认识水平的限制，还没有建立明确的关系表达式。一般来讲，水灰比小，混凝土碱度高，钝化膜较厚，临界浓度高。不同文献给出的 C_{cr} 各不相同。

（1）美国 ACI 规定的混凝土自由氯离子临界浓度 C_{cr} 值见表 9.1。可见，ACI201委员会的规定最严格，已被世界许多国家的设计规范参照采纳。但是，Helland 提出的混凝土 C_{cr} 值与钢筋锈蚀危险性之间的关系似乎表明 ACI 规范的取值过于严格（表 9.2）。

表 9.1　混凝土中允许 Cl$^-$ 含量的限定值

（水泥质量的百分数，括号内为折算成混凝土质量分数）

混凝土类型		ACI201	ACI318	ACI222
普通钢筋混凝土	预应力混凝土	0.06（0.011）	0.06（0.011）	0.08（0.014）
	含氯盐的潮湿环境	0.10（0.018）	0.15（0.027）	0.20（0.036）
	不含氯盐的常规环境	0.15（0.027）	0.30（0.054）	0.20（0.036）
	干燥或有涂层环境	不要求	1.0（0.18）	0.20（0.036）

注：折算时采用单方水泥用量 440kg/m^3，混凝土密度 2450 kg/m^3。

表 9.2　钢筋锈蚀危险性与混凝土氯离子含量之间的关系

氯离子浓度		锈蚀风险
占水泥质量的百分数/%	占混凝土质量的百分数/%（单方水泥用量 440kg/m^3，混凝土密度 2450 kg/m^3）	
>2.0	>0.36	一定锈蚀
1.0～2.0	0.18～0.36	可能锈蚀
0.4～1.0	0.07～0.18	或许锈蚀
<0.4	<0.07	可不考虑锈蚀

（2）挪威对处于海洋环境的 Gimsϕystraumen 等 36 座桥梁进行的调查结果（图 9.3）与 Browne 的建议基本一致。

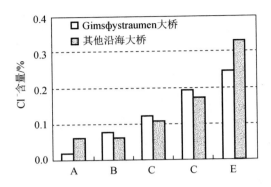

图 9.3　挪威 36 座桥梁混凝土中钢筋部位的氯离子含量与钢筋锈蚀状况

A. 无锈蚀；B. 钢筋脱钝；C. 锈蚀；D. 高锈蚀；E. 高锈蚀且出现坑蚀

（3）Bamforth 认为，占凝胶材料质量 0.4% 的临界浓度对于干湿交替情况下的高水灰比混凝土是比较合适的，但是对于饱水状态下的低水灰比混凝土，其临界浓度可以提高到 1.5%。临界氯离子浓度与混凝土质量和环境条件之间的典型关系如图 9.4 所示。

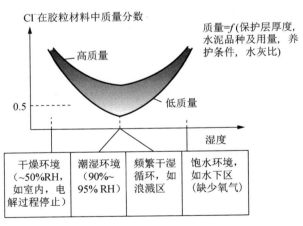

图 9.4　临界氯离子浓度与环境条件和混凝土质量之间的关系

（4）DuraCrete 项目指南按照不同的混凝土水灰比和暴露条件给出不同的 C_{cr} 值，见表 9.3。不过，DuraCrete 项目指南针对的只是 OPC，没有规定掺加活性掺和料的 HPC 以及大气区的情形。

表 9.3　DuraCrete 项目指南的 C_{cr} 值（针对 OPC）

W/B	Cl⁻/%（占胶凝材料质量的百分数，括号内为占混凝土质量的百分数）	
	水下区	水位变动区和浪溅区
0.3	2.3（0.41）	0.9（0.16）
0.4	2.1（0.38）	0.8（0.14）
0.5	1.6（0.29）	0.5（0.09）

注：折算时采用单方凝胶材料用量 440kg/m³，混凝土密度 2450 kg/m³。

（5）美国 Life-365 规定，混凝土中钢筋脱钝临界氯离子浓度为 0.05%（占混凝土质量百分含量）。

（6）欧盟 Fip Model Code 规定，钢筋脱钝临界氯离子浓度：以占胶凝材料质量分数计算，下限 0.2%，上限 2.0%，临界氯离子含量呈 β 分布，平均值取 0.6%。以占混凝土质量分数计算，下限 0.036%，上限 0.36%，呈 β 分布，平均值取 0.11%（单方水泥用量 440kg/m³，混凝土密度 2450 kg/m³）。

（7）中交四航工程研究院等单位在开展交通部西部科研项目"海港工程混凝土结构耐久性寿命预测与健康诊断研究"过程中，对我国北方、华东、华南等地区多个典型海洋工程和暴露站混凝土进行了实地调查和取样分析，获得了相应的临界氯离子浓度。具体情况如下。

① 北方地区临界氯浓度取值。北方地区码头调查获得的浪溅区临界氯离子浓度范围为 0.057%～0.064%（占混凝土质量百分含量，总氯离子浓度）。

② 华东地区临界浓度取值。华东地区码头调查获得的浪贱区临界氯离子浓度的取值范围为 0.0427%～0.0649%（占混凝土质量百分含量，总氯离子含量）。而根据华东暴露试验得出的浪贱区临界氯离子浓度取值范围为 0.025%～0.143%（占混凝土质量百分含量，游离氯离子浓度）。

③ 华南地区临界浓度取值。根据华南地区的码头调查结果，浪贱区临界浓度的取值范围可以表示为 0.0518%～0.0824%（占混凝土质量百分含量，总氯离子浓度）与 0.0276%～0.0375%（游离氯离子浓度）。海南八所港暴露试验得出的临界浓度取值范围是：0.0405%～0.151%（硅酸盐水泥混凝土），0.022 36%～0.0316%（掺粉煤灰混凝土），以及大于 0.036 99%（掺矿渣混凝土）。华南湛江港暴露试验数据暂时无法说明粉煤灰、矿渣等掺和料会改变混凝土的临界浓度取值，混凝土的临界浓度取值范围是 0.050%～0.065%。在人工气候模拟试验箱中测得的钢筋锈蚀后混凝土氯离子浓度为 0.092%，即环境温度 30℃情况下的临界浓度要小于0.092%；同时，砂浆试验证明 SO_4^{2-} 会降低临界浓度，在[SO_4^{2-}/Cl^-]为 1/8（海水中的比例）情况下，临界浓度约为单纯氯离子渗透试验的 70%，这意味着模拟试验箱得出的临界浓度应小于 0.064%（70%×0.092%）。

④ 我国典型地区临界浓度取值。王胜年根据上述暴露试验和海港码头调查分

析，以及大量实验室模拟实验，提出了我国典型海域浪溅区临界浓度建议值，北方沿海 C_{cr} =0.060%，华东沿海 C_{cr} =0.054%，华南沿海 C_{cr} =0.052%。

由上述分析可见，混凝土的 C_{cr} 值通常在 0.1%～1.0%（占水泥质量）或 0.02%～0.18%（占混凝土质量）范围内变化，这主要是由于混凝土中钢筋是否锈蚀与混凝土的质量和环境条件有很密切的关系。为了安全起见，Funahashi 在预测混凝土使用寿命时采用的 C_{cr} 值是偏于保守的 0.05%（占混凝土质量）。

9.2.4.3　混凝土的氯离子结合能力 R 的取值规律与非线性系数

混凝土的氯离子结合能力主要受水泥品种、水灰比、掺和料品种和掺量等因素的影响，水泥中 C_3A 和 C_4AF 含量越高、水灰比越小的混凝土的氯离子结合能力越强；同时，掺活性掺和料的混凝土氯离子结合能力相对较高，其大小依次是矿渣混凝土、粉煤灰混凝土、硅灰混凝土、普通混凝土。

通过本章混凝土在单一、双重或多重破坏因素作用下耐久性试验研究，详细测定和分析了各种混凝土在氯盐溶液浸泡、干湿循环-浸泡、应力-干湿循环-浸泡作用下氯离子在混凝土内部的传输规律和特性。研究发现，在各种情况下氯离子结合能力具有线性特征，并未表现出相关文献所述的非线性特征，这可能是由于实验所采用氯盐环境为模拟海水，氯离子浓度不高，即使经历多次干湿循环扩散到混凝土内部的氯离子浓度依然较低，尚未达到粉煤灰混凝土对氯离子的吸附极限，即尚未达到非线性阶段。但对于更高浓度的氯盐环境（如我国西部盐湖卤水）长期作用有可能达到吸附极限而出现氯离子结合能的非线性特征。

图 9.5 是根据实验得到的标准养护 28d 的各种粉煤灰和矿渣混凝土在浓度为 3.5% NaCl 溶液中的氯离子结合能力 R 值。结果表明，混凝土的氯离子结合能力与矿物掺和料的掺量和水胶比密切相关，对本研究的实验数据进行回归得到：粉煤灰混凝土的 $R=(15.85FA^3-19.03FA^2+5.81FA+0.70)(-1.051W/B+0.537)$；矿渣混凝土的 $R=(5.03SL^2-1.64SL+0.22)(286W/B^2-221.1W/B+43)$。

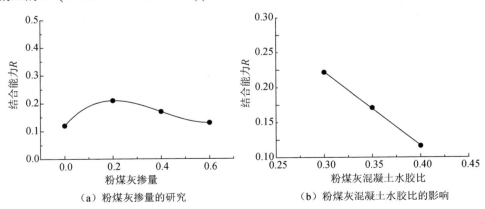

（a）粉煤灰掺量的研究　　　　　　　　　（b）粉煤灰混凝土水胶比的影响

图 9.5　矿物掺和料混凝土在氯盐溶液中的氯离子结合能力（标准养护 28d）

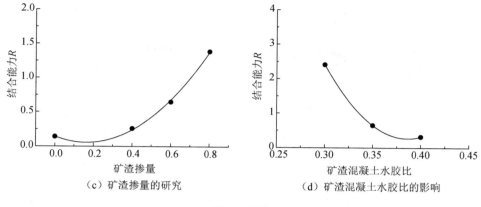

（c）矿渣掺量的研究　　　　　　　（d）矿渣混凝土水胶比的影响

图 9.5（续）

9.2.4.4　混凝土暴露表面的自由氯离子浓度 C_s

1）通过暴露试验和实际工程现场调查确定 C_s

对于新建混凝土结构，选择合理的 C_s 不是一件容易的事，如果条件允许的话，最好在工程附近选择相似环境混凝土结构，进行现场调查数据，这样得出的 C_s 符合工程实际情况。在没有相似环境下混凝土结构的调查数据时，已有的大量国内外有关严酷环境下大量混凝土桥梁、港口、码头等结构物的调查数据和成果同样也可以作为合适的暴露表面氯离子浓度的取值。

（1）美国 Life-365 研究成果。

美国专家研究表明，混凝土结构的表面离子浓度与暴露持续时间有关，持续时间越长，其表面氯离子越高。以混凝土质量百分含量表示的表面最大氯离子浓度及系数见表 9.4。

表 9.4　海洋环境的最大表面氯离子浓度 C_s 和系数

暴露条件	最大表面氯离子浓度 $C_{s, max}$/%
水位变动区	0.8
浪溅区	1.0
离海岸 500m	0.6
离海岸 1000m	0.6

（2）英国研究成果。

Bamforth 调查英国海洋浪溅区的混凝土表面氯离子浓度通常占混凝土的 0.3%～0.7%，并有高达 0.8% 的情况；当混凝土中有矿物掺和料时，表面浓度增加。浪溅区混凝土表面的氯离子浓度值还与迎风或者背风方向有关，大气区的表面浓度值与离开海面的标高和结构表面的朝向有关。Bamforth 建议，进行耐久设计时混凝土表面氯离子浓度可按照表 9.5 取值。

表 9.5　英国推荐用于设计的表面氯离子含量 C_s（占混凝土质量的百分数，%）

环境	海洋浪溅区	海洋浪雾区	海洋大气区
硅酸盐水泥混凝土	0.75	0.5	0.25
加有掺和料混凝土	0.9	0.6	0.3

（3）日本标准。

2002 年出版的日本土木学术会混凝土标准中，提出海洋条件下的混凝土表面的氯离子浓度（以混凝土质量百分数表示），如表 9.6 所示。

表 9.6　日本规范对混凝土表面氯离子浓度的取值

浪溅区	离海岸距离/km				
	岸线附近	0.1	0.25	0.5	1.0
0.65%	0.45%	0.225%	0.15%	0.1%	0.075%

（4）中国调查结果。

① 北方地区的表面浓度取值。

根据北方地区的码头耐久性调查数据，表面氯离子浓度与暴露时间没有明显的规律，浪溅区与水位变动区的表面浓度平均值为 0.515% 与 0.514%，标准差分别为 0.034% 与 0.028%。按照正态分布计算具有 95% 保证率的混凝土表面氯离子浓度取值为

$$浪溅区\ C_s=0.515+1.645\times0.034=0.57\%$$
$$水变区\ C_s=0.514+1.645\times0.028=0.56\%$$

北方地区的暴露站试验数据显示，水位变动区混凝土试件，8 年龄期的表面氯离子浓度分别为 0.703%（仅使用硅酸盐水泥）与 0.887%（掺粉煤灰）。

② 华东地区的表面浓度取值。

华东地区码头构件的表面氯离子浓度调查结果显示：水位变动区的混凝土表面氯离子浓度要高于浪溅区和大气区，大气区的表面氯离子浓度低。随着暴露时间的延长，码头构件表面的氯离子浓度呈现增长的趋势，由于码头调查对象的不同，以及环境条件、取样位置等的变异，造成表面氯离子浓度的数值变化很大，以暴露时间同样是 17 年的混凝土构件为例，其浪溅区表面氯离子浓度的取值范围在 0.2%～0.9% 变化。取 17 年的表面浓度数据进行统计分析，可知表面浓度的平均值为 0.411%，标准差为 0.193%。按照正态分布计算具有 95% 保证率的华东地区表面氯离子浓度取值为

$$C_s=0.411+1.645\times0.193=0.728\%$$

华东地区暴露站试验结果，16 年暴露数据试验获得的浪溅区最大浓度为

0.843%（硅酸盐水泥混凝土），掺硅灰混凝土的表面浓度波动很大，最大值为0.651%。

③ 华南地区的表面浓度取值。

华南地区码头的构件的表面氯离子浓度调查结果显示：10 年以后的码头构件混凝土表面氯离子浓度的变化与时间没有明显相关性，浪溅区和水位变动区的表面浓度差别不大。其表面浓度的平均值为 0.518%，标准差为 0.257%。按照正态分布计算具有 95%保证率的华南地区表面氯离子浓度取值为

$$C_s=0.518+1.645\times0.257=0.941\%$$

湛江港暴露站试验结果，从 20 年暴露数据看，浪溅区的表面浓度应大于 0.80%（硅酸盐水泥混凝土），0.95%（粉煤灰混凝土），0.7%（矿渣混凝土）与 0.75%（硅灰混凝土）。

④ 中国典型地区表面氯离子浓度取值。

根据上面的暴露试验与海港码头调查结果，参考国外相关研究成果，确定中国典型地区混凝土表面氯离子浓度取值如表 9.7 所示。

表 9.7　不同典型地区的混凝土表面氯离子浓度 C_s 取值

区域	暴露条件/混凝土类型		最大表面氯离子浓度/%	年增长速度/%
北方	浪溅区与水位变动区	硅酸盐水泥	0.7	0.10
		粉煤灰	0.9	0.15
	大气区	—	0.6	0.06
华东	浪溅区	硅酸盐水泥	0.9	0.10
		硅灰	0.7	0.07
	大气区	—	0.6	0.06
	水位变动区	—	0.9	0.25
华南	水下区	—	0.7	瞬时变值
	水位变动区	—	0.9	0.25
	浪溅区	粉煤灰	1.0	0.15
		矿渣、硅灰	1.0	0.12
		硅酸盐水泥	1.0	0.10
	大气区	—	0.6	0.06

2）通过室内实验确定 C_s

在没有足够的暴露实验和工程调查数据时，也可以通过室内实验来确定 C_s。前面几章，将混凝土在氯盐溶液中分别浸泡 1 个月、3 个月、6 个月、9 个月、12 个月、18 个月后测定 C_s 随时间的变化规律，发现其符合指数关系，进行拟合得到 C_s 与时间 t 的函数关系（图 9.6）。通过对实验结果进行拟合可得到最大 C_s 与水胶

比的函数关系（图 9.7）：$C_s=-1.54+6.2W/B$。考虑到目前还没有积累大量的 C_s 与混凝土材料组成之间的实测数据，可以假设它们服从正态分布，变异系数通常为 $0.1\sim0.2$。

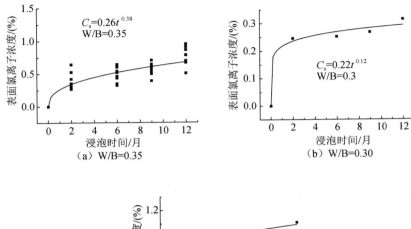

（a）W/B=0.35　　　　　　　　　　（b）W/B=0.30

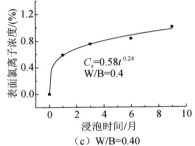

（c）W/B=0.40

图 9.6　C_s 与时间 t 的函数关系

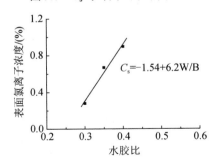

图 9.7　饱和 C_s 与水胶比 W/B 的函数关系

9.2.4.5　氯离子扩散系数的时间依赖性常数 m 的取值规律

结构混凝土在长期使用过程中，由于水泥和矿物掺和料的持续水化，微结构不断密实，混凝土表观扩散系数不断减少。为了反映表观扩散系数不断减少的效应，在研究中引入了氯离子扩散系数的时间依赖性常数 m 值。关于时间依赖性常

数 m 值, 大量文献进行了报道, 但是结果不尽统一, 为了便于今后分析不同混凝土 m 值的规律性, 这里将能够检索到的相关结果汇总如下。

（1）Tang 等测定了 OPC: 当 W/C=0.7 时, m 值为 0.25; 当 W/C=0.32 时, m 值为 0.32。

（2）Mangat 等测定了 W/C=0.56 的 OPC: 当在初始养护期为带模养护 24h 时, 180d 内 m 值为 0.92; 当初始养护期为空气（20℃和55%RH）养护 28d 时, 180d 内 m 值为 0.60; 当初始养护期为水（20℃）养护 28d 时, 180d 内 m 值为 0.52。

（3）Thomas 等的结果表明: W/C=0.66 的 OPC 在 8 年内 m 值为 0.10。W/C=0.54 的掺加 30%FA 混凝土 8 年内 m 值为 0.70, W/C=0.48 的掺加 70%SG 混凝土 8 年内 m 值为 1.20。

（4）Mangat 等测定初始养护期为空气养护 14d 的不同混凝土的情况是: 对于 OPC, 当 W/C=0.4 时, 3 年内 m 值为 0.44, 当 W/C=0.45 时, 270d 内 m 值为 0.47, 当 W/C=0.58 时, 270d 内 m 值为 0.53（水泥用量 430kg/m³）和 0.74（水泥用量 530kg/m³）; 对于粉煤灰混凝土, 当掺加 26%FA、水胶比 W/B=0.4 时, 3 年内 m 值为 0.86, 当掺加 25%FA、W/B=0.58 时, 270d 内 m 值为 1.34; 对于矿渣混凝土, 当掺加 60%SG、W/B=0.58 时, 270d 内 m 值为 1.23; 对于硅灰混凝土, 当掺加 15%SF、W/B=0.58 时, 270d 内 m 值为 1.13; 并且认为, m 值与混凝土的水灰比 W/C 有线性关系（而非水胶比）$m=2.5W/C$。

（5）Helland 进行的暴露实验表明: 对于低水胶比的掺加 SF 混凝土, 在 1.5 年内 m 值为 0.70。

（6）Bamforth 实验指出: W/C=0.4 的 OPC, m 值为 0.17。

（7）Boddy 等发现: 对于 W/C=0.4 的 OPC, m 值为 0.43, 当掺加 8%和 12% 偏高龄土后其 m 值分别为 0.44 和 0.50; 对于 W/C=0.32 的 OPC, m 值为 0.30, 当掺加 8%和 12%偏高龄土后, m 值分别为 0.38 和 0.46。

（8）Stanish 等的结果表明: 对于 W/C=0.5 的 OPC, 4 年内 m 值为 0.32; 掺加 25%和 56% FA 后混凝土的 m 值分别为 0.66 和 0.79。

（9）DuraCrete 项目指南提出按照混凝土的掺和料种类和海洋暴露位置来确定 m 值（表 9.8）。

表 9.8　DuraCrete 项目指南 m 值

海洋环境	硅酸盐水泥	粉煤灰	矿渣	硅粉
水下区	0.30	0.69	0.71	0.62
浪溅及潮汐区	0.37	0.93	0.60	0.39
大气区	0.65	0.66	0.85	0.79

（10）按 Life-365 标准程序建议 m 采用以下公式，即

$$m=0.2+0.4(\%FA/50+\%SG/70)$$

式中：%FA 为粉煤灰占胶凝材料百分数；%SG 为矿渣占胶凝材料百分数。

（11）欧盟的 Fib 耐久性设计指南中，对混凝土的氯离子扩散系数随龄期衰减的系数做出了如表 9.9 所示规定。

表 9.9　氯离子扩散系数随龄期衰减系数

混凝土用胶凝材料	龄期系数均值	龄期系数标准差	龄期系数变化范围
硅酸盐（W/C：0.4～0.6）	0.30	0.12	0～1.0
粉煤灰（W/C：0.42～0.62）	0.60	0.15	0～1.0
矿渣（W/C：0.4～0.6）	0.45	0.20	0～1.0

　　分析上述众多文献不难发现，m 值呈现多变性。水灰比越大，m 值越大；混凝土掺加活性掺和料后 m 值增大，而且掺量越大这种趋势越明显。m 值的多变性对于应用十分不便，如果将掺加相同掺和料混凝土的 m 值统一起来，那么应用起来就非常方便。针对这一问题，许多研究者进行了大量的实验研究。

　　Bamforth 结合自己的研究结果，综合分析了文献中发表的 30 多项研究数据［图 9.8（a）～（c）］，其中 OPC 的最长时间接近 60 年，掺加 FA 的混凝土最长时间为 20 年，掺加 SG 的混凝土最长时间 60 年。结果表明：对于现场暴露的较长的时间过程，混凝土的 m 值可以依据不同的混凝土种类用一个统一的数值来描述，建议 OPC、掺加 30%～50% FA 混凝土和掺加 50%～70% SG 的 m 值分别取 0.264、0.70 和 0.62。无独有偶，Maage 等也进行了类似研究［图 9.8（d）］，所不同的是，后者全部采用自己测定的实验室数据和调查的现场数据（现场混凝土的最长时间为 60 年），他们发现，无论混凝土的种类如何，m 都可以用一个统一的数值，在 100 年内混凝土 m 值为 0.64，并且原作者还采用该数值成功地对北海石油钻井平台的使用寿命进行了预测。Maage 等提供的数据有非常广泛的代表性，至少包含了 38 个不同配合比混凝土、9 个丹麦和瑞典的海洋工程总共 143 组以上的测试数据。仔细分析 Bamforth 提供的扩散系数与时间的关系图（图 9.8），也发现掺加 FA 和 SG 的混凝土的数据点趋势实际上差异不大，对数线性相关直线几乎与 Maage 提供的图中直线平行，说明长期混凝土的 m 值可以统一。为了保险起见，$m=0.60$ 是合理的。

　　在当前的技术条件下，对于已建或在建的工程，m 值宜采用现场取粉或根据已确定的混凝土配合比，利用现场原材料成型试件进行长期氯盐浸泡得到的实测数据进行推算得到。本研究通过对各种粉煤灰混凝土经过 180d 的氯盐浸泡实验，得到表观扩散系数随时间的变化规律，如图 9.9 所示。通过对 15 个实验样本的回归得到粉煤灰混凝土的 $m=0.62$。

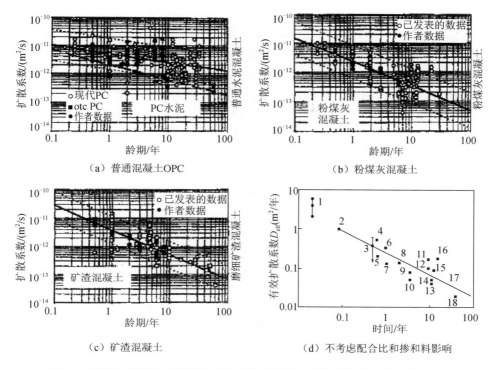

（a）普通混凝土OPC　　　　　　　　（b）粉煤灰混凝土

（c）矿渣混凝土　　　　　　　　（d）不考虑配合比和掺和料影响

图 9.8　时间对混凝土的氯离子扩散系数的影响（对数直线的斜率即为−m）

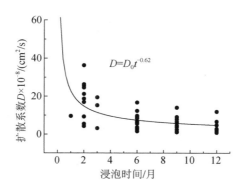

图 9.9　粉煤灰混凝土的表观扩散系数随时间的变化规律

9.2.4.6　氯离子扩散性能的劣化效应系数 K

结构混凝土在制备和使用过程中受施工养护、荷载、环境气候等影响，混凝土会产生微裂纹、蜂窝、麻面等缺陷，使其渗透性提高，从而使其氯离子扩散速率加快。式（9-4）按照分项系数法将劣化系数 K 值划分为施工养护系数 K_c、应力加速系数 K_{σ_s}、温度影响因子 K_T、干湿循环影响因子 K_E。

1）施工养护系数 K_c

施工过程中养护制度特别是养护龄期对于掺矿物掺和料混凝土的氯离子扩散性能有重要的影响。养护龄期越长，混凝土内部的水泥和矿物掺和料水化越充分，结构越致密，缺陷越少，抗氯离子渗透的能力越高。因此，为了提高混凝土的耐久性能，应尽可能延长养护时间，但是很多情况下受工期的限制，混凝土的养护时间比较短，造成混凝土的耐久性能大幅度下降。为了确定施工养护时间对混凝土氯离子扩散性能的影响程度，参考欧洲相关指南中有关养护时间对混凝土氯离子扩散性能的影响程度的规定：$K_{1d}=2.08$，$K_{3d}=1.5$，$K_{7d}=1$，$K_{28d}=0.79$，结合我国的国情（我国通常将 28d 定为标准养护时期），本研究将 $K_{28}=1$，其他养护龄期按 DuraCrete 的相同比例进行类推，可得 $K_1=2.6$，$K_3=1.9$，$K_7=1.3$。

2）应力加速系数 K_{σ_s}

（1）弯曲应力加速系数。混凝土在弯曲应力作用下，应力水平大小对混凝土的氯离子扩散影响较大。图 9.10 为粉煤灰掺量 40%混凝土分别在 0、0.20、0.35、0.50、0.65、0.80 6 个不同弯曲应力水平作用下一维和二维氯离子扩散随时间的变化规律。

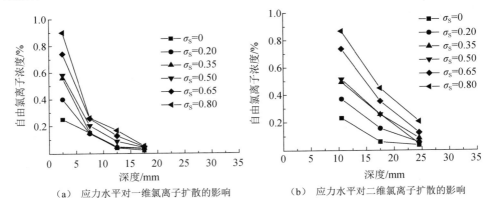

（a）应力水平对一维氯离子扩散的影响　　　（b）应力水平对二维氯离子扩散的影响

图 9.10　弯拉应力水平对粉煤灰混凝土一维和二维氯离子扩散的影响

比较承受弯拉应力混凝土和无应力混凝土的一维和二维氯离子扩散可知：在相同的深度处，不论应力水平高低，均表现出弯拉应力区的氯离子浓度大于无应力状态下的氯离子浓度，即弯拉应力加快了混凝土的氯离子扩散，并且浸泡时间越长这种现象表现得越明显。另外，通过比较不同应力水平对氯离子扩散浓度的影响可知，应力水平越高氯离子扩散越深、浓度越大。通过上述分析可知，弯拉应力加速了粉煤灰混凝土的氯离子的扩散，且这种加速作用随应力水平的增加而增大。

为量化应力加速作用，本书作者提出了应力加速因子（stress accelerating factor）概念，并定义应力加速因子 K_{σ_s} =（应力水平为 σ_s 时混凝土氯离子扩散系数）/（无应力状态时混凝土氯离子扩散系数）。图 9.11（a）为掺粉煤灰 40%混凝土（FA40I35）的加速系数 K_{σ_s} 与应力水平 σ_s 的关系曲线。对实测结果进行回归得到 $K_{\sigma_s}=1+0.57\sigma_s$。

（2）压缩应力和拉伸应力加速系数：中国建筑材料科学总院联合代尔夫特大学、根特大学、慕尼黑工业大学、深圳大学等多所国内外高校和科研院所对压缩和拉伸应力作用下混凝土氯离子扩散系数的变化规律进行了系统研究，如图 9.11（b）所示。从图中可发现，压缩应力比在 0.5 以下降低了氯离子扩散系数，应力比在 0.5 以上增大了氯离子扩散系数。例如，压缩应力比 0.3 时，相对扩散系数减小到 0.8；压缩应力比 0.6 时，相对扩散系数增加到 1.17，对实测结果进行回归得到 $K_{\sigma_s}=1-1.62\sigma_s+3.17\sigma_s^2$。施加拉伸应力后混凝土的氯离子扩散系数增加，应力比越大，增加程度越大，例压缩应力比为 0.5 时，相对扩散系数增加到 1.25，压缩应力比为 0.8 时，相对扩散系数增加到 1.53，对实测结果进行回归得到 $K_{\sigma_s}=1+0.62\sigma_s$。上述的试验结果表明，对承受应力的混凝土结构（如柱、梁、板等），应考虑应力对氯离子扩散的影响作用，然而目前结构设计规范并没有考虑这种加速作用。

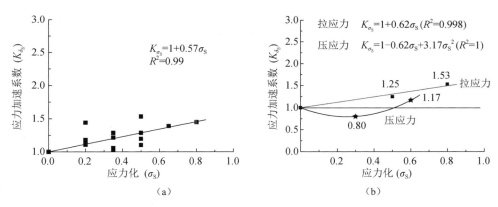

图 9.11　应力水平对氯离子扩散系数的影响

3）温度影响因子 K_T

暴露环境温度对氯离子在混凝土中的扩散渗透有显著的影响，提高温度将加快氯离子的渗透速率，对 W/C=0.4 的硬化水泥，当温度从 7℃升高到 44℃时，氯离子扩散系数从 $0.345\times10^{-4}\text{m}^2$/年增大到 $2.65\times10^{-4}\text{m}^2$/年，而 W/C=0.6 时，氯离子扩散系数从 $1.58\times10^{-4}\text{m}^2$/年增大到 $10.3\times10^{-4}\text{m}^2$/年，即温度升高到 44℃时氯离子扩散系数分别是 7℃的 6.11 和 7.63 倍。我国南方港口年平均温度 23.5～24℃，氯离子扩散系数为 0.59～0.6244（W/C=0.4，龄期 10 年、13 年），1.135～1.476（W/C=0.45，龄期 9 年、11 年），而日照港年平均温度约 13℃，氯离子扩散系数为 0.289～0.2264（W/C=0.39，龄期 16 年），0.428～0.436（W/C=0.48，龄期 16 年），同样可以看出环境温度对氯离子扩散系数有显著影响。

　　Zhang 等和 Stephen 等基于 Arrhenius 定律建立了混凝土氯离子扩散系数与温度的关系为

$$D = D_0 \frac{T}{T_0} e^{q\left(\frac{1}{T_0} - \frac{1}{T}\right)}$$　　　　　　　　　　（9-50）

式中：D 为温度 T(K)时的氯离子扩散系数；D_0 为温度 T_0(K)时的氯离子扩散系数；q 为活化常数，与水灰比有关（当 W/B= 0.4 时，q=6000 K；当 W/B=0.5 时，q=5450 K；当 W/B=0.6 时，q=3850 K），对其进行线性回归得到 q=10 475-10 750W/B。

　　4）干湿循环影响因子 K_E

　　干湿交替环境下，氯离子在混凝土中的侵入除了扩散外，还包括由于表层混凝土的风干，产生的毛细管吸收作用，而且风干程度越高，毛细管吸收作用就越大。风干时水分向外迁移，而盐分向内迁移，再次润湿时又由更多的盐分以溶液的形式带进混凝土的毛细管孔隙中。因此，在干湿循环作用下氯离子快速地侵入到混凝土内部引起钢筋锈蚀。

　　干湿循环影响可以采用第 8 章建立的传输模型来计算，也可以在饱和扩散方程的基础上对扩散系数乘以干湿影响因子来简化处理。在本节中，干湿影响因子 K_E =（干湿循环条件下混凝土氯离子扩散系数）/（室内浸泡条件下混凝土氯离子扩散系数）。图 9.12 为干湿循环加速系数 K_E 与时间 t 的关系曲线。从图 9.12 中可以发现 K_E 随干湿循环有稍许波动，但基本上围绕恒定值波动。对本研究的 18 个样本进行回归，可得 $K_{D\text{-}w}$=2.63。

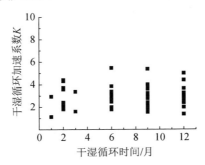

图 9.12　为干湿循环加速系数 K_E 与时间 t 的关系曲线

9.2.5　模型参数的影响规律及模型简化

　　基于氯离子扩散的多因素混凝土寿命预测模型，解决了 Fick 扩散第二定律在混凝土应用中存在的 6 个问题。为了便于模型在实际结构中应用，在理论上阐明模型中各种关键因素对使用寿命的影响规律，并且进行适当简化，显得十分必要。

　　本节以标准养护 28d 各种混凝土（粉煤灰混凝土、矿渣混凝土、双掺粉煤灰-矿渣混凝土）在氯盐溶液中自然浸泡、载荷-浸泡、载荷-浸泡-干湿循环等单一、双重或多重因素长期作用下实测参数为计算依据，研究了：①结构混凝土有限大体与无限大体的寿命之间关系；②讨论分别利用一维、二维和三维有限大体的齐次氯离子扩散模型所计算的寿命之间的关系；③边界条件齐次性与非齐次性对寿命的影响；④氯离子在混凝土内扩散过程中的非线性结合对寿命的影响；⑤结构混凝土构造要求（保护层厚度）、混凝土自身特性（D_0、m、R、K、C_{cr}）、边界条件（C_s）、初始条件（C_0）和暴露条件（T）。

　　计算时采用 Mathematica 5.0 数学软件进行编程；对于二维和三维有限大体，不同方向采用等保护层厚度，不同维度的尺寸相同，即 $x=y$，$L_1=L_2$ 和 $x=y=z$，$L_1=L_2=L_3$；计算参数如下：$D_0=1.48\text{cm}^2/\text{年}$，$K=1$，其他参数：$C_0=0$，$C_s=0.67\%$，$C_{cr}=0.05\%$，$m=0.62$，$R=0.16$，$p_L=1$，$T=293\text{ K}$，$t_0=28\text{d}$，保护层厚度 $x=25\text{mm}$，40mm，70mm。

9.2.5.1　不同模型条件对混凝土使用寿命的影响

1）结构尺寸对寿命的影响（齐次边界条件）

　　图 9.13 是混凝土结构尺寸（L）与保护层厚度（x）之比 L/x 和扩散到钢筋表面自由氯离子浓度 C_f 之间的关系。计算结果表明，一维、二维和三维有限大体的寿命与 L/x 的关系具有相同的规律，当 $L/x<2\sim3$ 时，扩散到钢筋表面自由氯离子浓度 C_f 随着 L/x 的增大而迅速减少；当 $L/x>2\sim3$ 时扩散到钢筋表面自由氯离子浓度 C_f 与 L/x 无关。事实上，对于实际混凝土结构 L/x 比一般大于 $2\sim3$ 的，也就是说无论一维、二维还是三维情况，实际结构混凝土有限大体的氯离子扩散与无限大体氯离子扩散没有明显差别，即服役寿命没有显著差别。因此，对于氯盐环境中钢筋混凝土的寿命预测和耐久性设计，可按简单的无限大体考虑。

　　2）暴露维数对寿命的影响（齐次边界条件）

　　（1）不考虑维数间的交互作用。

　　在多维扩散方程求解过程中，为了得到解析解，我们并没有考虑二维的交互作用 $\dfrac{\partial^2 C_f}{\partial xy}$ 和三维的交互作用 $\dfrac{\partial^2 c_f}{\partial xy}$、$\dfrac{\partial^2 c_f}{\partial xz}$、$\dfrac{\partial^2 c_f}{\partial yz}$。在不考虑二维和三维的交互作用条件下，根据式（9-35）～式（9-37）可知：相同条件下，一维扩散情况下钢筋混凝土结构寿命 $t=\left[N/\text{Inverf}(1-C_{cr}/C_s)\right]^{2/(1-m)}$，其中 $N=2\sqrt{\dfrac{KD_0 t_0^m}{(1+R)(1-m)}}$；二维扩散情况下钢筋混凝土结构寿命 $t=\left[N/\text{Inverf}\left(\sqrt{1-C_{cr}/C_s}\right)\right]^{2/(1-m)}$（两个方向保护层厚度相同，$x=y$）；三维扩散情况下钢筋混凝土结构寿命 $t=\left[N/\text{Inverf}\left(\sqrt[3]{1-C_{cr}/C_s}\right)\right]^{2/(1-m)}$（三个方向的保护层厚度相同，$x=y=z$）。不同扩散维数对钢筋混凝土结构寿命的影响如图 9.14 所示。计算结果表明，不同扩散维数时钢筋混凝土结构的寿命大小顺序为：一维>二维>三维。二维和三维扩散时寿命与一维寿命的比例分别是：二维扩散寿命为一维寿命的 44.7%，三维扩散寿命为一维寿命的 30.3%。

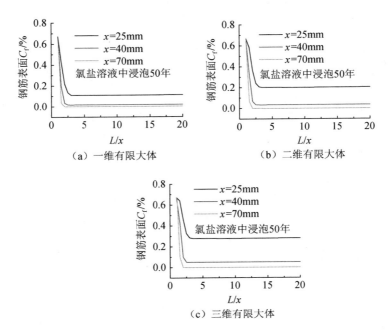

图 9.13　混凝土结构尺寸 L/x 与氯离子扩散之间的关系

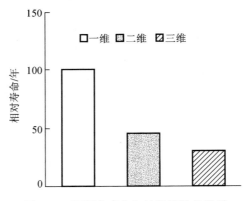

图 9.14　混凝土寿命与扩散维数的关系

（2）考虑维数间的交互作用。

理论上讲，如果不存在交互作用，边角部的二维氯离子扩散深度应该是一维扩散深度的 $\sqrt{2}$ 倍，三维氯离子扩散深度应该是一维扩散深度的 $\sqrt{3}$ 倍，但试验结果发现事实并非如此，在相同深度处二维和三维扩散区的理论氯离子浓度比实测值要小；从二维、三维氯离子扩散轮廓（图 9.15）中也可以明显看到二维和三维氯离子扩散区并不是理论上的直角，而表现为清晰的圆弧。这表明 2 个或 3 个方向的氯离子扩散在叠加时存在着交互作用。

二维氯离子扩散

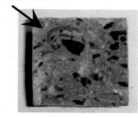

三维氯离子扩散

图 9.15　混凝土边角处二维和三维氯离子扩散轮廓图

　　为定量描述这种由于维度变化引起的交互效应，我们定义一个交互系数 $K_{nD} = D_E / D_T$（其中，n 为维度，取 2 或 3；D_T 为二维、三维自由氯离子浓度理论值；D_E 为对应的实测值）。从定义不难看出，K 的物理意义是表征在相同深度处二维、三维氯离子浓度比一维氯离子浓度的加速效应。换而言之，K 相当于一个维度加速因子。

　　根据本书作者大量的实测结果发现，尽管 K 随扩散进入的自由氯离子浓度变化稍许波动，但基本围绕恒定值波动，如图 9.16 所示。对二维和三维交互系数进行回归，可得 $K_{2D}=2.01$，$K_{3D}=2.27$。

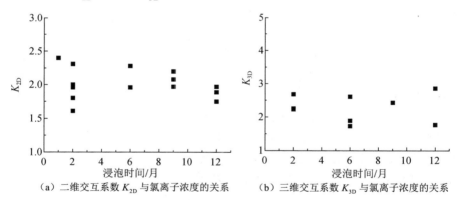

（a）二维交互系数 K_{2D} 与氯离子浓度的关系　　　（b）三维交互系数 K_{3D} 与氯离子浓度的关系

图 9.16　不同维度氯离子扩散交互系数 K 与氯离子浓度的关系

3）边界条件对寿命的影响

　　为了研究常数边界条件的齐次扩散问题和指数边界条件的非齐次扩散问题对钢筋混凝土结构寿命的影响规律，首先必须建立混凝土暴露表面氯离子浓度的时间函数。根据作者对粉煤灰混凝土在浓度为 3.5% NaCl 溶液中长期浸泡的实验结果，通过曲线拟合得到暴露表面氯离子浓度数值，然后按指数形式拟合得到表面氯离子浓度 C_s 的时间函数：$C_s = 0.67(1 - e^{-0.3t})$。

　　图 9.17 是一维混凝土结构在 3.5% NaCl 溶液中浸泡的寿命与边界条件之间的关系。结果表明，边界条件对混凝土寿命的影响规律与混凝土保护层厚度有关：

①当保护层厚度小于等于 40mm，如果混凝土使用寿命小于等于 20 年，则非齐次问题时扩散到钢筋表面自由氯离子浓度<齐次问题，即非齐次问题时混凝土的寿命比齐次问题时要短；如果混凝土使用寿命大于 20 年，则非齐次与齐次时扩散到钢筋表面自由氯离子浓度无明显差别，即非齐次问题时混凝土的寿命与齐次问题时没有差别。也就是说，边界条件的齐次性对于低寿命（≤20 年）的混凝土有影响，对高寿命混凝土没有影响。②当保护层厚度大于 40mm，非齐次问题时扩散到钢筋表面自由氯离子浓度>齐次问题，即非齐次问题时混凝土的寿命比齐次问题时要长。

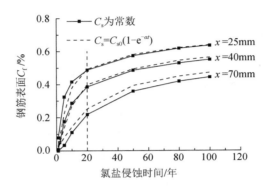

图 9.17   混凝土寿命与边界条件之间的关系

4）氯离子非线性结合对寿命的影响

Martin-Perez 等、Sergi 等、Nilsson 等、Tang 等、Tritthart 和 Glass 等、余红发和孙伟等用大量实验研究发现：自由氯浓度在较低范围内（≤0.3%占混凝土）时，混凝土对氯离子的结合能力是线性的；在高范围内，混凝土对氯离子的结合能力表现出非线性关系，如图 9.18 所示。针对高 C_f 范围内混凝土对氯离子的非线性结合，为了能够得到扩散方程的解析解，余红发提出了非线性系数 P_L，即将非线性结合转化为了线性结合，非线性系数 P_L 变化规律如图 9.19 所示。

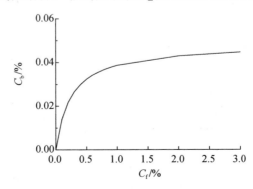

图 9.18   高 C_f 浓度内混凝土对氯离子结合的非线性

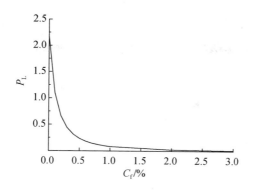

图 9.19　氯离子结合能力的非线性系数变化

图 9.20 是保护层厚度分别为 25mm、40mm 和 70mm 时线性结合与非线性结合能力对一维半无限大钢筋混凝土结构寿命的影响规律。由图 9.20 可知，在氯盐侵蚀时间相同且当考虑混凝土对氯离子的非线性结合时，扩散到钢筋表面的自由氯离子浓度比线性结合时要提高一点，但提高程度非常有限。即当考虑混凝土对氯离子的非线性结合时，钢筋混凝土结构的寿命比线性结合时有所缩短。

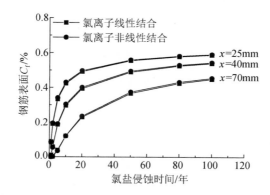

图 9.20　氯离子的线性结合与非线性结合对混凝土寿命的影响（一维无限大体）

综合上述分析可知：对于氯盐环境下实际结构混凝土的寿命预测时可将其作为常数边界条件、氯离子以线性形式结合的简单无限大体问题进行处理。

9.2.5.2　不同因素与技术措施对混凝土使用寿命的影响

根据前述推导的不同氯离子扩散理论模型公式，混凝土结构的使用寿命主要取决于结构构造要求、混凝土特性和暴露条件。混凝土结构构造要求主要指保护层厚度；混凝土特性包括氯离子扩散系数及其时间依赖性、氯离子结合能力、临界氯离子浓度、混凝土内部初始氯离子浓度和混凝土氯离子扩散性能的劣化效应系数；暴露条件包括暴露表面的氯离子浓度和环境温度等。下面依据考虑齐次一维与二维无限大体的氯离子扩散理论模型，研究不同因素与技术措施对混凝土使用寿命的影响规律。

1）混凝土结构构造要求的影响——保护层厚度

混凝土结构中钢筋保护层厚度是决定混凝土结构使用寿命的关键性因素，由一维、二维和三维扩散模型公式可知 t 与 $x^{2/(1-m)}$ 成正比。图 9.21 是保护层厚度对不同维数下混凝土使用寿命的影响规律。结果表明，随着保护层厚度的增加，无论是一维、二维还是三维扩散模型混凝土寿命的增长都很快，而且保护层厚度对混凝土寿命的影响规律与混凝土种类和扩散维数无关。例如，一维扩散条件下，与保护层厚度 70mm 时混凝土寿命相比，常规保护层厚度（25mm 左右）时寿命不及其 1%。因此，保护层厚度要求在结构耐久性设计中起非常重要的作用，提高保护层厚度是延长混凝土结构使用寿命的十分有效的措施。

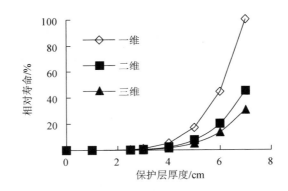

图 9.21　保护层厚度对不同维数下混凝土使用寿命的影响

2）混凝土材料特性的影响——D_0、m、R、K

（1）氯离子扩散系数 D_0。

混凝土的自由氯离子扩散系数是决定结构使用寿命的另一个关键性因素，由一维、二维和三维扩散模型公式可以看出 t 与 $D_0^{1/(1-m)}$ 成反比。图 9.22 是氯离子扩散系数对不同维数下混凝土使用寿命的影响规律。结果表明，无论保护层厚度如何，扩散维数多少，混凝土使用寿命均随着氯离子扩散系数的减小而急剧增长。在给定的计算条件下，采用低氯离子扩散系数的混凝土后，结构寿命比高氯离子扩散系数延长了几十倍。

（2）氯离子扩散系数的时间依赖性 m。

混凝土材料在使用过程中，由于水泥的水化作用，使混凝土结构不断密实，其渗透性随时间的延长而逐渐降低。图 9.23 是氯离子扩散系数的时间依赖性常数 m 对混凝土使用寿命的影响。由图 9.23 可见，m 值对混凝土寿命的影响规律与混凝土的扩散系数有关：对于低扩散系数的高性能混凝土（W/B≤0.5），无论是一维、二维还是三维扩散，高性能混凝土寿命随 m 值增加而延长。对于高扩散系数的普通混凝土（W/B>0.6），存在一个临界值 m_{cr}：当 $m<m_{cr}$ 时，混凝土使用寿命随着 m 值增加而延长；当 $m>m_{cr}$ 时，混凝土使用寿命随着 m 值增加而缩短。实际情况下，目前结构混凝土大多采用高性能混凝土，因此，m 值对混凝土寿命影响规律随 m 值增加而快速延长。

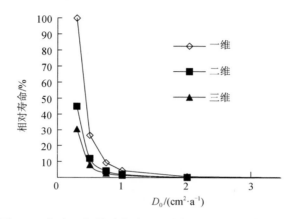

图 9.22　氯离子扩散系数对不同维数下混凝土寿命的影响

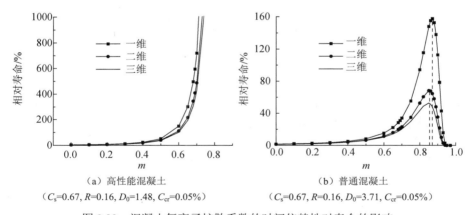

（a）高性能混凝土
（C_s=0.67, R=0.16, D_0=1.48, C_{cr}=0.05%）

（b）普通混凝土
（C_s=0.67, R=0.16, D_0=3.71, C_{cr}=0.05%）

图 9.23　混凝土氯离子扩散系数的时间依赖性对寿命的影响

（3）混凝土氯离子结合能力 R。

在混凝土中只有自由氯离子才能导致钢筋锈蚀，混凝土的氯离子结合能力决定了渗入结构中的自由氯离子浓度，它对混凝土使用寿命有明显的影响。依据一维、二维和三维扩散模型式（9-35）～式（9-37）可知，t 与 $(1+R)^{1/(1-m)}$ 成正比。图 9.24 是氯离子结合能力对混凝土使用寿命的影响。结果表明，混凝土的氯离子结合能力越大，其使用寿命越长，而且其影响规律与混凝土种类和扩散维数无关。

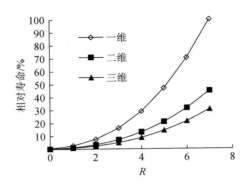

图 9.24　混凝土氯离子结合能力对寿命的影响

（4）混凝土结构微缺陷 K。

本节提出了"劣化效应系数" $K = K_T K_E K_{\delta_s} K_c$，它是一个广义的"劣化效应系数"。当 $K>1$ 时混凝土真正发生劣化，内部产生缺陷，氯离子扩散加速；当 $K<1$ 时则表明不仅混凝土没有发生劣化，反而发生了密实强化作用，氯离子扩散系数减小。

由一维、二维和三维扩散模型式（9-35）～式（9-37）可知，t 与 $K^{1/(1-m)}$ 成反比。图 9.25 是 K 对混凝土使用寿命的影响。由图可见，K 值影响混凝土使用寿命的规律与混凝土种类和扩散维数无关。当 K 值增大时，混凝土的使用寿命急剧缩短。由此可见，以减少混凝土结构缺陷为主要目的的防裂措施对于提高混凝土结构的使用寿命是至关重要的。

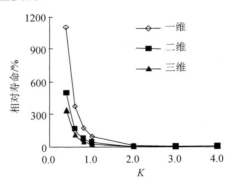

图 9.25　混凝土内部微缺陷对寿命的影响

3）暴露环境的影响——温度 T

提高暴露环境温度将加快氯离子在混凝土中的渗透速度。基于阿伦尼乌斯定律建立了混凝土氯离子扩散系数与温度的关系：$D_T = D_0 \dfrac{T}{T_0} \mathrm{e}^{q\left(\frac{1}{T_0} - \frac{1}{T}\right)}$，其中，$D_T$ 为温度 $T(\mathrm{K})$ 时的氯离子扩散系数；D_0 为温度 $T_0(\mathrm{K})$ 时的氯离子扩散系数；q 为活化常数，与水灰比（W/B）有关，$q=(10\ 475\sim10\ 750)$W/B。将上述扩散系数与温度的关系式代入一维、二维和三维氯离子扩散理论方程，即可得到考虑温度影响的混凝土多维寿命预测模型，研究该寿命预测模型可知 t 与 $\mathrm{e}^{\frac{1}{1-m}\left(\frac{1}{T_0}-\frac{1}{T}\right)}$ 成反比。图 9.26 是环境温度对不同维数下的混凝土使用寿命的影响。结果表明，无论暴露维数的多少，随着环境温度的提高，混凝土使用寿命均迅速降低。

4）限制条件的影响——C_0、C_s、C_{cr}

（1）初始氯离子浓度 C_0。

制备混凝土时，如果采用的原材料中含有一定的氯离子，则硬化后混凝土内部含有的氯离子对使用寿命有较大的影响。依据一维、二维和三维扩散模型式（9-35）~式（9-37）可知，t 与 $\mathrm{Inverf}\,[1-(C_{cr}-C_0)/(C_s-C_0)/C_s]^{1/(1-m)}$ 成反比。图 9.27 是混凝土内部初始氯离子浓度 C_0 对其使用寿命的影响。结果表明，混凝土使用寿命随着内部初始氯离子浓度的增加而缩短，特别是当初始氯离子浓度 $C_0>0.04\%$ 后，其寿命快速下降，一旦 C_0 达到混凝土的临界氯离子浓度，则混凝土的使用寿命（诱导期寿命）为零。可见，在混凝土冬期施工中常掺加氯盐早强剂、防冻剂或者使用其他含氯盐原材料，这对混凝土的耐久性极为不利。

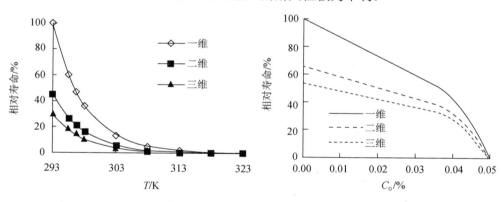

图 9.26　环境温度对混凝土寿命的影响　　　图 9.27　初始氯离子浓度对混凝土寿命的影响

（2）暴露表面氯离子浓度 C_s。

由一维扩散模型式（9-35）可以看出，t 与 $\mathrm{Inverf}(1-C_{cr}/C_s)^{1/(1-m)}$ 成反比；由二维扩散模型式（9-36）可以看出，t 与 $\mathrm{Inverf}\left(1-\sqrt{1-C_{cr}/C_s}\right)^{1/(1-m)}$ 成反比；由三维扩散模型式（9-37）可以看出，t 与 $\mathrm{Inverf}\left(1-\sqrt[3]{1-C_{cr}/C_s}\right)^{1/(1-m)}$ 成反比。图 9.28 是暴露表面氯离子浓度分别对一维、二维、三维扩散条件下混凝土使用寿命的影响规律。结果表明，暴露表面氯离子浓度 C_s 对混凝土结构使用寿命有决定性的影响，C_s 值越高，混凝土使用寿命越短；相对来说，C_s 值对二维和三维扩散时混凝土寿命的影响更大一些。

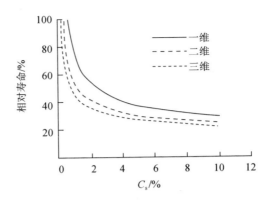

图 9.28　暴露面氯离子浓度对混凝土寿命的影响

（3）临界氯离子浓度 C_{cr}。

混凝土的临界氯离子浓度一般为水泥质量的 0.4%，或为混凝土质量的 0.05%。当混凝土采用不同的钢筋防腐措施后，临界氯离子浓度可提高 4～5 倍。依据一维、二维和三维扩散模型式（9-35）～式（9-37）可知，t 与 $\mathrm{Inverf}(1-C_{cr}/C_s)^{1/(1-m)}$ 成反比。图 9.29 是混凝土的临界氯离子浓度对其使用寿命的影响。结果表明，无论一维、二维还是三维扩散，混凝土使用寿命随着临界氯离子浓度的增加而延长，该规律与混凝土的种类无关。

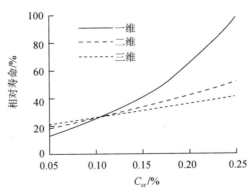

图 9.29　临界氯离子浓度对混凝土寿命的影响

9.2.5.3　基于氯离子扩散的多因素寿命预测简化模型

综合上述研究和已有文献可知：①在通常的海洋氯盐环境侵蚀条件下，混凝土的氯离子结合表现出线性特征，一般不会出现非线性结合；加之氯离子结合能的线性和非线性对混凝土的寿命没有明显的影响。因此，为了寿命计算简便，在工程应用时可将 R 作为常数。②由于实际混凝土结构 L/x 比都是大于 2～3 的，实际结构混凝土的有限大体的服役寿命与相应的无限大体没有明显差别。③考虑表面氯离子浓度 C_s 的时间函数的非齐次问题时的混凝土寿命与将 C_s 作为常数的齐次问题时的寿命除在早期有稍许差别外，后期没有区别。

考虑上述因素，并参考欧洲 DuraCrete、日本土木学会耐久性标准以及美国 Life-365 耐久性标准设计程序，对上述复杂的理论模型进行简化，得到理论和工程应用结合的简化模型，该模型综合考虑混凝土材料参数（矿物掺合料种类与掺量、水胶比、氯离子结合能力、扩散系数时间依赖性）、结构构造参数（扩散维数、保护层厚度）、环境参数（干湿循环、温度、冻融等）、荷载、施工参数（养护龄期）的多因素寿命预测模型为

$$C_{cr} \geqslant C_0 + (C_S - C_0)\left[1 - \text{erf}\frac{x_c}{2\sqrt{\dfrac{K_{\delta_s}K_D K_c K_E K_T D_0 t_0^m}{(1+R)(1-m)} \cdot t^{1-m}}}\right] \tag{9-51}$$

式中，参数的取值以实际工程实测数据或采用现场相同原材料和相同配合比混凝土的室内模拟实验结果为准，如果没有实测数据，可通过以下方式取值。

C_{cr} ——钢筋脱钝的临界氯离子浓度，C_{cr} =0.05%～0.07%（占混凝土）。

K_{σ_S} ——应力加速应子，对于弯曲应力 K_{σ_S} =1+0.57σ_S，对于拉应力 K_{σ_S} = 1+0.62σ_S，对于压缩应力 K_{σ_S} =1-1.62σ_S +3.17σ_S^2。

K_D ——氯离子扩散维数影响因子，K_{1D} =1，K_{2D} =2.01，K_{3D} =2.27。

K_c ——养护龄期影响因子，K_1 =2.6，K_3 =1.9，K_7 =1.3，K_{28} =1.0。

K_E ——环境影响因子，对于浸泡 K_E =1，对于干湿循环 K_E =2.6。

K_T ——温度影响因子，$K_T = \dfrac{T}{T_0}\text{e}^{q\left(\frac{1}{T_0}-\frac{1}{T}\right)}$ [其中 T_0 =293K，T 为结构混凝土暴露环境的温度（K），q 为活化常数，q =(10 475-10 750)W/B（K）]。

D_0 ——t_0 =28d 时混凝土的氯离子扩散系数，对于粉煤灰混凝土 D_0 =(0.60-1.34FA+ 1.50FA^2)[(30.39-173.9)W/B+274(W/B)^2]，对于矿渣混凝土 D_0 =[(3.41+4.18SL- 51.16SL^2+ 64.13SL^3)(-0.655+12.3)W/B]。

m ——时间依赖性常数，m 可按 DuraCrete 项目指南规定取值，对于双掺或多掺矿物掺和料混凝土通过线性插值法取值。

R ——氯离子结合能力，粉煤灰混凝土的 R =(15.85FA^3-19.03FA^2+5.81FA+ 0.70) (-1.051W/B+0.537)；矿渣混凝土的 R =(5.03SL^2-1.64SL+0.22)(286W/B^2- 221.1W/B+43)。

C_s ——混凝土表面氯离子浓度，C_s =(-1.54+6.2)W/B（占混凝土%）。

C_0 ——混凝土内部的初始自由氯离子浓度，对于使用常规原材料 C_0 =0。

x_c——实际混凝土保护层厚度，$x_c = x_c^d + \Delta x \,(cm)$ [Δx 为施工误差：对于关键部位（如墩身干湿交替区、主梁、索塔），$\Delta x = 2cm$，对于一般部位，$\Delta x = 1.4cm$，对于不重要部位，$\Delta x = 0.8cm$]，混凝土施工质量良好时 Δx 可取 1.0cm。

FA——粉煤灰掺量。

SL——矿渣掺量，以比例表示。

W/B——水胶比。

9.3　发展期和失效期预测模型

发展期和失效期的寿命预测主要是针对钢筋表面到达临界氯离子浓度（CTV）后，钢筋开始锈蚀至混凝土保护层表面出现可见裂缝，且裂缝宽度达到临界值时所需要的时间。这一阶段主要任务是如何把钢筋锈蚀过程与钢筋混凝土保护层开裂产生微裂缝的力学过程相互结合起来。

金伟良、赵羽习等将混凝土保护层锈胀开裂分为铁锈自由膨胀、混凝土保护层承受应力和混凝土保护层应力开裂三个阶段，建立了混凝土保护层胀裂时间与钢筋锈蚀深度的计算模型。Liu 等对均匀锈蚀情况下混凝土保护层锈胀开裂进行了试验，得出了锈蚀产物生成量与锈蚀时间之间的关系，并由此建立了相应的计算公式。Andrade 和 Alonso 等进行了加速锈蚀开裂试验，并对探讨了影响混凝土保护层开裂的各种因素。Cabrera 等、Mangat 等、Vu 等及 Maaddawy 等在混凝土保护层锈胀开裂试验研究的基础上，对结构的黏结性能、耐久性能和长期寿命进行了深入分析。

综合国内外有关混凝土保护层锈胀开裂的文献，下面主要介绍三种有代表性且较为成熟的锈胀开裂预测模型，如浙江大学模型、中交四航院模型和欧洲 DuraCrete 模型。

9.3.1　锈胀开裂计算模型

浙江大学金伟良团队通过经典力学与弹性力学相结合的方法，在混凝土与锈蚀产物力学作用的基础上，同时考虑锈蚀产物进入裂缝的情况，建立了从钢筋脱钝到混凝土保护层锈胀开裂这一阶段的寿命预测模型。此模型中，将保护层锈胀开裂阶段划分为：锈蚀产物自由膨胀阶段、保护层底部锈胀开裂、锈蚀产物进入微裂缝引起混凝土表面开裂三个部分。

9.3.1.1　锈蚀产物自由膨胀阶段（Ⅰ阶段）

由于混凝土的离析和泌水，钢筋与混凝土的界面处结构疏松，存在着孔隙较密集的毛细孔区域（图 9.30）。锈蚀产物膨胀阶段，锈蚀产物主要填充于钢筋与混凝土界面毛细孔区域，毛细孔区域中孔隙体积即为锈蚀生成铁锈体积，进而可折算为钢筋外围的铁锈层厚度。通过几何换算关系，铁锈层厚度换算成钢筋锈蚀深度，进而得到钢筋锈蚀量（图 9.31）。

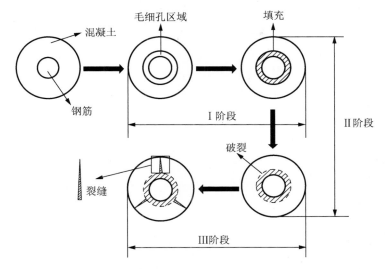

图 9.30　锈蚀钢筋混凝土保护层锈胀开裂的三阶段示意图

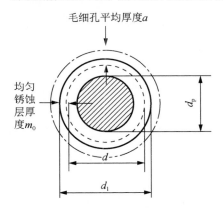

图 9.31　钢筋与混凝土界面毛细孔铁锈示意图

由图 9.31 可知

$$V_{\mathrm{P}} = a \cdot \pi d \cdot h \tag{9-52}$$

$$m_0 = \frac{V_{\mathrm{P}}}{\pi d} = a \cdot h \tag{9-53}$$

式中：V_{P} 为填充毛细孔的锈蚀产物体积；a 为毛细孔平均厚度（mm）；d 为钢筋的原始直径（mm）；h 为毛细孔占水泥石体积百分比（%）；m_0 为锈蚀层厚度（mm）；

毛细孔占水泥石体积的 $h = 0 \sim 40\%$，而钢筋表面毛细孔平均厚度 $a = 1 \sim 50\mu m$，因此 m_0 波动范围在 $1 \sim 20\mu m$。

通过几何换算，锈蚀产物自由膨胀阶段的钢筋锈蚀深度为

$$\delta_1 = \frac{d - d_p}{2} = \frac{d}{2} - \sqrt{\left(\frac{d}{2}\right)^2 - \frac{dm_0 + m_0^{\ 2}}{n - 1}} \qquad (9\text{-}54)$$

式中：n 为铁锈膨胀率，通常为 $2 \sim 4$；d_p 为锈蚀钢筋中未被锈蚀部分钢筋的直径（mm）；m_0 为锈蚀层厚度（mm）。

在确定了毛细孔平均厚度 a 和毛细孔占水泥石体积百分比 h 后，即可计算出锈蚀产物自由膨胀阶段的钢筋锈蚀深度 δ_1。

9.3.1.2　混凝土保护层底部锈胀开裂阶段（Ⅱ阶段）

锈蚀产物填满界面毛细孔区域后，钢筋与混凝土间产生径向锈胀力 q，当径向锈胀力 q 与混凝土保护层抗拉强度相等时，混凝土保护层底部锈胀开裂。

如图 9.32 所示，当径向锈胀力 q 与混凝土保护层抗拉强度相等时，将钢筋混凝土分为混凝土保护层和钢筋锈蚀产物两部分进行分析。

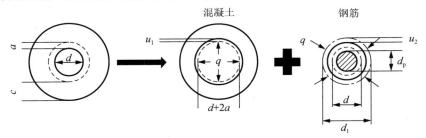

图 9.32　毛细孔隙填充示意图

1）混凝土保护层受力分析

混凝土保护层由于受到锈蚀产物的环状径向锈胀力 q 作用，在界面接触处产生径向变形 u_1。将混凝土保护层简化为环状受力厚壁圆筒（厚度为 c）进行分析，根据弹性力学知识，可得锈胀力作用下径向位移 u_1，即

$$
\begin{aligned}
u_1 &= \frac{1}{E_c}\left[-\left(1 + v_c\right)\frac{r_0^2 \cdot \left(r_0 + c\right)^2 \cdot q}{\left(r_0 + c\right)^2 - r_0^2} \cdot \frac{1}{r_0} + \left(1 - v_c\right)\frac{r_0^3 \cdot q}{\left(r_0 + c\right)^2 - r_0^2} \right] \\
&= \frac{r_0}{E_c}\left[\frac{\left(r_0 + c\right)^2 + r_0^2}{\left(r_0 + c\right)^2 - r_0^2} + v_c \right] \cdot q
\end{aligned}
\qquad (9\text{-}55)
$$

式中：u_1 为混凝土径向位移（mm）；r_0 为锈蚀前钢筋与毛细孔区域组成圆筒的半径（mm），$r_0 = \dfrac{d}{2} + a$；E_c 为混凝土弹性模量（MPa）；c 为混凝土保护层厚度（mm）；v_c 为混凝土泊松比；q 为钢筋锈胀力。

　　2）钢筋锈蚀产物受力分析

　　在径向锈胀力 q 反作用力的作用下锈蚀产物同样会产生变形，根据锈蚀产物受力及变形情况，锈蚀产物径向位移 u_2 为

$$u_2 = \frac{1}{E_r}\left[-(1+\nu_r)\frac{(1-\nu_r)\frac{d_p^2}{4}\cdot\frac{d_1^2}{4}\cdot q}{(1-\nu_r)\frac{d_p^2}{4}+(1+\nu_r)\frac{d_1^2}{4}}\cdot\frac{1}{\frac{d_1}{2}}+(1-\nu_r)\frac{(1+\nu_r)\cdot\frac{d_1^2}{4}\cdot q}{(1-\nu_r)\frac{d_p^2}{4}+(1+\nu_r)\frac{d_1^2}{4}}\cdot\frac{d_1}{2}\right]$$

$$= \frac{d_1}{2E_r}\cdot\frac{(1-\nu_r^2)\left(\frac{d_1^2}{4}-\frac{d_p^2}{4}\right)}{(1-\nu_r)\frac{d_p^2}{4}+(1+\nu_r)\frac{d_1^2}{4}}\cdot q \tag{9-56}$$

式中：u_2 为锈蚀产物径向位移（mm）；d_1 为界面毛细孔区域填充后钢筋与锈蚀产物组成圆筒的直径（mm）；d_p 为锈蚀钢筋中未被锈蚀部分钢筋直径（mm）；E_r 为锈蚀产物弹性模量（MPa）；ν_r 为锈蚀产物泊松比；q 为锈胀力泊反作用力。

　　如图 9.32 所示，由变形协调方程可得

$$r_0 + u_1 = \frac{d_1}{2} - u_2 \tag{9-57}$$

　　根据钢筋锈蚀率 η 定义，可得

$$\eta = \frac{M_{cor}}{M} = 1 - \left(\frac{d_p}{d}\right)^2 \tag{9-58}$$

式中：M_{cor} 为单位长度已锈蚀钢筋的质量（g）；M 为单位长度钢筋初始质量（g）。

　　根据几何转换，直径 d_p、D_1 与钢筋锈蚀率 η 之间的关系为

$$d_p = d\sqrt{1-\eta} \tag{9-59}$$

$$d_1 = d\sqrt{1+(n-1)\eta} \tag{9-60}$$

　　因此，可得到锈胀力 q 与钢筋锈蚀率 η 之间的关系为

$$q = \frac{\left(\frac{d}{2}\right)\sqrt{1+(n-1)\eta}-r_0}{\frac{r_0}{E_c}\left[\frac{(r_0+c^2)+r_0^2}{(r_0+c^2)-r_0^2}+\nu_c\right]+\frac{d}{2E_r}\cdot\frac{n\eta(1-\nu_r^2)\sqrt{1+(n-1)\eta}}{[(1+\nu_r)n-2]\eta+2}} \tag{9-61}$$

　　混凝土保护层底部锈胀开裂时的钢筋锈胀力 $q*$ 与钢筋直径 d、混凝土抗拉强度 f 及混凝土保护层厚度 c 有关，考虑到混凝土环向拉应力不均匀，通过大量实验得出保护层开裂时的钢筋锈胀力公式为

$$q^* = \left(0.3 + 0.6\frac{c}{d}\right) f \tag{9-62}$$

因此，得到混凝土保护层底部锈胀开裂时钢筋锈蚀率 η 为

$$\left(0.3 + 0.6\frac{c}{d}\right) f = \frac{\dfrac{d}{2}\sqrt{1+(n-1)\eta^*} - r_0}{\dfrac{r_0}{E_c}\left[\dfrac{(r_0+c^2)+r_0^2}{(r_0+c^2)-r_0^2} + v_c\right] + \dfrac{d}{2E_r} \cdot \dfrac{n\eta^*\left(1-v_r^2\right)\sqrt{1+(n-1)\eta^*}}{\left[(1+v_r)n-2\right]\eta^*+2}} \tag{9-63}$$

钢筋锈蚀产物是一种复杂的复合物，不同的锈蚀产物的物理性能不同。

文献对比了锈蚀产物特性对钢筋锈蚀率的影响，发现不同锈蚀产物对锈蚀率的影响微小，主要原因是锈蚀产物的弹性模量比混凝土高约一个数量级，因此，为简化计算，可忽略锈蚀产物变形影响，并假设 $r_0 / E_c \approx d / (2E_c)$，得到混凝土保护层底部开裂时的钢筋锈蚀率 η^* 方程为

$$\eta^* = \frac{\left\{\left(0.3+0.6\dfrac{c}{d}\right)\dfrac{f}{E_c}\left[\dfrac{(r_0+c^2)+r_0^2}{(r_0+c^2)-r_0^2} + v_c\right]+1+\dfrac{2a}{d}\right\}^2 - 1}{n-1} \tag{9-64}$$

对应的钢筋锈蚀深度 δ_2（包含 δ_1）为

$$\delta_2 = \frac{d-d_p}{2} = \frac{d}{2}\left(1-\sqrt{1-\eta^*}\right) \tag{9-65}$$

9.3.1.3　锈蚀产物进入微裂缝阶段（锈蚀阶段）

混凝土保护层底部锈胀开裂后，腐蚀产物继续增加，沿着裂缝进入混凝土保护层，并以混凝土表面出现可见裂缝为终点，腐蚀阶段结束。实际工程中裂缝贯穿保护层并随机生长，为简化计算，裂缝简化为三角状，如图 9.33 所示。

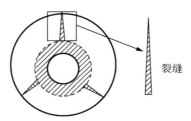

图 9.33　裂缝简化示意图

对微裂缝中锈蚀产物体积进行估算，并折算为钢筋外围均匀锈层厚度，如图 9.34 所示；进而换算成此阶段钢筋锈蚀深度，如图 9.35 所示。

根据相关研究发现，所有裂缝在钢筋与混凝土交界面处的宽度之和为

$$\sum \frac{l_i}{\delta_2} = 2\pi(n-1) \tag{9-66}$$

式中：l_i 为各裂缝在钢筋与混凝土交界面处的宽度（mm）；δ_2 为锈蚀深度（mm）；n 为铁锈膨胀率。

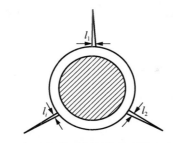

图 9.34　混凝土保护层裂缝中铁锈体积计算示意图

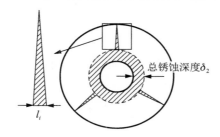

图 9.35　锈蚀产物转化为钢筋锈层深度示意图

铁锈体积为

$$V_c = \frac{1}{2}\sum l_i c \qquad (9\text{-}67)$$

折算成钢筋周围锈层厚度为

$$m = \frac{V_c}{\pi d} = \frac{(n-1)c\delta_2}{d} \qquad (9\text{-}68)$$

通过相对应的几何换算关系可得到锈蚀产物完全填满裂缝时所需的钢筋锈蚀深度（不包含第二阶段的锈蚀深度 δ_2）为

$$\delta_3 = \frac{d}{2} - \sqrt{\left(\frac{d}{2}\right)^2 - c\delta_2 - (n-1)\left(\frac{c}{d}\right)^2 \delta_2^2} \qquad (9\text{-}69)$$

进一步化简，可得

$$\delta_3 = \frac{c}{d}\delta_2 \qquad (9\text{-}70)$$

对该阶段锈蚀深度进行了部分修正，即

$$\delta_3 = k\frac{c}{d}\delta_2 \qquad (9\text{-}71)$$

式中：k 为锈蚀修正系数，加速锈蚀 $k=0.15\sim0.3$，自然锈蚀 $k=0.8\sim1.0$；δ_2 为第二阶段锈蚀深度（mm）；c 为混凝土保护层厚度（mm）；d 为钢筋直径（mm）。

9.3.1.4　混凝土保护层表面锈胀开裂寿命预测模型

总锈蚀深度 $\delta=\delta_2+\delta_3$，对应的总锈蚀率 η_t 为

$$\eta_t = \frac{d^2 - (d-2\delta)^2}{d^2} \tag{9-72}$$

单位长度锈蚀钢筋质量 $M_{cor}(g)$ 为

$$M_{cor} = \eta_t \frac{\pi}{4}\left(\frac{d}{10}\right)^2 \rho_0 = 0.0616\eta_t d^2 \tag{9-73}$$

式中：ρ_0 为钢筋密度，$7.85g/cm^3$；η_t 为钢筋的总锈蚀率；d 为钢筋直径（mm）。

由 Faraday 定律，可得

$$M_{cor} = \frac{AI_{corr}t}{zF} \tag{9-74}$$

式中：A 为铁的摩尔质量，$M=56g/mol$；I_{corr} 为腐蚀电流（A）；t 为锈蚀时间（s）；z 为铁离子化学价位，取平均值 $z=2.5$（Fe^{2+}、Fe^{3+}平均值）；F 为法拉第常数，$F=96\,500(A\cdot s/mol)$。

腐蚀电流与腐蚀电流密度的关系为

$$I_{corr} = \pi\frac{d}{10}\times 1\times i_{corr}\times 10^{-6} = \pi di_{corr}\times 10^{-7} \tag{9-75}$$

总锈蚀时间 t 为

$$t = \frac{zFM_{cor}}{AI_{corr}} = \frac{2.5\times 96\,500\times 0.0616\eta_t d^2}{56\times \pi di_{corr}\times 10^{-7}}\times\frac{1}{3600} = 234\,762\frac{\eta_t d}{i_{corr}} \tag{9-76}$$

因此，可得到从钢筋脱钝到混凝土保护层表面锈胀开裂寿命预测模型为

$$t = 23\,476\,200(d+kc)\times\frac{\left\{\left(0.3+0.6\dfrac{c}{d}\right)\dfrac{f}{E_c}\left[\dfrac{(r_0+c^2)+r_0^2}{(r_0+c^2)-r_0^2}+v_c\right]+1+\dfrac{2a}{d}\right\}^2-1}{(n-1)i_{corr}} \tag{9-77}$$

式中：t 为锈蚀时间（h）；r_0 为锈蚀前钢筋与毛细孔区域组成圆筒的半径（mm）；k 为锈蚀修正系数，加速锈蚀 $k=0.15\sim 0.3$，自然锈蚀 $k=0.8\sim 1.0$；f 为混凝土抗拉强度（MPa）；E_c 为混凝土弹性模量（MPa）；c 为混凝土保护层厚度（mm）；d 为钢筋直径（mm）；v_c 为混凝土泊松比；a 为界面毛细孔区域厚度（mm）；i_{corr} 为腐蚀电流密度（$\mu A/cm^2$）；n 为锈蚀膨胀率，通常为 $2\sim 4$。

基于上述的寿命预测模型可以发现，钢筋混凝土从脱钝到锈胀开裂的寿命与钢筋直径 d、混凝土保护层厚度 c、混凝土抗拉强度 f、i_{corr} 腐蚀电流密度等密切相关。

9.3.2　锈胀开裂计算模型

9.3.2.1　临界锈蚀深度

中交四航院根据国内相关学者的理论研究,结合大量实验研究和暴露站数据,发现在腐蚀发展阶段,钢筋混凝土锈胀开裂时锈蚀率与混凝土抗压强度 f_c、c/d（其中 c 为混凝土保护层厚度, d 为钢筋直径）、W/B（水胶比）和钢筋直径 d 密切相关, 提出了锈胀开裂时钢筋锈蚀率 η_{cr} 的计算模型为

$$\eta_{cr} = k \left[A_0 \left(\frac{W}{B} \right)^{A_1} \cdot f_c^{A_2} \cdot \left(1 + \frac{2c}{d} \right)^{A_3} \cdot d^{A_4} \right] \tag{9-78}$$

式中: η_{cr} 为钢筋混凝土锈胀开裂时钢筋锈蚀率; k 为相关修正系数; W/B 为混凝土水胶比; f_c 为混凝土 28d 抗压强度（MPa）; c 为混凝土保护层厚度（mm）; d 为钢筋直径（mm）; A_0、A_1、A_2、A_3、A_4 为待定常数。

根据相关试验数据,可得出相关待定系数: $A_0=0.59$, $A_1=1.55$, $A_2=0.34$, $A_3=0.19$, $A_4=-1.30$。相关修正系数 $k=k_1k_2k_3$。 k_1 为矿物掺和料影响系数, $k_1=1-0.07m_1-0.54m_2-2.47m_3$, 其中 m_1、m_2、m_3 分别为粉煤灰、矿渣、硅灰的掺量; k_2 为钢筋位置的修正系数, 当钢筋位于角区位置时, 取 $k_1=1.0$, 边中位置时, 取 $k_1=1.33$; k_3 为钢筋种类的修正系数,带肋钢筋取 $k_3=1.0$,光圆钢筋取 $k_3=0.88$。

因此, 钢筋混凝土保护层锈胀开裂时钢筋锈蚀率 η_{cr} 为

$$\eta_{cr} = k_1 k_2 k_3 \left[0.59 \left(\frac{W}{B} \right)^{1.55} \cdot f_c^{0.34} \cdot \left(1 + \frac{2c}{d} \right)^{0.19} \cdot d^{-1.30} \right] \tag{9-79}$$

根据混凝土保护层锈胀开裂时钢筋的锈蚀率 η_{cr} 与临界锈蚀深度 δ_{cr} 的关系为

$$\eta_{cr} = \frac{d^2 - (d - 2\delta_{cr})^2}{d^2} = 4 \left[\frac{\delta_{cr}}{d} - \left(\frac{\delta_{cr}}{d} \right)^2 \right] \tag{9-80}$$

通常情况下, 钢筋锈蚀深度 δ_{cr} 远小于 d, 故 η_{cr} 的表达式可简化为

$$\eta_{cr} = \frac{4\delta_{cr}}{d} \tag{9-81}$$

即

$$\delta_{cr} = \frac{d\eta_{cr}}{4} \tag{9-82}$$

可得到混凝土保护层开裂时临界钢筋锈蚀深度为

$$\delta_{cr} = k_1 k_2 k_3 \left[0.15 \left(\frac{W}{B} \right)^{1.55} \cdot f_c^{0.34} \cdot \left(1 + \frac{2c}{d} \right)^{0.19} \cdot d^{-0.30} \right] \tag{9-83}$$

9.3.2.2 锈胀开裂前钢筋腐蚀速度

关于混凝土内钢筋腐蚀电流密度的模型，Liu 和 Weyers 在模拟自然环境的基础上，经过近 3000 次的试验数据，得出了以下经验模型。

$$\ln 1.08 i_{\text{corr}} = 8.37 + 0.618 \ln 1.69 \text{Cl}^- - \frac{3034}{T} - 0.000\,105 R_c + 2.32 t^{(-0.215)} \qquad (9\text{-}84)$$

式中：i_{corr} 为钢筋腐蚀电流密度（$\mu\text{A/cm}^2$）；Cl^- 为钢筋周围的氯离子含量（kg/m^3）；T 为钢筋周围温度（K）；R_c 为混凝土保护层的欧姆电阻（Ω）；t 为混凝土中钢筋开始锈蚀后的年数（a）。

中交四航局的研究者针对我国相关地区进行了大量试验，通过试验结果并考虑钢筋直径、矿物掺和料、环境因素及其他相关因素的影响，对上述公式进行了修正，具体表达式为

$$\ln K_d K_m K_{i,\text{RH}} i_{\text{corr}} = 16.816 + 0.618 \ln \text{Cl}^- - \frac{3034}{T} - 0.028 T - 5 \times 10^{-3} P \qquad (9\text{-}85)$$

式中：i_{corr} 为钢筋腐蚀电流密度（$\mu\text{A/cm}^2$）；K_d 为钢筋直径系数；K_m 为矿物掺和料系数；$K_{i,\text{RH}}$ 为环境系数；Cl^- 为钢筋周围的氯离子含量（kg/m^3）；T 为钢筋周围温度（K）；P 为混凝土电阻率（$\text{k}\Omega\cdot\text{cm}$）。

（1）钢筋直径系数 K_d。可通过以下公式计算为

$$K_d = 3.68 \left(\frac{d}{20} \right)^2 - 8.48 \left(\frac{d}{20} \right) + 5.82 \qquad (9\text{-}86)$$

（2）矿物掺和料系数 K_m。当掺和料为矿渣（掺量在占胶凝材料的 30%～50% 之间）时，$K_m = 1.72$，当矿渣掺量小于 30% 时，按线性差值取值；当掺和料为硅灰时，$K_m = e^{5.167 y}$，y 为掺和料占胶凝材料的百分含量。

（3）环境系数 $K_{i,\text{RH}}$。当结构处于大气环境时，$K_{i,\text{RH}} = 1$；当结构处于浪溅区或潮汐区时，$K_{i,\text{RH}}$ 为 1/6～1/3。

根据法拉第定律，钢筋开始锈蚀后的 t 时刻，参与电化学反应消耗的钢筋质量为

$$M_{\text{cor}} = \frac{A I_{\text{corr}} t}{zF} \qquad (9\text{-}87)$$

式中：M_{cor} 为电化学反应消耗的钢筋质量（g）；A 为铁的摩尔质量，$M = 56\text{g/mol}$；I_{corr} 为腐蚀电流（A）；t 为锈蚀时间（s）；z 为铁离子化学价位，取 $z = 2.0$；F 为法拉第常数，$F = 96\,500(\text{A}\cdot\text{s/mol})$。

腐蚀电流 I_{corr} 与腐蚀电流密度 i_{corr} 的关系为

$$I_{\text{corr}} = \pi \frac{d}{10} \times 1 \times i_{\text{corr}} \times 10^{-6} = \pi d i_{\text{corr}} \times 10^{-7} \qquad (9\text{-}88)$$

在混凝土结构中钢筋开始锈蚀 t 年后，钢筋的锈蚀深度 δ 为

$$\delta = \frac{Ai_{\text{corr}}t}{\rho_s zF} = \frac{56 \times i_{\text{corr}} \times 10^{-6} \times 3.156 \times 10^{-7}t}{7.86 \times 2 \times 96\,500} \times 10 = 0.0116 \times i_{\text{corr}} \cdot t \tag{9-89}$$

式中：δ 为钢筋锈蚀深度（mm）；i_{corr} 为腐蚀电流密度（$\mu A/cm^2$）；ρ_s 为钢筋密度，$\rho_s = 7.86$（g/cm^3）。

将式（9-84）代入式（9-88）可得钢筋开始锈蚀 t 年后钢筋锈蚀深度 δ 为

$$\delta = 0.0116 \times \frac{\exp\left(16.816 + 0.618\ln Cl^- - \dfrac{3034}{T} - 0.028T - 5 \times 10^{-3}P\right)}{K_d K_m K_{t,\text{RH}}} \cdot t \tag{9-90}$$

9.3.2.3　从钢筋锈蚀到保护层开裂的时间 t

将式（9-82）代入式（9-99）可得到从钢筋锈蚀到保护层开裂的时间 t 为

$$t = K_d K_m K_{i,\text{RH}} \frac{k_1 k_2 k_3 \left[12.93\left(\dfrac{W}{B}\right)^{1.55} \cdot f_c^{0.34} \cdot \left(1 + \dfrac{2c}{d}\right)^{0.19} \cdot d^{-0.30}\right]}{\exp\left(16.816 + 0.618\ln Cl^- - \dfrac{3034}{T} - 0.028T - 5 \times 10^{-3}P\right)} \tag{9-91}$$

式中：Cl^- 为钢筋周围的氯离子含量（kg/m^3）；T 为钢筋周围温度（K）；P 为混凝土电阻率（$k\Omega \cdot cm$）；K_d 为钢筋直径系数；K_m 为矿物掺和料系数；$K_{i,\text{RH}}$ 为环境系数；W/B 为混凝土水胶比；f_c 为混凝土抗压强度（MPa）；c 为混凝土保护层厚度（mm）；d 为钢筋直径（mm）；k_1 为矿物掺和料影响系数；k_2 为钢筋位置的修正系数；k_3 为钢筋种类的修正系数。

9.3.3　DuraCrete 裂缝宽度计算模型

针对钢筋混凝土开裂和剥落规律，欧洲学者根据大量理论和实验研究提出了 DuraCrete 指南，并且该指南在实际工程中得到应用。

9.3.3.1　设计方程

钢筋腐蚀造成了腐蚀产物的形成，新形成的腐蚀产物相比于原始混凝土中的钢筋将会占据较大的体积（通常 2～6 倍），造成混凝土保护层破裂最终导致剥落。根据 DuraCrete 指南，剥落的定义为：可见裂缝宽度超过标准限定值 1.0mm，即 $W_{\text{cr}} > 1.0$mm。这个定义不是以混凝土保护层最后剥落为标准，而是代表了当可见裂缝宽度超过标准限定值 1.0mm 时，钢筋混凝土结构中混凝土保护层不再能承受荷载作用力，混凝土保护层即为失效。

定义混凝土结构中可见裂缝不超过标准限定值（$W_{\text{cr}} = 1.0$mm），可以得到如下公式为

$$g(x) = W_{\text{cr}} - W^d \tag{9-92}$$

式中：W^d 为实际裂缝宽度值，可以通过以下公式预测实际裂缝宽度值。

$$W^d = \begin{cases} W_0, & \delta^d \leqslant \delta_0^d \\ W_0 + b^d(\delta^d - \delta_0^d), & \delta^d > \delta_0^d \end{cases} \qquad (9\text{-}93)$$

式中：W_0 为初始裂缝宽度（mm），通常取 0.05mm，如果施工质量优良，可取 0；b^d 为钢筋位置参数的设计值；δ^d 为实际腐蚀深度值（μm）；δ_0^d 为混凝土混凝土表面刚形成锈胀裂缝时的腐蚀深度值（μm）。δ_0^d 可以通过以下公式得到

$$\delta_0^d = a_1 + a_2 \frac{c^d}{d} + a_3 f_{c,sp}^d \qquad (9\text{-}94)$$

式中：a_1，a_2，a_3 为回归系数；c^d 为混凝土保护层厚度设计值（mm）；d 为钢筋直径（mm）；$f_{c,sp}^d$ 为混凝土劈裂抗拉强度设计值（MPa），该设计值即为特征值。

实际腐蚀深度值 δ^d 可以由以下公式得到，即

$$\delta^d = \begin{cases} 0, & t \leqslant t_i^d \\ V^d \sigma_t \left(t - t_i^d\right), & t > t_i^d \end{cases} \qquad (9\text{-}95)$$

式中：V^d 为腐蚀速率设计值；σ_t 为润湿时间所占比例；t_i^d 为腐蚀开始时间的设计值。

9.3.3.2　设计值

与混凝土和环境相关的参数众多，且同时影响钢筋腐蚀速率。对于钝化膜已经破裂的钢筋来说，影响腐蚀速率最重要的因素是混凝土电阻率，而混凝土电阻率也受混凝土中水分含量和混凝土组分的影响。

Andrade 和 Arteaga 提出了一个关于腐蚀速率和电阻率的参数方程，同时，考虑了一些其他重要因素的影响，如脱钝方式（碳化、氯离子）、杂散电流、锈蚀产物、氧含量等，并且引入了修正系数。在 Andrade 和 Arteaga 的设想中，通过对每个接触位置采取平均化的方法来得到水分含量（或混凝土电阻率）与腐蚀速率之间的关系。Nilsson 和 Gehlen 通过模拟混凝土材料和环境变化对电阻率的影响，得到关于电阻率的回归方程，该方程式包含了相对湿度、温度和氯离子含量等因素的影响。

在 DuraCrete 指南中，以广泛适用的 Andrade-Arteaga 方程配合 Nilsson-Gehlen 方程，得到了可在实际工程中应用的新方程。

当钢筋表面的氧含量及水分含量充足时，钢筋将会发生腐蚀。当这些条件中任意一个条件无法满足时，腐蚀速率即可忽略。腐蚀速率设计值可以通过以下公式得到

$$V^d = \frac{Y_0}{P^c} \cdot \alpha^c \cdot F_{Cl}^c \cdot \gamma_v \qquad (9\text{-}96)$$

式中：Y_0 为腐蚀速率相对混凝土电阻率常数；P^c 为电阻率特征值；α^c 为点蚀因子特征值；F_{Cl}^c 为氯离子影响腐蚀速率因子特征值；γ_v 为腐蚀速率分项因子。

（1）电阻率的特征值 P^c 可以通过以下公式得出，即

$$P^c = P_0^c \cdot \left(\frac{t_{hydr}}{t_0}\right)^{n_{res}^c} \cdot k_{c,res}^c \cdot k_{T,res}^c \cdot k_{RH,res}^c \cdot k_{Cl,res}^c \tag{9-97}$$

式中：P_0^c 为龄期为 t_0 时混凝土电阻率特征值（$kΩ \cdot cm$）；t_0 为测试时混凝土的龄期（年）；t_{hydr} 为混凝土龄期，最大值为 1（年）；n_{res}^c 为龄期对电阻率影响因子；$k_{c,res}^c$ 为养护对电阻率影响的特征值；$k_{T,res}^c$ 为温度对电阻率影响的特征值；$k_{RH,res}^c$ 为相对湿度对电阻率影响的特征值；$k_{Cl,res}^c$ 为氯离子含量对电阻率影响的特征值。

（2）温度对电阻率影响的特征值 $k_{T,res}^c$ 可以根据以下方程得出，即

$$k_{T,res}^c = \frac{1}{1 + K^c(T - 20)} \tag{9-98}$$

式中：K^c 为描述温度与电阻率关系因子的特征值；T 为温度（℃）。

（3）保护层厚度的设计值可以根据以下公式计算，即

$$c^d = c^c - \Delta c \tag{9-99}$$

式中：c^c 为保护层厚度的特征值；Δc 为保护层厚度的标准偏差，通常取 10mm。

（4）系数 b 的设计值取决于钢筋的位置，可以根据以下公式得到，即

$$b^d = b^c \cdot \gamma_b \tag{9-100}$$

式中：b^d 和 b^c 分别为回归系数的设计值和特征值；γ_b 为钢筋位置的分项因子。

9.3.3.3　参数的特征值

1）构造因素

保护层厚度的特征值定义为平均值，是由设计决定的。

2）材料因素

电阻率 P_0 是一个变量，因此特征值定义为预测分布的 5%。对于给定的混凝土来说，混凝土生产厂家通过标准测试法或者二电极测试法测量混凝土试样的电阻率，以这些测试结果为基础，得到电阻率的特征值。

劈裂抗拉强度的特征值根据标准取分布的 5% 来确定。

龄期影响因子的特征值，如表 9.10 所示。

表 9.10　龄期影响因子的特征值

变量	类别	特征值	单位
	普通硅酸盐水泥	0.23	—
n_{resR}	矿渣	0.54	—
	粉煤灰	0.62	—

3）环境影响

温度和相对湿度取年平均值，这些年平均值可以通过长期数据得到。在表 9.11～表 9.15 中，分别给出了氯离子影响因子的特征值 F_{Cl}、相对润湿时间的特征值 σ_t、温度因子的特征值 K、点蚀因子的特征值 α 和氯离子电阻率因子的特征值 $k_{Cl,res}$。

表 9.11　氯离子影响腐蚀速率因子的特征值

变量	类别	特征值	单位
F_{Cl}	含氯离子	2.63	—
	不含氯离子	1.0	—

表 9.12　润湿时间所占比例的特征值

变量	类别	特征值	单位
σ_t	干燥状态	0	—
	中等湿度	0.5	—
	干湿循环区	0.75	—
	潮汐区	1.0	—

表 9.13　温度对电阻率影响的特征值

变量	类别	特征值	单位
K	$T \leqslant 20℃$	0.025	$℃^{-1}$
	$T > 20℃$	0.073	$℃^{-1}$

表 9.14　点蚀因子的特征值

变量	类别	特征值	单位
α	含氯离子	9.28	—
	不含氯离子	2.0	—

表 9.15　氯离子含量对电阻率影响因子的特征值

变量	类别	特征值	单位
$k_{Cl,res}^{c}$	含氯离子	0.72	—
	不含氯离子	1.0	—

4）施工影响

养护对电阻率影响的特征值根据表 9.16 可以得到。

表 9.16　养护对电阻率影响的特征值

变量	类别	特征值	单位
$k_{c,res}$	—	1.0	—

5）与材料和环境相关的性能参数

相对湿度对电阻率影响的特征值可以通过表 9.17 中不同种类的凝胶材料和不同环境选取。

表 9.17　相对湿度因素特征值

变量	类别	特征值	单位
$K_{RH,res}$	无遮蔽环境	1.44	—
$K_{RH,res}$	矿渣水泥，相对湿度 50%	14.72	—
$K_{RH,res}$	矿渣水泥，相对湿度 65%	7.0	—
$K_{RH,res}$	矿渣水泥，相对湿度 80%	3.80	—
$K_{RH,res}$	矿渣水泥，相对湿度 95%	1.17	—
$K_{RH,res}$	普通硅酸盐水泥，相对湿度 50%	7.58	—
$K_{RH,res}$	普通硅酸盐水泥，相对湿度 65%	6.45	—
$K_{RH,res}$	普通硅酸盐水泥，相对湿度 80%	3.18	—
$K_{RH,res}$	普通硅酸盐水泥，相对湿度 95%	1.08	—
$K_{RH,res}$	水下区域，潮汐及浪溅区	1.0	—

6）其他变量

表 9.18 中给出了一些其他变量的特征值。

表 9.18　其他变量的特征值

变量	类别	特征值	单位
W_0	—	0.05	mm
W_{cr}	—	1.0	mm
a_1	—	74.4	μm
a_2	—	7.3	μm
a_3	—	-17.4	μm/MPa
b	顶部	0.0086	mm/μm
b	底部	0.0104	mm/μm
Y_0	—	882	μm·Ωm/a
K^c	—	0.025	℃$^{-1}$

9.3.3.4　分项因子

1）氯离子引起的锈蚀——点蚀

表 9.19 给出了与氯离子锈蚀相关的分项因子。由于腐蚀发展阶段对于混凝土结构的整个服役寿命相比影响较小，将所有分项因子取为 1。

表 9.19　氯离子引起锈蚀的分项因子

维护成本相较于修复成本	高	中	低
γ_b	1.0	1.0	1.0
γ_v	1.0	1.0	1.0

2）碳化引起的锈蚀——均匀锈蚀

表 9.20 给出了均匀锈蚀的区域影响因素。

表 9.20　碳化引起锈蚀的分项因子

维护成本相较于修复成本	高	中	低
γ_b	1.55	1.40	1.30
γ_v	1.50	1.40	1.30

9.3.4　案例分析

9.3.4.1　裂缝宽度计算实例

我国西部盐湖地区某钢筋混凝土工程，使用 C30 混凝土，混凝土的劈裂抗拉强度为 2.4MPa，使用直径为 12mm 的带肋钢筋，钢筋的保护层厚度为 10mm。在我国西部严酷盐湖气候环境（昼夜温差大，年平均气温 5℃）与地理环境（土壤盐浓度高，[NaCl]≈30%）耦合作用影响下，混凝土试件内部钢筋均发生了不同程度的锈蚀。采用 DuraCrete 模型，求锈蚀 5 年后混凝土裂缝的宽度。

在钢筋表面达到临界氯离子浓度后，钢筋开始锈蚀。根据 DuraCrete 指南中的裂缝宽度计算模型，实际裂缝宽度 W^d 取决于腐蚀深度值 δ^d。

刚形成锈胀裂缝的腐蚀深度设计值 δ_0^d 可通过式（9-94）得出，根据表中相关数据可知，式（9-94）中回归系数 a_1、a_2、a_3 的值分别为 74.4μm/MPa、7.3μm/MPa、-17.4μm/MPa，钢筋直径 d=12mm，保护层厚度 c^d=10mm。因此可得出刚形成裂缝的腐蚀深度设计值 δ_0^d 为 38.72μm。

根据式（9-95），腐蚀深度值 δ^d 取决于腐蚀开始时间的设计值。开裂阶段，腐蚀已经开始，其腐蚀渗透深度值 $\delta^d = V^d \sigma_t \left(t - t_i^d \right)$，其中查表可知 σ_t=0.75，$t - t_i^d$=5 年。

V^d 可根据式（9-96）得出，查表可知，式（9-96）中，Y_0=882μm·Ω·m/年，γ_v=1.0，由于西部土壤中盐浓度较高且氯离子存在，因此 α^c=9.28。在西部严酷的盐湖环境下，钢筋腐蚀主要是由高浓度的盐卤环境造成的，引起钢筋腐蚀的最主要的原因是氯离子侵蚀，查表可知氯离子腐蚀速率因素特征值 F_{cl}^c=2.63。电阻率的特征值 P^c 可根据式（9-97）得出。

在式（9-97）中，混凝土电阻率的特征值 P_0^c 可根据氯离子扩散系数得出，P_0^c=475Ω·m。通过查表可得出相对应的龄期因素特征值 n_{res}^c=0.23，养护因子的特征值 $k_{c,res}^c$=1.0，相对湿度的特征值 $k_{RH,res}^c$=1.44，氯离子含量的特征值 $k_{Cl,res}^c$=0.72。而温度因子的特征值可根据式（9-98）得出。测试时混凝土龄期为 28d，因此测试时的混凝土龄期 t_0=0.0767 年，混凝土龄期 t_{hydr}=1 年。

在式（9-98）中，T 取模拟西部环境下平均温度，T=5℃；K^c 是描述温度与电阻率关系因子的特征值，K^c=0.025℃$^{-1}$，可得出 5℃ 下的温度因子的特征值 $k_{T,res}^c$=1.6。因此，可得出电阻率特征值 $P_c = 475 \times \left(\dfrac{1}{0.0767}\right)^{0.23} \times 1.0 \times 1.6 \times 1.44 \times 0.72 = 1422.35\Omega \cdot m$。根据电阻率的特征值 P^c 可得出腐蚀速率的设计值 V^d。腐蚀速率的设计值 $V^d = \dfrac{Y_0}{P^c} \cdot \alpha^c \cdot F_{Cl}^c \cdot \gamma_v = \dfrac{882}{1422.35} \times 9.28 \times 2.63 \times 1.0 = 15.13(\mu m/年)$。

由式（9-94）得出锈蚀 5 年后的腐蚀渗透深度值 δ^d，δ^d=15.13×0.75×5=56.74(μm)。表面刚形成裂缝的腐蚀深度设计值 δ_0^d=38.72μm，$\delta^d > \delta_0^d$。实际的裂缝宽度可以根据式（9-92）中 $W^d = W_0 + b^d(\delta^d - \delta_0^d)$ 得出。

查表 9.21 可知，初始裂缝宽度 W_0=0.05mm，钢筋位置的特征值参数 b^c=0.0086mm/μm，分项因子的特征值 γ_b=1.0。

因此，5 年时的实际裂缝的宽度 W^d=0.05+0.0086×1.0×(56.74−38.72)=0.205(mm)。也就是说，锈蚀开始的 5 年后实际裂缝的宽度仍小于 DuraCrete 指南中的 1.0mm。

表 9.21　主要模型参数的取值

主要参数	W_0/mm	b^d/(mm/μm)	$f_{c,sp}^d$/MPa	a_1/μm	a_2/μm	a_3/(μm/MPa)	d/mm
取值	0.05	0.0086	2.4	74.4	7.3	−17.4	12
主要参数	c^d/mm	F_{cl}^c	γ_b	t_0/年	t_{hydr}/年	n_{res}^c	$k_{c,res}^c$	$k_{RH,res}^c$
取值	10	2.63	1.0	0.0767	1	0.23	1.0	1.44
主要参数	α^c	P_0^c/Ω·m	σ_t	γ_v	$k_{Cl,res}^c$	K^c/℃$^{-1}$	Y_0(μm·Ω·m/年)
取值	9.28	475	0.75	1.0	0.72	0.025	882

9.3.4.2 锈蚀寿命计算实例

我国南海某钢筋混凝土工程，使用 C50 混凝土，混凝土的抗压强度为 53.5MPa，劈裂抗拉强度为 2.6MPa，混凝土弹性模量为 30GPa，水胶比为 0.3，其中胶凝材料中粉煤灰掺量为 0.15，矿渣掺量为 0.2。使用直径为 12mm 的带肋钢筋，钢筋的保护层厚度为 20mm。在我国南海（潮汐区，年平均气温 30℃）的恶劣环境下服役了十几年，混凝土试件内部钢筋开始发生锈蚀，平均腐蚀电流密度实测为 100μA/cm²，求锈蚀开始到极限状态的寿命。

1）浙大锈胀开裂计算模型

根据由浙大锈胀开裂计算模型，锈蚀阶段极限状态为混凝土保护层表面开裂，从钢筋脱钝到极限状态的寿命为

$$t = 234\,762(d+kc) \times \frac{\left\{\left(0.3+0.6\dfrac{c}{d}\right)\dfrac{f}{E_c}\left[\dfrac{(r_0+c^2)+r_0^{\,2}}{(r_0+c^2)-r_0^{\,2}}+v_c\right]+1+\dfrac{2a}{d}\right\}^2 - 1}{(n-1)i_{\text{corr}}}$$

$$(9\text{-}101)$$

式中：d 为钢筋直径 12mm；k 为锈蚀修正系数，自然锈蚀取 0.9；c 为混凝土保护层厚度 20mm；f 为混凝土抗拉强度 2.6MPa；E_c 为混凝土弹性模量 30 000MPa；r_0 为锈蚀前钢筋与毛细孔区域组成圆筒的半径 6.015mm；v_c 为混凝土泊松比取 0.2；a 为毛细孔区域厚度 0.015mm；n 为锈蚀膨胀率，取 3；i_{corr} 为腐蚀电流密度，测得为 100μA/cm²。模型计算所用参数取值列于表 9.22 中，通过计算得到 t 为 18 739.5h，折算后为 2.14 年。

表 9.22　主要模型参数的取值

主要参数	d/mm	a/mm	k	n	c/mm	i_{corr}/(μA/cm²)	f/MPa	E_c/MPa	r_0/mm	v_c
取值	12	0.015	0.9	3	20	100	2.6	30 000	6.015	0.2

2）中交四航院锈胀开裂计算模型

根据中交四航院锈胀开裂计算模型，锈蚀阶段极限状态为混凝土保护层锈胀开裂，从钢筋脱钝到极限状态的寿命为

$$t = K_d K_m K_{i,\text{RH}} \frac{k_1 k_2 k_3 \left[12.93\left(\dfrac{\text{W}}{\text{B}}\right)^{1.55} \cdot f_c^{0.34} \cdot \left(1+\dfrac{2c}{d}\right)^{0.19} \cdot d^{-0.30}\right]}{\exp\left(6.816+0.618\ln\text{Cl}-\dfrac{3034}{T}-0.028T-5\times10^{-3}P\right)} \quad (9\text{-}102)$$

式中：K_d 为钢筋直径系数，计算得 2.0568；K_m 为矿物掺和料系数，计算得 1.376；$K_{i,\text{RH}}$ 为环境系数，取 1/4；k_1 为矿物掺合料影响系数，计算得 0.8815；k_2 为钢筋位

置的修正系数，取 1.33；k_3 为钢筋种类的修正系数，取 1.0；W/B 为混凝土水胶比取 0.3；f_c 为混凝土抗压强度取 53.5MPa；c 为混凝土保护层厚度取 20mm；d 为钢筋直径，取 12mm；Cl^- 为钢筋周围的氯离子含量，试验测试临界氯离子浓度为 1.5%，换算后取 36kg/m^3；T 为钢筋周围温度取 303.15K；P 为混凝土电阻率取 47.5kΩ·cm。模型计算所用参数取值列于表 9.23 中，通过计算得到此阶段寿命 t =2.99 年。

表 9.23　主要模型参数的取值

主要参数	K_d	K_m	$K_{i,RH}$	k_1	k_2	k_3
取值	2.0568	1.376	1/4	0.8815	1.33	1.0
主要参数	W/B	f_c/MPa	c/mm	Cl /(kg/m^3)	T/K	d/mm	P/(kΩ·cm)
取值	0.3	53.5	20	36	303.15K	12	47.5

3）DuraCrete 锈胀开裂计算模型

根据 DuraCrete 指南计算锈胀开裂计算模型，锈蚀阶段极限状态为混凝土表面裂缝宽度达到 1.0mm，从钢筋脱钝到极限状态的寿命如下。

由式（9-94）计算实际裂缝宽度，实际裂缝宽度取决于腐蚀深度值。刚形成裂缝时的腐蚀深度值为 $\delta_0^d = a_1 + a_2 \dfrac{c^d}{d} + a_3 f_{c,sp}^d$，钢筋直径 d=12mm，保护层厚度 c^d=20mm，$f_{c,sp}^d$=2.6MPa，δ_0^d=41.33μm。当达到极限状态时，W^d=1.0mm，通过式（9-94）可以得到实际腐蚀深度，初始裂缝宽度 W_0=0，钢筋位置的特征值参数 b^c=0.0086mm/μm，分项因子的特征值 γ_b =1.0，实际腐蚀深度为 δ^d=157.61μm。

根据式（9-95）可以计算出此阶段寿命，但需计算出腐蚀速率的设计值 V^d。腐蚀速率的设计值 V^d 由式（9-96）得出，电阻率特征值 P^c 可通过式（9-97）计算得出，温度对电阻率影响特征值 $k_{T,res}^c$ 可通过式（9-98）得出。

在式（9-98）中 T=30℃，描述温度与电阻率关系因子的特征值 K^c=0.073℃$^{-1}$，因此得到温度因子特征值 $k_{T,res}^c$=0.578。式（9-97）可以计算电阻率特征值 P^c，根据氯离子扩散系数得出 P_0^c =475Ω·m。通过查表可得出相对应的龄期因素特征值 n_{res}^c =0.35，养护因子的特征值 $k_{c,res}^c$ =1.0，相对湿度的特征值 $k_{RH,res}^c$ =1.0，氯离子含量的特征值 $k_{Cl,res}^c$ =0.72。测试时混凝土龄期为 28d，t_0=0.0767 年，混凝土龄期 t_{hydr}=1 年，P^c=485.60Ω·m。

通过式（9-96）可以得到腐蚀速率的设计值 V^d。查表可知，式（9-96）中 Y_0=882μm·Ωm/年，γ_v =1.0，由于西部土壤中盐浓度较高且氯离子存在，α^c=9.28，氯离子腐蚀速率因素特征值 F_{Cl}^c=2.63，V^d=44.33 μm/年 。

　　模型计算所用参数取值列于表 9.24 中，根据式（9-94）可以计算出此阶段寿命为 3.56 年。

表 9.24　主要模型参数的取值

主要参数	W_0/mm	b^d/(mm/μm)	f_{sp}^d/MPa	a_1/μm	a_2/μm	a_3/(μm/MPa)	d/mm
取值	0	0.0086	2.6	74.4	7.3	−17.4	12
主要参数	c^d/mm	F_{Cl}^c	γ_b	t_0 年	t_{hydr} 年	n_{res}^c	$k_{c,res}^c$	$k_{RH,res}^c$
取值	20	2.63	1.0	0.0767	1	0.35	1.0	1.0
主要参数	α^c	P_0^c/(Ω·m)	σ_t	γ_V	$k_{Cl,res}^c$	K^c/℃$^{-1}$	Y_0/(μm·Ω m/年)
取值	9.28	475	1.0	1.0	0.72	0.073	882

4）三种模型的对比

　　考虑到浙大模型和中交四航院模型预测寿命是从钢筋脱钝到混凝土表面出现可见裂缝这一阶段的寿命，而 DuraCrete 模型预测寿命是从钢筋脱钝到表面出现裂缝，再到裂缝扩展到 1.0mm 这一阶段的寿命。为了对比三种寿命预测模型，取相同的极限状态，即混凝土表面出现可见裂缝（设可见裂缝 W^d=0.05mm）时的寿命。根据式（9-92），取初始裂缝宽度 W_0=0，当裂缝宽度达到 W^d=0.05mm 时，δ_0^d=47.14μm，V^d=44.33 μm/a，计算寿命为 1.06a。

　　另外，我国规范《混凝土结构设计规范》（GB 50010）中规定，钢筋混凝土表面裂缝宽度临界值为 0.30mm，当裂缝超过临界值后对混凝土结构耐久性有明显影响。因此，我们也将裂缝宽度 W^d=0.30mm 作为一种极限状态，采用 DuraCrete 锈胀开裂计算模型，计算寿命为 1.72a。

　　采用三种模型和不同极限状态的混凝土预测寿命列于表 9.25 中。对比三种模型结果可以发现，在相同的极限状态条件下，DuraCrete 模型预测的寿命最短为 1.06 年，浙大模型与中交四航局模型预测的寿命接近，中交四航局模型较长为 2.99a。也就是说，采用 DuraCrete 模型进行混凝土开裂阶段耐久性设计时偏于保守。

表 9.25　三种模型计算结果对比

模型名称	极限状态	计算寿命/a
浙大模型	表面出现可见裂缝	2.14
中交四航院模型	表面出现可见裂缝	2.99
DuraCrete 模型	表面出现可见裂缝（W^d=0.05mm）	1.06
DuraCrete 模型	表面裂缝 W^d=0.30mm	1.72
DuraCrete 模型	表面裂缝 W^d=1.0mm	3.56

9.4　本　章　小　结

（1）针对诱导期（氯离子在混凝土中扩散达到钢筋脱钝），研究了混凝土在氯盐侵蚀条件下使用寿命预测的理论问题，在理论上对 Fick 第二定律进行修正，提出了氯离子扩散新方程，建立了齐次与非齐次、有限大体与无限大体，一维、二维与三维氯离子扩散的新理论模型。最后，提出了理论和实践相结合的基于氯离子扩散的多因素寿命预测简化模型，即

$$C_{cr} \geqslant C_0 + (C_s - C_0)\left[1 - \mathrm{erf}\frac{x_c}{2\sqrt{\dfrac{K_{\delta_s}K_D K_c K_E K_T D_0 t_0^m}{(1+R)(1-m)} \cdot t^{1-m}}}\right]$$

为钢筋混凝土诱导期预测奠定了了科学基础。

（2）针对发展期和失效期（钢筋脱钝到混凝土保护层开裂、发展直至临界裂缝宽度），在国内外相关研究的基础上，探讨了三种代表性锈胀开裂计算模型：浙大模型、中交四航局模型和欧洲 DuraCrete 模型，分析了钢筋、混凝土保护层、环境参数对裂缝产生和发展的影响；基于工程案例，详细介绍了三种模型的使用步骤，并对比了三种模型的预测结果。为钢筋混凝土锈胀开裂计算、发展期和失效期寿命预测提供了方法。

主要参考文献

洪定海，1998. 混凝土中钢筋腐蚀与保护[M]. 北京：中国铁道出版社.

黄士元，1994. 按服务年限设计混凝土的方法[J]. 混凝土，(6)：24-32.

惠云玲，1997. 混凝土结构钢筋锈蚀耐久性损伤评估及寿命预测方法[J]. 工业建筑，27(6)：19-22.

柯斯乐，2002. 扩散：流体系统中的传质[M]. 王宇新，姜忠义，译. 北京：化学工业出版社.

冷发光，冯乃谦，2000. 高性能混凝土渗透性和耐久性及评价方法研究[J]. 低温建筑技术，(4)：14-16.

林宝玉，单国良，1998. 南方海港浪溅区钢筋混凝土耐久性研究[J]. 水运工程，(1)：1-5.

林宝玉，吴绍章，2000. 混凝土工程新材料设计与施工[M]. 北京：中国水利水电出版社.

林瑞泰，1995. 多孔介质传质传热引论[M]. 北京：科学出版社.

刘西拉，苗柯，1990. 混凝土结构中的钢筋腐蚀及其耐久性计算[J]. 土木工程学报，23(4)：69-78.

陆春华，赵羽习，金伟良，2010. 锈蚀钢筋混凝土保护层锈胀开裂时间的预测模型[J]. 建筑结构学报，(2)：85-92.

徐芝纶，1982. 弹性力学[M]. 北京：人民教育出版社.

余红发，2004. 盐湖地区高性能混凝土的耐久性、机理与使用寿命预测方法[D]. 南京：东南大学.

余红发，孙伟，2006. 混凝土氯离子扩散理论模型的研究 I：基于无限大体的非稳态齐次与非齐次扩散问题[C]// 第五混凝土结构耐久性科技论坛：混凝土结构的设计使用年限与耐久性设计标准，南京.

余红发，孙伟，麻海燕，2006. 混凝土氯离子扩散理论模型的研究 II：基于有限大体的非稳态齐次与非齐次扩散问题[C]//第五混凝土结构耐久性科技论坛：混凝土结构的设计使用年限与耐久性设计标准，南京.

张洪济，1992. 热传导[M]. 北京：高等教育出版社.

赵羽习，金伟良，2005. 钢筋锈蚀导致混凝土构件保护层胀裂的全过程分析[J]. 水利学报，36(8)：939-45.

中华人民共和国住房和城乡建设部，2011. 混凝土结构设计规范[M]. 北京：中国建筑工业出版社.

M. N. 奥齐西克, 1983. 热传导[M]. 俞昌铭, 主译. 北京: 高等教育出版社.

SOMMER H, 1998. 高性能混凝土的耐久性[M]. 冯乃谦, 丁建彤, 张新华, 等译. 北京: 科学出版社.

ALONSO C, ANDRADE C, RODRIGUEZ J, DIEZ J M, 1998. Factors controlling cracking of concrete affected by reinforcement corrosion[J]. Materials and Structures, 31(7): 435-41.

AMEY S L, JOHNSON D A, MILTENBERGER M A, et al., 1998. Predicting the service life of concrete marine structures: an environmental methodology[J]. ACI Structure Journal, 95(1): 27-36.

AMEY S L, JOHNSON D A, MILTENBERGER M A, et al., 1998. Predicting the service life of concrete marine structures: An environmental methodology[J]. Aci. Structural Journal, 95(2): 205-214.

ANDRADE C, ALONSO C, MOLINA F J, 1993. Cover cracking as a function of bar corrosion: Part I-Experimental test[J]. Materials and Structures, 26(8): 453-64.

BAMFORTH P B, 1995. A new approach to the analysis of time-dependent changes in chloride profiles to determine effective diffusion coefficients for use in modelling chloride ingress[C]//Porc. Inter. RILEM Workshop: Chloride Penetration Into Conerete, October 15-18, Saint-Remy-Les-Chevreuse, 195-205.

BAMFORTH P, 1996. Predicting the risk of reinforcement corrosion in marine structures[J]. Reinforced Concrete, 43(4): 91-100.

BODDY A, HOOTON R D, GRUBER K A, 2001. Long-term testing of the chloride-penetration resistance of concrete containing high-reactivity metakaolin[J]. Cement & Concrete Research, 31(5): 759-765.

CABRERA J G, GHODDOUSSI P, 1992 . The effect of reinforcement corrosion on the strength of the steel/concrete bond[C]. InInt. Conf., Bond in Concrete—from Res. to Pract Oct 15(Vol. 3, 10-11).

CRANK J, 1975. The Mathematics of Diffusion[M]. 2nd edn. London: Oxford Univ. Press.

DE NORMALISATION CE, 1991. Eurocode 1: basis of design and actions on structures; Part 1: basis of design. ENV, 1: 1993.

EL MAADDAWY T, SOUDKI K, TOPPER T, 2005. Long-term performance of corrosion-damaged reinforced concrete beams[J]. ACI Structural Journal, 102(5): 649.

ENGELUND S, MOHR L, EDVARDSEN C, 2000. General Guidelines for Durability Design and Redesign: DuraCrete, Probabilistic Performance Based Durability Design of Concrete Structures[M]. CUR.

FUNAHASHI M, 1990. Predicting corrosion-free service life of a concrete structure in a chloride environment[J]. Aci. Materials Journal, 87(6): 581-587.

GLASS G K, STEVENSON G M, BUENFELD N R, 1998. Chloride-binding isotherms from the diffusion cell test [J]. Cement and Concrete Research, 28(7): 939-945.

KASSIR M K, GHOSN M, 2002. Chloride-induced corrosion of reinforced concrete bridge decks[J]. Cement and Concrete Research, 32(1): 139-143.

LIU T, WEYERS R W. Modeling the dynamic corrosion process in chloride contaminated concrete structures[J]. Cement and Concrete Research, 1998 Mar 31;28(3): 365-79.

LIU Y, WEYERS R E, 1998. Modeling the time-to-corrosion cracking in chloride contaminated reinforced concrete structures[J]. Materials Journal, 95(6): 675-80.

MAAGE M, HELLAND S, POULSEN E, et al., 1996. Service life prediction of existing concrete structures exposed to marine environment[J]. ACI Materials Journal, 93(6): 602-608.

MANGAT P S, ELGARF M S, 1999. Bond characteristics of cording reinforcement in concrete beams[J]. Materials and Structures, 32(2): 89-97.

MANGAT P S, LIMBACHIYA M C, 1999. Effect of initial curing on chloride diffusion in concrete repair materials[J]. Cement and Concrete Research, 29(9): 1475-1485.

MANGAT P S, LIMBACHIYA M C, 1999. Effect of initial curing on chloride diffusion in concrete repair materials[J]. Cement and Concrete Research, 29(9): 1475-1485.

MANGAT P S, MOLLOY B T, 1994. Prediction of long term chloride concentration in concrete[J]. Materials and Structures, 27(6): 338-346.

MARTIN-PEREZ B, ZIBARA H, HOOTON R D, et al., 2000. A study of the effect of chloride binding on service life predictions [J]. Cement and Concrete Research, 30(8): 1215-1223.

MEJLBRO L, 1996. The complete solution of Fick's second law of diffusion with time-dependent diffusion coefficient and surface concentration[C]//Durability of concrete in saline environment, Cement AB, Danderyd: 127-158.

MOLINA F J, ALONSO C, ANDRADE C, 1993. Cover cracking as a function of rebar corrosion: part 2—numerical model[J]. Materials and Structures, 26(9): 532-548.

NILSSON L O, MASSAT M, TANG L, 1994. The effect of non-linear chloride binding on the prediction of chloride penetration into concrete structures[C]//Malhotra V. M. Durability of Concrete. ACI SP-145, Detroit: 469-486.

SERGI W, YU S W, PAGE C L, 1992. Diffusion of chloride and hydroxyl ions in cementitious materials exposed to a saline environment[J]. Magazine of Concrete Research, 44(158): 63-69.

SOMERVILLE G, 1986. The design life of concrete structures [J]. Journal of Structurnal Engineering, 64A(2): 60-71.

STANISH K, THOMAS M, 2003. The use of bulk diffusion tests to establish time-dependent concrete chloride diffusion coefficients[J]. Cement and Concrete Research, 33(1): 55-62.

STEPHEN L A, DWAYNE A J, MATTHEW A M, et al., 1998. Prediction the service life of concrete marine structures: an environmental methodology[J]. ACI Structure Journal, 95(1): 27-36.

TANG L, NILSSON L O, 1993. Chloride binding capacity and binding isotherms of OPC pastes and mortars [J]. Cement and Concrete Research, 23(2): 247- 253.

THOMAS M, BAMFORTH P B, 1999. Modelling chloride diffusion in concrete: Effect of fly ash and slag[J]. Cement and Concrete Research, 29(4): 487-495.

TRITTHART J, 1989. Chloride binding in cement [J]. Cement and Concrete Research, 19(5): 683-691.

TUUTTI K, 1982. Corrosion of steel in concrete [R]. Stockholm: Swedish Cement and Concrete Institute, (4): 469-478.

Vu K A, Stewart M G, 2005. Predicting the likelihood and extent of reinforced concrete corrosion-induced cracking[J]. Journal of Structural Engineering, 131(11): 1681-1689.

ZHANG T, GJORV O E, 1995. Effect of ionic interaction in migration testing of chloride diffusivity in concrete [J]. Cement and Concrete Research, 25(7): 1535-1542.

ZHAO Y X, JIN W L, 2006. Modeling the amount of steel corrosion at the cracking of concrete cover[J]. Advances in Structural Engineering, 9(5): 687-696.

第 10 章　基于可靠度的混凝土耐久性分析与寿命预测

10.1　引　　言

氯离子通过传输到达混凝土钢筋的表面，逐渐累积达到临界氯离子浓度，钢筋钝化膜破坏（t_1 阶段），这个过程的时间长短取决于混凝土保护层的质量及其他保护层厚度。当钢筋钝化膜破坏后，腐蚀加速，一般几年之内混凝土产生开裂（t_2 阶段）。随着腐蚀不断加大，裂缝逐渐增大，结构承载力下降，变形快速增加，结构出现严重破坏（t_3 阶段）。钢筋的化学组成、混凝土保护层、混凝土结构的形式、电化学的连续性及所处的环境等因素都影响氯离子的侵蚀行为，使之具有高度的随机性。目前研究较多且相对成熟的是 t_1 阶段的预测，即钢筋钝化膜脱钝。尽管 t_1 阶段并不能完全用来预测和估计混凝土结构的真实使用寿命，但是钢筋锈蚀并导致混凝土开裂一旦开始，业主将面临严重困扰，在 t_2 阶段终点之前，进行维护和修补较为经济，后来则会变成难以控制的安全问题。因此，作为耐久性设计，应在初始阶段，最大努力控制氯离子渗透。在劣化早期，应采取一定的保护措施来控制劣化的进一步发展，该阶段技术要求不高，所需费用较低，是一种性价比较佳的策略。在利用前面的模型计算氯离子的传输时，由于输入的参数，如混凝土保护层厚度、扩散系数、表面氯离子浓度、临界氯离子浓度等通常有很大的离散性和变异性，在计算时应与概率分析结合起来，这样就可评估混凝土结构在服役期内钢筋出现锈蚀的概率。

近年来，国际上基于可靠度的混凝土耐久性设计模型和程序快速发展，而且在一些国家，耐久性设计已经应用到多个重要的混凝土结构工程中。随着工程实践的不断丰富，工程调查和暴露站数据的不断积累，设计依据得到简化和发展，模型参数取值更为准确，使得基于可靠度的耐久性设计更加方便。

本章，主要阐述氯离子渗透和钢筋锈蚀概率计算的基本理论和方法，并通过案例分析，说明锈蚀概率计算如何作为混凝土耐久性设计的依据。

10.2　氯离子扩散的概率计算模型

混凝土结构耐久性设计时，主要目标是建立荷载效应（S）和结构抗力（R）之间的关系。为了保障结构的安全性，要求 $R-S \geqslant 0$；当 $R < S$ 时，结构失效，由于

影响 R 和 S 的因素具有随机特性，会出现离散性和变异性。

对于氯盐环境下的混凝土结构耐久性设计，荷载效应（S）是氯离子扩散，结构抗力（R）是混凝土保护层抵抗氯离子扩散的效应。在图 10.1 中，考虑离散性和变异性的 R 和 S 变化可由两个分布曲线来表示。在初始阶段，荷载效应（S）和结构抗力（R）没有重叠，随着时间的推移，氯离子不断扩散到混凝土内部，荷载效应（S）逐渐增加，结构抗力（R）逐渐减小，当时间从 T_0 到 T_1 过程中，两条曲线慢慢发生重叠，不断增加的重叠反映了"失效"或混凝土内部钢筋锈蚀发生的概率，并且逐渐达到失效概率的限值。

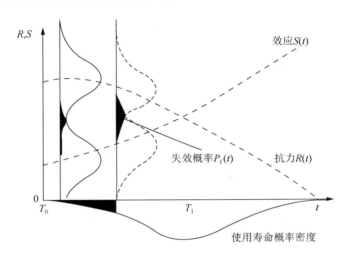

图 10.1　考虑时间的可靠度分析

混凝土发生失效的概率可表示为

$$P_f(t) = P(R - S < 0) < P_0 \tag{10-1}$$

式中：P_0 为失效概率限值。

对于结构设计来讲，结构的安全性一般由可靠性或可靠度指标来反应结构可能发生的失效。由于钢筋脱钝并不会带来直接的失效后果，在分析时通常不考虑可靠度指标。在国外现行规范中，常常使用极限状态下的失效概率为 10%（挪威标准，2004）作为混凝土结构失效判据。因此，在进行耐久性设计时，可采用扩散到钢筋表面的自由氯离子浓度超过临界氯离子浓度的概率达到 10%作为钢筋失效的设计依据，式（10-1）可以变为

$$P_f(t) = P(C_{cr} - C_f < 0) < 10\% \tag{10-2}$$

式中：C_{cr} 为临界氯离子浓度；C_f 为自由氯离子浓度。

$$C_f = C_0 + (C_s - C_0) \left[1 - \mathrm{erf} \frac{x_c}{2\sqrt{\dfrac{K_{\delta_s} K_D K_C K_E K_T D_0 t_0^m}{(1+R)(1-m)} \cdot t^{1-m}}} \right] \qquad (10\text{-}3)$$

失效概率函数通常包含多个变量，每个变量有各自的分布形式和各自的统计参数，因此使用失效概率函数需要大量的计算，本节基于蒙特卡罗方法对氯离子扩散的失效概率进行计算。

蒙特卡罗方法是一种统计模拟的方法，主要是用产生随机数来解决一系列的计算问题。要求所输入的参数（如 D_0、X_c、C_{cr}、C_s、m、R 等）由概率密度函数表示。一旦知道这些参数的概率函数，可以基于蒙特卡罗方法通过计算进行大量统计模拟来评价失效概率。

上述钢筋锈蚀概率计算通常用作新建混凝土结构耐久性设计的基础。根据这种方法，在失效概率达到 10% 时，可以得到服役寿命。为了计算失效概率达到 10% 时的寿命，需在混凝土结构完成时进行耐久性分析，这一分析需要式（10-1）所有参数的均值和方差作为输入参数，进行失效概率计算。然而，一些参数如 K_{δ_s}、K_D、K_c、K_E，目前还没有大量数据样本，无法获得它们的概率函数，这需要大量的和长期的室内实验、暴露站实验和现场工程调查数据；在基于可靠度理论进行耐久性分析时，目前暂且将这些参数取固定值，而将影响氯离子传输的其他关键参数，如混凝土氯离子扩散系数、混凝土保护层厚度、表面氯离子浓度、时间依赖性因子、氯离子结合能、临界氯离子浓度等均值和方差作为输入。尽管目前还没有将所有模型参数的概率都考虑到，但是在建设过程中混凝土的保护层厚度质量控制、混凝土氯离子扩散系数、环境条件等离散性和变异性均已得到体现。

对于既有的混凝土结构，特别是在严酷环境条件下服役的混凝土，受到环境的作用不断损伤劣化，需要定期进行状态评估和保养维护，为此可以根据上面建立的基于可靠度的耐久性分析进行失效概率计算。在耐久性状态评估前，需要对实际工程混凝土的氯离子扩散系数、混凝土保护层厚度等关键参数进行现场检测，基于计算结果，当失效概率达到一定允许值之前，实行主动式干预防护和修复。

10.3　模　型　参　数

10.3.1　简述

在进行混凝土失效概率计算时，需要以下输入参数。

（1）环境参数：表面氯离子浓度 C_s、环境影响因子 K_E、温度影响因子 K_T。

（2）混凝土材料参数：混凝土氯离子扩散系数 D_0、时间依赖性因子 m、氯离子结合能 R、钢筋脱钝的临界氯离子浓度 C_{cr}。

（3）结构或构造参数：混凝土保护层厚度 X_c、混凝土构件暴露维数影响因子 K_D。

（4）荷载参数：混凝土构件所受的应力加速因子 K_{δ_s}。

（5）施工参数：养护龄期影响因子 K_c。

正如上节所述，一些模型参数（K_{δ_s}、K_D、K_c、K_E）的概率函数由于样本不足目前难以获得，在耐久性分析时将这几个参数以固定值的形式进行失效概率计算。一旦有了大量的实验室、暴露站和实际工程检测数据，获得了这几个参数的足够数据样本后，可以分析它们的分布特征和概率函数，就可以进行全概率的耐久性分析。基于第 9 章的实验，这些参数分别取固定值：K_{σ_s} 为应力加速应子，$K_{\sigma_s}=1+k\sigma$；K_D 为氯离子扩散维数影响因子，$K_{1D}=1$，$K_{2D}=2.01$，$K_{3D}=2.27$；K_c 为养护龄期影响因子，$K_1=2.6$，$K_3=1.9$，$K_7=1.3$，$K_{28}=1.0$；K_E 为环境影响因子，对于浸泡 $K_E=1$，对于干湿循环 $K_E=2.6$。

模型中其他输入参数，如 D_0、X_c、C_{cr}、C_s、m、R 已有大量的室内外实验数据，可以获得它们的分布特征和概率函数。对于新建混凝土结构，为了监控混凝土施工质量，氯离扩散系数 D_0 和混凝土保护层厚度 X_c 这两个模型参数，可以使用混凝土施工过程中质量控制所获得的现场实测数据。对于既有混凝土结构，进行耐久性状态评价时，扩散系数应该取自实际氯离子侵入数据，因为该数据可能存在较高的离散性和变异性。

10.3.2 环境参数

10.3.2.1 表面氯离子浓度 C_s

可以根据前面章节确定的中国典型地区的表面氯离子浓度的均值与标准差进行选取，也可以基于相似环境下混凝土表面氯离子浓度实测值的均值与标准差进行选取。在没有足够的暴露实验和工程调查数据时，也可以通过 $C_s=-1.54+6.2W/B$ 计算得到，服从正态分布，变异系数为 0.1～0.2。

10.3.2.2 温度 T

对于氯离子环境下的混凝土结构，氯离子的扩散速率受环境温度影响较大，可通过温度影响因子 K_T 来反映，$K_T=\dfrac{T}{T_0}e^{q\left(\frac{1}{T_0}-\frac{1}{T}\right)}$ [其中 $T_0=293K$；T 为环境的温度（K）；q 为活化常数，$q=(10\,475\sim10\,750)W/B$（K）]。基于当地多年的气象数据，可将年平均温度作为输入参数选择的依据。

10.3.3　混凝土材料参数

10.3.3.1　氯离子扩散系数 D_0

氯离子扩散系数（D_0）是混凝土耐久性的一个重要的参数，它反映的是养护龄期 t_0（一般采用 28d）时混凝土的抗氯离子渗透能力。D_0 与混凝土水胶比、矿物掺合料等密切相关，降低混凝土水胶比，混凝土孔隙率下降，从而 D_0 降低；但是选择合适的矿物掺合料有时比降低水胶比更为有效，特别是当适量的磨细矿渣掺入后，混凝土的 D_0 显著降低，有关水胶比和矿物掺类对 D_0 的影响已在第 9 章系统研究。

目前，测试混凝土 D_0 时，首先要先制备样品，可以从工程上直接钻芯取样，也可以是现场混凝土浇筑时留存的试样，或者通过使用相同原材料和配合比在实验室制备的混凝土试样。D_0 测试采用的方法有两种：一是长期浸泡法；二是 RCM 法。浸泡法是将混凝土试样放入与实际工程所处氯盐浓度相同的模拟液中浸泡，在浓度梯度作用下氯离子扩散进行入混凝土内部，在不同时间内取样，测试不同深度处自由氯离子浓度，通过 Fick 第二定律计算 D_0，这种方法与实际工程的工况相同，因此，浸泡法测试得到 D_0 通常用来代表工程的氯离子扩散系数。RCM 法是由瑞典的唐路平提出的，是在外加电场作用下，氯离子快速侵入混凝土内部，测试氯离子渗透深度来计算氯离子扩散系数。对于两种方法有大量的实验进行对比，发现二者有较好的统计相关性，可以将 RCM 法测定的氯离子扩散系数通过一个转换系数折算成浸泡法测试值。通过大量的实测数据，分析数据的分布特征和概率函数，D_0 通常服从正态分布，变异系数在 0.1～0.2；但是，有时 D_0 表现出较高的离散性和变异性，可以假设服从其他概率分布，如 β-分布。

10.3.3.2　时间依赖性因子 m

混凝土氯离子扩散系数是一个与时间有关的参数，混凝土在服役过程中，由于水泥和矿物掺和料的持续水化，结构不断密实，氯离子扩散系数不断减少。时间依赖性因子 m 反映了混凝土的氯离子随时间变化的情况。

对于混凝土结构选择合适的时间依赖性因子 m 非常重要，通过对相似环境下现场长期跟踪调查或相似环境下的长期暴露站试验数据可作为 m 值选择的依据。如果没有上述的数据，也可基于第 9 章室内加速实验，并结合国内外大量文献资料，确定 m 值，如表 10.1 所示。

表 10.1　时间依赖性因子 m

混凝土用胶凝材料	龄期系数均值	龄期系数标准差
硅酸盐	0.25	0.10
粉煤灰 / 矿渣	0.60	0.15
硅灰	0.20	0.10

10.3.3.3　氯离子结合能 R

选择合适的氯离子结合能 R 对于耐久性分析十分重要，通过对相似环境下现场长期跟踪调查或暴露站试验数据可作为 R 的概率函数选择依据，通常 R 服从正态分布，变异系数在 0.02～0.1。如果没有上述数据，也可以根据第 9 章室内浸泡实验所得数据回归的公式来确定 R 的均值，如式（10-4）、式（10-5）所示。R 的均值主要受水灰比、掺和料品种和掺量等因素的影响。

粉煤灰混凝土：

$$R = 5.88\times(2.708FA^3 - 3.25FA^2 + 0.992FA + 0.12)\times(-1.051W/B + 0.537) \quad （10-4）$$

矿渣混凝土：

$$R = 1.54\times(3.267SL^2 - 1.069SL + 0.144)\times(286W/B^2 - 221.1W/B + 43) \quad （10-5）$$

10.3.3.4　钢筋脱钝的临界氯离子浓度 C_{cr}

C_{cr} 与混凝土材料、钢筋、环境条件密切相关，目前受认识水平的限制，还没有建立明确的关系表达式。可以根据我国典型地区的海工结构调查和长期暴露站数据，得出我国典型区域的 C_{cr} 的分布特征和概率函数，通常 C_{cr} 服从正态分布。

如果没有上述数据，对于浪溅区，当使用碳素钢筋时，可选择占混凝土质量的 0.07% 作为临界氯离子含量的均值，0.03% 作为标准差；也可依据王胜年提出的我国典型海域浪溅区临界浓度建议值：北方沿海　$C_{cr}=0.060\%$，华东沿海　$C_{cr}=0.054\%$，华南沿海　$C_{cr}=0.052\%$；对于不锈钢筋，临界氯离子含量通常可达混凝土质量的 0.4%～0.6%，有时甚至可达到 0.8%～1.3%。对于水下区，可依据 DuraCrete 项目指南选择 C_{cr} 均值，0.03% 作为标准差。

10.3.4　构造参数

在现行混凝土结构耐久性设计规范中，给出了特定环境下混凝土的最小保护层厚度 $X_{c,min}$。在建设过程中由于钢筋绑扎和混凝土施工的误差，混凝土保护层厚度存在容许偏差 ΔX_c，通常容许偏差值 ΔX_c 可取 10mm，则设计时混凝土的名义保护层厚度 $X_{c,N}$ 为

$$X_{c,N}=X_{c,min}+10 \quad （10-6）$$

假设有 5% 的钢筋外部的混凝土保护层厚度小于 $X_{c,min}$，即有 95% 保证率保证

钢筋大于 $X_{c,min}$，则可以基于平均值 $X_{c,N}$，标准差 $\Delta X_c/1.645$ 的混凝土保护层进行耐久性分析。

当对新建混凝土结构或既有结构进行寿命预测时，应使用工程现场检测过程中实际测到的保护层厚度的均值和标准差进行耐久性分析。

10.4 案 例 分 析

为了说明基于可靠度的耐久性分析是如何用于新建混凝土结构耐久性设计的，举一个工程案例，详细说明耐久性分析的过程，选出满足耐久性要求的混凝土质量和保护层厚度。

某施工单位在中国南部近海修建一个跨海混凝土桥梁，设计寿命为 100 年。氯离子为一维扩散，不考虑应力的影响，混凝土现场养护龄期为 3d，环境条件为潮汐区，年平均气温 20℃。为了比较矿物掺和料对耐久性的影响，选择了相同强度等级 C40 的四种混凝土，即普通混凝土、粉煤灰混凝土（粉煤灰掺量 20%）、矿渣混凝土（矿渣掺量 60%）、双掺硅灰和矿渣混凝土（硅灰掺量 5%，矿渣掺量 60%）进行对比。

10.4.1 输入参数和耐久性分析

在耐久性分析之前，首先制备四种混凝土，分别测定其 28d 的氯离子扩散系数，混凝土保护层厚度均值为 60mm，根据前面所介绍的模型参数取值依据，得到耐久性分析所需要的参数估计值，如表 10.2 所示。

表 10.2 耐久性分析的输入参数

	输入参数	普通混凝土	粉煤灰混凝土	矿渣混凝土	双掺硅灰和矿渣混凝土
(1)环境参数	表面氯离子浓度 C_s	N(0.63,0.1)	N(0.63,0.1)	N(0.63,0.1)	N(0.63,0.1)
	环境影响因子 K_E	2.6	2.6	2.6	2.6
	温度影响因子 K_T	1	1	1	1
(2)混凝土材料参数	混凝土氯离子扩散系数 $D_0(10^{-12}m^2/s)$	N(9.9,0.1)	N(3.1,0.1)	N(3.4,0.1)	N(3.2,0.1)
	时间依赖性因子 m	N(0.6,0.1)	N(0.60,0.08)	N(0.60,0.08)	N(0.58,0.08)
	氯离子结合能 R	N(0.14,0.05)	N(0.21,0.07)	N(0.69,0.1)	N(0.72,0.15)
	钢筋脱钝的临界氯离子浓度 C_{cr}	N(0.07,0.03)	N(0.07,0.03)	N(0.07,0.03)	N(0.07,0.03)
(3)构造参数	混凝土保护层厚度 X_c	N(60, 6)	N(60, 6)	N(60, 6)	N(60, 6)
	混凝土构件暴露维数影响因子 K_D	1	1	1	1
(4)荷载参数	混凝土构件所受的应力加速因子 $K_{\delta s}$	1	1	1	1
(5)施工参数	养护龄期影响因子 K_c	1.9	1.9	1.9	1.9

注：时间依赖因子 m 在随机取值时不能超过 1，否则式（10-3）中根号中为负，无法计算。

根据式（10-1）的概率计算模型，通过蒙特卡罗方法对氯离子扩散的失效概率进行计算，计算结果绘成图 10.2。从图 10.2 中可以看出，当钢筋锈蚀概率达到 10%的极限状态时，粉煤灰混凝土的寿命约 80 年；使用矿渣混凝土和双掺硅灰-矿渣混凝土的寿命服役寿命可延长到 100 年以上；而普通混凝土 26 年就达到了 10%锈蚀概率。

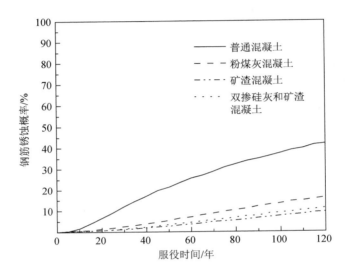

图 10.2　基于可靠度的四种混凝土耐久性分析

10.4.2　耐久性评价与讨论

上述失效概率计算是在一系列假设和简化的条件下，使用简单的扩散模型来计算氯离子侵入的。实际工程中，尽管扩散是氯离子侵入混凝土保护层主要传输机理，但是氯离子在混凝土中的侵入是一种比 Fick 第二定律更为复杂的过程。另外，耐久性分析时使用了较多的输入参数，但有些参数目前尚缺乏大量和长期的可靠数据，给出的参数值往往基于已有的经验和室内实验，但这些信息还远远不够。

因此，我们不应简单地认为 10%的失效概率之前的服役寿命认为就是混凝土结构的真实寿命，钢筋混凝土结构在钢筋发生锈蚀后仍能服役一段时间。尽管如此，上述的耐久性分析为工程选择合适的原材料、混凝土类型、混凝土质量、结构构造和施工方法提供了科学依据，也清晰地表明了影响混凝土结构耐久性的关键因素及其他影响规律，为选择合适的耐久性参数和耐久性提升措施奠定了科学基础。

主要参考文献

金伟良，赵羽习，2014. 混凝土结构耐久性[M]. 2 版. 北京：科学出版社.

牛荻涛，2003. 混凝土结构耐久性与寿命预测[M]. 北京：科学出版社.

乔伊夫 O E，2015. 严酷环境下混凝土结构的耐久性设计[M]. 赵铁军，译. 北京：中国建材工业出版社.

STEWART M G, ROSOWSKY D V, 1998. Structural safety and serviceability of concrete bridges subject to corrosion[J]. Journal of Infrastructure Systems, 4(4): 146-155.

TANG L, 1996. Electrically accelerated methods for determining chloride diffusivity in concrete[J]. Magazine of Concrete Research, 48(176): 173-179.

第 11 章　耐久性提升技术与措施

通过正常的设计和施工，混凝土结构一般具有良好的耐久性，但对于严酷的环境条件，如海洋环境和西部盐湖盐渍土环境，混凝土性能快速退化，需要在使用高性能耐久混凝土材料的基础上进一步采取耐久性提升措施才能保证结构达到设计使用寿命。本章将详细介绍混凝土耐久性提升技术与措施（图 11.1），包括基本措施和防腐蚀附加措施，这是混凝土耐久性体系的关键组成部分，对于新建和既有的混凝土结构耐久性保持与提升具有重要的指导意义。

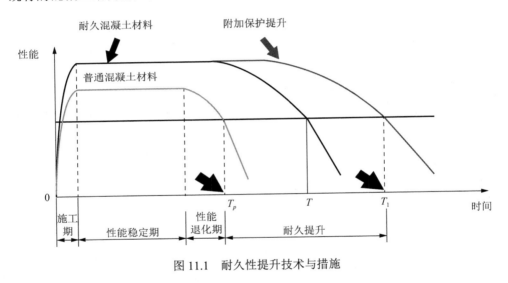

图 11.1　耐久性提升技术与措施

11.1　耐久性提升的基本措施

提升混凝土结构耐久性，延长使用寿命，是一个系统的工程，涉及材料选择、混土制备、结构设计、施工管养以及维护等从工程建设到寿命终止的整个生命周期。建设期，选择合适原材料、制备高耐久性混凝土，是保障混凝土结构耐久性最重要的基础，只有混凝土本身具有优异的耐久性体质，才有可能保证混凝土结构在长期严酷的服役环境条件下保持良好的性能。

11.1.1　混凝土原材料选择原则

11.1.1.1　水泥

硅酸盐水泥或普通硅酸盐水泥的细度不宜超过 $380m^2/kg$；水泥中铝酸三钙（C_3A）含量不宜超过 8%（海水中不宜超过 5%）。大体积混凝土宜采用硅酸二钙（C_2S）含量相对较高的水泥。

水泥的碱含量（按 Na_2O 当量计）不宜超过 0.6%，或混凝土内的总碱含量（包括所有原材料）应低于 $3.0\ kg/m^3$ 的限值要求。矿物掺和料中的碱含量应以其中的可溶性碱计算，按试样中碱的溶出量试验确定；当无检测条件时，对于粉煤灰，以其总碱量的 1/6 计算粉煤灰中的可溶性碱，对于矿渣，以总碱量的 1/2 计算。

11.1.1.2　矿物掺和料

粉煤灰宜采用 F 类粉煤灰，从烧失量、需水量和筛余量三个指标进行控制。粉煤灰烧失量不宜大于 8%，需水量比不宜大于 105%，Ⅰ级粉煤灰的 45 μm 方孔筛筛余不宜大于 12%、Ⅱ级灰的筛余量不宜大于 20%，三氧化硫含量不宜大于 3%。

磨细高炉矿渣的比表面积宜处于 $350\sim450m^2/kg$ 内，需水量比不宜大于 100%，烧失量不大于 3%，氯离子含量不大于 0.02%。

硅灰中的二氧化硅含量不宜小于 85%，比表面积大于 $18\ 000m^2/kg$。一般情况下，硅灰宜与其他矿物掺和料复合使用，掺量不超过胶凝材料总量的 8%～10%，宜与减水剂配合使用。

11.1.1.3　集料

应选用质地均匀坚固、粒形和级配良好、吸水率低、颗粒洁净的砂石。粗、细集料松散堆积密度一般应大于 $1350\ kg/m^3$，即孔隙率约小于 47%。粗集料的压碎指标不大于 10%（Ⅰ类）、20%（Ⅱ类）、30%（Ⅲ类），针片状颗粒含量不宜超过 5%（Ⅰ类）、15%（Ⅱ类）、25%（Ⅲ类），吸水率不大于 2%，在严重冻融环境作用等级下（D 级及以上），粗集料的吸水率不宜大于 1%；Ⅰ类宜用于强度等级大于 C60 的混凝土，Ⅱ类宜用于强度等级为 C30～C60 及有抗冻、抗渗或其他要求的混凝土，Ⅲ类宜用于强度等级小于 C30 的混凝土。对不同细度模数的砂子，控制 5mm、0.63mm、0.16mm 筛的累计筛余量分别小于等于 10%、71%～85%（Ⅰ区砂）、或 41%～70%（Ⅱ区砂）、或 16%～40%（Ⅲ区砂）、大于等于 90%。

用于冻融环境和干湿循环作用下的混凝土，粗、细集料的含泥量应分别低于 0.7% 和 1%。集料中的硫化物及硫酸盐含量（以 SO_3 计）分别不宜超过粗、细集料总质量的 1%；还宜使用硫酸钠溶液进行坚固性试验，质量损失应小于 5%（细集料）和 10%（粗集料）。

应对不同料源的粗、细集料进行碱活性检验，避免采用有碱活性反应的集料，或采取必要的控制措施。主体结构应使用无碱活性反应的集料。

在海洋、除冰盐等氯化物环境中的混凝土结构(环境作用等级 D 级及以上时)，不宜采用抗渗透性较差的岩质作为粗、细集料。钢筋混凝土结构和预应力混凝结构不应使用海砂，不得不使用时，必须严格控制混凝土中的氯离子含量，可溶性氯化物的含量小于等于 0.01%。

粗集料的最大公称粒径，不应超过结构最小边尺寸的 1/4 和钢筋最小净距的 3/4；在两层或多层密布钢筋结构中，不应超过钢筋最小净距的 1/2；在氯盐和其他化学腐蚀环境下，不应超过混凝土保护层厚度的 1/2；在冻融环境下，不应超过混凝土保护层厚度的 2/3。

11.1.1.4　拌和水

拌和水不得采用海水、污水或 pH < 5 的酸性水；水中不应含有影响水泥正常凝结与硬化的有害杂质或油脂、糖类及游离酸类等；水中硫酸盐含量（按 SO_4^{2-} 计）不应超过水的质量 $0.27mg/cm^3$。

对于钢筋混凝土结构，拌和水中氯离子含量应低于 1200mg/L；对于预应力混凝土结构，拌和水中氯离子含量应低于 500mg/L（使用钢丝或经热处理钢绞线的预应力混凝土，拌和水中氯离子含量应低于 350mg/L）；在氯化物腐蚀环境下，拌和水中氯离子含量不宜大于 200mg/L。

11.1.1.5　外加剂

外加剂中的氯离子总含量不得大于混凝土中胶凝材料总质量的 0.02%，硫酸钠含量不宜大于减水剂干重的 15%；不得采用含有氯盐的防冻剂（氯离子含量小于等于 0.1%）；当不同品种外加剂复合使用时，应事先通过试验，验证其相容性及其对混凝土性能的影响。

11.1.2　混凝土耐久性控制参数

低介质传输性是高耐久性混凝土材料的基本属性，是提升严酷环境下混凝土服役性能、实现混凝土结构长寿命的关键。美国、欧洲、日本、中国等多个国家和地区基于大量的室内实验、长期暴露实验和工程实践，划分了环境类别及作用等级，制订了混凝土耐久性设计规范，对混凝土的强度等级、水胶比、单方胶凝材料用量、矿物掺和料种类及掺量等影响混凝土耐久性的关键参数做出了明确规定。

1）环境类别和作用等级

我国交通部公路工程混凝土结构耐久性设计细则，规定的环境类别与作用等级如表 11.1 所示，不同环境的作用等级划分标准如表 11.2～表 11.10 所示。

表 11.1　环境类别与作用等级

环境名称	环境作用影响程度					
	A 轻微	B 轻度	C 中度	D 严重	E 非常严重	F 极端严重
一般环境	I-A	I-B	I-C	—	—	—
冻融环境	—	—	II-C	II-D	II-E	—
近海或海洋氯化物环境	—	—	III-C	III-D	III-E	III-F
除冰盐等其他他氯化物环境	—	—	IV-C	IV-D	IV-E	—
盐结晶环境	—	—	—	V-D	V-E	V-F
化学腐蚀环境	—	—	VI-C	VI-D	VI-E	VI-F
磨蚀环境	—	—	VII-C	VII-D	VII-E	—

（1）Ⅰ类环境：一般环境（表 11.2）。

表 11.2　一般环境对混凝土结构的作用等级

环境作用等级	环境条件	示例	
		桥涵	隧道
I-A	干燥环境（0＜年平均相对湿度 RH≤20%）； 极湿润环境（80%＜年平均相对湿度 RH＜100%）； 永久的静水浸没环境	常年干燥、低湿度环境中的构件； 所有表面均永久处于静水中的构件； 桥梁上部结构、处于静水中的桥墩水下部分	距洞门距离＞200m 的隧道洞身构件
I-B	较干燥环境（20%＜年平均相对湿度 RH≤40%）； 湿润环境（60%＜年平均相对湿度 RH≤80%）	不接触或偶尔接触雨水的构件 埋于土中、温湿度相对稳定的基础构件 桥墩等下部结构	距洞门距离≤200m 的隧道洞身构件
I-C	干湿交替环境或 40%＜年平均相对湿度 RH≤60%	表面频繁淋雨、结露或频繁与水接触的构件靠近地表、湿度受地下水位影响的构件处于水位变动区的桥墩	隧道洞门

（2）Ⅱ类环境：冻融环境（表 11.3）。

表 11.3　冻融环境对混凝土结构的作用等级

环境作用等级	环境条件	示例	
		桥涵	隧道
II-C	微冻地区（-3℃≤t≤2.5℃）且日温差大于 10℃，混凝土中度饱水	受雨淋构件的竖向表面 主梁腹板、墩柱	洞门
II-D	微冻地区（-3℃≤t≤2.5℃）且日温差大于 10℃，混凝土高度饱水	水位变动区的构件，频繁受雨淋构件的水平表面 承台	距洞门距离≤200m 的隧道洞身衬砌
	严寒地区（-8℃＜t＜-3℃）和寒冷地区（t≤-8℃）且日温差大于 10℃，混凝土中度饱水	受雨淋构件的竖向表面 主梁腹板、墩柱	洞门
II-E	严寒地区（-8℃＜t＜-3℃）和寒冷环境（t≤-8℃）且日温差大于 10℃，混凝土高度饱水	水位变动区构件，频繁受雨淋构件的水平表面 承台	距洞门距离≤200m 的隧道洞身衬砌

注：1）t 为最冷月平均气温。
　　2）中度饱水指冰冻前偶尔受水或受潮，混凝土内饱水程度不高；高度饱水指冰冻前长期或频繁接触水或湿润，混凝土内高度水饱和。

（3）Ⅲ类环境：近海或海洋氯化物环境（表 11.4）。

表 11.4　近海或海洋氯化物环境对混凝土结构的作用等级

环境作用等级		环境条件	示例	
			桥涵	隧道
III-C	水下区和土中区	周边永久浸没于海水或埋于土中	近海土中或深海、海底的桥墩、基础；近海桥涵的上、下部结构	距洞门距离>200m 的隧道洞身构件；海底隧道构件
		盐雾影响区：涨潮线以外 300～1.2km 内的陆上环境		
III-D	大气区	轻度盐雾区：距平均水位 15m 高度以上的海上大气环境；涨潮岸线以外 100～300m 内的陆上环境	上部结构构件；近海的桥涵构件	隧道洞口段
III-E		重度盐雾区：距平均水位 15m 高度以内的海上大气环境；特涨潮岸线 100m 以内的陆上环境	上部结构构件、桥墩；近海的桥梁、涵洞构件	隧道洞口段
III-F	非炎热地区年	平均温度低于 20℃的潮汐区和浪溅区	桥墩、承台、基础	隧道构件
	炎热地区年	平均温度高于 20℃的潮汐区和浪溅区	桥墩、承台、基础	隧道构件

注：1）近海或海洋环境中的水下区、潮汐区、浪溅区和大气区的划分，按照现行行业标准《海港工程混凝土结构防腐蚀技术规范》（JTJ 275）的规定执行；近海或海洋环境的土中区指海底以下或近海的陆区地下，其地下水中的盐类成分与海水相近。

2）靠近海岸的陆上建筑物，盐雾对混凝土构件的作用尚应考虑风向、地貌等因素。

3）内陆盐湖中氯化物的环境作用等级可按 11.3 确定。

（4）Ⅳ类环境：除冰盐等其他氯化物环境（表 11.5）。

表 11.5　除冰盐等其他氯化物环境对混凝土结构的作用等级

环境作用等级	环境条件	示例	
		桥涵	隧道
IV-C	受除冰盐雾作用	距离行车道 10～20m 内的构件	距离洞门≤1000 m、接触盐雾的构件
	四周浸没于含氯化物水中	地下水中构件桥墩、承台、基础	基础
	接触较低浓度氯离子水体，且有干湿交替	部分暴露于大气、部分在地下水土中的构件桥墩	洞门
IV-D	受除冰盐水溶液直接溅射	行车道两侧≤10m 的构件护栏、护墙、桥墩、涵台、涵洞内壁	洞门
	接触较高浓度氯离子水体，且有干湿交替	部分暴露于大气、部分在地下水土中的构件桥墩	洞门
IV-E	直接接触除冰盐溶液	桥面板、与含盐渗漏水接触的桥梁帽梁、墩柱	车道板
	接触高浓度氯离子水体，且有干湿交替	部分暴露于大气、部分在地下水土中的构件桥墩	洞门

注：1）水中氯离子浓度（mg/L）的高低划分为：较低 100～500；较高 500～5000；高>5000；土中氯离子含量（mg/kg）的高低划分为：较低 150～750；较高 750～7500；高>7500。

2）水中氯离子的浓度测定方法按现行行业标准《铁路工程水质分析规程》（TB 10104）的相关规定执行，土壤中氯离子含量测定方法按现行行业标准《铁路工程岩土化学分析规程》（TB 10103）的相关规定执行。

3）在有环境资料和既有工程调查资料的情况下，应按实际环境条件参照本表确定环境作用等级。在无环境调查资料的情况下，宜按本表规定进行确定。

4）除冰盐环境的作用等级与冬季喷洒除冰盐的具体用量和频度有关，可根据具体情况做出调整。

（5）Ⅴ类环境：盐结晶环境（表 11.6）。

表 11.6　盐结晶环境对混凝土结构的作用等级

环境作用等级	环境条件		示例	
	水中 SO_4^{2-} 浓度/(mg/L)	土中 SO_4^{2-} 浓度（水溶值）/(mg/kg)	桥涵	隧道
Ⅴ-D	日温差Δt≤10℃，有干湿交替作用的盐土环境		与含盐土壤接触的墩柱、墩台露出地面以上的毛细吸附区	与含盐土壤接触的洞门、侧墙、车道板露出地面以上的毛细吸附区
	200～2 000	300～3 000		
Ⅴ-E	日温差Δt≤10℃，有干湿交替作用的盐土环境			
	2 000～4 000	3 000～6 000		
Ⅴ-F	日温差Δt>10℃，干湿交替作用频繁的高含盐量盐土环境			
	4 000～10 000	6 000～15 000		

注：1）水中硫酸根离子的浓度测定方法按现行行业标准《铁路工程水质分析规程》（TB 10104）的相关规定执行，土壤中硫酸根离子含量测定方法按现行行业标准《铁路工程岩土化学分析规程》（TB 10103）的相关规定执行。

　　2）当混凝土结构处于极高含盐地区（环境水中 SO_4^{2-} 浓度大于 10000mg/L 或环境土中 SO_4^{2-} 含量大于 15 000mg/kg），其耐久性技术措施应通过专门的试验和研究确定。

（6）Ⅵ类环境：化学腐蚀环境（表 11.7）。

表 11.7　水中硫酸盐和酸类物质对混凝土结构的作用等级

环境作用等级	非干旱高寒地区的干湿交替环境				干旱、高寒地区
	水中 SO_4^{2-} 浓度/(mg/L)	水中 Mg^{2+} 浓度/(mg/L)	水的 pH	水中侵蚀性 CO_2 浓度/(mg/L)	水中 SO_4^{2-} 浓度/(mg/L)
Ⅵ-C	≥200 ≤1 000	≥300 ≤1 000	≤6.5 ≥5.5	≥15 ≤30	≥200 ≤500
Ⅵ-D	>1 000 ≤4 000	>1 000 ≤3 000	<5.5 ≥4.5	>30 ≤60	>500 ≤2 000
Ⅵ-E	>4 000 ≤10 000	>3 000	<4.5 ≥4.0	>60 ≤100	>2 000 ≤5 000
Ⅵ-F	>10 000 ≤20 000	—	—	—	—

注：1）水中硫酸根离子的浓度测定方法按现行行业标准《铁路工程水质分析规程》（TB 10104）的相关规定执行。

　　2）干旱区指干燥度系数大于 2.0 的地区，高寒地区指海拔 3000m 以上的地区。

　　3）对于处于非干旱、高寒地区的结构构件，表中硫酸根浓度对应的环境条件为干湿交替环境；若处于无干湿交替环境作用（长期浸没于地表或地下水中）时，可按表中作用等级降低一级。

　　4）在高水压条件下应提高相应的环境作用等级。

表 11.8　土中硫酸盐和酸类物质对混凝土结构的作用等级

环境作用等级	土中 SO_4^{2-} 含量（水溶值）/（mg/kg）	
	非干旱高寒地区的干湿交替环境	干旱、高寒地区
Ⅵ-C	≥300 ≤1 500	≥300 ≤750
Ⅵ-D	>1 500 ≤6 000	>750 ≤3 000
Ⅵ-E	>6 000 ≤15 000	>3 000 ≤7 500

环境作用等级	土中 SO_4^{2-} 含量（水溶值）/（mg/kg）	
	非干旱高寒地区的干湿交替环境	干旱、高寒地区
VI-F	>15 000 ≤30 000	—

注：1）土壤中硫酸根离子含量测定方法按现行行业标准《铁路工程岩土化学分析规程》（TB 10103）的相关规定执行。

2）干旱区指干燥度系数大于 2.0 的地区，高寒地区指海拔 3000m 以上的地区。

3）当混凝土结构构件处于弱透水土体中时，土中硫酸根离子、水中镁离子、水中侵蚀性二氧化碳及水的 pH 的作用等级可按相应的等级降低一级。

表 11.9　大气污染对混凝土结构的作用等级

环境作用等级	环境条件	示例	
		桥涵	隧道
VI-C	汽车或机车尾气	—	洞内构件
VI-D	酸雨（雾、露）pH≥4.5	遭酸雨频繁作用的构件 梁、板、桥墩的迎雨面；桥面板	洞门
VI-E	酸雨（雾、露）pH<4.5	遭酸雨频繁作用的构件 梁、板、桥墩的迎雨面；桥面板	洞门

注：酸雨 pH 的测量，按照现行国家标准《酸雨观测规范》（GB/T 19117）的规定执行。

（7）Ⅶ类环境：磨蚀环境（表 11.10）。

表 11.10　磨蚀环境对混凝土结构的作用等级

环境作用等级	环境条件	示例	
		桥涵	隧道
Ⅶ-C	风蚀（有砂情况）： 风力等级≥7 级，且年累计刮风天数大于 90d 的风沙地区 风蚀（有砂情况）： 风力等级≥9 级，且年累计刮风天数大于 90d 的风沙地区	主梁、墩柱（水位变动区以上的部位）	洞门
Ⅶ-D	泥砂石磨蚀： 汛期含砂量 200～600 kg/m³ 的河道	处于水下区的墩柱、局部冲刷线以上的承台和桩基	—
	流冰磨蚀： 有强烈流冰撞击的河道（冰层水位线下 0.5m～冰层水位线上 1.0m）	处于水位变动区的墩柱	—
Ⅶ-E	泥砂石磨蚀： 汛期含砂量 600～1000 kg/m³ 的河道	处于水下区的墩柱、局部冲刷线以上的承台和桩基	—
	风蚀（有砂情况）： 风力等级≥11 级，且年累计刮风天数大于 90d 的风沙地区	主梁、墩柱（水位变动区以上的部位）	洞门
Ⅶ-F	泥砂石磨蚀： 汛期含砂量>1000 kg/m³ 的河道及漂块石等撞击的河道； 泥石流地区及西北戈壁荒漠区洪水期间夹杂大量粗颗粒砂石的河道	处于水下区的墩柱、局部冲刷线以上的承台和桩基	—

注：1）磨蚀环境下，混凝土的耐磨性能宜按照现行行业标准《公路工程水泥及水泥混凝土试验规程》（JTG E30）和《水泥胶砂耐磨性试验方法》（JC/T 421）的规定执行。

2）为防止凌汛、凌洪的危害，宜对可能遭受凌汛影响的构件部位采取适当防护措施。

2）高耐久混凝土配合比关键控制参数

根据不同的环境条件，我国公路工程混凝土结构耐久性设计细则对混凝土配合比关键参数进行了明确规定，如表 11.11～表 11.13 所示。

表 11.11　结构混凝土最低强度等级

环境类别	环境作用等级	设计使用年限			
		100 年		50 年（30 年）	
		钢筋混凝土	素混凝土	钢筋混凝土	素混凝土
一般环境	Ⅰ-A	C30		C25	
	Ⅰ-B	C35	C25	C30	C25
	Ⅰ-C	C35		C30	
冻融环境	Ⅱ-C	C35		C30	
	Ⅱ-D	C35	C30	C30	C30
	Ⅱ-E	C40		C35	
近海或海洋氯化物环境	Ⅲ-C	C35		C30	
	Ⅲ-D	C35	C30	C30	C30
	Ⅲ-E	C40		C35	
	Ⅲ-F	C40		C35	
除冰盐等其他氯化物环境	Ⅳ-C	C35		C30	
	Ⅳ-D	C35	C30	C30	C30
	Ⅳ-E	C40		C35	
盐结晶环境	Ⅴ-E	C40	C35	C35	C30
	Ⅴ-F	C40		C35	
化学腐蚀环境	Ⅵ-C	C35		C30	
	Ⅵ-D	C35	C35	C35	C30
	Ⅵ-E	C40		C35	
磨蚀环境	Ⅶ-C	C35	C35	C30	C30
	Ⅶ-D	C40		C35	

注：1）对于预应力混凝土构件，混凝土最低强度等级为 C40。

2）设计使用年限为 100 年的桥梁承台、基础，混凝土的最低强度等级应按本表 50 年的要求取值。

表 11.12　混凝土材料的最大水胶比和单位体积混凝土的胶凝材料用量

混凝土强度等级	最大水胶比	最小用量/(kg/m³)	最大用量/(kg/m³)
C25	0.60	260	
C30	0.55	280	400
C35	0.50	300	
C40	0.45	320	
C45	0.40	340	450
C50	0.36	360	480
C55	0.36	380	
C60	0.33		500

注：1）大掺量矿物掺和料混凝土的水胶比不应大于 0.42。

2）对强度等级达到 C60 的泵送混凝土，胶凝材料最大用量可增大到 530 kg/m³。

表 11.13　　混凝土中矿物掺和料种类及用量范围　　　　单位：%

混凝土类型	环境类别	水胶比	粉煤灰	矿渣	复掺
钢筋混凝土	一般环境	≤0.42	≤30	≤50	≤40
		>0.42	≤20	≤30	≤25
	冻融环境	≤0.42	≤30	≤40	≤35
		>0.42	≤20	≤30	≤25
	近海或海洋氯化物环境/除冰盐等其他氯化物环境	≤0.42	30~50	40~60	30~50
		>0.42	20~40	30~50	≤30
	盐结晶环境	≤0.42	≤40	≤50	—
		>0.42	≤30	≤40	—
	化学腐蚀环境	≤0.42	30~50	40~60	30~60
		>0.42	20~40	30~50	≤30
	磨蚀环境	≤0.42	≤20	≤35	≤30
		>0.42	≤20	≤30	≤25
预应力混凝土		—	≤30	≤50	30~50

注：1）表中用量值为矿物掺和料占胶凝材料质量的百分比。
　　2）本表仅限于硅酸盐水泥与普通硅酸盐水泥。
　　3）使用普通硅酸盐水泥时，应将其中原有矿物掺和料与配制混凝土时加入的矿物掺和料用量一起计算。
　　4）以硫酸盐为主的化学腐蚀环境和海水环境下，宜掺入矿渣。

3）混凝土材料耐久性指标

我国公路工程混凝土结构耐久性设计细则对混凝土抗冻耐久性指数、抗氯离子侵入性指标、氯离子含量和最大碱含量进行了规定，如表 11.14～表 11.17 所示。

表 11.14　　混凝土抗冻耐久性指数 DF　　　　　单位：%

环境条件	使用年限级别					
	100 年			50 年（30 年）		
	高度饱水	中度饱水	盐冻	高度饱水	中度饱水	盐冻
严寒地区	80	70	85	70	60	80
寒冷地区	70	60	80	60	50	70
微冻地区	60	60	70	50	45	60

注：1）抗冻耐久性指数为混凝土试件经 300 次快速冻融循环后混凝土的动弹性模量 E_1 与其初始值 E_0 的比值，$DF=E_1/E_0$；如在达到 300 次循环之前 E_1 已降至初始值的 60%或试件质量损失已达到 5%，以此时的循环次数 N 计算 DF 值，并取 DF＝（$N/300$）×0.6。
　　2）混凝土的抗冻性应按 GB/T 50082 规定的快冻法进行检验。

表 11.15　　混凝土抗氯离子侵入性指标

抗侵入性指标	使用年限级别					
	100 年			50 年（30 年）		
	D	E	F	D	E	F
氯离子扩散系数 D_{RCM}（28d 龄期）（$10^{-12}m^2/s$）	< 8	< 5	< 4	< 10	< 7	< 5
电通量值（56d 龄期）（C）	< 1200	< 800	< 800	< 1500	< 1000	< 800

表 11.16　氯离子含量限值　　　　　　　单位：%

环境条件	钢筋混凝土	预应力混凝土
Ⅱ、Ⅲ、Ⅳ	0.10	
Ⅰ-B、Ⅰ-C、Ⅴ、Ⅵ	0.20	0.06
Ⅰ-A、Ⅶ	0.30	

注：以胶凝材料质量分数计。

混凝土中的最大碱含量不应高于表 11.17 的规定。

表 11.17　混凝土最大碱含量限值　　　　　　　单位：kg/m³

环境条件		碱含量
干燥环境（相对湿度≤75%）		3.0
潮湿环境（相对湿度≥75%）	集料无活性	严格控制混凝土碱含量并掺加矿物掺和料
	集料有活性	

注：1）混凝土中的碱含量以等效 Na_2O 当量的水溶碱计。
　　2）特大桥和大桥的混凝土最大碱含量宜降为 1.8 kg/m³。
　　3）单位体积混凝土中的硫化物及硫酸盐含量（以 SO_3 计）不应超过胶凝材料总质量的 4%。

11.1.3　高耐久混凝土配合比的设计方法

11.1.3.1　高耐久混凝土配合比设计原则

高耐久性混凝土首要条件是抗裂性好和体积稳定性好，其特点是低渗透性、不开裂，混凝土配合比设计按照以下原则。

1）低用水量原则

指在满足工作性条件下尽量减少用水量。混凝土高拌和水量的后果是抗压和抗折强度降低、吸水率和渗透性增大、水密性降低、干缩裂缝出现的概率加大、砂石与水泥石界面黏结力和钢筋与混凝土握裹力减小、混凝土干湿体积变化率加大、抗风化能力降低。用水量一般要求不大于 165 kg/m³。

2）低水泥用量原则

指满足混凝土工作性和强度条件下尽量减小水泥用量，这是提高混凝土体积稳定性和抗裂性的一条重要措施。水泥化学反应表明，水泥和水的正效应是作为混凝土的活性组分，是黏结混凝土中砂石集料并形成整体强度的胶凝材料，但同时也是混凝土耐久性的主要劣化因子：氢氧化钙为不稳定相，易溶于水析出，氢氧化钙含量过多对耐久性不利，水泥中的碱和活性集料在 CH 条件下易产生 AAR 反应。环境中的硫会与 AFm、C_3A 及石膏生成 AFt 产生膨胀。过高的水泥浆量会产生大的水化热，高的坍落度损失，塑性裂缝出现的概率大，弹性模量降低，干燥收缩与徐变值增大。

3）最大堆积密度原则

指优化混凝土中集料的级配设计，获取最大堆积密度和最小空隙率，以便尽可能减少水泥浆的用量，来达到降低含砂率、减少用水量和水泥用量之目的。

4）适当水胶比原则

在一定范围内混凝土抗压强度与其拌合物的水胶比（W/B）成反比，减小 W/B，混凝土抗压强度和体积稳定性提高。但为保证混凝土的抗裂性能，W/B 应适当，不宜过小，过小的 W/B 易导致混凝土自生收缩增大。

5）活性掺和料与高效减水剂双掺原则

高耐久混凝土的配制应发挥活性掺合料与高效减水剂的超叠加效应，从而达到减少水泥用量和用水量、密实混凝土内部结构的目的，进一步使混凝土强度持续发展。

总之，耐久性好的混凝土配合比设计关键是用水量低（减少渗透性，掺减水剂改善工作性能），水泥用量少（耐侵蚀，减少碱含量、CH 和 C_3A 含量），集料多（增加混凝土结构的稳定性），采用掺合料（抗渗）。

依据美国 ACI318—95 标准和中国 JGJ 55—2000 规范，混凝土耐久性设计应考虑到以水胶比、水固比、用水量、水泥用量、含砂率 S_p、电阻值、电通量，并考虑到限缩阻裂、抗渗、抗冻和抗碳化等技术参数或指标来优化设计。对 C40 以上的高耐久混凝土要求水胶比不大于 0.40、水固比不大于 0.07、S_p $\not>$ 40%、用水量不大于 165kg/m^3，90d 电阻值不小于 20kΩ·cm、90d 电通量不大于 2000C，对预防碱集料反应的混凝土碱含量不大于 3.0 kg/m^3，对有抗冻要求的混凝土抗冻指标不小于 F200。

11.1.3.2 高耐久混凝土配合比设计方法

高耐久混凝土配合比设计中以安全、耐久、经济、合理为原则，以耐久性、抗压强度为设计指标，对传统的普通混凝土配合比设计方法加以改进，并参考有关标准和资料，综合考虑和分析了影响混凝土性能与配合比各种参数的因素，根据其强度确定水胶比，根据混凝土的和易性确定用水量、砂率和外加剂掺量，根据抗裂性和耐久性来验证和优化混凝土配合比参数。

1）设计指标

（1）试配强度。

混凝土主要作为建筑承重材料使用，因而其抗压强度是主要的技术性能之一，而混凝土抗压强度又受到施工条件、结构的复杂多样化、养护条件等多种因素的影响，使硬化后的混凝土抗压强度有所波动，因而以配制强度作为目标值是合理的，它综合考虑了各种可能出现的因素所引起强度的变化。配制强度为

$$f_{cu,t} = f_{cu,k} + 1.645\sigma_0 \tag{11-1}$$

式中：$f_{cu,t}$ 为混凝土强度的标准值；σ_0 为混凝土强度标准差，一般按施工单位历史统计资料取值，如施工单位无历史统计资料，可按表 11.18 取值。

表 11.18　混凝土标准差　　　　　　　　　　单位：MPa

设计抗压强度	<20	20～35	≥40
标准差	4.0	5.0	6.0

（2）工作性能

混凝土应具有与施工相适用的工作性能，由于现代建筑向高层、地下、大跨度、重载荷方向发展，要求混凝土在不影响强度情况下具有良好的可泵性，既要有大流动性且不出现分层离析，保水性好，和易性好，在浇筑时能良好的密实且结构匀质性好。坍落度是其工作性能评定指标，一般在 180～200mm。坍落度不宜过小或过大。如果太小，则混凝土的流动性能差，在泵送时易堵塞管道，或产生"柱塞"现象，影响泵送效率，还对浇筑后的密实度有影响；太大则易产生分层离析和泌水，使混凝土失去匀质性，进而影响混凝土最终强度和耐久性。

2）理论配合比计算

（1）水灰比。

根据水灰比原则，在一定范围内混凝土抗压强度与其拌合物的水灰比成正比，减小 W/C，混凝土抗压强度和体积稳定性提高。影响混凝土抗压强度的因素很多，其中水灰比是其主要因素，对 C40 以上的混凝土要求 W/B≤0.40 或（W/C≤0.42）。试验与经验表明：水灰比越小，相应的混凝土强度越高，用降低水灰比的方法来提高混凝土强度是一种有效的途径，因此以抗压强度确定水灰比是合理的。但为保证混凝土的抗裂性能，水胶比或水胶比应适当，不宜过小。

对碎石混凝土：

$$W/C = 0.46 f_{ce} / \left(f_{cu,t} + 0.07 f_{ce} \right) \tag{11-2}$$

对卵石混凝土：

$$W/C = 0.48 f_{ce} / \left(f_{cu,t} + 0.33 f_{ce} \right) \tag{11-3}$$

式中：f_{ce} 为水泥的 28d 抗压强度（MPa）。

（2）单位用水量。

根据低用水量原则，在满足工作性条件下应尽量减少用水量。影响单位用水

量的因素主要有混凝土拌合料的工作性，粗集料的品种，表面状况和最大粒径、细集料的粗细程度（以细度模数 M_X 表示）。

单位用水量 w_0 与坍落度 T，石子的最大粒径 D，砂子的细度模 M_X 的关系如下。

对碎石混凝土：

$$w_0 = 164.50 + 0.50T - 7.50M_X + \frac{815.91}{D} \tag{11-4}$$

对卵石混凝土：

$$w_0 = 166.07 + 0.50T - 7.50M_X + \frac{400.00}{D} \tag{11-5}$$

高耐久混凝土用水量要求不大于 165 kg/m³，为了减少用水量，且能够保证施工的和易性，必须掺高效减水剂。当掺入掺量为 a 的减水剂时，设减水率为 w_p，则单位用水量为

$$w = w_0(1 - w_p) \tag{11-6}$$

（3）水泥用量及掺和料用量。

根据低水泥用量原则，在满足混凝土工作性能和强度条件下应尽量减小水泥用量，这是提高混凝土体积稳定性和抗裂性的一条重要措施。当确定了单位用水量 w 和水灰比，水泥用量可按式（11-7）计算为

$$C_0 = w / (W / C) \tag{11-7}$$

水泥用量不宜过多，太多将会使集料的含量相对减少，会对混凝土收缩、水化热及耐久性等产生负面影响，一般高耐久性混凝土应将水泥用量控制在 500 kg/m³ 以内，胶凝材料总量不超过 550 kg/m³。

为了提高混凝土的后期强度和耐久性，根据活性掺合料与高效减水剂双掺原则，混凝土的配制应发挥活性掺合料与高效减水剂的超叠加效应，在混凝土中掺入适量的活性矿物混合料如优质粉煤灰、矿渣微粉、硅灰等，由于粉煤灰的微集料效应、活性效应、形态效应等不但可以提高混凝土的保水性、流动性，并可减少水泥用量，使混凝土硬化后结构密实，强度和耐久性得到提高。

掺合料用量是根据其活性决定的。一般对水泥的取代分为超量取代、等量取代或欠量取代，对优质粉煤灰而言，可采用超量取代，以 1.2～1.5 kg 的粉煤灰取代 1 kg 的水泥。适量的取代，只是早期强度较低，而 28d 强度不降低，且后期强度将超出不掺粉煤灰的混凝土。超量的粉煤灰体积由砂子来平衡，而石子用量不变。对矿渣微粉采用等量取代，对硅灰采用欠量取代。

用 m 表示掺和料掺入的百分率，掺量用 M 表示，则

$$M = m \times C_0 \tag{11-8}$$

设等效取代系数为 K，其取值见表 11.19，则水泥用量应为

$$C = (1 - K \times m) C_0 \tag{11-9}$$

或

$$C = C_0 - K \times M \tag{11-10}$$

表 11.19　掺合料等效取代系数 K

掺和料品种	超细灰	Ⅰ级灰	Ⅱ级灰	矿渣微粉	硅灰
K 值	1.00	0.83	0.67	1.00	2～4

（4）混凝土耐久性检验。

为保证混凝土达到所期望的耐久性，需要控制水灰比与水泥用量。水灰比太大，混凝土硬化后内部毛细孔较多，抗渗性较差，在不断受到有害介质的侵蚀后易破坏结构，导致耐久性变差，水泥用量过少，易产生离析，黏聚性差，硬化后生成的胶凝体少，凝胶孔相对减少，有害的大孔增多，影响了混凝土的强度和耐久性。故应有一个最大水灰比和最小水泥用量的限制。

水灰比：

$$(W / C_0) \leqslant (W / C_0)_{max} = 0.75 - 0.05H \tag{11-11}$$

水泥用量：

$$C_0 \geqslant C_{min} = 275 + 25(H + I) \tag{11-12}$$

式中：H 为耐久性环境作用等级；I 为配筋情况。

根据 GBJ 204—83 标准，把耐久性等级分为 A、B、C、D、E、F 6 级，其 H 分别取 1、2、3、4、5、6；对 I，有配筋要求 $I=1$，无配筋 $I=0$。

对低强度等级混凝土，当计算（W/C）>（W/C）$_{max}$，取(W/C)=（W/C）$_{max}$；当计算出的 $C_0 < C_{min}$ 时，取 $C_0 = C_{min}$；对高耐久混凝土应同时控制用水量和水泥用量，因为高水泥浆量即高浆/骨比会带来高的水化热、高坍落度损失、大的塑性收缩和干燥收缩及低弹性模量，对耐久性不利。应充分利用高效减水剂和活性掺和料，用水量不超过 165 kg/m³，胶凝材料总量不超过 500 kg/m³ 以内。

（5）减水剂用量。

为满足现代工程的建设，混凝土要求有较大流动性和良好的泵送性能，其初始坍落度应控制在（200±20）mm，因不掺外加剂时需要用较多的用水量，但较大的用水量使 W/C 一定时的水泥用量增加，而砂、石用量相对减少，导致成本增加和混凝土性能下降。易产生分层离析和泌水，工作性变差，并影响硬化后的强度和耐久性，而掺减水剂则可以大大降低用水量，并改善混凝土的和易性。因此，减水剂已经是混凝土不可缺少的组成部分。

　　减水率主要与减水剂的品种和掺量有关，不同品种的减水剂在性能上有较大差异，与水泥的相容性也不同；对一般缓凝性高效减水剂，掺量越多，减水率越大。但是其掺量过大，将会出现混凝土离析、泌水和过度缓凝，从而影响混凝土和易性、早期强度和耐久性。因此，外加剂要进行相容性试验和优选。

　　减水剂用量为

$$A = (C + M) \times a \tag{11-13}$$

式中：a 为减水剂掺量。

　　（6）混凝土含砂率。

　　含砂率的大小不仅影响拌合料的工作性，且对混凝土的密实度、保水性、黏聚性等一系列性能产生影响，因此存在一个最佳的含砂率。根据最大堆积密度原则，应优化混凝土中集料的级配设计，获取最大堆积密度和最小空隙率，以便尽可能减少水泥浆的用量，来达到降低含砂率、减少用水量和水泥用量之目的。

　　试验表明，含砂率与石子的堆积密度、空隙率、砂子的堆积密度和细度模数、水泥用量等有关，在配制高耐久混凝土时，含砂率对可泵性有一定影响，含砂率随坍落度增大而增加。混凝土含砂率可按式（11-14）计算为

$$S_p = \left(0.902 + 0.18M_X - 7.66 \times 10^{-4}C_0 + 1.5 \times 10^{-3}T\right)\frac{\rho_{os}P_g}{\rho_{os}P_g + \rho_{og}} \tag{11-14}$$

式中：ρ_{os} 为砂子堆积密度；ρ_{og} 为石子堆积密度；P_g 为石子空隙率。

　　（7）混凝土粗、细集料用量。

　　砂、石用量的计算，通常用体积法或质量法计算。

　　体积法：

$$S_0 = \left(1000 - w - \frac{C_0}{\rho_0} - 10\alpha\right) \cdot \frac{\rho_s \cdot \rho_g}{\rho_g + \rho_s\dfrac{1 - S_p}{S_p}} \tag{11-15}$$

　　质量法：

$$S_0 = \left(\rho_{oc} - C_0 - w\right) \cdot S_p \tag{11-16}$$

　　当掺入掺合料时，砂子用量为

$$S = S_0 - \left(\frac{C - C_0}{\rho_c} + \frac{m}{\rho_m}\right)\rho_s \tag{11-17}$$

式中：ρ_{oc} 为混凝土假定表观密度；ρ_s、ρ_g 分别为砂、石表观密度；α 为混凝土含气量百分数；ρ_m 为掺合料表观密度。

石子用量为

$$G_0 = S_0 \cdot \frac{1 - S_p}{S_p} \qquad (11\text{-}18)$$

要分别计算基准 W/C 及其 W/C±0.05 的三组混凝土配合比。

3）实验室配合比的确定

以上所得的配合比称为计算配合比或初步配合比。在实验室，用气干材料按求得的三组初步配合比进行试拌，材料用量按计算值乘以系数 1.15。试拌中应测定混凝土拌合料性能，如不能达到所要求的和易性，则需要进行适当调整。校正后的材料用量与原来的材料含量可能发生变动，再根据其实测容重求得调整后的每立方米混凝土原材料用量。测定三组混凝土的抗压强度和氯离子扩散系数，优选和易性、强度和耐久性均满足设计要求且经济合理的最佳组配合比。

4）配合比设计步骤

（1）确定原始数据。

高耐久混凝土配合比设计的原始数据包括工程所需抗压强度，强度保证率系数，强度标准差、坍落度，含气量及原材料性质（水泥品种、强度等级和密度，砂子细度模数，石子级配和最大粒径、粗细集料表观密度、堆积密度、外加剂品种、掺量和减水率，活性矿物掺合料的种类、掺量和等效取代系数、混凝土表观密度和含气量等）。

（2）计算配合比步骤。

① 计算混凝土配制强度。

② 确定混凝土耐久性等级与指标。

③ 计算 W/C 并进行耐久性校核。

④ 计算单位用水量进行耐久性校核。

⑤ 计算水泥用量和掺合料用量，并进行耐久性校核。

⑥ 计算含砂率。

⑦ 计算砂、石用量。

⑧ 计算外加剂用量。

⑨ 计算基准 W/C 及其 W/C±0.05 混凝土各原材料用量。

⑩ 输出三组不同 W/C 的配合比。

⑪ 对计算配合比进行试拌和调整，并测量其他工作性能、强度和耐久性，确定实验室配合比。

⑫ 确定施工配合比。

高耐久性混凝土配合比设计流程图列于图 11.2 中。

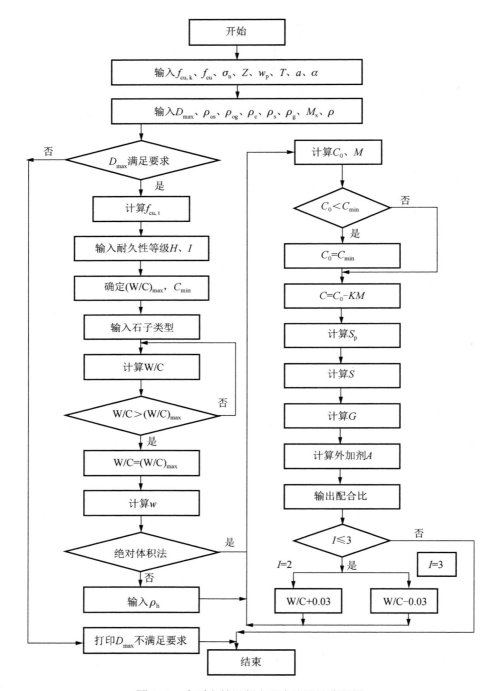

图 11.2　高耐久性混凝土配合比设计流程图

11.2　防腐蚀附加措施

选择合理的原材料、设计与制备自身耐久的混凝土是保证混凝土结构具有良好耐久性前提和必要条件。对于处于严酷环境（如海洋环境、盐湖盐渍土环境等）服役的重要混凝土结构，仅有良好的混凝土材料还不足以保证混凝土结构达到设计使用寿命，需要进一步使用防腐蚀附加措施。

目前常用的防腐蚀附加措施主要有五类：M1——涂层钢筋和耐蚀钢筋；M2——钢筋阻锈剂；M3——混凝土表面处理（包括 M3-1 表面涂层、M3-2 表面憎水、M3-3 防腐面层）；M4——透水模板衬里；M5——电化学保护。根据环境类别与作用等级，混凝土结构防腐蚀附加措施可按表 11.20 选用。

表 11.20　防腐蚀附加措施选用原则

环境类别与作用等级		M1	M2	M3			M4	M5
				M3-1	M3-2	M3-3		
一般环境	Ⅰ-D	—	—	○	—	—	—	—
冻融环境	Ⅱ-D	—	—	—	○	—	△	—
	Ⅱ-E	—	—	—	○	△	△	—
海洋氯化物环境	Ⅲ-D	△	○	△	○	△	△	—
	Ⅲ-E，Ⅲ-F	○	○	△	○	△	△	○
除冰盐等其他氯化物环境	Ⅳ-D	—	—	—	○	△	△	—
	Ⅳ-E	△	—	—	△	△	△	—
盐结晶环境	Ⅴ-D	△	△	○	△	△	△	—
	Ⅴ-E，Ⅴ-F	○	○	○	△	○	△	—
化学腐蚀环境	Ⅵ-D	△	△	○	△	△	△	—
	Ⅵ-E，Ⅵ-F	○	○	△	△	○	△	—
磨蚀环境	Ⅶ-D	—	—	△	△	○	△	—
	Ⅶ-E，Ⅶ-F	—	△	△	△	△	—	—

○表示宜采用；△表示可采用；—表示一般不采用。

11.2.1　涂层钢筋和耐蚀钢筋

涂层钢筋使用最多的是环氧涂层钢筋，是将热固性环氧树脂、固化剂及其他添加料以粉末形式静电喷涂到已加热的钢筋表面上，熔融固化后在钢筋表面形成附着牢固的连续涂层。环氧树脂具有很高的化学稳定性，不与酸碱盐发生反应，同时延性大、收缩小，与钢筋表面具有良好的黏结性，是钢筋防腐的理想保护膜。环氧涂层钢筋主要用于 E 级及以上的氯盐腐蚀环境和化学腐蚀环境的混凝土结构。

　　环氧涂层钢筋最早在美国研究与开发的，1973 年首次在美国宾夕法尼亚州的一座桥面板上使用，1976 年进入建筑市场。近年来，美国环氧树脂涂层钢筋的用量在桥梁方面占钢筋总用量的 70%～80%，其他结构方面占钢筋总用量的 6%～7%。此外，欧洲、日本、中东地区、澳洲、韩国、印度、新加坡以至非洲等多个国家和地区也有大量工程采用环氧树脂涂层钢筋。我国在 20 世纪 90 年代中期开始了环氧树脂涂层钢筋的引进及应用研究，针对钢筋混凝土结构中涂层钢筋的黏结锚固性能、锚固长度及绑扎搭接长度的设计取值、采用涂层钢筋对构件使用阶段裂缝和刚度的影响等问题，中国建筑科学研究院、河海大学、同济大学等科研院所和相关大专院校做了深入研究，进行了大量的拉拔试验和结构试验，取得了大量成果，并在一些实际工程中进行了应用，如北京西客站、宁波涌江大桥、马迹山港工程、厦门环海岛路工程、粤海铁路、港珠澳大桥等，但总的来说，我国在环氧涂层钢筋的研究与开发方面还处于初级阶段。

　　耐蚀钢筋是指在碳素钢中加入适量的一种或几种耐腐蚀的合金，如 Cr、Ni 等，使其具有耐腐蚀性能，主要包括低合金耐蚀钢筋和不锈钢钢筋。低合金耐蚀钢筋是指合金元素总量不超过 5% 的钢筋，耐蚀钢筋具有与普通螺纹钢筋相似的力学性能、焊接性能和混凝土黏结力，且施工工艺简单，无须特殊保护。不锈钢钢筋中的铬含量至少 10.5%，碳含量不超过 1.2%。

　　耐蚀钢筋宜在重要工程的关键部位优先选用。对于使用年限在 100 年及以上、环境作用等级 E 级及以上，且特别重要的工程，宜选用不锈钢筋取代部分普通钢筋。在使用时，不锈钢筋不应与普通钢筋直接连接。不锈钢筋推荐使用机械连接，机械连接接头应使用耐腐蚀合金。长期以来，在严酷的海洋环境下，使用不锈钢钢筋是一种提高混凝土结构耐久性和服役寿命非常有效的方法。1937 年墨西哥 Yucatan 海岸的一个混凝土码头在建设过程中使用了不锈钢钢筋，在其长期的使用实践中发现，建设期间这项防护措施增加的成本给业主带来丰厚的回报。而在此处使用普通钢筋修建的港口，建于 20 世纪 60 年代，到 1998 年时仅留存结构的很小部分；与之相邻的另一座港口于 1941 年建成，采用不锈钢防护技术，1998 年调查时仍保持良好的工作状态。不锈钢钢筋种类繁多，性能各异，根据组成和微观组织不同，不锈钢钢筋主要分为三类，即铁素体不锈钢、奥氏体不锈钢和铁素体-奥氏体不锈钢（双相不锈钢）。混凝土中普通碳素钢钢筋的临界氯离子浓度约为水泥质量的 0.4%，而奥氏体不锈钢和双相不锈钢的临界氯离子浓度约为水泥质量的 3.5%～8.0%，提高 10～20 倍。大量的实践表明，有选择性地在结构关键部位使用不锈钢钢筋可以非常有效地提高混凝土结构的耐久性和寿命，与其他的防护技术措施比较更有优势，且简单可靠，是一种经济有效的防护措施。

11.2.2　钢筋阻锈剂

钢筋阻锈剂是指加入混凝土中或涂刷在混凝土表面，通过对混凝土内部钢筋的直接作用，能够阻止或减缓钢筋锈蚀的化学物质。对处于海洋环境、海边地区、盐碱地区、撒除冰盐环境以及其他易引起钢筋腐蚀环境下的混凝土结构，宜使用钢筋阻锈剂。钢筋阻锈剂是美国混凝土协会（ACI）确认混凝土中防锈的三种有效措施之一（另外两种是环氧涂层钢筋和电化学阴极保护）。

钢筋阻锈剂分为内掺型和外涂型两种类型。对于新建钢筋混凝土工程，当环境作用等级为 D 级时可采用内掺型钢筋阻锈剂，也可采用外涂型钢筋阻锈剂；当环境作用等级处于 E、F 级时应采用内掺型钢筋阻锈剂，并可同时采用外涂型钢筋阻锈剂。对于既有的钢筋混凝土结构，当混凝土保护层因钢筋锈蚀失效时，宜选用掺有内掺型钢筋阻锈剂的混凝土或砂浆进行修复；其他情况可采用外涂型钢筋阻锈剂。

对于严酷环境下的重要工程，钢筋阻锈剂可与高性能混凝土、环氧涂层钢筋、混凝土表面涂层或表面憎水处理等联合使用，具有叠加保护效果。

11.2.3　混凝土表面处理

11.2.3.1　混凝土表面涂层

表面涂层是指在混凝土表面涂刷成膜型涂料形成保护膜，阻滞外部水分和腐蚀性介质进入混凝土内部，防止混凝土结构受腐蚀破坏，延长其使用寿命的一种方法；混凝土表面涂层适用于大气区、浪溅区及平均潮位以上的水位变动区的混凝土结构。

混凝土表面涂层用成膜型涂料的性能应符合现行行业标准《混凝土结构防护用成膜型涂料》（JG/T 335）的规定，混凝土表面涂层的性能应满足表 11.21 的要求。

表 11.21　成膜型涂层性能要求

序号	项目	指标要求
1	耐候性	人工加速老化 1000h 气泡、剥落、粉化等级为 0
2	耐碱性	30d 无气泡、剥落、粉化现象
3	耐酸性	30d 无气泡、剥落、粉化现象
4	附着力/MPa	≥1.5
5	碳化深度比/%	≤20
6	抗冻性	200 次冻融循环无脱落、破裂、起泡现象
7	抗氯离子渗透性 /[mg/（cm²·d）]	≤1.0×10⁻³

注：1）试验方法按现行行业标准《混凝土结构防护用成膜型涂料》（JG/T 335）的规定执行。

　　2）碳化深度、抗冻性和抗氯离子渗透性应按现行国家标准《普通混凝土长期性能和耐久性能试验方法标准》（GB/T 50082）规定的相关方法进行检验。

11.2.3.2 混凝土表面憎水

混凝土表面憎水处理是指采用渗透型防护剂渗入混凝土内部并使混凝土表面具有憎水性，阻滞水与有害介质进入，延缓混凝土结构腐蚀破坏，延长其使用寿命的一种方法。混凝土表面憎水处理适用于水位变动区及以上区域钢筋混凝土结构表面的防腐蚀保护。

常用的渗透型防护剂为有机硅防护剂，有机硅防护剂主要分为四类：①硅烷（GW）；②有机硅低聚物（GJ）；③硅烷膏体（GG）；④有机硅乳液（GR）。对于混凝土结构的水平面宜选用液体渗透型材料，而对于侧面或仰面宜采用膏体渗透型材料。

11.2.3.3 混凝土防腐面层

混凝土防腐面层是指采用树脂类玻璃钢等聚合物复合材料、聚合物水泥砂浆材料或耐腐蚀砖砌筑等置于混凝土结构的外侧以阻止外界有害介质侵蚀的一种方法。当环境作用等级为 E 级及以上时（特别是酸性环境），可选用玻璃钢、耐腐蚀板或砖砌筑等作为防腐面层；当环境作用等级为 D 级时，可采用聚合物水泥砂浆等材料作为防腐面层。

11.2.4 透水模板

透水模板衬里，又称为渗透性模板衬里，多采用聚丙烯纤维熔粘成具有大量微孔的透水毡片面层（或用合成纤维束编织成的网片），中间夹有蓄水性颗粒经共同压制而成。当环境作用等级为 D 级及以上，或施工环境恶劣（高风速、干燥环境等）时，混凝土结构可采用透水模板衬里。

支模板时，聚集在模板和混凝土界面上的气泡和水分，可通过网片衬里逸出或吸入毡片衬里的蓄水层，控制表层混凝土的含水量，提高浇筑混凝土的致密性。此外，衬里吸附的水分对混凝土还具有一定的水养效果。采用带透水衬里的模板，可明显改善混凝土保护层的施工质量，提高表层混凝土的密实度。

11.2.5 电化学保护

电化学保护是在钢筋混凝土表面或附近设置阳极系统，对钢筋施加一定的阴极电流，以抑制钢筋腐蚀的技术措施。电化学保护分为外加电流的阴极保护和牺牲阳极的阴极保护。对于环境作用等级为 E 级及以上氯盐腐蚀的混凝土结构，在其他措施难以长期有效地阻止钢筋锈蚀时，可选择电化学保护措施。对于由氯盐侵蚀引起钢筋严重锈蚀的在役结构，宜及时实施电化学保护措施。

外加电流的阴极保护系统可选用导电涂层阳极系统、活化钛阳极系统等；牺牲阳极的阴极保护系统中阳极材料可选用棒状或块状锌阳极、锌网、锌箔、锌/铝合金喷涂层等。

11.3　本章小结

本章介绍了混凝土的耐久性提升技术与措施，提出通过控制混凝土的原材料质量且设计采用合适的混凝土配合比；同时，采用防腐蚀附加措施，如采用涂层钢筋和耐蚀钢筋、钢筋阻锈剂、混凝土表面处理、透水模板、电化学保护，有效保持和提高混凝土结构的耐久性。

主要参考文献

乔伊夫ＯＥ，2015. 严酷环境下混凝土结构的耐久性设计[M]. 赵铁军，译. 北京：中国建材工业出版社.
中华人民共和国交通行业推荐性标准. 公路工程混凝土结构耐久性设计细则（报批稿）.

第 12 章 基于全生命周期成本的耐久性设计

一直以来，我国工程建设单位和主管单位十分重视初次投资的多少，而对工程服役过程中通过定期检测、维修保养、修复加固及耐久性提升措施带来的寿命延长所产生的收益并未仔细考虑，由此产生了过分节约维修保养投资，导致工程寿命缩短，使用者最终收益降低的问题，也容易使得绿色低碳和可持续发展的方案被排除在外。因此，建立土木工程从设计—建设—使用—拆除—废弃物处理整个生命周期成本的计算公式，并用其来评估不同设计方案的成本收益显得非常重要；同时，也可以为工程运营期间检测、状态评估、维护及修复措施等各种技术方案的选择提供科学依据。

本章在借鉴 Gjørv 和金伟良研究成果的基础上，试图提出一个基于全生命周期成本的耐久性设计理念，建立一个简单的全生命周期成本的计算公式，并举例说明如何应用基于全生命周期成本的耐久性设计来对各种技术方案进行优选。

12.1 基于全生命周期成本的计算方法

假设通过正常设计、施工和使用的混凝土结构服役寿命为 t_N 年，则全生命周期成本计算为

$$LCC(t_N) = C_D + C_C + \sum_{i=1}^{t_N} \frac{C_{IN}(t_i) + C_M(t_i) + C_R(t_i) + \sum_{LS=1}^{M} p_{f\,LS}(t_i) \cdot C_{f\,LS}}{1 + \gamma_{ti}} \quad (12\text{-}1)$$
$$+ C_{BD} + C_{WD}$$

折算成每年的平均花费，可由下式表示为

$$C_A(t_N) = \frac{LCC(t_N)}{t_N} \quad (12\text{-}2)$$

式中：C_D 为设计费用；C_C 为施工费用；$C_{IN}(t_i)$ 为预期检查费用；$C_M(t_i)$ 为预期维护费用；$C_R(t_i)$ 为预期修复费用；C_{BD} 为混凝土结构拆除费用；C_{WD} 为建筑垃圾处理费用；M 为极限状态（LS）的编号（氯盐环境下混凝土结构常用极限状态① 钢筋表面达到临界氯离子浓度，钢筋钝化膜破坏，②混凝土开裂，裂缝达到标准规定的临界宽度）；$p_{f\,LS}$ 为每个极限状态的年失效概率；$C_{f\,LS}$ 为每个极限状态的年失效成本；γ_{ti} 为 t_i 年的折旧率。

假设通过耐久性设计和耐久提升技术后，混凝土结构服役寿命从原来的 t_N 年延长到 t_S 年，则全生命周期成本计算可依据下式计算，即

$$LCC(t_\mathrm{S}) = C_\mathrm{DD} + C_\mathrm{C} + \sum_{i=1}^{t_\mathrm{S}} \frac{C_\mathrm{IN}(t_i) + C_\mathrm{M}(t_i) + C_\mathrm{R}(t_i) + \sum_{LS=1}^{M} p_{f\mathrm{LS}}(t_i) \cdot C_{f\mathrm{LS}}}{1 + \gamma_{ti}} \qquad (12\text{-}3)$$
$$+ C_\mathrm{BD} + C_\mathrm{WD} + C_\mathrm{DI}$$

折算成每年的平均花费可由下式表示为

$$C_\mathrm{A}(t_\mathrm{S}) = \frac{LCC(t_\mathrm{S})}{t_\mathrm{S}} \qquad (12\text{-}4)$$

式中：C_DD 为耐久性设计费用；C_DI 为耐久性提升费用，混凝土结构的耐久性提升措施较多，目前常用的有 5 类，即 M1——涂层钢筋和耐蚀钢筋；M2——钢筋阻锈剂；M3——混凝土表面处理（包括 M3-1 表面涂层、M3-2 表面憎水、M3-3 防腐面层）；M4——透水模板衬里；M5——电化学保护。

12.2　案　例　分　析

1）工程背景

严酷环境下重要混凝土工程建设前，往往会提出多个耐久性保障技术方案进行比较，在决策时基于全生命周期成本的耐久性分析能够为选择科学的技术方案提供指导。

下面以我国东南沿海某大型跨海大桥的建设为案例，基于全生命周期成本进行耐久性分析。该工程所处环境的年平均温度为 22.1～23.2℃，年平均湿度为 72%～80%，年平均风速为 3.5m/s，海水中氯离子含量为 10 700～17 020mg/L，硫酸根含量为 1140～2260mg /L，海水 pH 为 6.7～8.6。

跨海大桥墩身、索塔、箱梁等关键部位的混凝土结构根据混凝土桥涵设计规范设计，采用的混凝土结构基本信息，如表 12.1 所示。

表 12.1　某跨海大桥关键部位混凝土结构基本信息

混凝土强度	40MPa
混凝土保护层厚度	50mm
建造成本	10.5 亿元
混凝土总量	125 万 m³
钢筋总量	3.6 万 t
材料费占总成本的比例	—
混凝土	8.5%
钢筋	6.9%
预期寿命	50 年

为了提高混凝土结构的耐久性，提出了以下几种可能的技术方案。

（1）不采取任何措施，保持原设计方案。

（2）保持混凝土强度不变，将普通混凝土变为高性能双掺矿渣-粉煤灰混凝土。

（3）混凝土强度从 40MPa 提高到 50MPa。

（4）混凝土保护层厚度从 50mm 增加到 75mm。

（5）采用高性能双掺混凝土，混凝土强度从 40MPa 提高到 50MPa，且保护层厚度从 50mm 增加到 75mm。

（6）混凝土掺加阻锈剂。

（7）混凝土表面采用硅烷涂装。

（8）水位变动区混凝土钢筋采用不锈钢。

（9）水位变动区采用阴极保护。

（10）采用高性能双掺混凝土，混凝土强度从 40MPa 提高到 50MPa，保护层厚度从 50mm 增加到 75mm，混凝土掺加阻锈剂，混凝土表面采用硅烷涂装，水位变动区混凝土钢筋采用不锈钢。

下面比较了上述不同技术方案所对应的全寿命周期成本。为了方便比较，在计算中将折旧率取零，则年平均成本等于总成本除以预期使用寿命。

2）不采取任何措施

该方案的预期寿命为 50 年，建造费用为 10.5 亿元，从整个生命周期看，年平均成本为 2100 万元。

3）采用高性能双掺混凝土

耐久性分析表明，将普通混凝土换成同强度的高性能双掺矿渣-粉煤灰混凝土时，混凝土结构的预期寿命大幅度提升，可以延长 20 年。由于采用高性能双掺混凝土加所新增的混凝土材料费用约 2500 万元，从整个生命周期看，年平均成本约为 1537 万元。

4）提高混凝土强度

耐久性分析表明，当混凝土强度从 40MPa 提高到 50MPa，扩散系数明显降低，混凝土结构的预期寿命可以延长 8 年，由于混凝土强度提高所新增的混凝土材料费用约 6250 万元，从整个生命周期看，年平均成本约为 1918 万元。

5）增加混凝土保护层厚度

当混凝土保护层厚度从 50mm 增加到 75mm，混凝土结构的预期寿命可以延长 25 年。由于混凝土强度提高所新增的混凝土材料 5.08 万 m³，每方混凝土单价为 400 元，新增混凝土的费用约 2031 万元，从整个生命周期看，年平均成本约为 1427 万元。

6）采用高性能双掺混凝土，提高混凝土强度，增加保护层厚度

当采用高性能双掺混凝土，混凝土强度从 40MPa 提高到 50MPa，且保护层厚度从 50mm 增加到 75mm 时，混凝土结构的预期寿命显著延长，可以达到 100 年。这种方案的材料花费大约为 1.0781 亿元，折算成年平均成本约为 1158 万元。

7）掺加阻锈剂

当掺加阻锈剂方案时，每方混凝土掺加 2% 的阻锈剂（占胶凝材料重量），每吨阻锈剂 3000 元，这种方案新增材料费用大约为 3375 万元，混凝土结构的预期寿命可以延长 15 年，折算成年平均成本约为 1667 万元。

8）硅烷涂装

当采用硅烷涂时，每平方米约花费 60 元，这种方案新增材料费用大约为 2.34 亿元，混凝土结构的预期寿命可以延长 20 年，折算成年平均成本约为 1834 万元。

9）水位变动区混凝土采用不锈钢

当采用跨海大桥墩身、索塔的水位变动区混凝土采用不锈钢，假设这些部位的钢筋占整个混凝土结构总钢筋量的 50%，双相不锈钢的价格为 20000 元/t，普通钢筋 2000 元/t，这种方案新增材料费用大约为 3240 万元，混凝土结构的预期寿命可以达到 100 年，折算成年平均成本约为 1082 万元。

10）水位变动区混凝土采用阴极保护

当桥梁关键部位，如索塔的水位变动区钢筋混凝土采用阴极保护，这种方案新增材料费用大约为 300 万元，混凝土结构的预期寿命可以延长 15 年，折算成年平均成本约为 1620 万元。

11）采用高性能双掺混凝土，提高混凝土强度，增加保护层厚度，掺加阻锈剂，表面硅烷涂装，水位变动区采用不锈钢

当采用高性能双掺混凝土，混凝土强度从 40MPa 提高到 50MPa，保护层厚度从 50mm 增加到 75mm，掺加阻锈剂；表面采用硅烷涂装，水位变动区混凝土钢筋采用不锈钢时，这种方案新增材料费用大约为 4.08 亿元，混凝土结构的预期寿命可以达到 120 年，折算成年平均成本约为 1215 万元。

12.3　耐久性设计方案评价

上述各种耐久性提升技术方案的成本计算结果如表 12.2 所示。从表 12.2 中可以看出，在混凝土结构中合理使用不锈钢钢筋年平均成本比其他技术方案的成本低；采用高性能双掺混凝土+提高混凝土强度+增加保护层厚度技术方案；高性能双掺混凝土+提高混凝土强度+增加保护层厚度+掺加阻锈剂+表面硅烷涂装+采用不锈钢复合技术使用寿命可达 120 年，其年平均成本也比较低。

表 12.2　各种耐久性提升技术方案的成本比较

技术方案	预期寿命/年	生命周期成本/%	年平均成本 C_A/万元
1. 不采取任何措施	50	100.0	2100
2. 采用高性能双掺混凝土	70	102.4	1537
3. 提高混凝土强度	58	106.0	1918
4. 增加混凝土保护层厚度	75	101.9	1427
5. 采用高性能双掺混凝土，提高混凝土强度，增加保护层厚度	100	110.3	1158
6. 掺加阻锈剂	65	103.2	1667
7. 硅烷涂装	70	122.3	1834
8. 采用不锈钢	100	103.1	1082
9. 采用阴极保护	65	100.3	1620
10. 高性能双掺混凝土，提高混凝土强度，增加保护层厚度，掺加阻锈剂，表面硅烷涂装，采用不锈钢	120	138.9	1215

　　以上分析结果表明，基于全生命周期成本的耐久性分析，是选择和评价各种技术方案的一种有效的方法。然而，需要注意的是，成本计算是在各种材料和寿命较为准确评估的基础上获得的，如果统计的数据偏差太大的话，可能会带来错误的决策。

主要参考文献

金伟良，赵羽习，2014. 混凝土结构耐久性[M]. 2版. 北京：科学出版社.

乔伊夫 O E，2015. 严酷环境下混凝土结构的耐久性设计[M]. 赵铁军，译. 北京：中国建材工业出版社.